张志强　查同刚　王盛萍　等　著

U0175992

Eco-hydrological processes of vegetation
restoration in the Loess Plateau

黄土高原植被恢复生态水文过程研究

中国林业出版社
China Forestry Publishing House

图书在版编目（CIP）数据

黄土高原植被恢复生态水文过程研究／张志强等著.
--北京：中国林业出版社，2021.3

ISBN 978-7-5219-0912-8

Ⅰ.①黄…　Ⅱ.①张…　Ⅲ.①黄土高原-植被-生态恢复-
陆面过程-研究　Ⅳ.①Q948.524

中国版本图书馆 CIP 数据核字（2020）第 220584 号

责任编辑：于晓文　李敏

出版　中国林业出版社（100009　北京市西城区德胜门内大街刘海胡同 7 号）
网址　http：//www.forestry.gov.cn/lycb.html
电话　（010）83143575　83143549
发行　中国林业出版社
印刷　北京中科印刷有限公司
版次　2021 年 3 月第 1 版
印次　2021 年 3 月第 1 次
开本　787mm×1092mm　1/16
印张　27.5
彩插　12 面
字数　652 千字
定价　198.00 元

《黄土高原植被恢复生态水文过程研究》
著 者

张志强　查同刚　王盛萍　及金楠

陈立欣　景　峰　唐丽霞　张晓霞

《中国现代通俗文学史（上卷）》

前　言

P R E F A C E

　　举世瞩目的黄土高原，横跨我国青海、甘肃、宁夏、内蒙古、陕西、山西、河南等省（自治区），历史上曾分布着以森林和草原生态系统为主的原生植被，孕育了灿烂辉煌的华夏文明。然而，由于长期高强度的土地利用甚至掠夺性开发，加上黄土高原特殊的地质地貌和生物气候条件，导致其生态系统遭受严重破坏，水土流失加剧，形成了沟壑纵横、梁峁起伏的破碎景观，严重制约该区域的可持续发展和美丽乡村建设，并对黄河中下游生态水文过程产生重要影响。因此，黄土高原植被恢复和水土流失综合治理一直是党和国家高度关注的生态环境重点工程，同时也是国内外学者的科研关注点。特别是20世纪80年代以来，我国在黄土高原地区，以小流域为单元，山、水、林、田、路统一规划、综合治理，实施了大规模的植被恢复生态工程，植被覆盖率显著提高，水土流失得到有效控制，入黄径流泥沙大幅降低，区域生态和社会生产力显著提升。然而，大规模植被恢复导致的土地覆被和土地利用变化，必将引起区域气候—土壤—生物等自然要素的正负向反馈，进而导致从林木个体、植被群落、小流域以及中尺度流域的生态水文过程的变化。

　　作为一门新生的交叉学科，生态水文学主要研究生态过程与水文过程的相互作用，在水循环的过程机理、驱动机制以及模型耦合等方面显示出学科的前沿性和优越性，并且在水循环的实践应用中得到了广泛关注。生态水文过程涉及大气—土壤—生物等繁多的要素，除各要素之间存在多向反馈作用外，生态水文过程还受到自然和人类活动的双重作用，表现出复杂的时空异质性与非稳定性。随着学科交叉的发展，生态水文过程逐步向"双向耦合"的模式转变，同时融入了生态原理、生态模型与时空尺度。融合恢复生态学和生态水文学基础理论与方法，系统研究黄土高原植被恢复的生态水文过程，对于深入认识该区域植被恢复的生态水文过程，评价其生态水文效益，具有重要的科学和实践意义。

　　本书是编著者及其研究团队在"十五""十一五"和"十二五"国家科技支撑计划课题研究所取得的资料与成果的基础上编写而成的。该书以恢复生态学和生态水文学理论为指导，通过大量数据收集、实践观测、统计分析和模型模拟，系统阐述了黄土高原植被恢复的植被—土壤—水文过程的多尺度互馈机制。本书由张志强、查同刚策划并制订大纲，具体分工：第1章，张志强、查同刚、王盛萍、及金楠、陈立欣；第2章，张志强、陈立欣；第3章，及金楠、景峰；第4章，查同刚、景峰、张晓霞；第5章，王盛萍、唐丽霞；第6章，王盛萍、唐丽霞、郭军庭。查同刚、曲星辰统稿，张志强审定。

　　本研究主要在山西吉县森林生态系统国家野外科学观测研究站开展，数据收集和调查观测工作得到山西省林业厅、山西临汾市林业局、山西吉县林业局、山西吉县红旗林场、山西吉县蔡家川林场等单位的大力支持；冯焕成、刘彩凤、王高敏、周娅、朱聿申、梁一鹏、孙迎凯等先后参加了相关研究工作；美国农业部林务局孙阁教授、美国北卡大学教堂山分校宋丛和教授等对相关研究进行了指导和现场考察。在此，特向他们表示衷心的感谢！

　　限于时间和编写人员水平，书中难免存在不足和谬误，敬请读者批评指正。

张志强

2019 年 10 月于北京

目 录
CONTENTS

第 ① 章
植被恢复生态水文研究进展

1.1 林分/树木蒸腾耗水

1.1.1 林分/树木蒸腾及环境响应研究意义

1.1.1.1 水文学意义

地球生态系统是生物地理化学进化（biogeochemical evolution）的结果，因此理解不同尺度下的非生物环境中生物过程（biological processes）对于面临人口激增的情况下实现可持续发展非常重要（Zalewski，2002）。这些信息能够为控制及重建那些能提升生态系统抵抗力的生态过程打下基础。

植被、气候和水文过程在局部、区域以及全球尺度上都是紧密联系的，因此气候变化对林分水分平衡造成的影响方面的研究非常复杂。包括全球气候变化、CO_2 浓度上升、区域空气污染以及区域植被变化在内的许多生态问题都存在于解决区域到全球尺度生态系统过程的问题中，并引起了学者的注意。

虽然进行了许多研究上的努力，但现阶段在森林—水的互动关系方面对森林如何影响产流的理解仍然匮乏。现有研究存在区域性微观角度和大空间尺度观点的划分。基于许多小尺度研究结果，区域性微观尺度认为森林在水分调节中扮演着"消费者"的角色，由于树冠增加了降雨截留，造成来自降雨的土壤水分不足，而降低地表径流，导致尤其是长期未造林地区的缺水，因此一些实验性研究中认为森林会降低水分供给（Ellison et al.，2012），而砍伐会带来一定时期的水量上升（Jackson et al.，2005；Malmer et al.，2010）。在这种"消费者"观点中，森林与其他需要用水的人类活动（农业、工业和生活用水等）存在竞争。因此，其提供的生态系统服务功能被划归到水量平衡中的需求部分。气候变化增加了未来水安全的风险性。鉴于树木的潜在巨大耗水量，所以现阶段生态恢复的重要问题之一就是如何植树及在哪里植树，各职能部门对造林策略的审查也越来越严格（Calder，2002；Trabucco et al.，2008）。

而从大尺度出发的研究则认为作为水分供给者，森林对区域和全球尺度的水分供给有全局性影响（Ellison et al.，2012）。森林的扩张应被视为"生物泵"（Sheil and Murdiyarso，2009），利用海洋产生的湿气，驱动大陆蒸发散和降雨，从而对区域水循环进行补给和更新。因此，森林消失会出现两个危险的水文后果（Millán et al.，2005）。首先，通常以雾形式存在的来自海洋的湿气无法在沿岸留存；其次，由于森林消失造成的陆地温度上升会导致垂直循环抬高，并携带降雨云团升高，造成山区降雨减少。因此，从区域角度看，森林砍伐造成降雨减少、干旱季延长和枯水事件高发。研究表明森林砍伐造成亚马孙和巴西塞拉多区域出现整月旱季（Costa and Pires，2010），相似的现象在黄河子流域也有出现（Wang et al.，2010a）。森林、湿地和它们产生的 ET 是降雨的首要驱动力。失去它们，降雨将会大幅减少（Ellison et al.，2012）。从大的区域和全球背景来看，森林—水的互动在形成降雨的大气水汽方面扮演着非常重要的角色。

微气候和树木蒸腾的季节及年间变化对我们建立流域产流（catchment water yield）和水文学有很大帮助（Wullschleger et al.，1998）。液流法一直作为验证估计树木蒸腾模型的基准（Chuah and Kung，1994）。此外，已有的生态系统模型的建立都取决于植物生理生态反应，如生长量和蒸腾量等。由于气候变化带来的 CO_2 浓度上升和气温升高对植物的气孔开张、生长季的时长及生长季内通量变化都产生影响，所以如果仍保持这些生理生态参数不变，利用这些模型来预测未来生态系统的变化就会发生错误。而且区域尺度上各地区间的气候差异是不同的，理论上这些差异会反映在植物的生理活动上。随着考察尺度进一度缩小，各种差异会更加明显，也就是说不同尺度对模型精度的要求是不同的，因此我们需要从最基本的水平来衡量植物对环境的响应，建立可靠的参数数据库，才能准确地对不同尺度植物蒸腾活动进行预测，并且在逐级尺度扩展的过程中减少误差程度。

1.1.1.2 生态学意义

树木对水文循环和水量平衡组成具有重要影响，而蒸腾则是林分/树木水分消耗的主要部分，是树木水分生理生态学研究的核心，这也为森林生态和培育研究提供重要的理论基础，对节水型造林树种的选择和林分结构优化配置具有极为重要的理论和实践意义（Parviainen et al.，2008）。相比草地及其他先锋植被，每增加 10% 面积的成熟落叶林可将当地年产流量降低 25mm（Meiresonne et al.，1999）。在干旱与半干旱地区，降雨偏低限制了水分可获得性及其对诸如蒸腾及种间竞争等生态系统过程特点的控制（Porporato and Rodriguez-Iturbe，2002；Kerkhoff et al.，2004），所以，对于半干旱区集水区植被蒸腾的研究需要对大气因子、土壤和植被进行综合影响考虑（Reynolds et al.，2004；Newman et al.，2006）。

森林能有效地控制水土流失（Jiménez et al.，1996），在水土流失严重地区，植被的作用更加明显，因此植被建设和保护是此类区域防治水土流失和风沙治理的关键。黄土地区的水蚀风蚀复合区为黄河粗泥沙的主要来源区，是强烈的侵蚀中心，生态环境脆弱，自然灾害频繁，因此，利用植被恢复的生态手段强化水蚀风蚀交错区的综合治理，对治黄及西部大开发具有重大意义（Lu and Stocking，2000）。油松和刺槐是我国北方大部分地区的主要造林树种，对油松—刺槐混交林的水分活动进行长期连续观测，并研究其整树和林分蒸腾随时间的动态变化和环境响应模式，有助于明晰这两个树种的生理生态行为与森林生态系统功能水分稳定性的关系，对构建该地区水量平衡体系非常重要。作为速生先锋树种，其高耗水量使得人们担心大规模种植会影响区域地下水位，降低地下含水层蓄水和补给，并最终影响产流。研究证明，虽然大规模植被恢复对严重土壤侵蚀起到了有效的控制作用，但同时也导致了黄土高原地区深层土壤水分的耗竭（Shangguan and Zheng，2006；Chen et al.，2008a）。面临同样问题的还有杨树人工林。作为优秀的轮作树种，杨树杂交种（*Populus* spp.）具有旺盛的生长活力和高木材产出量。在世界各地得到广泛种植（Meiresonne et al.，1999），被用于生态恢复、沙漠化防治和城市绿化，而且由于其较高的生物量产出及较低的生产成本，杨树人工林被认为是可再生能源的重要来源。在中国北方，杨树一直普遍用于道路绿化和防护林建设，目前，杨树人工林已占中国人工林面积的20%。但是现有研究表明杨树，尤其是基因改造过的品种，比当地森林或农田的耗水量高，因此对于杨树人工林对当地水资源的影响存在广泛争议（Sun et al.，2006；Wilske et al.，2009）。目前对杨树生态系统水量平衡的研究着眼于不同时间和空间尺度总蒸发散和树木蒸腾（Amiro et al.，2006；Barr et al.，2007；Mkhabela et al.，2009）。由于气候和树种差异，报道的杨树人工林耗水量等级相差较大，日蒸发散量范围为 0.88 ~ 8.5mm（Schaeffer et al.，2000；Guidi，2005；Lombard et al.，2005；Pataki et al.，2005；Verstraeten et al.，2005；Amiro et al.，2006；Zalesny Jr et al.，2006；Nagler et al.，2007；Martin and Ron，2008；Mkhabela et al.，2009），日蒸腾量则在 2.8 ~ 11.3mm 之间（Hinckley et al.，1994；Hall et al.，1998；Pataki et al.，2005；Zalesny Jr et al.，2006；Nagler et al.，2007）。如同许多其他中国北方大城市一样，北京地区面临严峻的用水危机。怎样能够通过管理的方式达到"需水量管理"的同时降低耗水量是该地区土地管理的主要目标之一。

另一个特别的对比环境是在城市条件下。"热岛效应"（Oleson et al.，2011）是城市环境的主要特点之一，这意味着在气候变化趋势下，与温度相关的胁迫会对该生境下植被生长造成更为极端的影响。城市环境下土壤条件受到人类活动的影响，造成土壤退化、污染和母质构成发生改变（Beyer et al.，2001）。恢复生态学力求对受到人类活动影响的区域进行生态系统功能、多样性和群落的重建，而且由于能够提升人们的环境公民和领导意识，对人类居住和生活的地方进行生态恢复，对提高生态系统服务功能、景观连接度和促进环保教育起着重要作用。因此，城市环境在生态恢复领域就显得尤为重要。其中，园林绿化等城市森林建设是普遍采用的生态手段。由于生境与自然环境的差异，城市环境下植物对胁迫的响应可能于自然环境下出现差异，因此，相对于实验室或模型模拟，选取典型城市树种进行实地研究更能反映树木的真实生理生态响应。

对于模型模拟来说，虽然学者对于气候变化作出了许多估计，但这些仅概括了未来植物的生长环境，对于预测树木或者森林生态系统对变化的气候将会产生何种响应没有提供实质性的参考价值。这主要是因为树木对于气候因子并不存在必然的线性响应，而且气候条件同时影响树木的许多生理机制（光合、蒸腾、呼吸以及水分和养分的吸收）。在森林生态系统中，这些机制对林分动态变化（自疏、再生、生长和凋亡）过程中带来的能量流动以及营养物质和水分循环的影响非常明显。在这种背景下，低至毫米和秒（比如气孔导度和光合同化），高至千米或几十年（比如森林的生长周期）的空间和时间尺度都会产生极大的变化。这些机制使得生态模型对气候变化极为敏感，但多层等级水平来建模会导致模型复杂性上升。因此研究需要对每个尺度都予以关注才能够准确了解植物在未来的生长趋势。

1.1.1.3　对生态恢复实际应用的意义

对植被蒸腾进行长期监测具有十分显著的现实意义，该领域研究能够帮助决策者及养护工作者制定科学高效的管理措施。研究证明，管理措施可以缓解极端干旱，所以诸如不加区分地对植物进行灌溉此类的传统做法可能存在资源浪费的问题（Thomas et al.，2006）。因此，传统的人工养护及抚育措施和造林方式都应予以重新考虑与检验。对中国西北沙漠地区植被的研究表明该地区的植物能够有效地调用地下水度过旱季，而非之前假设的利用季节性洪水，一系列分析表明灌溉在这种环境下除了浪费了珍贵的水资源之外，还会由于抽取地下水造成水位下降，反而不利于当地植被抗旱。在地中海地区的研究则证明，利用砍伐的方式可以帮助橡树人工林度过旱季（Larcher，2000），而 Smith and Jarvis（1998）的研究表明对防风带与农田结合带的林木进行修剪降低其气孔导度，能够减少其与附近农田的水分竞争，所以管理养护手段的实施对于帮助林分适应气候变化是非常重要的。在地中海以及中东这样的缺水地区，减量灌溉（deficit irrigation）一直受到广泛应用，由于这种控制手段的实施需要非常了解水分胁迫下植物大幅降低蒸腾后各形态学阶段生理表现的知识，这一管理手段也受到了研究人员的关注（Roberto et al.，2005）。植物蒸腾量对于制定控制灌溉、研究生物量产出以及植物水分关系都是非常重要的因素（Sellami and Sifaoui，2003），而液流监测就提供了衡量蒸腾的手段。对蒸腾进行监测并对各阶段植物的气孔行为进行分析，能够为评价植物对减量灌溉的敏感度提供有力工具。而对类似减量灌溉这种高效管理手段建立系统认识，能够多建立一个途径来寻找最优林分和城市绿地管理手段，对于水资源日益缺乏的中国大部分地区具有重要意义。

合理的树种选择能够促进正确造林策略的制定，因此对树木耗水种间差异的全面认识对评价人工造林的水文效应和规避可能发生的负面影响有决定性影响（Almeida et al.，2007；Buytaert et al.，2007；Dierick and Hölscher，2009）。但是，迄今为止，有关树木耗水与环境响应和生长间关系的研究资料涉及的树种较少，利用树种选择指导节水型绿化和植被恢复的方法仍然停留在理论阶段，可实施性较为薄弱（Steppe and Lemeur，2007）。本研究的结果对于优化树种选择、便捷管理措施有着重要的实践意义。

1.1.1.4　社会经济意义

在全球气候变化背景下，森林所扮演的水文和气候角色已引起广泛的社会关注（Zhang et al.，2010；Yang et al.，2011；Harma et al.，2012），植被对于流域水文的重要作用早已被科学界广泛认可（Campbell et al.，2011；Conner et al.，2011；Hümann et al.，2011）。蒸发散是森林水分分配的主要组成部分，对下游水量有重要影响（Oishi et al.，2010）。蒸腾又是其中比重最大的组成部分，因此会对流域水文产生直接影响（Dai et al.，2010）。

根据全球气候变化委员会的第三次评估报告，全球气温在 20 世纪上升了 0.6℃±0.2℃，北半球亚热带地区降雨以每 10 年 0.3%的速度递减（Alexander et al.，2006）。人类活动加之气候变化造成生态水文模式的极大改变，这种改变则造成世界许多地区的水文过程发生变化并在一些地区产生环境问题（Maurer et al.，2010；Cuo et al.，2011；Perry et al.，2012）。在这种大背景下，城市及干旱与半干旱条件下的生态系统水资源安全日益堪忧。以本研究地区之一的北京为例，北京平均年降水量为 585mm（Jia et al.，2009）。虽然这一水平并不低，但存在干湿年和夏冬两季的降水分配十分不均的问题。事实上，北京人均可用水不足 300m，仅为全球平均水平的 1/30。显然，持续大规模的人口增长和城市扩张加剧了水资源需求的巨额增长和需水缺口。为改善北京水资源短缺，区域水源林建设及森林生态系统健康经营得到学者和政策制定者的高度关注。尽管林分树种构成、种间密度等林分结构对蒸腾、冠层截留、土壤蒸发等要素的影响已为学者所共识（Donohue et al.，2007；Boulain et al.，2009），但区域水源林建设及经营管理往往多以传统森林覆盖率与水文变化的响应关系为核心依据。关于森林生态系统不同树种组成的蒸腾等水分利用特征对流域下游产水量的影响等问题，在认识上仍存在较大的不确定性。在开展区域水源林建设及森林经营健康维护时缺乏可用以支撑的科学依据。因此，迫切需要开展森林生态系统林分树种结构对水量平衡组分的影响研究，这对于指导区域水源林建设及改善区域水资源短缺均具有重要意义。

1.1.2 林分/树木蒸腾环境响应及生理控制研究进展

1.1.2.1 生态系统水文过程的植物影响

生态水文学（ecohydrology）是对于流域尺度下水文和生物界（biota）间功能联系的研究（Zalewski，2002），主要在于理解和量化水分供给与需求平衡关系对植被蒸散产生的影响（Rodriguez-Iturbe et al.，1999）。植被同水分循环有着内在联系，各地的水分平衡决定了植被分布和全球陆生植物的生产力。反之，植物群落的构成与分布决定了蒸散和径流的产生（Dunn and Mackay，1995）。植物通过冠层截流（Eckhardt et al.，2003）、蒸腾、根系对水分再分配（Milly，1997），对地表径流产生巨大影响。植物生理学家和生理生态学家重点解释了植被行为与土壤及大气供水的关系。现有研究的重点是植物如何控制水分的吸收并通过蒸腾方式散失水分，这些生理过程逐渐被水文学家所重视，并开始从该角度理解和预测植物群落水文过程。

蒸发散（ET）是生态系统中水分分配（water budget）和能量平衡非常重要的过程，其与生态系统的生产力紧密相关（Law et al.，2002），其两个主要组成部分是植物蒸腾和土壤水分蒸发，前者是生物生理过程（biotic process），后者则是物理过程。要准确预测生态系统及其过程对气候的响应，就必须要量化蒸散的分配及其控因（Lauenroth et al.，1994；Williams et al.，2004b）。作为蒸散分配（ET partitioning）的指标，研究认为单日尺度的蒸腾在蒸发散总量中占的比例是由冠层导度决定的（Liu et al.，2009a）。但是由于缺少区域间比较，现阶段是什么因素主宰了年间以及不同地域间的差异，以及冠层导度对

E/ET产生的影响在不同生境变化下的变化机制还不确定。因此，量化不同区域条件下森林生态系统的蒸散对于正确评估当地稀缺的水资源至关重要。

从根部吸水到水分在植物体内的运输和通过气孔开合控制叶面失水等一系列关键控制过程都有生理过程的参与。例如，相对于浅根分布的草本和零散分布的灌丛，具有强大根系的树木攫取了更大部分的土壤水分，因此其蒸腾是水分蒸发的主要组成部分，所以树木蒸腾在很大程度上会影响当地水分平衡（Finch，2000；Huxman et al.，2005；Lubczynski and Gurwin，2005b）。理解生态系统内及其相互之间植物蒸腾的生理控制及环境响应机制对于理解其水文功能有着重要意义。植物以物理和生理形式影响水文循环的主要途径有两种，可以广义地分为：①植物结构因素影响降雨对土壤水分的补充量和分配；②植物从土壤中吸取水分。第一种过程很大程度上是物理过程，而第二种途径则是生理过程。众所周知，虽然理论上由于森林覆盖率减少会降低蒸散、增加径流，但研究表明植树造林通常会削减径流（Bosch and Hewlett，1982）。半干旱地区的生态水文过程很大程度上受到降雨模式以及植被特征的影响。植被特征决定了降雨在水分散失和树木利用间的分配。Huxman等（2005）发现树木蒸腾在总蒸散中占的比例从稀疏的 creosote 林分的7%到沙漠地区牧豆树属植物群落的85%不等；而根据 Yaseef 等（2010）的研究，土壤蒸发约占降雨的36%，且占到植物蒸腾的80%。这些实验结果均表明植被对水分的利用会依植物种类的景观构成不同而有所变化。因此，理解植物与环境间的相互关系可以帮助我们理解自然生态系统的建立，并预测土地利用和气候变化对于水分有限的生物圈及其生态水文学的影响（Huxman et al.，2005；Wu and Archer，2005；Newman et al.，2006）。

1.1.2.2　林分/树木蒸腾的环境响应

（1）林分/树木大气环境的响应与生理调节

多数研究表明，冠层蒸腾与太阳辐射成线性相关（Meinzer et al.，1997a；Meinzer et al.，1999a），但通常与 VPD 呈现饱和关系（Oren et al.，1999a；Pataki and Oren，2003；Phillips et al.，2003）。温度升高会直接导致 VPD 升高，造成气孔关闭（Oren et al.，1999a）。蒸腾需求升高也会增加冠层截流损失（Llorens et al.，1997）。研究表明，相似生活型或栖息地条件下的树种对 VPD 升高的响应方式类似（Franks and Farquhar，1999），即当 VPD 达到一定阈值后，蒸腾就停止随 VPD 的线性增长，而保持最大蒸腾量。具体阈值受到植物干旱耐受度的影响，一般在 0.8~2kPa（Fletcher et al.，2007）。

对树木来说，依靠树体存储的水分暂时替代蒸腾失水是一项非常重要的体内平衡机制，由于导水阻力随导水路径在树高方向上的延长而增大（Goldstein et al.，1998；Phillips et al.，2003），叶水分亏缺会受到限制。树体内部存水对日蒸腾的相对贡献因树种不同可低至 10%~20%（Loustau et al.，1996；Goldstein et al.，1998；Kobayashi and Tanaka，2001；Maherali and DeLucia，2001），或高达 30%~50%（Holbrook and Sinclair，1992）。相对树体储水量是由诸如主要水分存储器官和导水结构组成的水分释放特性决定的，例如叶面积与边材面积比（Meinzer et al.，2004）。树体以蒸腾方式释放储水的多变性和具体数量造成蒸腾和通过叶片、树干和根系的水分运动之间出现时滞。外界气象因子变化与植物体内液流变化间的时间滞后常数能够用来估计土壤和植物体内参考点之间的树木导水阻力和储水容量（hydraulic capacity）（Meinzer et al.，2004）。如果导水阻力或储水量在一天内发生变化，那么由环境因子造成土壤—大气联通体中水分运输的变化常数在一天内也是动态而非静态的。因此，整树液流与 VPD 和太阳辐射间的时滞会导致对下午液流模型拟合出现显著差异（Dekker et al.，2000）。液流通量密度的代表性与太阳辐射和 VPD 的关系不受冠层位置的影响。因此，不同树种对微气候的响应会导致混交林对微气候变化出现不同响应。

（2）对林分/树木降雨的响应和生理调控

越来越多的证据显示，由于全球气候变化造成极端气候频发，在气候变化趋势日益明显的最近几年，通过其对水分胁迫的响应对森林功能进行评价显得尤为重要。调查数据显示，即使在没有极端气候的地区年降雨变化也很大，并且造成植物生长及降雨分配非常不均，这会影响森林生态系统的发展和稳定性。

近期对于全球和局部区域降雨模式的研究表明，单场较大降雨之间的干旱胁迫可能会加大（Gregory et al.，1997），因此降雨模式改变引起的短期干旱会通过改变土壤含水量、蒸发散和碳平衡对森林生态系统的生长和生存产生重要影响（Wullschleger and Hanson，2006）。降雨的随机性以及夏季蒸腾需求的升高会造成旱期强度和持续时间的变化。在这种情况下，等水势调控树木（Tardieu and Simonneau，1998）由于具有在导水特性上的特殊可塑性（Mencuccini and Bonosi，2001；Poyatos et al.，2008；Martínez-Vilalta et al.，2009），能够有效关闭气孔以防止木质部水势下降到危险临界值（Irvine et al.，1998；Poyatos et al.，2008），气孔调控是短时可逆机制，因此能够在降雨后迅速恢复（Poyatos et al.，2007）。虽然存在这种等水势行为，在持续无降雨的情况下，蒸腾路径上水力导度仍会出现一定程度的下降，需要更多的时间才能够恢复（Irvine et al.，1998；Poyatos et al.，2007）。Llorens 等（2010）对伊比利亚半岛东北部斯科特松（*Pinus sylvestris*）林分的研究表明，树木夏季蒸腾受年间降雨量影响而出现显著差异。干旱年份夏季日蒸腾只有普通降雨年份的 40%，且在干旱夏季，即使在大型降雨事件后蒸腾仍无法恢复（Limousin et al.，2009）。对法国南部较为耐旱的栎（*Quercus ilex*）林进行的长达 4 年的冠层雨水截留处理野外控制试验结果表明：降雨对土壤水分补充减少 29% 会导致年蒸腾降低 23%，虽然树木对蒸腾实施严格的气孔控制，但在缺少降雨补充的条件下整树水力导度较低。对温带橡树林的降雨截留实验证明 33% 的降雨截留造成年冠层蒸腾降低 11%~30%（Wullschleger and Hanson，2006）。对常绿斯科特松林分的冠层截流实验证明，降水补给减少会导致蒸腾降低 30%（Irvine et al.，1998）。对意大利 Calabria 地区 *Pinus iaricio* 林分的研究发现，截留会造成年冠层蒸腾降低 50%（Cinnirella et al.，2002）。此外，树木蒸腾对降雨的响应还会表现出时间滞后，MacKay 等（2012）发现冠层蒸腾在实施雨水截留处理后 54 天才开始对降雨减少表现出负反馈。

虽然用简单模型假设树木进行完全等水势调控和变化的土壤—根系水力导度能够很好地解释最大蒸腾的变化（Duursma et al.，2008），但是这种机制不能够完全解释在水量平衡条件变差情况下的蒸腾机制。所以应将气象和降雨观测同蒸腾相结合，对温度和降雨异常事件进行分析，并理解蒸腾对降雨差异的响应特点。

(3) 对林分/树木土壤水分胁迫的响应

冠层蒸腾的水文过程受到大气蒸腾需求和能量（太阳辐射）的驱动，但通常受到土壤水分可获得性的限制（Schulze，1994）。土壤水分反映了生态系统中水分输入（降雨）和输出（蒸发散、地表径流、下渗）的差值，对植被生长起到影响甚至决定作用。大部分水文模型都会存在对土壤水分集中研究的部分（Chen and Dudhia，2001；Feddes et al.，2001；Guswa et al.，2002）。因此，准确量化土壤水分同生态过程的关系对水文模型的建立非常重要。从植物生理生态角度的蒸腾研究则能够为这一环节提供必要信息（Guswa et al.，2002）。由于植物从土壤中获得水分，所以气候以及土壤特性的影响就会通过土壤湿度的动态变化反映在植物上（Stephenson，1990）。干旱对植物是否造成胁迫是根据植物是否可以获得土壤水分决定的，而不一定是由于缺少降雨造成的，所以植物即使在良好的气候条件下也可能由于土壤质地差而经历干旱胁迫（Newman，1967）。因此，土壤水分差异可在小范围内造成植被类型的分布差异（Harrington，1991；Bellot et al.，1999；Cramer and Hobbs，2002；Quevedo and Francés，2007；Yüksek et al.，2010）。在许多生态系统中，尤其是半干旱气候条件下，土壤水分胁迫会限制树木的水分和碳交换。所以，干旱一直被认为是限制植被种类分布和生长的主要因素，高温和太阳辐射胁迫通常在植物由于干旱胁迫无法进行蒸腾降温后才开始主导（Nilsen and Orcutt，1998），诸如与养分匮乏相关的胁迫通常也是由水分胁迫的发生而引起的（Larcher，1995；Nilsen and Orcutt，1998）。

由于蒸腾仅在高水分胁迫条件下才受到限制，而且土壤水分亏缺与 VPD 和太阳辐射对蒸腾影响的时间尺度不同，因此量化土壤水分可获得性对蒸腾的影响比较困难。虽然有的研究并未观测到土壤水分对林分蒸腾存在显著影响（Thomas et al.，2006；Kume et al.，2007；McJannet et al.，2007）。但多数研究表明土壤水分是重要的蒸腾限制因素，并且不同树种对其响应存在种间差异。Llorens 等（2010）对斯科特松林分的研究发现林分蒸腾取决于土壤可获得的水分，说明整个土壤剖面的水分和地下水位对蒸腾有很强的限制作用。对于不同生境，造成林分/树木出现蒸腾下降及蒸腾-VPD 关系出现折点的土壤水分临界值也不同（Fisher et al.，2008；Wallace and McJannet，2010）。由于结构特点不同，针叶树木和灌丛比阔叶树种更耐旱（Gao et al.，2002），同为针叶树种的挪威云杉比斯科特松更易受到土壤干旱的影响（Lauenroth and Bradford，2011）。

虽然各种胁迫的综合作用对植物生理产生的影响非常复杂（Porporato et al.，2001），但植物通常会对不同胁迫表现出相同的响应，尤其是当引发胁迫的原因是水分不足的情况下（Chapin，1991；Kramer and Boyer，1995）。所以量化干旱对于森林蒸腾的影响对评估潜在的森林生产力损失以及植被分布具有十分重要的意义。植物对水分胁迫的响应是十分复杂的，其中包括适应性变化和日渐萎蔫（deleterious effects）（Chaves et al.，2002）。土壤水分下降到一定的临界值时就会发生干旱胁迫。减少的土壤可获得水分（water availability）改变土壤与根际、叶面与大气界面间的水势，破坏土壤到叶面间连通体中水分的的贯通状态，造成气孔关闭。水分和 CO_2 通量降低会导致树木生长受限，极端情况下就出现个体死亡。由于植物通过调节气孔导度来满足 CO_2 吸收，同时将叶片失水降至最低，气孔对蒸腾进行控制能够优化植物的水分利用并减低干旱造成伤害的风险（Sala and Tenhunen，1996），因此气孔导度不仅是衡量蒸腾和水分平衡的关键，对于估计碳同化和树木及林分净初级生产也同样重要（Clenciala et al.，1998）。所以对蒸腾的气孔控制进行研究有助于我们更好地理解处于 CO_2 和气温升高环境下植物生理过程的调节。在气候变化的情况下，了解现有的森林系统是否能够适应这种变化是非常必要的。

1.1.2.3 林分/树木蒸腾的生理控制

对于森林植被与流域水文水资源关系，国内外已开展了大量研究以探讨森林对年产水量（Watson et al.，1999；Wang et al.，2008；Zhang et al.，2008；He et al.，2012）和对极端水文事件（Robinson et al.，2003；Brown，et al.，2005；Grant et al.，2008；Alila et al.，2009）的影响，但是现阶段学者对森林和水循环间的互动机制的认识仍主要来自于传统的对比试验流域，着眼于森林覆盖和长期年产流量的关系，而忽略林分环境变化对树木蒸腾生理生态过程调控影响所扮演的重要角色。这不能真正从生态水文学的角度认识流域对土地利用与植被变化的水文响应过程与机理。因此，要完整解析林分蒸腾的时空变化，就必须对林分/树木生理生态的环境响应展开研究。

（1）气孔蒸腾的环境和生理控制

为保证个体存活及最优生长，植物会响应环境变化并进行自身调控。太阳辐射、水汽压亏缺（VPD，其中包括温度和相对湿度因子）、风速和水分条件等是影响植物生理活动的主要气象因子。在一定的土壤含氮浓度下，G_c 很大程度上受到高 VPD、土壤水分亏缺或者几种因素共同作用的影响。在 VPD 达到一定值后，蒸腾就会出现饱和趋势，表明随 VPD 增长气孔逐渐关闭，即存在一种机制能维持恒定的蒸腾速率并将水势保持在危险水势的临界值以上（Hernández-Santana et al.，2008）。这种机制在液流输导路径上造成阻力，并最终决定了植物能维持的最大蒸腾速率（Hogg and Hurdle，1997）。而且，研究表明即使不存在胁迫，蒸腾仍会出现上限，这就表示植物在非胁迫条件下同样会实施气孔调控（Hernández-Santana et al.，2008）。

单个气孔能够很好地通过气孔开度的变化调控水汽流，但是如果叶表面的空气被很厚的边界层（boundary layers）所隔离，那么气孔开张就不能影响冠层蒸腾了（Jarvis and McNaughton，1986），这种情况下植被与周围空气脱耦，表面空气 VPD 达到局部平衡。从空气动力学的角度来讲，表面被隔离的植物，其表面导度的变化对蒸腾几乎是没有影响的（Jarvis and McNaughton，1986；Collatz et al.，1991）。而对未与大气湍流运动发生屏蔽的植物，其冠层与上部空气耦合良好，因此，表面空气不断被周围新的空气所代替，大气 VPD 不断施于叶表面，所以耦合好的冠层其跨气孔 VPD 的梯度不取决于稳态空气和叶表面的 VPD。因此，蒸腾和边界层空气 VPD 间不存在响应关系，而是表面导度的变化直接调控水分散失。为表征植物与大气的耦合程度，该领域的研究引入了脱节系数 W（decoupling coefficient），值域范围为 [0，1]（Jarvis and McNaughton，1986；Wullschleger et al.，

2000）。W 趋于 0 表示植物与大气耦合良好，气孔对蒸腾的控制程度较高，这时气孔的局部变化就会导致蒸腾出现相应的变化；而当 W 趋向 1 时，植物冠层处于稳态空气层的包裹中，与外界大气处于脱耦状态。与大气耦合不好的植物其蒸腾主要由太阳辐射控制，而大气 VPD 的影响程度则急剧降低（Wullschleger et al.，2000），也就是说气孔导度并不是重要的控制因子。通常具有较高气孔导度，如农田等均一而短密冠层的植被环境（这种冠层使得空气动力学导度较低），其 W 值会偏高（Meinzer et al.，1993a）。乔木森林的冠层从空气动力学的角度来讲比较粗糙，且空气流动较好，空气动力学导度（Ga）较高，而空气动力学阻力（ra）降低（Jarvis and McNaughton，1986），所以森林生态系统冠层与大气的耦合程度较好，其蒸腾主要受 VPD 和 G_c 控制，表现为 W 值较低且趋于 0。通常针叶林的 W 值多在 0~0.2 之间，阔叶林的水平稍高，在 0.4~0.6 之间（Meinzer et al.，1993a；Hinckley et al.，1994）。

气孔对连接叶片木质部导水组织内水分状态的调控可能是由于栓塞形成动态机制和导水通路末端修复造成的。也就是说，气孔对叶片栓塞和导水阻力日变化的动态响应说明树木存在一种对蒸腾需求变化的提前预警的机制。尤其是在边材储水已被消耗，而植物不能通过调用树体储水进行缓冲的情况下，如果气孔不能"预感"蒸腾升高，那么就会导致树干木质部张力突然上升并丧失导水能力。

（2）夜间液流：蒸腾与补给

在对植物蒸腾活动的研究中，夜间蒸腾是植物蒸腾研究中较少被讨论的。根据优化理论，由于夜间没有光合作用光反应所需的太阳辐射，植物在夜间无法固碳，因此会闭合气孔防止夜间不必要的水分流失（Daley and Phillips，2006）。但是越来越多的研究表明，许多植被类型和生物圈内可能发生夜间液流（Musselman and Minnick，2000；Caird et al.，2007；Dawson et al.，2007；Marks and Lechowicz，2007）。研究证明虽然夜间水分散失并不能进行固碳，但其仍占植物日耗水总量相当重要的一部分。依据植物种类和环境条件不同，液流法观测到树木（杨树、杉科、柳树、苹果和桉树）的夜间液流在 5%~30% 之间（Cleverly et al.，1997；Hogg and Hurdle，1997；Becker，1998；Oren and Pataki，2001b；Fisher et al.，2007；Scholz et al.，2007）。气体交换实验也观测到许多植物存在夜间液流，例如菊科植物、桦属、白蜡属、椴树属、蔷薇属和芸薹属植物（Wieser and Havranek，1993；Matyssek et al.，1995；Assaf and Zieslin，1996；Donovan et al.，2001）。这种现象说明气孔行为可能具有适应性意义（Dawson et al.，2007；Fisher et al.，2007；Marks and Lechowicz，2007；Scholz et al.，2007）。对其进行解释的各种假设认为夜间液流的发生是有基因学基础的（Christman et al.，2008）。从进化角度，这些假设被分为并不相互排斥的三大类：①夜间水分散失并不会给植物造成很大代价，因此其选择效应很弱；②大量的夜间气孔开张和夜间蒸腾受到与日间气体交换速率间接相关的基因和物理机制环节；③通过提高植物营养及碳水关系，大量的夜间气孔开张和夜间蒸腾为植物生长和适应某些栖息地带来了益处。

Phillips 等（2003）认为监测到的夜间液流并不代表植物在进行夜间蒸腾，因为对日间失水进行补充也是非常重要的一部分。这与 Caspari 等（1993）的实验结论一致，两位学者将夜间液流归纳为补充木质部白天失水的过程。但是当夜间液流与 VPD 存在正相关关系时，则认为这时树木是在进行夜间蒸腾（Green et al.，1989；Hogg and Hurdle，1997；Fisher et al.，2007）。Oren and Pataki（2001a）发现 *Taxodium distichum* 冠层夜间导度对 VPD 极为敏感。Benyon（1999）发现检测到的桉树夜间液流是在液流静止几个小时后才发生的，所以他的结论是这部分夜间液流并不用于补充树体储水。而且他认为水分补充应当出现在高日间液流之后，其观察到的夜间液流都是发生在低日间液流当晚。已观测到的夜间液流证明对植物进行连续的夜间观测对于计算整树蒸腾是非常必要的。因为尺度扩展到林分或生态系统水平时，夜间失水量会扩大，对其忽略会造成对系统水分消耗的过低估计。

夜间液流的现象改变了我们现有的对植物如何响应环境的认识，能够帮助我们解释植物的分布，也可能影响我们对液流的计算和假设夜间液流为零的水分分配模型的估计精度，这对树木生理活动具有重要意义。在城市环境下夜间气孔开张可能使植物更易受到空气污染物的伤害（Musselman and Minnick，2000）。对于植物如何响应污染，温室气体浓度升高以及全球气候变化的预测很有可能根据植物夜间液流及夜间气孔导度的程度而受到影响（Snyder et al.，2003）。比如，在有光条件下，由于光合电子运输活跃，植物对氧化物的解毒更高效，所以保持夜间气孔开张的植物更容易受到臭氧伤害（Matyssek et al.，1995；Musselman and Minnick，2000；Grulke et al.，2004）。

1.1.2.4　树种构成和种间趋同对蒸腾特征的影响

（1）蒸腾的种间差异

植物蒸腾强度和波动取决于土壤水分、大气条件、林分特征、动态机制和植物生理等一系列因素，因此区分包括蒸腾环境响应在内的种间蒸腾差异非常重要。如果种间差异显著，那么树种组成会影响蒸腾及水量平衡过程的其他组分（Allen and Breshears，1998）。而且，有别于过去将树木按某一类型笼统划分的方式，种间差异在水文模型的建立中非常重要。1978 年，Federer and Lash 提出森林的树种构成对森林产流（water yield）存在潜在影响（Federer and Lash，1978），并从水文学的角度，利用水文模型证明林分蒸腾上浮10%就可以影响模拟的河流水量。以速生树种进行植树造林被认为是可持续而经济的替代方法，这可以减少对原生林的砍伐（Sedjo and Botkin，1997；Binkley，1999；Hartley，2002；Friedman，2006），但是引入外来树种可能造成一系列负面效果（Le Maitre et al.，2002；Kanowski et al.，2005；Nosetto et al.，2005）。已有研究证明，半干旱地区速生外来树种林分会耗损本已稀缺的当地水资源（Vertessy et al.，2001）。由于大规模的植树造林对改变该区域水资源的可获得性（water resource availability）具有巨大的潜在影响，许多学者担心在不了解树木水分消耗特征的情况下，对某种树进行大面积推广种植，其巨大的耗水量会减少河流水量以及地下水补给（Ettala，1988；Lindroth and Iritz，1993；Lindroth et al.，1995；Allen et al.，1999）。植树造林带来的最大潜在问题是造林地升高的蒸发散水平，这会造成径流和地下水补充降低（Bruijnzeel，2004）。Farley 等（2005b）对全球范围内的综述总结认为以草地和灌木的形式进行植被恢复会造成年地表径流分别降低44%和31%。在南非进行的长期流域研究揭示了人工林蒸发散率呈现明显升高模式，造成可用水源减少（Dye and Versfeld，2007）。厄瓜多尔松树人工林造成径流降低50%（Buytaert et al.，2007），而巴西雨林的监测结果发现太平洋雨林地区的桉树人工林蒸发散占降雨的95%（Almeida et al.，2007）。因此，对植被恢复管理手段的研究在近年来不断热议，而由于不同树种生理差异对林分水文的决定性作用，树种选择也成为首选之一（van Dijk and Keenan，2007；Gyenge et al.，2008），但是由于现有对各树种水文特性资料的匮乏，这一手段现在仍处于理论阶段。所以，了解由不同树种构成的林分对水资源的潜在影响对防止随植树造林规模扩大而带来的潜在负面影响是十分重要的。

Forrester等（2009）证明桉树与豆科植物混交林的蒸腾量要高于纯林，而且混交林表现出更高的水分利用效率（WUE）。总的来说，不同树种在长期混交后会出现相似的蒸腾规律，但是，在单独一个干湿循环季（wet-dry cycle）的任意时间点上，树种间仍会表现出短期的蒸腾差异（Oren and Pataki，2001a；Gartner et al.，2009）。Oyarzún等（2011）发现挪威云杉在春旱时，由于树木结构特性的差异造成冠层截流不同，因而种间蒸腾差异成为导致土壤水分变化的主要原因。Hölscher等（2005）的研究则证实了单木对来自土壤和大气的敏感性差异造成的蒸腾种间差异使向林分进行蒸腾的尺度扩展变得更为复杂。由于冠层蒸腾只能通过液流替代的方法而无法直接测得，树种间在水分利用以及对干旱的响应的差异是较难评价的（Pataki and Oren，2003）。树木个体的水分利用特性及其对干旱胁迫的响应主要受到根的分布及气孔开合的影响（Gartner et al.，2009）。不同树种根系分布以及从土壤中获得水分的能力是不同的。因此，当土壤水分减少时，分布范围较有限的根系系统就会降低液流，钝化植物冠层对VPD的反应。相反，深根树种随土壤旱化蒸腾仅出现逐渐降低的现象（Bréda et al.，1993；Oren and Pataki，2001b）。Gartner等（2009）进行的实验表明尽管存在时间差异，在丰水期云杉和山毛榉的个体样木会表现出相似的液流规律，但山毛榉能更快地适应土壤水分状况，气孔调控力度随干旱加剧而提高，而云杉在干旱期就无法保持其中午典型的蒸腾曲线，而是在晚上会出现最高液流，这使得混交林中山毛榉更具优势。

由于从不同土层获得水分的能力不同，植物的生活型（草本或树木）以及种类影响其蒸腾对降雨事件的响应（Zeppel et al.，2008a）。与浅根草本或木本灌木相比，树木根系庞大而纵深，能够从土壤中抽取大量的水分（Huxman et al.，2005；Lubczynski and Gurwin，2005a），因此对区域水量平衡及土壤水分可获得性影响更强烈（Brown et al.，2005；Farley et al.，2005a；Van Dijk and Keenan，2007）。Burgess（2006）的研究总结出澳大利亚南部一系列灌木和乔木树种存在4种对夏季降雨的响应方式。20mm降雨被认为能引起桉树-柏科树种森林显著的蒸腾响应。相比之下，牧豆树属植物（mesquite）灌丛只需10mm降雨便能引起显著响应（Fravolini et al.，2005）。因此，了解树种对降雨诱因的响应有助于了解当地生态水文过程。在多样的生态系统中，植物用水和对土壤干旱的响应模式差异是决定蒸发散中蒸腾组分的不确定领域之一。植物在对抗水分胁迫的策略上也存在种间差异。有的植物根系较浅（低于 2.5m），但仍能保证叶面积，但同属浅根植物的其他种类就会以落叶的方式响应干旱胁迫，还有一类植物通过发展深根（大于 2.5m）吸取深层土壤水分的方式抵御水分胁迫（Hacke et al.，2000）。抗旱策略的差异导致植物对胁迫的耐受度出现差异，其典型指标之一就是气孔行为。干旱条件下，木质部水分运输能力的丧失是由于木质部在负压下栓塞，形成气穴，阻断导管，使水分不能通过，植物不能在木质部栓塞的情况下向叶片输水。根据毛细管公式，栓塞取决因素之一是毛细管直径，由于不同植物导管解剖结构的差异，因此其与抗栓塞能力相关的抗旱能力存在种间差异。虽然在林分尺度上已有很多研究利用液流法探讨干旱对树木蒸腾的影响，但是着眼于树种水分利用差异的研究仍数量有限，因此无法对每个树种得出概括性的结论（Hölscher et al.，2005）。面对气候变化的趋势，增进对树种耗水的生态了解有助于构建未来森林管理理念（比如树种的挑选），揭示自然条件下森林演替过程中的树种变化，从而为预测植被景观变化提供依据。

（2）蒸腾的功能性趋同

虽然各种实验证明蒸腾活动受到树种因素的影响，但是在环境响应的模式上不同树种仍会表现出相同点。在大多数研究中，气孔会随着 VPD 的增大逐渐关闭（Massman and Kaufmann，1991；McCaughey and Iacobelli，1994；Monteith，1995），表现出气孔导度降低，并造成当 VPD 升高到一定阶段时，蒸腾出现饱和的现象（Monteith，1995；Pataki et al.，2000）。通过避免 VPD 升高造成的蒸腾过高，气孔关闭能够避免植物体内水势的下降（Saliendra et al.，1995），因此气孔关闭响应可看作是防止过度脱水和生理损伤的进化结果（Oren et al.，1999b）。许多研究证明，气孔对 VPD 的敏感度与低 VPD 条件下的气孔导度存在固定关系，Oren 等（1999b）综合分析多种不同植物发现，即使存在生活型、栖息地以及生理和环境指标监测方法的差异，中生植物气孔对 VPD 的敏感度与 VPD = 1kPa 条件下气孔导度的比例都恒定为 0.6。理论分析认为这种关系与气孔控制蒸腾和水势的作用是一致的。只要气孔能将叶水势控制在接近恒定的量值，中生树种就随着 VPD 范围的变化沿 0.6 斜率直线变动。由保持最低水势而造成的这一恒定比例，极大地简化了冠层水通量和碳通量模型（Ewers et al.，2008），并有助于提高对冠层失水和碳吸收耦合度预测的了解（Katul et al.，2003），在模型中使用植物水力学信息使模型的机制严格，同时满足了在更大尺度对林分进行模型模拟的简洁性需求（Ewers et al.，2007）。

在种间差异研究中存在的另一个趋同性现象是冠层蒸腾与树体大小和林分结构的关系（Cienciala et al.，2000；Meinzer et al.，2004）。对巴拿马雨林 24 个树种的研究结果表明胸径变化对最外层 2cm 边材液流变化的解释量可达 91%（Meinzer et al.，2001a）。其分析结果表明与树木大小、结构和组织特性相关的变量进行简单正态化能够在多个尺度上揭示明显的植物功能性趋同。通过对混交落叶林实验，Wullschleger 等（2001）认为每个树种对林分蒸腾的相对贡献主要是由单位样地面积的边材面积决定的，而种间日耗水差异的影响仅占次要地位。不同树种环境响应的比较研究不止一个尺度，应对树木大小、异速生长和组织生理特征获得充分信息，从而能够对观察到的响应和行为进行正态化，因此趋同性研究可以促进对个体研究结果的综合分析。

1.1.2.5　植物蒸腾监测技术与尺度扩展

传统蒸腾测定方法包括：①快速称重法。该方法假定枝叶离体短时间内蒸腾改变不大，则可通过剪取枝叶在田间进行两次间隔称重，用离体失水量和间隔时间换算蒸腾速率，代表正常生长状况下的蒸腾速率。该方法适用于蒸腾比较研究，但误差较大。由于只能间断测定，数据的连续性差，并且枝叶离体对小树影响较大。②整树容器法。由于注水量可以精确到1g，该方法可精确测定大树的蒸腾变化，但由于切断了树体与根部的联系，根系部位的吸水阻力消失，且树干处于供水最佳状态，造成该方法测得的蒸腾值增大。由于随时间推移发生的生理变化，所以不能代表有根植物的蒸腾值。③叶面气孔计监测。对稳态气孔计通入干燥空气，保持叶室和相对湿度的稳态，仪器测定叶室条件下的气孔阻抗与蒸腾速度。该方法的局限性在于室内条件不同于自然环境，其蒸腾值不能直接代表自然条件下的蒸腾耗水量，会在单叶或枝条耗水量外推至整个林冠过程中产生较大误差，而且由于成片树木蒸腾差异显著，冠层内环境因子常处于连续变化的状态，该方法很难进行尺度扩展。④水量平衡法。该方法是一种间接的测定方法，基本原理是根据水量平衡方程计算区域内水量的收入和支出的差额来推算植物蒸散量。该方法适用范围广，并且不受微气象学方法中许多条件的限制，但只能用于较长时段的总蒸散量。缺点主要在于水量方程中各分量的测定值的精确性难以保证，且在大流域应用中由于计算区域边界难以确定，流域内雨量监测点的不均布局会导致精度降低。⑤蒸渗仪测定。该方法是一种基于水量平衡原理发展起来的植物蒸发蒸腾量测定方法。其显著优点在于能直接测定蒸腾耗水量，但测得的数据常缺乏代表性，仅能代表整个田间某一点处的蒸发蒸腾量，且仪器位于地下，维修养护较为困难。⑥微气象法。微气象学方法主要包括波文比能量平衡法、空气动力学法和涡度相关法。能量平衡原理和边界层扩散理论是该系列方法的理论基础，其物理机制明确，但应用限制条件较多。冠层蒸腾通常通过彭曼方程进行计算，需要的参数包括VPD、可获得能量、水的属性参数、叶面积、气孔导度和风速。一系列参数要求造成使用该方法较其他预测冠层公式的经验公式更繁琐（Ford et al.，2005）。⑦液流观测法。此方法具体包括：热脉冲法、热扩散法和热平衡法。其中，热扩散技术数据采集具有准确和稳定的特点，由于可以连续不间断地读取数据，具有系统性；瞬时蒸腾量反应灵敏，可进行长期连续观测，能较好地满足蒸腾作用研究的要求；该法在树干液流量较小时也能准确测定液流密度，对树木的生长基本无破坏性。

目前，植物蒸腾的观测尺度主要为叶片尺度、单株尺度、林分尺度及区域尺度。叶片尺度包括快速称重法、空调室法和气孔计法。称重法需要将待测定的叶片从树体上分离下来，误差便不可避免地产生了。单株尺度主要利用热脉冲、热平衡和热扩散等树干液流测定方法，因测定操作简单结果可靠而广为使用。林分尺度的研究通常包括微气象法、水文学方法和生理学方法直接观测，或者通过单株观测进行尺度扩展获得。区域水平的研究是在更大的空间上进行蒸腾耗水量的测定。目前常用的方法是气候学方法和遥感技术，但这一尺度无论是在空间还是时间上都较为复杂，是目前陆面蒸发过程研究中的薄弱领域。

尺度转换是指通过有限的样木，根据单木耗水量与耦合梯度之间的关系外推群落耗水量。要实现由单木耗水量沿时间进程和径阶的扩展，变量的选择与单木耗水量的关系、模型的选择和方程求解是整个过程的核心问题。尺度扩展目前有两种方法，第一种是利用易取得的一个纯量，根据标准木测定结果求得林分等更大尺度的蒸腾量。但是这纯量不可能适合于任何立地条件，因为在尺度扩大的问题上不仅存在空间尺度，还存在时间尺度。目前很多研究是针对空间尺度进行的，而对时间尺度的研究报道较少。原因就是目前对树木的蒸腾耗水研究通常是在一个较短的时间内进行的，而且没有系统的基础资料可以应用，这样就给时间尺度扩大的推测带来了较大难度。因此，通过短期测得的结果并不能很好地应用于不同林龄的林分之间的蒸腾耗水的估测。

对于蒸腾研究，选用树干胸径（Vertessy et al.，1997）、叶面积（Hatton et al.，1990）或边材面积（Čermák et al.，2007）作为外推到群落耗水量的转换因子。许多学者利用这种方法对单株液流进行尺度扩展进而达到流域水平。在尺度扩展过程中个体树木的蒸腾由边材中某点的液流密度进行估计，并扩展到树木的整个边材截面积（Hatton et al.，1990）。大部分研究证明，将树干内将任意截面测得的液流速率值进行扩展得到整树蒸腾的精确估计量是可行的（Vertessy et al.，1997；Clearwater et al.，1999；Ford et al.，2004b）。虽然液流法仍能有效地评价森林结构变化对当地水分平衡的影响，但是由于这些树的液流密度有明显的径向变化（Gartner and Meinzer，2005），这种扩展手段对于边材较厚的树种来说可能存在问题。如果对这种变化不加以考虑，就会造成对液流的过高或偏低估计（Oishi et al.，2008）。许多研究对不同尺度的扩展方法进行了验证，发现通过单木液流进行尺度扩展得到流域的估计值出现低估。Wilson 等（2001）得到的范围在 16%～28%，而 Ford 等（1997）得到低估值约为 11%，并提出在尺度扩展过程中的每一步都会出现较大变异。因此采用该方法进行由单木向林分的尺度扩展，以及林分向流域的尺度扩展需要精确的各个树种的蒸腾特征量以及各个树种在总 LAI 或总边材面积中占的比例（Meinzer et al.，2003）。边材面积表征量（Representing As）（Kumagai et al.，2005）、样木数量（Ewers et al.，2002）、年龄和林分树种构成（Moore et al.，2004）的精确特征量对于估计冠层蒸腾都是非常重要的。

1.1.3　林分/树木蒸腾环境响应研究存在的问题与发展趋势

1.1.3.1　存在的问题

气候变化导致降水模式改变，对水循环及植被分布具有潜在影响，而树木对区域水量平衡的影响一直以来受到争议，因此，明确树木耗水的环境响应和生理控制能够指导准确评价与预测不同生态系统环境下水量平衡各组分的分配，并对生态恢复的树种选择具有重要实践意义。生态水文工作者在林分/树木蒸腾环境响应等方面做了大量的研究，但仍在以下方面存在问题：

（1）模型假设方法尚不完善

虽然用简单模型假设树木进行完全等水势调控和变化的土壤—根系水力导度能够很好

地解释最大蒸腾的变化，但是这种机制不能够完全解释在水量平衡条件变差情况下的蒸腾机制。所以应当将气象和降雨观测同蒸腾相结合，对温度和降水异常事件进行分析，并理解蒸腾对年降水差异的响应特点。

（2）土壤水分对蒸腾的影响量化复杂

由于蒸腾仅在高水分胁迫条件下才受到限制，而且土壤水分亏缺与VPD和太阳辐射对蒸腾影响的时间尺度不同，因此量化土壤水分可获得性对蒸腾的影响比较困难，土壤水分是重要的蒸腾限制因素，并且不同树种对其响应存在种间差异。

（3）种间蒸腾差异的区分研究力度不足

对植被恢复管理手段的研究在近年来不断热议，而由于不同树种生理差异对林分水文的决定性作用，树种选择也成为首选之一，但是由于现有对各树种水文特性资料的匮乏，这一手段仍处于理论阶段。

1.1.3.2 发展趋势

基于现阶段研究提出的科学问题和实践需求，采用热扩散探针技术（thermal dissipation probes）观测不同环境条件下不同树种的蒸腾活动，并对同步气候及土壤水分条件进行监测，从环境性响应和生理控制角度对树木蒸腾进行区域间和种间比较：①量化不同环境下所选林分/树木的蒸腾量；②比较不同环境条件下生态系统的不同时间尺度的蒸腾规律；③比较不同树种蒸腾活动环境响应方式和对干旱胁迫的应对策略；④评价不同树种通过气孔进行的生理控制在不同环境条件下的差异性，以及对VPD敏感度模型在不同树种间的差异；⑤比较城市与自然环境下植被蒸腾的环境响应，从而进一步掌握林分/树木的耗水特性，为森林培育工作者制定日常养护措施，并为造林绿化的树种选择提供参考，了解控制林分/树木蒸腾雨后恢复的环境控制机制，具有重要的研究意义，这也是本项研究未来的发展方向。

1.2 根系固土

1.2.1 根系固土的研究史

利用植物手段稳定边坡的历史渊源，在我国可追溯到的明朝，在欧洲可追溯到19世纪（陈丽华等，2008）。而有关根系固土功能、防止地表冲刷及增加坡面抗滑能力等的研究，可追溯到20世纪30年代（陈丽华等，2008）。室内试验（Operstein and Frydman，2000）与野外实验（Wu and Watson，1998；van Beek et al.，2005）结合验证了根的存在增加了土体的剪切强度（Kassiff and Kopelovitz，1968；Endo and Tsuruta，1969；Manbeian，1973；Waldron，1977；Burrough and Thomas，1977；Waldron and Dakessian，1981；Ziemer，1981；Operstein and Frydman，2000）。根土复合体的剪切强度随土壤内根的密度或者根的横截面积的增大而增大。在林木根系固土理论的探索方面，Wu和Waldron作出了很大贡献。Wu（1976）和Waldron（1977）等假设植物的根为弹性材料且其主根垂直穿过剪切层，并产生抵抗该层面的滑动，推导出第一个根系力学平衡理论公式，从此，根系具有固土能力的观念及理论依据逐渐被接受并得到发展。20 世纪 80 年代，Wu 等（1988）提出根系与土壤的胶结关系及有关现代根系抗拉土体抗剪的试验等研究，根系固土力学机制的研究上了一个新的高度。随后，很多学者也通过数值模拟方法来定量评价根系固土的效果（Wu et al. 1979；Operstein and Frydman，2002；Dupuy 2003；Pollen and Simon，2005；Van Beek et al.，2005；Kokutse et al.，2006）。

日本也是开展根系固土研究较早的国家之一，其研究偏重于对根系调查与含根土体剪力特性方面的探讨（陈丽华，2008）。我国台湾受日本的影响，侧重于根系对崩塌影响的研究。我国大陆关于根系固土力学的研究在近十几年来非常活跃，呈现出多部门、多学科共同研究的局面，研究集中于单根抗拉、整株抗拔、整株根细的调查，根土复合体抗剪强度的提高等方面。解明曙（1990）通过单棵全根系拉拔试验，研究了白榆（*Ulmus pumila*）根系的固土能力，认为有根系土的抗剪强度远高于无根系土，即使变形后的残余强度，也高于无根系土，因此根系土壤含水量饱和后，往往能够保持土体不崩塌。Gray and Sotir（1996）阐述了根形态，即细根（直径小于 10mm）的深度和密度，是研究根系固土能力的重点。杨亚川等（1996）以草本植被为研究对象，基于摩尔-库仑理论，提出根土复合体的抗剪强度随含根量增加而增大，随含水量增多而减少；根土复合体的黏聚力值与含根量正相关，而内摩擦角与含根量关系不大，并验证了根系锚固力是根土复合体黏聚力的重要组成部分。朱珊等（1997）阐述了红柳根系对黄土的抗剪强度影响的研究，归纳总结了根土复合体的抗剪强度指标黏聚力 C 和内摩擦角 φ 值与根系面积比的关系，导出了黄土与其中根系的各自应力强度。王可钧等（1998）讨论了植物固坡的双向作用和适用条件，指出固坡植物与护坡结构物相配合，提高土坡的安全系数。周跃（1999，2000，2002）等系统研究了云南松（*Pinus yunnanensis*）侧根对土体的水平牵引效应、斜向牵引效应以及侧根摩擦型根土黏合键的破坏机制，并研制出土壤牵引测试系统。基于摩尔-库仑破坏准则建立了极限平衡条件下的摩擦型根土黏合键破坏模型。该模型除了可以描述摩擦型根土黏合键的破坏原理外，还可用于定量地估算、预测摩擦型根土黏合键能够提供的最大牵引阻力。研究了云南松垂直根的土壤增强作用，表明森林植被固土护坡的机械效应主要源于树干和根系与斜坡土壤间的机械作用，具体包括土壤加强作用、锚固作用、斜向支撑作用、坡面负荷作用等。松树垂直根可以使根际土层的整体抗剪强度平均提高 0.98MPa，使土层对斜向滑动的阻力提高了 42.09%。乔木根系可以加强土壤颗粒对根的黏聚力和根际土层的聚合力，在土壤本身内摩擦角度不变的情况下，提高土层对滑移的抵抗力。包括侧根的斜向加强作用（或侧根牵引效应）和垂直根的垂向加强作用，前者指侧向伸延的根系以侧根牵引阻力的形式提高根际土层斜向抗张强度从而提高土体抗滑力的作用。通常情况下，土壤滑动和蠕移首先在坡地表面产生若干张力缝隙。在林地内，这些缝隙中从相对稳定土体延伸到潜在滑移土体中的侧根，基于本身的抗张强度和根土黏合力，通过牵引效应增强了根际土层的抗滑力，加固了根际土层。这种作用的能力与侧根的抗拉强度和根在土层中的分布密度呈正相关关系。程洪等（2002）通过试验测定了生物软措施草本植物根系的最大拉力及最大拉力作用下根系断裂面直径，计算植物根系最大抗拉强度，探讨了草本植物根系网的固土性能，提出根系最大抗拉强度代表根系材料的受力潜能，可作为评判根系网的固土刚性的一个有效指标。朱清科等（2002）对长江上游贡嘎山森林生态系统不同演替阶段主要树种进行了根系抗拉试验。研究了根系的长度、直径、生长状况、在土壤中的分布状况和土壤的性状对根系抗拉强度的影响。Chiatante 等（2003）指出生长在土坡上的各向异性的根结构通过改变土力学性能的分布而影响着植物的固土效果。张超波（2008）采用三轴压缩试验结合有限元模拟法，研究了根土复合体的应力应变传递变化。

1.2.2　单根的生物力学特性

在医学、运动生理学中对于生物软组织的生物力学特性已有深入系统的了解，但是对于植物材料的了解起步较晚。对植物单根生物力学特性的研究有助于揭示植物-土壤间的关系，对合理有效地使用生态工程手段和生物工程措施具有重要意义。单根生物力学特性主要体现为根系抗拉强度与弹性模量等参数。近几十年来，国内外许多学者开始了根径与根系抗拉的关系的研究。刘国彬等（1996）对黄土高原 4 种牧草（无芒雀麦、长芒草、狗尾草、谷子）、3 种豆科（沙打旺、紫花苜蓿、胡枝子）、3 种菊科（茵陈蒿、茭蒿、铁杆蒿）和 1 种棉蓬的 0.1~1.0mm 毛根生物力学特性进行了系统研究。研究发现，牧草毛根具有很强的抗拉能力，直径为 0.1~0.2mm 禾本科根系抗拉力达 1.37N，豆科 0.77N，菊科 0.69N。毛根抗拉力随直径增加而增大。根龄对抗拉力的影响因种而异，菊科当年新根与老活根抗拉力无明显差异。豆科沙打旺和禾本科无芒雀麦不符合胡克定律，其余乔木本构方程遵从胡克定律，但弹性模量因种而异，伸长系数依次为蒿类>胡枝子>狗尾草。Operstein and Frydman（2000）对迷迭香（*Rosmarinus officinalis*）、紫花苜蓿（*Medicago sativa*）、黄连木（*Pistacia chinensis*）和木犀花（*Osmanthus fragrans*）4 种植被鲜根进行单根拉伸试验，拟合了 4 种植被根系抗拉强度、抗拉力和杨氏模量与根直径间的关系。周跃等（2002）以直径范围为 1~17mm 的云南松、华山松（*Pinus armandii*）和思茅松（*Pinus kesiya* var. *langbiannensis*）为例，研究了侧根抗拉强度，结果表明，3 种松树的侧根具有较为明显的抗拉强度，量值多介于 5~20MPa 之间，其大小随根直径的增加而减少；朱清科等（2002）对长江上游贡嘎山峨眉冷杉（*Abies fabri*）、冬瓜杨（*Populus purdomii*）、杜鹃类（*Rhododendron* spp.）根系的拔根试验研究表明，根系的抗拉力随着根直径的增大而增加，但并不成线性比例关系，当根系平均直径增加到一定值时，由于根系本身的抗拉特性在受拉过程中产生了从弹性形变到塑性形变的飞跃，根系的抗拉阻力会发生一个明显的跃迁。在不同土壤环境中，土壤密度特征（如石砾含量不同）影响土体与根系表面的摩擦系数，致使出现局部平均根系直径较大的根反而抗阻拉力较小的现象。Bischetti 等（2005）对位于阿尔卑斯山和意大利北部的 Prealps of Lombardy 的 8 个树种根系进行拉伸试验，分别拟合出单根抗拉强度与直径之间的关系，并指出不仅不同树种的抗拉强度有显著差别，并且同树种间根系的抗拉强度也显著不同。

Genetet 等于 2005 年对澳大利亚松（*Pinus nigra*）、海岸松（*Pinus pinaster*）、挪威云杉

（*Picea abies*）、欧洲山毛榉（*Fagus sylvatica*）和欧洲栗（*Castanea sativa*）5 种植被鲜根的抗拉强度进行测量，分别用幂函数拟合出抗拉强度与根直径间的关系。指出幂函数中的系数 α、β 随树种的不同而不同。并首次拟合了根纤维素含量与直径间的关系，指出根内纤维素的含量与直径负相关，验证了根系生物力学特性的尺度效应。Tosi（2007）在意大利北部的亚平宁山脉通过对 150 个根样本进行拉伸试验，得到根系的抗拉力随直径的增加而增加，呈二次多项式关系；根系的抗拉强度随直径的增加呈幂函数减小。并发现田间试验拉断根所需的力小于室内试验拉断同样直径的根所需的力，但是这种差异在直径小于 5mm 时可以忽略不计。Mao 等（2011）归纳总结了各种植被单根抗拉强度、抗拉力与根直径间的关系，并指出系数 α、β 随乔、灌、草的不同而呈现显著差异。

1.2.3　根群固土能力

密集的根系形成一个加固表层土体的保护膜（Schmidt et al.，2001），粗壮的大根抑制了潜在滑动层滑动趋势（Sidle et al.，1985）。基于根系生长的复杂性，从宏观角度入手探讨根群的固土能力更有研究价值。

1.2.3.1　田间直剪法

原位剪切实验（Van Beek et al.，2005）和室内剪切实验（Operstein and Frydman，2000）相结合，评估根群的固土能力（Burrough and Thomas，1977；Ziemer，1981；Waldron and Dakessian，1981；Operstein and Frydman，2000）。其抗剪强度通过公式（1-1）计算：

$$\tau_r = \tau_{sr} - \tau_s \tag{1-1}$$

式中：τ_r 为根系的固土强度；τ_{sr} 为根土复合体的抗剪强度；τ_s 为素土的抗剪强度。

使用该方法，需要注意剪切盒的大小。为了充分考虑根群体的抗剪强度，推荐使用的剪切盒不易过小（Terwilliger and Waldron，1990）。

1.2.3.2　理论模拟法

当土体受到剪应力作用时，土体对剪应力增大作用产生的阻力称为抗剪强度。土体的抗剪强度可用经典的摩尔-库仑定律表示，即 $\tau = C + \sigma\tan\varphi$。根系的固土护坡作用主要表现在其对土壤抗剪强度的影响上，通过根系的附加黏聚力表达。Wu（1976）和 Waldron（1977）首先提出了 Wu 模型，本文简写为 WM。WM 过高估计了根系的附加黏聚力，因为它假设所有根同时断裂（Bischetti et al.，2009；Loades et al.，2010）。随后，Pollen and Simon 于 2005 年将纤维丛理论应用到根系固土模拟中，这种模型克服了 Wu 模型对根系附加黏聚力过高评价的困难，认为根系破坏基于单根强度的大小，由弱到强，连续断裂。

1）WM

（1）WM 理论

根系固土理论，最早由 Wu（1976）和 Waldron（1977）提出（即 Wu 模型，记为 WM），该模型定义根系的固土作用是基于摩尔—库仑定律而产生，即

$$\tau_{sr} = c_r + c_s + \sigma\tan\varphi \tag{1-2}$$

式中：c_r 为根产生的附加黏聚力；$c_s + \sigma\tan\varphi$ 为摩尔-库仑定律的基础项；c_s 为土体黏聚力，对于无黏性土，$c_s = 0$；σ 为作用在破坏面上的法向应力；φ 为土体的内摩擦角。

根纤维提高土的抗剪强度主要是通过根土接触面的摩擦力把土中的剪应力转换为根的拉应力来实现的。假设根的表面受到足够的摩擦力和约束力使根不至于被拉出，则当土中有剪应力发生时，根的错动位移使根伸长从而使根内产生拉力 T，T 沿剪切面切线方向的分力可直接抵抗剪切变形，T 沿法线方向的分力可增加剪切面上的正应力（图1-1）。

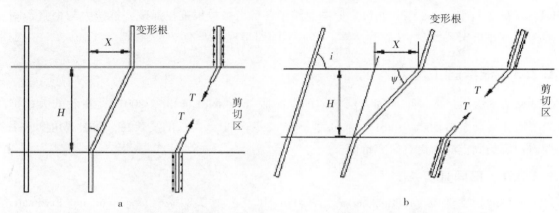

图1-1 受力平衡模型分析图（Waldron L J，1977；周德培，2003；封金财，2004）

a. 根的延伸方向与土体的剪切区正交情形；b. 根的延伸方向与土体的剪切区斜交情形

根据图1-1可以推导下式：

正交时：

$$c_r = \frac{T}{a}\sin\theta + \frac{T}{a}\cos\theta\tan\varphi \tag{1-3}$$

斜交时：

$$c_r = \frac{T}{a}\sin(90° - \psi) + \frac{T}{a}\cos(90° - \psi)\tan\varphi \tag{1-4}$$

$$\psi = \tan^{-1}\left[\frac{1}{k + (\tan^{-1}i)^{-1}}\right] \tag{1-5}$$

式中：c_r 为由于根的加筋作用所增加的土体的抗剪强度；T 为单根的抗拉力（N）；a 为单根作用的土体面积；θ 为剪切变形角（°）；φ 为土体的内摩擦角（°）；i 为根的延伸方向与剪切面的初始夹角（°）；k 为剪切变形比，$k = x/H$；H 为剪切区厚度。

若在面积为 A 的土体内，共有 n 个根，根的抗拉力分别为 T_1，T_2，$\cdots$，T_n，剪切变形角分别为 θ_1，θ_2，$\cdots$，θ_n，根的延伸方向与剪切面的初始夹角分别为 i_1，i_2，$\cdots$，i_n，剪切变形比分别为 k_1，k_2，$\cdots$，k_n，则式分别为

正交时：

$$c_r = \frac{\sum\limits_{j=1}^{n} T_j\sin\theta_j}{A} + \frac{\sum\limits_{j=1}^{n} T_j\cos\theta_j}{A}\tan\varphi \tag{1-6}$$

斜交时:

$$c_r = \frac{\sum_{j=1}^{n} T_j \sin(90° - \psi_j)}{A} + \frac{\sum_{j=1}^{n} T_j \cos(90° - \psi_j)}{A} \tan\varphi \qquad (1-7)$$

$$\psi_j = \tan^{-1}\left[\frac{1}{k_j + (\tan^{-1} i_j)^{-1}}\right] \quad (j=1, 2, \cdots, n) \qquad (1-8)$$

简写公式（1-6）和公式（1-7），得到如下公式：

$$c_r = t_R(\sin\theta + \cos\theta\tan\varphi) \qquad (1-9)$$

式中：t_R 为单位表面积内根系的完全抗拉力；θ 为根变形后与剪切面的夹角，如图1-1所示。

t_R 可表示为平均根系抗拉强度 T_r 与根面积比（A_r/A）的乘积，如公式（1-10）所示。

$$t_R = T_r \frac{A_r}{A} \qquad (1-10)$$

给定修正系数 $k' = \sin\theta + \cos\theta\tan\varphi$，公式（1-9）可写为：

$$c_r = k' \sum_{i=1}^{N} T_{ri} \frac{A_{ri}}{A} \qquad (1-11)$$

式中：i 为根径级；N 为根径级的总数目；T_{ri} 为第 i 径级根的平均抗拉强度；A_{ri} 为第 i 径级根的平均横截面积；A 为根土复合体截面面积。

通常情况下，ψ 值在 40°~70° 之间，公式（1-11）中，k' 近似等于 1.0~1.3，一般取值 1.2（Waldron，1977；Wu et al.，1979）。现如今，很多学者已经默认性地把该系数定义为 1.2（Gray and Sotir，1996；Abernethy and Rutherfurd，2001；Schmidt et al.，2001；Mattia et al.，2005；Genet et al.，2006；Reubens et al.，2007）。

（2）WM 的假设条件

Wu 等（1979）建立的模型所基于的假设条件主要有：①所有根充分发挥其抗拉性能，并同时断裂。实际上，根系破坏遵循连续的断裂过程，且在边坡失稳时，有些根的最大抗拉强度并没有完全发挥作用（Natasha Pollen and Andrew Simon，2005）。②根定义为弹性材料。③假设土壤的表观黏聚力不受根系的影响。④认为所有根能有效地锚固在土体中，即在剪切过程中没有根被拉出，而是全部发生了断裂破坏。从室内和野外试验发现根系常出现拔出未断裂或断裂两种破坏方式（Coppin and Richards，1990）。Ennos（1990）在研究根的锚固过程中，发现单根的抗拉力是由根、土间的相互固结决定的，并给出计算函数如下：

$$F_p = SL \times 2\pi \times r \qquad (1-12)$$

式中：F_p 为单根的抗拉力（N）；S 为土的抗剪强度；r 为根的半径；L 为根长。

L 可由野外数据推算（Waldron and Dakessian，1981），计算公式如（1-13）所示：

$$L = Rr^g \qquad (1-13)$$

式中：常量 g 和 R 的取值区间为 $0.5<g<1.0$；$200<R<1000$。

因此，根在外力的干扰下，发生拔出破坏还是断裂破坏取决于阈值的大小。Pollen 于 2005 年举例阐述该阈值的存在，如图 1-2 所示。研究显示，当根直径小于该阈值时，根

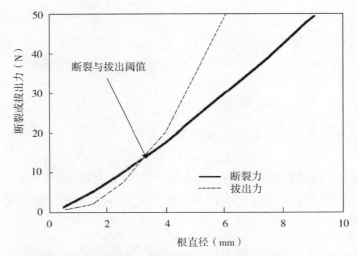

图1-2　河桦根系在强度为6kPa的土体中断裂与拔出所需要的外力（Pollen，2005）

会被拔出；反之，会发生断裂破坏。

（3）WM-Hbis

很多学者指出 WM 过高估计了根系的固土能力（Waldron and Dakessian，1981；Operstein and Frydman，2000；Pollen and Simon，2005；Docker and Hubble，2008）。便引入修正系数 k'' 以校正 WM 的过高估计。修正系数是指通过大量的重复实验，得出实际的根系固土能力，同时运用 WM 进行计算，将两结果的比值定义为修正 WM 的系数，记为 k''。式（1-11）被改写如下：

$$c_r = k' k'' \sum_{i=1}^{N} T_{ri} A_{ri} / A \qquad (1-14)$$

Hammond（1992）给出对于林木根系，修正系数 k'' 可定义为0.56。Waldron and Dakessian（1981）、Operstein and Frydman（2000）、Pollen and Simon（2005）与 Docker and Hubble（2008）阐述到对于草本或较小的林木，该修正值应该更小一些。Schwarz 等（2010）对各学者拟合的修正系数做了归纳，如表1-1所示。由于研究林木林龄较小，结合 Preti（2006）给出修正系数 $k'' = 0.4$，本文采用此值作为修正 WM 的修正系数，记为WM-Hbis。

表1-1　WM-Hbis 系数统计（Schwarz 等，2010）

Case study	Author	c_r（kPa）	Methods used for the verification of c_r	Verified values of c_r（kPa）	k''
Salix esigua Sandbar Willow	Pollen（2007）	3	Cumulative displacement - stress curve	1.5	0.5
Grass roots	Pollen et al.，2004	17.5	Direct shear-box tests	6	0.34
P la fanus Occidentals. Eastern Sycamore	Pollen et al.，2004	5.6	Cumulative displacement - stress curve	2.31	0.41

（续）

Case study	Author	c_r (kPa)	Methods used for the verification of c_r	Verified values of c_r (kPa)	k''
P at anus Occidentals. Eastern Sycamore	Pollen et al., 2004	5.6	Rip Root model	2.48	0.44
Wood Rods reinforcement	Shewbridge and Sitar, 1989	3.7	Shear tests	1.8	0.49
Reed fibers	Gray and Ohashi (1983)	1.5 [kN]	Laboratory-shear tests	0.6 [kN]	0.40
Copper wires	Gray and Ohashi (1983)	0.72 [kN]	Laboratory-shear tests	0.3 [kN]	0.42

2) 纤维束模型

（1）纤维束理论的概念及其在根系固土中的应用

纤维束模型（fiber bundle model）是由 Daniels（1945）提出的用于研究复合材料的重要理论。目前，已被广泛应用于根系固土的模拟。纤维束理论应用在根系断裂过程中的基本原理是当一簇根受到拉伸作用时，根连续地断裂，因而根丛所能承受的最大拉力小于单根强度之和。当一个初始力作用于由 n 根平行根组成的簇上，力会在所有的根上平均分配，当这个作用力使某一根根发生断裂后，该力会在其余的 $n-1$ 根未损坏的根上进行重新分配，即此时每一根根上承受的力增加。如果新力继续造成某些根断裂，力会继续进行重新分配，如果没有造成根的断裂，拉力继续增加并在根丛上重新分配，检验是否有根的断裂，如此循环往复，直到整个根丛断裂（Pollen and Simon，2005）。

（2）纤维束模型的 4 种假设条件

纤维束理论的假设条件可分为 2 类，即牵引力为拉力或牵引力为位移。当初始拉力施加在由 n 根组成的根簇上，力的分配形式有 3 种形式：①不论根的直径大小，按根个数平均分配（Daniels，1945），本书中记为 FBM-H1。②按根直径的大小分配（Pollen and Simon，2005），本书中记为 FBM-H2。③按根的横截面积分配，即根的抗拉强度（Hidalgo et al.，2001），本书中记为 FBM-H3。

当作用在根簇上的外载荷为位移时，形成了纤维束模型的第四种假设条件，本文记为 FBM-H4。在此假设条件下，根抵抗破坏的能力由抗拉强度与杨氏模量共同决定。在位移施加过程中，弱根先断，强根后断，直至全部破坏。

当然，根系控制滑坡的稳定性也具有局限性，表现为根系对斜坡稳定性的增强作用只能存在于植物根系分布界线以上，对于深层滑坡（通常认为滑动层深度大于 5m）就不起作用了，据王礼先（1990）研究，虽然有些根系的深度可以达几米甚至几十米，然而在绝大多数情况下，根系的分布深度为 1~3m。对土体固持作用最大的密集分布土层为 60cm，一些浅层根系分布土层为 40cm 以上。因此，根系的固土效果仅限于浅层滑坡（滑动层深度小于 1~2m）。

模拟根系护坡的力学问题中，尽管抗拉强度与根截面积比是两个最重要的参数，但是其他一些特性也需要考虑（Burylo et al.，2009），如根直径、分布深度、根长密度、角度、拓扑关系等。很多学者曾讨论过根系构型对根系固土能力的重要性（Chiatante et al.，2003；Dupuy，2003；Danjon et al.，2007）。Köstler等（1968）将根构型定义为3类：垂直根型（taproot）、心状型（heartroot）和水平根型（flatroot）。有的树种出现几种根型的混合（Stokes et al.，2002）。根系锚固土体的能力取决于根系的形态（Wu，2007）。特别是在滑动面的中间部位或是滑动面较深的情况下，垂直根型和心型根具有较强的抗剪切能力（图1-3）。为了对根系分布的描述统一化，Stokes（2009）按径级大小将根分为3类：毛根（≤2.0mm），这类根的主要功能是吸取维持植物生长所需的水分和养分；细根（2.0~10.0mm），这类根可能会木质化，因为在特定的内外因下，它们可能会继续生长；粗根（>10.0mm），这类根对土体主要起锚固作用，防止被拔出，它的空间分布直接影响毛细根的位置，间接影响植物对养分和水分的吸收。

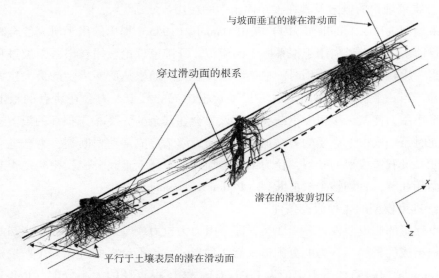

图1-3　根系穿过浅层滑动面而抵抗滑动（Danjon et al.，2007）

图中有很多较粗壮垂直根的根系对滑动面中部具有较好的加固作用；有很多斜根的根系对坡顶和坡脚具有较好的加固作用

1.2.4　根系的研究法

如何定量评价根系在土壤中的空间分布有很多种方法，如剖面法、土钻法、土块法或挖掘完整根系结构（Schuurman and Goedewaagen，1971；Böhm，1979）。不同的方法对提取不同的信息（根表面积、根重量、根体积、根长或根的数量等）各有优劣。根系形态的信息也通过各式各样的参数表达，如根截面积比（root area ratio，RAR，无单位，即在剖面上根的总横截面积所占的比率）；根生物量密度或根生物量（root biomass density，RBD，g/m^3或g/m^2，即单位体积土内根重量或根表面积）；根体积比（root volume ratio，RLD，cm^3/cm^3，即单位体积土内根的体积）；根长密度（root length density，RLD，m/m^3，即单位体积土内的总根长量）或单位面积/单位体积内的根数量（Böhm，1979）。如何选择表达参数，取决于研究目的。例如，根长密度通常用于根系吸水或吸取养分的研究中（Livesley et al.，2000）。根系生物量可以有效地反映根生长量和根系分布（Vogt et al.，

1987；Schmid，2002；Silva and Rgeo，2003；Leuschner et al.，2004）。

对于根形态分布的调查，最常用的两种方法为土钻法和剖面法（Böhm，1979）。

1.2.4.1　土钻法

Böhm（1979）、John 等（2001）、Silva and Rego（2003）与 Wynn（2004）曾用土钻法研究根系分布。如上所述，土钻法可以得到单位体积内根系的质量。土钻钻头的体积是已知的，可以借助筛子分离根与土，称量根的重量。单位体积内根的重量即为生物量。土钻法特别适用于调查毛细根的根系生物量（Böhm，1979）。该方法易操作，最主要的工作是区分根和土。但是不适用于岩土中，且不能判断根生长的方向。

1.2.4.2　剖面法

根系形态调查的另一种重要方法是剖面法，也有很多研究使用过该方法（Gray and Sotir，1996；Schmid and Kazada，2001；Sudmeyer et al.，2004）。手工或机械手段挖取铅直剖面，平整后，通过手工描绘或照相记录整个剖面内的根系分布。此方法便于了解根系深度和根密度分布（Bouillet et al.，2002）。但是由于剖面割断了大量的根，对环境造成一定的破坏。

1.2.5　土质坡面稳定性分析

1.2.5.1　坡面稳定性分析的研究意义

土质坡面稳定性分析具有举足轻重的地位。坡面工程研究的目的是通过对坡面稳定性的分析和评价，为实际工程设计提供合理的土坡结构，以及对具有破坏性的、危险的土坡进行预报、预测和人工处理，避免失稳造成的灾害和损失，并提高工程总体经济效益。因此，坡面稳定性分析和评价成为坡面工程研究的核心。正确评价坡面的稳定性，防患于未然，对于人民财产安全有重要意义。

1.2.5.2　土坡稳定性分析的研究方法及发展趋势

土坡稳定性分析是判断土坡是否稳定的基本依据。当前，对于土质坡面来说，被人们所熟知和广泛应用的方法有极限平衡法和有限单元法。极限平衡法的核心是条分法，由于其力学模型的简单性，可对土坡进行定量的评价，经过长期的实践验证以及不断的补充和完善，现如今已经发展成为土坡稳定分析的最成熟方法之一。近几十年来，随着数值分析方法在工程领域应用技术的成熟，人们开始用有限元法对坡体进行稳定分析，同时为弥补条分法假设上的不足，有限元方法正成为坡面稳定分析的热点。

（1）极限平衡法

极限平衡法（limit equilibrium method，LEM）是建立在摩尔-库仑强度准则的基础上的，以静力平衡条件和土的摩尔-库仑破坏准则为基础。对于坡面稳定性分析，大多数问题是静不定的，极限平衡条分法通过引入一些简化的假设条件而使问题变得静定可解。其计算过程为先假定土体破坏沿某一确定的滑裂面滑动，再根据滑裂土体的静力平衡条件和摩尔-库仑破坏准则计算沿该滑动面滑动的可能性，即安全系数的大小。或是破坏概率的高低，然后系统地选取多个可能的滑动面，用同样的办法计算稳定安全系数或是破坏概率。最后安全系数最小或者是破坏概率最高的滑动面即为最可能的滑动面。

极限平衡法的难点在于潜在最危险滑动面的搜索及土坡稳定安全系数的确定。朱大勇（1997）认为土坡临界滑动面不是孤立的，而是共生于一簇危险滑动面中，因此引入临界滑动场概念，通过数值方法求解临界滑动场，进而获得临界滑动面及其对应的最小安全系数。该方法能将所有可能的危险滑动范围同时显现，且由临界滑动场能快速确定出土坡临界滑动面。

（2）有限单元法

有限元法（finite element analysis，FEM）于 20 世纪 60 年代开始应用于坡面稳定性分析，可以通过建立坡体计算域内各离散单元的本构方程、几何方程和平衡方程来求解土坡弹性、弹塑性、黏弹塑性及非线性等问题，可以分别求出各个单元、各个节点的应力、位移、应变及其屈服和破坏情况。如果进行逐步非线性分析，还可了解土坡的逐步破坏机理，跟踪土坡内塑性区的开展情况。但有限元分析不能直接求解边坡稳定性，需要定义合适的安全系数，使之计算时能利用有限元分析结果（Fredlund and Krahn，1977；Jiang and Magnan，1997）。判断土坡稳定性状况可以通过破坏区的分布位置和范围的大小分析土坡的稳定性。对土坡做有限元分析，对计算范围内各单元或积分点的应力进行强度判别，凡其应力状态达到拉破坏或剪破坏判别标准的部位称之为破坏区，根据破坏区的分布位置和范围的大小评价土坡的稳定性，为土坡的治理、施工，以及安全性预报提供依据。Duncan（1996）对 20 世纪 80 年代以前有限元方法在土坡和堤坝稳定分析中的应用研究进行了详细的归类总结，指出大部分研究都属于此类方法。这类方法的不足之处在于它只给出了各个部位的强度校验结果，而不能给出反映工程整体稳定性的安全系数，是一种定性的方法。

1.2.5.3　安全系数

边坡的安全系数（factor of safety，FoS）通常是用来评价坡体稳定性的指标。定义土壤抗剪强度与维持坡体稳定所需的最小剪切强度之比为安全系数。有些学者曾用各种数值分析方法模拟植物护坡效果。例如，GreenWood（2006）使用了极限平衡法，Wilkinson 等（2001）和 Van Beek 等（2005）使用了有限差分法以及 Kokutse 等（2006）采用有限单元法。

1.2.5.4　植被根系对安全系数的影响

自 20 世纪以来，植被固土能力的研究已得到广泛的重视（Wu，1976；Waldron，1977；Greenway，1987；Gray and Sotir，1996；Danjon et al.，2007；Reubens et al.，2007；Stokes et al.，2007d）。植被通过根系增加了土体的抗剪强度来提高边坡稳定性（Anderson and Richards，1987，Coppin and Richards，1990；Operstein and Frydman，2000；Tosi，2007），究其根本是根系通过其产生的表观附加黏聚力来提高表层土体的安全系数，增加稳定性（Schmidt et al.，2001；Van Beek et al.，2005）。

最早进行的植被固土研究主要依据试验手段来认识和评价其固土效果。目前,很多学者通过各种理论方法探讨根系固土的力学机制,比如通过模型的计算,可以直接得到根系对土体抗剪强度的增强。这样的模型有 Wu 模型(1976)、纤维束模型(Pollen and Simon,2005)等。

1.2.6 林木根系固土研究存在的主要问题与发展前景

近几十年来,根系固坡研究无论是从理论探索还是应用技术上都得到了快速的发展。随即也出现了多学科交错研究的新局面,但目前还存在如下问题。

①根系形态方面的问题:由于植物种类与分布的纷繁复杂,以及立地条件的随机性,目前还缺乏更加合理可行的研究根系形态的方法,包括试验手段和模拟仿真技术。

②根的抗拉强度与弹性模量是根的两个基本特征,直接决定其对土层的加固和坡面保护的能力。如表 1-1 所示,已有大量的经验模型存在,但它们都是针对特定树种,特定的立地条件而得,至今没有提出通用的公式。从内部机制来看,根的这种特性与纤维素、半纤维素含量有关,但目前缺乏合理有效的手段定量测定纤维素、半纤维素的含量。

③根系固土的定量化评价工作难度大,研究还停留在初级阶段(徐中华,2004)。比如,根系表观附加黏聚力的定量评价可采用野外直剪法或通过理论模型模拟,但目前这两种方法都存在一定的问题。野外直剪法的尺度问题仍然难以克服;而理论模型是建立在各种假设条件之上的,虽然在不断地更新,但至今没有形成最精确的计算根系表观附加黏聚力的理论模型。因而,对根系固土能力的准确预报预测带来困难。

④边坡稳定性分析计算中,用各向同性的根系表观附加黏聚力定义根土复合体材料,没有体现出根形态特点。

针对以上问题,今后根系固土机理研究的发展趋势:①开展不同树种、不同林龄单根抗拉强度特性的尺度效应研究,结合内部机理,建立单根抗拉强度参数与直径间的通用公式。②从根的形态出发,寻找更加合理可行的研究根形态的方法,建立根系形态的动态生长模型(Jonathan et al.,1997)。探讨根系的几何形态及其对强度参数的影响。从力学角度出发,结合水土保持造林树种的搭配理论,探讨通过不同根形的搭配,提高植被固土功效。③探讨根系固土的时间、空间尺度效应,结合根系的吸水效应及其与坡体应力场的耦合影响(姜志强,2005)。深入开展根土相互作用机理的定量化研究,根据不同树种根系的实际特征,建构根土复合体的本构模型,应用数值方法研究根土复合体边坡的应力场、位移场的变化及边坡的稳定性,并解决实际生产中的边坡造林中树种选择、造林密度等问题。

1.3 植被恢复与土壤生态

1.3.1 土壤—植被的耦合作用机理

1.3.1.1 土壤—植被系统的组成

植被与土壤是陆地生态系统的两个最重要组成部分,经过地球长期演化、生物圈的发生与发展、特别是人类活动，土壤—植被系统（soil vegetation system，SVS）已成为生物圈的基本结构单元。植被和土壤互为环境因子，土壤的理化性质、土壤种子库的特性等影响着植被发生、发育和演替的速度，同时也因植被的演变而发生改变，土壤的性质与植物群落组成结构和植物多样性有着密切的关系，且多年来一直是生态学家研究的热点。SVS系统由土壤的生物部分、非生物环境部分以及植被 3 个亚系统组成（漆良华等，2006）。

（1）非生物环境亚系统

非生物环境亚系统包括自然环境和人为环境两大类。自然环境包括气候、母质、地形等。其中，气候又分为光热、雨量、空气等；人为环境包括耕作、施肥、灌溉、病虫害防治、森林抚育间伐等全部人类活动。非生物环境包括植物生长所需的水肥气热和根系生长发育的空间。就养分而言，包括存在于土壤溶液中和成为代换态的养分，构成两个土壤有效养分库，还有有机残体库；而有机残体又不断矿化转移至有效库，这个库的基本细胞结构单元是有机矿质复合体，是形成土壤的基本结构组织。

（2）植被亚系统

以土壤为基质生长于其上的绿色植物，包括乔木、灌木、草本以及农作物等，共同构成植物亚系统。该亚系统一方面从土壤中吸收养分和水分，供给植物自身生长；另一方面则通过光合作用固定大气中的 CO_2，将无机物转换成有机物，通过植物根系与生物亚系统和非生物环境亚系统进行输入与输出。此外，植物亚系统受到人类活动的干扰最为明显。植物亚系统的特征、状态及其变化可以用生物量、植物物种多样性等一系列指标来表征。

（3）土壤生物亚系统

生物亚系统是 SVS 系统的核心组分，包括土壤微生物和土壤动物。土壤微生物十分复杂，种类繁多，包括细菌、放线菌、真菌、藻、原生动物和病毒，是构成土壤及整个生态系统的重要部分，其空间分布特征决定了植物与土壤之间作用的大小。土壤微生物在植物凋落物的降解、养分循环与平衡、土壤理化性质改善中起着重要的作用。一个健康的土壤生态系统应该具有良好的生物活性和稳定的微生物种群组成。不同植被类型、不同植物群落或同一群落不同发育阶段下，对土壤微生物有不同的生态效应。土壤动物以无脊椎动物为主，大小差异很大。土壤动物的大小和生活方式，尤其是它们的运动和摄食方式，决定它们影响土壤形成的方式和强度。土壤微动物由于个体细小，对土壤结构的直接作用很小，但其与土壤微生物间的营养关系影响着土壤有机质的矿化和养分的有效性。土壤中型动物在土壤形成中起着十分重要的作用，形成的不同食物链可增加有机物质的表面积，促进微生物的侵染，从而加速有机物质的降解和矿化；较大的中型动物通过钻洞和排泄球状排泄物产生团粒，增加水分的入渗和土壤孔隙度。土壤大型动物可粉碎和重新分配土壤剖面中的有机残留物，增加有机物质对微生物活动的表面积的有效性；一些大型土壤动物，能够通过形成大孔隙和团粒显著地改善土壤结构，影响土体内的入渗作用、导水率和溶质淋移，并增加土壤对环境污染的缓冲能力。

1.3.1.2　植被恢复与土壤生态的互动效应

植被恢复（vegetation restoration）指运用生态学原理，通过保护现有植被、封山育林或营造人工林、灌、草植被，修复或重建被毁坏或被破坏的森林和其他自然生态系统，恢复其生物多样性及其生态系统功能。植被恢复是生态环境恢复的重要组成部分，植被具有拦蓄降雨、减少径流、固持土壤、防止侵蚀、改良土壤和改善生态环境等作用，是生态系统物质循环和能量交换的枢纽，也是防止生态退化的物质基础。因此，植被恢复是退化生态系统恢复的前提，同时也是退化生态系统恢复的关键。

探讨植被与土壤的相互关系，对于生态学研究具有重要意义。在植被恢复生态系统（包括草地生态系统和森林生态系统）中，植被与土壤是一个有机统一体系，存在着相互依存、互为条件、相互选择和制约的复杂的互动效应。这种互动效应主要体现在土壤为植物生长提供水分、养分和矿质元素，其含量甚至对植物群落的类型、分布和动态产生影响，土壤理化性质和种子库特征等影响着植被发育和演替速度；而植被对土壤养分产生生态效应；植物通过吸收和固定 CO_2、群落生物量的积累和分解等，使得土壤养分在时间和空间尺度上出现了各种动态变化过程，植被的土壤养分效应与植物群落的地上和地下生物量的大小、保存率和周转率等是分不开的，在植被恢复过程中，根系的直接穿插作用和凋落物腐解所产生的间接作用，使得土壤结构稳定性增加，不易被冲蚀，水土流失得到控制，从而改善土壤质地。

土壤—植被的互动效应决定了土壤与植被总是处在不断的演化与发展之中。在植物群落演替的前期阶段，以土壤性质的内因动态演替为主，土壤性质影响着植被的变化，同时也因植被的变化而发生改变。植物群落与土壤之间这种彼此影响相互促进的作用，是植被恢复演替的动力。这种作用达到一定程度时，土壤和植物群落都受气候的限制，即顶级群落阶段，而顶级群落则为生态平衡的标志。因此，退化土地在植被恢复的前期阶段，很大程度上受土壤环境因素的制约。特殊的土壤不但在一定的时间内影响着植物群落的发生、发育和演替速度，而且在同一相似的气候地带里，决定着植物群落演替的方向。

1.3.1.3　演替过程中土壤特性与植被生产力的关系

土壤是植物群落的主要环境因子，而土壤肥力是土壤的基本属性和质的特征，它对群落演替的影响不容忽视。对演替过程土壤肥力影响较大的有土壤含水量、总孔隙度、有机质、全氮、速效磷、速效钾和转化酶活性。因此，土壤物理、化学和生物性质对植物演替群落的土壤肥力都具有明显的作用。某一演替阶段土壤的肥力状况，不仅反映了在此之前群落与土壤协同作用的结果，同时，也决定了后续演替过程的土壤肥力基础和初始状态。各演替阶段土壤肥力综合指标值表明，随着演替的进展，土壤肥力呈增长趋势，这与群落演替能促进群落生物循环和生物富集作用有关。而不同植物对土壤条件的适应性以及在不同肥力下的植物种群拓殖能力也不同。土壤状况，尤其肥力状况影响着群落优势种的拓殖和更替，土壤肥力提高有利于演替后续种的生长和发展，促进群落演替进程。因此，植物演替过程，也是物种对土壤肥力不断适应和改造及不同物种在不同肥力梯度下相互竞争和代替的过程，土壤肥力是植物演替的重要驱动力之一。邹厚远等（1998）认为，弃耕地自然恢复演替随演替进程群落发生以下变化：由于群落内各物种间的生存竞争，使群落建群种、优势种发生更替，从而推动了植物群落的内因生态演替；群落总盖度、总生物量也随着演替的发展而呈逐渐增加的趋势；群落结构随演替发展而复杂化。朱志诚等（1996）指出，植物群落进展演替是和逆行演替相对而言的。进展演替表现为群落结构的复杂化、地上和地下空间的最大利用、生产力的最大利用和生产率的增加、群落生境的中生化和群落环境的强烈改造。逆行演替则恰好相反，表现为群落结构的简单化、地上和地下空间的不充分利用、生产力的极小利用和生产率的降低、植物群落生境向旱生化和湿生化两极发展，以及群落环境的极轻微改造。臭柏群落的演替过程与土壤的发展和基质的变化相互联系、彼此制约的规律，不但表明基质条件在植物群落演替过程中的作用，更重要的是揭示了这种条件下植物群落演替的基本动力，是植物群落作用下土壤特性的内因动态演替。张全发等（1990）也认为，植物群落的演替过程，是群落的植物部分与土壤环境部分发展的协同演替。植物群落演替过程中的土壤发展，很明显是随着植被的演替而发展的一个连续过程，趋向于与群落顶极相适应的平衡，由于演替是一个漫长的过程，这就暗示着群落演替的土壤发展需要很长一段时间。土壤的结构、有机质、氮、pH 值都随着植被的发展而发展。张金屯等（1990）证实了一般群落演替的规律：随着演替的进行，植物种类数量逐渐增加，群落结构也趋于复杂化，因此，物种丰富度显著提高。在黄土撂荒地上演替的初始阶段，群落环境较差，主要是少数杂草种的出现，随后种类增多，发展为较茂密的草本植物群落。随着群落环境的逐渐改善，灌木种和乔木种出现，并逐步发展为优势种。群落进行层次分化，结构复杂化，可容纳各类生态型植物生存，因此，丰富度越来越大。随着演替的进行，群落的环境逐渐改善，群落的结构趋于复杂化，群落的丰富度越来越大。对演替过程中的物种而言，一个物种能生存下来，并成为优势种，从其生长的环境因子看，应具有良好的水肥等土壤条件。

1.3.1.4 黄土的特点

黄土高原是在干旱半干旱环境中，由黄土风成堆积作用而形成，经过长距离的飘移和分选，其物质结构组成具有高度的均一性。受西北风和东南季风的影响，其土层厚度分布大致由西北向东南方向逐渐递减，土层平均厚度为 50~100m。例如，甘肃境内土层厚度 200~300m，陕北土层厚度 100~150m，晋西土层厚度 80~120m，晋东南和豫西土层厚度 20~80m。土壤类型丰富，主要包括黑垆土、黄绵土、漠土、灰钙土、棕钙土、栗钙土、风沙土、灰漠土等。黄土粒度以粒径 0.005~0.05mm 的粉砂为主，所占比例约 60%，其次为粒径>0.05mm 的细砂，占 30%左右，而且黄土的粒径由西北向东南逐渐变细。黄土中包含有 60 多种矿物质，其中易溶性化学成分含量较高，石英重量约占 50%，长石约 20%，碳酸钙约 10%。从化学组成方面，SiO_2 约占 50%，Al_2O_3 占 8%~15%，CaO 约 10%，以及 Fe_2O_3、MgO、K_2O、Na_2O 等。黄土结构多为"点、棱接触支架式多孔结构"，土质疏松且极易渗水。

典型的黄土由黄灰色或棕黄色的尘土和粉沙细粒组成，质地均一，以手搓之易成粉末，含多量钙质或黄土结核，多孔隙，有显著的垂直节理，无层理，在干燥时较坚硬，一被流水浸湿，通常容易剥落和遭受侵蚀，甚至发生坍陷。黄土的特性可归结为 5 个方面。

（1）多孔性

由于黄土主要是由极小的粉状颗粒所组成，而在干燥、半干燥的气候条件下，它们相互之间结合得很不紧密，一般只要用肉眼就可以看到颗粒间具有各种大小不同和形状不同的孔隙和孔洞，所以通常有人将黄土称为大孔土。一般认为黄土的多孔性与成岩作用、植物根系腐烂和水对黄土的作用等有关，更重要的是与特殊的气候条件有关。典型的黄土孔隙度较高，而黄土状岩石的孔隙度较低。

（2）垂直节理发育

当深厚的黄土层沿垂直节理劈开后，所形成的陡峻而壮观的黄土崖壁是黄土地区特有的景观。垂直节理发育，就是典型黄土和黄土状岩石所具有的普遍而特殊的性质。关于黄土垂直节理的成因，曾引起许多学者的兴趣。目前较多的人认为，垂直节理的形成主要是由于黄土在堆积加厚的过程中受重力的影响，土粒间的上下间距变得愈来愈紧密，而土粒间的左右间距却保持原状不变。这样，水和空气即沿着抵抗力最小的上下方向移动，也就是说沿着黄土的垂直管状孔隙不断地作升降运动并反复进行，这就造成了黄土垂直节理发育的倾向。

（3）层理不明显

凡是一般都应该具有层理，因为任何成因的沉积岩的形成都必须经过沉积物逐步堆积的过程。黄土既然也属于沉积岩的范畴，为什么层理却不明显或不清楚呢？很多学者把黄土无层理或层理不明显，作为黄土风成的标志，而有层理的黄土则认为是水成的依据。如今，有人提出黄土无论是风成的，还是水成的都应具有层理，其层理之所以不明显，主要是由于在观察过程中，人们的注意力主要集中在黄土的孔隙性和垂直节理的显著特征上，忽视了对层理的研究；其次，黄土的组成物质主要是尘土质物质，它在渐次堆积过程中，形成非常薄的层理，用肉眼观察是很不明显的；另外，黄土崖壁经过不断的雨水淋洗后，常常使表层黄土成泥浆糊状物涂于整个崖壁表面，因而从外观来看，就再也看不清层理了，就像砖砌的墙壁经过泥浆的粉刷再也看不到砖缝一样。这种说法是有一定道理的。

（4）透水性较强

一般典型的黄土透水性较强，而黄土状岩石透水性较弱；未沉陷的黄土透水性较强，沉陷过的黄土透水性较弱。黄土之所以具有透水性，这是和它具有多孔性以及垂直节理发育等结构特点分不开的。黄土的多孔性及垂直节理愈发育，黄土层在垂直方向上的透水性愈高，而在水平方向上的透水性则愈微弱。此外，当黄土层中具有土壤层或黄土结核层时，就会导致黄土层的透水性不良，甚至产生不透水层。

（5）深陷性

黄土经常具有独特的沉陷性质，这是任何其他岩石较少有的。黄土粉末颗粒间的相互结合是不够紧密，每当土层浸湿时或在重力作用的影响下，黄土层本身就失去了它的固结的性能，因而也就常常引起强烈的沉陷和变形。黄土中细粒物质如易溶性盐类、石膏等在干燥情况下易固结成聚积体，从而使黄土具有较强的强度，但遇水后随着矿物溶解与分散，土体又会迅速发生分散，因此，黄土的抗侵蚀能力很弱。

1.3.2　植被恢复与土壤水分

土壤水分是土壤侵蚀过程、植物生长和植被恢复的主要影响因素,是制约黄土高原生态恢复的决定性因子,研究土壤水分与植被生长发育的关系在黄土高原植被建设中有着重要的意义。植被是影响土壤水分状况最活跃、最积极的因素,它一方面对土壤水分具有积极正面的影响,如涵蓄降水、控制水土流失等水文调节功能;另一方面其生长也需要蒸腾消耗土壤水分。

1.3.2.1　植被生长对水分的需求特征

植被演替过程中土壤水分有明显的年际变化和季节变化,土壤水分的垂直分布影响着植被对水分的利用,土壤持水性能的高低直接影响着植被的生长,群落生产力的大小在很大程度上依赖于土壤水分。如黄奕龙等(2003)根据不同季节土壤水分的动态特征将黄土高原土壤水分的活动分为 4 个时期,即土壤水分消耗期、土壤水分积累期、土壤水分消退期和土壤水分稳定期。余新晓等(2013)根据土壤水分的利用情况将土壤水分分为土壤水分弱利用层、土壤水分利用层及土壤水分调节层。肖继兵等(2017)认为土壤水分年际间的变化主要是由年际间的降雨补充差异造成的。土壤水分含量不同程度地影响着植被蒸腾与光合生理过程,从而影响着植被的生长发育。如郭连生等(1994)研究发现在一定的土壤持水量范围内,幼树光合和蒸腾速率随土壤持水量的升高而增强,当土壤持水量达到一定程度后,二者不受土壤持水量继续提高的影响。马文元(1986)研究发现沙地水分条件会影响蒸腾速率,从而导致了植物体内的水分变化。康绍忠等(1998)的研究表明在一定土壤持水量范围内,光合速率不随土壤持水量的降低而发生明显的变化,只有当土壤持水量低于一定程度时,才随土壤湿度的下降而降低。土壤水分直接影响着植被的生理代谢,对植被的生长起到关键性作用。

1.3.2.2　植被恢复对土壤水分的影响

降水是黄土高原土壤水分及作物生长需水的主要来源,土壤水分的变化与降水量的变化紧密相关。对黄土高原降水与土壤水分相关性的研究主要集中在两个方面:一是降水对季节性和不同降水年型的土壤水分动态变化的影响及不同深度土壤水分对降水的响应。研究表明,秋冬季是土壤水分缓慢累积阶段、春末夏初是土壤水分强烈消耗阶段、夏季是土壤水分波动阶段。二是土壤水分与降水的耦合研究,包括降水向土壤水转化的过程、比例、影响因子等,以及土壤水分蒸发蒸腾对降水的反馈。未来的研究,需要积累更全面的较长时间、较高时间和空间分辨率的观测数据集,以土壤水分—降水反馈为重点,建立土壤湿度异常以及由此产生的降水异常之间的因果联系。

坡向、坡度、坡位是土壤水分分布的重要影响因子,进而影响人工植被种植的成活率。研究表明,不同立地刺槐林地,$0\sim5m$ 土层土壤平均含水量分别为阳坡 6.96% 、半阳坡 7.62% 、半阴坡 8.06% 、阴坡 8.87% 。土壤水分均值大小依次为阳坡<半阳坡<半阴坡<阴坡;不同坡向刺槐林地土壤水分含量存在着极显著差异;坡度与土壤含水量呈负相关,

春季不同坡度刺槐林地土壤水分含量差异显著，秋季不同坡度刺槐林地土壤水分含量差异不显著。

在天然降水一定的条件下，植物种群密度通过影响土壤水分含量，制约着林木的正常的生长。造林密度过大是造成土壤水分亏缺、植被生态效益和经济效益难以发挥的重要因素。目前，对于土壤水分与植被密度相互关系的研究主要集中在对不同植被密度条件下土壤水分变化特征的研究。研究表明，相同条件下，密度大的林分耗水量较大，林地土壤的水分环境容量随林分密度变化的特征明显，刺槐林地土壤含水量有随林分密度的减小而先升高后降低的趋势，密度中等的林地土壤水分最好，可以通过调整林分密度来调节林分生长与土壤水分的关系。

林龄不同的人工林对土壤水分利用强度不同。相关实验大多以观测典型人工植被在不同生长年限土壤水分变化及土壤干化趋势为主要目的。主要研究结论为随林龄增加，植被对土壤水分影响程度逐渐增强，各土层土壤含水量和储水量下降幅度加大，土壤干化趋势明显。

根系分布密集的区域往往是对水分利用最活跃的区域，根系分布的深度影响到植物拥有营养空间的大小和对土壤水分及养分的利用，是制约植被生产水平的关键因素。目前，植物根系与土壤水分关系的研究主要集中在植物根系吸水的机理特征和根系吸水模型方面，前者主要是植物生理研究，后者则是以建立数学模型为重。不同立地条件下土壤水分状况的差异是造成各立地根系，尤其是细根分布差异的主要原因之一；各立地吸收根分布范围对土壤水分变化也有较大影响，同时根系分布也会影响到土壤水分的季节变化，研究表明刺槐人工林细根生长和土壤水分随时间周期性变化。从土壤水分剖面动态及根系延伸深度看，刺槐的用水深度已超过 7m，其中参与水分循环的活跃层在 20~120cm，强烈用水层 300~450cm 之间，这与根系主要分布区基本吻合，土壤水分明显影响着树木细根表面积的垂直分布。现有研究表明，降水与立地条件作为环境因素对于土壤水分的分布具有重要的作用，典型人工植被根系特征、密度及林龄对于植被有效利用土壤水分的程度有很强的影响。但缺乏对典型人工植被与土壤水分循环间相互作用的研究，如典型人工植被对地表反照率、地表温度、植物蒸散的影响及对降水的影响。

1.3.2.3　黄土高原土壤干层的形成和土壤水分恢复

土壤干层是黄土高原地区半干旱和半湿润环境条件下，人工林草植被过度耗水导致土壤水分负平衡而形成的一种特殊的水文现象，其出现限制黄土高原生态恢复项目的可持续发展。通常意义上所说的土壤干层，是指以植被过度蒸腾耗水为特征的具有相对持久性的"地区型干层"或"蒸散型干层"。根据调查，在黄土高原范围内，土壤干化从 20 世纪 60 年代发现至今已呈普遍分布状态，涉及多种树草种和各类农作物。气候原因、土壤水分循环特征、植物类型选择不当、群落生产力过高和密度过大等都与土壤干层的产生有关。王云强等（2012）研究发现土壤干层的厚度与地形要素（坡度）、地理位置（经度）相关性最高，土地利用、雨量、土壤类型也对其有较大的影响。由于深层土壤的干燥化程度、厚度、范围等都对植物生长具有一定的影响，因此试图确定土壤干层的量化指标还具有较大的难度。

由于人工林草植被在保持水土、促进天然植被恢复和演替方面具有不可替代的作用，大量的研究着重于人工林草植被与土壤干层形成的相关性、危害及土壤水分恢复方法。对于土壤干层的初步研究以观测典型人工植被发生土壤干化的年限、土层深度、成因及危害为主要内容；随后以土壤干层的量化指标、土壤水分恢复对策为主要研究内容。研究表明，干燥化深度与根系分布深度相应，植物根系愈深，干燥深度愈大；干燥强度因植物种类和生长年限而定，并与降水量和蒸散量的比值相应，即密度大的乔灌林地大于密度小的乔灌林地，乔灌林地和人工草地大于农作物地，高产农田大于低产农田，有植物地大于裸露地。刘刚等（2004）研究表明除农地外，其他植被类型下都不同程度的存在着土壤干层，干层严重程度，林地大于灌木林地，灌木林地大于草地；草地存在临时干层和永久干层，永久干层深度可以达到 4.0m。人工植被的土壤干层并非必然的，在植被建设中应遵循区域植被的演替规律和地带性分布规律，充分考虑土壤水分生态条件，尽量选择低耗水的适生乡土树种，同时适当调控群落密度和生产力，并结合一定的抚育措施和人工造林种草技术，人工植被建设才能在很大程度上减少土壤干层的发生并削弱其危害。近年来不少研究应用环境政策综合气候模型，定量模拟和分析不同条件下不同植被生产力和深层土壤水分动态变化，探讨土壤干层的形成与分布规律，寻求不同降雨年型下适合当地的植被种植模式。土壤—植被—大气系统内的水循环、水平衡依然是土壤干层与土壤水分恢复研究的重点。

1.3.3 植被恢复过程中土壤理化性质的响应

一般的，在植被的恢复过程中，土壤有机质、速效氮、速效钾、全氮、表层速效磷含量增加，土壤 pH 值和容重降低，氮的矿化能力增强，土壤微生物量明显提高，酶活性增加，水稳性团聚体数量和质量得到提高，土壤结构得到改善，土壤肥力得到提高，促进了土壤腐殖化和黏化过程的进行，土壤抗冲性和土壤抗剪强度得到强化，土地生产力得到提高。

1.3.3.1 土壤理化性质的作用

土壤速效养分含量与动态变化和土壤水分、温度、孔隙状况及微生物活动有很大关系，它直接影响植物的现实生产力。在森林土壤中，土壤水分、容重、毛管持水量和孔隙度等重要的土壤物理因子的空间变化与土壤养分一样，影响着树木的根系，进而影响林分的生长。在沙漠生境中，土壤氮、磷、钾的空间变异性分布与灌丛植被的出现高度相关。当水分条件变差时，植被会向着组成物种减少、结构简单、低矮、稀疏和生产力低的方向发展，生态系统功能退化。"小老树"就是由于受水分条件的制约，造成了植物生长需水和土壤供水之间的矛盾加剧，以至于植物生长受阻，造成了生长慢、材木蓄积量低、生态效益与经济效益较差。

不同的土壤条件下，植物种的侵入、生长状况不同，群落具体的发展途径有明显的差异。土壤恢复速度、土壤肥力状况以及各阶段优势植物繁殖体来源数量及定居难易，直接影响着群落优势种的拓殖和更替，从而影响演替进展的速度。在不同的立地条件下，植被恢复的进程不同，在同一空间上有着不同演替系列，并且不同立地条件下植物生物量、土壤有机质、全 N 和全 P 的含量也不同。对不同的植被群落，起主要作用的土壤因子是有差异的。次生森林群落起主要作用的土壤因子是土壤厚度、含水量和酸碱度；对次生森林群落多样性发育起主要作用的因子对于不同的群落也不同，比如在马尾松群落中是土壤厚度、酸碱度、有效氮和速效磷；在马尾松+落叶阔叶林群落中是土壤厚度、含水量、速效磷和钙镁总量。在黄土高原森林植被带，降水和空气温度已不是决定群落类型和分布的主导因素，土壤理化性质在这里成为决定森林群落类型和分布的主导因子，其中土壤含水量、全氮和有机质含量具有决定性意义。在黄土高原森林草原地带，演替初期是以草原植被为优势，随着土壤条件的改善，中后期森林草原地带的代表植物占了优势，多属旱中生或中旱生。

1.3.3.2　植被类型对土壤理化性质的影响

不同的植被类型对土壤的改良与肥力发育有着不同的影响。乔木林和草被都有良好的改善土壤物理性能、化学特性和土壤入渗能力的效应，且对上层土壤的改良效果好于下层；对土壤物理性能的改良，乔木林优于草被，对土壤化学特性和土壤入渗性能的改良，草被优于乔木林。草本植被对 0~40cm 土壤养分的提高作用大于乔木和灌木。乔木林地速效养分丰富，黏粒和 >0.25mm 团聚体的数量大；灌丛草地则酸性较强，坚实度偏低，>0.05mm 的微团粒含量较高，乔木林地防止土地退化的效益好于灌丛草地。在黄土丘陵区，草地土壤水分含量优于灌木林地，灌木林地优于乔木林地，选用乡土树种油松造林造成的土壤干化程度轻；同时，天然草本植被也会形成土壤干层，其中白羊草和长芒草形成有利于自身群落稳定的干层，但茭蒿形成的干层则对自身稳定不利。而在子午岭北部黄土区次生植被演替过程中，不同植被类型的土壤含水量大小为辽东栎群落>山杨林群落>白桦林群落>虎榛子群落>狼牙刺群落>白羊草群落>铁杆蒿群落>撂荒地。

对退化土地进行植被恢复和重建可以采取不同有效措施，但不同的恢复措施对土壤特别是土壤理化性质的影响却不尽相同。封育措施可以增加土壤含水量，提高土壤有机质、全 N、全 P 含量和阳离子交换能力。随着封育时间的延长，草地植被的生长和发育不断变化，但封育的年限过长，枯草覆盖地面，不能接受到阳光的照射，土壤中的有机质分解及微生物活动就会减慢。生物篱的采用具有保水拦沙、减少土壤肥力流失、提高土地生产潜力、增加坡地植被覆盖度的独特功效。休闲不能在短期内改善土壤的物理性状，重耙对土壤的影响有限，深耕能部分改善土壤的物理性状，浅耕则可大大改善土壤的物理性状，并促进羊草的生长。对退化土地进行植被恢复的时候，应该采取适当的恢复措施，并掌握一定的度，比如封育要选择好封育的时间，刈割要控制好刈割时间和高度等，以便达到既可以缩短恢复的时间，又可以起到良好的改善土壤性状的目的。

对于不同的土地利用结构，从坡底到坡顶，0~70cm 土层含水量以耕地—林地—草地类型最高，为 17.4%；草地—坡耕地—林地次之，为 16.5%；坡耕地—草地—林地最低，为 15.7%。在 0~20cm 土层中，在草地—坡耕地—林地、坡耕地—草地—林地、梯田—草地—林地和坡耕地—林地—草地四种组合类型中，坡耕地—草地—林地和梯田—草地—林地类型具有较好的土壤养分保持能力。从坡顶到坡底依次为撂荒地—灌木地—间作地—林地和撂荒地—灌木地—农地（梯田）—果园地两种组合类型对土壤的改良和该区资源充分利用较好，是黄土丘陵地区小流域较好的土地利用结构。在植被恢复中了解不同退耕年限的土壤性质变化，优化土地利用结构，不但是退耕还林（草）的根本保证，也可以充分利用当地的资源。

1.3.3.3　植被恢复对土壤侵蚀的影响

林草植被是防止土壤侵蚀、控制水土流失的有效措施。在植被恢复过程中，由于林草的种植使得土壤侵蚀减弱，水土流失也得到了一定的控制。退耕地造林种草，增加了地面覆盖度，减少了雨水的击溅，固结土壤，提高土壤抗冲能力，同时保蓄了雨水，防止了地表径流和土壤侵蚀。自然植被恢复后，坡面基本不发生土壤侵蚀，坡面浅沟侵蚀停止发育，浅沟沟槽发生淤积，降水和地形因子对土壤侵蚀的影响不甚明显，沟谷侵蚀及重力侵蚀得到了有效控制。陕西吴起县实施禁牧封育3年的山坡，自然恢复的植被基本上可以控制水土流失。黄丘区人工沙棘林及其混交林减少径流泥沙的作用突出，但结构和混交模式的不同所发挥的作用大小不同；沙棘纯林长势良好，在6龄左右基本郁闭，现存枯落物厚2~4cm，发挥的水土保持功能高于其他林分。另外，在森林植被的恢复过程中，苔藓层的形成也有利于改良土壤表层物理化学性质，对缓冲生境的剧烈变化、减少土壤侵蚀以及稳定植被和减少地面径流方面具有积极意义。

在植被的演替过程中，随着群落结构的复杂化，生物生产力的增大，影响环境能力的提高和系统功能的完善，群落保持水土的能力自然亦不断增大。反之，逆行演替则变小；就植被而言，一定盖度的植被，越是贴地面覆盖，其防蚀作用越有效，密集生长的矮草及匍匐植物防蚀效果并不一定就比发育良好的森林差。

1.3.4　植被恢复对土壤碳、氮循环过程的影响

植被恢复作为水土流失治理中的一项重要措施，有利于促进侵蚀土壤发育、改善土壤特性、提高土壤肥力。研究表明，植被类型显著影响林地土壤腐殖质形态、营养成分、碳、氮和磷的矿化速率以及硝化和反硝化速率，从而进一步影响土壤碳、氮的循环过程。

1.3.4.1　植被恢复对土壤有机碳积累的影响

土壤有机碳库是陆地碳库的主要组成部分，在陆地碳循环研究中有着重要的作用。有资料显示，土壤有机碳（SOC）含量约占陆地生物圈碳库的2/3，而每年有约占总量4%的SOC进入土壤碳库并以CO_2形式释放，因而土壤中的有机碳既是碳汇，又是碳源。在侵蚀退化地区植被修复过程中，植被通过光合作用向土壤输送有机物质，并从土壤中吸收养分，从而对土壤有机碳的周转和积累产生深刻的影响。从现有的研究结果看，植被恢复地区每年都有大量枯枝落叶进入土壤，经微生物腐解后形成较多腐殖质，使土壤有机质增加，土壤理化性质得到明显改善，土壤有机碳库储量显著增加。因此，植被恢复被证明是

一个重要的碳汇。Lal（2004b）认为，水土流失地区的植被恢复重建具有很大的固碳潜力，植被恢复还能够通过有效控制土壤侵蚀减少，土壤碳损失 0.6~1.1Pg/a，是增加土壤碳汇的重要手段。Garcia 等（2004）和 Gil-Sotres 等（1997）指出，水土流失地区植被恢复一方面增加了地表的植被覆盖，减少了土壤侵蚀和养分的流失；另一方面，植物残体、根系以及根系分泌物的存在还增加了向土壤输入的有机物质。因此，在植被修复的过程中，水土流失区土壤质量得到较大幅度提升，有机碳库储量明显增加。Post 和 Kwon 研究也表明，植被恢复能够大幅度提高土壤有机碳含量，在一些树龄大于 400 年的老龄林，土壤（0~20cm）仍具有较高的碳积累能力，达到每年 610kg/hm²。我国许多学者对黄土高原水土流失区植被恢复后土壤质量演变进行研究，发现植被恢复后土壤养分状况得到显著改善，土壤中有机碳储量明显提高。在我国喀斯特地区、红壤侵蚀区和科尔沁沙地的研究也得出了相似的结果。在整个修复过程中，土壤有机碳库呈先减少后增大的趋势。但不同的植被恢复类型对土壤有机碳累积的贡献存在很大差异。从现有的研究结果看，植被恢复地区的有机碳累积速率多表现为林地>灌木>草地>撂荒地，其中，次生林又大于人工林。也有学者认为，在水土流失情况下，植被恢复对土壤碳素积累的贡献会因土壤侵蚀而减弱，甚至还有可能增加土壤碳的流失。黄荣珍等（2001）在我国南方红壤区的研究也印证了这一看法，侵蚀退化红壤分别修复为马尾松林和湿地松林后，0~80cm 土层的土壤有机碳储量分别增加至 49.06t/hm² 和 83.17t/hm²，但仍低于我国亚热带常绿阔叶林和亚热带、热带常绿针叶林及亚热带、热带灌丛矮林的土壤有机碳储量（95~124 t/hm²）。有研究表明，植被恢复对土壤有机碳的影响存在着较强的表聚效应，尤其是 0~10cm 土层土壤有机碳含量和储量受植被恢复的影响最大，40cm 以下深度土层有机碳受植被恢复的影响很小。同时，植被恢复治理还明显提高了侵蚀地土壤的腐殖质品质，土壤中活性有机碳的含量和比例也随着恢复的年限增加逐渐提高。总之，植被恢复期间植被—土壤复合系统通过相互作用增加了土壤有机物的输入，明显增加了土壤有机碳库的累积，还对提高土壤有机质品质起到积极作用。土壤呼吸是土壤有机碳损失的主要形式，也是温室气体 CO_2 产生的主要途径。一般来说，随着植被覆盖度的提高，生态系统向土壤输入的碳素增加，同时也增大了土壤呼吸所释放的碳素。从现有的研究结果看，植被修复过程显著增加了土壤的呼吸作用，在一定程度上也增加了土壤的碳排放量。究其原因主要在于两方面：一方面，土壤有机碳是土壤呼吸的底物，植物修复会提高土壤有机碳含量，导致土壤中更易被微生物利用的活性有机碳含量增加；另一方面，植被恢复能通过改善土壤微生物群落的组成和结构、增强微生物活性来促进土壤呼吸作用。

1.3.4.2 植被恢复对土壤氮累积的影响

在植被恢复的过程中，植物主要通过根系分泌物和植物残体向土壤提供碳、氮，影响土壤氮的输入，进而显著改变土壤性质。同时，植被修复还有效防止了由于土壤侵蚀而造成的氮素损失，有利于土壤中氮库的积累。近年来，不少学者对我国各个植被恢复区生态恢复状况展开研究，发现植被恢复均显著提高了土壤中全氮和速效氮含量。王国梁等（2002）研究发现，在 11 种不同的植被恢复类型下，表层土壤（0~20cm）的全氮含量均大于 20~40cm 土层，反映出植被恢复对土壤氮素累积的影响呈现向上富集的规律。但不同植被类型对土壤氮素累积速率的影响存在明显差异。王盛萍等（2006）、李贵才等（2001）认为，与人工林相比，天然恢复植被（天然次生林）土壤中的有机碳、全氮积累速度更快，因而对土壤氮库累积的作用效果更明显。这可能与凋落物的种类和数量有关。植被类型决定凋落物的积累，天然恢复植物群落的物种丰富度、多样性指数均明显高于人工林，大量凋落物和根系分泌物为土壤提供了充足的养分，因此土壤中有机碳和总氮含量也相对较高。王春阳等（2011）研究表明，与单种凋落物相比，不同种类植物凋落物混合加入土壤，明显增加了土壤微生物碳、氮含量，降低了土壤矿质氮含量，减少了无机氮损失，增加土壤氮素的固持。在植被恢复重建过程中采用不同种类植物搭配，有利于土壤氮素的累积。经过植被恢复治理，植被修复地区土壤中氮素储量（全氮含量）和供应强度（无机氮含量）均得到一定程度的改善，特别是在植被恢复的前期（10~20 年）土壤中的全氮含量迅速增加，之后逐渐趋于稳定，甚至随着群落的衰退开始降低。同时，植物恢复还对土壤氮素转化过程及存在形态都产生很大影响，但在不同区域（土壤母质以及气候条件）、不同植被修复类型下其影响效果不一致。氮是植物生长和发育所需的大量营养元素之一，也是植物从土壤中吸收量最大的矿质元素。

1.3.4.3　植被恢复对土壤碳、氮交互作用的影响

土壤中的氮主要通过影响植物生长来影响土壤有机物的输入量，进而造成土壤有机碳含量的差异。随着植被恢复年限的增加，水土流失区土壤中有机碳和全氮含量逐渐增加，二者呈显著的正相关关系。土壤有机碳的矿化指土壤中的有机质在微生物作用下分解释放 CO_2 的过程。该过程受到很多因素的影响与调节，其中土壤氮素含量变化必将直接对土壤有机碳矿化作用产生影响。土壤氮转化直接影响到氮素在土壤中的累积及其有效性，是陆地氮素循环中最重要的环节之一。这一过程受到土壤温度、含水量、理化性质以及微生物活性等诸多因子的影响。有机质（有机碳）作为土壤微生物的碳源和能源物质，其在土壤中的含量和组成情况必将对氮素转化过程产生重要影响。有研究表明，土壤氮素的矿化作用和反硝化随土壤有机质（有机碳）含量升高而增强。这主要是由于随土壤有机质含量的提高，土壤中可矿化有机氮与可被微生物利用的活性碳的比例逐渐升高。然而，对于土壤有机质（碳）与氮素硝化作用之间的相关关系，不同研究结果存在较大差异。如 Merino 等（2014）研究发现，外源有机碳的添加明显促进了土壤的硝化作用；然而，贾俊仙等（2010）认为，在红壤水稻土上，不论是外源有机碳的添加还是自身有机碳含量的差异均不对其硝化作用产生明显影响；还有学者认为，有机碳加入土壤可促进微生物活动，使 O_2 供应不足，导致自养微生物参与的硝化作用减弱。在水土流失地区植被重建的过程中，不同的植被类型和恢复时间通过影响土壤有机碳和氮的含量及组分，对土壤碳氮的交互作用产生影响。然而目前对于植被恢复过程中土壤碳氮循环之间的相互关系的研究还比较少。近年来，有些学者对植被恢复下土壤微生物碳、氮的变化展开研究，发现随着恢复年限的增长，土壤微生物生物量碳、氮显著升高，这与土壤中 SOC 和总氮（TN）的变化规律一致。薛萐等（2011）在黄土高原区的研究则认为，混交林的作用效果最佳，纯林次

之，无林荒草地的作用效果最差。土壤微生物生物量碳、氮对于评价植被修复的效果具有很大价值。它不但能够快速反映土壤理化性质的变化趋势，还能够在植被修复的早期就区分出不同修复类型间作用效果的差异。

1.4　植被变化与流域水文

1.4.1　植被变化与流域水文关系

　　植被变化与流域水文的关系研究长期以来是森林水文学以及当今生态水文学的重要研究内容之一。随着社会进步以及科学研究的发展，森林植被变化如何影响、改变流域水文的理论观点亦有了显著发展。早期观点普遍认为：森林植被具有缓洪增枯的作用，并且根系、枯落物、土壤等在枯水季节可以缓慢释放水分（Steup，1927；Oosterling，1927）。这种观点一直持续到 20 世纪 80 年代及 90 年代。其中，一个重要例子是 1981 年和 1998 年长江流域洪水发生后，公众和政府决策者普遍认为上游流域大面积植被砍伐是造成下游流域洪水灾害的重要根源。然而，这种简单的理论观点随后引起学者广泛争论，Hamilton L S 和其他一些学者早在 20 世纪 80 年代对这种理论假设进行了声讨。与森林植被"海绵理论"（sponge theory）相对的是"入渗理论"（infiltration theory）。入渗理论起源亦较早（Roessel，1927，1928，1939a，b，c；Zwart，1927），这种观点认为流域洪水产生的根源主要受控于流域地质和下伏土壤特性，森林植被的存在或缺失并不足以引起洪水的产生。此外，还存在有一些中立的观点（De Haan，1933；Coster，1938；Heringa，1939），强调指出森林植被具有良好的侵蚀防治作用和缓洪效应，但对于枯水期的低位径流（low flow）则改善作用不明显。上述不同观点代表了早期学者以及公众对森林植被与流域水文关系的认识。更为新兴的、更具科学性的观点是在 80 年代后，基于温带地区开展的大量实例研究所产生的（Hamilton and King，1983）。这种观点强调指出，森林植被根系确切地说更像一个抽水泵而不是海绵，它在枯水季节并不能释放水分，相反，为了维持植物呼吸和植被生长，植被根系从土壤吸取水分。这种观点同时指出洪水的产生主要由短历时的超强降雨或者长历时的大量降雨超过土壤贮水性能以及河槽的传送性能所导致。

　　虽然对于植被变化与流域水文的关系仍有较多空白有待于探寻，但是基于目前已积累的大量实例研究，学者对于植被变化与流域水文的关系已有一定的认识。如前所述，尽管长期的争论似乎仍然没有达成一致，但是，正如 Hamilton（1987）所指出的，越多越多的研究似乎更倾向于强调森林植被的负面影响，比如森林植被大量耗水、森林植被并不能防治极端洪水灾害等，而森林植被净化水质、固碳等正面影响作用则有所忽视。较多学者对森林植被变化与流域水文的关系进行过很好的总结。除了从流域产水量（Bosch and Hewlett，1983；Brown et al.，2005）、流域低位径流、洪峰（Bruijnzeel，2004；Brown et al.，2005；Stednick et al.，1996）、流域水文状况（hydrological regime）（Brown et al.，2005）等方面总结分析植被变化对流域水文的影响外，不同形式的植被变化及其潜在的流域水文影响差异亦为学者所强调（Bruijnzeel，2004；Brown et al.，2005）；此外，部分研究针对特定的区域气候条件总结探讨植被变化与流域水文的关系，如：Bruijnzeel（2004）对热带区域植被变化与流域水文的关系进行了详细的综述评论；Cosandey 等（2005）则主要针对地中海区域植被变化与流域水文的关系进行探讨。本研究依据对森林植被变化与流域水文关系的理解，在总结分析前人研究结果的基础上，力图从不同形式或不同尺度的植被变化、植被变化对流域水文影响的不同方面、植被变化与流域水文关系研究，以及受气候干扰时的植被变化与流域水文的响应解析等方面进行阐述。

1.4.2　不同尺度植被变化

不同形式的植被变化对流域水文产生有不同影响。Brown 等（2005）在综述评论对比试验流域研究时将植被变化主要划分为以下几类相关活动：①造林（afforestation）：主要指低矮灌木向森林乔木转变；②再生试验（regrowth）：主要指森林采伐以后的植被再生；③森林采伐（deforestation）：主要指森林植被向草地的转变；④森林植被类型转变（forest conversion）：主要指森林植被类型的转变，包括阔叶树与针叶林的转变、常绿林与落叶林的转变等。上述植被变化尽管涵盖了通常所涉及的大部分景观变化，但上述研究多侧重于揭示宏观尺度植被变化与水文关系，而对微观尺度植被变化与水文关系则未有提及。生态—水文关系体现于多级尺度，不同尺度植被变化对水文循环、水文过程均有影响，进而影响流域水文各个方面。探讨植被变化与流域水文需要从多级尺度认识植被变化与水文变化关系。本研究力图依据植被变化的驱动因素以及植被变化所代表的尺度特征，将植被变化划分为以下四种类型。图 1-4 简要描述了影响流域水文的潜在的多尺度的植被变化，从自然驱动的植被生长、植被演替、植被更新到人为驱动的造林、森林砍伐、火烧等。

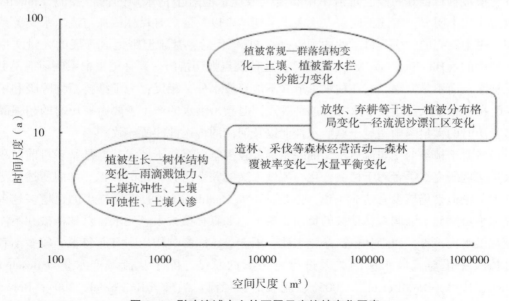

图 1-4　影响流域水文的不同尺度植被变化因素

1.4.2.1　植被生长

植被生长较植被演替所涉及的时间尺度较短。植被生长引起植物高度增加、根系伸长、叶面积增加、覆盖度增大，植被结构发生变化，植被对降雨的阻截再分配作用因此发生变化。此外，随着植被生长、林龄增加，植被用水发生变化，导致其碳水耦合功能发生变化。早期国内众多研究多集中于探讨植被结构变化特征对降雨分配的影响，以及植被对地表的保护作用（张清春等，2002；王晗生等，1999；余新晓等，1997）。植被生长的季节动态变化对水文响应有重要影响（Thurow T L et al.，1988，1991）。将植被生长变化的动态信息与产流产沙过程相结合，有助于显著改善现有的水文及土壤侵蚀模型（Sánchez G et al.，1994），从生态水文的角度揭示植被变化影响水文响应的机理。随着研究的发展，植被生长的用水机制、环境响应机制，以及其碳水耦合机制等越来越引起国内外学者广大关注，特别是在全球气候变化背景下，不同林龄植被生长引起的植被用水以及水分利用效率、固碳效益等研究广见报道。如：Murakami 等（2000）研究发现，与普通生长季相比，幼龄林森林流域的植被在较热生长季具有较高蒸发散，而成熟林森林流域植被则在普通生长季和较热生长季用水水平一致。Jassal 等（2009）对比探讨了不同林龄林分的蒸发散和水分利用效率，并结合环境因素探讨了其环境响应机制；Cornish and Vertessy（2000）则探讨分析了不同林龄桉树林蒸发散及其流域产水量，指出植被再生后流域产水量最初表现为增加趋势，随后呈现减少，并且产水量水平低于流域森林植被砍伐前水平。需要指出的是，前述 Brown 等（2005）归纳总结的植被再生研究（Regrowth）与在此提到的不同林龄—产水量变化研究实际为同一类研究，这类研究主要借助对比流域（paired catchment experiment）或时间趋势观测（time-trend studies，Brown et al.，2005）探讨植被再生对流域产水的影响，已积累较多研究基础，"Kuczera Curve"理论曲线较好地反映了这类研究的核心内容。植被生长与植被用水以及水分利用效率的关系研究则是这类研究的拓展，也代表了当前生态水文学的研究热点，主要从林分或生态系统尺度，结合碳水平衡等理论探讨碳水耦合机制等。

1.4.2.2　植被演替

植被演替实质反映了较长时间尺度的植被变化信息。在无人为干扰情况下，植被正向演替形成顶级群落，植物群落结构复杂化，生物生产力提高，群落系统功能完善，降雨侵蚀动能经不同冠层及地表枯落物覆被层逐级递减，从而减少径流泥沙。然而，由于人类活动的干扰，如垦荒、木材砍伐、薪炭林开采以及过度放牧等，植被演替往往逆向发展，群落结构单一，植被稀疏。刘伦辉等（1990）研究表明滇中山地各植被群落的水土保持功能大致与群落进展演替阶段相吻合，即：常绿阔叶林>常绿针叶林>次生荒草坡>旱作地与光秃地。地中海干旱半干旱地区的生态系统在人为干预和土地弃耕等交替模式的驱动下，植被群落经过不同阶段的退化、更新，最终形成镶嵌式的空间结构（Juan B Gallego Fernández，et al.，2004），从源、汇区理论来看，这种空间分布格局控制影响着径流泥沙等生态水文过程。

1.4.2.3 放牧、弃耕、火烧

放牧、弃耕、火烧等干扰往往导致大尺度植被空间分布格局的变化，植被空间分布格局影响径流过程的连续性，植被斑块的镶嵌式分布导致水流分散。关于植被分布变化与水文关系的研究多局限于干旱半干旱地区，且多结合景观生态学理论进行探讨。较多研究直接分析植被斑块与径流泥沙相关关系，例如 Ludwig 等（1999）比较分析了各种斑块特征对径流、泥沙及养分的截获能力，结果表明带状斑块较点状斑块径流截持率增加约 8%，且由于土壤养分的截持，植物生产力提高近 10%。此外，植被斑块大小、斑块面积、斑块数等也常应用于此类研究。然而，上述指标仅能给出植被空间分布的相关信息，缺乏与地质—生态过程的联系。为了将植被分布格局与地质—生态过程有效耦合，Prinsen 等（2001）曾确立了一系列相关指标数量化描述植被的空间分布状况，如：空隙度（lacunarity）、裸地斑块破碎度（bare area fragmentation，D）、植被斑块上坡坡长（upslope side length，U），以及裸地斑块连通度（connectivity）。该序列指标不仅数量化了裸地或植被斑块即径流泥沙源汇区的分布范围，同时数量化了源汇区之间的连接性，建立了格局与过程的联系。植被分布格局的变化不仅影响流域径流泥沙源汇区的产生，同时还影响流域出口的洪峰流量。有关研究认为在调节河川径流量时森林植被在流域的空间分布格局具有重要作用，当森林植被分布于流域上部时，调节径流的作用最大，而分布于流域下部时容易形成较大洪峰流量，不利于发挥森林植被对径流的调节作用。

1.4.2.4 造林、采伐及植被类型转换

造林、采伐、植被类型转换等森林经营活动是大尺度植被变化的另一主要驱动力。自 1909 年第一个对比实验流域在美国 Colorado 流域设置以来（Bates et al.，1928），世界各国相继开展了一系列的实验观测流域（Hibbert，1969；Stednick，1996）。随着对森林生态系统认识的需要，至 60 年代研究已达繁盛时期（张志强等，2003；Stednick，1996），研究内容由水量、水文循环变化扩展至养分循环等，物理过程、生物过程及化学过程同时体现于其中。这类研究仍然主要基于对比试验流域或时间趋势分析，探讨造林、采伐、森林经营转换等对流域水文（主要指流域产水量、蒸发散）的影响。Bosch and Hewlett（1983）以及其他学者（Stednick，1996；Sahin and Hall，1996）很好地总结综述了该类试验观测研究。

其中，关于造林、采伐等试验研究的一个主要问题是造林、采伐后流域植被并非永久性变化，因为随着时间的推移存在有植被再生的现象。因此，这类研究观测结果的代表性往往需要加以特别重视。通常认为流域造林、采伐处理后紧接着的年份观测可真实反映植被变化后的流域水文响应，而随后年份的观测则不代表永久植被变化的水文响应（Vertessy，1999；Bruijnzeel，2004）。类似问题同样存在于前述植被生长（regrowth）与水文关系研究中。也正因为具有这种特殊性，短期观测序列所反映的水文变化往往被区域气候变异的水文影响所掩盖。造林、采伐—水文观测研究存在的另一个重要问题是，造林、采伐不仅仅引起流域植被覆被、植被叶面积的改变，更为重要的是上述活动往往引起流域

土壤水文、地表特性的改变，进而影响流域水文响应。造林通常伴随有排水系统的构建，而采伐通常因为重型机械作业导致土壤板结，进而影响土壤入渗、地表径流产生等。然而，上述活动的伴生效应在研究中往往并不被予以重视，即便过程观测已发现其重要地位，但通常由于模型的局限性导致在模型模拟阶段很难实现其效应模拟。

与造林、采伐观测研究相区别，植被类型（主要指乔、灌、草之间）的转换往往代表的是永久性植被变化，即当流域乔木被草被植被代替时，流域产水量将表现永久性的增加（Bruijnzeel，2004），此时流域植被水分利用的减少不仅仅反映了灌草植被较弱的冠层截留能力，同时也反映了灌草有限的根系吸水能力（在干旱季节）。相关研究表明，热带区域当森林植被转变为草地植被时其年产水量将增加 150～300mm（取决于年降水量）（Mumeka，1986；Fritsch，1993；Jipp et al.，1998）。需要指出的是，随着生态水文学的发展，植被类型的转变研究并不仅仅局限于乔—灌—草之间的转变研究，当前，越来越多的学者开始深入探讨树种（物种）组成变化（species change）与流域水文的关系。实际上，无论是政策导向相关的森林经营活动，或是植被自然演替，都可能引起树种组成变化。因此，树种变化与流域水文的关系研究已成为当前生态水文学研究的一个重要内容。众多学者已开展了树种组成与流域水文的关系研究。如：Wattenbach 等（2007）探讨了树种组成变化对流域蒸发散、流域径流总量及其季节分布的影响；Sprenger 等（2013）探讨研究了树种组成变化对土壤水渗漏的影响；Jost 等（2012）研究证实树种组成变化将引起不同的降雨—径流响应。

1.4.3　流域水文响应

植被变化影响流域水文体现在多个方面。众多研究在探讨植被变化与流域水文关系时主要从以下几方面进行阐述，比如：流域年产水量、流域径流季节变化（包括枯水径流和洪峰）、流域蒸发散、流量变化（flow regime），以及土壤侵蚀和流域产沙等。以下逐一进行阐述。

1.4.3.1　流域产水量

1967 年，Hibbert 首次较为全面地总结了 39 个实验流域的研究结果，认为：森林植被减少，流域产水量增加；植被增加，产水量减少；不同流域植被变化引起的产水量响应时间相差较大，具有不可预测性。1982 年，Bosch 和 Hewlett 另外增加了 55 个实验流域资料对 Hibbert 的评论进行了肯定及补充，总体认为：森林植被覆被减少，流域产水量增加，反之亦然；对于针叶树和桉树，植被覆被每变化 10%，流域年产水量变化 40mm；落叶阔叶树植被覆被每变化 10%，年产水量变化 25mm，而灌草植被覆被每变化 10%流域年产水量变化 10mm。Bosch 进一步指出当植被覆被变化少于 20%时，很难通过观测试验的方法检测流域产水量变化；流域径流对植被覆被变化的响应同时取决于平均年降水以及处理后对应的观测年份降水量。1996 年 Stednick 和 Sahin 在 Bosch 的基础上根据 154 个实验流域资料再次对流域产水量与植被覆被变化的关系进行总结。与 Bosch 的研究结论相似，Stednick 认为总体上当植被覆被变化大于 20%时才能通过实验观测的方法获得流域产水量变化。由于降水、气候、地质等水文地质条件不同，不同水文区域可检测到水文响应的植被覆被变化临界值具有一定差异，岩石山区当植被覆被变化为 15% 时即可观测到流域产水量变化，而平原区域则植被覆被变化需大于 50% 时才能观测到流域产水量变化。相区别于已有研究，为避免某一年份较高降水量对观测径流的影响，Stednick 采用流域处理后前 5 年的径流年平均值进行分析，认为当植被覆被每减少 10% 时，针叶林植被产水量增加 20 ~ 25mm，桉树林产水量增加 6mm，灌草增加 5mm，落叶阔叶树则增加 17 ~ 19mm。

1. 4. 3. 2 季节径流

植被覆被变化对径流季节性变化也具有重要影响。然而，关于径流的季节响应研究相对较少，且并没有一致的结论（Vertessy，1999）。部分研究认为森林流域枯水径流较其他土地利用的低（Edwards K A，1979；Lorup J K，Hansen E，1997；Smith R E，Scott D F，1992），然而，仍然可以发现部分研究具有相反的结论（Sandstrom K.，1995；Bonell M，Balek J，1993）。需要指出的是从年水平来看，土壤含水量变化量可忽略，土地利用/植被变化导致流域产水量变化的主要水文过程是蒸发散发生变化（Zhang et al.，2001；Holmes and Sinclair，1986；Turner，1991），然而当从季节水平或月水平来看，蒸发散变化并不能完全解释径流变化，土壤含水量影响着各季节水量平衡。在冬季降水较多的区域，森林覆被增加，夏季的流域径流减少；然而，在夏季雨水较多的区域则各研究者观测结果并非一致，原因在于各流域土壤不同，土壤贮水量不同，从而影响径流响应。大多数研究在回答流域径流季节响应时主要从暴雨径流和洪水，以及低位径流等方面阐述。

（1）暴雨径流和洪水

暴雨径流（high flow）或者洪水指的是其分布频率（观测时段内）≥1% ~ 5% 的径流（Brown et al.，2005）。影响暴雨径流产生的因素包括地质、土壤、气候及植被、流域等特征。其中，关键的因素或变量包括：不同土壤层的水力特性、降水强度和降水持续时间及流域坡面形态（Dunne，1978）。暴雨径流的组成通常包括：沟谷底部以及地表洼陷地段因蓄满饱和产生的地表径流，以及土壤水通过根孔或优先流路径迅速在边坡出露的亚地表径流。不同流域由于其地质、土壤、植被以及降水等条件不同，导致径流成分的比例组成不同。此外，即便同一流域，由于前期降水不同、土壤水分条件亦不同，加之各次降水强度以及持续时间等降水特性不同，暴雨径流组成亦表现出差异性（Dunne，1978；Bruijnzeel，2004）。相关研究对于地下水较接近于沟谷（即地下水较浅）的流域，其暴雨径流主要由沟谷部分蓄满产流组成，且暴雨径流量较大。而对于其他流域，则暴雨径流随着土壤排蓄能力和土壤排蓄面积的增加，暴雨径流量逐渐减小（Fritsch，1993）。暴雨径流在流域植被砍伐后往往呈现增加趋势。这主要由于地表及土壤水文特性（由于土壤压实等）发生改变，使得入渗几率减小，因此暴雨径流响应增加。但是，正如 Bruijnzeel（2004）所指出的，即便土壤水文特性改变较小，植被砍伐后由于流域蒸发散减小，土壤含水量增加，因此暴雨径流响应仍然呈现增加趋势。这种效应在降水较小时表现尤为显著，其暴雨径流相对增量可达 100% ~ 300%，而对于较大降雨，则暴雨径流增加则降至 10% 或更少（Gilmour，1977；Pearce et al.，1980；Hewlett and Doss，1984），这同时也表明了当土壤湿度增加后，土壤对于植被变化暴雨径流响应的影响作用明显大于植被因素

（Bruijnzeel，2004）。需要指出的是，植被变化后引起的峰值流量响应往往在前述以地表径流为主要成分的区域中反映明显（Dunne，1978）。因此，当植被砍伐后峰值流量的显著增加反映了暴雨径流成分从亚地表径流为主转变到以地表径流为主（Kamaruzaman，1991；Van der Plas and Bruijnzeel，1993）。Bruijnzeel（2004）在探讨暴雨径流时将其影响划分为局部效应（local effects）和外部效应（off-site effects）。研究者指出，不能将暴雨径流增加简单地归结为上游流域的植被变化，并且，需要谨慎认识到部分区域产生的暴雨径流增量往往会被其他降水较少或植被再生区域所缓释。

（2）低位径流

低位径流指的是径流量超过其分布频率（观测时段内）70%的径流（Smakhtin，2001），主要反映干旱季节的流域径流状况。尽管部分研究使用枯水径流以反映旱季或枯水季节的流域径流，但枯水径流似乎并无严格的界定。大量研究表明，当森林植被采伐后流域低位径流逐渐减小。低位径流减少并不与森林采伐后流域产水量增加以及土壤含水量增加这一事实相矛盾。实际上，森林砍伐或植被类型转变（林—灌—草）后，长期裸露的土壤往往因重型机械作业或过度放牧导致土壤被压实、土壤动物区系活动消失，同时道路修建引起不透水面积增加等，种种因素导致流域降水—入渗几率降低，即森林土壤"海绵效应"消失（Bruijnzeel，2004）。Ingwersen（1985）研究中当流域25%的植被被砍伐后，流域低位径流减少；此外，相关研究中拉丁美洲地区的云雾林转变为农作物或草地后亦引起低位径流减少（Brown et al.，1996；Ataroff and Rada，2000）。Bruijnzeel（2004）认为，只有当流域土壤入渗仍保持原有水平，则植被砍伐后流域低位径流才可显示增加。这一观点实际已在相关研究中有所证实（Edwards，1979）。当然，流域低位径流受多种因素影响，其中，自然因素包括：土壤分布和入渗特性、含水层水力特性及分布、地下水排泄能力大大小及频率、流域蒸发散速率、植被分布，以及土壤和气候等（Smakhtin，2001）。相关研究中，由于地下水储备不同，地下水排泄能力不同，植被变化引起的低位径流响应亦不同（Van der Weert，1994）。其中，具有深厚土壤层的流域当植被变化后流域低位径流迅速减少，而具有浅层土壤的流域，流域低位径流响应较为缓慢。但是，正如前文所述，由于同时受气候、植被、地质和土壤等多种因素影响，因此，Bruijnzeel（2004）指出有必要进一步区分各个因素对于低位径流的影响贡献。

1.4.3.3 流量情势

除上述暴雨径流、洪水以及低位径流以外，水资源管理决策通常还需了解植被变化对流域整体流量状态（flow regime）的影响。径流历时曲线（flow duration curve）作为有效的分析手段通常被用来解释分析流域流量状况，包括流量大小、不同流量发生频率、可能持续时间等。径流历时曲线的形状主要取决于流域地质、土壤特征、流域面积大小，以及流域所处区域的降水形态等。受植被变化或水利工程设施修建等人为干扰，径流历时曲线往往会发生变化。研究者通常构建不同尺度流量历时曲线，比如：某一特定年份的日径流流量历时曲线，或多年观测时段内日径流流量历时曲线，或者某一季节日径流流量历时曲线，以揭示不同类型植被变化（如前述植被类型转变、流域造林、砍伐等活动）等引起的流域流量状态变化。总体来看，当植被变化以后，气候较为湿润的区域径流历时曲线中各数量级径流均可能受到影响；而降水较少区域，则径流历时曲线中往往只有低位径流对植被变化做出响应（Watson et al., 1999）。应用径流历时曲线，研究者分析讨论了植被变化对不同季节（生长季和休眠期）的径流影响（Hornbeck et al., 1997；Mclean, 2001）。然而，受多种因素影响，研究者并未获得较为一致的研究结论。在 Mclean（2001）研究中，研究者甚至明确指出，径流历时曲线用于检测植被变化的季节径流响应具有一定困难。对此，Brown 等（2005）总结认为，径流历时曲线在检测植被变化的季节径流响应时所表现出的行为差异主要是由于研究区域不同的植被生活型导致，加之区域间降水差异的影响，使得部分研究中径流历时曲线并未能有效表现出植被变化的季节径流响应。

1.4.3.4 土壤侵蚀和流域产沙

植被砍伐或植被类型的转变均可能引起导致土壤侵蚀和侵蚀产沙的改变。然而不同形式土壤侵蚀和侵蚀产沙由于其产生过程不同，因此，植被变化的影响作用亦不同。表层土壤侵蚀主要指的是由于缺少地表植被保护，雨滴击溅地表引起的土壤侵蚀。已有大量研究表明由于重型机械作业、木材装运等活动导致土壤被压实，表层土壤侵蚀量增加（Nussbaum et al., 1995；Malmer, 1996；Purwanto, 1999）；这种被压实的土壤同时引起产流量增加，以及径流携沙能力、剥蚀能力的增加，进而下游产沙量的增加。需要注意的是，当地被物层被严重破坏时，表层土壤侵蚀显著增加；而当下木层被破坏时，表层土壤侵蚀则增量较少。并且，在植被砍伐之初，由于残余有机质对土壤团聚性的影响，表层土壤侵蚀较小，而随着随后不断增加的人类干扰（如：火烧、放牧、除草等）土壤侵蚀增加（Wiersum, 1985；Lal, 1996；Smiet, 1987）。与表层土壤侵蚀不同，沟蚀主要由于亚地表"管路"的崩塌而形成（Morgan, 1995），在火烧、放牧等引起的土壤压实的区域往往具有活跃的沟蚀系统（Bergsma, 1977）。虽然植被覆被的增加并不能有效控制沟蚀的发育及发生，但是从水文连通性的观点来看，沟蚀系统的发育往往促进了流域泥沙产量的运移（Poesen et al., 2003），因此，有必要采取其他一些工程措施有效控制沟蚀。与前述侵蚀或沟蚀相区别，地质滑坡主要受地质、地形和气候因素影响（Ramsay, 1987a、b）。虽然植被对于深层山体滑坡的影响作用较小，但对于浅层滑坡则亦有一定影响作用。流域产沙量则同时与地质以及土地利用与植被变化相关。相关研究曾对不同面积流域在不同地质和土地利用情况下的侵蚀产沙进行总结（Bruijnzeel, 2004）。虽然侵蚀产沙观测在不同次降雨（或同一场次降雨）响应变化巨大，往往呈现高度的不规律性和变异性（Dickinson et al., 1990；Douglas et al., 1999）。但是，总体来看，小尺度流域侵蚀产沙量较小（小于[1t/（hm²·a）]；火山岩和沉积岩的流域侵蚀产沙较大[3~5t/（hm²·a）]，而中尺度泥灰岩流域则侵蚀产沙较高[66t/（hm²·a）]。植被变化或火烧、放牧等因素可导致侵蚀产沙增加10~20倍。然而，正如相关研究所指出，由于上游侵蚀往往会在沟系或下游发生沉降，并且这种泥沙沉降的机率及数量随着流域面积的增加而增加（Walling, 1983；Pearce, 1986），导致表层土壤侵蚀的峰值观测（on-site effect）与外部区域峰值效应观测（off-site effect）出现滞后。因此，在判断流域侵蚀产沙的原因时需谨慎推断是否由于上游近期所发生的植被变化引起（Bruijnzeel，2004）。

1.4.4 植被变化流域水文观测

1.4.4.1 实验方法

（1）实验室观测模拟

实验方法主要用于收集实验观测资料、数据。不同尺度的生态—水文关系研究对应有不同实验方法。实验室模拟方法用于模拟微尺度信息，如植被生长变化对截留率、枯落物水文作用的影响，以及对土壤可蚀性的影响等，通过控制干扰因素以获得相关信息。实验室模拟方法虽然周期较短，研究中干扰因素较少，但是难以代表野外的实际情形；室内得到的模拟结果往往理想化，很难用于解释野外复杂条件的情形，具有较多不确定性（陈军峰等，2001）。

（2）野外观测实验

坡面尺度或流域尺度的植被变化影响水文变化的研究多根据野外实验流域观测方法。早期关于土地利用/植被变化对流域水文影响的认识多采用"对比流域"或"单一流域"通过野外观测实验获得。通过对比实验流域观测，可探讨造林、森林更新、森林砍伐以及林草、林农等转化对流域水文的影响（Brown A E et al.，2005）。通过确定校正期内地质、地貌、土壤、植被、降水等条件相似的对比实验流域产流产沙关系，并利用该关系预测其中处理流域的产流产沙，与观测径流泥沙相比，所发生的水文变化即视为土地利用变化的水文响应。由于地质、地貌、降水等条件相似，对比实验流域的方法有效控制了气候变化的干扰，是探讨小流域土地利用/植被变化的最好方法。然而，需要指出的是，对于中尺度的流域（100~2500km²），土地利用多取决于流域内的居住者，很难发现可真正操作控制实验的流域，并且随着流域尺度的增大，很难确定流域间是否具有相似的降水、土壤、植被、地质等，因此，对于大流域，对比实验流域的方法操作实施上具有较多不确定性（Jens Kristian Lorup et al.，1998）。相比较而言，单个实验流域的方法虽然具有同一地质、地貌、土壤等条件，但在全球气候变化的背景下，很难判断径流响应于土地利用变化或气候变化，特别是当土地利用变化较不明显时，鉴别径流响应存在有较多不利因素（王盛萍，2006），因此，根据单个实验流域观测数据分析时必须剔除不同气候因素的影响才可确定土地利用/植被植被变化的水文响应。

野外观测实验中通常结合采用水文测验方法、同位素水文学方法以及动力水文学方法，并有效结合坡面尺度与流域尺度，以流域尺度研究验证坡面尺度研究，从深层次认识植被变化影响径流泥沙的过程与机制（张志强等，2001）。然而，野外观测实验方法研究结果虽然可代表野外复杂条件的情形，但其耗时较长，以森林经营措施对径流泥沙的影响研究为例，森林植被的更新及恢复往往需要十几年甚至几十年，且资金投入及人工投入较大，因此，野外实验观测的方法具有一定局限性。

1.4.4.2 统计分析方法

径流双累积曲线（double mass curves）为土地利用变化流域径流响应研究的有用工

具。当流域不受水利措施调控时回归分析较有效，而径流双积分曲线虽然可应用于调控流域，但由于统计意义上较不严谨，应用相对较少（Trimble Stanley W et al.，1987）。

此外，径流历时曲线（flow duration curve，FDC）也常用于分析土地利用/植被变化对径流的影响，径流历时曲线直观地概括土地利用/植被变化对径流频率、径流大小、径流历时等的影响，可应用于不同时间尺度径流观测数据的分析，包括年水平径流量、月水平径流量以及日径流量，土地利用/植被变化将影响径流历时曲线的形态分布。Smakhtin（1999）采用 4 种基本术语（terminology）分析土地利用/植被变化：①one－day annual FDC：某一完整年份基于日径流量构建的 FDC；②one－month annual FDC：某一完整年份内基于月径流量构建的 FDC；③one－day seasonal FDC：某一特定季节内基于日径流量构建的 FDC；④one－month seasonal FDC：某一特定季节内基于月径流量构建的 FDC。由于径流历时曲线的形状分布依赖于分析时段内降水的丰枯性，因此当应用 FDC 分析比较土地利用变化对枯水径流和汛期径流的影响时应选择土地利用/植被变化前后具有相似降水频次的年份。大量研究应用 FDC 分析土地利用/植被变化对年平均径流、各频率分布径流的影响（Hickel，2001；Schofield，1996；Mclean，2001）。Waston（1999）强调指出，在湿润地区土地利用/植被变化对各频率分布的径流均有影响，然而在干旱地区，对枯水径流相对影响较大。

需要指出的是，统计分析中当进行趋势分析时通常需要多于 50 年的数据观测序列，观测数据序列太短仅能概括部分与气候相关的数据波动。需控制数据观测质量，结合观测时间的变更、测站的变更、观测仪器变更等获得观测径流变化相关解释。此外，统计分析很难区别出土地利用与气候变化对径流的影响，且统计分析方法仅采用了流域出口观测作为数据基础，仅能综合反映流域水文变化，很难对流域内土地利用变化对径流泥沙的影响作出分布式描述（Kundewicz et al.，2004）。

1.4.4.3　模型模拟方法

水文模型的应用发展是水文学研究的必然结果，同时，也是生态水文学定量研究的重要方法手段，生态水文模拟是当今生态水文学研究的一个重要领域。广义的理解，生态水文模型是任何可以用于生态水文研究的模型；狭义的理解，可以认为，在模型构建过程中考虑生态—水文过程的任何一类模型均为生态水文模型。由于几乎所有的生态水文模型多为水文模型的次级模型或本身即为水文模型，因此生态水文模型中广义与狭义之分为人为界定，生态水文模型与水文模型区别较小。生态水文模型除了通常所泛指的用于模拟反映流域生态系统土壤—植物—大气能流、物流交换以及水文循环连续体的模型，如：SHE 模型、RHES 模型、SWAT 模型、新安江模型、TOP 模型等，还包括有模拟其中各水文过程的要素模型（王根绪等，2001；黄奕龙等，2003），如：模拟林冠截留的 Rutter 模型、Gash 模型，模拟土壤水分的 Philip 模型，以及模拟蒸发散的 Penman-Monteith 模型等。生态水文模型基于水文模型发展，因此，同水文模型相似，生态水文模型也具有经验模型、机理模型、随机模型、确定性模型等区分。传统的概念模型均为集总式模型，在认识流域产汇流机制方面具有很大不足性。自然界生态系统内蕴的异质性是分布式水文模型研究的主要因素之一，而生态水文学的重要特点之一在于更为重视生态过程与水文过程的关系研究，生物因素是生态水文学研究考虑的对象之一，这就要求生态水文模拟必须为更能体现生态—水文耦合关系的模型。

生态水文模型的耦合应用及开发研究当前已日益引起学者的高度关注。部分学者通过耦合传统水文模型与植被动态模型构建成新的生态水文模型，进而探讨植被动态变化对流域水文水势、水量平衡及其各分量的空间分布格局的影响。如：Randall J. Donohue 等（2012）通过耦合 Budyko-Choudhury-Porporato 模型分析了考虑植被动态信息后不同尺度水文水势模拟改善的程度；Ivanov 等（2008）应用 tRIBS-VEGGIE 耦合模型探讨了干旱半干旱地区复杂地形条件的流域植被动态与水文响应耦合关联的重要性；S. Fatichi（2012）应用 Tethys-Chloris（TandC）生态水文模型探讨了模型模拟表达时空分布格局的潜力。此外，部分研究直接应用基于生物物理与生物化学过程以及种间资源竞争的生态水文模型模拟植被动态与水文过程的耦合。上述生态水文模型不仅包括了水文过程的核心模块，而且模型可模拟基本的植物生命周期过程，包括：光合作用、物候学、碳分配和组织周转等植被动态。

需要特别强调的是，尽管植被动态的信息表达在生态水文模型模拟中日益被重视，但关于前述狭义范围的生态水文模型的应用仍然相对较少。分布式水文模型由于用严格的数学物理方程表达水文循环各子过程，参数和变量充分考虑空间变异性，并着重考虑不同单元间的水平联系，采用偏微分方程模拟水量和能量过程，在一定程度上不仅可表达植被动态变化，而且在空间格局分布模拟方面具有强烈优势。因此，广义的分布式水文模型在相关领域研究中亦占有重要一席之地，MIKESHE 模型即为其中具有代表性的被广泛应用于生态水文学研究的分布式水文模型。

1.4.5　气候变化对植被变化—流域水文的干扰及其影响解析

气候变化（变异）和土地利用与植被变化（以及其他的人类活动）被广泛认为是影响流域水文的两个重要因素（Walling and Fang，2003；Shi et al.，2013；Piao et al.，2007；Lin et al.，2007）。气候变化（变异）通过直接改变降水和气温等（Budyko，1974；Labat et al.，2004；Xu et al.，2014），间接改变影响植被动态（Lei et al.，2014），从而影响水文循环；而植被变化则通过改变诸如植被用水、冠层截留、土壤特性、地表糙率以及反射率等直接影响流域水文循环（Wang et al.，2013）。随着全球气候升温、气候参数的异常变化，以及不断增加的人类活动，在探讨植被变化与流域水文关系时有必要进一步辨析植被变化、气候变化在流域水文响应中所扮演的角色和地位，这对于政策分析和决策的形成等均具有重要意义（e.g. Naik and Jay，2011；Li et al.，2009；Hundecha and Bárdossy，2004）。

大量研究开展了气候变化与植被变化的水文影响解析研究。比如，Xu 等（2014）收集 33 个水文观测站信息，分析探讨了我国北方海河流域近 50 年变化，发现平均来看，流域水文变化主要由土地利用与植被变化引起（其贡献达 73%），而气候变异对水文的影响贡献则为 27%；Wang and Hejazi（2011）对美国 413 个实验流域进行分析，结果表明：总体来看，气候变化是导致大部分流域径流增加的主要因素，其贡献平均值为18%，而植被变化与土地利用变化则对流域水文的影响呈现较大的空间异质特性，其贡献平均值为0.6%。除上述量化分析以外，部分研究并试图揭示气候变化与植被（土地利用）变化对流域水文影响的本质。比如：在Juckem等（2008）研究中，研究者把水文变化所发生的时间主要归结为气候降水的变化，而把水文变化的大小则归结为植被与土地利用变化。

尽管世界范围内已开展有大量相关研究，但如何辨析气候变化（变异）与植被变化对流域水文影响具有很大的挑战性（Yang and Tian，2009；Natkhin et al.，2012；Tomer and Schilling，2009）。这主要由于流域水文与影响因素之间的交互影响具有强烈的复杂性（Romanowicz and Booij，2011），并且这种耦合关联作用于不同时空尺度（Bloschl，2006）。此外，由于缺乏对相关影响因子变量空间分布的了解，尽管部分数据可提供其空间分布信息，但仍具有很大的不确定性，因此，在辨析气候变化与植被水文的水文影响时研究者遇到较大困难。不同的解析方法也因此应运而生。比如：基于灵敏度分析的方法、模型模拟、

表1-2　研究方法的假设/优点/局限性

方法		尺度		假设/局限性/优点
		空间	时间	
模型模拟	分布式水文模型	多种尺度	年，季节，月，事件	需要具备大量关于土壤、地质、水文、气象、土地利用等方面的信息；模型较少耦合考虑植被动态的影响，较少耦合水文与人类、社会、经济的影响反馈
	回归模型	多种尺度	年，月	较容易计算；可辅助发现变量之间随时间变化的动态关系；模型标准化以后可比较不同变量的影响作用。但模型应用时要求其模拟误差呈正太分布特征
非模型模拟	基于灵敏度方法　非参数	多种尺度	年	样本量较小时检测能力较弱
	基于灵敏度方法　Budyko方法	多种尺度	年	不能考虑气候—土地利用的耦合作用过程；不能考虑植被动态过程；应用时局限于具有长期历史数据的流域
	对比试验流域	小流域	年，季节，月，事件	要求对比流域间地质、土壤、水文、气象等各方面相似；方法应用多局限于小流域
	双累积曲线	多种尺度	年	通常多应用于趋势分析
	Tomer-schiling方法	多种尺度	年	不能作定量分析
其他	简化水量平衡，原始观测与修正径流比较等	多种尺度	年	—

Tomer-Schilling 方法、对比实验流域方法，以及其他的一些策略及分析技巧，如：双累积曲线的应用、原始水流估计（virgirn flow estimation）等。相关研究将不同方法划分为两大类，比如：模型模拟方法和非模型模拟的方法（Zhang et al.，2012），以及基于过程的方法和基于统计的方法（Xu et al.，2014）。但无论何种方法，各方法均有其特定的使用条件和应用性。据此，愈来愈多的学者倡导采用多种方法以辨析气候变化和植被（土地利用）变化的水文影响（Wei and Zhang，2010；Wei et al.，2013；Li et al.，2012；Wang et al.，2013）。表1-2简要总结描述了各种辨析方法的运用尺度以及相应的假设条件或局限性。

1.5 流域生态水文模拟

1.5.1 模型开发的必要性

水文模型或生态水文模型的开发具有其必要性。其最本质的原因在于，有限的水文观测技术，以及有限的不同时空尺度的水文观测资料，使得人们对于水文过程的认识缺乏深入了解，这促使人们不得不借助于水文模型模拟预测（Beven，2001）。一个较为简单的例子是，对缺乏数据的不受监测的流域水文过程的认识，很大程度仍依赖模型模拟。生态水文模型或流域水文模型的开发尤其具有必要性。由于森林植被的生命周期很长，不同尺度上的人工林植被的水文作用需要几年或几十年的时间才能观测到，因此这类实验研究常常需要几代人的努力和一个稳定的财力支持才能成功。从总体上来讲，国内森林水文研究多为小尺度（径流小区、径流场）对个别水文过程（如蒸发散、降水入渗、地表径流）的研究（Ffolliott et al.，1987；Yu，1991；张志强等，2004；Wei et al.，2005）。尽管"配对流域"实验研究方法被公认为是森林水文学研究最有效的手段（Brown et al.，2005；魏晓华等，2005），但是中国国内严格按照国际上通用的"配对流域"方法，以小流域为单元系统地研究植树造林、退耕还林和水土保持措施对流域水文影响的报道并不多见。国内流域研究的传统办法是选择两个除了植被以外其他条件都"相似"的流域，通过对比观测到的水文资料来确定、解释植被对两个流域水文影响的差异（刘昌明等，1978；李昌哲等，1986；孙阁等，1989）。但是所选择的两个流域的水文地质、地貌、土壤条件很难确定是否"相似"，尤其大流域的这种相似性更难确定。流域特征的不同、降水量分布的差异很有可能掩盖植被本身对水文的影响（魏晓华等，2005）。这种办法常常会使研究者得出自相矛盾或者错误的结论。国内另一种比较常用的研究方法是采用"单一流域"法，通过对某一个流域不同时段长系列水文气象资料进行统计分析，从而检验植被变化对水文的影响，但是，这种方法常受到植被历史不清、植被变化不明显或对比时段气候变化太大等条件的限制（王盛萍等，2006）。因此，流域水文模拟模型的应用在一定程度上弥补了"配对流域"实验缺乏的不足。可以认为，作为一种新型的水文研究和流域管理工具，生态水文模型越来越为学者所接受和使用（吴险峰等，2002）。

1.5.2 生态水文模型的概念

关于"模型"，最简单的定义就是实际事件的抽象和简化（Baird，1998）。生态水模型源于水文模型，因此，在介绍生态水文模型之间，有必要简要介绍水文模型。简单地讲，水文模型就是根据生态系统质量、动量、能量守衡原理，或根据经验观测，采用数学公式表达整个水分循环过程。流域水文模型是使用数学符号对自然界流域尺度的水文过程的简化和抽象（孙阁，2007）。包括从大气降水至流出流域的时空动态过程，单一水文过程的数学模型较为简单，如经典的描述植被蒸发散的模型——Penman-Monteith 方程，描述降水入渗、土壤水分再分布的 Richard 方程，以及描述地下水运动的 Darcy 定律，都属于早期开发的，在很大程度上有物理意义的水文模型。一个完整的流域水文模型就是把这些单一过程模型整合起来，综合表达大气降水在植被、土壤、岩石层中的传输动态过程及各种状态水分在流域中的时空分布。流域水文模型模拟中最主要的水文变量包括：林冠降水截留、林木蒸腾、土壤含水量、地下水位深度以及某一河流断面径流流量。这些变量比较容易观测，因此也常被用于模型校正和模型验证。模型校正是指通过调整不随时间而变化的模型参数，使模型模拟的变量结果与观测数据匹配达到最佳；而模型验证是指采用另外一组新的独立观测数据对已经校正好、参数已优化的模型进行检验，来确定模型的精度和可靠性。模型敏感性检验就是检查输入变量和模型参数对模型输出结果的相对影响力，敏感的模型输入变量或参数在模拟资料准备工作中最为重要。

生态水文模型有广义和狭义之分。广义的生态水文模型是指在生态水文学研究中用来探讨生态与水文关系的任何模型；而狭义的生态水文模型指的是模型结构中具体明确地考虑生态水文过程的模型（Baird，1998；王根绪等，2001）。生态水文模型的例子包括比较复杂的 SWIM，亦包括比较简单的 TOPUP 模型。此外，还包括专门用于模拟某一水文过程的要素模型，如：Rutter 模型、Gash 模型等（王根绪等，2001）。由于所谓的"真正"的生态水文模型亦包含水文模型，或者其本身就是水文模型的次级发展，因此生态水文模型广义和狭义之分并无明显区别。尽管目前已开发有大量的耦合土壤—植被—大气等传输系统的模型，该类模型具体表达参数化生态及生物物理过程对水文过程的影响，但是在一般情况下，很多水文模型仍在被广泛应用于生态水文学研究中。比如，分布式水文模型 MIKESHE 由于其考虑了详尽的各个水文物理过程，对空间格局的模拟表达亦具有强烈优势，加之其在一定程度上耦合考虑植被动态特征，因此，仍被广泛应用于生态水文相关研究中。部分狭义范围所指的生态水文耦合模型，如：Tethys-Chloris 模型、R-RHESSys 模型、PAWS+CLM 模型、tRIBS + VEGGIE 模型等，尽管详尽考虑了植被动态，但应用研究仍然相对较少。

1.5.3　生态水文模型的作用

水文模型作为一种现代、新型的水文研究手段，与传统的基于野外水文观测的方法相比具有互补功能。实际上，生态水文模型或水文模型开发的必要性已经强调了模型本身所具有的功能作用。模型本身属于尺度转换的一种有效工具，即可以基于现有的观测信息外推到其他时空尺度。因此，总体来看，应用生态水文模型或水文模型，可以对无资料地区生态水文过程进行认识；可以对未来气候变化或植被与土地利用变化的水文变化进行预测。相关学者甚至把模型看作为科学假设的一种验证工具。生态水文模型或水文模型的作用主要具体表现在以下几方面：

1.5.3.1　是野外数据综合分析、尺度转换的有效手段

流域模拟模型是采用系统的观点把非线性的水文方程用数学公式串联起来的一个综合系统，所以任何单一水文要素的观测结果都可用于模型检验，而模型也可模拟各个水文分量。野外水文观测多以单一水文过程或要素进行，只有把流域作为一个系统，通过综合分析各个水文变量，才能确定某一要素在整个水文系统中的作用。但是，在实际的流域实验研究中，即使世界上最完善的森林水文实验站也很少能够对所有水文过程或要素进行观测。借助模型可在观测变量的基础上对非观测或数据零星的变量进行补充。在模拟数据检验的过程中，很容易发现哪些数据是无效的（由于人为或仪器失灵），哪些变量是极为敏感和关键的或者哪些变量漏测，从而对野外水文观测提供指导作用。模拟模型也许是水文尺度转换的唯一手段。目前，森林水文观测多在点、山坡、小流域尺度上进行，大流域和区域尺度的经验观测研究较少。可以说，对森林与水的关系在大尺度上的相互作用知之甚少。但是，许多宏观管理措施是建立在大尺度上的。大流域和区域尺度模型是建立在简化的小尺度水文过程原理基础上的，考虑水文循环与大气的水、能量交换和相互作用，这类模型需要大量的遥感和地理信息系统资料作为输入。

1.5.3.2　可用于检验科学假设，深入了解水文机理

具有物理意义的模型可以揭示因果关系，因此，在建模过程中就可以充分发挥人们的想象力，通过模型验证来确定科学假设的正确性。如著名的"变水源概念"（Troendle，1979）的最初提出就是由于野外水文观测结果（暴雨径流）与传统的水文计算模型不符。Hewlett（1961，1967）等随后建立了一个山坡实体土壤模型，回答了山坡尺度的暴雨径流来源。随着计算机技术的发展，Bernier 等（1982）又开发了小流域尺度的暴雨径流模型，来验证"变水源概念"在山麓森林地区的适用性。Beven 等（1979）采用类似理论开发了第一代基于变水源理论的计算机模型。真正具有物理意义的模拟模型可用于各种地理类型，如平坦的湿地和陡峭的山地，也不受降水强度特征的限制。这样将一个模型应用到自然环境条件不同的多个流域，对于深入了解这些流域水文机理的差异有很大帮助。

1.5.3.3　预测干扰条件下的水文响应，为流域管理服务

传统的水文模型主要用于预报极端水文事件（洪水、干旱）。模型的这种作用对无观测条件的地区更为重要。模型的另一作用是预测未来在人为或自然干扰条件下的水文响应。比如预测人工造林、水土保持措施对水量和水质的影响，对目前的大规模流域生态重建有着重要的指导意义。据 Sun 等（2006）研究，退耕还林、植被完全恢复在中国北方的局部地区会降低陆地产水量达 50 ％。这项模拟预报研究与 Jackson（2005）和 Scott（2004）对世界范围内的造林对流域产水影响的结论相吻合。流域干扰来自许多方面，包括生物（如病虫害、植被演替、土地利用）和非生物［如气候变化、大气化学成分（臭氧、CO_2）、火灾］等因素。在流域出口某一站点观测到的河川径流水量和水质反映了流

域内诸多因素（如气候、植被）的综合影响。要想辨别单一因素的独特作用需要具备长系列的水文观测资料或采用费用昂贵的"对比流域"研究。水文模型可以模拟许多假想的情形，通过固定某个或几个输入变量来分辨，确定某一种因素对流域水文的影响。比如通过模型可以确定植被恢复中植被本身和土壤改良分别对河川径流的影响（Lu，2006）。

1.5.3.4　水文模型是培训水文研究工作者的有效手段

一个完整的流域水文模型会跟踪大气降水从降落到地表，直至流出沟口或返回大气的所有水文过程。准确描述流域多种因素对水分运动途径和通量的影响，量化水分之间的关系，需要水文研究者清楚地了解影响水分在陆地生态系统各个成分中运动的主要机理，并综合已有的研究文献，研发一系列数学方程以反映水文变量与影响因子之间的关系。同时，资料输入将花费大量时间，从而迫使研究者必须熟悉模型输入（如气候、植被、土壤）是如何得到的。模型参数化的过程使研究者能够更加深入地了解参数的物理意义。另外，通过分析计算机模型输入—输出的响应关系，为系统定量理解水文动态过程提供了一个直观、有效的教学工具。

1.5.4　生态水文模型比较

如前文所述，经验性的分析方法对于分析单个实验流域土地利用/植被变化影响的水文响应有很大局限性，特别是当气候变化影响时很难区别气候因素与土地利用/植被变化引起的径流响应。在不具备对比实验流域的条件下，生态水文模型的应用成为土地利用与气候变化水文响应等生态水文学研究的必然手段。

生态水文模型多数情况下即为水文模型本身或水文模型的次级发展。分布式的物理模型寻求以物理定律描述水流运动，模型以时空分布变化的参数定义描述流域，模型表达更为接近于野外自然流域，更为准确地模拟了水文循环和水流交换，是模型模拟研究的重要方法手段，被广泛应用于土地利用与气候变化水文响应等生态水文学研究中。随着模型研究的发展，出现有大量分布式模型，但由于模型开发所依赖的数据基础条件、模型结构原理，以及模型开发的目标对象不同等，各模型在功能和适用范围等方面均有一定限制性。以新安江模型为代表，中国本土开发的水文模型在水资源管理方面起到了很大作用。目前，在北美较为流行的有一定物理基础、模型参数属分布式、对土地利用敏感的水文学模型，如：DHVSM（Wigmosta et al.，1994；Beckers et al.，2004）、MIKESHE（Graham et al.，2005）或 SWAT2000（Arnold et al.，2005）。以下简要介绍其中几个广为应用的模型。

1.5.4.1　SWAT 模型

SWAT 在 CREAMS 和 SWRRB 模型基础上，增加了简化的河流汇流模块和地下水模块，为准分布式的水文模型，被广泛用于大尺度流域土地利用经营管理影响评价。模型基于分布式函数的概念将流域划分为多个子流域，每一子流域视为集总单元，采用均一水变量模拟。模型可模拟林冠截留、入渗、土壤水分分布、蒸发散、亚地表径流、地表径流、地表填洼以及河道流等。模型采用蓄水演算技术（storage routing technique）模拟土壤水再分布，非饱和层与饱和层之间存在有水流交换，动力波蓄水模型（kinematic storage model）用于模拟各土壤层的侧向水流。模型涉及气候、水文、泥沙、植被生长、营养元素、污染物以及农作物管理等模块。

模型可模拟水文循环过程中几乎每一水文过程，以及区域地下蓄水层的泄流量，可用于较多相关领域研究，但模型不能直接模拟地下水与径流之间的水流交换，模型模拟地下水时采用集总式方法，并未采用分布式水文参数及变量，因此，不能准确模拟流域地下水水位变化。此外，模型仅采用退水常数模拟基流，不能模拟分析基流中上层蓄水层泄流贡献量。模型为用户可免费获取软件，模拟虽然涉及大部分水文过程，但模型仅适用于长期的模拟，不适用于单场次的暴雨—径流模拟，且不能模拟地下水位。模型开发建立时所依赖的数据条件较好，而国内数据观测条件有限，因此，模型在国内的广泛应用有一定限制。

1.5.4.2 TOPOMODEL 模型

TOPOMODEL 模型介于集总式和分布式水文模型之间，为以地形和土壤为基础的半分布式流域水文模型。模型一般应用于湿润区流域，而干旱半干旱区应用研究较少。模型以地形空间变化为主要结构，用地形指数 $\ln(\alpha/\tan\beta)$ 或地形—土壤指数 $\ln[\alpha/(T0\tan\beta)]$ 等相关信息描述径流趋势和由于重力排水作用径流沿坡向的运动，变动产流面积（variable contributing area）是 TOPOMODEL 模型的理论基础。模型采用水量平衡和达西定律描述流域水文过程。

模型结构简单，优选参数较少，物理概念明确，得到了较为广泛的应用。但模型的较多应用研究表明，TOPOMODEL 模拟结果对地形指数分布曲线形状并不敏感，甚至可以优化理论曲线代替实测 DEM 推求的地形指数曲线得到更好模拟结果，而优选的部分参数值较大，与实际情况相距甚远。TOPOMODEL 将流域用地形指数范围分割为一系列集总式单元，无法反映同一单元内的其他地理信息，因此一般并不适用于土地利用、人类活动影响研究。

1.5.4.3 TOPOG 模型

TOPOG 模型为基于地形的分布式水文模型，模型采用复杂数字地形分析模块精确描述地形三维属性。模型中各水量平衡模块采用物理方程描述，可解决土壤、植被、气候等参数存在的空间变异性，被广泛用于水资源和土地经营管理研究，如：流域产水量、暴雨洪水预测、土壤侵蚀、营林及森林采伐影响研究、土壤侵蚀危险区评价以及生态栖息地评价等。

模型特点在于植被/蒸发散模拟较为详细，包括林冠层、下木层，可模拟植物生长以及对水量平衡影响，但模型强调对地形的精确模拟分析，对于模型通常所适用的一级支流流域来说，20m×20m 的单元大小将对应产生约 1000 个单元格，模型汇流演算计算过于庞大，因此，模型多适用于面积小于 10km² 的小流域，对于区域尺度等较大尺度范围的土地利用与植被变化生态水文响应研究应用较少，模型普及程度因而随之减小。

1.5.4.4 RHESSys 模型

RHESSys 模型采用分布式的基于物理过程的方法模拟水量平衡以及植被生长。模型同样将流域划分为无数个子流域或坡面，使降水、辐射等具有空间分布表达；每一子流域或坡面根据湿润指数进一步划分为若干个坡段，不同坡段具有不同土壤含水量等。模型模拟时采用分布式函数依据湿润指数的大小重新分配各坡面水分分布，具有较高湿润指数的坡底单元接收水分较多，而湿润指数较低的坡头单元则分配水分较少，从而实现水分的侧向分布模拟。

模型特点仍在于可有效模拟植被生长动态变化，模型有效结合了水文过程与植被生长发育过程，对生态—水文关系的模拟反映更为确切。但模型采用分布式函数的概念，其物理意义仍较不明确，且模型应用于土层深厚的区域时具有一定局限性。

1.5.4.5 SWMM 模型

SWMM 模型（storm water management model）为基于物理机制的动态降雨—径流模型，采用质量、能量和动量平衡原理描述暴雨洪水径流的水量和水质。模型由若干"块"组成，分为计算模块和功能模块。考虑空间变异性等问题，模型将对象流域划分为若干个子流域，根据各子流域特性分别计算径流过程，并通过流量演算方法将各子流域的出流组合起来。

模型可模拟城市降雨径流过程的各个方面，如：时变降雨量、地表水蒸发、融雪、洼地对降雨的截留、不饱和土层的降雨入渗、入渗水对地下水的补给、地下水和排水系统之间的水分交换。模型已广泛应用于下水道和暴雨洪水等相关研究。但是，很明显地，模型主要应用于城市径流研究，且主要以暴雨径流模拟为主，模型对于森林流域等的研究以及年尺度的应用研究有限。

1.5.4.6 DHSVM 模型

DHSVM 模型（Wigmosta et al.，1994，1999）为基于物理过程的分布式水文模型。模型在流域数字高程模型的网格尺度（水平分辨率）上对水文过程进行动态描述。模型可用于土壤、植被以及地形对地表及近地表水流运动的影响研究。模型基本模块包括：①双层结构的植被模块；②多层非饱和带土壤模块；③饱和带模块；④河网模块。模型基于空间分辨率为几十米或上百米（通常 30~150m）的 DEM 建立，每一像素单元（pixel size）定义植被、土壤等地表属性。模型针对每一像素单元求解水量及能量平衡。降雨最终以地表径流、入渗、亚地表径流以及蒸发散等形式分配。模型依据 DEM 模拟相邻相素单元之间地表径流的水流交换；亚地表径流则根据达西定律模拟侧向水流运动。

模型中蒸发散/植被模块较为详尽，通过林冠层和下木层等双层植被结构参数的定义，模型可完成植被截留降水、削弱辐射、风速等的模拟。但模型多适用于山区土壤较浅的区域；模型中像素单元的限制难以准确描述具有剧烈变化特征的地形；此外，模型通常仅适用于年尺度的水文模拟。

1.5.4.7　MIKESHE 模型

MIKESHE 模型是 20 世纪 80 年代中期出现的第一代流域尺度的分布式水文模型（Ab-bott，1986a、b；Graham et al.，2005）。近年来，丹麦水利研究所（DHI）将其商业化。MIKESHE 作为基于物理过程的分布式水文模型的典型代表，已被广泛应用于水文学研究和水资源管理（Tague et al.，2004；Arnold et al.，2005），以及湿润区、干旱区等不同气候区域，在土地利用与气候变化生态水文响应研究中显现了较大的应用潜力。

与其他水文模型相比，MIKESHE 模型显现了较多优越性。首先，模型在操作应用上较为灵活、方便。模型具有用户友好界面，数据采用一系列独立于模型边界的格式贮存、定义，并且相区别于 SWAT 等模型，模型可直接调用 GIS 管理操作的 *.shp 格式的文件，独立于 GIS 平台进行模拟运算，因此，MIKESHE 模型更为灵活、便利，用户可根据既有的对现实流域的概念直观地建立模型。

其次，MIKESHE 构建模型框架时各主要水文过程可以以相互独立的时空尺度模拟运算。如：蒸发散主要以天反映其变化过程，地表径流则迅速响应降雨，地下水则响应较慢，可采用相对独立的步长设置对各水文过程进行模拟运算。与其他相关模型如 MODFLOW 相对照，水文过程以统一步长设置并模拟，这导致流域尺度模型模拟时将产生大量模拟运算量。MIKESHE 各模块间相对独立的时空尺度处理使得当流域由某一水文过程主导控制时模拟较为方便，这一特点对于黄土高原区域以暴雨产流主导控制的水文过程模拟具有相当的吸引力。在众多应用研究中，除模拟以蓄满产流机制为主的水文过程外，模型也被成功应用于暴雨产流模拟（Graham et al.，2005），因此，MIKESHE 模型除可方便控制各水文过程模拟外，模型对于黄土高原区域独特的生态水文过程模拟具有较为重要的吸引力。

再次，MIKESHE 有效耦合了地表水和地下水，这是 MIKESHE 相对于一般水文模型不可比拟的优势。以往较多水文模型均把地表水和地表水分别处理，并且很少模型可直接应用于生产实际（Kaiser-Hill，2001）。随着对水文循环过程的深入认识，特别是当湿地所扮演的角色越来越为研究者所重视时，传统的处理方法已不能满足实际需求，湿地水资源管理或者地表水与地下水紧密联系的区域研究要求有效耦合地表水、地下水以及环境与生态变化，因此 MIKESHE 的应用促进了该类研究的深入发展。

模型被广泛应用于生产实践，有效指导了水文水资源的相关配置及生产设计。在丹麦，为减少饮用水质污染的风险，管理者成功应用了 MIKESHE 模型，并结合采用 WHPAs 工具（well head protection areas）进行水质保护区域划分，评价了水质区域划分的不确定性，提出区域划分的优化方案。此外，Florida Everglades 地区当地政府应用模型成功模拟了该区地表水与地下水水文循环系统，有效评价了区域排渗设置对灌溉、洪水控制、湿地恢复等的相关影响（Graham et al.，2005）。模型的强大优势也引起学界的极大关注，模型被应用于 Oklahoma 州 Blue 河流域暴雨—降雨洪水过程，模拟分析结果表明在实际洪水预测中探索不同模型结构设置方法对于模型模拟的精度具有重要意义，其中降雨的空间分布设置是影响控制模拟精度的主要关键因素。Demetriou（1999）应用 MIKESHE 模型于澳大利亚 Wakool 灌溉区，分析评价了几种地下水资源可持续管理战略；Thompson（2004）

应用 MIKESHE 模型模拟分析了英国 Elmley 湿地的水文过程，并指出模型中旁通流（bypass flow）设置的改进将能提高旁通流模拟的精度；Christiansen 等（2004）用 MIKESHE 模型分析探讨了流域尺度的优先流现象，为尺度转换奠定了必要基础。模型在国内也曾有一定的应用实例，重庆市发展计划委员会（现重庆市发展和改革委员会）曾与 DHI 等合作，利用 MIKESHE 系列模拟软件对重庆市主城区的水质变化情况进行了模拟计算，有效分析了三峡水库水质变化趋势（温汝俊等，2001）。可以认为，众多成功的模型应用实例和模型自身强大的功能优势使模型在水文水资源、环境影响评价、生态评价等众多相关研究中突显强大的应用潜力。

1.5.5　模型应用要点

上述众多模型提供了研究者在模拟研究中的多个模型选择。然而，在进行模型选择或应用时应遵循一定的规则。总体来看，模型应用时应注意以下几个方面：①模型必须在充分检验后才能用于生产实践以预测未来水文响应。实际上，许多模型都有其最佳的使用范围，受气候（湿润或干燥）、地形（坡地或平地）、植被（森林或农地）的限制。我国土地利用复杂（如各种类型的梯田），水土流失造成的景观破碎、人为活动（抽取地下水、修坝、河流改道）对水文过程的干扰很大。因此，建立在自然生态系统之上的外来模型需要本地化，才能反映真实的水文过程。②开发新的模拟模型或验证现有的模型都需建立在充分观测数据资料的基础之上。与发达国家相比，中国的水文观测站点较少，且人员素质和设备较差，从而造成了历史水文资料奇缺。仅有的有限水文气象资料也尚未电子化，还没有公开为研究人员所用。所有这些都成为流域水文和区域水文模型开发研究的障碍。③森林水文学模型和生态水文模型与其他类型的水文模型（如工程水文模型、流域水文水资源模型）的区别在于，森林水文学模型需要反映植被在水分循环中的作用。植被的水文作用表现在改变蒸发散和降水入渗速率上。但是，量化这种作用需要从叶面至流域尺度进行，蒸发散模型需要与生物地球化学（C、N 循环）模型耦合后才能正确反映植物生长在空气污染（CO_2、O_3 浓度增加）和全球气候变化环境条件下的用水过程。④生态水文模型的应用具有其特定的尺度要求。同前述模型具有特定的适用区域相似，水文模型或生态水文模型的应用具有特定的尺度要求。尽管认为水文模型或生态水文模型本身是尺度转换的一种有效工具，但模型应用者必须清楚地认识到模型开发或建立往往是针对特定尺度而进行。这主要是因为水文过程在不同尺度上往往受制于不同物理定律或影响因素（Turner，1990；Bloschl and Sivapalan，1995），这就需要针对不同尺度的研究现象确定不同的数学描述。这一观点已为学者所广为接受。一个较为简单的例子是在叶片和个体植物尺度上，植物蒸腾由水汽压差和气控过程所控制；而在区域尺度上，植被蒸腾则由净辐射所主导控制（Jarvis and McNaughton，1986）。因此，研究者在选择模型解决问题时，需要清楚认识到研究现象及问题所对应的尺度。

第②章
黄土高原典型树种蒸腾环境响应及生理控制

气候变化导致降雨模式改变，对水循环及植被分布具有潜在影响，而树木对区域水量平衡的影响一直以来受到争议，因此，明确树木耗水的环境响应和生理控制能够指导准确评价与预测不同生态系统环境下水量平衡各组分的分配，并对生态恢复的树种选择具有重要实践意义。本研究采用热扩散探针技术观测不同环境条件下不同树种的蒸腾活动，并对同步气候及土壤水分条件进行监测，从环境响应和生理控制角度对山西吉县刺槐—油松（*Robinia pseudoacacia–Pinus tabulaeformis*）混交林蒸腾进行区域间和种间比较，从而进一步掌握林分/树木的耗水特性，为森林培育工作者制定日常养护措施和造林绿化的树种选择提供参考。研究旨在：①量化不同环境下观测林分/树木的蒸腾量；②比较不同环境条件下生态系统的不同时间尺度的蒸腾规律；③比较不同树种蒸腾活动环境响应方式和对干旱胁迫的应对策略；④评价不同树种通过气孔进行的生理控制在不同环境条件下的差异性，以及对 VPD 敏感度模型在不同树种间的差异。

2.1　研究内容与方法

2.1.1　研究区概况

研究区位于山西吉县吕梁山南端蔡家川流域，地理坐标为 $110°39'45'' \sim 110°47'45''$E、$36°14'27'' \sim 36°18'23''$N。该流域属暖温带褐土阔叶落叶林向森林草原的过渡地带，多年平均水面蒸发量为 1725mm，年均降水量 575.9mm，最小年降水量仅 365.1mm，其中 6~9 月降水一般占全年的 70% 左右。年平均气温 10℃，最高气温 38.1℃，最低气温 -20.4℃，光照充足，多年平均光照时数为 2565.8h，无霜期平均为 172d。年平均风速 2m/s，风向除冬季外，以偏南风为多。地形多为典型黄土高原侵蚀地形，属于晋西黄土残塬沟壑区，土壤为褐土，黄土母质。特殊的气候条件和地形条件使当地常遭受不同程度旱、雹、洪、风、霜冻等自然灾害。

2.1.2 研究方法

2.1.2.1 样木选择

实验地在蔡家川海拔 1125m 的油松峁，样地为油松刺槐混交林，林龄为 16 年，郁闭度 0.6。林地为水平阶整地，坡向为北坡，坡度 18°。实验对象为刺槐（*Robinia pseudoacacia*）和油松（*Pinus tabulaeformis*）构成的 20m×20m 混交林样地，根据样方调查的结果，在各径阶随机选取一定数量的树木（表 2-1）作为液流监测的样木，其中刺槐 6 棵，油松 11 棵，样木的边材面积由生长锥钻孔确定，由于样木树干截面存在明显的心材与边材分界，目测并用卡尺测量即可，林分的总边材面积则通过取样样木边材面积与胸径的回归关系得到。表 2-1 给出了样木的树形特征的统计数据。由于仪器布线限制，油松最大径阶没有抽取样木，但由于边材面积在林分中所占的比例是影响林分整体液流估算的最主要因素，而该径阶在林分中所占比例极小，因此对林分液流估算不会产生明显影响。

通过样地调查，对各样地所有树木的种类和生长情况进行记录，使用生长锥对各径阶树木胸径（1.3m 高处）抽样钻取树芯，按照树木胸径选取适当生长锥，以确保树芯包含心材、边材以及树皮各部分。边材与心材的分界可通过打磨后两者天然的颜色差异确定，以便用于进行单株液流向林分蒸腾的尺度扩展。

表 2-1 实验点观测树种样地调查

树种	样本量	胸径（cm）	冠幅（m²）	树高（m）
雪松 *Cedrus deodara*	3	17.3±3.7	17.1±6.42	7.03±1.13
光叶榉 *Zelkova schneideriana*	3	13.9±3.8	9.3±3.2	5.3±0.6
水杉 *Metasequoia glyptostroboides*	3	19.3±5.0	7.1±3.6	11.6±1.3
丝棉木 *Euonymus bungeanus*	3	13.5±3.1	27.79±10.93	5.63±0.58
油松 *Pinus tabulaeformis*	10	7.87±0.65	9.85±1.6	4.15±0.26
刺槐 *Robinia pseudoacacia*	6	7.89±1.35	12.67±2.67	4.12±1.07
杨树 *Populus×euramericana* '74/76'	13	19.02±5.7	4.34±1.5	19.5±2.4

2.1.2.2 数据采集和计算

（1）液流监测

林分耗水计算除通常可采用如 Bowen 比能量平衡和涡动相关等微气象方法进行外（Köstner et al.，1992；Herbst，1995；Berbigier et al.，1996），在有林分径阶分布及密度资料的情况下，还可采用单株估算并结合尺度扩展的方法（Wullschleger et al.，1998）。虽然微气象法能够可靠地对林分蒸发散进行估算，但是由于其可以提供林分耗水生理控制的信息，监测整树蒸腾速率并对其进行尺度扩展时仍有其优势（Meinzer et al.，2001a）。因此，各树种蒸腾通过树干液流法进行观测。树干液流法是通过液流通量密度（*Js*）进行计算，液流通量密度则利用热扩散进行监测。热扩散探针的一个突出特点是能够连续放热，实现连续或任意时间间隔液流速率的测定。其技术原理：热扩散探头由两根直径为 1.2mm

尾部相连的探针组成，上部探针恒定连续加热，内含有加热元件和热电偶；下部探针作为参考端，只有热电偶。通过测定两根探针在边材的温差值计算液流速度。根据这种热扩散方法，树干液流速度是用热扩散探头基于液体速率热扩散理论，而不是根据树干热运输的特定模型来测定的。热扩散法需要以液流速率为0时的加热功率及温度变化为依据进行零值校正。当液流速度等于0或很小时，两根探针温差（T）最大；液流增大，温差值减小。通过已知的温差与液流密度的关系可以连续测定液流速度变化。

探针安装在样木1.3m高处北向选定5cm×5cm区域树干，剥去树皮并进一步磨平，然后使用配套钻头分别在上、下间隔1.5cm垂直钻2个孔，孔深根据边材深度确定，在2~3cm。将TDP（Dynamax，USA）插入树干，与树干接触处用硅胶密封。为防止太阳辐射对探针产生影响，探针安装好后，用铝箔包住其外部树干。将探针与CR1000数据采集器（Campbell Scientific，Inc.，Logan，USA）连接，进行连续数据记录并定期下载。

（2）蒸腾量计算与液流径向变化

通过液流的连续观测对树木蒸腾进行估算，并结合树干或叶面积进行尺度扩展，具有完整的机理基础（Sperry et al.，2002），因此，通过单株液流观测尺度扩展到林分蒸腾已日益被广泛使用。由于不同林分蒸腾变化在流域或景观尺度上是主要误差来源，近期的研究报道了林分蒸腾随气候条件的变化出现空间变异（Adelman et al.，2008；Loranty et al.，2008），而且不同森林类型需要不同的样本量支持，这说明不同林分和类型条件下的最佳样本规模大小是不同的。因此，在尺度扩展的每个环节发生的明显变化都应当进行考虑（Mackay et al.，2002；Williams et al.，2004a；Ford et al.，2007）。主要步骤包括：①林分总边材面积的估算；②林分平均液流的估算；③将两者结合计算林分蒸腾。本研究对不同试验区域单株液流检测和从单株到林分的液流扩展使用统一的经验公式。根据能量守恒原理，利用探针间温差计算液流通量密度，公式如下：

$$J_s = 0.0119K^{1.231} \tag{2-1}$$

式中：J_s 为液流通量密度 $[g/(cm^2 \cdot s)]$。

$$K = (\Delta Tm - \Delta T) / \Delta T \tag{2-2}$$

式中：ΔTm 为两探针间最大温差值（℃）；ΔT 为任意时间探针间的温差值（℃）。

最大温差值的确定对于液流通量的计算非常重要，虽然最大温差值的理论定义为液流为0时上下探针的温差值，但是许多因素使得该条件很难实现，例如：夜间水分输送和长期干旱状态下内部水分存储的缓慢恢复，以及由于高VPD和风速造成冠层失水（Snyder et al.，2003）。其中，夜间液流会造成对最大温差值的偏低估计。而且，由于干燥木材的最大温差值通常比湿润木材低，因此加热端周围木质部的热属性会造成最大温差值发生渐进性偏移。在严重土壤水分亏缺发生过程中，在干燥和再湿润阶段，每日的最大温差值就会发生偏移（Lu et al.，2004）。如果采用24h内的最大温差值可能会掩盖可能发生的夜间液流。因此，最大温差值应当选取7~10d内温差的最大值，以避免对"真正"的最大温差值造成低估。为同时解决夜间液流和最大值偏移的问题，本研究采取的方法，首先每10d期间选取一个最大温差值，然后对该值和对应的时间（该天为一年中的第几天）进行回归。这一处理能够更准确地去除发生显著夜间蒸腾的样天。为得到更好的最大温差值估计，低于回归曲线估计值的数据点均被剔除，并对剩下的数据点进行回归，即可得出不同时间相应的最大温差值。得到不同径阶样木单株不同深度液流后，结合该径相应深度的边材面积进行尺度扩展得到整个林分蒸腾量：

$$E = \sum_{I=1}^{n} \left[3600 \times \sum_{i=1}^{n} (J_{s_i} \times A_{s_i}) \right] \qquad (2-3)$$

式中：3600 为时间转换系数；I 为不同径阶；i 为不同观测深度；A_{s_i} 为第 I 径阶相应第 i 深度的总边材面积（cm^2）。

边材面积的计算首先要进行样木生长锥测量，实测样木的边材面积为整个取样截面面积与心材面积的差，取样分为南北两个方向进行。样地中其他未进行生长锥取样的样木边材面积则通过取样样木 A_s 与胸径的回归关系得到。将 E 以单位冠层面积进行正态化，即可得到冠层蒸腾速率 Ec（mm/h），从而实现与同期降雨的比较。

$$A_s = pr_{截面}^2 - pr_{心材}^2 \qquad (2-4)$$

估算树木对生态系统总蒸腾量的贡献要求观测和不同尺度的计算过程精确，通过液流手段对蒸腾进行计算，虽然基于边材面积的计算在理论上非常简单，但通过该方法对整树或林分蒸腾进行估测仍存在很多不确定性（Köstner et al.，1998）。该方法尺度扩展过程除了要求液流观测准确，还需要林分尺度上结构特点的详细信息，如树干/树冠面积、干基面积和叶面积，每项特征指标对准确计算林分蒸腾都非常重要。尺度扩展过程中存在的误差项主要包括液流观测中的基准误差、树干内部空间变异的系统误差以及蒸腾和水分吸收间的时差（Ewers and Oren，2000；Meinzer et al.，2003）。首先，液流法是通过将液流通量密度或液流速率与边材面积相乘得到总液流量，因此，单株到林分水平尺度扩展的准确性就受到边材面积或是发挥功能的木质部面积影响，其中首要因素就是边材实际可导水面积。整树的液流通常只是通过一段靠近导管形成层的相对较窄的边材测得的，这里的液流速率通常是最大的。如果液流速率随深度快速下降，计算整树液流总量的较大误差就会通过与边材面积的相乘被扩大。现有研究发现许多树种木质部液流存在显著的径向变化（Čermák et al.，1992；Becker，1996；Phillips et al.，1996），即边材外部的液流密度比靠近心材的区域高（Nadezhdina et al.，2002；Ford et al.，2004b；Jimenez et al.，2000；Irvine et al.，2002；Delzon et al.，2004）。Zang 等（1996）对 *Eucalyptus globulus var. globulus* 进行了 3 年的研究，发现平均只有 78% 的边材能够进行活跃的导水活动，准确描述液流径向变化对提高整树蒸腾计算的准确性至关重要（Caylor and Dragoni，2009）。Ford 等（2007）对流域尺度蒸发散误差来源的分析认为相较于包含树木个体间与样地间差异内的其他因素，树木内部液流的位置差异带来的误差是较小的。Kume 等（2010）也认为由于样本量过小造成的对树木个体间的差异的计算误差会造成对林分蒸腾计算的较大误差。综合看来，需要对液流的这种径向变化予以考虑，尤其是边材较厚的环孔材树种，否则会出现过高估计（Ford et al.，2004a）。其次，在多树种林分中，液流存在种间差异，因此必须对各树种分别进行监测。

本研究针对液流法存在的问题采取了相应的解决方法。首先，对于树干胸径与边材面积的异速增长关系根据对不同径阶样木用生长锥钻取树芯或获得树木截面原盘得到。总边材面积的计算则是利用该关系式，根据样地调查的每木检尺的胸径数据，计算出样地中每株树木的边材面积，然后相加获得样地的总边材面积。

对于边材导水面积造成的液流径向变化，如果样木边材较厚，那么就需要在树干上安装不同深度的探针，监测不同深度液流数据，以尽量降低整树蒸腾估算的误差（Meinzer et al.，2004）。并且，探针采取螺旋排布，以防止探针加热端放热产生探针间相互影响。但是对于边材相对较窄的小树来说，一根探针就可提供具有足够准确性的观测结果（Bucci et al.，2005）。许多实验发现外层与内层瞬时液流速率的比例在一天内随时间变化而不同，同时这种比例存在个体差异。为降低这种差异，对于前者可用外层和内层探针测得的每天流量来算出比例。对于后者则将插针的深度转化为与边材深度的比例（及相对位置），这样就可以排除树体大小因素的影响进行比较。因此，液流径向变化数学关系通过插入探针绝对深度和形成层的相对距离构成的方程进行表达（Phillips et al.，1997；Schäfer et al.，2000a），将深度在最接近树干形成层位置的探针记为 0，在树干中心的位置记为 100%（Nadezhdina et al.，2002）。Kubota 等（2005）的实验证明相对于其他方法，该手段相对更能够清楚地表达不同深度液流密度的关系。应用这种方法日尺度液流通量密度的残差变异会减小，从而能够得到更高的回归系数。

综合考虑以上因素，研究将多个深度的探针（10mm、30mm、50mm）螺旋式插入北侧树干。10mm 处液流代表最外层液流速率，并作为参考端（Js_{ref}），其他深度液流值（Js_i）均与其进行比较，两者间的差值（$Js_{ref}-Js_i$）用 Js_{ref} 进行正态化，并将该值与对应的观测深度（该深度距形成层距离占总边材厚度的百分比）对应作图，由此即可以得到深度与液流递减变化的数学关系。虽然树干储水和蒸腾的交换会影响液流的点观测，但是这种影响仅限于较短的时间尺度，并且不会影响日尺度林分蒸腾的计算。

（3）环境因子监测及蒸腾的环境与生理控制

①环境因子监测。包括太阳辐射、温度、相对湿度、风速和降雨，分别采用 Weather-Hawk（Campbell Scientific，Logan，UT，USA），HOBOU30（Onset Computer Corp.，Bourne，MA，USA）和 Eddy Covariance tower 系统进行观测。土壤水分监测采用两套 ECH2O Utility（Decagon Devices Inc.，Pullman，WA，USA）及 TDR 进行自动测定，观测深度依次为：0~25cm（2008—2009 年）、0~25cm 和 75~100cm（2010 年）。记录时间间隔 30min。

②冠层导度及脱节系数（decoupling coefficient）。在以上环境因子监测数据的辅助下，本研究从冠层导度及蒸腾活动本身的角度对植被环境与生理控制开展研究。通过对植物旱中及旱后蒸腾的研究，评价环境对蒸腾控制的重要作用，以及气孔导度的敏感性是否随 VPD 和辐射变化产生变化，如果答案是肯定的，那么这是否是森林在干旱环境下进行自我调节的主要机制。如此，便可以考察森林对干旱的抵抗力，这也是目前研究较少考察的。同时这部分的研究内容帮助我们获得可应用于减量灌溉方面的植物生理指标。

该部分研究的主要目的是量化冠层过程的日间变化，并考察盛行气候下环境对蒸腾的控制情况。另一个研究内容是对比林冠中不同位置树木的脱偶系数（Ω），其主要目的是

评价 Ω 的树间变异，以及 Ω 与冠层、空气动力学导度间的关系，这样就可以尝试用树木的个体信息来估计个体树木对林分蒸腾的叠加（总体）贡献。并且通过 Ω 的变动范围可以回答个体树木蒸腾速率在多大程度上是由净辐射和 VPD 来控制的

冠层导度（G_c）的计算有很多方法，但简化公式通常要满足 3 个条件：①边界层导度较高；②冠层中不存在 VPD 垂直梯度；③树木内部持水低，即液流与蒸腾的时滞可以忽略，液流速率可直接反映蒸腾速率。但是，在干旱条件下植物倾向于时滞，当时滞超过 1h 就不能予以忽略，在计算时必须对其予以考虑。考查时滞采用错位相关的方法。按观测时间顺序建立液流密度与对应的太阳辐射（R）、VPD 数据列，将液流密度分别与 R 和 VPD 逐次按半小时进行错位移动，分析错位移动后数据的相关关系。当相关系数达到最大时，所对应的错位时间即为液流对 R 或 VPD 的实际时滞（Martin et al.，2001b）。本研究对各地冠层导度的计算方法采用彭曼公式（Lu et al.，2003）的变形：

$$G_c = \cfrac{1}{\cfrac{\Delta Rn}{\lambda E \gamma G_a} + \cfrac{\rho C_p \mathrm{VPD}}{\lambda E \gamma} - \cfrac{\Delta}{G_a \gamma} - \cfrac{1}{G_a}} \tag{2-5}$$

式中：λ 为水的汽化潜热（2.39 MJ/kg）；E 为蒸腾量（mm/h）；Δ 为饱和水汽压与温度的比值（kPa/℃）；Rn 为净辐射 [MJ/（m^2·h）]；ρ 为空气密度（kg/m^3）；G_a 为空气动力学导度（m/s）；C_p 为恒定气压比热 [1.013MJ/（kg·℃）]；γ 为干湿球常数（0.066 kPa/℃）；VPD 为水汽压亏缺（kPa）。VPD 通过下式计算：

$$\mathrm{VPD} = 0.611 e^{\left[17.502 T/(T+240.97)\right]} (1-RH) \tag{2-6}$$

式中：T 为空气温度（℃）；RH 为相对湿度（%）。

G_a 通过下式计算（Mielke et al.，1999）：

$$G_a = \cfrac{k^2 \times u}{\left[\ln\left(\cfrac{Z-d}{Z_0}\right)\right]^2} \tag{2-7}$$

式中：k 为 Von Karman 常数（0.41）；u 为冠层上方风速（m/s）；Z 为风速计录处的高度（m）；Z_0 为糙度（roughness height，通常为冠层高的 0.1h）；d 为位移高度（0.7h，h 为树高）。

气孔对蒸腾的控制通常用脱偶系数（Ω，decoupling coefficient）进行描述，该系数反映了冠层与周围大气环境的耦合程度（Kumagai et al.，2004）。该值介于 0~1 间（Wullschleger et al.，2000；Kumagai et al.，2004），植物冠层蒸腾与大气环境的耦合程度越高，Ω 越接近 0，环境因子中 VPD 对蒸腾起主导控制作用，植物对蒸腾的气孔控制也越强；反之，太阳辐射为影响蒸腾的主要因子，植物的气孔控制越弱。Ω 的计算根据（Kumagai et al.，2004）：

$$\Omega = \cfrac{1 + \Delta/\gamma}{1 + \Delta/\gamma + G_a/G_c} \tag{2-8}$$

太阳辐射对蒸腾的贡献量（E_{eq}）和 VPD 对蒸腾的贡献量（E_{imp}）（Komatsu et al.，2006；Kumagai et al.，2004）通过下式得到计算：

$$E = \Omega E_{eq} + (1 - \Omega)E_{imp} \qquad (2-9)$$

$$E_{eq} = \frac{\Delta}{\Delta + \gamma}\frac{R_n}{\lambda} \qquad (2-10)$$

$$E_{imp} = G_c \mathrm{VPD}\frac{\rho C_p}{\lambda \gamma} \qquad (2-11)$$

③冠层导度对 VPD 的敏感度。为评价冠层导度对 VPD 的敏感度响应变化，本研究采用了（Oren et al.，1999c）改进的 Lohammar's 方程，模型的选择是基于其参数在表达树木气孔对 VPD 敏感度的种间差异的有效性原则：

$$G_c = -m \times \mathrm{lnVPD} + G_{cref} \qquad (2-12)$$

式中：G_c 为冠层导度（mm/s），可理解为平均冠层气孔导度的替代指标（Ewers et al.，2001b）；m 和 G_{cref} 为通过最小二乘法回归分析得到的参数，$-m$ 为冠层导度对 lnVPD 的斜率，相当于 $-\mathrm{d}G_c/\mathrm{dlnVPD}$，该比值在整个 VPD 变化范围内相对稳定，用于表达平均冠层气孔导度对 VPD 的敏感度；G_{cref} 为参比冠层导度，为 VPD＝1kPa 时的冠层导度值，并可用于替代最大气孔导度（G_{cmax}）（Ewers et al.，2001b），该值可在大多数 VPD 值域内取得，因此实测较为便利。

（4）相对土壤可用水（relative extractable water，REW）

除了利用土壤体积含水量对土壤水分状况进行描述外，本研究（Zeppel et al.，2008b）将土壤体积含水量 θ 转换为相对土壤可用水（REW），以描述土壤水分在观测季内的相对变化：

$$\mathrm{REW} = \frac{\theta - \theta_{min}}{\theta_{max} - \theta_{min}} \qquad (2-13)$$

式中：θ_{max} 和 θ_{min} 分别为观测期间最大及最小土壤体积含水量。

根据现有文献资料，本研究界定 REW＝0.4 为土壤水分胁迫的临界值（Bernier et al.，2002）。

2.1.2.3 模型模拟

本研究利用（Jarvis，1976）模型模拟树木蒸腾，模型选用太阳辐射和水汽压亏缺（VPD）两项大气因子，来模拟液流通量的变化。此外，该模型的参数能够敏感地捕捉到树木对环境因子相应的种间差异（O'Brien et al.，2004）。

$$E_{c-H} = a \times \frac{R_s}{R_s + b} \times \frac{1}{1 + \mathrm{e}^{\left(\frac{c-\mathrm{VPD}}{d}\right)}} \qquad (2-14)$$

式中：E_{c-H} 为冠层蒸腾速率（mm/h）；R_s 为总辐射（W/m²）；VPD 为水汽压亏缺（kPa）；参数 a 为理想环境条件下最大模拟冠层蒸腾；参数 b 为蒸腾达到饱和时的太阳辐射水平；c 和 d 分别为 E_{c-H} 达到最大值 1/2 时的 VPD 水平和 E_{c-H} 与 VPD 的比率。

2.1.2.4 统计分析

统计分析用 SPSS 进行（Version 16.0，Chicago，IL），曲线拟合则通过 Sigmaplot 完成

（version 10.0，Systat Software，California，USA）。对树种对日蒸腾量的影响进行重复测量（repeated measures）。

边界分析（boundary line analysis）利用土壤水分条件和太阳辐射对数据进行筛选，可将数据进行边界分析（Schäfer et al.，2000b；Ewers et al.，2001b）。首先，将因变量分为不同等级，在每个自变量等级范围内对因变量进行平均值和标准差的计算，Dixon's 检验出现显著差异（$P<0.05$）的为野点（Ewers et al.，2005b），并予以去除，最后选择大于均值与标准差加和的因变量数据。这些数据将最终参与与自变量响应关系的分析。使用这种分析手段对整个林分每棵树的数据集进行分析，可以获悉观测条件下的最佳响应情况。由于数据筛选意味着边界线是在自变量能够引起最大因变量的情况下得到的，因此，边界线就代表了分析树种蒸腾指标对环境响应的最佳估计。

2.2 研究结果

2.2.1 环境因子

从表 2-2、图 2-1 中可以看出，黄土地区气候季节性明显，随时间推移，太阳辐射和 VPD 呈递减趋势，夏季（7~8 月）和秋季（9~10 月）气象因子存在显著差异，而相同季节内各月份不同因子差异的显著度不同。2008 年、2009 年和 2010 年日均太阳辐射分别为 14.58MJ/(m²·d)、13.7MJ/(m²·d) 和 15.55MJ/(m²·d)，且 3 年间不存在显著差异（$P=0.17$，One-way ANOVA）。降雨主要集中在 8 月、9 月，两月总降雨量可达到观测生长季内其余两月总降雨量的 8.9 倍。2009 年日均 VPD（0.67kPa）和 2010 年（0.63kPa）显著低于 2008 年（0.79kPa）（$P=0.008$，One-way ANOVA），表明 2008 年经历了观测期内最严重的大气和土壤干旱。3 年观测的降雨模式和 VPD 变化导致土壤水分条件出现明显差异，降雨和蒸发散的综合作用效果在土壤水分变化上。2008 年日均土壤体积含水量（VWC）达到 0.09cm³/cm³，显著低于 2010 年的 0.19cm³/cm³ 和 2009 年的 0.19 cm³/cm³（表 2-2）。同时，不同深度土壤水分存在梯度差异，2010 年 0~25cm 与 75~100cm 土层含水量在夏季表现出显著差异（$P=0.00$，Paired t-test）。由于直接受到降雨和蒸发的影响，表层土壤水分在降雨后上升和下降都较快，表层 0~25cm 土层最能够反映降雨的发生，并能在单日降雨达到 20mm 时得到显著恢复，而 75~100cm 的土壤体积含水量仅在 8 月底出现小幅上升

表 2-2 2008—2010 年刺槐—油松混交林生长季（4~10 月）微气象因子统计数据

年份	VPD（kPa/d）均值 ± 标准差	总辐射［MJ/(m²·d)］均值 ± 标准差	土壤水分（cm³/cm³）均值 ± 标准差	降雨（mm）总量
2008	0.79[a]± 0.35	14.58[a]± 6.28	0.09[a]± 0.06	213.3
2009	0.67[b]± 0.39	13.7[a]± 6.85	0.19[b]± 0.05	352.63
2010	0.63[b]± 0.32	15.55[a]± 7.22	0.19[b]± 0.02	219.8

注：上标小写字母代表不同组间显著差异情况。

（图2-1），说明深层土壤水分需要得到大强度降雨的渗透，并能够在补充后稳定地保持在较高水平，随着生长季进入秋季，降雨减少，相较于表层土壤水分，深层土壤水分并未出现明显下降。降雨（mm/d）、太阳辐射［MJ/（m² · d）］和VPD（kPa）数据观测日期为2008年7月11日至10月19日、2009年6月25日至10月19日、2010年6月11日至10月12日。土壤体积含水量（VWC，cm³/cm³）3年观测日期相同，均为6月11日至10月12日。2008年、2009年土壤水分监测集中在表层0～25cm土层，2010年增加75～100cm土层土壤水分监测。

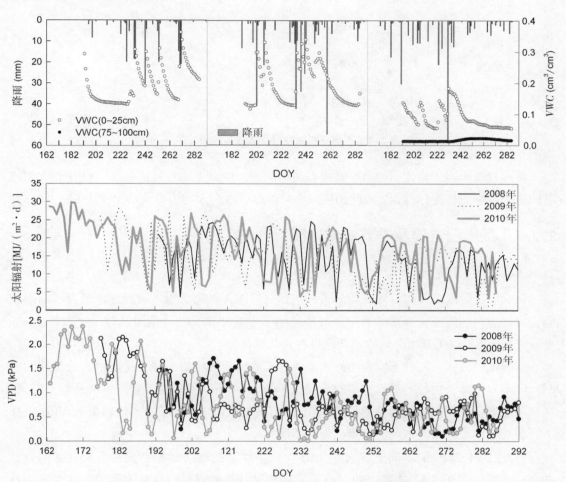

图2-1　山西吉县刺槐—油松混交林生长季环境因子变化趋势

实验样地的大气和土壤水分因子存在一定的梯度关系。VPD在生长季呈现稳定的逐月下降趋势。太阳辐射变化在不同年份均随月份逐渐下降。土壤水分监测表明，吉县的土壤水分在生长季稳定地维持在低水平状态，且降雨最贫乏，最大降雨集中在8月和9月。

2.2.2　树体大小对冠层蒸腾量的影响

林分/树木冠层蒸腾与树体大小呈现的数量关系如图2-2。DBH和边材与冠幅比（As/

Ac）（$P<0.001$，one-way ANOVA）决定了蒸腾对树木大小的依赖性，而非 DBH 和液流通量（$P=0.453$，one-way ANOVA）。但是研究仍发现在相似大小范围内的样木，其蒸腾相差数倍，说明冠层蒸腾存在较大的种间差异。虽然边材面积与胸径成正比，但吉县黄土地区刺槐—油松混交林冠层蒸腾和液流通量密度则均与胸径成反比。

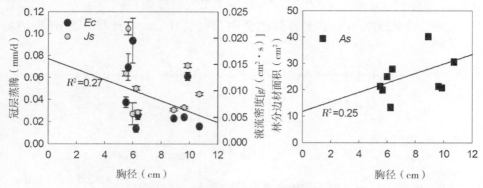

图 2-2　不同观测树种冠层蒸腾与胸径间关系

虽然数据为样天均值，但由于数据点清晰问题，所以无法对冠层蒸腾、VPD 和太阳辐射的每个数据点标注标准误。因此相应每小时标准误以全天均值形式给出（MSE）。

2.2.3　蒸腾日进程及季节变化特征

2.2.3.1 蒸腾日变化

试验中进行液流径向变化观测的树种均随边材深入表现出明显液流速率变异。结果表明，内部边材的液流速率逐渐下降，与最外层参考端相比，变异值可达数倍。刺槐 15mm处液流降至 0，说明其水分运输活跃区域在木质部浅层。

不同树种及同一树种不同大小样木液流的日曲线模式相似，并不受土壤水分条件的限制，但不同个体及树种的蒸腾速率存在显著差异。种间和种内不同个体的蒸腾差异较大。在日尺度上，不同树种的液流通量表现出相似的曲线，但在相似的太阳辐射和 VPD 条件下，如果土壤水分条件不同，蒸腾强度也不同。

对 VPD>1.2kPa 时不同土壤水分（REW）条件下的冠层导度和冠层与大气的耦合状态进行分析（图 2-3）。结果表明，冠层导度和脱节系数（Ω）与冠层蒸腾表现相同的日进程模式，且 Ω 在一天内大部分时间均低于 0.2，且土壤水分条件对 Ω 没有影响，Ω 始终保持在较稳定的低水平（Sig.=0.229，Paired-Samples T test），说明树木在任何水分条件下都能够对蒸腾进行有效的生理控制。在较高的土壤水分胁迫条件下（REW<0.2），冠层导度在 9：00 时左右达到最大值并自此开始逐渐下降，其峰值时间早于太阳辐射和 VPD，而在土壤水分较高的条件下，冠层导度和 Ω 与 VPD 的变化关系较为同步。在量化关系上，当土壤水分较理想时，树种的冠层导度均出现显著上升（$P<0.004$，Paired-Samples T test），并且蒸腾速率与冠层导度的日进程关系更为密切。

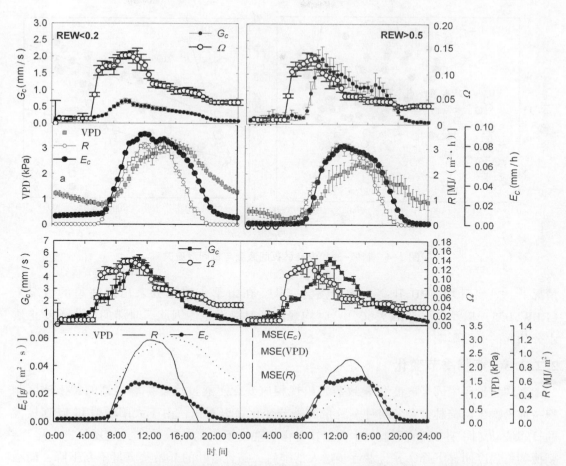

图 2-3　刺槐—油松混交林和杨树人工林冠层蒸腾（E_c）、冠层导度（G_c）和脱偶系数（Ω）
在高蒸腾需求（日均 VPD>1.2kPa）和不同土壤水分胁迫（左侧 REW=［0~0.2］和右侧［0.5~0.8］）
条件下的变化

2.2.3.2　夜间液流和时滞

由于引起气孔开张的太阳辐射阈值为 0.5MJ/m²，因此将非降雨样天低于该太阳辐射值情况下发生的液流划定为夜间液流。本研究结果发现，观测树种经常发生夜间液流现象，且夜间液流量与日间总量及夜间 VPD 因树种和样地环境不同存在显著相关关系。山西吉县刺槐—油松混交林分的观测结果表明，林分组成树种及整个林分夜间液流活动不受大气 VPD 影响。同时，夜间液流还与日间蒸腾量存在显著相关。

吉县刺槐—油松混交林夜间液流与日间蒸腾的关系则受到当日土壤水分状况的影响。当日均 REW<0.4 时，两个组成树种和林分整体的夜间液流量随日间蒸腾量上升，出现微弱的上升趋势，但该趋势并不显著（图 2-4）；而在 REW>0.4 的情况下，夜间液流就随日间蒸腾增大出现显著的线性升高，且林分整体的变化趋势更接近油松的响应模式（图 2-4）。在数量关系上，观测样木不同月份夜间液流占日总量的 7%~15%。

研究发现树木液流与 VPD 存在顺时针时滞关系，并且即使在未出现土壤水分胁迫的

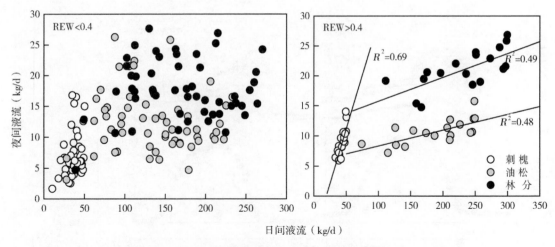

图 2-4 刺槐-油松混交林夜间液流与日间液流关系

情况下，只要日均 VPD 升高，时滞就会变长，在雨季土壤水分未出现胁迫的情况下（REW>0.5）以及旱季（REW<0.1）时均观测到时滞发生。因此，时滞的发生不受土壤水分状况的必然影响。

2.2.3.3 蒸腾季节变化

不同年份环境因子的变化导致蒸腾出现相应变化。通过尺度扩展得到的黄土地区刺槐—油松次生混交林分及各树种蒸腾量的季节变化可以看出，由于太阳辐射和 VPD 较大的日间波动（图 2-2），两树种对于季节变化表现出不同的响应方式，随夏季进入尾声，刺槐蒸腾强度明显下降，并且在逐步进入秋季后，随着落叶的开始蒸腾量不断下降，而油松进入秋季（9 月）后总蒸腾量略高于夏季，随后才表现出与刺槐类似的下降趋势。虽然降雨量存在明显对比，但林分月蒸腾一直保持在 10~15mm，所以月蒸腾占同期降雨的比例出现较大波动，因此降雨只有少部分被用于林分蒸腾。雨后蒸腾随天气转晴上升，但相对于整体液流趋势，上升的绝对量较小。在夏季降雨之前，液流速率没有随着夏季干旱开始而下降。统计数据表明，刺槐—油松混交林该比例在 16%~86% 之间（表 2-3）。

表 2-3 2008—2010 年观测期刺槐—油松混交林林分总蒸腾与同期降雨统计

指标	2008 年			2009 年			2010 年		
	$E_{c-stand}$ (mm)	P (mm)	$E_{c-stand}/P$ (%)	$E_{c-stand}$ (mm)	P (mm)	$E_{c-stand}/P$ (%)	$E_{c-stand}$ (mm)	P (mm)	$E_{c-stand}/P$ (%)
7 月	11.73[b]	13.60	86.25	15.46	96.30	16.05	14.95	78.80	18.97
8 月	15.53	106.80	14.54	13.90	155.43	8.94	15.81	130.00	12.16
9 月	15.08	92.00	16.39	10.66	94.10	11.33	14.61	30.80	47.44
10 月	9.05	0.90		7.30	20.00	36.50	5.70[a]	14.00	40.71
总量	51.39	213.30	24.09	47.31	365.83	12.93	51.07	253.60	20.14

注：a. 2008 年 7 月数据仅包括从观测开始的 21d；b. 2010 年 10 月数据仅包括观测截止的 12d。

2.2.4 蒸腾的环境控制

观测样木的冠层蒸腾（E_c）、冠层导度（G_c）及 Ω 与同步气象因子的日变化动态过程（图2-3）显示，E_c、G_c 和 Ω 存在相似的日变化规律，将三者与同步 R 和 VPD 变化相结合进行分析发现，植物蒸腾活动中其自身生理控制和环境控制紧密衔接，在不同条件下两者的作用程度并不相同。

不同地区林分和各树种的蒸腾受到太阳辐射和 VPD 的显著影响，且响应方式类似。蒸腾随太阳辐射的升高达到饱和状态（图2-5）。在对 VPD 的响应方式上，黄土高原地区的刺槐—油松混交林无法在高 VPD 状态下维持最大蒸腾（图2-6）。研究发现，单日尺度内限制刺槐—油松混交林林分冠层导度上升的 VPD 起始阈值为 1.6kPa。当日冠层蒸腾与 VPD 的比值超过 1 时，冠层蒸腾的上升要比该比值低于1 时快，且该比值受到 200cm 以内土壤平均 REW 的限制。液流通量峰值时间的频率分布（图2-7）说明在所有土壤水分条件下，只要 VPD 过高，树木就会控制蒸腾。同时，虽然 VPD 峰值模式相似，但是液流峰值分布时间在 REW<0.4 时比 REW>0.4 条件下更广泛，峰值时间的出现分布较平均。

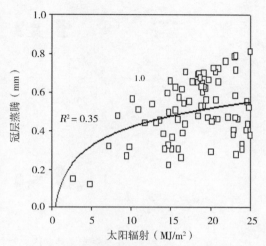

图 2-5　不同树种/林分冠层蒸腾与
太阳辐射的关系

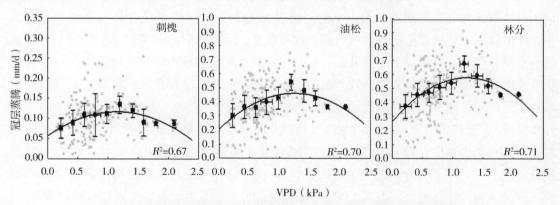

图 2-6　观测期刺槐-油松混交林组成树种及林分冠层蒸腾与 VPD 关系
灰点表示实测值，黑点表示每 0.2kPaVPD 范围内蒸腾均值，竖线为该范围内数据点标准差

在所有水分条件下，虽然冠层导度随太阳辐射不断升高，但当太阳辐射超过1.8MJ/（$m^2 \cdot h$）后，冠层导度就会停止增高，说明太阳辐射对蒸腾的影响来自于诱发气孔开闭。以刺槐—油松混交林为例，这一点当土壤水分充足且当 VPD 超过限制阈值的条件不存在时尤为明显。冠层导度的饱和说明气孔已经全部开放，但冠层导度出现下降后，蒸腾并未出现即时下降响

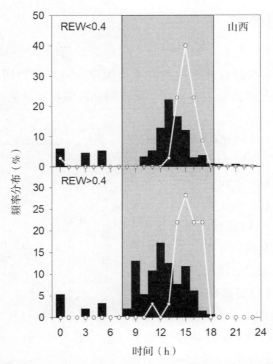

图 2-7 液流密度（柱状图）**与 VPD**（折线）**峰值时间分布频率日模式**

注：数据来自生长季所有观测时间段

应，蒸腾量的进一步上升实际是由于气孔和大气 VPD 的梯度差异产生的蒸腾拉力造成的。

　　VPD 和太阳辐射对蒸腾日曲线的影响可以通过脱偶系数进行量化（图 2-3）。当 Ω 趋向 1 时，树木蒸腾主要取决于太阳辐射；而当 Ω 趋向 0 时，VPD 成为影响蒸腾的主要因子。Ω 值较高，意味着植物与大气的耦合程度较差，太阳辐射对蒸腾的影响处于一天中较强的水平，气孔在其诱导下迅速开张，引起气孔导度和随后蒸腾的快速增长，不同树种 E_c 上升速度有所差异。在这段时间内 VPD 对蒸腾活动的影响较为有限，这可以从其远低于植物蒸腾的增长速率上得到体现。但随着 VPD 持续升高，冠层与大气的耦合程度加强（Ω 开始降低），在环境因子方面，VPD 也开始对蒸腾活动产生更大的影响。尽管此时太阳辐射远未达到当天峰值，但 G_c 与蒸腾基本同步先于太阳辐射达到最大值，随着 VPD 上升至接近阈值，G_c 与蒸腾近乎同时开始下降，且 G_c 的下降速率更快。Ω 的持续降低说明 VPD 对蒸腾的影响占主导地位，但其 11~16h 间超过阈值的增长并没有带来冠层蒸腾的升高。

　　数据显示，在较短的无降雨期，所有树种都未表现出明显的蒸腾下降。在同等 VPD 升高水平条件下，小强度降雨后，冠层蒸腾的潜在恢复度有限。虽然降雨总量在每个事件尺度上不会影响冠层蒸腾的恢复度，但是当放大到月尺度时，该因素就产生显著影响。然而，林分蒸腾在发生大规模降雨时出现饱和，以及月蒸腾量和同期降雨间的巨大差异说明降雨没有被该林分充分利用。并且，一日内降雨发生的时间也会影响蒸腾。以刺槐—油松人工林为例，2009 年夜间和晨间（19：00 至次日早 6：00）降雨概率为 37%，低于 2008

年（45%）和 2010 年（54%）。这部分解释了 2009 年作为观测期中降雨最丰富的年份却没有带来蒸腾升高的现象。

2.2.5 蒸腾的生理控制和敏感度响应

2.2.5.1 树木蒸腾的生理控制

在树木本身生理控制方面，晴天冠层导度和蒸腾出现相同的日进程曲线，但受到土壤水分状况的影响。树木对蒸腾的生理控制通过在不同条件下对气孔导度进行调控来实现。结果表明，冠层导度会随 VPD 升高出现对数下降（图 2-3），该下降趋势在林分经历中度土壤水分胁迫（REW=[0.1, 0.4]）时最为明显。相比之下，冠层导度响应太阳辐射发生调控仅在气孔随太阳辐射完全打开之前。冠层导度（G_c）和冠层蒸腾（E_c）间存在密切的量化关系（$R^2=0.67$，$P<0.05$），说明观测样木能够有效地利用气孔活动控制其蒸腾，这一特点可以用 Ω 进行量化表达（图 2-3）。各地林分/树木的 Ω 值均在 0.3 以下，说明植物与大气的良好耦合使得观测样木能够根据环境变化进行有效的生理调控。在日尺度上，可以看到气孔变化导致蒸腾出现相应波动。随着太阳辐射达到-0.05 MJ/m^2，液流开始随着冠层导度的上升而上升，该阶段气孔控制较弱（即：Ω 值在低 VPD 条件下不断升高），因此树木蒸腾的上升速率较快。但当 VPD 达到 1.5kPa 时，气孔对冠层蒸腾的控制加强（Ω 开始下降），冠层导度随之下降，并带来蒸腾的降低。这一生理过程在液流通路上设置了一个水力学限制（hydraulic limit），并将高蒸发需求（evaporative demand）条件下的过度失水降到最低。

2.2.5.2 树木蒸腾生理控制对环境响应的敏感性

为分离出冠层导度对 VPD 的响应，结果分析中引入了一系列筛选条件。首先太阳辐射要高于 0.5MJ/m^2 且 VWC 高于 0.1m^3/m^3，据此筛选得到的数据进行边界分析，将 VPD 以 0.2kPa 为单位分组，得到相应范围内最高的冠层导度值（Ewers et al.，2005b）。所有种的冠层导度均随 VPD 下降，但下降速率各异。为量化冠层导度随 VPD 下降的速率变化，我们对冠层导度与 VPD 的敏感度（$-\mathrm{d}G_c/\mathrm{dln}VPD$ 或$-m$）和参比气孔导度（G_{cref}）的关系进行分析（表 2-4）。$-\mathrm{d}G_c/\mathrm{dln}VPD$ 和 G_{cref} 存在显著的种间差异，但这两个特征值对于同一树种在不同土壤水分和太阳辐射条件下不存在显著差异（$P>0.05$）。

表 2-4 不同树种气孔对 VPD 响应曲线（$G_c=-m\mathrm{ln}VPD+G_{cref}$）参数及显著度比较［均值（标准差）］

树种	气孔对 VPD 的敏感度（$-m$）	参比气孔导度（G_{cref}）
刺槐（R. pseudoacacia）	1.60[e]（0.45）	2.50[e]（0.14）
油松（P. tabulaeformis）	1.30[f]（0.54）	1.90[f]（0.09）

注：上标小写字母代表不同树种同一参数的差异显著程度。

2.2.5.3 雨后蒸腾及恢复的环境控制

蒸腾恢复的时间、程度和过程受到 VPD、降雨以及土壤水分状况的影响，并存在种间差异。除了个别降雨事件外，各树种均在雨后 VPD 达到最大值之前达到最大蒸腾量。以刺槐—油松混交林为例，雨后蒸腾最大值的出现取决于 VPD（$P<0.32$），而非观测深度内土壤水分状况（$P>0.05$）。最大蒸腾的发生时间与 VPD 而非土壤体积含水量显著相关。此外，雨后冠层蒸腾的发展模式也是如此。虽然土壤水分无法与冠层蒸腾建立直接关系，但却影响蒸腾与 VPD 的相关模式。在较大降雨（如日降雨量达到83.8mm）后，土壤体积含水量得到补充，达到观测期最大值，雨后蒸腾最大值的发生时间延后，可与 VPD 同步甚至晚于 VPD 达到峰值。相比之下，当土壤体积含水量水平较低时，冠层蒸腾总是先于 VPD 达到峰值。并且，雨后冠层蒸腾的发展过程也受 VPD 影响多过土壤水分。当雨后 VPD 较雨前高时，刺槐蒸腾恢复度增强，但是对油松来说降雨前后 VPD 的差值才是决定其蒸腾恢复的因素（图2-8）。此外，分析表明数据降雨间隔越长，油松的冠层蒸腾恢复度越低（图2-8）。

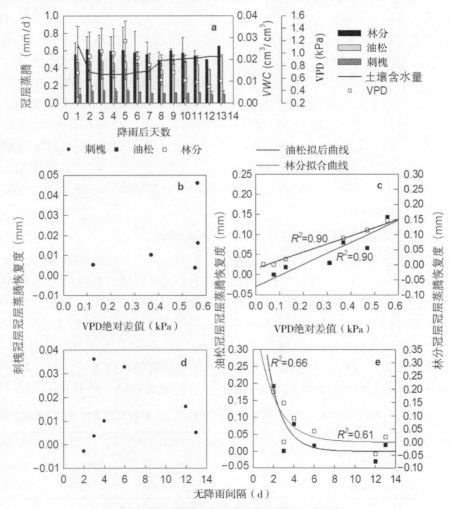

图2-8　林分蒸腾和降雨量的水量平衡关系

　　a. 2010年刺槐和油松以及整个林分冠层日蒸腾（均值±标准差）在两个降雨事件（24h 降雨超过5mm）间内随75~100cm 土壤水分和 VPD（均值±标准差）的同步变化；b~e 两树种和林分蒸腾与降雨事件前后 VPD 差值及降雨间隔周期的关系（VPD 差值是指降雨后冠层蒸腾达到最大值日期与降雨发生前一天差值；降雨间隔周期是指两场连续降雨间的时间间隔）。

从土壤水分的角度来看，冠层蒸腾并未与任何观测土层产生显著相关，并在一些情况下没有在雨后立即表现出与 VPD 同步上升。这说明土壤水分没有得到充分补给，并且降雨和土壤水分补充间存在时滞。这就造成单场降雨量与冠层蒸腾的恢复度未表现出显著相关。然而，降雨事件强度对冠层蒸腾的影响仍然通过土壤水分得到体现。由于下渗过程中的根系吸收和地表蒸发，小规模降雨无法对深层土壤进行水分补充。因此，在一个干湿周期中，深层土的土壤体积含水量并无显著提高。相比之下，大规模降雨会增加整个观测期中最高的深层土体积含水量，并且土壤水分补充周期也会变长。土壤体积含水量持续保持在高水平的观测结果表明即使后续降雨强度弱，大强度降雨的土体水分补充效果仍有可持续性。因此，由于有更多水分可以下渗，大降雨通过对深层土壤水分的积累协助树木度过旱期是非常重要的。此外，雨后蒸腾对土壤水分也存在影响。图 2-7 表明，林分蒸腾和降雨间的水量平衡关系对于土壤水分状况有明显影响。2008 年 7 月（DOY193-DOY213）虽然有多场小型降雨，但该时间段样地植被都维持较高的蒸腾强度，两者共同作用的结果就是土壤水分大幅下降后维持在很低的水平，土壤处于失水状态。进入 8 月（DOY214-DOY244）开始出现较大规模降水，第一场降水后由于植被蒸腾基本保持在原有水平上，因此土壤水分得到一定补充后开始升高，但随后的植被蒸腾会造成土壤水分的快速下降，土壤进入聚水周期。进入 9 月（DOY245-DOY274）仍然会有集中降雨，且初期植被蒸腾与 8 月基本持平，但降雨后土壤退水的趋势放缓，这一趋势在 10 月尤为明显。由于辐射和 VPD 持续降低，土壤本身的蒸散也随之削弱，并且刺槐在 9、10 月的耗水量有明显下降，两者共同作用使土壤的退水速率放缓，并进入稳水期。

2.2.6 蒸腾活动的模型模拟

分析显示，较低的 Ω 值说明 VPD 为影响蒸腾的主导因素，对变量进行逐步剔除的线性回归分析表明日冠层蒸腾与太阳辐射和 VPD 存在显著相关，且引入其他变量并不会提高残差的正态化程度，因此太阳辐射和 VPD 被确定为影响不同环境梯度下林分/树木蒸腾活动的主要环境因子。因此，本研究利用 Eq 对观测树种蒸腾进行模拟（表 2-5）。选取一个月同一树种的样木平均小时蒸腾量和同步气象数据计算 Eq 的参数（$R^2_{adj} > 0.89$），并用模型对随机抽取样天进行模拟，以检验参数可行性。可以看出模型模拟与实际观测值拟合良好（图 2-9），模型方程能够理想地对实际蒸腾进行估算（$R^2 > 0.77$，$P = 0.00$）。

表 2-5　山西吉县刺槐-油松混交林观测树种冠层蒸腾模型参数

树种	a（mm/h）	b [MJ/（$m^2 \cdot h$）]	c（kPa）	d（kPa）	R^2_{adj}
刺槐	0.013	0.063	0.2	0.09	0.62
油松	0.097	0.45	0.16	0.72	0.69

模型参数表明，不同树种的最大蒸腾量（参数 a）和光饱和点（参数 b）存在种间差异（$P < 0.001$，one-way ANOVA）。对于树种对 VPD 的响应差异，达到半最大蒸腾量的 VPD 值（参数 c）（$P = 0.024$，one-way ANOVA），以及蒸腾对 VPD 的变化斜率（参数 d）

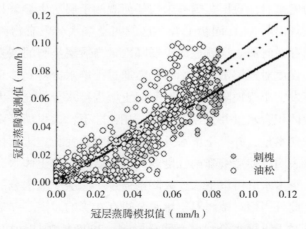

图 2-9　不同树种冠层蒸腾模拟值与观测值验证比较

（$P=0.035$，one-way ANOVA）也存在显著差异。而且，由于参数 c 和 d 没有在重复日中出现显著差异（参数 c：$P=0.552$；参数 d：$P=0.621$），本研究认为蒸腾对 VPD 的响应水平较为稳定。

2.3　讨论

2.3.1　树木结构因素对冠层蒸腾的影响

利用 TDP 观测液流将单株耗水进行尺度扩展估算林分蒸腾过程中，液流密度通量和边材面积对精确测量整树耗水产生影响。液流径向监测结果表明观测针叶树种（雪松、水杉及油松）和散孔材树种（丝棉木）液流通量密度的变化与边材深度未出现显著相关，但环孔材树种（胸径较大的刺槐和杨树）随着边材深度增加液流通量密度发生线性下降，这是由于环孔材树种近年生的导管导水功能较强（Granier and Loustau，1994）。对边材较宽的树种，液流密度通量随边材深度的的径向变化在计算中会带来误差（Phillips et al.，1996；Wullschleger et al.，2000；Meinzer et al.，2004）。液流在边材内的径向变化由于木材解剖结构不同而存在径向变化（Nadezhdina et al.，2002）。对于边材较窄的小树 10mm 的探针就足以测得足够精确地反映树液流的数据。因此利用树干液流法估算林分蒸腾应当对液流通量密度的径向变化予以考察，这样才能减小单株水平观测液流的误差。

树木大小在影响林分用水方面起着非常重要的作用（Meinzer et al.，1999b，2004，2005；Cienciala et al.，2000；Wullschleger et al.，2001），甚至超过树种对蒸腾的决定因素（Meinzer et al.，2001b）。这一关系主要是由胸径和直接参与蒸腾量计算的边材面积间的正相关关系造成的（Macfarlane et al.，2010），但不同环境和组成结构的林分两者的数学关系存在差异。（Meinzer et al.，2005）对热带雨林中 18 种裸子树种蒸腾和胸径的研究发现两者成 "S" 形曲线。本研究树种蒸腾量和胸径呈现显著的关系（$P<0.05$，图 2-2）。本研究中虽然边材面积仍保持与胸径的线性正相关关系，但样木冠层蒸腾仍与胸径成负相关，这主要是由于随胸径增大树木的液流通量密度出现下降，而造成这种现象的原因是林

分早衰，随着观测年份推移，大径阶的树木并没有增长。样地调查显示，该样地样木生长集中在较小径阶的样木，径阶分布峰值从 2008 年 4~6cm 径阶变为 2010 年 6~8cm 径阶，超过 8cm 胸径的样木分布比例出现下降。由于树体大小直接决定林分蒸腾（Meinzer et al.，2004），该混交林偏小的树木组成就成为另一个导致林分蒸腾偏低的原因。与本研究地处同样环境下（Wang et al.，2010b）的研究也有类似发现，并认为造成观测林分的低蒸腾的部分原因就是林木早衰造成的胸径及单位面积上的叶面积偏低。由于结构因素对蒸腾的这种影响，从节水角度出发挑选景观和植被恢复树种就不能单一比较树木的蒸腾量，而是应当对树体及林分结构因素进行结合。

只要有足够详细的干基面积和林分密度材料就能够得出区域内的边材面积总和，蒸腾量与结构因素间的显著关系可作为树木用水的尺度扩展估算的便捷手段。Dunn and Connor（1993）利用边材面积对桉树（*Eucalyptus robusta*）森林进行林分蒸腾用水的尺度扩展，发现边材面积随着林龄增大而减小，并导致古老的森林耗水下降。由于树木耗水和叶面积存在季节关系，利用干基面积或边材面积作为尺度扩展参数一直受到诟病（Eamus et al.，2000a）。但是，如果研究时段仅限于生长季，则叶面积季节变化并不显著，所以基于诸如边材面积对林分生长季耗水进行尺度扩展是可行的，而且由于叶面积的时间和空间变异精确程度度远低于边材面积，利用边材面积作为尺度扩展参数更为可靠。

2.3.2　树木蒸腾的日进程和季节性

当冠层与大气耦合良好时，植物能够对蒸腾进行有效的气孔控制，并根据 VPD 调控最低水势。而蒸腾随着太阳辐射出现饱和则是由于气孔在一定辐射条件下就会全部开放（Yunusa et al.，2010），因此对更高的辐射水平无法进一步响应，但是太阳辐射可以解释整树蒸腾较大的日间变化，这种变化的极端对比发生在雨天、阴天及晴天。Jiménez 等（1996）观测结果显示 Canary 岛的林分蒸腾的年进程存在波动，降雨及雾天较多的秋季和冬季蒸腾量明显偏低。类似的，Wullschleger 等（2000）发现田纳西州多树种构成的橡树林在生长季平均蒸腾水平低于 1.5mm 是由于同期降雨及高湿多云天气的发生。现有研究对阴天时林分的蒸腾研究比较缺乏，而把重点放在解读最大液流发生时期的观测数据上（Köstner et al.，1992；Arneth et al.，1998）。

虽然降雨呈现季节性，但是树木蒸腾并没有顺应降雨出现相同的趋势，所有样地蒸腾耗水的生长季月间差异都非常小，这与部分研究存在差异。在雨季土壤水对蒸腾的供给充沛，树木耗水应当升高从而充分进行碳同化，但在旱季随着土壤水的下降和蒸腾需求的上升，树木耗水应当下降以防止冠层落叶。这样的季节性规律在很多不同尺度和位置的研究中都得到证明。叶片尺度气孔导度和整树尺度总叶面积的观测都明显地表现出很强的季节性规律（Eamus and Cole，1997；Prior et al.，1997b、a；Williams et al.，1997；Franco，1998）。类似的，通过液流探针观测的树木耗水和基于涡动相关观测的冠层尺度蒸腾也得出同样结论（Miranda et al.，1997；Hutley et al.，2000a）。最后，在区域尺度上，Specht 的分析表明蒸发散和土壤可获得水分间的比例关系也存在季节性（Specht and Specht，

1999）。导致蒸腾季节差异的原因可能是每个季节树木耗水是由土壤水可获得性的绝对作用决定的。如果是这样，那么所有样地的旱季用水都应当低于雨季。但是本研究以及O'Grady等（1999）的研究排除了这种可能性。O'Grady 等（1999）发现在 Darwin 附近的稀树草原，树木耗水并不出现季节性。其对该结果的解释是在旱季根系能够伸展到可获得土壤中存储水的深度，从而能够支持树木以与雨季相似的速率进行蒸腾活动。本研究中，日冠层蒸腾与土壤水分含量没有表现出显著相关且蒸腾活动并未受干旱影响而表现出下降，说明观测土层以下水分可能是干旱条件下树木蒸腾重要的水分来源，这一点与其他对土壤水分对蒸腾的影响研究的差异性结论一致（Lagergren and Lindroth，2002；Lundblad and Lindroth，2002；Wallace and McJannet，2010；Huang et al.，2011）。

2.3.3 树木蒸腾的生理和环境控制

2.3.3.1 林分/树木蒸腾对 VPD 和太阳辐射的响应和生理控制

由于树木在特定土壤水分条件下对水文和光合活动的差异（Whitehead et al.，1996），蒸腾的日变化进程受到 VPD 的驱动出现变化。气孔导度对叶片水平的水分丧失产生响应，并受到水力导度和土壤—叶片间水势的限制（Franks et al.，2007）。由于初始气孔导度的下降速度较快，这种限制导致蒸腾随 VPD 出现饱和曲线（Oren et al.，1999a；Ewers et al.，2005a）。Adelman 等（2008）对亚高山地带森林的研究和 Loranty 等（2008）对山杨蒸腾空间模式的模型模拟结果认为蒸腾随 VPD 发生空间变化是由于树木的水力结构。当 VPD 低时，树木容易满足水分运输需求，所以水分散失速率仅受 VPD 的限制。当 VPD 上升时，一些树种就必须开始关闭气孔，从而导致蒸腾随 VPD 出现饱和（Pataki et al.，2000；Zimmermann et al.，2000；Renninger et al.，2010）。这是由于 VPD 对冠层导度的驱动力不断下降。目前有关气孔对于 VPD 不断升高的响应机制仍不明确（Franks et al.，1997）。虽然当 VPD 处于较低范围内时，气孔对其敏感度随气孔导度增大成比例增加（Oren et al.，2001），但许多研究已发现当 VPD 达到一定的临界值时植物蒸腾就会出现下降（Granier et al.，1992；Meinzer et al.，1993b）。图 2-3 中 VPD 对冠层导度施加的影响表明，当环境的蒸腾需求过高时，气孔出现逐渐关闭，保证植物能够维持恒定的蒸腾或使自身水势保持在安全范围内，从而能够避免木质部出现致命的气穴和栓塞（Salleo et al.，2000）。这种机制增加了水流通路上的导水阻力（hydraulic limit），最终决定了植物能维持的最大蒸腾速率（David et al.，2004），使植物能够通过有效的生理调控保证自身水分安全。

除了本身生理性质，从蒸腾的冠层物理过程角度分析，林分冠层结构特点对于蒸腾对气孔开闭及环境驱动因子的响应会产生明显的效果（Roberts，2000）。枝叶浓密的矮小植被冠层与上方空气耦合较差，所以植被散失的可感水汽通量会改变冠层周围的微气候条件，叶片周围的水汽压亏缺取决于热量和水汽通量，并且与上层空气差异极大。这种负反馈既降低了蒸腾速率，又降低了蒸腾对气孔导度的敏感度。对比之下，对于森林这样的高大植被群落，其空气动力学导度较高，冠层与上层大气的耦合良好，因此其表面温度和

VPD 与上层大气接近，并且对局部热量及水汽通量不敏感。因此，蒸腾对冠层导度的变化非常敏感。脱偶系数（Ω）能够很好地反映树木对环境因子及本身生理控制的有效性。Ω分布在 0~1 之间，该值越小，冠层与大气的耦合程度越高。气孔开度（stomatal aperture）能够很好地控制通过单个气孔释放的水汽流（vapour fluxes）（Jarvis and McNaughton，1986），但是如果叶表面的空气与大气间被界面层（boundary layers）所隔离，叶表面空气的水汽压亏缺总是接近局部平衡状态，即使气孔释放的水汽能够影响这种平衡状态，相近的跨气孔水汽压梯度也会抵消气孔活动带来的这种影响，那么气孔的开张就无法影响整树或冠层蒸腾了，这种情况下植物与大气的耦合度较差（Ω 较高，其值接近 1），植被蒸腾主要受到太阳辐射的控制，气孔导度并不是主要控因（Martin et al.，2001a）。相比之下，与大气耦合良好（Ω 较低，其值接近 0）的植物，其叶表面不断发生气流交换，从而使叶表面一直暴露与大气 VPD 下，这是蒸腾主要受到 G_c 和 VPD 的控制，植物能够更敏感地对大气环境作出响应（Smith and Jarvis，1998）。因此，Ω 可以有效地衡量植物蒸腾活动中自身生理控制与环境影响的强度。本研究中不同生境下的林分/树木 Ω 日均值均低于 0.3（图 2-3），表明树木冠层与周围大气环境耦合良好，且林分/树木在出现水分胁迫和大气蒸腾需求（evaporative demand）较严苛的环境下，能够很好地通过对气孔导度进行生理调控响应大气环境，将蒸腾强度维持在较稳定的范围内，以保证自身的正常生理活动，这一点可从蒸腾和 G_c 的接近线性的关系得到体现（Kumagai et al.，2004）。在日尺度上，晨间 Ω 处于当天较高水平，意味着太阳辐射影响引起的蒸腾对植物总蒸腾的贡献量是一天中最高的，并随着 VPD 升高在下午逐渐下降，意味着 VPD 逐渐取代太阳辐射成为影响蒸腾的主要因素，且植物对蒸腾的生理控制不断加强。

树木表现出的对蒸腾的严格生理控制是造成观测林分/树木生长季蒸腾平稳趋势和黄土地区刺槐—油松混交林蒸腾偏低的部分原因。本研究中黄土地区的混交林分在观测期的蒸腾较低，而且蒸腾对降雨的响应范围也较窄，当月降雨超过 100mm 时就不会再引起蒸腾的成比例增长。林分表现出明显的干湿季或年间蒸腾差异（Meinzer et al.，1999c；Eamus et al.，2000b；Hutley et al.，2001）说明组成树种木质部抗栓塞导水结构阻滞液流上升，限定了蒸腾速率，使得蒸腾不能随土壤水可获得性同步增高（Hutley et al.，2001）。此外，较低的蒸腾通过诸如气孔在中等水分胁迫情况下对蒸腾的控制和 VPD 超过 1kPa 后的下降等生理控制得到实现。因此，该区域林分显然采取了保守的水分利用策略。

在有关模型的研究中，气孔导度对 VPD 的敏感度是估算植物耗水的核心部分。但是这两者的关系却很大程度上是经验性的。气孔导度随 VPD 升高出现的下降与蒸腾速率的升高和叶水势的下降有关，而非单纯的气孔对 VPD 的感应。因此研究认为气孔关闭为了降低水分散失并保证叶水势在安全范围内（Salleo et al.，2000；Sperry，2000；Cochard et al.，2002；Brodribb et al.，2003；David et al.，2004）。Granier 等（1996）利用液流法的观测数据与 VPD 建立起预测蒸腾的方程，并用该方程估算另一样地的冠层蒸腾量，模拟值与实际值的线性拟合系数高达 95%。Wullschleger 等（2001）建立的其研究区落叶树种冠层蒸腾与太阳辐射以及 VPD 的回归关系表明，环境因子对蒸腾的解释量高达 85%，并用该回归关系对下一年的蒸腾量进行了预测。Oren and Pataki（2001b）用最小二乘法建立了栎属树种（*Quercus alba*）和北美红枫（*Acer rubrum*）冠层蒸腾与太阳辐射及 VPD 的回归关系，结果发现两个环境因子对蒸腾变化的解释量分别为 59% 和 22%。同样利用最小二乘法，Ewers 等（1999）建立火炬松（*Pinus taeda*）冠层蒸腾与 VPD 的回归关系中 VPD 的解释量高达 82%。

由于不同生境观测结果显示林分/树木表现出对蒸腾的良好气孔控制，因此在实际管理中可以采取降低气孔导度的方式来减少树木群落的耗水量，最直接的方法就是通过修剪的方式减小叶面积。而对于区域性植被恢复来说，可以采取的另一种策略就是挑选气孔导度较小的树种，来降低缺水对人工林成活造成的限制，提高造林成活率。

2.3.3.2 林分/树木蒸腾对土壤水分的响应和生理控制

降雨截留控制试验发现蒸腾强度和日变化与表层土壤（0~20cm）水分显著相关（MacKay et al.，2012）。当土壤体积含水量下降到 $0.068m^3/m^3$ 时，干旱处理样地的样木就开始对降雨截留造成的影响发生响应。在缺乏灌溉的条件下，深层土壤水源是唯一的水分补充，利用深层水源是植物度过夏旱的重要策略。植物根部从土壤吸水是由其基干部和土体及土壤阻力间的水势决定的。有研究表明多年生植物具有强大的根系系统，能够获得深层水源，而在自然环境中这也是旱季的唯一可能的水分来源（Busch and Smith，1993；Cleverly et al.，1997）。本研究中林分/树木蒸腾均未表现出与对浅层土壤水分的明显响应。7 月旱季浅层土壤水分维持在极低水平（图 2-1），但植被蒸腾并未因此受限，其蒸腾强度与 8、9 月雨季基本持平（图 2-1）。因此，我们认为深层水源很可能是维持植物旱季蒸腾活动的重要保障。虽然 1m 之内的土壤水分与蒸腾没有出现显著相关，但是土壤水分影响冠层导度对 VPD 的敏感度。

观测林分的蒸腾量仅占相应时间段降雨的很小部分，但由于林分在旱季并未出现明显的蒸腾降低，我们认为深层土壤的水分对蒸腾起到非常重要的补充作用。深层水分对蒸腾进行补充的主要途径是水力上升（hydraulic lift），即水分在夜晚上行运动至较为干燥的表土层，研究证实该过程是干旱地区生态系统水分循环的重要环节（Ishikawa and Bledsoe，2000）。植物根系对土壤水分进行吸取、存储和运输，并通过这些途径改变生态系统能量、水分和营养平衡。其中一个具有潜在重要性的过程就是由根系引起的入壤水分由湿润向干燥层的移动。水分再调节（hydraulic redistribution）（Burgess et al.，1998）通常发生在冠层蒸腾较低的时候（例如夜晚），此时根木质部水势介于其所处的湿润与干燥土层之间。在这种条件下，根部就充当了土层间水分被动运输的导管（Hultine et al.，2004）。由于这种水分再分配不需要新陈代谢能量的参与，只要植物保有径向和轴向导水力，并且根部与土壤存在接触，该过程甚至能够在休眠期进行。这具有重要的生态学和水文学意义。如果冬季湿润，深根植物就可以将水分向下移动，降低水分的地表蒸发，并使浅根竞争植物无法获得水分。相反，如果冬季干燥，植物可以进行土壤水分的向上输送，这能够延长浅层根系及其他浅根植物种的寿命和活力（Dawson，1993）。这种在休眠季为未来存储水分的做法对干旱半干旱地区的植物尤为有益。抽调休眠季积累的深层土壤水分对表层根系分布密集的区域进行补充，可以在展叶期迅速为植物提供水分。由于水分向上抽调能够延长根系的寿命，生长季旱期土壤中营养离子的运动和吸收也会随之提高，水分的各方向抽调实际上对土壤养分分布起到了均匀作用（Hultine et al.，2004）。目前没有研究关注土壤水分再分配过程与森林蒸腾的关系。由于本试验土壤水分监测覆盖深度限制，深层土壤的水分利用机理仍有不确定因素，因此应当进行后续研究探索干旱胁迫下树木保持蒸腾的潜在原因。

冠层蒸腾的水文过程受到蒸腾需求和可获得能量的驱动，但通常也会受到土壤中可获得水分程度的限制（Schulze et al.，1994；Ford et al.，2005）。由于时滞和较窄的响应范围，土壤水分对冠层蒸腾的系统影响有时并不明显（Kochler et al.，2007；Wallace and Mc-Jannet，2010），但这种影响在达到一定程度时才显露出来（Guan et al.，2011）。对大部分森林来说，只有在出现较强的土壤水分胁迫时，蒸腾才会受到土壤水分限制，所以，量化土壤湿度对冠层蒸腾的影响较为困难。同时，与蒸腾需求及太阳辐射相比，土壤水分胁迫对蒸腾的影响通常出现在不同的时间尺度上（Ford et al.，2005）。液流通量峰值时间的频率分布表征了气孔对周围大气干旱胁迫的敏感度（Du et al.，2011）。因此，土壤水分出现胁迫时，最大液流通量在晨间出现频率的升高说明气孔敏感性升高。研究显示 VPD 的变化通过影响气孔导度（Meinzer et al.，1997b；Renninger et al.，2010）带来蒸腾速率的变化（Franks et al.，2007）。在 VPD 胁迫增强的的时期，木质部栓塞会造成水分运输下降和叶水势下降的连锁反应（Nardini and Salleo，2000），并造成气孔关闭。由于发芽阶段雨水不够充分，所以展叶时期的水分来自深层土壤水（Elliott et al.，2006）或树干储水以供新叶生长（Borchert，1994；Chapotin et al.，2006）。因此，气孔关闭是响应栓塞造成的水力导度变化的应激行为（Hubbard et al.，2001；Varela et al.，2010）。从这个角度，树木表现出根据土壤水分可获得性调整冠层蒸腾模式的预防式策略。

由于在土壤水分过低时，气孔会发生关闭，冠层导度对 VPD 敏感性发生改变。随着土壤变干，水分从土壤向根系输送的阻力加大，降低了对树体的供水速率。在供水无法满足气孔不受限制时的蒸腾的情况下，如果不降低蒸腾速率，植物会迅速脱水并产生木质部栓塞。因此，蒸腾无法与 VPD 同步达到峰值。所以，有效的气孔控制使植物能够根据土壤水的可获得性控制水分利用。由于大气蒸发，可供蒸腾使用的土壤水降低。这对生长在沙地和高蒸发散的黄土地区的树木水分条件尤其不利。在这种情况下，气孔控制就可以避免过度的水分丧失并保证植物体内的水势在安全范围内。否则，随着气穴的积累而产生的栓塞会导致木质部输水功能丧失。在干旱条件下，参比气孔导度（G_{cref}）对太阳辐射的升高缺乏响应，进一步表现出黄土高原地区较强的水分限制环境。这表明植物采取较强的气孔控制限制水分流失，避免导水系统的崩溃（Sperry et al.，1998；Sperry et al.，2008），所以尽管存在水分胁迫，林分蒸腾并未表现出大幅下降。

2.3.3.3　林分/树木蒸腾对降雨的响应

作为生态系统最主要的水分来源，降雨特性的变化决定不同深度土壤有效水分补充模式的形成（Reynolds et al.，2004）。也正是由于土壤对水分的缓冲作用，植物对降雨的响应会出现不规律的现象。在亚马孙雨林，蒸腾可占到降雨的40%（Wallace and McJannet，

2010)，而在澳洲海岸和山区雨林，蒸腾仅占降雨的 25%（McJannet et al.，2007）。观测结果显示，降雨在各观测种中引起了明显的响应差异。即使表层土（30cm 以上）能够迅速对降雨作出响应，但也需要降雨量最小达到 15mm，才会激发表层土壤的含水量出现升高。此外，1m 以下的土壤湿度只有在多次大规模降雨后才会出现上升。

黄土地区的观测结果显示，除降雨总量外，降雨的频率和强度也对蒸腾有重要影响，这与 Mermoud 等（2005）的控制试验得出的结论相似。这解释了蒸腾不随降雨量增大正比增加，以及在三年观测中 2009 年降雨最多，但其蒸腾量非常低的现象。由于潜在蒸发散的增大和湿度下降，夏季干旱会加剧水分胁迫的严重程度。因此，降雨模式的年际变化将对该地区植被蒸腾产生重要影响。随着黄土地区大规模植被恢复的进行，当地水源紧张的问题日益凸显，逐渐导致深层土壤水分的耗竭（Shangguan and Zheng，2006）。这种耗竭会降低深根的植物的抗旱能力，并严重影响植被自然生长和演替。人工林和草地的退化造成产流变低和大面积"小老树"的出现（Hou et al.，1999）。

土壤深层水分的耗竭通常出现在雨水下渗可影响范围（约 2m）以下，这里土壤含水量低且稳定，介于毛管破裂含水量（capillary bond disruption）和萎蔫点（wilting point）之间。这种水分耗竭会导致植物不能在干旱季获得水分补充。虽然深层土壤水分耗竭在同一区域存在范围和程度的差异，但通常在林地程度较为严重（Chen et al.，2008a）。黄土高原自西北向东南大部分区域的平均年降水在 300~650mm，但同期年均蒸发为 623.8~1254mm。这种大气干旱和黄土土壤质地说明土壤水分耗竭可能是一个物理现象（Yang et al.，1999）。实际上植物对深层土壤水分显著的抽取利用不仅发生在旱季，也发生在当地降雨低于全球大部分地区的雨季的情况下（Oliveira et al.，2005；Seyfried et al.，2005；Sarris et al.，2007）。这种现象即使改变土地利用类型也无法带来立即有效的改善。研究表明恢复斜茎黄芪（Astragalus adsurgens）覆被的 0~350cm 土层的土壤含水量起码需要 20 年（Hou et al.，1999），而将人工造林地 0~500cm 的土壤水分恢复到当地自然条件下的水平需要至少 15 年（Mu et al.，2003）。由于切断了对地下水分的供给，深层土壤的水分耗竭影响土壤—植物—大气系统的水分循环（He et al.，2003；Huang et al.，2003）。在降雨下渗过程中，受黄土各土层间张力梯度驱动的雨水下渗只能达到一定范围，无法有效地对地下水进行补充。而另一部分重力驱动的下渗水分可以运输距离较大，但由于必须达到土壤饱和含水量，这部分水分很难穿透干燥的土壤层（Li，2001；Shangguan and Zheng，2006）。如果根据降雨和土壤水分条件恰当进行植被种类选择，那么植被恢复对土壤水分耗竭造成的负面影响就能够得到有效控制（Yang et al.，1999；Chen et al.，2008b）。

2.3.4 林分/树木蒸腾夜间液流与时滞

2.3.4.1 夜间液流

夜间液流的一个重要问题是其是否用于树木组织失水的补充，补充量又是多少。由于日间蒸腾造成叶片水势下降，会通过夜间液流的方式对组织中缺失水分进行补充，因此夜间水分补充的动力来源是土壤与根际间的水势差（Burgess and Dawson，2004），直接决定夜间液流对组织的补水速率。基于此理论，在日间 VPD 较高的样天里，由于日间蒸腾较大，对树体水分补充的过程可能整晚存在，因此，在这种状况下夜间液流很少会用于蒸腾。由于补充日间蒸腾造成的树干水分储存亏缺需求的存在，夜间液流并不完全意味着植物进行夜间蒸腾，所以当液流活动对夜间大气因子的变化产生响应时，我们才认为发生了夜间蒸腾。在湿润环境下，蒸腾与风速的相关性较高（Fisher et al.，2007），在这种条件下，风作为扰动叶片周围稳定边界层的重要物理机制，及时用新鲜的干燥空气替换蒸腾散发的水汽（Meinzer et al.，1995）。

即使夜间气孔开张对植物生长所需的光合作用没有帮助，但其对植物生长仍具有积极意义，夜间液流活动能够影响植物整体的养分运输和供给。土壤中可移动的营养元素（如 NO_3^-）向根部的运输就会受到蒸腾导致的水流的影响，因此夜间蒸腾引发的水分运动能够以向根部输送养分的方式使植物受益（Snyder et al.，2008；Christman et al.，2009）。夜间液流还可以间接协助营养物质和氧气向木质部深层运输（Snyder et al.，2003；Daley and Phillips，2006）。Snyder 等（2008）发现当夜间蒸腾受到抑制时，^{15}N 的吸收会下降。本研究中植物发生夜间蒸腾通常是在干旱胁迫弱的时候，在这种情况下，部分的气孔开张并不会给植物造成重大损失，相反，有助于植物养分补充，并使植物能够在次日日出能够有效地进行光合作用，优化水分利用效率（Oren et al.，2001；Daley and Phillips，2006）。

夜间液流的的发生具有重要的水文学意义。全球气候变化导致日夜温差的转变。北半球高纬度地区已发现夜间温度的升高速度比日间温度快（Daley and Phillips，2006），如果大气湿度不增加，那么这会导致夜间蒸腾驱动力增大，那么对夜间 VPD 敏感的植物种群日水量平衡组成就会发生变化（Daley and Phillips，2006）。

2.3.4.2 时滞

现有研究发现，在许多森林生态系统中，蒸腾日模式和树干液流的日变化曲线均出现明显的时滞现象（Phillips et al.，2003；Meinzer et al.，2004；Čermák et al.，2007）。已有很多研究发现树木液流与微气象因子间存在时滞（Meinzer et al.，1997a；Meinzer et al.，1999a；O'Grady et al.，1999；Zeppel et al.，2004）。O'Grady 等（1999）发现澳大利亚北部稀树草原的桉树（*Eucalyptus miniata* 和 *Eucalyptus tetrodonta*）旱季的时滞现象比雨季长。这里经历以高 VPD 和低土壤水分为特征的季节性气候，导致这一现象的原因也比较复杂。O'Grady 等（1999）认为旱季的时滞变长的原因是土壤—植物—大气接续体（soil-plant-atmosphere continuum）中的阻力加大。与之类似，Zeppel 等（2004）观测到的冠层随 VPD 升高而时滞延长是由于土壤—叶片通路上的日间积累的阻力增大。本实验观测的结果与之类似，不同生境下林分/树木在高 VPD 条件下会出现更长的时滞。由于时滞在无雨期和 REW 较高的雨季均有发生，且在土壤水分无胁迫的高 VPD 情况也观测到该现象，因此，我们认为时滞与土壤水分状况并不存在必然联系。类似的，在自然降雨和灌溉对比试验中均发现蒸腾和 VPD 存在时滞现象（O'Grady et al.，2008）。即使水分供给良好，气孔导度在过度失水和叶水势下降的情况下也会下降，因此，我们认为时滞实际是植物用来避开过高蒸发需求的自我保护策略，从而避免木质部过度失水造成伤害。

导致时滞现象产生的另一个可能原因就是树干储水的影响（Kumagai et al., 2009）。许多研究结果表明，树木通过夜间水分液流活动补充日间强烈蒸腾造成的体内水分丧失（Goldstein et al., 1998；O'Brien et al., 2004；Daley and Phillips, 2006），当植物第二天开始新一轮蒸腾活动时首先蒸腾的是存储在体内的这部分水分，因而监测到的液流活动可能会落后于太阳辐射的变化，出现逆时针的时滞圈（Oren and Pataki, 2001b；O'Brien et al., 2004）。本研究中仅油松出现类似情况，因此我们认为在该地区油松表现出的时滞现象很可能是树木利用自身储水来缓冲液流蒸腾造成的。对于时滞的产生原因，本研究并不排除水力限制（hydraulic limitation）（O'Grady et al., 2008）。即使在水分充足的条件下，以天为观测单位，蒸腾造成的水分丧失和叶水势下降都足以引起叶气孔导度的显著下降（Brodribb et al., 2003），这意味着蒸腾和VPD间的时滞现象很可能是气孔导度对VPD敏感性发生变化的结果（Meinzer et al., 1997a）。

2.3.5 树木蒸腾环境响应的地域与种间差异

2.3.5.1 种间差异

研究树种组成和林分结构影响间的相互关系如何影响耗水模式对地方微气候条件的响应是设计优化资源利用的管理措施的先决条件。树种选择已被作为一种控制造林耗水并达到管理目标的手段，但是现阶段各树种蒸腾的相关信息还非常有限（Dierick and Hölscher, 2009）。

许多生态系统均观察到液流对微气象因子响应的种间差异。不同树种对大气蒸发需求（evaporative demand）（Bladon et al., 2006）和大气干旱的响应存在种间差异。这种差异与不同树种木质部导水力有关。例如，拥有较高枝条和根部木质部导水力的树种对大气蒸发需求的响应较为敏感（Bladon et al., 2006）。通过对各树种耗水的研究，实验发现散孔材和环孔材树种蒸腾量存在显著的种间差异，但蒸腾力并未出现显著差异。虽然环孔最大导水潜力远高于散孔材，但是由于木材解剖结构导致的抗栓塞能力不同，散孔材树种的气孔控制要弱于环孔材（Bush et al., 2008a）。伴随较小的边材密度，通常树种会表现出较高的水力导度（O'Grady et al., 2009），但同时发生木质部栓塞的风险也会升高（Stratton et al., 2000）。因此，其耐受栓塞的能力较差。例如：木材解剖结构为环孔材的榉树其日均蒸腾量为0.25mm/d，而丝棉木（散孔材）可高达0.30mm/d。研究发现散孔材和环孔材树种表现出相似的液流通量密度，但两个种在不同边材深度的液流通量密度均没有显著差异（Phillips et al., 1996）。对不同环孔与散孔材树种的水力导度（Steppe and Lemeur, 2007；McCulloh et al., 2010）和边材深度（Gebauer et al., 2008）的比较研究对此给出了解释。具有导水活力的边材通常占成年散孔材树种树干截面的70%~90%，而在环孔材中仅占21%（Gebauer et al., 2008）。而且，环孔材树种通常导管孔径较大，使其具有更高的总体水力导度（Steppe and Lemeur, 2007）。所以本研究中各树种的液流通量密度差异及环孔与散孔材树种液流密度缺乏明显模式的现象反映了导管数量和大小间的折中（Hernandez-Santana et al., 2011）。

尽管如此，植物都需要避免木质部栓塞带来的损伤，因此，冠层导度对 VPD 均呈现负反馈响应，说明植物通过气孔对蒸腾调动生理控制。这直接解释了现有研究中，许多树种和生态系统下液流和 VPD 呈现的非线性饱和（Ewers et al.，2002；Pataki and Oren，2003）。冠层导度对 VPD 的响应一直存在争议，而争议的中心则是 E_c 随着 VPD 单调升高，抑或由于气孔在 VPD 达到一定阈值后发生关闭从而导致蒸腾随 VPD 出现饱和现象（Wullschleger et al.，2000）。饱和响应的模式通常在小时尺度的估算上发生（Granier et al.，1996；Infante et al.，1997），而且很多树种日尺度也表现出同样规律（Hogg et al.，1997；Martin et al.，1997）。本研究中，林分蒸腾随 VPD 的升高无法维持其最大值，而出现下降。这种高 VPD 条件下的蒸腾下降表明，植物感应潜在水分胁迫，并大规模关闭气孔（Asbjornsen et al.，2007）。在抗旱策略方面，不同树种耗水模式的差异可能反映了其获得水分的深度及根部位置。本研究的发现与其他研究得到的结果相同。通过对木质部进行同位素分析，（Meinzer et al.，1999a）证明一些树种的主要水分来源是表层 20cm 土壤，而另一些植物的水分主要是来自1m 以下的深层土壤。相同干旱山区生境下，刺槐的根系分布较浅，反映在蒸腾对降雨的响应上便是蒸腾能够对降雨产生快速响应。而深根的油松由于土壤对雨水下渗的缓冲，无法立即将降雨表现为蒸腾的升高。

2.3.5.2 种间趋同

大部分生态过程受到能量及物质梯度的影响，呈现非随机分布。Legendre（1993）认为生态系统特性中空间或时间的自相关提高了综合功能特点的多样性，因此针对小尺度的分析会表现出自相关，而大尺度的整合分析则会表现出特征的趋同。时间与空间自相关的这一特点从微观到景观各尺度都有出现（Bishop et al.，2003）。

野外植物气孔导度受到 VPD、太阳辐射和土壤水分等多种因子的复合影响，其响应敏感度反映了植物对水分调控的能力，并进一步表现植物的耐旱能力。尽管冠层导度随外界因素及遗传差异发生变化，但其对 VPD 的敏感度与参比气孔导度呈现显著的线性关系，且比率为 0.6 左右。大多数等水势调控树种的该项指标均为 0.6（Oren et al.，1999a；Oren et al.，1999b；Ewers et al.，2001a；Oren et al.，2001；Wullschleger et al.，2002；Addington et al.，2004），这一比例是植物控制最低叶水势防止木质部产生过度栓塞的结果。不论树种或个体的参比气孔导度是高还是低，只要 $-dG_c/d\ln VPD$ 和 G_{cref} 比值并未显著偏离 0.6，我们就认为其属于等水势调控植物。只有当下列情况出现时，该比率才会显著偏离 0.6：①该植物种允许最低叶水势随 VPD 下降；②VPD 值域范围上升；③边界层导度和气孔导度的比例较低（Ewers et al.，2005a）。最后一种情况会造成气孔对 VPD 敏感度与参比气孔导度的比例高于 0.6，而第一和第二种情况会导致该比例低于 0.6，正如 Oren 等（1999c）汇总了各种植物，发现只有沙漠起源的植物其 $-dG_c/d\ln VPD$ 和 G_{cref} 比值显著低于 0.6，这是由于这些植物的木质部组织形态能够在高蒸腾需求的情况下，承受较低的水势而不发生不可逆的损伤性栓塞。这样的适应机制使这些种在其他共生种关闭气孔防止栓塞的情况下，能够持续进行碳吸收，从而具备生存优势。但是，抗栓塞能力是以降低最大水力导度为代价的（Hacke et al.，2006）。$-dG_c/d\ln VPD$ 和 G_{cref} 比值偏低对树木来说是有利的，因为在既定参比气孔导度条件下，它们不必随 *VPD* 升高而大幅下调冠层导度。对于参比气孔导度过高的植物来说，其不利的一面是由于其气孔对 VPD 的敏感度成比例过高会造成气孔会随 VPD 上升而出现绝对的大幅下降，而参比气孔导度较低的树种就不存在这个问题（Pratt et al.，2007）。因此，高参比气孔导度制约了树种高碳吸收潜力，响应大气干旱（VPD 升高）而造成的气孔导度大幅下降必然会导致碳吸收的绝对下降。

由于功能上的趋同性，在既定生理生态限制下的植物发展出共同的液流与树体大小关系模式。但这并不表明种间差异可以忽略，O'Brien 等（2004）对波多黎各雨林 10 个共生树种正态化的液流进行其环境响应分析，发现种间差异。本研究中，同径阶样木的平均日蒸腾量的差异变幅高达数倍（图 2-2），其原因很可能是树种冠层导度的特异性。这种明显的种间差异说明在大于林分的尺度上，树种组成会产生潜在重大影响（Mackay et al.，2003）。

黄土地区观察到林分构成树种间蒸腾的种间差异，尤其是其各自环境响应方式存在差异。首先，由于不同树种根系可达到并吸收水分的深度不同（Schenk and Jackson，2002）。浅根植物对降雨的响应比深根植物快（Cermák et al.，1995）。同地区其他研究显示，刺槐根系主要在 10~30cm 土层，而油松集中在 30cm，因此刺槐的浅层根系较油松发达，印证了本研究中刺槐对降雨的响应速度较油松快。此外，两个树种冠层蒸腾的恢复度成负相关，表明两者间存在水分竞争。虽然两个树种都无法在相似的 VPD 起始阈值后维持最大蒸腾，其蒸腾恢复与降雨前后 VPD 差值的关系完全不同，因此，VPD 对这种关系的影响是可以排除的。

在水分限制条件下，共生树种会出现对水分的竞争，因此，树种对土壤水分的利用对其存活来说非常重要。水分在各层土壤中的分布受到降雨特性的影响。如果未来半干旱区降雨强度减小，但频率增高，那么相比深根植物，浅根植物生存几率更大。这是因为对这类植物来说，浅表层的干旱胁迫可以迅速通过降雨得到缓解，并且由于水分在浅表层被利用，能够下渗的雨水减少，深根树种面临的土壤干旱胁迫就会加大。因此，未来降雨模式的改变会重塑半干旱地区的植被组成。此外，由于土壤性质和水分含量的空间差异，以及微气候因素对蒸腾的影响，现有研究对与蒸腾和土壤水分的关系结论并不统一（Lundblad and Lindroth，2002）。为了对这一现象构建完整的理解，未来需要对冠层蒸腾和土壤水分以及各土层间土壤水分再分配，如水力上升（Caldwell et al.，1998；Ishikawa and Bledsoe，2000）进行研究。

2.4　结论

生境造成树木环境响应出现不同模式，在大气干旱较为严重的黄土地区，林分无法随日均 VPD 增高维持最大蒸腾。木材解剖结构和根系分布的差异导致不同树种对树体水势降低的耐受度不同，从而导致不同树种气孔对 VPD 的敏感度和最大冠层导度出现差异，引起不同树种对大气和土壤干旱出现不同耐受度，并表现出不同季节变化模式和降雨响应方式。考虑到水源的影响，由于不同树种干旱胁迫的耐受度不同，降雨事件特性（规模和频率）变化可能导致自然条件下植被组成的变化。

即使树木存在蒸腾和环境响应的种间差异，不同生境下各树种仍表现出环境响应和功能趋同性。由于树木的外形结构特点，不同生境下林分/树木冠层与大气的耦合程度均良好，Ω 值均小于 0.4，因此，无论土壤水分状况是否充沛，冠层导度随 VPD 上升均呈对数下降。从环境因子的角度，VPD 是所观测树木蒸腾的主要驱动因子，引起的蒸腾对总量的贡献更大；太阳辐射对蒸腾的影响集中在诱导气孔完全开张之前，此时其对蒸腾的贡献量为一天中最大阶段。不同生境下，土壤水分均未对树木蒸腾产生直接影响，其影响需要通过等级划分或降雨周期汇总的方式得到体现，蒸腾对表层土壤水分缺乏响应说明深层土壤极有可能为植物蒸腾提供水分支持，而现阶段观测土层深度并不充分。土壤水分影响冠层导度及其恢复度对 VPD 的响应。受到土壤的介导，降雨，尤其是降雨规模，对蒸腾及其环境响应有显著影响。本研究的结果表明蒸腾对大型降雨响应的缺失是由于深层土壤水分不足。因此，深层土壤的水分可获得性是树木生长的限制因素之一。本研究表明，对土壤水分在降雨后的变化进行跟踪研究能够帮助我们理解在未来气候和更为极端的水文循环条件下，树木在干旱胁迫下维持蒸腾并保证存活的原因。降雨并未引起蒸腾的必然增长，但树木雨后蒸腾的恢复均受到 VPD 的显著影响。

在功能趋同性方面，不同生境下树木冠层蒸腾表现出与 VPD 的时滞均随日均 VPD 的增大而延长。随大气蒸腾需求增高，不同生境下树木液流活动显著提前，以避开大强度蒸腾造成木质部出现气穴和栓塞。夜间液流主要用于蒸腾和补充日间蒸腾造成的树体水分亏缺。所有树种的冠层导度均随 VPD 上升呈现下降趋势，并且遵守气孔对 VPD 敏感度和参比气孔导度间的恒定比例为 0.6。因此，我们认为观测树种表现出等水势调控特点，并可利用该特性结合气象数据对植物蒸腾进行简易可靠的估算。

第 ③ 章
黄土高原典型树种根系固土机制

3.1 研究区域概况

研究区位于山西省吉县蔡家川流域内，属暖温带大陆性气候，年平均降水量为 579.5mm，降水主要集中在 7~9 月，约占全年降水量的 80%。研究区土壤主要为褐土，呈微碱性，境内植物资源丰富。

3.1.1 地理位置

研究区位于山西省吉县蔡家川流域内，该流域属于黄河的三级支流。流域大体上为由西向东走向，研究区流域地理坐标为 110°37′E、36°40′N。流域主沟长 12.15km，面积 40.10km²，其中吉县境内面积 38.44km²，流域西北有 1.66km² 面积属于大宁县所辖。流域海拔 904~1592m，相对高差为 688m。

3.1.2 地质地貌

蔡家川流域主沟呈东西走向，地势西低东高，东西狭长，支沟从流域南北两侧汇入主沟，南北剖面呈凹形，整个地面向黄河倾斜。分水岭与沟底高差达 100~150m，地形起伏且变化剧烈。流域冲沟发育，沟壑纵横，沟道总长度为 32km，沟壑密度达 0.8km/km²。该地区为典型的黄土残塬、梁峁侵蚀地形，可以明显区分出梁顶、残塬、斜坡、沟坡、沟坡坡脚、沟底，并且残塬、沟坡、沟谷和沟底的比例为 18∶46∶22∶14。

3.1.3 气候

研究区属暖温带大陆性气候，年平均降水量为 579.5mm，降水主要集中在 7~9 月，约占全年降水量的 80%，最大年降水量 828.9mm（1956 年），最小年降水量 277.7mm（1997 年），一日最大降雨量 151.3mm（1971 年 8 月 21 日），10min 最大雨强 2.7mm/min（1979 年 7 月 24 日 1∶55~2∶05），降雨年际变化大，降雨的离差系数 Cv 为 0.23。年平均蒸发量为 1723.9mm，4~7 月蒸发量最大，占全年蒸发量的 54%，各月份蒸发量远大于降水量，而 4~6 月蒸发量是降水量的 4~5 倍。年平均气温 10℃，历年极端最低温 −20.4℃，极端最高气温 38.1℃，稳定通过 10℃的年平均积温为 3357.9℃。光照时数平均 2563.8h。无霜期平均 170d 左右。一年中冬季多西北风，其余季节以南风和偏南风居多，年平均风速 2m/s。本区具有典型的黄土高原的气候特征，属于暖湿带半湿润地区、半旱生落叶阔叶林与森林草原地带。

3.1.4 土壤

吉县土壤主要为褐土，按其碳酸钙的淋溶程度可分为三类，农田和部分侵蚀沟为丘陵褐土，呈微碱性反应（pH 值为 7.9），土壤有机质在 1% 以下，土壤贫瘠；海拔 1450m 以上山地多为普通褐土，主要为天然次生林和灌草坡，表土接近中性反应（pH 值为 7.7），有机质含量一般在 4% 以上，土壤较肥沃；海拔 1600m 以上的有林地中，有淋溶褐土分布，剖面中部呈中性反应（pH 值为 7.1），有机质含量在 6%~10% 之间，土壤肥沃。

蔡家川流域内土壤为碳酸盐褐土，呈微碱性，pH 值在 7.9 左右，山地的斜坡、梁顶、塬面等地形部位为第四纪马兰黄土覆盖，厚度几米至数十米，沟底为淤积黄土母质，沟坡坡脚为塌积黄土母质，底层常混有红胶土母质。坡面由于植被破坏，垦耕过度，水土流失严重，原始土壤已极少存在。目前所见到的土壤基本上是黄土母质本身，其土层深厚，土质均匀，颜色为灰棕—灰褐—褐色，剖面不同深度有钙积层石灰结核或假菌丝体。

3.1.5 植被

吉县境内植物资源比较丰富。常见的木本植物有 194 种，分属于 49 科；草本植物 180 种，分属于 44 科（不包括农作物）。在 374 种野生植物中，有各类药材 250 余种。其中乔、灌植物的根、茎、叶、花、籽药材 40 余种；草本植物的根、茎、叶、花、籽药材 210 余种。

天然植被主要为松科松属的白皮松（*Pinus bungeana*）、落叶松属的华北落叶松（*Larix principis-rupprechtii*），柏科侧柏属的侧柏（*Platycladus orientalis*），杨柳科杨属的山杨（*Populus davidiana*），榆科榆属的榆树（*Ulmus pumila*），桦木科桦木属的白桦（*Betula platyphylla*）、虎榛子属的虎榛子（*Ostryopsis davidiana*），壳斗科栎属的辽东栎（*Quercus liaotungensis*），豆科胡枝子属的胡枝子（*Lespedeza bicolor*），蔷薇科李属的山桃（*Prunus davidiana*）、杏属的山杏（*Armeniaca sibirica*）、蔷薇属的黄刺玫（*Rose xanthina*）、绣线菊属的三裂绣线菊（*Spiraea trilobata*），鼠李科枣属的酸枣（*Zizyphs jujuba*），萝摩科杠柳属的杠柳（*Periploca sepium*），胡颓子科沙棘属的沙棘（*Hippophae rhamnoides*），茄科枸杞属的枸杞（*Lycium chinense*），禾本科孔颖草属的白羊草（*Bothriochloa ischaemum*）、冰草属的冰草（*Agropyron cristatum*）和菊科蒿属的茵陈蒿（*Artemisia capillaris*）、艾蒿（*Artemisia argyi*）、黄花蒿（*Artemisia annua*）等形成的次生林。

人工植被主要有松科松属的油松（*Pinus tabulaeformis*）、柏科侧柏属的侧柏、豆科刺槐属的刺槐（*Robinia pseudoscacia*）以及胡颓子科沙棘属的沙棘等人工林，经济树种以蔷薇科苹果属的苹果（*Malus pumila*），李属的桃（*Prunus persica*）、杏属的杏（*Armeniaca vulgaris*），梨属的梨（*Pyrus bretschneideri*）、山楂属的山楂（*Crataegus pinnatifida*）和鼠李科枣属的枣（*Ziziphus jujuba*）等为主。

3.1.6 社会经济

吉县辖 3 镇 5 乡 79 个行政村，人口近 10 万。据 2004 年统计资料，全县国民生产总值

3.4 亿元，工业增加值 4630 万元，财政总收入 1447 万元，固定资产投资 17197 万元，社会消费品零售总额 10385 万元，城镇居民人均可支配收入 4312 元，农民人均现金收入 1297 元。主要经济指标均创历史最高水平。

3.2 实验材料与研究方法

3.2.1 研究的主要内容

3.2.1.1 调查树木根系分布在坡面尺度的空间异质性

以山西吉县蔡家川流域为研究区域，对研究区主要代表性的树种进行野外根系调查和室内数据处理与分析，建立对坡面尺度的空间异质性的研究。

3.2.1.2 建立林木根系强度特性

以材料力学为理论基础，调查单根的抗拉强度与弹性模量的尺度效应。

3.2.1.3 对树木根系表观附加黏聚力在坡面尺度的空间异质性进行研究

由根系分布与根的生物力学特性，确定根群对土体的产生表观黏聚力分布。

3.2.1.4 数值模拟与分析

运用有限元方法对根土复合体进行仿真模拟，对黄土边坡根系分布区的应力场与应变场进行数值模拟，为准确评价根系固土效果提供依据。并对根系固土能力进行灵敏度分析。

3.2.2 研究树种的选取依据

黄土高原是我国水土流失最为严重的特殊生态区之一，土层深厚疏松且质地均一，抗蚀性差，植被稀少。大规模营造人工防护林是改善黄土高原恶劣生态环境的根本措施，其防治水土流失、改善农田小气候等宏观生态效应已被大量研究和生产实践证实。

刺槐和侧柏具有较强的生理生态适应性，可以较好地保持水土、涵养水源、改良土壤，均是黄土高原地区的主要造林树种。在 20 世纪 70 年代末至 80 年代初，黄土高原大面积栽植刺槐和侧柏，为改善这一地区的生态环境，防治水土流失发挥了重要作用。因此本研究以刺槐和侧柏作为研究对象。

3.2.3 研究树种的生物学和生态学特性

刺槐，原产于北美，1877 年后引入中国，该树种适应性强、生长快、繁殖易、用途广，广泛栽植于华北、西北、东北南部的广大地区。多用于水土保持林、防护林、薪炭林。刺槐是世界上重要的速生阔叶树种之一，树冠浓密，主根不发达，水平根系分布较浅，多数集中于表层 5~50cm 内，放射状伸展，交织成网状。刺槐栽植后第 2~6 年是树高旺盛生长高峰，每年生长量可达 1.0~2.5m，持续 3~4 年（图 3-1）。

图 3-1　刺槐林地　　　　　　　　　　　　　　图 3-2　侧柏林地

侧柏，常绿乔木，在中国分布极广，北起内蒙古、吉林等省份，南至广东及广西北部。侧柏耐干旱，特别是在干燥、贫瘠的山地上，生长缓慢，植株细弱。浅根性，但侧根发达，萌蘖性强、耐修剪、寿命极长（图 3-2）。

3.2.4　研究样地的选取

在研究区内选取刺槐林和侧柏林作为研究对象。分别在刺槐、侧柏人工林内，选取立地条件相似、林龄相同（表 3-1），森林经营活动等因子基本一致，林相完整有代表性的典型坡面作为对比坡面。刺槐、侧柏林均为移植 2 年生幼苗，成行栽植。刺槐林行间距约为 3.5m，株间距约为 3m；侧柏林行间距约为 3.5m，株间距约为 2m。林木栽植在水平阶上。地表稀疏地被灌草覆盖。灌木主要有沙棘、绣线菊、黄刺玫、荆条（*Vitex negundo* var. *heterophylla*）和胡枝子；草本主要有青蒿（*Artemisia annua*）、冷蒿（*Artemisia frigida*）和羊胡子草（*Eriophorum scheuchzeri*）。

表 3-1　样地特征

树种	位置	海拔（m）	坡向（°）	林龄（年）	林分密度（株/hm²）	平均胸径±SE（cm）	平均树高±SE（m）
刺槐	36°16′33.5″N 110°44′25.1″E	1181	NW 35	17	952	13.36±3.82	10.73±2.50
侧柏	36°16′24.5″N 110°45′34.6″E	1119	NW 35	17	1430	2.37±1.36	3.14±0.69

注：SE 为标准误差。

3.2.5　数据采集的内容及方法

3.2.5.1　样地设置及林木根系分布调查法

在本研究区，采用剖面法调查根截面积比（Böhm，1979）。从四个层次研究根系分布，通过根截面积比反映林木根系的分布状况。

（1）不同坡位

大量的研究证明毛细根的密度与坡位具有明显的相关性（Kyotaro et al.，2007）。在理想情况下，无论在任何坡位，根系的空间分布应该是各向同性的，但在自然界中，任何植物的生长都会受到外界条件的干扰。在这里，我们所涉及的植物根系适应自然环境而生长的能力，被称为根系的可塑性。正是由于这种可塑性的存在，使得根系在空间分布上存在异质性。

（2）不同深度

大量的研究证明，根密度随深度的增加而减少，在60cm深以下几乎可以忽略不计（Drexhage and Gruber，1998；Nilawerra and Nutalaya，1999；Schmid and Kazada，2001；Sudmeyer et al.，2004；Bischetti，2005）。大部分根分布在表层15cm内（Nilawerra and Nutalaya，1999；Sudmeyer et al.，2004）。本研究通过剖面法，可以很方便地看出根系铅直向的分布趋势。

（3）距根基的水平距离

大量的研究指出在水平方向上，根密度随距根基距离的增加而减少（Genet，2007；Sudmeyer et al.，2004）。因而调查水平方向上，距根基不同距离处的根密度状况是必要的。如何确定研究的距离，首先需了解根幅的大小。冠幅或胸径的尺寸与根幅的大小存在一定的关系（McMinn，1963；Smith，1964；Roering et al.，2003），树高与根幅也有一定的关系（Sudmeyer et al.，2004）。通常情况下，大部分根幅的平均值约为2.5m（指半径），但是也会有一些比较大的特例出现（Drexhage and Gruber，1998；Sudmeyer et al.，2004）。对于本研究样地株间距较小，考虑到根系生长的可塑性，因而，本研究选取距根基水平距离为25cm和50cm的剖面作为研究对象（Böhm，1979；Liveslay et al.，2000）。

（4）树位（即树的上坡位、树侧位、树的下坡位）

由于根系的可塑性，推测坡的方向可能会对根形态造成一定的影响。在本研究中，对根系在围绕树干不同方向上，即树上、树侧、树下，分别挖取剖面，调查根系分布。

每一个坡面选取长势良好，胸径约为林分平均胸径尺寸的9棵树作为标准木，即坡顶3株、坡中3株、坡底3株。对每一株树，分别在树上、树侧和树下三个方向。水平方向上，在距根基25cm远和距根基50cm远的位置挖剖面。每一株周围共计6个剖面。剖面大小均为50cm长×50cm深（图3-3）。每一个坡面上，总计需挖54个剖面。剖面挖好后，用刀削平表面（Smit et al.，2000），并以10cm×10cm大小为单元网格，划分剖面，以便描绘根系分布特点（图3-4）。由于毛细根对植被固土能力起决定性的作用，重点研究直径小于10mm的根。根系按径级大小分为四类：≤1mm、1~2mm、2~5mm和5~10mm（Köstler et al.，1967；Drexhage and Gruber，1998；Sudmeyer et al.，2004；Genet et al.，2008）。分别记录不同径级内根系数量。

根截面积比（RAR）通过公式（3-1）计算，计算每一个网格内的根截面积比。

$$RAR = \sum_{i=1}^{n} A_{ri}/A \qquad (3-1)$$

式中：n 为根径级的类别；A_{ri} 为第 i 径级根的横截面积（m^2）；A 为根土复合体的总横截面积（m^2），即一个网格的面积。

对于不同坡位、不同深度、距根基的不同距离，围绕树干不同方向上，分别计算根截面积比（RAR）。

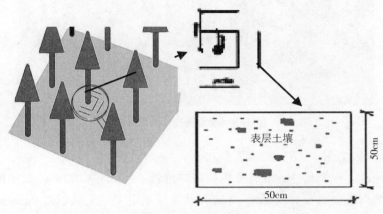

图 3-3　剖面位置示意

图 3-4　剖面网格划分

3.2.5.2　林木根系拉伸试验

刺槐、侧柏根系的生物力学特性由单根拉伸试验求得。在研究区随机采取刺槐根样和侧柏根样。由于试验条件有限，样地内没有拉伸仪，根样需带回学校实验室工作。为不破坏根样的物理特性，采样后，立即以 60℃恒温烘干 24h，试验开始前，将根系放到水中浸泡数小时（Schuurman and Goedewaagen，1971，cited by Bischetti et al.，2005）。此时，认为所有根的含水量相同。拉伸试验采用电子万能试验机如图 3-5（深圳瑞格尔有限责任公

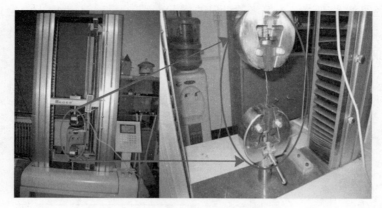

图 3-5　根系抗拉试验设备

司）。机器的最大拉力为 10kN，精密度为 0.1%。

试验选取顺直、根径均一，完整无损的根样进行。用试验机的夹具夹住根的两端，使夹具两端间的距离为根直径的 50 倍，下端夹具保持固定上端夹具以 1.0mm/min 的速度向上运动，直至根拉断。与试验机相连的电脑自动控制拉伸速度，通过传感器记录力的变化。在拉伸试验中，很多破坏发生在夹具周围，尤其是根皮脱落现象很常见。为了避免脱皮而造成的试验失败，在根和夹具间插入软木块（Nilaweera and Nutalaya，1999）。只有当断裂处在根中间 1/3 段可认为成功（Genet et al.，2008），即认为是由拉伸而造成的破坏。

本试验成功率为 43%（表 3-2）。试验结束后，用 0.01mm 精度的电子游标卡尺测量断裂处的直径。根的抗拉强度（T_r）为根的最大抗拉力与横截面积之比。设备软件记录拉伸过程的应力应变曲线，曲线初始阶段的斜率为根的弹性模量。

表 3-2　拉伸试验统计

树种	实验样本数	成功样本数	成功比例（%）
刺槐	153	57	37
侧柏	124	63	51
合计	277	120	43

3.2.5.3　土体抗剪强度参数的测定

土体的强度问题实质是土的抗剪能力问题。土的抗剪强度指土抵抗剪切破坏的能力。关于材料强度的理论有很多，不同的理论适用于不同的材料。通常认为，摩尔—库仑（Mohr-Coulomb）理论适用于土。Mohr-Coulomb 理论认为材料的破坏是剪切破坏，在破坏面上的剪应力是法向应力的函数。

库仑通过一系列土的强度实验，于 1776 年总结出土的抗剪强度规律。定义黏土的抗剪强度由砂土的抗剪强度与土的黏聚力组成。砂土的抗剪强度 τ 与作用在剪切面上的法向应力 σ 成正比，比例系数为内摩擦系数（陈希哲，2004）。

$$砂土\ \tau = \sigma \times \tan\varphi \tag{3-2}$$

$$黏性土 \quad \tau = c + \sigma \times \tan\varphi \tag{3-3}$$

式中：τ 为土体破坏面上的剪应力，即土的抗剪强度（kPa）；σ 为作用在剪切面上的法向应力（kPa）；φ 为土的内摩擦角（°）；c 为土的黏聚力（kPa）。

由公式（3-2）和公式（3-3）所示，决定土体抗剪强度的两个参数指标为滑动面上的黏聚力 c 和内摩擦角 φ。黏聚力是黏聚土的特性指标，黏聚力包括土粒间分子引力形成的原始黏聚力和土中化合物的胶结作用形成的固化黏聚力。内摩擦角大小取决于土粒间的摩阻力和连锁作用，内摩擦角反映了土的摩阻性质。测定土的抗剪强度指标的方法有很多，比如：直接剪切法、三轴压缩法、十字版剪切法等。不同的实验方法用于不同的土壤类型。通常情况下，直接剪切法适用于黏性土。因而，本研究采用直接剪切法（简称直剪法）测定土的抗剪强度。实验仪器如图 3-6 所示。

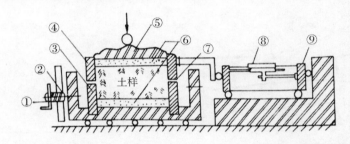

①手轮 ②螺杆 ③下盒 ④上盒 ⑤传压板 ⑥透水石 ⑦开缝 ⑧测微计 ⑨弹性量力环

图 3-6　应变控制式直剪仪示意

（1）直剪实验过程与步骤

① 一组实验需要 4 个土样。每个样点，进行 3 次重复。因而，每一个样点，取 12 个土样。土样用内径为 61.8mm，高度为 20mm 的环刀取原状土，带回实验室，准备实验。

② 检查仪器上下盒间是否接触良好，并将盒内涂抹凡士林，以减少阻力。检查百分表是否灵敏，插销是否失灵，钢珠是否脱落。

③ 安装试样对准上下盒，插入固定插销，在下盒底部放入一块透水石，透水石上安放一张滤纸。将带有土样的环刀，使刃口朝上、对准盒口，将试样推入盒内，然后在试验样顶面再安放一张滤纸、透水石及盒盖，装入仪器内，加上压力，转动手轮，让其接触，拔掉插销，开始实验。

④ 垂直加压。压力分别为 100、200、300、400kPa。

⑤ 进行水平剪切。转动手轮，使上盒前端钢珠刚好与量力环接触。调整量力环中的百分表读数为 0。拔出固定插销，开动秒表，匀速旋转手轮，每分钟 4 转，使试样在 3～5min 内剪坏。如量力环中百分表指针不再前进，或者显著后退，表示试样已剪坏。若百分表读数无峰值，则剪切变形达 6mm 再停止。同时测记手轮转数 n 和量力环测微表读数。

（2）直剪实验的计算

根据公式（3-4）、（3-5）计算测定的剪应力公式如下：

$$\tau = \frac{K_1 \times R}{A} \times 10 \qquad\qquad (3\text{-}4)$$

$$\gamma = \Delta Ln - R \qquad\qquad (3\text{-}5)$$

式中：τ 为剪切应力（kPa）；K_1 为量力环率定系数（N/0.01mm）；R 为百分表读数（0.01mm）；γ 为剪位移（0.01mm）；n 为手轮转数；A 为试样初始截面积（cm^2）；ΔL 为手轮转一圈的位移量（0.01mm）。

（3）绘制曲线

绘制剪应力（τ）与剪位移（ΔL）的关系曲线（图3-7）。绘制应力应变关系曲线。由曲线图确定土的抗剪强度指标 c 与 φ（图3-8）。

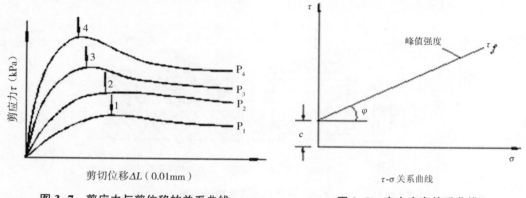

图 3-7　剪应力与剪位移的关系曲线　　　　图 3-8　应力应变关系曲线

3.2.5.4　统计分析方法

首先用柯尔莫诺夫-斯米尔诺夫非参数检验 Kolmogorov-Smirnov（K-S test）检验数据的正态性，当数据表现出非正态分布时，使用对数转换。以直径为协变量，使用协方差分析（ANCOVA），研究各树种间抗拉强度、杨氏模量的差异。使用方差分析（ANOVA）与协方差分析（ANCOVA）对比不同坡位、不同深度以及与根基不同的水平距离、方向上根截面积比、根数量、根的附加黏聚力的差异性。统计分析使用 SPSS 软件实现。

3.3　根系分布的空间异质性

根系的空间分布特征，对固土能力起决定性的作用。本节阐述根系空间分布的调查结果。

3.3.1　根截面积比的空间分布

在不单独考虑坡位、深度、距根基水平距离以及围绕树干方向的前提下，方差分析结果显示，刺槐根系的平均根截面积比显著高于侧柏根系的平均根截面积比（$F = 34.269$，$P < 0.001$，ANOVA）。对于刺槐根系，根截面积比随与根基水平距离的远近呈显著差异（$F = 6.00$，$P < 0.05$，ANOVA），随坡位的变化呈显著差异（37.92，$P < 0.001$，ANOVA），

并且随土层深度的变化呈显著差异（$F=21.88$，$P<0.001$，ANOVA），然而，其与树位（包括树的上坡位、树的侧位与树的下坡位）的变化未表现出显著差异（$F=1.32$，$P=0.27$，ANOVA）。在水平方向上，除在20~30cm的土层内，距树基的水平距离越远，根截面积比越低，比值在60%~70%范围内（表3-3）。在铅直方向上，根截面积比随深度的增加而减少，在10~30cm深处出现峰值。

表3-3　根截面积比在与树干中心不同距离上的垂直分布

深度 (cm)	刺槐[a]			侧柏[a]		
	距树干中心的距离		比率（%）(50cm/25cm)	距树干中心的距离		比率（%）(50cm/25cm)
	25cm（%）	50cm（%）		25cm（%）	50cm（%）	
0~10	0.18	0.12	66.67	0.15	0.12	80.00
10~20	0.28	0.21	75.00	0.23	0.21	91.30
20~30	0.21	0.22	104.76	0.18	0.11	61.11
30~40	0.15	0.11	73.33	0.14	0.06	42.86
40~50	0.12	0.08	66.67	0.04	0.03	75.00

注：a 选取9株标准木。

统计分析显示，侧柏根系的根截面积比具有相似的结果：在水平方向上，随距根基水平距离的远近呈显著差异（$F=26.06$，$P<0.001$，ANOVA），随坡位的变化呈显著差异（$F=9.15$，$P<0.001$，ANOVA）；在铅直方向上，随土层深度的变化呈显著差异（$F=23.38$，$P<0.001$，ANOVA）。同样，侧柏根系的截面积比与树干方向的变化没有显著差异（$F=0.75$，$P=0.474$，ANOVA）。类似，在距根基水平距离25cm远处的根截面积比略高于距根基水平距离50cm远处的根截面积，比值在40%~90%范围内（表3-3）。在铅直方向上，根截面积比随深度的增加而减少，在10~20cm深处出现峰值。

不单独提取方位、深度因子的影响，整体分析调查结果显示，位于坡底的刺槐根截面积比其他坡位较高（图3-9）。对于距根基水平距离50cm远的剖面而言，位于坡底、坡顶和坡中的根截面积比分别为0.006%~0.532%、0.330%~0.637%、0.011%~0.387%。对于距根基水平距离25cm远的剖面而言，位于坡底、坡顶和坡中的根截面积比分别为0.033%~0.637%、0.007%~0.532%、0.005%~0.387%。

然而，侧柏坡面根系的调查结果与刺槐坡不同，其位于坡中的根截面积比相对较高（图3-10）。对于距离树干中心50cm远的剖面而言，位于坡中、坡顶和坡底的侧柏比分别为0.008%~0.549%、0.002%~0.380%及0.030%~0.318%；铅直方向来看，除位于坡中，土层深10~20cm处出现峰值外，其余根截面积比都随深度的增加而降低。对于距离树干中心25cm远处的剖面而言，位于坡中、坡顶和坡底的侧柏根截面积比，分别为0.008%~0.549%、0.003%~0.253%及0.004%~0.411%，在铅直剖面上，根截面积比随深度的增加而降低。最高值出现在10~30cm土层内。

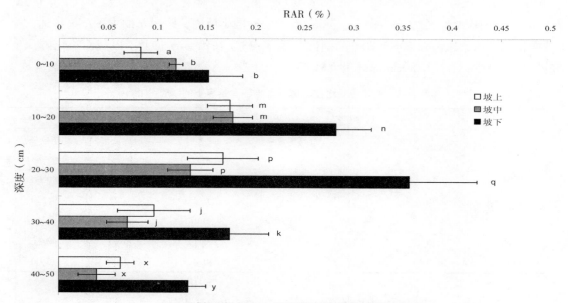

距树干中心50cm远处的刺槐根截面积比RAR

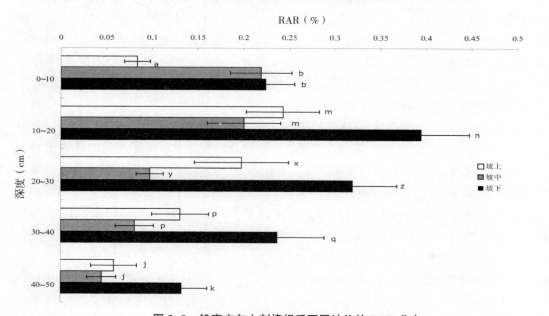

距树干中心25cm远处的刺槐根截面积比RAR

图3-9　铅直方向上刺槐根系不同坡位的 RAR 分布

不同的字母代表根截面积比随坡位显著差异（P<0.05）

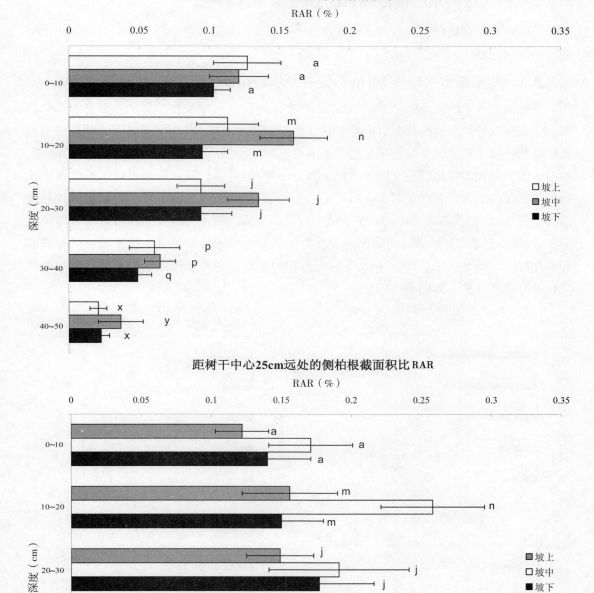

距树干中心50cm远处的侧柏根截面积比RAR

距树干中心25cm远处的侧柏根截面积比RAR

图 3-10　侧柏根系对于不同坡位的 RAR 铅直向分布

不同的字母代表根截面积比随坡位显著差异（$P<0.05$）

3.3.2 各径级根系的根截面积比分布

为探讨各径级根截面积比对总根截面积比的贡献,分别对每个径级内的根截面积比空间分布进行调查。

3.3.2.1 距根基水平距离50cm远处各径级的根截面积比

在距根基水平距离50cm远处剖面上,分析不同径级内根系在总根系分布中的贡献状况,分别提取各径级内根截面积比的空间分布进行比较。方差分析结果显示,刺槐根系所有径级的根截面积比随坡位变化呈显著差异性,对于毛根(即 $0<d\leqslant1mm$、$1<d\leqslant2mm$),位于坡底的根截面积比较高(图3-11A、B);而侧柏根系,只有毛根表现出根截面积比随坡位变化的显著差异性(图3-12A、B),且除了径级为 $1\sim2mm$ 的根系在表层出现异常值外(图3-12B),其余毛根均在位于坡中位置的根截面积比高。对于刺槐细根(即径级为 $2<d\leqslant5mm$、$5<d\leqslant10mm$),除位于表层的径级为 $5\sim10mm$ 根系外,位于坡底的根截面积都比较高(图3-11C、D)。相反,对于侧柏的细根,方差分析显示根截面积比与坡位变化没有显著关系(如图3-12C、D)。

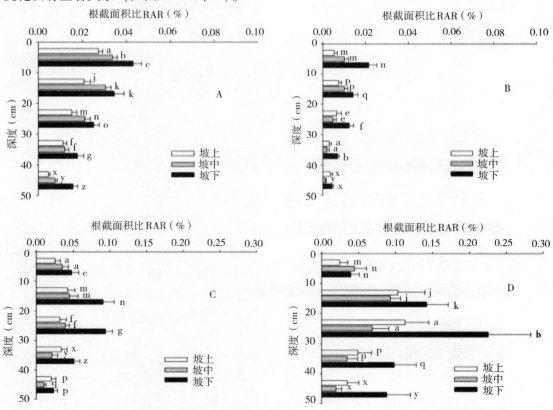

图3-11 距根基水平距离50cm剖面刺槐各径级根截面积地垂直分布

A 径级 ≤ 1mm,B 径级 $1\sim2mm$,C 径级 $2\sim5mm$,D 径级 $5\sim10mm$。不同的字母表示根截面积比随坡位显著差异($P<0.05$),下同。

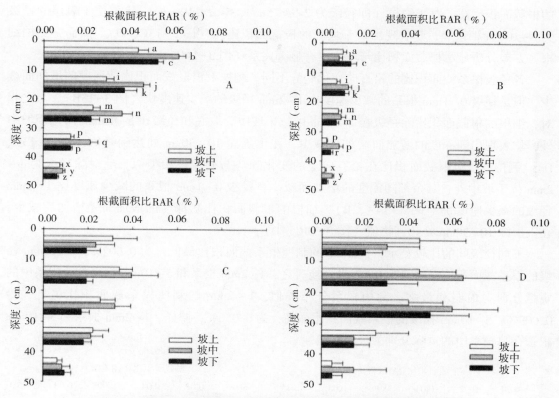

图3-12 距根基水平距离50cm剖面侧柏各径级根截面积比的垂直分布

各径级根系截面积比的铅直向变化趋势不同。对于刺槐毛根，根截面积比随深度的增加而减少，但是径级≤1mm根系的减少速度比1~2mm径级的减少速度快（图3-11A、B）。与之相对，细根的根截面积比随深度的增加而先增加后减少，在土层深10~30cm处达到峰值（图3-11C、D）。侧柏各径级根截面积比在铅直向上的变化趋势与刺槐根相类似，毛根随深度的增加而减少，径级≤1mm根系的减少速度比1~2mm径级的减少速度快（图3-12A、B）；细根的根截面积比随深度的增加而先增加后减少，在土层深10~30cm处达到峰值（图3-12C、D）。

不同径级间的比较显示，1~2mm的刺槐根系截面积比最低，为0.007%；5~10mm径级的根系截面积比最高，为0.088%；换言之，1~2mm根系和5~10mm根系在总根系中的贡献分别为最弱和最强；同时，细根的贡献高于毛根。因而，总根截面积比在铅直向上的变化趋势与细根截面积比在铅直向上的变化趋势相同。对于不同径级间侧柏根系分布，1~2mm的侧柏根系截面积比最低，为0.007%。

3.3.2.2 距根基水平距离25cm远剖面上各径级的根截面积分布

在距根基水平距离25cm远剖面上，刺槐根系各径级的根截面积比也随坡位变化而显著差异。对于毛根，位于坡底的根截面积比较高（图3-13A、B）；而侧柏根系，同样，只有毛根表现出根截面积比随坡位变化的显著差异性（图3-14A、B），且均为位于坡中的根截面积比高。对于细根（即径级为 $2<d \le 5mm$、$5<d \le 10mm$），除了位于表层的径级为 $5\sim10mm$ 根系外，都表现出位于坡底的根截面积比高（图 3-13C、D）。然而，侧柏细根，方差分析显示根截面积比与坡位没有显著关系（图 3-14C、D）。

各径级根系截面积比的铅直向变化趋势不同。刺槐毛根根截面积比随深度的增加而减少，但是径级 $0\sim1mm$ 根系的减少速度比 $1\sim2mm$ 径级的减少速度快（图 3-13B）。与之相对，细根的根截面积比除径级在 $2\sim5mm$ 内位于坡中、坡底和径级在 $5\sim10mm$ 内位于坡中外，均表现出随深度的增加而增加后减少，在土层深 $10\sim30cm$ 处达到峰值（图 3-13C、D）。侧柏各径级根截面积比在铅直向上的变化趋势与刺槐根相类似，毛根除径级为 $1\sim2mm$ 位于坡中外，其余都随深度的增加而减少，径级 $0\sim1mm$ 根系的减少速度比 $1\sim2mm$ 径级的减少速度快（图 3-14A、B）；细根的根截面积比随深度的增加而先增加后减少，在土层深 $10\sim30cm$ 处达到峰值（图 3-14C、D）。

不同径级间的比较显示，$1\sim2mm$ 的刺槐根系截面积比最低，为 0.002%；$5\sim10mm$ 径级的根系截面积比最高，为 0.020%；换言之，$1\sim2mm$ 根系和 $5\sim10mm$ 根系在总根系中的贡献分别为最弱和最强。侧柏根系分布类似，$1\sim2mm$ 的刺槐根系截面积比最低，为 0.009%；$5\sim10mm$ 径级的根系截面积比最高，为 0.056%；同样，$1\sim2mm$ 根系和 $5\sim10mm$ 根系在总根系中的贡献分别为最弱和最强。

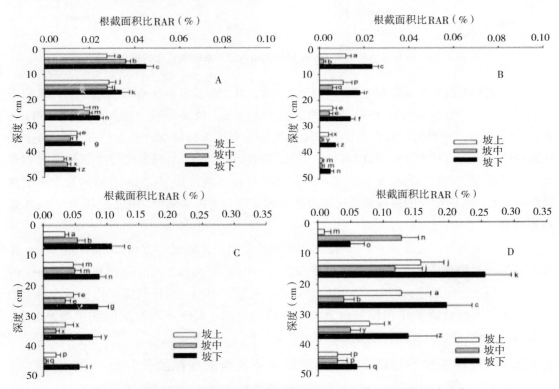

图 3-13　距根基水平距离 25cm 剖面刺槐各径级根截面积比的垂直分布

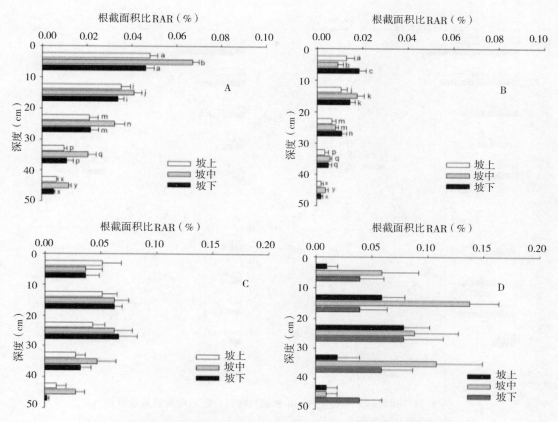

图3-14 距根基水平距离**25cm**剖面上侧柏各径级根截面积比的垂直分布

3.3.3 各径级内根数量分布

为研究根截面积比对根数量的灵敏度，分别统计各径级根数量的空间分布。

3.3.3.1 距根基水平距离**50cm**远处各径级的根数量分布

图3-15、图3-16为距树干中心50cm剖面刺槐、侧柏各径级根数量在铅直梯度上不同坡位的分布状况。对于刺槐毛根，位于坡底的根数量显著多于其他坡位；而细根根数量不随坡位而显著变化。而对于侧柏毛根，除径级在1~2mm的位于表层外，位于坡中的根数量显著高；细根数量不随坡位而显著变化。

各径级根数量在铅直方向上变化趋势不同。对于刺槐毛根，除径级为1~2mm内在坡顶和坡中以外，其余各坡位的毛根均随深度的增加而减少。对于细根，各径级根系不随坡位变化而变化。而对于侧柏，除位于坡中的径级为1~2mm外，其余各坡位的毛根数量均随深度的增加而减少。同样，各径级的细根不随坡位变化而变化。

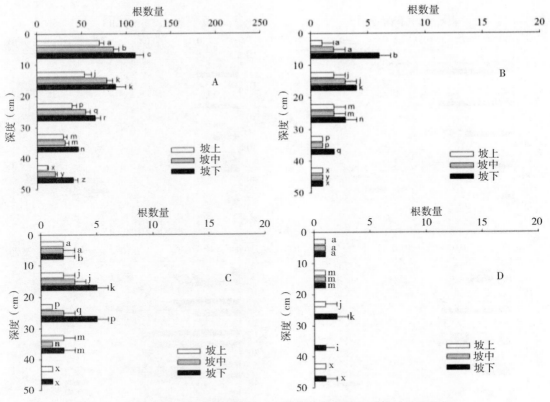

图 3-15　距根基水平距离 50cm 剖面刺槐各径级根数量的垂直分布

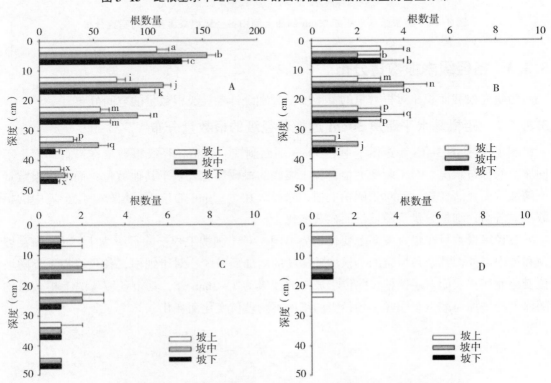

图 3-16　距根基水平距离 50cm 剖面侧柏各径级根数量的铅直分布

对于刺槐和侧柏根系，无论任何坡位，根数量随径级的增加而减少。径级≤1mm 内根数量为径级 2~5mm 内根数量的 40~50 倍。

3.3.3.2　距根基水平距离 25cm 远剖面上不同径级的根数量分布

图 3-17、图 3-18 为距根基水平距离 25cm 剖面，各径级根数量在铅直梯度上不同坡位的分布状况。对于刺槐毛根，除位于表层的根径级为 1~2mm 外，位于坡中的根数量显著多于其他坡位；而细根根数量不随坡位而显著变化。而对于侧柏毛根，除径级在 1~2mm 内的位于表层 10~20mm 和 20~30mm 的根外，位于坡中的根数量显著高；细根数量不随坡位而显著变化。

各径级根数量在铅直方向上变化趋势不同。对于刺槐毛根，除径级为 1~2mm 内在坡中以外，其余各坡位的毛根均随深度的增加而减少。对于细根，各径级根系不随坡位变化而变化。而对于侧柏，除位于坡中的径级为 1~2mm 外，其余各坡位的毛根数量均随深度的增加而减少。同样，各径级的细根不随坡位变化而变化。

对于刺槐和侧柏根系，无论任何坡位，根数量随径级的增加而减少。径级 ≤1mm 内的根数量为径级 2~5mm 内根数量的 50~60 倍。

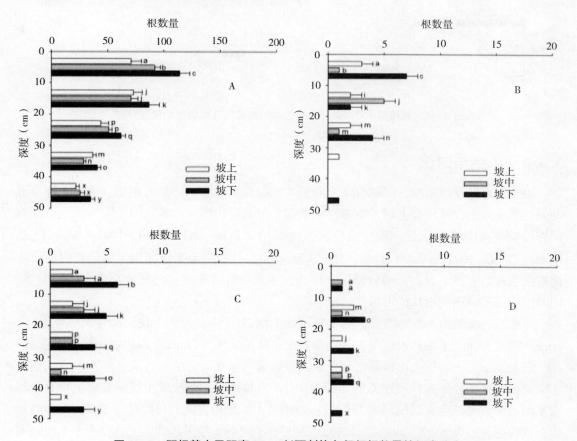

图 3-17　距根基水平距离 25cm 剖面刺槐各径级根数量的铅直分布

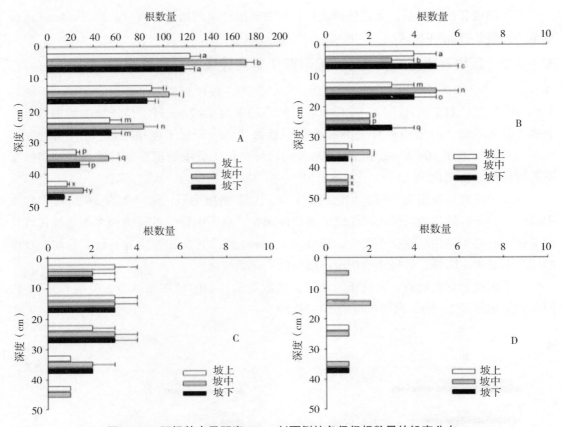

图 3-18 距根基水平距离 25cm 剖面侧柏各径级根数量的铅直分布

3.3.4 小结与讨论

当土层有滑动倾向时，穿越滑动面的根系能起到抑制滑动趋势的作用。由于大部分滑动面是水平向的，从原理上讲，需考察水平面上根截面积比。但实际中，因为铅直向剖面调查根系分布的易操作性，该方法已被广泛应用（Burke and Raynal，1994；Schmid and Kazda，2001，2002；Vinceti et al.，1998；Xu et al.，1997）。本研究也采用铅直向剖面法调查根系在铅直面上分布，随后使用土块法，调查根数量在水平向和铅直向之间的关系，同时也验证了纵向剖面法的可行性。

分别对刺槐坡面和侧柏坡面，在土壤剖面上取 20 个未扰动的土块，尺寸大小为 10cm×10cm×10cm，建立土块后表面与上表面根数量之间的关系（Chopart and Siband，1999）。

结果显示，土块后表面根数量与上表面根数量间存在一定的线性关系，即铅直剖面与水平剖面间根的分布存在线性关系（图 3-19）。具体而言，刺槐坡土块铅直面上根数量与水平面上根数量拟合直线的斜率为 0.72；侧柏坡上土块铅直面上根数量与水平面上根数量拟合直线的斜率为 0.57。即铅直向剖面结果与水平向剖面结果线性相关，且小于 1 的斜率意味着铅直剖面法不会高估根截面积比。因而，证明了采用铅直剖面法调查根系分布是可行的。但是本研究只是调查了根数量间的关系，并没有涉及根直径。因而，还不能将本研

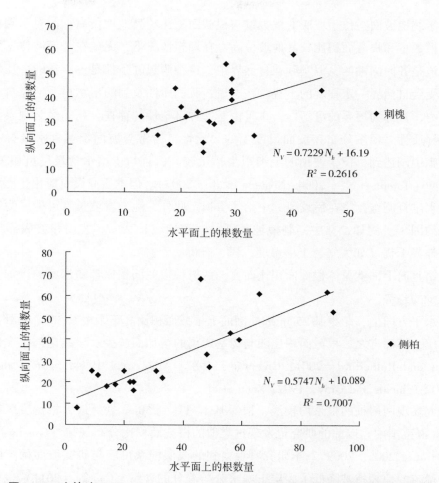

图3-19 土块法（10cm×10cm×10cm）水平向上根数量与铅直向上根数量的关系

究所提及的铅直向上根截面积比转化为水平向上根截面积比，可在今后的研究中考虑、补充。

在铅直向剖面调查基础上，两坡面根系空间分布小结如下：

①刺槐根系的根截面积比显著大于侧柏根系，即刺槐的根密度高于侧柏根。但是总体来看，刺槐根数量少于侧柏根数量。此现象可能是由于侧柏根系中毛根占绝大部分造成的，对根截面积比不占优势。两树种生长的立地条件相似、具有相同的树龄（均为17年生）。观察还发现，虽然侧柏坡单位面积内的根数量高，林分密度较高，但是刺槐树高明显高于侧柏（表3-1）。因而，推断根截面积比的差异可能与长势的差别有关。从内因方面来看，如果这样的差别是由遗传因子造成的（Mattia et al.，2005；Stokes et al.，2008），仍然可以推测该结论与林分特征有一定的关联性，比如，与林分密度、土壤温度、土壤养分及土壤生物化学特点等生长条件有关，但本研究没有对其进行具体的测定。

②无论是刺槐根系还是侧柏根系，径级5~10mm根系的截面积比较其他径级高，而根数量却最少，因而根截面积比对根的直径较灵敏。细根较毛根的贡献大。

③对于刺槐坡面，位于坡底的根数量与根截面积比较其他坡位高；而对于侧柏根，位于坡中的根数量和根截面积比较其他坡位高。在理想情况下，无论在任何坡位，根系的空间分布应该是各向同性的，但实际在自然界中，这种假想的条件是不存在的，任何物种的生长都会受到自然界一定程度的干扰，在这里，我们所涉及到的植物根系适应自然环境而生长的能力，被称为根系的可塑性。正是由于这种可塑性的存在，我们通常观察到根系空间分布的异质性。根系分布在坡面尺度上的异质性，通常与坡面土壤含水量有密切的关系。有文献中阐述到，位于坡顶的毛细根生物量较高，且与土壤水含量呈负相关（Enoki et al.，1996；Tateno et al.，2004；Noguchi et al.，2007）。但本研究没有应用生态水文学方法对土壤水进行调查，需在后续研究中给予重视。此外，地形、坡长都可能成为影响根系分布的制约因子。例如，文中，刺槐坡长 71m、侧柏坡长 25m。坡顶和坡底靠近坡面边缘，易受外界干扰（如大气、土壤温度、风、有机质等）。

④在铅直向上，就总体根截面积比而言，两树种根截面积比都随深度的增加呈现出先增加后减少的趋势。

⑤在水平方向上，距根基 25cm 远处剖面上根截面积比高于距根基 50cm 远处剖面上的根截面积比，简而言之，根截面积比随与树基距离的增加而减少。该结论与很多研究吻合（Abernethy and Rutherfurd，2001；Greenway，1987；Nilaweera，1994；Schmid and Kadza，2001，2002；Shields and Gray，1992；Zhou et al.，1998）。

⑥研究发现两树种的根系均较浅，根深基本只达到 50cm 处，最大根密度区都出现在表层 30cm 深范围内。以前的研究也发现过类似的根截面积比分布规律（Greenway，1987；Bischetti et al.，2005，2009）。本研究所观察到的浅层根系可能与研究坡面稀疏的地表覆被有关。稀疏的地表植被降低了表层土壤水分与养分的含量。Cao 等（2011）也曾指出黄土高原地区地表覆被稀疏的现状。因而干旱半干旱区植物（根系）生长的动力，严重受到了水胁迫的制约（Rodriguez-Iturbe et al.，2005；Laio et al.，2006）。此外，根系较浅也与人工林的移植栽培有关。如 Preti and Giadrossich（2009）指出移植乔木的根系通常较天然生长或播种的根系浅，不利于发挥对边坡加固的作用。

⑦本研究发现，两样地、两树种根截面积比在与围绕树干不同的方向上（即树的上坡位、树侧位和树的下坡位）没有显著差异。此结论与 Genet 等（2008）所发现的在坡面上，毛根、细根分布并不受生长方向的影响相吻合。同时也与许多研究证实的林木根系生长的可塑性相悖。例如，当植被受外界干扰时，如风荷载（Nicoll and Ray，1996；Danjon et al.，2005）或生长在斜坡上（Ganatsas and Spanos，2005），根系形态多表现为各向异性。也有学者认为，这种非对称性的生长多发现在粗根中（Di Iorio et al.，2005），并且认为与环境多样性有密切的关系（Stokes et al.，2009）。众所周知，细根生长在粗根上，因而通常在细根上观察到根系的非对称性。但是，根系的可塑性也取决于树种、土壤条件和坡度（Stokes et al.，2009）。此外，由于调查时易受相邻植株根系的干扰很难区分哪些根属于目标植株，哪些根属于相邻植株，因而会对评估造成误差（Stokes et al.，2009）。总

之，研究对象所发现的根截面积比在围绕树干方向上没有显著差异，可能由于乔木栽植在水平阶上不受立地条件的干扰。

3.4 林木单根强度

3.4.1 抗拉强度

筛选完好无损的根样进行拉伸试验，被选刺槐根样的直径范围为 $0.25\sim5.84mm$，侧柏根样的直径范围为 $0.4\sim6.73mm$。拉伸结果显示，刺槐根样的抗拉强度为 $18\sim113MPa$，侧柏根样的抗拉强度为 $5\sim46MPa$。且刺槐和侧柏根样的平均直径分别为 $2.62\pm0.22mm$ 和 $2.13\pm0.21mm$（图3-20、表3-4），平均抗拉强度为 43.25 ± 2.20 MPa 和 19.07 ± 0.96 MPa。以根直径作为协方差（$F=347.02$，$P<0.001$，ANCOVA），方差分析显示，刺槐根的抗拉强度明显高于侧柏根的抗拉强度（$F=14.82$，$P<0.001$，ANCOVA），几乎是侧柏根的2倍。

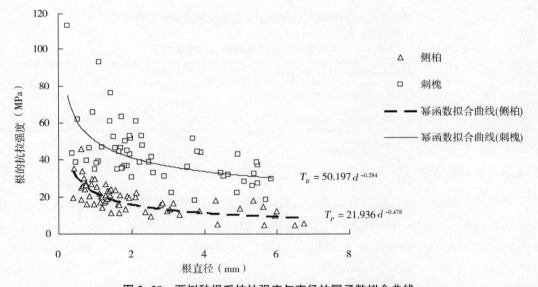

图3-20 两树种根系抗拉强度与直径的幂函数拟合曲线

表3-4 林木根系抗拉强度与根直径间的关系

树种	根系抗拉强度与直径间的关系	相关性
刺槐	$T_R = 50.197d^{-0.284}$	$R^2 = 0.36$，$P<0.001$
侧柏	$T_P = 21.936d^{-0.478}$	$R^2 = 0.56$，$P<0.001$

3.4.2 杨氏模量

刺槐根的杨氏模量范围为 $0.24\sim0.03GPa$，侧柏根为 $0.35\sim0.11GPa$。平均杨氏模量为 0.189±0.001GPa 和 0.048±0.001GPa。以根直径作为协方差（$F = 26.01$，$P < 0.001$，ANCOVA），方差分析显示，刺槐根的杨氏模量明显高于侧柏根的杨氏模量（$F = 99.86$，$P < 0.001$，ANCOVA），如图 3-21 和表 3-5。

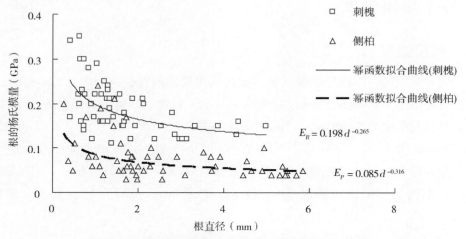

图 3-21　两树种根系杨氏模量与直径的幂函数拟合曲线

表 3-5　林木根系弹性模量与根直径间的关系

树种	根系弹性模量与直径间的关系	相关性
刺槐	$E_R = 0.198d^{-0.265}$	$R^2 = 0.312$，$P < 0.001$
侧柏	$E_P = 0.085\,d^{-0.316}$	$R^2 = 0.210$，$P < 0.001$

3.4.3　小结与讨论

单根抗拉强度与根直径以幂函数的关系呈负相关，这样的关系已得到广泛认可，并在很多文献中给予表达（Burroughs and Thomas，1977；Gray and Sotir，1996；Nilaweera and Nutalaya，1999；Operstein and Frydman，2000；van Beek et al.，2005；Bischetti et al.，2005；Genet et al.，2005；Mattia et al.，2005）。但是，在这些文献中，都没有解释出现这种负相关幂函数关系的内因。只有 Genet 等（2005）论述了这种现象可能与材料强度的尺度效应理论有关（Bazant，1999），并且认为是由木质纤维的结构和化学差异造成的。但是，由于本研究的主旨在于调查根系固土能力在坡面尺度上的空间异质性，因而并没有对目标树种根系的内部结构进行研究。

刺槐根的抗拉强度与杨氏模量都显著高于侧柏根系（图 3-20、图 3-21）。由于两树种生长的立地条件是非常相似的，因而我们推测其强度差异可能与遗传因子有关，比如：木纤维的微结构、纤维素含量等（Genet et al.，2005，2006）。因而，对于植物根系生物力学特性的研究，需要进一步对其进行形态解剖观察及其纤维素、半纤维素的定量分析，以解释不同植物或同一科属植物间根系弹性、抗拉强度的差异。并且，两目标树种抗拉强度的相对差异（对于任何根直径，相对差异平均为 56%）高于其他学者的研究结论，如：

Genet 等（2005）的 28%，Mattia 等（2005）的 34%。尽管 Genet 等（2010）阐述根的抗拉强度差异对边坡稳定性影响并不显著，但是本研究所发现的较明显的根系抗拉强度差异在目标边坡的治理中要进行考虑。此外，有研究发现根的抗拉强度与试验中的拉伸速度有关，当拉速从 10mm/min 增加到 400mm/min 时，抗拉强度会增加 12%（Cofie and Koolen，2001）。本研究发现细根的最大抗拉强度较其他文献中低（Genet et al.，2005；Bischetti et al.，2005），这可能与本试验拉伸速度（1.0mm/min）较慢有关，但这种假设的关联性需在今后的研究中验证。

有些学者建立了根系抗拉力与直径间的关系，本研究认为根系抗拉力与直径间的拟合关系能够体现出较高的相关系数。这与抗拉力由抗拉强度与直径共同决定有关，即抗拉力包含了根直径这个因子，因而进行统计分析时必然表现出较高的相关系数。而抗拉强度与直径是两个完全不相关的物理量，如上所述，抗拉强度是由其内部结构造成的，因而本研究认为只拟合抗拉强度与根直径间的相关性即可表现根生物力学特性的尺度效应。

3.5 林木根系的表观黏聚力

本研究分别由 Wu 模型、修正 Wu 模型及 4 种纤维束模型计算根系固土的空间分布特性，并进行比较。

3.5.1 距根基水平距离 50cm 远处根系的表观黏聚力

通过 6 种不同的方法计算根系表观附加黏聚力。不单独区分树种、深度和坡位的情况下，WM 计算出的根系附加黏聚力显著高于其他模型（刺槐：$F = 55.588$，$P < 0.001$，ANOVA；侧柏：$F = 68.632$，$P < 0.001$，ANOVA）。当两树种间进行比较时，无论采用哪种模型，刺槐根系提供的附加黏聚力都显著高于侧柏根系（$F = 720.50$，$P < 0.001$，ANOVA）。

对于刺槐根系，在铅直方向上，无论任何一种计算方法，根系的附加黏聚力都随深度的变化先增加后减少（图 3-18）。单独分析纤维束模型（FBMs）的结果发现，FBM-H3 法的计算结果显著高于 FBM-H1 和 FBM-H2 法（$F = 17.550$，$P < 0.001$，ANOVA）。此外，所有模型都发现位于坡底的刺槐根系表观附加黏聚力值最高（$F = 93.808$，$P < 0.001$，ANOVA，如图 3-22）。

对侧柏根系而言，除使用 FBM-H3 和 WM 计算的位于坡中的根系表观附加黏聚力在 10~20cm 深处出现最大值外，其余模型及坡位的附加黏聚力在铅直向的变化趋势相对单调，均随深度的增加而减少（图 3-23）。单独分析纤维束模型（FBMs）的结果发现，FBM-H2 方法的计算结果显著高于 FBM-H1（$F = 4.008$，$P < 0.05$，ANOVA）。此外，所有模型都发现位于坡中的侧柏根系表观附加黏聚力值最高（$F = 23.468$，$P < 0.001$，ANCOVA）。

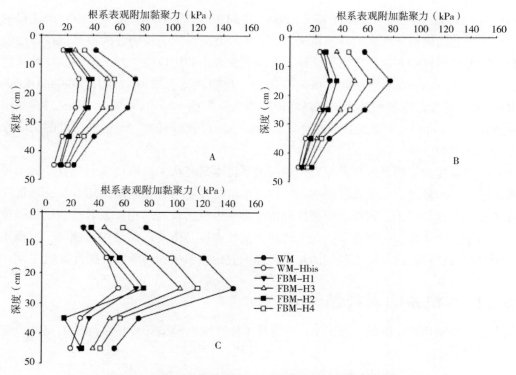

图 3-22　距根基水平距离 50cm 远坡面处刺槐的附加黏聚力

图（A）、（B）和（C）分别表示坡顶、坡中和坡底。图中的每个点表示不同深度、不同坡位平均根系表观黏聚力

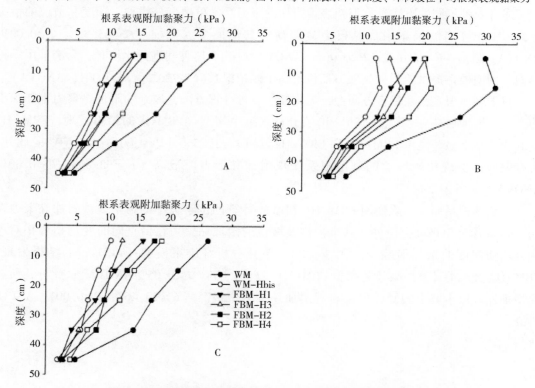

图 3-23　距根基水平距离 50cm 远坡面处侧柏的附加黏聚力

3.5.2 距根基水平距离 25cm 远处根系的表观黏聚力

采用 6 种不同的方法计算距树干中心 25cm 远处的根系表观附加黏聚力。不单独区分树种、深度和坡位的情况下，WM 计算出的根系附加黏聚力显著高于其他模型（刺槐：$F = 28.763$，$P < 0.001$，ANOVA；侧柏：$F = 32.021$，$P < 0.001$，ANOVA）。当两树种间进行比较时，无论采用哪种模型，刺槐根系提供的附加黏聚力都显著高于侧柏根系（$F = 491.996$，$P < 0.001$，ANOVA）。

在铅直方向上，对于任何一种计算方法，刺槐根系的附加黏聚力随深度的变化先增加后减少（图 3-24）。单独分析纤维束模型（FBMs）的结果发现，FBM-H3 方法的计算结果显著高于 FBM-H1 和 FBM-H2 方法（$F = 9.270$，$P < 0.001$，ANOVA）。此外，所有模型都发现位于坡下的刺槐根系附加黏聚效果最强（$F = 71.861$，$P < 0.001$，ANOVA），如图 3-24。

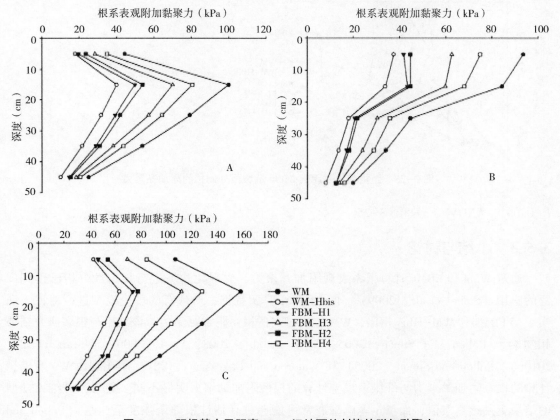

图 3-24 距根基水平距离 25cm 远坡面处刺槐的附加黏聚力

对侧柏根系而言，除使用 FBM-H3 和 WM 方法计算的位于坡中的根系附加黏聚力在 10~20cm 深处出现最大值外，其余模型及坡位的附加黏聚力铅直向变化趋势相对单调，均表现出随深度的增加而线性减少（图 3-25b）。单独分析纤维束模型（FBMs）的结果发现，FBM-H2 方法的计算结果显著高于 FBM-H1（图 3-25）（$F = 7.460$，$P < 0.01$，ANOVA）。此外，所有模型都发现位于坡中的侧柏根系附加黏聚效果最强（$F = 18.635$，

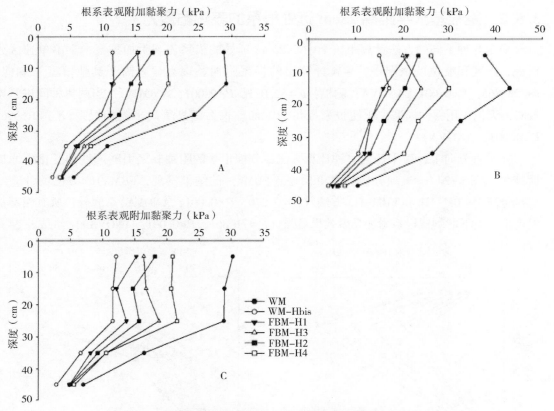

图3-25 距根基水平距离25cm远坡面处侧柏的附加黏聚力

$P<0.001$，ANOVA），如图3-25。

3.5.3 小结与讨论

通过WMs和FBMs计算根系表观附加黏聚力，对绿化边坡进行稳定性分析已得到广泛的应用（Stokes et al.，2009）。本研究基于真实数据，对现有的理论模型进行对比。证实了与FBMs和WM-Hbis相比，WM给出过高的根系附加黏聚力。该结论与很多研究结果相吻合（Pollen and Simon，2005；Genet et al.，2008；Preti，2006；Schwarz et al.，2010b）。Pollen and Simon（2005）和Waldron and Dakessian（1981）阐述到由Wu等模型计算的根系附加黏聚力与纤维束模型计算的根系附加黏聚力明显不同。通常，纤维束模型的结果更贴近真实值，而Wu等模型通常可能会过高估计根黏聚强度至50%（Pollen and Simon，2005）。这种现象可能由假设根全部同时断裂造成。与之相对，FBMs假设破坏面上的根连续断裂，且外荷载在根束内按应力或应变分配准则进行重新分配，承载力弱的根先断，承载力强的根后断。

在水平方向上，无论采用何种理论模型，距根基25cm远剖面处根系表观附加黏聚力高于距根基50cm远剖面处根系表观附加黏聚力，即根系的固土能力随与树基水平距离的增加而减少。

研究发现在不同的假设条件下，虽然各种理论模型计算方法所得结果有显著差异，但是以距树干中心50cm远处剖面而言，各假设模型所计算的根系附加黏聚力具有一定的规律。除位于坡中的侧柏根系外，各方法计算而得的根系附加黏聚力在铅直方向上具有相似的变化趋势，即刺槐根先增加后减少，在10~30cm土层内出现峰值；侧柏根随深度的增加而减少。位于坡中的侧柏根系，由WMs、FBM-H3和FBM-H4计算出的根系表观黏聚力在10~20cm土层内出现峰值。作者推测，这样的变化趋势与模型的假设条件有极其密切的关系。在WMs中，假设所有根同时断裂，但是在土层深10~20cm的范围内，较粗的根，也就是本研究所指的细根，占总根截面积比的62.5%，因而在破坏过程中，细根的影响比毛根更突出。在FBM-H3假设条件下，认为根束内所有根的应力平均分配，因而，仍然是较粗的根先断裂。因为，在第4节的结论中，我们了解到单根抗拉强度随直径的增大而减小，换言之，粗根强度较弱。在FBM-H4模型中，施动力为应变，使所有根以相同的步调拉长。断裂临界值由根的抗拉强度与杨氏模量的比值决定。对于侧柏根系，粗根的临界值较小，先断裂。因而，根系表观黏聚力在铅直方向上的变化趋势需与根截面积比在铅直方向上变化趋势进行对照分析。相反，FBM-H1和FBM-H2模型对毛根更敏感，因为在承受相同的拉力下，毛根所承载的应变要高于细根所承载的应变，经计算，发现外荷载首先超越了毛根的承载能力而断裂。在这样的情况下，根系表观附加黏聚力在铅直方向上的变化趋势与毛根在铅直方向上横截面积比的变化趋势相同。

两树种所产生的根系表观附加黏聚力明显不同。刺槐根系的表观附加黏聚力高于侧柏根系，该现象由刺槐根系根截面积比与抗拉强度两个因子都很高共同造成的。此外，研究也发现根系表观附加黏聚力表现出空间异质性，在坡面尺度上，随坡位不同而不同。刺槐坡位于坡底的根系表观附加黏聚力较高，而侧柏坡位于坡中的根系表观附加黏聚力较高。此结论与根截面积比分布的空间异质性具有显著的相关性。

3.6 造林边坡稳定性分析的数值模拟

3.6.1 ABAQUS软件基本概况与功能模块

根系对土质边坡具有加固作用，但如何定量评价已成为工程绿化领域亟待解决的热点和难点。有些学者使用原位直剪法测定，但该方法费时费力。随着计算机的普及，有限元仿真技术便成为评估根系固土的最佳手段。通过有限元数值模拟，可以对根、土间相互作用的机理进行研究，以评价坡体的安全程度。

自20世纪70年代开始，随着有限元技术成熟并广泛应用，一批由专业软件公司研制的大型通用商业软件公开发行并推广，如NASTRAN、SAP、ANSYS等。本研究采用ABAQUS软件，并对ABAQUS在根系固坡领域中的应用给与简单介绍。

3.6.1.1 ABAQUS软件基本概况

ABAQUS（http：//www.simulia.com/products/abaqus_fea.html）有限元软件由美国罗得岛州的HKS公司（Hibbitt，Karlssonand Sorensen，INC.，现为ABAQUS公司）研制开

发。在国际上被公认为是功能最强的基于有限元方法的工程模拟软件之一，它可以实现从简单的线性分析到极富挑战性的非线性模拟等各种问题。ABAQUS 不但可以模拟任意实体形状，还具有相当丰富的材料模型库，可以模拟大量工程材料的性能，比如金属、钢筋混凝土、土壤、岩石、橡胶、聚合物等，还具有交互开发功能，以满足用户对自定义材料的要求。基于以上的特点，ABAQUS 在解决结构分析（应力/位移）问题、模拟和研究包括质量扩散、电子元件的热控制（热—电耦合分析）、土壤力学（应力—渗流耦合分析）、声学等领域得到广阔的应用。

一个完整 ABAQUS 程序由 3 个明确的步骤组成，即前处理、模拟计算和后处理。

（1）前处理（ABAQUS/CAE）

在前处理阶段，定义物理问题的模型，并同时生成一个 ABAQUS 输入文件。通常的做法是使用 ABAQUS/CAE 或其他前处理模块，在用户界面环境下生成模型。当遇到某些特殊的问题时，必须给定已知的初始条件，这样的定义不能在 CAE 中实现，则需要用文件编辑器来生成 ABAQUS 输入文件。

（2）模拟计算（ABAQUS/Standard）

在模拟计算阶段，用 ABAQUS/Standard 求解模型定义数值问题，它在正常情况下是作为后台进程处理的。一个应力分析算例的输出包括位移和应力，它们存储在二进制文件中以便进行后处理，能够求解领域广泛的线性和非线性问题，包括结构的静态、动态问题、热力学场和电磁场问题等。对于通常同时发生作用的几何、材料和接触非线性可以采用自动控制技术处理，也可以由用户自己控制。完成一个求解过程所需的时间可以从几秒钟到几天不等，这取决于所分析问题的复杂程度和计算机的运算能力。

（3）后处理（ABAQUS/Viewer）

完成了模拟计算得到位移、应力或其他基本变量，就可以对计算结果（即输出数据库）进行分析评估，即后处理。通常，后处理是使用 ABAQUS/CAE 或其他后处理软件中的可视化模块在图形环境下交互式地进行，读入核心二进制输出数据库文件后，可视化模块有多种方法显示结果，包括彩色等值线图（或称云图）、矢量图、变形形状图、动画显示和平面曲线图、列表等。

3.6.1.2 ABAQUS 功能模型

ABAQUS 分析模型通常由若干不同的模块组成，他们共同描述了所分析的物理问题和需要获得的结果。一个分析模型的构建大致要包括如下的信息：构建几何模型并进行单元离散、定义材料属性、施加载荷与边界条件、建立分析步以及输出要求。

（1）构建几何模型并进行单元离散

通过 Part 模块构建几何模型。本研究建立了二维坡体。对所建几何形体进行有限个单元的离散。有限单元和节点定义了 ABAQUS 所模拟的物理结构的基本几何形状。模型中的每一个单元都代表了物理结构的离散部分，即许多单元依次相连组成了结构，单元之间通过公共节点彼此相互连结。这些单元和节点的集合称为网格。网格中的单元类型、形状、位置和所有的单元总数都会影响模拟计算的结果。通常，网格的密度越高，计算结果就越精确。随着网格密度的增加，分析结果会收敛到唯一解，但于分析计算所需的时间也会增加。

（2）定义材料属性

必须对所有的单元指定材料特性。如前所述，ABAQUS 具有相当丰富的材料模型库。另外，ABAQUS 还具有灵活方便的二次开发接口，为用户添加各种符合实际工程的材料提供方便。这部分在 ABAQUS 中的 Material 模块中实现。

（3）施加载荷与边界条件

载荷使物理结构产生内力，发生变形。最常见的载荷形式包括：点载荷、面荷载、重力、热载荷。应用边界条件可以使模型的某一部分受到约束从而保持固定（零位移）或有移动但位移位大小固定（非零位移）。在静态分析中，需要满足足够的边界条件以防止模型在任意方向上的刚体位移。否则，没有约束的刚体位移会导致刚度矩阵产生奇异，并可能引起模拟的不收敛，ABAQUS/Standard 也将发出 "Numerical singularity"（数值奇异）或 "Zeropivot"（主元素为零）的报错信息。此时，用户必须检查是否整个或者部分模型缺少限制刚体平移或转动的约束条件。这部分在 ABAQUS 中的 Load 模块中实现。

（4）建立分析步

ABAQUS 可以进行多种不同类型的模拟分析，比如，静态（static）和动态（dynamic）应力分析。在考虑应力场与渗流场耦合问题时，选用稳态（steady state）或瞬态（transient）分析。这部分在 ABAQUS 中的 Step 模块中定义。

（5）输出要求

ABAQUS 的模拟计算过程会产生大量的输出数据。为了避免这些数据占用过多的磁盘空间，用户可以根据所研究问题的需要对其进行限制，包括输出方式、输出对象、输出频率以及数据类型等的控制。这部分通常在 ABAQUS 中的 Step 模块中定义。

3.6.2 有限元的基本方程

当有限元计算中采用静力计算方法时，基本方程包括：

3.6.2.1 平衡方程

公式如下：

$$\frac{\partial \sigma_x}{\partial x} + \frac{\partial \tau_{yx}}{\partial y} + \frac{\partial \tau_{zx}}{\partial z} + \overline{f_x} = 0 \tag{3-6}$$

$$\frac{\partial \tau_{xy}}{\partial x} + \frac{\partial \sigma_y}{\partial y} + \frac{\partial \tau_{zy}}{\partial z} + \overline{f_y} = 0 \tag{3-7}$$

$$\frac{\partial \tau_{xz}}{\partial x} + \frac{\partial \tau_{yz}}{\partial y} + \frac{\partial \sigma_z}{\partial z} + \overline{f_z} = 0 \tag{3-8}$$

式中：$\overline{f_x}$，$\overline{f_y}$，$\overline{f_z}$ 分别为在 x，y，z 方向上单位体积的体积力分量。

3.6.2.2 几何方程

当几何形体发生微小形变或是微小位移时，若略去位移的高阶导数项，则位移与应变间的几何关系可表示如下：

$$\varepsilon_x = \frac{\partial u}{\partial x}, \ \varepsilon_y = \frac{\partial v}{\partial y}, \ \varepsilon_z = \frac{\partial w}{\partial z} \tag{3-9}$$

$$\gamma_{xy} = \frac{\partial u}{\partial y} + \frac{\partial v}{\partial x}, \ \gamma_{yz} = \frac{\partial v}{\partial z} + \frac{\partial w}{\partial y}, \ \gamma_{zx} = \frac{\partial u}{\partial z} + \frac{\partial w}{\partial x} \tag{3-10}$$

3.6.2.3 物理方程

根据塑性增量理论，各向同性材料的应力-应变关系可写成：

$$\{d\sigma\} = [D_{ep}]\{d\varepsilon\} \tag{3-11}$$

式中：$[D_{ep}]$ 为弹塑性系数矩阵，又可表达如下：

$$[D_{ep}] = [D_e] - [D_p] = [D_e] - \frac{[D_e]\left\{\dfrac{\partial g(\sigma)}{\partial \sigma}\right\}\left\{\dfrac{\partial f(\sigma)}{\partial \sigma}\right\}^T [D_e]}{A + \left\{\dfrac{\partial f(\sigma)}{\partial \sigma}\right\}^T [D_e]\left\{\dfrac{\partial g(\sigma)}{\partial \sigma}\right\}} \tag{3-12}$$

式中：$A = F'\left\{\dfrac{\partial H}{\partial \varepsilon^p}\right\}^T \left\{\dfrac{\partial g(\sigma)}{\partial \sigma}\right\}$；$H$ 为硬化参数；$f(\sigma_{ij})$ 为破坏函数；$g(\sigma_{ij})$ 为塑性势函数。

对于理想的弹塑性情况下，$A = 0$。

3.6.3 所选用的土的本构模型

该模型选用 ABAQUS 自带的扩展的 Mohr-Coulomb 屈服准则模拟土的本构关系。

3.6.3.1 Mohr-Coulomb 模型的特点

Mohr-Coulomb 模型服从经典的摩尔—库伦屈服准则，不但可以与线弹性模型结合使用，并且可以实现材料各向同性硬化或软化。此外，Mohr-Coulomb 模型采用光滑的塑性流动势，流动势在子午面上为双曲线形状，在偏应力平面上为分段椭圆形。基于此，该模型可以用来模拟单调荷载作用下材料的力学性状。

3.6.3.2 传统 Mohr-Coulomb 定律屈服准则

Mohr-Coulomb 屈服准则假定，作用在某一点的剪应力等于该点的抗剪强度时，该点发生破坏，剪切强度与作用在该面的正应力呈线性关系。Mohr-Coulomb 模型是基于材料破坏时应力状态的莫尔圆提出的，破坏线是与这些莫尔圆相切的直线，如图 3-26 所示。Mohr-Coulomb 强度准则如下：

$$\tau = c - \sigma \tan\varphi \tag{3-13}$$

式中：τ 为剪切强度；σ 为正应力（以压力为正）；c 为材料的黏聚力；φ 为材料的内摩擦角。

从莫尔圆可以得到如下公式：

$$\tau = s\cos\varphi \tag{3-14}$$

$$\sigma = \sigma_m + s\sin\varphi \tag{3-15}$$

把 τ 和 σ 代入到公式（3-6），则 Mohr-Coulomb 准则可写为如下公式：

$$s + \sigma_m\sin\varphi - c\cos\varphi = 0 \tag{3-16}$$

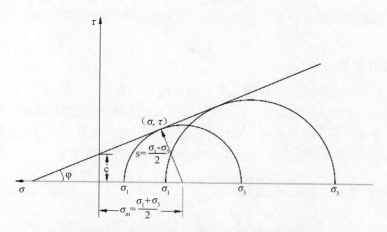

图 3-26　摩尔库伦 Mohr-Coulomb 破坏模型

式中：$s = \frac{1}{2}(\sigma_1 - \sigma_3)$ 为大小主应力差的一半，即最大剪应力；$\sigma_m = \frac{1}{2}(\sigma_1 + \sigma_3)$ 为大小主应力的平均值。

因此，和 Drucker-Prager 屈服准则不同，Mohr-Coulomb 屈服准则假定材料的破坏与中主应力无关，典型的岩土材料的破坏通常会受中主应力的影响，但这种影响比较小。所以，对于大部分的应用来说，Mohr-Coulomb 准则具有足够的精度。在偏平面上，传统的 Mohr-Coulomb 模型为等边不等角的六边形，屈服面存在尖角，如图 3-27 所示。

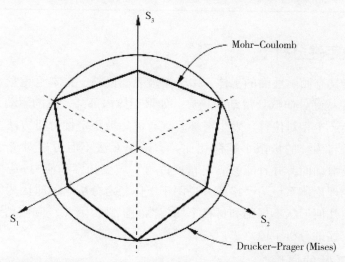

图 3-27　摩尔库伦 Mohr-Coulomb 和德鲁克-普拉格（米塞斯）Drucker-Prager（Mises）准则在 π 平面上的屈服面

3.6.3.3　扩展的 Mohr-Coulomb 定律屈服准则

ABAQUS 所提供的本构模型是经典 Mohr-Coulomb 屈服准则的扩展，采用 Mohr-Coulomb 屈服函数，包括黏聚力的各向同性的硬化和软化，但该模型的流动势函数在子午面上的形状为双曲线，在 π 平面上没有尖角，因此势函数完全光滑，确保了塑性流动方向的唯一性。

3.6.3.4 模型参数

依照 3.2.5 节所述的方法。分别对两林分，在不同坡位，不同深度（0~20cm、20~40cm、40~60cm）处用 61.8mm×20mm 大小的环刀取原状土，带回实验室进行直剪实验，每个样点 3 次重复。取 3 次重复的平均值作为最终值，最终值见表 3-6。黏聚力与内摩擦角为 Mohr-Coulomb 定律所需的基本参数，为后续模型计算提供准备。

表 3-6　土壤抗剪强度指标

坡位	深度（cm）	刺槐		侧柏	
		黏聚力（kPa）	内摩擦角（°）	黏聚力（kPa）	内摩擦角（°）
坡顶	0~20	54	25.9	39.9	28.8
	20~40	41.4	26.6	36.7	25.4
	40~60	26.8	31.8	22.1	28.1
坡中	0~20	52.4	24.6	28.4	27.3
	20~40	34.9	28.3	26.9	26.9
	40~60	32.2	29.4	30.1	25.1
坡底	0~20	40.4	26.8	39.2	24.9
	20~40	38.6	34.9	36	26.8
	40~60	14.5	30.5	32.8	26.4

3.6.4 坡面稳定性分析

土质边坡是指具有倾斜坡面的土体。由于土坡表面倾斜，在本身重量及其他外力作用下整个土坡 D 存在从高处向低处滑动的趋势，如果土体内部某一点的驱动力，超过其抵抗滑动的能力，就会产生相对位移，发生滑坡。现有的边坡稳定性分析方法主要有极限平衡法和有限单元法。与传统的极限平衡法相比，有限单元法不但可以对滑动面进行全局搜索，不必事先假设滑动面，并且能够满足精度许可、应变相容和应力-应变之间的本构关系，可以作为一种理论体系更为严格的方法用于土体稳定分析。同时因为采用数值分析方法，可以不受边坡几何形状不规则和材料不均匀性的限制。因此，应该是比较理想的边坡应力、变形和稳定性的分析手段。

3.6.4.1 安全系数的原理

安全系数（factory of safety，FoS）用来评价边坡稳定性。安全系数定义为滑动面上的抗剪强度与达到平衡所需的剪切力之比（Whitlow，2000）。

3.6.4.2 安全系数的计算方法

由土体强度来计算边坡稳定性的数学方法（Stokes et al.，2007b）有很多（Operstein and Frydman，2002；Van Beek et al.，2005；Greenwood，2006；Kokutse et al.，2006）。计

算安全系数通常有两种定义方法：一种是通过加大外力以达到极限平衡状态，具有超载系数的性质；另一种是通过降低材料的强度达到极限平衡状态，具有强度储备系数的性质（Rocscience，2001）。本研究采用 Bishop（1995）的安全系数定义，即为整个滑动面上的抗剪强度与达到平衡所须的剪应力之比：

$$安全系数 = \frac{\tau_{\text{maximum availabe}}}{\tau_{\text{needed for equilibrium}}} \tag{3-17}$$

式中：τ 为抗剪强度。且用该方法定义安全系数已经过多年的工程实践已被工程界广泛承认。

由于折减法计算边坡稳定性的基本原理是将边坡强度系数 c 和 φ 进行折减。因而，得到新的强度系数 c_c 和 φ_c，其表达式如下：

$$c_c = \frac{1}{F}c \tag{3-18}$$

$$\varphi_c = \arctan\left(\frac{1}{F}\tan\varphi\right) \tag{3-19}$$

式中：c_c、φ_c 为经过强度折减后得到的新的强度参数；F 为折减系数。

此方法中，土壤黏聚力和内摩擦角正切值以相同的比例减小。基于弹塑性有限元分析，强度折减法是 Ugai 提出的一种用来确定平面应变问题最小安全系数得方法，该方法的基本思想是采用摩尔-库仑准则定义安全系数，公式如下：

$$安全系数 F = \frac{c + \sigma_n\tan\varphi}{c_c + \sigma_n\tan\varphi_c} = \frac{c}{c_c} = \frac{\varphi}{\varphi_c} \tag{3-20}$$

式中：c 为边坡的黏聚力；φ 为边坡的内摩擦角；σ_n 是真实的正压力；c_c 和 σ_n 为维持边坡稳定所需的最小土壤强度参数，即折减后的强度参数。在折减过程中，参数逐步减小，直到边坡失稳，此时求得 F 值即为安全系数。

在弹塑性有限元的数值分析中，式（3-20）中的折减系数 F 的初始值取得足够小，以保证开始是一个近乎弹性的问题，然后不断增加 F 的值，折减后的抗剪强度指标逐步减小，反复对土坡进行分析，首先部分单元开始屈服，应力在单元之间重新分配，土体中局部失稳逐渐发展，直到某一个临界状态，在虚拟的折减抗剪强度下整个土坡发生失稳。那么，在发生整体失稳之前的这个折减系数值，即被认为是土体的实际抗剪强度指标与发生虚拟破坏时折减强度指标的比值，也就是该土坡的安全系数。安全系数的计算脚本由 Python 编写。

3.6.5　模型的构建

3.6.5.1　几何模型及其参数

很多模拟边坡稳定的数值方法，如极限平衡法（Stokes et al.，2008），需要事先假设滑动面的位置以作为输入参数，而有限元数值模拟的优点在于通过计算可以自动搜索滑动面的位置，作为输出而呈现给用户。本研究利用 ABAQUS 有限元软件构建二维的坡体来分析其稳定性，以平面应变单元对模型进行离散。

对刺槐边坡和侧柏边坡进行仿真模拟，针对不同的坡形，自然坡（坡面为直线如图 3-28a）和带有水平阶坡面（坡面为级阶式，图 3-28b），分别模拟。对于梯田坡，植被栽植在水平阶上。几何模型的尺度标注见表 3-7。对每一个模型，从边坡表层开始，以10cm 厚为单位划分土层，直至 50cm 深，共计 5 层。使用三点线性平面应变单元（CPE3 in the Abaqus nomenclature）对模型进行网格剖分，刺槐坡的网格单元数约为 14000（图 3-29），侧柏坡的网格单元数约为 4000（图 3-30）。

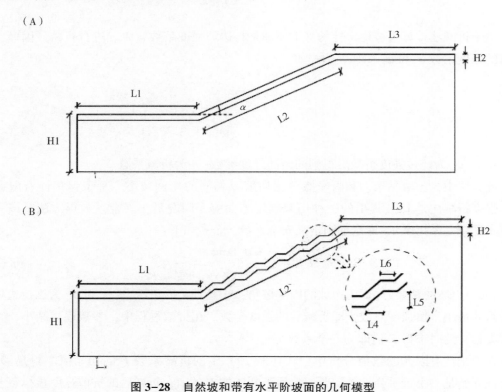

图 3-28　自然坡和带有水平阶坡面的几何模型

表 3-7　坡体几何模型和土壤参数的数值模拟

几何参数	刺槐坡		侧柏坡	
	自然坡	带有水平阶坡面	自然坡	带有水平阶坡面
$H1$（m）	20	20	10	10
$H2$（m）	1	1	1	1
$L1$（m）	60	60	20	20
$L2$（m）	71	71	25.3	25.3
$L3$（m）	60	60	20	20
$L4$（m）		2		2
$L5$（m）		1.5		1.5
$L6$（m）		1.5		1.5

（续）

几何参数	刺槐坡		侧柏坡	
	自然坡	带有水平阶坡面	自然坡	带有水平阶坡面
坡度 α（°）	23.6		24.5	
土壤分类	壤土	壤土	壤土	壤土
土壤密度（kg/m³）	1370	1370	1340	1340
土壤黏聚力（kPa）	37.2	37.2	32	32
土壤内摩擦角（°）	28.7	28.7	26.6	26.6
表层土的修正黏聚力（kPa）	1.28	1.28	1.1	1.1
底层土的修正黏聚力（kPa）	2.56	2.56	2.2	2.2

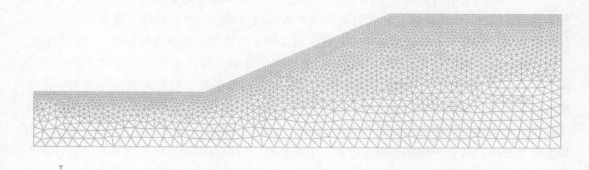

图 3-29　刺槐坡网格剖分示意

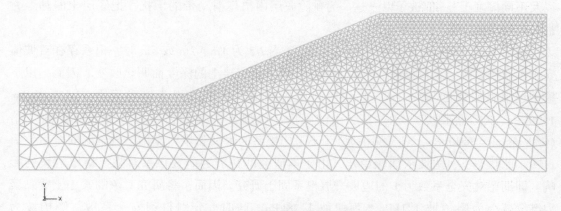

图 3-30　侧柏坡网格剖分示意

3.6.5.2　边界条件及其外荷载

模型的边界条件设定：①底部完全固定（"encastred"），限制所有自由度为零；②坡的前后两侧面限制水平向移动；③上表面为自由面，不做任何约束限制。

由于只考虑土体的应力场响应，因而只施加重力荷载。

3.6.5.3 材料特性

模型材料包括两部分：一部分是素土；一部分是根土复合体。土定义为弹塑性材料，塑性本构关系服从摩尔–库仑屈服准则。素土的黏聚力与内摩擦角值由室内直剪试验获取（表3-6），根据方差分析检验，发现两参数都不随坡位、深度的变化呈显著差异，因而，在仿真模拟时，采用其平均值，即刺槐坡素土黏聚力为37.2kPa，内摩擦角为28.7°，侧柏坡素土黏聚力为32kPa，内摩擦角为26.6°（表3-7）。由于根对土体的加固作用，体现为根对土体所产生的表观附加黏聚力，因而在进行材料定义的时候，根土复合体材料的黏聚力可认为素土本身的黏聚力与根系产生的附加黏聚力之和；内摩擦角即为素土的内摩擦角。

使用测定的土壤抗剪强度参数对均质素土的侧柏边坡进行初步模拟，结果显示，安全系数高达14.29。也就是说，在我们实测的条件下（干燥季节），坡体非常稳定，不会出现失稳现象。同时，在稳定性计算中，我们也得到了侧柏坡土壤的临界黏聚力为2.24kPa，且滑动面较深，超过根系的深度。此外，在拉格朗日应变云图中也发现了两个应变集中区，即表层与坡底部（彩图1）。由于缺少坡底部的地质资料，且研究目的是考察根际土层的稳定状况。由第3节所述，作为研究对象的刺槐与侧柏根系不深于50cm。因而，以下模型中把坡体分为两层，表层与底层。表层是研究的重点，厚度命名为 $H2$。该层的附加黏聚力分为两部分，根际土层通过素土土壤黏聚力与根系附加黏聚力之和来表达；素土层即为素土的土壤黏聚力。不同树种根系的抗拉强度、根系结构与分布特点均在根系固土模型内给予体现。在模拟中，根系固土的空间异质性[不同坡位（坡顶、坡中、坡底）以及不同深度上]，都被予以表达。为排除底层内出现滑动带的干扰，把底层土的黏聚力提高为表层的2倍。

新模型需首先给定 $H2$ 的深度。分别验证当 $H2$ 为1m、2m或5m时，根系存在对坡体安全系数的影响，结果显示，根系的固土效果不受表层土的深度而明显改变。因而，以下模型选用表层深度 $H2 = 1m$。并使用强度折减法获得的临界土壤黏聚力（c' TopSoil = 1500kPa，对于侧柏坡）定义表层土的强度，底层土的黏聚力被定义为表层土的2倍（c' DeepSoil = 3000kPa，对于侧柏坡），不考虑根系的附加黏聚力作用，得到的安全系数为1.79。此状态下，边坡依然较稳定，由于本研究的初衷为研究根系对临界稳定边坡的影响，即期望对安全系数为1的边坡开展根系固土研究。因而，将研究对象的素土土壤黏聚力继续减小为侧柏坡1.1kPa，刺槐坡1.28kPa。同时，分别得到安全系数，侧柏坡为1.47；刺槐坡为1.61。

自坡面表层，在铅直方向上依次被划分为5层，每层10cm深，分别赋予不同的根土复合体黏聚力；在沿坡方向上，被均分为3部分，即坡上、坡中、坡下。不同坡位的根土复合体黏聚力也被赋予在模型中，具体数值详见第5章。

3.6.5.4 模拟内容

通过有限元数值模拟，实现：①造林边坡稳定性对坡形（自然坡与带有水平阶的典型坡）的响应；②边坡安全系数对根系附加黏聚力模拟方法的响应，以极端模拟为例（WM-Hbis 给出的根系附加黏聚力最小；WM 给出的根系附加黏聚力最大）；③对 WM 的模拟值，按比例缩小至零，对安全系数进行灵敏度分析；④对不同坡位（坡上、坡中、坡下）的根系固土能力（使用 WM 计算所得的原始值）进行灵敏度分析。

3.6.6 结果与分析

3.6.6.1 极端情景分析

ABAQUS 仿真模拟显示，自然的刺槐坡和侧柏坡，虚拟为裸露斜坡，安全系数分别为 1.61 和 1.47（表3-8），与之相对，带有水平阶坡面的典型坡，在裸地情况下，安全系数分别为 2 和 1.85（表3-8），分别提高 24%、26%。

表 3-8　不同坡形的刺槐、侧柏坡在不同根系附加黏聚力模拟方法下的安全系数

项目	自然坡			带有水平阶坡		
	裸坡	林木加固坡		裸坡	林木加固坡	
		WM-Hbis	WM		WM-Hbis	WM
刺槐坡	1.61	1.85	1.92	2	2.24	2.3
侧柏坡	1.47	1.64	1.69	1.85	2.04	2.07

注："刺槐坡""自然坡"和"裸坡"组合表示在刺槐自然坡形的基础上，虚拟为裸露地表，依次类推。

无论是自然坡还是带有水平阶的坡面，模拟均发现造林坡面的安全系数显著高于无林坡面（表3-8）。分别考虑根系固土模拟的极端情景，即通过 WM-Hbis 计算获取根系表观附加黏聚力的最小值，通过 WM 计算获取根系表观附加黏聚力的最大值。首先以 WM-Hbis 为基准点，对自然坡而言，刺槐可以将安全系数提高 15%，侧柏可以将安全系数提高 12%。然而，对于带有水平阶的典型坡，安全系数的提高幅度便随即减少了，即刺槐提高 12%，侧柏提高 10%。当考虑到根系固土模型的极端最大值，模拟显示对于自然坡，刺槐根系将安全系数提高了 15%，侧柏根系将安全系数提高了 19%；而对于带有水平阶的典型坡，刺槐根提高安全系数 12%，侧柏根提高安全系数 15%。对上述结论进行分析发现，通过 WM 表达的造林坡面的稳定性确实高于通过 WM-Hbis 表达的造林坡面的稳定性。此结论也进一步证实了 WM 对根系固土能力的过高估计。仿真模拟还发现，相对于 WM-Hbis 而言，WM 的过高估计对安全系数的影响并不显著，具体表现为，WM 计算的刺槐自然坡较 WM-Hbis 模型高估安全系数 4%，WM 计算的栽植刺槐的水平阶坡面较 WM-Hbis 模型高估安全系数 3%；WM 计算的侧柏自然坡较 WM-Hbis 高估安全系数 4%，WM 计算的栽植侧柏的水平阶坡面较 WM-Hbis 高估安全系数 2%。

3.6.6.2 灵敏度分析

灵敏度分析结果显示，安全系数并不随根系表观附加黏聚力的变化呈线性变化，而表现出渐进趋势（图3-31）。因而，当根系表观附加黏聚力增加到某一阈值后，安全系数的提高速度开始放缓，图3-31 表现为曲线的斜率逐步减小，在 Cadd＝1.0 附近，斜率小于

5%。不单独区分坡位，对自然坡，刺槐根系表观附加黏聚力的阈值约为原始值的 50%，侧柏根系表观附加黏聚力的阈值约为原始值的 60%；与之相对，带有水平阶坡上根系表观附加黏聚力的阈值相对较小，刺槐根系为 40%，侧柏根为 50%。

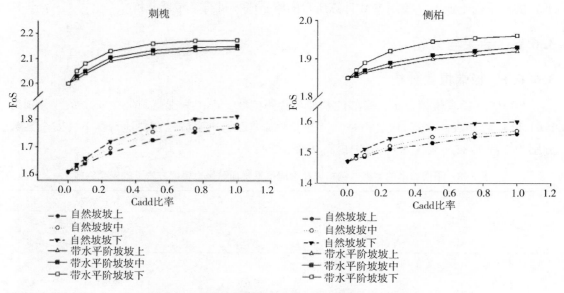

图 3-31　安全系数对根系表观附加黏聚力的响应

虚线表示自然坡，实线表示带有水平阶的坡面。使用 WM 计算而得根系表观附加黏聚力为原始值，并对其进行成比例缩减。分别对不同坡位（坡顶、坡中、坡底）进行模拟。x 轴表示缩减系数（"1"表示 WM 计算所得的真实值，"0"表示无林边坡），y 轴表示安全系数（FoS）。

曲线的斜率表示安全系数随根系附加黏聚力的增加而增加的速率，在 Cadd = 0 附近，刺槐根系的平均斜率（约为 40%）约为侧柏根系的平均斜率的 2 倍（约为 20%）。此外，自然坡曲线斜率通常高于带有水平阶坡曲线的斜率，具体而言，刺槐自然坡为 43%，带有水平阶刺槐坡为 36%；侧柏自然坡为 23%，而带有水平阶侧柏坡为 18%。

对坡位进行分析，发现位于坡脚的根系对边坡稳定性的影响较坡顶的根系敏感。两坡位根系对安全系数的提高相差约 5%。位于坡中的根系固土能力的贡献与坡顶相似。

3.6.7　讨论

模型以各向同性的根系附加黏聚力定义根土复合体材料。根系附加黏聚力来源于在铅直剖面上的观测数据。水平面上的根数量多于铅直面上的根数量。但是，由于在水平面上不易于观测，因而工作仍然在铅直面上展开，采用铅直面上观测的数据，对造林边坡的稳定性进行保守估计。

数值模拟中对同一层根系的附加黏聚力均采用各向同性值，没有考虑林分密度、林木生长、土壤厚度以及土壤母质对边坡稳定性的影响，可在后续研究中给与考虑。

数值模拟得到的最主要结论之一是，带有水平阶坡的安全系数远远高于自然坡，本研究为 20%。但是，此结论与 Sidle（2006）观点相悖，Sidle 指出浅层滑坡与土壤侵蚀都频发于黄土高原带有水平阶坡。该作者认为，黄土高原地区带有水平阶坡失稳通常与修建公路和水平阶较陡有关，这种人工措施不利于降水的排泄（Sidle et al.，2006）。Cammeraat et al.（2005）论述了植被演替对带有水平阶坡失稳的影响。上述研究都考虑了水文因素对带有水平阶坡失稳的影响；本研究不同，只研究了根系固土的机械作用，发现带有水平阶坡的稳定性显著高于自然坡。此外，正是通过该研究，证实了在带有水平阶坡失稳问题上，水文因素起到了举足轻重的作用。具体而言，对于相同坡度、土壤特性、植被覆盖等特性的带有水平阶坡和自然坡，在降水条件下，带有水平阶坡更易发生失稳。因而，后续研究中，可以 Van Beek 等（2005）为例，多考虑边坡的生态水文过程。

数值模拟所得到的第二个结论是带有水平阶坡对根系固土能力的敏感程度弱于自然坡。带有水平阶坡安全系数与根系附加黏聚力曲线初始阶段的斜率约为 20%；自然坡安全系数与根系附加黏聚力曲线初始阶段的斜率约为 40%。但是，该结论仍然是在只考虑土质边坡有效应力下进行的，并没有考虑水文动态机制。

数值模拟的灵敏度分析显示安全系数与根系表观附加黏聚力间的关系呈渐进曲线，也就是说当根系附加黏聚力超过某一临界值后，安全系数的增加速度会大幅减小，在所有的模型中，平滑阶段安全系数增幅速度不超过 5%。同时，回答了对于根系表观附加黏聚力模型两极端，即 WM 和 WM-Hbis，安全系数增加量仅为 4%。

过去的研究直观地认为，根际区的抗剪强度随根系表观附加黏聚力成比例增加。因而，试图提高预测根系表观附加黏聚力的准确性成为研究热点（Schwarz et al.，2010b）。大部分学者使用直剪法研究根系固土能力，并假设根穿过剪切面。土体抗剪强度特性和根系形态特性共同决定了滑动面的位置。Dupuy 等（2005）和 Fourcaud 等（2008）也从根锚固角度阐述过根系特性与坡体失稳面位置之间的关系，该理论也可用于解释安全系数与根系表观附加黏聚力的关系呈渐进曲线这一现象。通常，根形态在短期内是不会有明显变化的。在本研究中，根际土层的深度是一定的，失稳面出现在根际区以下，但当其附加黏聚力增加时，失稳面位置维持原状，因而限制了安全性能的提高。

此外，从安全系数与根系附加黏聚力曲线还可发现，无论是自然坡还是带有水平阶坡，安全系数都对位于坡底的根系更敏感。该结论与实际观测和均质素土坡模拟通常在坡底首先出现塑性区的结论相吻合。也就是说，无论何种坡形，较根系空间分布异质性而言，安全系数对位于坡底的根系更敏感。因而，我们需在林分经营管理中给予重视。

3.7 小结

3.7.1 结论

①刺槐根与侧柏根的生物力学特性表现出显著的尺度效应。根系的抗拉强度与杨氏模量都随直径的增加而减小，且刺槐根的强度约是侧柏根的两倍。

②RAR 分布具有显著的空间异质性，充分体现了根系生长的可塑性。研究样地内刺槐根系的平均 RAR 显著高于侧柏根系的平均 RAR。RAR 分布随坡位变化呈显著差异，位

于坡底的刺槐根 RAR 显著高于其他坡位，而位于坡中的侧柏根 RAR 显著高于其他坡位。在铅直向，RAR 随土层深度的增加而先增加后减少；在水平向，RAR 随离根基距离的增大而减少，但不随树位的变化而变化。

③不同的根系表观附加黏聚力模拟方法有显著的差异性。通过对 WM、修正 WM 和 4 种不同假设条件下 FBM 进行模拟，结果显示 WM 计算得到的根系表观附加黏聚力值最大，而 WM-Hbis 计算得到的根系表观附加黏聚力最小，FBMs 计算得到的根系表观附加黏聚力值介于二者之间。此外，根系表观附加黏聚力在坡面尺度上的空间分布规律与 RAR 分布显著相关。

④根系表观附加黏聚力取决于 RAR 与根系的生物力学特性。造林边坡的稳定性问题又与根系表观附加黏聚力密切相关。因而，林分根系的空间分布以及根系生物力学特性的研究对造林边坡稳定性的准确评价具有重要意义。

⑤在不考虑生态水文效应的影响下，针对不同坡形、不同的植被覆盖状况，对造林边坡进行数值仿真模拟。边坡稳定性分析结果显示，带有水平阶的边坡的安全系数高于自然坡的 20%。灵敏度分析显示，安全系数随根系表观附加黏聚力的增加呈渐进线变化。两树种根系表观附加黏聚力位于"安全系数-根系表观附加粘聚力"曲线的平稳阶段，因而，改变处于平稳阶段的根系表观附加黏聚力，并不显著影响边坡的安全性能。此外，边坡稳定性对位于坡底的根系表观黏聚力较其他坡位敏感。

3.7.2　创新

①首次对黄土高原地区主要造林树种的根系固土能力在坡面尺度上空间异质性进行研究。

②首次对该领域内现有的计算根系固土能力的理论模型（WM、WM-Hbis、FBM-H1、FBM-H2、FBM-H3、FBM-H4）进行综合对比。

③在短期内，根形态结构不会发生明显的变化。过去，我们极力关注寻找精确计算根系表观黏聚力的方法，以提高对根际土层安全性能评估的准确性。本研究关于根系表观附加黏聚力灵敏度分析的结论指出，在提高边坡安全性能的问题上，根系的功效存在阈值。当根系附加黏聚力超过这一阈值时，其对边坡安全系数的提高并不显著。该结论表明花费大量的精力研究最精确的计算根系附加黏聚力模型并不是最亟待解决的问题，而需要将侧重点转移到寻找根密度的阈值，从而指导合理造林。该结论对根系固坡领域的研究发展方向起到一定的引导作用。

第4章
植被群落与土壤生态

4.1　植被群落

4.1.1　研究方法

4.1.1.1　研究地点选择

柳沟小流域为封育流域，作为次生林的选样区。柳沟为蔡家川流域内的一条嵌套小流域，海拔在 1020~1290m 之间，平均坡度为 25°，面积为 1.9327km²，流域南北走向，流域长度为 2.18km，流域宽度为 0.6825km，形状系数为 0.2275，河网密度为 4.10，河流比降为 0.0843。植被覆盖率高达 98%，以针阔混交林为主，针叶树种以油松为主，阔叶树种以刺槐、山杏为主，灌木有虎榛子、沙棘等。井沟小流域与柳沟相邻，该流域坡面上退耕时采用人工栽植 2m×3m 的 1 年生刺槐苗木。

4.1.1.2　样地调查

采用样带法研究物种多样性的梯度变化特征。次生林样地选取在柳沟小流域内设置两条样带，并在样带内划分为梁峁顶（T1、T2）、梁峁坡（S1、S2）、沟坡（P1、P2）、沟底（G1、G2）样地，样地规格为 20m×20m（图 4-1）。两条样带中包含了阳坡、半阳坡、阴坡、半阴坡及不同坡度和坡面类型。

在柳沟附近水平相距 120m 的流域刺槐人工林里面选取与柳沟样带立地条件大致相同的阳坡坡面作为人工林的选样区。并在样地内划分梁峁顶（T3）、梁峁坡（S3）、沟坡（P3）、沟底（G3）样地，样地规格为 20m×20m（图 4-2）。

每个样地内按正三角形顶点取点选定 3 个相互间距为 10m 的 1m×1m 的小样方。在选好的 11 个小样地内，分别对样地内乔木、灌木和草本进行调

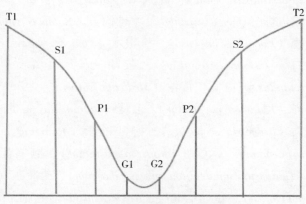

图 4-1　自然恢复林不同地貌部位选点

查。乔木调查面积为20m×20m，对每棵乔木分别进行了树高、胸径、冠幅的测定，同时还对每棵树做了坐标定位；在乔木调查样方内，按正三角形顶点取点选定3个互相间距为10m点按5m×5m的样方对灌木层进行调查；在同一个20m×20m的样方内，按照对角线法选定5个1m×1m的小样方对草本样方进行调查。

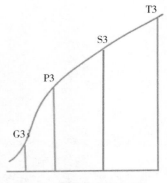

图4-2　刺槐人工林不同地貌部位选点示意

4.1.1.3　数据处理与计算

选测物种丰富度指数、物种多样性指数、均匀度指数、生态优势度4种性质不同的指数评价物种多样性。物种丰富度指数选择Margalef指数、物种多样性采用Simpson指数、均匀度指数选用Pielous指数、生态优势度选用C1指数。

$$\text{Margalef 丰富度指数 } R = S \text{（即群落中物种个数）} \tag{4-1}$$

式中：S为物种数目。

$$\text{Simpson 指数 } D = 1 - \sum (N_i/N)^2 \tag{4-2}$$

式中：N_i为种i的个体数；N为群落中全部物种的个体数。

$$\text{Pielous 均匀度指数 } J = H/\ln S$$

式中：H为样地林木树高。

$$\text{C1 指数} = \sum [N_i (N_i-1) /N (N-1)] \tag{4-3}$$

4.1.2　研究结果

4.1.2.1　天然恢复林与人工林植被树种分析

刺槐人工林内柳一条样带36个样方的调查汇总数据显示样带覆盖了共47种植物种，3种乔木树种，刺槐、侧柏、漆树（*Toxicodendron verniciflum*）；19种灌木种（表4-1），荆条、绣线菊、虎刺梅、枸杞（*Lycium chinense*）、扁桃木、黄刺玫、山桃、酸枣、连翘（*Forsythia suspensa*）、黄栌（*Cotinus coggygria*）、虎榛子、梅子、丁香（*Syringa oblata*）、栓皮栎（*Quercus variabilis*）、悬钩子（*Rubus corchorifolius*）、荚蒾（*Viburnum dilatatum*）、连翘（*Forsythia suspensa*）、金银木（*Lonicera maackii*）、沙棘；25种草本植物种（表4-2），白蒿（*Habra Artimisiae*）、柴胡、羊胡子草、铁杆蒿、中华委陵菜、莎草（*Cyperus rotundus*）、红蒿、苜蓿（*Medicago sativa*）、尖草、白草（*Pennisetum centrasiaticum*）、掐不齐（*Kummerowia striata*）、毛茛（*Ranunculus japonicus*）、甘草（*Glycyrrhiza uralensis*）、猪毛蒿（*Artemisia scoparia*）、柳叶鼠李（*Rhamnus erythroxylon*）、蒿、白羊草（*Bothriochloa ischaemum*）、冰草（*Agropyron cristatum*）、抱茎苦荬菜（*Ixeridium sonchifolium*）、唐松草（*Thalictrum aquilegiifolium var. sibiricum*）、委陵菜（*Potentilla chinensis*）、蒙古蒿（*Artemisia mongolica*）、益母草（*Leonurus artemisia*）、大油芒（*Spodiopogon sibiricus*）、青蒿（*Artemisia carvifolia*）。

表 4-1 人工林和天然恢复林灌木植物种群落指标对比

植物种类	相对频度（%）		相对密度（%）		相对优势度（%）		相对质量（%）		重要值（%）	
	人工	天然	人工	天然	人工	天然	人工	天然	人工	天然
荆条	11.98	20.84	12.5	10.02	20.03	18.79	13.41	20.01	57.92	69.660
绣线菊	0.69	4.64	1.37	1.13	2.09	2.96	1.14	8.97	5.29	17.700
绵刺玫	5.15	3.89	1.85	1.11	1.08	1.91	1.58	1.84	9.66	8.750
枸杞	8.13	1.03	0.25	1.68	1.73	7.42	6.37	1.51	16.48	11.640
扁桃木	4.06	2.57	1.32	1.73	2.89	5.36	1.05	3.37	9.32	13.030
黄刺玫	9.21	28.64	14.98	17.67	16.82	10.07	15.21	15.31	56.22	71.690
山桃	6.87	1.03	1.19	10.56	3.19	9.38	1.2	1.92	12.45	22.890
酸枣	13.6	2.3	13	2.08	1.98	7.39	8.08	8.62	36.66	20.390
连翘	1.17	1.87	1.42	5.52	1.67	0.62	0.05	1.95	4.31	9.960
黄栌	1.39	0	1.85	0	1.88	0	1.09	0	6.21	0
虎榛子	11.96	19.93	11.24	17.8	18.46	16.86	11.83	6	53.49	60.590
枸子	1.99	1.92	1.79	5.89	0.41	1.46	4.94	1.39	9.13	10.660
丁香	7.16	0	2.58	0	6.7	0	8.84	0	25.28	0
荚蒾	1.24	1.46	3.9	2.81	1.77	3.85	1.98	6.64	8.89	14.760
连翘	2.32	4.39	4.96	9.83	5.92	9.29	1.1	7.69	14.3	31.200
栓皮栎	1.37	0	12.59	0	3.85	0	1.42	0	19.23	0
悬钩子	3.7	0	0	3.92	1.33	0	1.79	0	6.82	3.920
金银木	6.58	1.02	4.53	1.92	1.7	3.05	7	2.29	19.81	8.280
沙棘	1.43	4.47	8.68	6.33	6.5	1.59	11.92	12.49	28.53	24.880
平均值（M）	5.26	5.26	5.26	5.26	5.26	5.26	5.26	5.26	21.05	21.050
均方（MS）	44.18	92.21	52.31	56.97	63.53	57.52	50.97	58.76	739.00	916.050
方差检验计算值（F）	0.451		0.451		2.217		0.451		0.451 19887	
概率（P）	<0.002 0.05		0.358 0.05		0.35 0.05		0.273 0.05		0.164 0.050	

柳沟流域天然恢复林内的条样带 36 个样方的调查数据显示样带共覆盖了 48 种植物种，10 种乔木树种，槲栎（*Quercus aliena*）萌生、黄栌萌生、漆树、虎榛子萌生、油松萌生、桃树（*Amygdalus persica*）、侧柏，榆树、杏树、刺槐；15 种灌木种，荆条、绣线菊、绵刺梅、枸杞、扁桃木、黄刺梅、山桃、酸枣、连翘、虎榛子、枸子、荚蒾、绣线菊、金银木、沙棘；23 种草本植物种，白蒿、羊胡子草、铁杆蒿、中华委陵菜、莎草、红蒿、苜蓿、尖草、白草、掐不齐、毛茛、甘草、蒿子、柳叶鼠李、蒿、悬钩子、冰草、抱茎苦荬菜、唐松草、委陵菜、蒙古蒿、益母草、青蒿。

表 4-2 人工林和天然恢复林草本植物种群落指标对比

植物种类	相对频度（%）		相对密度（%）		相对优势度（%）		相对质量（%）		重要值（%）	
	人工	天然	人工	天然	人工	天然	人工	天然	人工	天然
白蒿	15.78	17.82	11.92	7.79	15.81	6.82	9.87	9.78	53.38	42.21
柴胡	1.83	0	1.22	0	0.28	0	1.31	0	4.64	0
羊胡子草	1.21	10.37	16.96	9.78	9.54	16.53	8.79	8.11	36.5	44.79
铁杆蒿	1.18	1.72	3.33	1.72	1.07	3.36	3.38	5.66	8.96	12.46
中华委陵菜	1.26	0.55	4.16	3.93	6.47	3.47	4.81	1.3	16.7	9.25
莎草	4.41	1.76	1.15	1.95	1.8	1.31	3.19	1.38	10.55	6.4
红蒿	3.12	1.75	1.96	3.07	5.5	7.16	3.98	4.65	14.56	16.63
苜蓿	1.21	6.6	3.55	1.97	1.53	1.51	3.19	1.14	9.48	11.22
尖草	1.86	3.87	1.81	1.84	1.43	1.56	7.81	1.11	12.91	8.38
白草	4.99	1.03	1.59	3.21	1.7	1.91	6.96	6.57	15.24	12.72
掐不齐	1.63	7.99	3.97	1.41	8.91	1.13	1.87	8.35	16.38	18.88
毛茛	6.75	1.32	2.11	1.44	3.6	1.85	1.23	5.93	13.69	10.54
甘草	6.77	5.32	1.24	1.51	6.68	1.84	0.7	1.52	15.39	10.19
蒿子	2.93	1.45	1.56	2.78	1.89	6.49	4.55	9.03	10.93	19.75
柳叶鼠李	1.17	5.27	3.23	6.83	1.88	3.85	3.31	5.13	9.59	21.08
蒿	8.65	3.8	6.22	5.3	1.99	9.65	1.39	7.2	18.25	25.95
白羊草	5.26	8.97	7.44	6.08	1.56	1.31	3.54	4.23	17.8	20.59
冰草	1.81	1.27	3.5	1.99	2.16	0.02	4.85	1.88	12.32	5.16
抱茎苦荬菜	1.75	9.75	1.46	0.86	7.04	1.01	5.49	1.41	15.74	13.03
唐松草	4.66	1.48	1.5	1.22	12.1	9.7	1.83	1.82	20.09	14.22
委陵菜	1.87	1.31	6.97	7.91	1.61	5.5	7.12	1.93	17.57	16.65
蒙古蒿	5.86	3.54	8.8	9.49	1.24	2.81	1.82	5.48	17.72	21.32
益母草	4.2	0.94	3.36	8.76	0.74	9.54	1.14	1.05	9.44	20.29
大油芒	2.19	0	0.9	0	1.43	0	3	0	7.52	0
青蒿	7.65	2.12	0.09	9.16	2.04	1.67	4.87	5.34	14.65	18.29
平均值（M）	4	4	4	4	4	4	4	4	16	16
均方（MS）	26.76	33.25	30.66	26.03	31.47	31.65	22.12	24.856	348.58	363.35
方差检验计算值（F）		0.504		1.983		0.504		0.504		0.504
概率（P）		0.127		0.179		0.488		0.186		0.359

对于刺槐人工林内，乔木树种较单一，主要为刺槐；自然恢复林内乔木树种丰富。

通过对人工林内的灌木树种和自然恢复林内的灌木、草本植物种进行盖度-密度双序分析（图4-3、图4-4），得到人工林灌木树种的优势种为荆条和黄刺玫，其他植物种的盖度和密度均小于这两树种；自然恢复林灌木树种的优势种及建群种为荆条，其他植物种都没有达到荆条的优势度。人工林灌木优势树种数高于自然恢复林。人工林草本优势种为白蒿、羊胡子草、抱茎苦荬菜。自然恢复林草本优势种为荆条。自然恢复林草本的优势种树低于人工林草本优势种数。

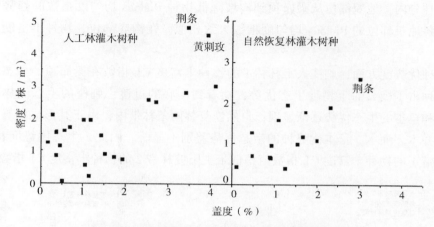

图4-3　人工林和自然恢复林灌木树种的双因素分布

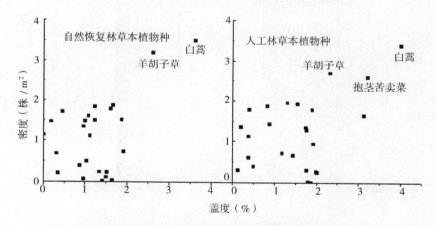

图4-4　人工林和自然恢复林草本植物种的双因素分布

4.1.2.2　天然恢复林与刺槐人工林物种多样性指数变化

在物种丰富度、多样性方面，两指数变化趋势大致相同。人工林样带内物种 Margalef 丰富度、Simpson 指数随着地貌从梁峁顶（T）、梁峁坡（S）、沟坡（P）到沟底（G）的过渡呈现逐渐上升的趋势，在刺槐人工林内梁峁顶物种丰富度最低，只存在有少数几种物种，而在沟底物种丰富度达到最高，物种的丰富度在此有很明显的体现。但在梁峁坡过渡到沟坡和从沟坡过渡到沟底，物种丰富度、多样性都很高。在天然恢复林带 1 和林带 2 内，物种 Margalef 丰富度指数和 Simpson 多样性指数随着地貌从梁峁顶、梁峁坡、沟坡到沟底的过渡呈现先降低后上升的趋势，在天然恢复林沟底处，物种丰富度最高，物种数目达到最大，树种丰富度、多样性在此充分体现，在沟坡和梁峁坡物种丰富度有所下降，这两处的物种大致相同，丰富度值、多样性相近，在梁峁顶，物种丰富度有所上升，但低于沟底处（图4-5）。

在物种均匀度方面，刺槐人工林的变化随地貌部位从梁峁顶到沟坡的降低呈现逐渐升高的趋势，在沟底物种达到均匀度 Pielous 指数最高值，梁峁顶达到物种均匀度最低值；自然恢复林分内，地貌部位从梁峁顶到沟坡降低物种 Pielous 均匀度指数的趋势变化不是很明显，各地貌部位的 Pielous 均匀度指数大致相似，在沟底部位，物种丰富度，均匀度值为最高。

在物种优势度方面，刺槐人工林林带的物种丰富度 C1 指数在梁峁顶的生态优势度最高，刺槐种占了极大的生物种生态优势，随着到沟底的过渡，刺槐的生态优势度逐步降低，灌木和草本的生态优势逐渐显现；自然恢复林两条林带内，由于其形成相对稳定的树种组成，乔木、灌木、草本优势种的生态优势差别不显著。因此，生态优势度相对集中，主阴坡林带1的物种丰富度 C1 指数值稍低于主阳坡林带2的物种丰富度 C1 指数。

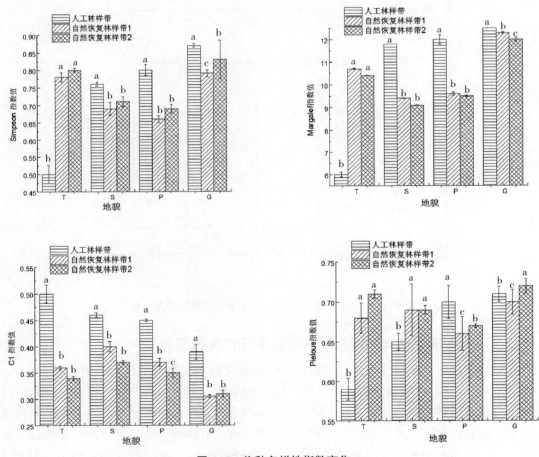

图4-5　物种多样性指数变化

4.1.3 讨论

4.1.3.1 天然恢复林与刺槐人工林植被树种差异分析

天然恢复林内共 55 种植物种，10 种乔木树种、20 种灌木种、25 种草本植物种；刺槐人工林内共 35 种植物种，3 种乔木树种、15 种灌木种、17 种草本植物种。天然恢复林内，原有的乔木树种都潜在地生长了起来，并同时为其下部的灌木和草本提供了良好的生态位，从而促进了乔灌草的立体结构分布发展，形成了良好的生态系统垂直分布结构，达到了高生态系统稳定性，具有高生态抗干扰能力。而在刺槐人工林内，种植大量刺槐使得林分内乔木树种单一，林分内的乔木生态位主要为刺槐所占据的生态位，并不能为其下部的灌木和草本提供多层次的生态位，从而限制了其下部的灌木种和草本植物种的多样性有序增加，植物种植密度也会受到影响。这样的林分内达不到生态环境各资源的有效利用，造成各树种的可用资源也相应减少，导致刺槐人工林内显示不出相应的一些灌木和草本的生态位，垂直结构远达不到自然恢复林分的良好结构，无法形成乔木、灌木、草本的生态位重叠，天然林林分内物种丰富度相比自然恢复林有明显的降低，导致刺槐人工林的植物种类和各植物生长量远远没有自然恢复林的高。

造成人工林的优势种多于自然恢复林的原因是人工林通过人为种植高密度的乔木，从而促使其下部的灌木、草本植物种的发生发育，而由于先调查时间自然恢复林其恢复年限的限制，远没有达到稳定的生态群落中的多树种，因此形成自然恢复林的灌木、草本的优势种少于天然林。

4.1.3.2 天然恢复林与刺槐人工林不同物种丰富度、多样性分析

刺槐人工林内按 2m×3m 的统一造林规格来种植刺槐，在林分内的坡底处，土壤状况、气候、地形等周围环境非常适宜刺槐的生长发育，可形成很好的刺槐林木，从而为乔木树种刺槐下部的灌木和草本提供了良好的生态位来生长其他树种，形成很好的灌木种和草本植物种，达到多物种多形态，表现为高物种丰富度、多样性；在梁峁坡和沟坡，坡度的增加、黄土高原地区水土流失的发生发展造成的土壤层的变薄等其他因素的综合作用导致此处按 2m×3m 的造林规格种植的刺槐林分在刺槐生长中后期所必需的生态条件减弱，造成了生长减缓，并影响其林分内的灌木和草本的生长发育，减弱了物种多样性增加的趋势，使得此处的物种丰富度低于沟底；在梁峁顶处按 2m×3m 的造林规格来造林，刺槐的密度和沟底的一样，但由于沟底适宜刺槐生长的条件优良，在梁峁顶远远达不到，因此，按这个规格造的刺槐林会出现早衰趋势，土壤的养分及其他因素条件达不到这个规格密度的刺槐生长所必需的生态条件。天然恢复林分内，样带 1 多为阳坡、半阳坡，样带 2 多为阴坡、半阴坡，阴阳坡的土壤水分、坡度，温度气候的不同导致了样带 2 的物种丰富度值稍高于样带 1。整体上随地貌从梁峁顶到沟底的过渡，物种多样性也呈现增大的趋势。在梁峁顶，刺槐人工林由于其主要乔木种为刺槐，树种过于单一，其下的灌木和草本种也不多，而天然恢复林的乔木种远多于刺槐人工林，所以刺槐人工林的物种多样性远远低于天

然恢复林；在梁峁坡、沟坡和沟底，刺槐人工林的刺槐发育明显好于梁峁顶，其下的灌木和草本植物也有所增多，而天然恢复林由于其恢复年限的限制，还达不到丰富的物种，没有高的物种多样性，所以天然恢复林的生物多样性要低于刺槐人工林。

刺槐人工林内，按 2m×3m 造林规格的形成的刺槐乔木种在梁峁顶出现早衰，植物密度降低，刺槐树总数稀少，刺槐与其下的灌木和草本总体呈现非常均匀的分布，因此有高的均匀度指数值；天然恢复林分内，物种生长过程中林分内部由于各树种种间关系的相互作用形成了稳定的各植物种的均匀分布，因此各地貌的物种均匀分布程度大致相同。

刺槐人工林内在不同地貌部位按 2m×3m 的统一造林规格来造林，在梁峁顶形成的主要植物种即为刺槐，具有很高的生态优势度，随着到梁峁坡、沟坡、沟底的过渡，灌木种和草本种的生态优势度逐渐显现，整体使得物种优势度降低。自然恢复林内，阴阳坡的不同导致了林带内相关植物种的生态优势度的变化，由于阳坡的光照和温度高于阴坡，使得样带 2 内的一些植物种的优势度比样带 1 低。而因为天然恢复林恢复年限的限制，调查的天然恢复林还没有达到恢复的高级阶段，因此天然恢复林的生态优势度整体低于刺槐天然林。

4.1.4　结论

4.1.4.1　林分恢复模式的选择

自然恢复林和刺槐人工林相比，具有相对较高的物种丰富度，其内部的生态系统稳定性也较高，可以达到很好的林分的改良效果，但形成这样稳定的高物种丰富度林分耗时较长；刺槐人工林的物种丰富度虽没有自然恢复林的高，且对物种多样性的形成有一定的限制影响，但是其植物种的形成发育较快，可以快速地改善现有的稀疏林分。因此，在之后对林分改良的生产实践中，应以自然恢复为主、人工造林为辅，改善现有林分。

4.1.4.2　不同地貌造林应采取不同造林规格

在对现有稀疏林分进行人工改造时，要考虑到不同地貌部位对所造同一规格林分的影响程度不同，在梁峁顶植物种生长初期可能出现早衰现象，在梁峁坡植物种生长中后期的生长受限，因此，应考虑在不同地貌部位采取适宜各地貌部位的相应造林规格来造林，以达到造林树种的生态值最大化。现有的人工造林为单一的种植乔木，达不到乔、灌、草的多形态稳定性，因此，人工造林要在不同地貌部位适当降低造林密度并提倡乔、灌、草结合。

同时由于自然恢复林的恢复年限的限制性以及自然修复达到高生态优势度需要较长时间，因此在修复林分时，应以自然恢复为主、人工造林为辅，这两种方式有机结合起来造林，才能更快更有效地达到较好的造林效果。

4.2　大鱼鳞坑双苗造林技术的应用研究

4.2.1　造林方法

以山西吉县蔡家川流域为代表的黄土沟壑区的大鱼鳞坑双苗造林技术在黄土高原植被

恢复生态水文过程中发挥着不可替代的作用。

山西吉县蔡家川流域位于吕梁山南端，地理坐标为 E110°39′~110°47′、N36°14′~36°18′，属黄土残垣沟壑区，为暖温带大陆性气候，土壤主要为黄土母质上发育的碳酸盐褐土，其次为草灌黄土性褐土。多年平均降水量 579mm，7~9月降水量占全年降水量的 60%左右，年蒸发量 1724mm，年均气温 10℃。流域面积为 38km²，海拔 900~1513m，流域内植物主要有山杨、丁香、虎榛子、刺槐、油松、侧柏、沙棘、锦鸡儿等。该区 2013 年生长季（4~10月）总降水量为 411.8mm，分布不均，主要集中在 7月，占生长季总降水量的 56.44%；2014 年生长季降雨充沛，总水量为 612.5mm，降雨分布较均匀，但 8、9月降雨较多，占生长季总降水量的 46.17%（图 4-6）。

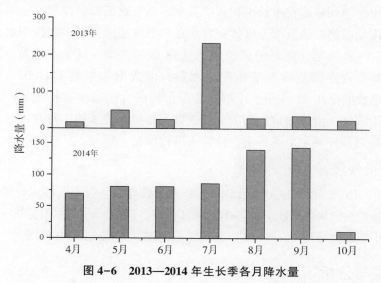

图 4-6　2013—2014 年生长季各月降水量

4.2.1.1　试验小区设计

选择蔡家川小流域地形条件较好的南北窑坡面，地理坐标为 E110°46′50″、N36°15′53″，分别进行大鱼鳞坑、传统鱼鳞坑和水平沟整地造林的对比试验，试验小区面积均为 22m×30m（约 1 亩），为了减少土壤水分较大的空间异质性（胡伟等，2005），每种整地处理 3 个重复。在小区内按 1∶1 栽植具有较强的保持水土、防风固沙等作用的刺槐和沙棘（郭梓娟等，2007）各 60 株。

大鱼鳞坑整地造林方法：根据区域地形条件，在适当地方开挖开口直径 1.2m、深 0.8m 的圆形栽植穴。挖出的土置于栽植穴下坡位，修筑 0.5m 高的外埂，并将坑内修整成外高内低的反坡状；在大鱼鳞坑内栽植刺槐和沙棘各 1 株，相距 80cm（图 4-7）。传统鱼鳞坑直径为 0.8m、深 0.8m 圆形栽植穴，单坑单苗造林；水平沟沿等高线开挖宽 0.8m、深 0.8m 的水平沟道，具体开挖和造林方式参照其他工作者经验（张海平等，2013）。

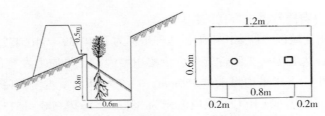

图 4-7　大鱼鳞坑剖面图（左）和俯视图（右）

4.2.1.2　试验布设与数据采集

2012 年冬季整地造林后，在 2013 和 2014 年采用自记雨量计（TPJ-32）观测雨量和降雨过程，采用样地调查法在生长季初和生长季末调查栽植的刺槐和沙棘的存活和生长状况。采用定位连续监测方法监测土壤体积含水量和土壤侵蚀量。土壤体积水含量采用时域反射仪（TDR-T3）测定，在每个试验小区选择 5 个点位，每个点位按 30cm、60cm 和 120cm，埋设 3 个传感器监测土壤体积含水量，由数据采集器 CR1000（Campbell inc，USA）自动采集数据存在 CF 卡里。土壤侵蚀量标桩法（王继增等，2006）测定，每个试验小区布设 9 根测钎，沿坡面自上而下分成 3 排，每排布设 3 根。每月观察一次，记录测钎读数，同时环刀采样测定土壤容重，计算土壤侵蚀量。

4.2.1.3　数据处理

采用 Excel 2010 和 SPSS 19.0 统计软件对数据进行分析。对不同整地处理的土壤体积水含量、土壤侵蚀量和植物生长状况的各项指标（株高、胸径）进行方差分析（ANOVA），差异显著则用最小显著差异法（$\alpha = 0.05$）进行多重比较。用 Origin 9.0 作图。

4.2.2　结果与分析

4.2.2.1　土壤体积水含量

2013 年，4 月树木生长较为缓慢，随着降雨增加，土壤体积水含量缓慢增长；随着植物生长，其耗水量逐渐增大，土壤体积水含量下降；进入雨季，降雨量增大，7 月土壤体积水含量明显升高达峰值；8、9 两月降雨较少，土壤体积水含量逐渐减少并趋于稳定。2014 年，1~3 月几乎无降水，土壤体积水含量变化很小，从 4 月起，降雨量逐月增大，土壤体积水含量逐渐提高，8、9 两月降水较多，达到该年峰值后开始下降（图 4-8）。对比各整地区年内水分变化，在夏季植被蒸腾较强、需水较多的月份（6~8 月），大鱼鳞坑在这些月份的土壤体积水含量最高。

整地造林方式对 2013 年和 2014 年生长季各土层土壤体积水含量具有一定影响。在30cm 土壤表层，3 种整地方式的土壤体积水含量差异显著（$P<0.05$），60cm 和 120cm 土层则未达到显著水平（$P>0.05$），如图 4-8。30cm 土层土壤体积水含量范围为 16%~20.4%，60cm 土层为 15%~17.5%，120cm 土层为 14.4%~15.9%。随着土层深度的增加，土壤体积水含量减小，且不同整地区土壤体积水含量差异减小。

在 30cm 土层，大鱼鳞坑土壤体积水含量范围为 16.4%~20.4%，传统鱼鳞坑为 16%~

17.5%，水平沟为16.3%～18.5%，大鱼鳞坑的月平均土壤体积水含量比传统鱼鳞坑高7.31%，比水平沟高4.37%。对3种整地区土壤体积水含量进行方差分析，结果表明，大鱼鳞坑显著高于水平沟和传统鱼鳞坑（$P<0.05$）。

在60cm土层，大鱼鳞坑土壤体积水含量范围为15.1%～17.5%，传统鱼鳞坑为15%～16.7%，水平沟为15.1%～17%。大鱼鳞坑的月平均土壤体积水含量比传统鱼鳞坑高1.45%，比水平沟高0.74%。方差分析结果表明，3种整地区差异不显著（$P>0.05$）。

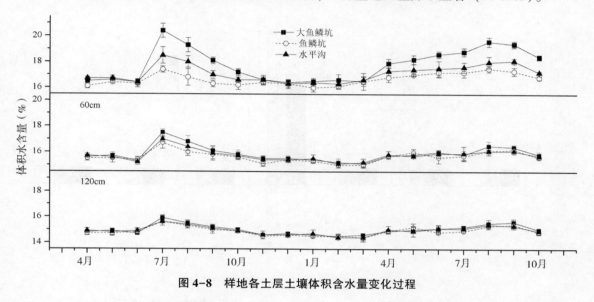

图4-8　样地各土层土壤体积含水量变化过程

在120cm土层，大鱼鳞坑土壤体积水含量范围为14.5%～15.9%，传统鱼鳞坑为14.4%～15.6%，水平沟为14.4%～15.6%。大鱼鳞坑的月平均土壤体积水含量比传统鱼鳞坑高0.88%，比水平沟高0.46%。方差分析结果表明，3种整地区120cm土层水含量差异不显著（$\alpha=0.05$，$P>0.05$）。

大鱼鳞坑整地区月平均土壤体积水含量高于其他两种整地方式，在土壤表层（30cm）显著高于水平沟与传统鱼鳞坑，在60cm和120cm土层差异虽未达显著水平，但也高于其他整地区。同时，在夏季蒸腾剧烈，植被需水较大的月份，大鱼鳞坑的土壤体积水含量高于其他整地方式。以上分析表明，在土壤水分条件方面，大鱼鳞坑整地略优于其他整地方式。

4.2.2.2　土壤侵蚀量

2013年土壤侵蚀总量：水平沟>大鱼鳞坑>传统鱼鳞坑。水平沟整地区土壤侵蚀量最大，分别比大鱼鳞坑和传统鱼鳞坑高18.21%和20.13%，其中，不同整地区7月的土壤侵蚀量差异显著（$P<0.05$），水平沟侵蚀量最大，分别比大鱼鳞坑和传统鱼鳞坑高34.33%和34.88%，其他月份差异不显著。2014年，大鱼鳞坑的土壤侵蚀总量最少，分别比传统鱼鳞坑和水平沟少4.61%和16.15%。方差分析结果显示，2014年各月土壤侵蚀量差异不显著（$P>0.05$）。试验期间，大鱼鳞坑整地区土壤侵蚀总量分别比传统鱼鳞坑和水平沟整地区少 1.11% 和 18.15%。方差分析结果显示（图 4-9），水平沟显著高于大鱼鳞坑与传统鱼鳞坑（$P<0.05$）。

从分析结果可以看出，水平沟整地区在降雨量较大时，土壤侵蚀较为严重。可能由于其外埂较长，难以疏导强降雨形成的较大径流，从而径流大量冲刷外埂，带来更大的土壤侵蚀量。大鱼鳞坑和传统鱼鳞坑在应对较强降雨的效果明显优于水平沟。综上所述，大鱼鳞坑整地区的土壤侵蚀量最少，传统鱼鳞坑次之，水平沟最多。

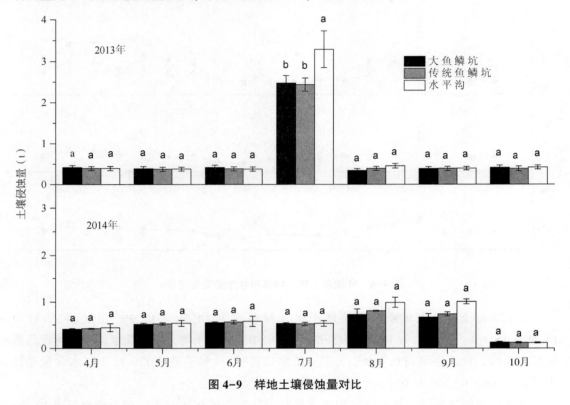

图 4-9　样地土壤侵蚀量对比

4.2.2.3　植物生长状况

降雨是土壤侵蚀的原动力。植被茎叶对降雨的雨滴动能具有消减作用，枝干及枯枝落叶对径流流速具有减缓作用，植物根系可以提高土壤抗冲性和抗蚀性。所以植被对减轻土壤侵蚀有重要影响，尤其在黄土高原地区，被当做一种强有力的生物措施，在防止土壤侵蚀、控制泥沙方面发挥明显的生态效益（穆兴民，2000；林和平，1993；韩丙芳等，2015；王月玲等，2012）。所以在本研究中，3 种整地处理后林地植被生长状况是衡量整地效果的重要指标。

2013 年和 2014 年生长季末，对试验区林木存活状况进行调查（表 4-3）。2013 年年末，大鱼鳞坑整地区树木存活率分别比传统鱼鳞坑和水平沟高 10.84% 和 8.34%。2014 年年末，大鱼鳞坑整地区树木保存率分别比传统鱼鳞坑和水平沟高 10.00% 和 8.33%。可以看出，大鱼鳞坑的植被存活情况最佳。

表 4-3　样地不同整地区林木生长情况（均值±标准差）

整地方式	植物	初植	2013 生长季末	2014 生长季末	存活率（%）	保存率（%）
大鱼鳞坑	刺槐	60	57±2.52	55±3.51	96.67±1.67	93.33±4.17
	沙棘	60	59±0.58	57±1.53		
传统鱼鳞坑	刺槐	60	52±3.51	51±1.15	85.83±5.47	83.33±2.55
	沙棘	60	51±3.05	49±2		
水平沟	刺槐	60	56±1.53	54±1	88.33±2.93	85.00±2.93
	沙棘	60	50±2.08	48±2.52		

不同整地区植被生长状况指标（株高、胸径）如图 4-10。2013 年年末，水平沟整地区的乔木株高、胸径均为最大，比传统鱼鳞坑整地区分别高 3.95%、3.94%，比大鱼鳞坑整地区分别高 2.04%、1.58%，差异不显著（$P>0.05$）。2014 年年末，大鱼鳞坑整地区的乔木株高最大，比传统鱼鳞坑和水平沟分别高 8.85% 和 4.86%，显著高于传统鱼鳞坑（$P<0.05$）；水平沟整地区的胸径为最大，分别比大鱼鳞坑和传统鱼鳞坑高 1.12% 和 2.46%，差异不显著（$P>0.05$）。

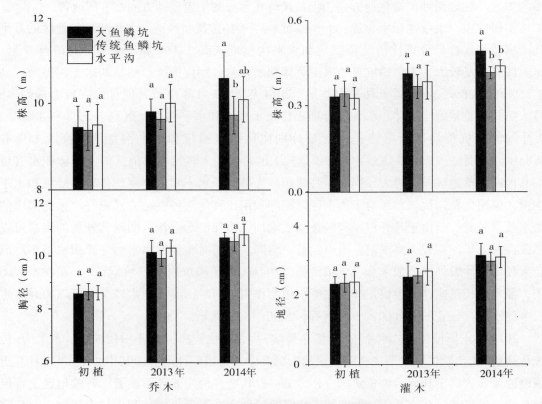

图 4-10　不同整地方式下乔灌木生长情况对比

2013 年年末，大鱼鳞坑整地区灌木的株高最大，比传统鱼鳞坑和水平沟分别高 12.30% 和 7.59%；水平沟整地区地径最大，比大鱼鳞坑和传统鱼鳞坑大 7.17% 和 5.49%，株高、地径均差异不显著（$P>0.05$）。2014年年末，大鱼鳞坑整地区的株高、地径均为最大，比传统鱼鳞坑整地区分别高18.58%、5.72%，比大鱼鳞坑整地区分别高11.62%、1.62%，其中，株高显著高于其他整地区（$P<0.05$）；综上可见，大鱼鳞坑和水平沟整地区植物生长状况较好。

4.2.3 讨论

黄土沟壑区常用的造林整地方式有鱼鳞坑、水平沟、水平阶等（穆兴民，2000），其中又以水平沟和鱼鳞坑的使用最为频繁。水平沟的蓄水保墒能力较强，可以有效地拦蓄降水，在降水不均的黄土沟壑区效果尤为明显（林和平，1993）。鱼鳞坑蓄水能力不及水平沟，蓄水量有限（胡伟等，2005；韩丙芳等，2015），但工程量较小，操作方便。但由于黄土沟壑区地形破碎，降雨少且暴雨集中，以上传统整地方式在黄土沟壑区均有不足。水平沟布设时，土壤扰动较大，较长的沟道虽有利于蓄水，但遇到强降雨，其径流疏导能力较差，外埂易被冲刷，造成较大的土壤侵蚀；随着雨强不断增大，水平沟的土壤侵蚀量不断增大（王月玲等，2012；蔡进军等，2005）。鱼鳞坑蓄水能力较差，难以保证植物生长季的需水。相较两种传统整地方式，大鱼鳞坑在水分和土壤侵蚀方面都有所改善。

本研究中，土壤体积水含量：大鱼鳞坑>水平沟>传统鱼鳞坑。大鱼鳞坑整地区的月平均土壤体积水含量分别比传统鱼鳞坑和水平沟整地区高3.34%和1.95%。2013年7月，试验区降雨量较大，大鱼鳞坑整地区土壤体积水含量分别比传统鱼鳞坑和水平沟整地区高8.25%和5.28%，差别高于月平均差异；2014年8、9月降雨较其他月份有较大提高，8月大鱼鳞坑整地区土壤体积水含量分别比传统鱼鳞坑和水平沟整地区高5.52%和4.24%，9月大鱼鳞坑整地区土壤体积水含量分别比传统鱼鳞坑和水平沟整地区高5.11%和3.84%，差别也高于月平均差异。降雨量较大的月份，大鱼鳞坑整地区的土壤体积水含量与其他两种整地区差异较大，同时，强降雨后土壤体积水下降的速度比传统鱼鳞坑和水平沟慢，说明大鱼鳞坑整地区对于短期强降雨的利用比其他两种整地方式更好。大鱼鳞坑的集水效果较好，是由于其开口半径较鱼鳞坑增加，增加汇水面积，同时其外埂的提高可以增强拦水效果。在较大降雨时，可以拦蓄一定降水，同时不会像水平沟一样积水过多形成较大径流，冲毁外埂造成水分、土壤流失。而且，大鱼鳞坑内"一坑双苗"，在乔木郁闭前，灌木生长迅速，能很快发挥其涵养水源的作用，同时，灌木耗水较少，可以为乔木生长节约水分（王正秋，2000；王彦辉等，2006；王国梁等，2009）。

2013年土壤侵蚀量：水平沟>传统鱼鳞坑>大鱼鳞坑；2014年土壤侵蚀量：水平沟>传统鱼鳞坑>大鱼鳞坑。水平沟在降雨量较大的几个月土壤侵蚀严重，其中2013年7月其土壤侵蚀量显著高于其他两种整地区（$P<0.05$），其他月份均差异不显著。各整地区土壤侵蚀总量差异显著（$P<0.05$），水平沟土壤侵蚀量显著高于大鱼鳞坑和传统鱼鳞坑，大鱼鳞坑整地区土壤侵蚀量最少。大鱼鳞坑外埂高度增加可以阻挡径流拦蓄泥沙，而且每个大鱼鳞坑之间有间距，可以疏导较大径流，避免像水平沟一样被强降雨冲刷外埂造成更多侵蚀。此外，植被茎叶对降雨的雨滴动能具有消减作用，枝干及枯枝落叶对径流流速具有减

缓作用，植物根系可以提高土壤抗冲性和抗蚀性。所以植被对减轻土壤侵蚀有重要影响，尤其在黄土高原地区，被当作一种强有力的生物措施，在防止土壤侵蚀、控制泥沙方面发挥明显的生态效益（张兴昌等，2000；余新晓等，1997；吴钦孝等，1998；Zheng，2006）。本研究中，大鱼鳞坑整地区植被生长状况相对较好，因此，其抗侵蚀能力相对其他两种整地方式有所增强。

大鱼鳞坑整地区的树木存活率和树木保存率相对较高，可以保证试验区尽快郁闭成林，更好地发挥森林植被的水土保持效应，减轻土壤侵蚀，改良土壤性质（方坚等，2007）。因此，大鱼鳞坑整地后的植被建设效果优于其他整地方式。

另外，在整地工程量方面，水平沟整地的工程量最大，大鱼鳞坑与传统鱼鳞坑相比，开口直径提升，但由于大鱼鳞坑的栽植模式是"一坑双苗"，所以其工程量小于两个传统鱼鳞坑，因此，其工程量最小。乔灌混交林在黄土高原地区的应用已被广泛认可，乔灌混交林更易于郁闭，灌木枝叶繁茂，枯枝落叶层易于保存，有更好地防止土壤侵蚀的功能（吴钦孝等，2001；赵麦换等，2002）。在传统鱼鳞坑和水平沟中，水平沟多棵植株栽植于同一沟道，传统鱼鳞坑每个坑只栽植一棵植株，所以，施工人员在造林过程中难以控制乔灌比。大鱼鳞坑内严格按照乔灌比 1∶1 进行栽植，利于施工人员操作，提高工程效率。

综合比较以上整地方式，大鱼鳞坑处理区水分状况最佳且土壤侵蚀量最少，水土保持效果最好。黄土高原地区植被通过林冠对降雨进行截留和再分配过程，因此林分的郁闭十分重要，郁闭后的植被可以有效减缓雨滴对地面土壤的打击，也可以通过再分配来减缓径流，而且较快郁闭的林分，其林下枯落物层可以较快堆积，对降雨和径流的侵蚀进行再次减缓，直接减轻了土壤侵蚀（李素清，2005；余新晓，2006）。大鱼鳞坑整地区林木存活率和保存率均为最高，且树木间距合适，长势较好，郁闭较快，所以在植被生长方面，大鱼鳞坑也最适合黄土沟壑区。大鱼鳞坑中的水分条件虽优于其他整地区，但植株生长的部分生长指标相较其他整地区迟缓，这可能是因为大鱼鳞坑内多个树种在较小的空间内养分竞争相对激烈，对彼此的生长造成了一定的影响和阻碍（Zheng，2006）。沙棘在刺槐林冠下生长，随着刺槐冠幅以及林分郁闭度的增加，沙棘的生长可能会受到更大影响。因此，长期的成林效果还有待进一步检验。

4.2.4 小结

黄土高原位于我国由湿润、半湿润气候向半干旱、干旱气候过渡的中间地带，其热量、光照条件可满足我国北方主要树种的需要。而主要的限制因素是黄土沟壑区常年降雨量小于蒸发量，且暴雨集中，极易产生径流，带来严重的水土流失造成水分和肥力不足（张建军等，2011；张雷明等，2002；Shi H，Shao M A，2000；王晓燕等，2000）。植被恢复是治理黄土沟壑区严重的水土流失的有效措施。植被恢复的主要措施有人工造林、飞播造林、封育等，其中，飞播造林成本过高，封育的成林速度较慢。因此在黄土高原地区，人工造林仍是植被恢复的主要途径。由于该地区水分亏缺，需要通过整地收集水分提高造林成活率。整地可以改善立地环境条件，加强土壤的蓄水保墒能力，使其适应林木生长（张国庆等，2013；Bergkamp，1998）。目前，黄土沟壑区采用较多的造林整地方式为水平沟、水平阶和鱼鳞坑等（刘文宏等，2006），这些造林整地方式均能在一定程度上提高造林地的蓄水保墒能力。但是，由于该地区沟壑纵横、地形破碎，常规的整地方式均受到一定程度的局限：水平沟、水平阶沿等高线开挖的沟道可能被较大的沟壑阻断，整理沟壑将带来更大的工程量；鱼鳞坑由于蓄水能力较弱，需要成片规则布设才能更好地发挥保水保土的功能（王进鑫等，1992；张志强等，1993），但该地区地形起伏较大，大面积有规律的鱼鳞坑布设很难实现；同时，传统的整地方式在栽植时没有严格的乔灌比例，不利于施工人员的实际操作。这些常规整地方式在黄土沟壑区均存在一定限制。为了适应该地区的地形，我们设计了大鱼鳞坑双苗造林技术。大鱼鳞坑在传统鱼鳞坑的基础上进行改造，扩大栽植穴直径，加高外埂，在栽植穴内乔木、灌木严格按照 1∶1 比例栽植，同时，大鱼鳞坑不需要像传统鱼鳞坑那样规则排列，可根据地形情况灵活布置。另外，大鱼鳞坑、传统鱼鳞坑和水平沟在黄土沟壑区对土壤水分、土壤侵蚀和植被状况的影响也不同。

（1）大鱼鳞坑整地区土壤体积水含量高于传统鱼鳞坑和水平沟整地区。30cm、60cm 和 120cm 土层土壤体积水含量均表现为大鱼鳞坑最高，水平沟次之，传统鱼鳞坑最少，其中 30cm 土层，大鱼鳞坑显著高于传统鱼鳞坑和水平沟。大鱼鳞坑整地区的月平均土壤体积水含量分别比传统鱼鳞坑和水平沟整地区高 3.34% 和 1.95%，其中，除整地初期未降雨的月份和 2013 年冬季未降雨的月份，其他月份的土壤体积水含量均为大鱼鳞坑最高。

（2）大鱼鳞坑的土壤侵蚀量少于其他两种整地方式。其中，水平沟显著高于大鱼鳞坑和传统鱼鳞坑，大鱼鳞坑和传统鱼鳞坑差异不显著。大鱼鳞坑整地区的土壤侵蚀总量分别比传统鱼鳞坑和水平沟整地区少 1.11% 和 18.15%。

（3）在植被生长状况方面，大鱼鳞坑的植被状况较好于其他两种整地方式。2013 年年末，大鱼鳞坑整地区树木存活率分别比传统鱼鳞坑和水平沟高 10.84% 和 8.34%；2014 年年末，大鱼鳞坑整地区树木保存率分别比传统鱼鳞坑和水平沟高 10.00% 和 8.33%。其中，大鱼鳞坑整地区 2014 年年末乔木株高显著高于传统鱼鳞坑，灌木株高显著高于传统鱼鳞坑和水平沟，其他生长指标差异不显著。

研究表明，大鱼鳞坑双苗造林技术可以有效地提高土壤水分含量，减小土壤侵蚀；同时，其造林效果相较传统整地方式也有所提升。此外，大鱼鳞坑的土壤扰动小，施工量小，操作简明，利于工人施工。综上可见，该整地造林技术适于黄土沟壑区。

4.3 土壤物理

4.3.1 研究方法

4.3.1.1 研究内容

以试验地区蔡家川流域 4 种典型退耕林地（次生林、油松×刺槐混交林、油松人工林、刺槐人工林）和耕地为研究对象，采用资料咨询收集，样地选取试验、室外调查取样和室内试验分析等方法，通过 2010—2014 年 5 年的持续研究，以耕地作为对照，对比分析了晋西黄土区4不同退耕林地的植被概况、土壤物理性质、枯落物和土壤水文特征，主要内容包括以下部分。

（1）退耕林地植被恢复概况

通过对4种退耕林地固定样地5年的持续监测，得出了不同林地乔木层、灌木层和草本层的物种组成、生物多样性和结构特征。

（2）不同退耕林地和耕地的土壤物理性质

对4种林地类型固定样地和耕地5年土壤垂直剖面理化性质的年际观测，主要包括土壤密度、土壤颗粒组成、根系含量、孔隙度特征、有机质、饱和导水率等，通过数据分析，得出各种林分类型物理性质随土层深度，随年际变化的的规律，对比得出各退耕林地之间、林地与耕地之间物理性质的差异和比较规律。

（3）林地枯落物蓄积量和持水性能

通过4种退耕林地枯落物的采集和室内模拟实验，得出了各林地枯落物每年蓄积量、最大持水量和有效持水量的大小，并分析比较年份和林地类型对于枯落物水文特征的影响。

（4）林地土壤持水能力

以耕地为对照，分析比较了各退耕林地5年平均饱和导水率、饱和含水量和毛管持水量的的差异，同时通过对林地1m土层厚度的上述3项指标的年际变化分析，评价得出各林地的持水和蓄水能力的差异。

（5）土壤物理性质与持水能力之间的关系

5种土地利用方式下，针对土壤5种土壤理化性质进行了相关度分析，并分别将土壤最大持水量、毛管持水量与各土壤理化性质之间进行了多因素的回归分析，建立各退耕林地土壤持水能力与土壤理化性质之间的模型。

2014年8月中旬，采用野外调查与室内分析相结合的方法，根据典型性和代表性原则，在试验区即山西吉县蔡家川流域以耕地玉米作为对照组，选取生境和土壤状况相同，并于1992年退耕的林地，包括自然恢复的辽东栎林（natural recovery forest，NR）及人工的油松×刺槐混交林（artificial mixed forest，MF）和刺槐纯林（artificial pure forest，PF）各三处为研究样地，进行调查和每木检尺，其中海拔采用GPS eTrex Vista测定，坡度坡向采用地质罗盘DQY-1测定，胸径尺和勃鲁莱氏测高器分别测量胸径和树高，郁闭度采用郁闭度测定器法，样地基本情况见表4-4。

表4-4　样地基本情况

序号	植被类型	海拔 (m)	坡度 (°)	坡向 (°)	胸（地）径 (cm)	树高 (m)	密度 (株/hm²)	郁闭度
1	NR1	1139	19	NW35	10.22（0.56）	6.56（0.17）	1950	0.82
2	NR2	1138	17	NW32	11.19（0.32）	6.28（0.25）	1900	0.84
3	NR3	1139	16	NW34	11.33（0.34）	6.72（0.16）	1931	0.82

（续）

序号	植被类型	海拔 (m)	坡度 (°)	坡向 (°)	胸（地）径 (cm)	树高 (m)	密度 （株/hm²）	郁闭度
4	MF1	1126	15	NW15	7.95（0.28）×8.81（0.31）	5.89（0.47）	1080×650	0.87
5	MF2	1124	17	NW15	8.03（0.25）×9.01（0.26）	5.30（0.37）	1100×600	0.89
6	MF3	1125	14	NW13	7.93（0.14）×9.20（0.21）	5.46（0.35）	1150×600	0.90
7	PF1	1196	15	NW39	12.17（0.23）	8.25（0.46）	1835	0.86
8	PF2	1193	17	NW41	13.71（0.33）	8.17（0.42）	1850	0.85
9	PF3	1195	18	NW42	11.37（0.45）	8.36（0.32）	1862	0.84
10	CK1	1153	14	NW22	3.70（0.47）	2.45（0.17）	73000	0.87
11	CK2	1154	13	NW20	4.01（0.38）	2.57（0.14）	73500	0.85
12	CK3	1156	14	NW24	3.98（0.35）	2.19（0.13）	73580	0.84

注：NR 为自然恢复的辽东栎林；MF 为油松刺槐人工混交林；PF 为刺槐人工纯林；CK 为耕地。胸（地）径和高度数值为平均值（标准差）。胸径对象为林地的乔木，地径对象为玉米耕地。玉米的郁闭度指其的冠层覆盖度。

4.3.1.2 研究方法

（1）样地布设与监测

访问有关技术人员，查阅造林技术材料，通过实地踏查，选择各植被恢复类型具有充分代表性的样点进行样地布设工作。2010 年 7 月，在蔡家川流域选择 1994 年退耕的生境相近（包括海拔、坡向坡度、退耕前植被状况等）的植被覆盖类型，包括次生林、油松×刺槐人工混交林、刺槐人工纯林、油松人工纯林和农地 5 种研究样地，林地每种类型布设3 个重复样地。

植被调查对于评价森林水源涵养功能有重要的参考价值，是评价森林生态功能的重要依据。植被调查方法采用生态学中常用的样地调查。每个林地中都调查了 3 个 20m×20m的标准样地。调查了样地的位置海拔、郁闭度、坡度坡向等常规指标。样地中每木检尺，包括林地中的树种类型、胸径、树高、冠幅等指标，同时对每棵树进行定位。20m×20m的样地中分别于四个角进行灌木的调查，具体面积为 5m×5m，每个灌木样地中分别对灌木种类、盖度、高度、株数进行了详细的调查。再在每个灌木样方中进行相似的草本调查，于 4 个灌木样方 4 个角选取 1m×1m 的草本小样方，并对对草本种类、盖度、高度、株数进行了详细的调查。2010—2014 年每年 7 月进行监测和调查。各样地 5 年基本情况见表 4-5。

表 4-5　退耕林地固定样地监测情况

样地序号	林分类型	海拔(m)	郁闭度	坡度(°)	坡向(°)	优势树种	密度(株/hm²)	平均胸、地径(cm)	平均树高(m)
1		1123	0.74	24	SE 33	刺槐	1550	10.2	10.3
2	刺槐人工林	1123	0.66	25	SE 32	刺槐	1150	9.7	10.1
3		1130	0.78	22	SE 34	刺槐	1200	10.2	10.3
4		1128	0.88	10	NE 64	油松、刺槐	3200	P8.3, R7.8	P6.2, R7.3
5	油松×刺槐混交林	1127	0.88	11	NE79	油松、刺槐	3800	P9.6, R13.2	P6.4, R8.4
6		1127	0.78	16	NE70	油松、刺槐	3300	P8.6, R9.3	P6.5, R7.6
7		1143	0.60	14	SE46	油松	1250	13.4	8.0
8	油松人工林	1129	0.75	28	SE 58	油松	1200	12.8	6.9
9		1140	0.76	14	SE 47	油松	1100	9.7	5.3
10		1118	0.91	19	NW 65	山杨、辽东栎	2850	7.4	7.1
11	次生林	1121	0.84	12	NW 75	山杨、辽东栎	2800	8.1	7.4
12		1087	0.89	17	NW 61	山杨、辽东栎	2600	8.7	9.2

（2）土壤物理性质测定方法

本研究的土壤理化性质测定主要包括土壤质地、土壤密度、土壤孔隙度、土壤饱和导水率、土壤有机质和土壤根系。每年在固定样地中通过土壤剖面采集环刀样品和分析样品，然后对各项指标进行测定，具体操作方法如下：在每个样地中选择具有代表性的没有人为干扰的样点进行挖掘。按剖面层次，分 0~10cm、10~20cm、20~40cm、40~60cm、60~80cm、80~100cm 六层进行采样工作，由上至下依次环刀取样，环刀容积为 100cm³，同时用铁锹取分析样品。

环刀取样之后进行样品的处理，测定土壤各种含水量。

土壤水分-物理性质采用环刀法测定（张甘霖，2012），包括土壤密度、孔隙度（总孔隙度、毛管孔隙度和非毛管孔隙度）、饱和导水率和含水量等指标。

①土壤饱和含水量的测定。土壤饱和含水量指的是土壤中的全部孔隙都充满水分的含水量，它表征着土壤的最大容水能力。

测定方法：将环刀样品小心揭去上下底盖，换一垫有滤纸的吸水能力较好的网眼底盖，放入可以盛水的器皿中，慢慢注入水分并保持水面高度与环刀上缘相齐，浸泡吸水12h。将环刀小心地水平取出，盖严上、下底盖，擦干环刀后立即称重。将环刀再放入盛水器皿内吸水，数小时后再次重复称重，直至称到稳定重量 W。结果计算公式如下：

$$W_m = (W - W_0) / W_0 \times 100 \tag{4-4}$$

式中：W_m 为饱和含水量（%）；W 为湿土重；W_0 为烘干土重。

②土壤毛管持水量的测定。土壤中毛管中所能保持的水分称为土壤毛管水。测定土壤毛管水持水量，可以通过计算土壤毛管孔隙的比例得出。

测定方法：将测定过土壤饱和含水量的环刀小心去掉底盖（不要带走土壤），放在铺有干砂的平面上 2h。盖上底盖，立即称重 B。计算结果如下：

$$W_C = (B - W_0) / W_0 \times 100 \tag{4-5}$$

式中：W_C 为土壤毛管持水量（%）；B 为湿土重（g）；W_0 为烘干土重（g）。

③土壤密度的测定。将上述测完的环刀样品置于烘箱中烘干，称重 b 并记录。清理干净烘干土样之后称环刀重量 a。公式如下：

$$\rho = (b - a) / V \tag{4-6}$$

式中：ρ 为土壤密度（g/cm³）；V 为环刀体积（100cm³）。

④土壤孔隙度的计算。土壤总孔隙度由于测定困难，故一般不直接测定，而土壤孔隙与土壤密度密切相关，所以采用是用比重和密度计算求得。

土壤总孔隙度包括毛管孔隙及非毛管孔隙。其计算方法如下：

$$Pt = 100 (1 - D/d) \tag{4-7}$$

式中：Pt 为总孔隙度（%）；D 为土壤密度（g/cm³）；d 为土壤比重（由于土壤比重较难测定，所以土壤比重的平均值 2.65 来计算）。

$$Pc = W_C \times D \tag{4-8}$$

式中：Pc 为毛管孔隙度（%）；W_C 为毛管持水量（%）；D 为土壤密度（g/cm³）。

$$Pn = Pt - Pc \tag{4-9}$$

式中：Pn 为非毛管孔隙度（%）；Pt 为总孔隙度（%）；Pc 为毛管孔隙度（%）。

⑤土壤粒径组成测定。本文研究土壤粒径分布测定方法为吸管法，根据 Stokes 定律及比重计在悬浮液中的有效深度，采用 0.02mm 和 0.002mm 两个分离粒径值，采用 0.5mol/L 的六偏磷酸钠溶液作分散剂测定土壤不同粒径土粒含量。

⑥饱和导水率的测定。将测定土壤密度烘干后的环刀土样浸水 18h，与饱和含水量测定操作相似，浸水后在环刀上套一个空环刀，用胶布封好，并用熔蜡黏合，放在漏斗上，用 100mL 规格的烧杯承接，约 1h 后观察和比较渗出水量，直至渗出水量均匀相等未止，并量取每分钟的渗出量。

⑦土壤有机质含量测定则是将采集的分析样品风干采用重铬酸钾容量法进行测定（何斌，2002）。

⑧土壤根系测定。在土壤剖面中挖取单位体积的土壤，0~10cm 和 10~20cm 土层体积设定为 10cm×10cm×10cm 的正方体，其他土层则设定为 20cm×10cm×10cm 的长方体，沿边缘认真剪断土体之外的根系，然后将样品全部收集，带回室内，进行以下步骤测定。

根土分离：利用研究地区修筑的量水堰的便利条件，采用致密的纱布网兜涮洗的方法，多次反复淘洗，分离根土。

拣根：认真仔细的拣去各种杂质，如树叶、石子等，但注意不要把根系带出。

烘干称重：经（105±2）℃左右烘干 12~24h 至恒重，记录数据。

⑨枯落物现存量和持水能力。用室内浸泡法测定林下枯落物的持水量（丁绍兰，

2009）。将所采集枯落物风干，浸泡至恒重（24h 左右）称量，遮阴条件下静置（实验过程中以不具有水滴出现为准，约 5min）并称重，最后烘干称重获得现存量。

（3）数据处理与分析

采用 Microsoft Excel 2010 和 SPSS 16.0 软件对枯落物层和土壤层各项指标进行数据处理，采用单因素方差分析（one-way ANOVA）和最小显著差异法（LSD）对不同林分各项指标进行差异显著性分析（$\alpha = 0.05$），用 Origin8.6 和 Excel 根据处理结果作图。用 SPSS16.0 软件将饱和含水量和毛管持水量分别与土壤密度、有机质含量、饱和导水率和孔隙度之间进行相关性分析和多因素回归处理。

（4）技术路线图。晋西黄土区退耕林地近 5 年土壤理化性质和持水能力技术路线如图 4-11。

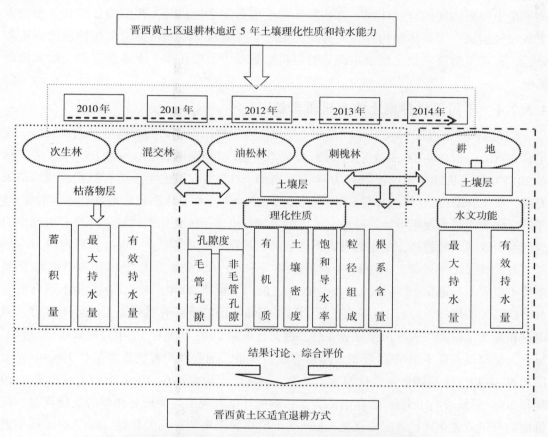

图 4-11　晋西黄土区退耕林地近 5 年土壤理化性质和持水能力测定

4.3.2　不同退耕林地土壤理化性质

土壤理化性质是评价土壤性状的最重要的因素，也是土壤研究过程中的重点内容。土壤是一个固、液、气三相共存的生态系统，各种性状进行着缓慢而不间断的变化。不同植被类型、不同土地利用方式对于土壤理化性质有较大的影响。对比分析晋西黄土区蔡家川流域退耕林地和耕地的土壤理化性质对于评价该地区退耕还林效果具有重要的参考价值，尤其是土壤物理性质的研究比较意义更加重要。

土壤密度是决定土壤物理性质的重要指标，是评价土壤紧实状况的最重要的物理性质，与土地利用方式、耕作和植被覆盖类型有关，林地和耕地间会有一定的差异；土壤有机质是土壤化学性质的重要指标，森林土壤是地球上重要的碳库，这主要由于林地土壤中大量腐殖质的存在，同时有机质的胶体作用又可以改善土壤密度等物理性质。林木根系是森林土壤特有的性质之一，故与耕地之间差异显著。通过对 4 种退耕林地和耕地的上述三项指标的测定，得出了不同林地和耕地间的差异和年际变化规律。土壤饱和导水率是反映土壤渗透功能的重要指标，不同土地利用方式土壤性质的不同会导致饱和导水率的差异。土壤颗粒组成对于土壤结构、土壤抗蚀性和土壤养分具有重要的意义。土壤孔隙度是土壤紧实度的直接体现，总孔隙度与土壤密度之间相关，孔隙的分布和类型则有土壤粒径组成、团聚体结构等性质有关。通过 4 种退耕林地和耕地的上述性质的测定和分析，初步得出研究地区蔡家川流域的退耕措施对于土壤孔隙、土壤渗透和土壤质地的影响。

4.3.2.1　不同退耕林地土壤有机质含量

4 种退耕林地退耕 16~20 年间不同土层深度均表现出逐年增大的趋势（图 4-12）。次生林 0~10cm 和 80~100cm 土层退耕 20 年较退耕 16 年分别增加 27.8% 和 25.4%，人工林在 2014 年的有机质含量也较 2010 年有明显增加。比较 1m 厚土层土壤有机质总量的结果发现，次生林退耕 20 年的总量较 16 年增加约 27.4%，人工林也相应增加 20%~32%，5 年的变化规律呈现逐年增加的趋势。耕地的土壤有机质年际变化不明显，并没有表现出明显的增大或减小的趋势。次生林有机质含量随退耕年份的积累，0~10cm 土层退耕 16~18 年之间差异变化不显著，退耕 19 年较退耕 17 年和 16 年较显著，退耕 20 年与退耕 19 年间差异不显著，与退耕 18 年差异显著，10cm 土层以下退耕 20 年后较退耕 15 年土层有机质都有较显著的增加，综合 1m 厚度土层，退耕相邻年份的土壤有机质总量差异不显著，但退耕相差 3 年以上均表现出差异显著性。混交林退耕 20 年和退耕 19 年有机质比较差异不显著，但都显著高于退耕 15 年时土壤的有机质含量，油松林的有机质含量在 10~40cm 土层和 60cm 以下土层随年际变化差异不显著，但其他土层尤其 0~10cm 土层表现出退耕 19 年和 20 年后显著高于退耕 18 年时的含量，刺槐林也表现出与油松林相似的变化规律。而耕地的有机质变化无论各土层还是 1m 厚度土层均为表现明显的差异性，这与耕地每年重复的耕作方式有关。

土壤理化性质随着土层深度的增加而发生变化，从有机质含量的比较发现，无论退耕林地还是对照耕地，均呈现随土层深度增加而减小的趋势，表层（0~10cm）含量最高，其次是 10~20cm 土层，20cm 土层以下有机质含量迅速减小，这主要与林地和耕地的表层和深层土壤特征有关，林地表层土壤含有大量的腐殖质层，且有大量的枯落物存在，故表层含量最高，而耕地表层为耕作层，人为施肥影响严重。不同土层间，林地类型 0~10cm 土

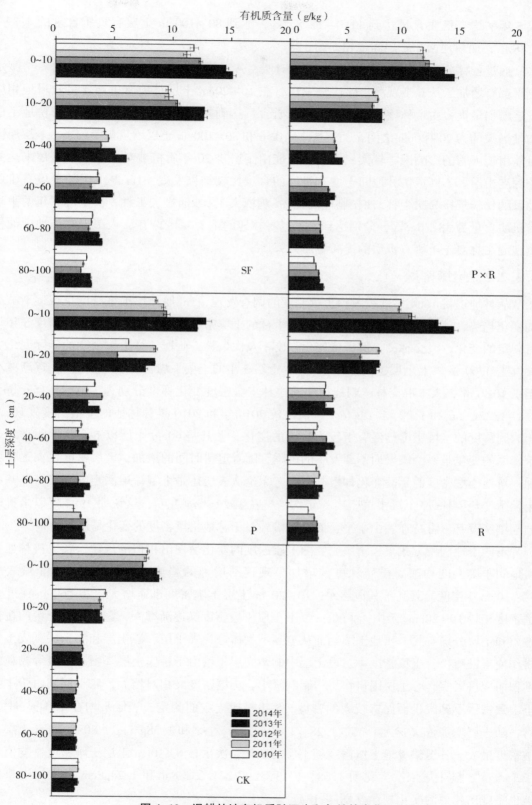

图 4-12　退耕林地有机质随深度和年份的变化

层 5 年平均有机质含量达到 11.0 ~ 12.8g/kg，达到 80 ~ 100cm 土层有机质含量的 4.39 ~ 4.88 倍，而耕地两个土层间也相差约 3 倍。

通过各林分之间的比较发现，与耕地对照，各退耕林地在 1m 厚的土壤中每一个测定土层都有增加，从 6 个观测土层比较发现，在 10 ~ 20cm 土层林地有机质含量较耕地相应土层增加最大，次生林该土层的平均有机质含量达到耕地的 2.84 倍。其次相较耕地土层增量最大的为 20 ~ 80cm 之间，而表层 0 ~ 10cm 和 80 ~ 100cm 土层增量幅度较小。表层原因可能由于人为的影响因素较大，而底层可能由于退耕 20 年后植被对于土壤影响还未达到该深度土层。不同退耕林地间土壤有机质的含量比较结果发现，1m 厚土层的土壤有机质总量的比较规律为次生林>油松刺槐混交林>刺槐人工林>油松人工林，次生林 5 年的平均有机质含量为 38.76g/kg，分别达到人工退耕林地的 1.15 ~ 1.29 倍，人工退耕林地中油松刺槐混交林对于土壤有机质的提高更加显著。

4.3.2.2　土壤密度

从林地退耕 16 年后连续 5 年土壤密度的调查发现，1m 厚土层土壤密度呈现逐渐减小的变化趋势，但逐年的变化并不明显，次生林的土壤密度表层和其他土层土壤密度 5 年均有一定的变化，混交林的土壤密度变化强度不及次生林，刺槐纯林土壤密度的年际变化主要发生在 60cm 以上土层；次生林 1m 厚度土层 5 年的土壤平均密度从 1.17g/cm³ 逐渐减小至 1.10g/cm³，人工混交林、刺槐林和油松林土壤密度变化梯度分别为 1.19 ~ 1.15g/cm³、1.2 ~ 1.22g/cm³ 和 1.22 ~ 1.18g/cm³，仅比较 2014 年和 2010 年各林地的土壤密度发现，5 年时间跨度的土壤密度已经有了较为显著的变化，尤其是 60cm 土层以上，这说明林地土壤密度的变化是一个缓慢而不断发生的过程，随着退耕时间的增加，土层密度也在逐年增加。耕地土壤密度的年际变化却极其微小，无论从表层还是土壤深层测定的土壤密度基本未发生变化，1m 厚土层土壤密度 5 年均维持在 1.29g/cm³ 左右，这说明 1994 年以来耕地的土壤密度基本维持在一个水平，而退耕措施对于林地土壤密度的变化是逐年发生的。

不同土地利用方式下，土壤密度随土层深度的变化呈现出相似的规律，各退耕林地和耕地间土壤密度均随着土层深度的增加呈现逐渐增大的趋势。首先对照耕地土壤表层（0 ~ 10cm）密度显著高于其他层次，10 ~ 20cm 土层土壤密度迅速增大，20 ~ 60cm 深度土壤密度相较 10 ~ 20cm 变小，而 60cm 以下土层土壤密度又逐渐增大，这与耕地土壤的耕作性质和土层分层有关。耕地土壤剖面从上到下大体分为表土层、心土层和底土层，表土层耕作使土壤疏松，土壤密度小，表土层中的犁底层土壤由于耕作土层降雨和灌溉等黏粒的堆积而变得紧实，心土层因耕作层的影响减小，土壤密度又相对增大，底土层则由于本身土壤致密得不到改良而保持较大的密度。5 年耕地土壤的测定，表层平均在 1.04g/cm³ 左右，随土层增加依次变为 1.35、1.28、1.29、1.37g/cm³ 和 1.38g/cm³，80 ~ 100cm 土层土壤密度最大。各退耕林地土壤密度随土层的变化：次生林 0 ~ 10cm 土层土壤密度平均值小于 1g/cm³，随土层依次变化为 1.08、1.13、1.17、1.23g/cm³ 和 1.24g/cm³，人工退耕林地也呈现出相似的变化规律（图 4-13）。

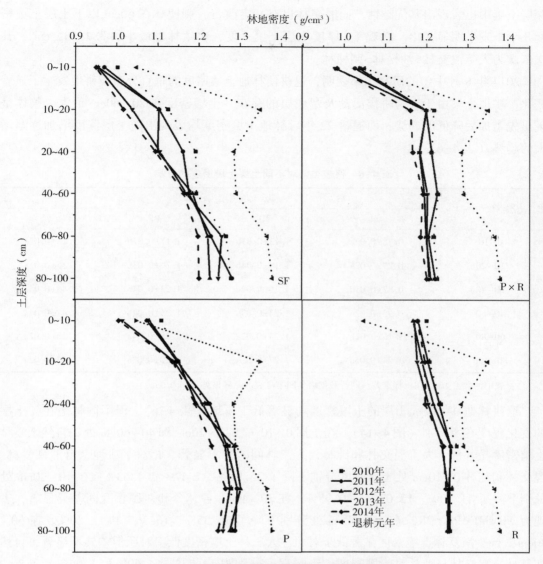

图4-13　退耕林地密度随深度和年份的变化

由于耕地土壤密度的年际变化极其微小，故将其5年观测数据平均值与退耕林地的土壤进行比较，各退耕林地相较耕地在土壤密度方面均表现出减小的结果。1m厚度土层土壤5年的平均密度耕地为1.29g/cm³，次生林和各人工退耕林地介于1.13~1.20g/cm³之间，均显著小于耕地。0~10cm土层次生林和混交林土壤密度相较耕地较小，而油松林和刺槐林则大于耕地，主要与耕地的人为因素有关。其他土层的比较，各退耕林地均小于耕地值，尤其在10~20cm土层土壤密度都显著小于耕地，这说明退耕对于土壤密度的改良在耕地的犁底层影响更加显著。不同林地之间的比较发现表层土壤密度规律为次生林<混交林<油松林<刺槐林，仅次生林0~10cm土层土壤密度小于1g/cm³，10~20cm土层次生林的土壤密度也显著小于人工林，随着退耕年份的增加，各退耕林地的土壤密度次生林在

深层土壤中也表现出其优越性，而混交林也有一定改善，刺槐林在 60cm 以下土层土壤密度几乎未发生明显变化。纵观 1m 厚度土层土壤密度，次生林也最小约为 $1.13g/cm^3$，其次依次为人工混交林>油松林>刺槐林。

2014 年 8 月中旬的研究结果表明，退耕使林地土壤密度的垂直分布较耕地发生了显著变化，耕地土壤由于人为耕作活动及犁底层的存在，土壤密度在 20~60cm 最大，整体呈现出先增加后降低的趋势；而退耕 22 年后林地土壤密度均表现出随土层深度增加逐渐增大的趋势（表 4-6）。

表 4-6　植被类型对不同土层土壤密度的影响

土层深度（cm）	土壤密度（g/cm³）			
	NR	MF	PF	CK
0~10	0.78±0.02c	1.13±0.03b	1.17±0.02b	1.23±0.02a
10~20	0.79±0.02c	1.18±0.04b	1.20±0.03b	1.35±0.01a
20~40	0.87±0.01d	1.19±0.02c	1.23±0.04b	1.45±0.05a
40~60	0.93±0.02c	1.23±0.03b	1.25±0.04b	1.47±0.04a
60~80	1.15±0.01b	1.24±0.02a	1.28±0.04a	1.30±0.02a
80~100	1.24±0.01a	1.27±0.01a	1.30±0.03a	1.33±0.02a

注：表中的数据为平均值±标准差；同行数据后不同字母表示差异显著（$P<0.05$）。

退耕林地 0~60cm 土层的土壤密度均显著低于耕地（表 4-6），但不同林地在各土层的变化程度有所差别（图 4-14）。在土层 0~10cm、10~20cm 和 40~60cm 处，自然恢复林土壤密度显著低于人工混交林和纯林，人工林间差异不显著。相对于耕地，自然恢复林、混交林和纯林 0~10cm 处土壤密度分别下降了 35.93%、7.47% 和 4.63%；在 10~20cm 处分别下降了 41.40%、12.03%、10.95%；在 20~40cm 各林分和对照相互间差异显著，表现为 NR<MF<PF<CK，在 40~60cm 处分别下降了 36.35%、16.36% 和 15.20%。在 60~80cm，自然恢复林土壤密度显著低于对照，人工林土壤密度低于对照但差异不显著，自然恢复林、混交林与纯林对土壤密度的影响程度分别为 11.73%、4.60% 和 1.95%。在 80~100cm，林地土壤密度较耕地没有显著差异。3 种林分对土壤密度的影响程度只有 5% 左右。从变化程度来看，自然恢复林在 20cm 处容重变化率最大，为 41.40%，随后逐渐减小，60cm 之后下降程度达 50% 以上，容重变化率最小值为 6.39%。混交林的变化率呈现先增加后减少的趋势，由表层的 7.46% 上升至 40cm 处的 18.30%，60cm 处为 16.35%，80cm 和 100cm 处均迅速下降到 4% 左右，相比于 60cm 的变化率低 75%。纯林变化率在 0~60cm 逐渐增大，最大值为 15.20%，60cm 之后急速下降，只比耕地减少了 2% 左右。总体上，自然恢复林对 0~80cm 的土层均影响显著，平均变化程度为 28.78%。混交林和纯林对土层影响深度均达到 60cm，平均变化程度分别为 10.58% 和 8.34%。

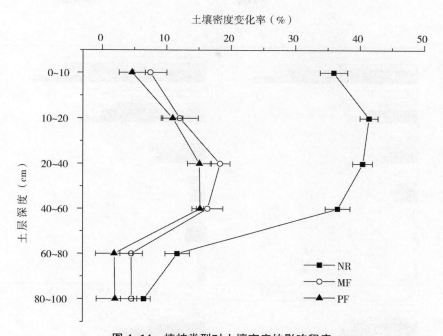

图 4-14　植被类型对土壤密度的影响程度

变化率为相对于耕地（CK）增加或减少的百分比，下同。

4.3.2.3　根系含量

对于各林地和耕地土壤根系含量 5 年的测定发现，各林地类型由于地上生物量的增加，地下根系含量也呈逐年增加的趋势。次生林各土层的根系含量及平均值都有一定的变化，从 0~10cm 土层看出，次生林的根系含量呈现逐年稳定增加的趋势，由 31.9kg/m³ 增加至 41.8kg/m³，增幅约 31.3%，随着土层的增加增幅依次变为 19.7%、34.5%、26.5% 和 7.4%，这说明次生林根系退耕 16~20 年 5 年间根系的生长集中于 80cm 土层以上，80cm 以下根系含量增加较小，且 80cm 以上土层 0~10cm、20~40cm 和 40~60cm 土层根系生物量增加最多，10~20cm 土层则较少；1m 厚度土层次生林土壤根系含量由 57.07~73.30kg/m³ 逐年增加。混交林土壤根系含量的增加量主要集中于 20cm 以上土层，刺槐林地在退耕 19~20 年在土壤 0~10cm 和 10~20cm 土层有了显著的提升，退耕 16~18 年间变化较小，20cm 土层以下土壤根系含量变化较小，油松林地根系含量 20cm 土层以上逐年稳步增长，20cm 土层以下变化较不规律，但各土层呈现逐渐增多的趋势。1m 厚度土层人工退耕林地的土壤根系含量也呈现逐年增加的趋势。土壤根系各林地中表层（0~20cm）的逐年变化表现出较显著的差异性，而 20cm 土层以下根系含量的年际变化差异不显著，仅表现出微小的增加趋势。

土壤根系含量在各土层的变化因植被类型而异（图 4-15）。20cm 以上土层耕地、次生林和混交林均表现出 0~10cm 土层根系含量高于 10~20cm 土层，而刺槐林和油松林的变化则相反，20cm 土层以下根系含量均随土层的增加而逐渐减少。从各林地和耕地土壤根系的含量分别可以看出，土壤根系主要集中于土壤表层，以 0~20cm 土壤根系含量最大，次生林 0~10cm 土层根系含量则最大，达到 10cm 土层以下所有根系含量总和的 1.33 倍，

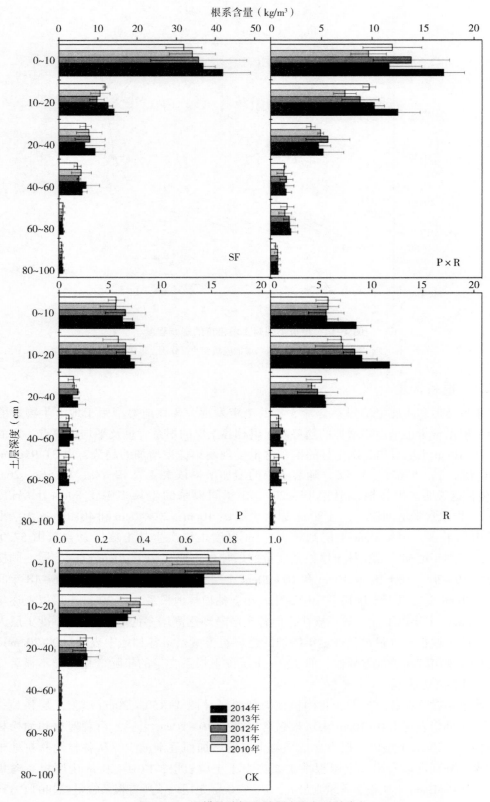

图 4-15　退耕林地根系随深度和年份的变化

人工林地中混交林 20cm 以上根系含量是 20cm 以下根系含量的 2.56 倍，刺槐林地和油松林地的 20cm 土层以上根系含量总和分别为 20cm 以下总和的 2.097 倍和 3.29 倍。耕地 20cm 以上土层根系含量是 20cm 土层以下的 7.21 倍，这说明耕地土壤根系的含量更集中于 20cm 土层以上，从耕地的根系含量图中看出 40cm 以下根系含量几乎为 0。

各退耕林地和耕地间的比较：林木根系是森林土壤的一项重要特征，从各林地和耕地的土壤根系含量图（图 4-15）可以清晰地看出退耕林地的根系含量明显大于耕地。根系含量图横坐标值的范围不一，主要原因是由于耕地类型土壤根系太少所致。4 种退耕林地 1m 厚度土层根系含量最小值是耕地的 14 倍，最大值达 52.6 倍，这充分说明耕地的退耕措施在土壤根系含量方面有了极其显著的增加，土壤根系 0~10cm 土层含量各林地也达到根系的 8.56~50.0 倍，而 80~100cm 土层则达到 113~342 倍，这主要与耕地该层根系几乎为 0 有关。不同退耕林地间根系含量次生林>混交林>刺槐林>油松林。纵观 1m 厚度土层，次生林根系含量达到各人工退耕林地的 2~2.88 倍，表层含量更加达到 2.81~5.85 倍，最深土层 80~100cm 也显著高于人工退耕林地含量。不同人工退耕林地间以混交林的根系含量最大，这说明在土壤根系含量的增加上混交林优于人工纯林。

4.3.2.4 土壤饱和导水率

从 4 种退耕林地和耕地土壤饱和导水率的年际变化可以发现（图 4-16），耕地土壤饱和导水率的年际变化微小，年际变化规律极其不明显；4 种退耕林地则表现出逐年增加的趋势。次生林表层 0~10cm 土壤饱和导水率退耕 16 年后的逐年依次提高 12.6%、0.7%、0.8% 和 0%，这说明该土层饱和导水率的增加主要发生在退耕 16~17 年间，主要原因可能与土壤密度的变化有关，次生林 0~10cm 土层土壤密度的变化也主要集中在该退耕年份，而纵观 1m 厚度土层的平均饱和导水率的逐年增量为 9.1%、7.2%、1.8% 和 4.9%，变化主要集中退耕 16 年后的两年时间，0~10cm 土层以下土壤饱和导水率也呈现出逐年增加的趋势，随着土层增加，增量减少。1m 厚度土层饱和导水率的增加比例：混交林逐年增加 8.2%、2.9%、2.6% 和 8.7%，刺槐林为 6.4%、2.6%、6.6% 和 0.4%，油松林逐年增加 3.1%、0.1%、1.2% 和 4.1%，从各人工林地的增量看出土壤饱和导水率并未呈现出较规律的变化，但总体呈现逐年增大的趋势，退耕 20 年到退耕 16 年各林地的增加比例分别为 24.9%、24.3%、11.2% 和 19.2%，4 年增量的总变化比较显著。

5 种土地利用方式饱和导水率从 0~10cm 表层至 80~100cm 底层的变化呈现逐渐减小的趋势。耕地土壤的饱和导水率表层 0~10cm 数值为 1.04mm/min，10~20cm 土层迅速降至 0.17mm/min，随土层深度增加依次降低为 0.39mm/min、0.36mm/min、0.12mm/min 和 0.09mm/min，表现出与土壤密度显著相反的比较规律，饱和导水率最小的为 80~100cm 土层，依次为 60~80cm<10~20cm<40~60cm<20~40cm。退耕林地的饱和导水率随土层增加变化相对平缓，次生林饱和导水率 0~10cm 土层最大为 1.26mm/min，约为 80~100cm 土层的 2.05 倍，依次为 10~20cm 和 20~40cm 土层，40cm 土层以下变化较小；混交林也呈现出表层 0~10cm 显著高于其他土层的现象，10cm 土层以下饱和导水率在 0.5~0.7mm/min 之间；刺槐人工林的饱和导水率表层 0~10cm 却未出现显著高于其他土层的现象，刺槐林各

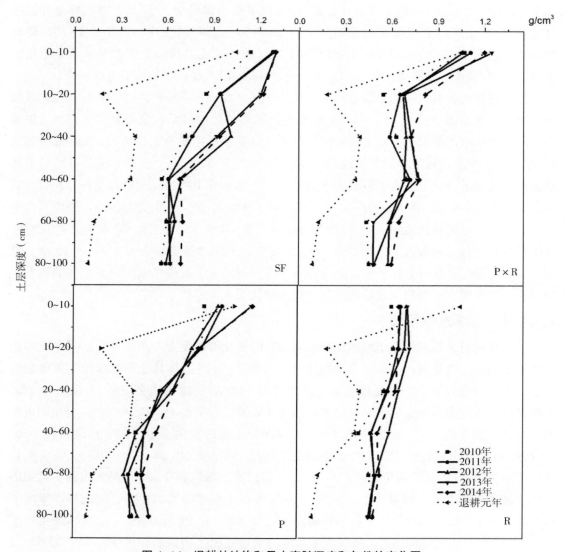

图 4-16　退耕林地饱和导水率随深度和年份的变化图

土层间差异不是非常显著，表层 0～20cm 约 0.66mm/min，80～100cm 土层约 0.46mm/min；油松林的饱和导水率以 0～10cm 表层最高，约 1.01mm/min，是 80～100cm 土层的 2.34 倍，各土层之间变化相对明显。

从 5 种土地利用方式饱和导水率的差异比较发现，4 种退耕林地与耕地间存在显著的差异性，主要体现在 10cm 以下的土层，从各土层和 1m 厚土层对比发现，次生林在 6 个分土层和 1m 厚土层均高于耕地，表层与耕地差异较小，混交林 0～10cm 土层与耕地间差异极小，但其他土层和总土层均显著高于耕地，刺槐林 0～10cm 土层饱和导水率反而低于耕地，这说明在土壤渗透性能方面刺槐的退耕措施不及人工耕作，而其他土层则表现出优于耕地的现象；油松林对于饱和导水率的增加主要体现在 10cm 土层以下，表层和耕地差异较小。不同退耕林地间的比较发现，表层土壤的饱和导水率次生林、混交林和油松林显著高于刺槐林，均在 1mm/min 以上，而刺槐林仅为 0.66mm/min，1m 厚度土层的饱和导水率次生林达到 0.84mm/min，是混交林、刺槐林和油松人工林的 1.18，1.50，1.35 倍。从饱和导水率的年际增量比较发现，次生林和混交林也显著高于人工刺槐林和油松林。

4.3.2.5　土壤粒径组成

由于耕地和各林地退耕 16~20 年间土壤颗粒组成比例未发生显著变化，故粒径中未呈现各土地利用方式的年际变化情况。各土层的粒径分析结果均为退耕 16~20 年 5 年间的均值。从粒径组成 5 个小图可以看出（图 4-17），在研究区蔡家川流域的颗粒组成随土层深度的变化并没有明显的差异，且各利用类型粒径组成上 0.002~0.02mm 之间的粉粒含量占据优势，但随着土层深度的增加，各粒径的组成上还是发生了一定的变化。次生林的砂粒含量随着土层深度的增加有较小幅度的减小，黏粒含量小幅增加，但二者总体维持在 30%和 10% 的比例左右，粉粒颗粒变化值很小，其他 3 种人工林也呈现出相似的规律。耕地土壤的粒径分布则呈现出表层 0~10cm 砂粒含量最高，10~20cm 土层黏粒含量最高的规律，这可能与人为耕种有关，表层耕作层砂粒多有利于水分渗透，而表层的黏粒可能由于多年的转移而到达下一土层。而 20cm 土层以下砂粒又逐渐减少，黏粒逐渐增多。

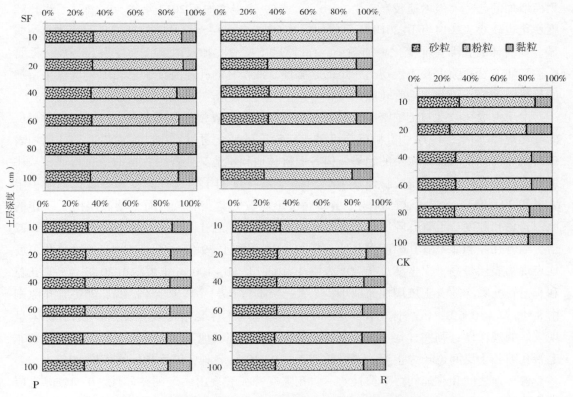

图 4-17　退耕林地粒径组成随深度和年份的变化

耕地土壤的粒径组成与林地有一定的差异。从测定结果看出，耕地 1m 厚度土层土壤砂粒含量在 27.5% 左右，黏粒在 16.3% 左右，相较退耕林地，黏粒含量较高，砂粒含量较低，10~20cm 土层相似的比较规律更加明显，各退耕林地粉粒含量均大于 57%，而耕地为 56.2%，这说明退耕林 20 年林地的砂粒含量有所增加，而黏粒含量有所降低。不同退耕林地之间差异并不明显，砂粒为 30%~31%、粉粒 57%~58%、黏粒 11%~14%，次生林和混交林粒径组成上，次生林砂粒稍多于混交林，黏粒稍小于混交林，而人工刺槐林和油松林黏粒含量则相对高于次生林和混交林，砂粒含量相对较低。

4.3.2.6 土壤孔隙度特征

从图中可以看出，各退耕林地和耕地土壤孔隙度的年际变化相对缓慢。耕地土壤的孔隙特征 2010—2014 年 4 年间基本无变化，总孔隙度、毛管孔隙度和非毛管孔隙度相对稳定在一个区间，总孔隙度基本维持在 51% 左右，毛管孔隙主要集中于 44%~46% 之间。退耕林地间土壤孔隙特征则呈现一定的规律。总体看，4 种退耕林地总孔隙度和毛管孔隙度呈现随着退耕年份增加而增大的趋势，非毛管孔隙未呈现出较好的规律性。次生林 1m 厚土层总孔隙度呈现逐年稳步增加的趋势，2014 年较 2010 年提高了 2.8% 的总孔隙，毛管孔隙也呈现出逐年增加的趋势，土壤 0~10cm 土层和 80~100cm 土层的年际变化都较明显，这可能与根系作用和土壤有机质有关。混交林 1m 土层总孔隙也呈现出随着退耕年限的积累而增加的趋势，但增速较慢，由 2010 年的 55% 逐步增加至 2014 年的 56.7%，毛管孔隙度变化也较小，2014 年比 2010 年仅增加了 0.6%，各土层土壤孔隙特征的年际变化也不明显。刺槐林的孔隙特征变化更加微小，1m 厚度土层总孔隙仅由 52.5% 变为 52.7%，毛管孔隙和非毛管孔隙也并未表现出一定的趋势性。油松林的孔隙特征：总孔隙呈现逐年增加的趋势，毛管孔隙和非毛管孔隙则变化不一。

由于土壤孔隙度与土壤密度有显著的相关性，故土壤总孔隙度表现出与土壤密度相反的变化规律。从图 4-18 中孔隙度指标随土层深度的变化可以看出，无论耕地和林地均表现出随土层深度增加而减小的趋势。但各退耕林地和耕地又变现出各自的变化特征，从耕地随土层变化的结果看出，耕地在 10~20cm 土层深度的土壤总孔隙度和毛管孔隙度小于表层和 20~40cm 土层，这与耕地土壤犁底层土壤较为紧实有关，而土壤表层由于耕作的原因，总孔隙度、毛管孔隙度和非毛管孔隙度均最大，总孔隙度是其他土层平均值的 1.22 倍，毛管孔隙和非毛管孔隙度是其他土层的 1.20 倍和 1.39 倍。各退耕林地土壤总孔隙度均表现为表层最高，次生林总孔隙度表层 0~10cm 是 80~100cm 土层的 1.20 倍，毛管孔隙和非毛管孔隙均随着土层增加而减小，毛管孔隙度由 55.1% 减少至 46.4%，非毛管孔隙则由 8.4% 降至 6.6%；混交林总孔隙度和毛管孔隙与次生林变化规律相似，非毛管孔隙未呈现较好的规律性；刺槐林 0~10cm 层总孔隙最大，但与其他土层差异不大，毛管孔隙和非毛管孔隙各土层间也较为接近；油松林则表层 0~10cm 各项孔隙度指标均为最大值。

各林地之间和耕地间由于植被的不同孔隙度特征表现出一定的差异性。0~10cm 土层总孔隙的比较发现，耕地总孔隙度约 60.5%，次生林和混交林高于耕地，分别达到 63.5% 和 61.8%，油松林与耕地相近，刺槐林小于耕地，仅为 55.4%，毛管孔隙度耕地为 51.9% 左右，次生林、混交林和油松林都大于耕地，而非毛管孔隙度次生林与耕地相近，其他退耕林地均小于耕地。1m 厚度土层的比较则呈现不同的结果，1m 土层耕地的平均总孔隙度

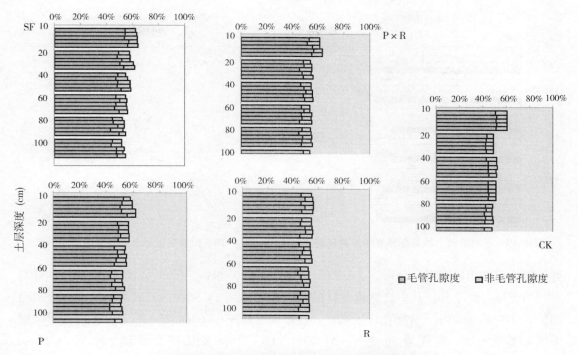

图 4-18　退耕林地孔隙度随深度和年份的变化图

为 51.4%，退耕林地均大于耕地，毛管孔隙和非毛管孔隙也都高于耕地，这说明在 1m 厚的土层退耕对于孔隙度的改善是较为显著的，且主要体现于 10cm 土层以下的影响。不同林地间则表现出与土壤密度相反的比较现象，1m 土层总孔隙、毛管孔隙和非毛管孔隙均为次生林最大，分别为 57.0%、49.2% 和 7.8%，人工退耕林地总孔隙度：混交林>油松林>刺槐林；毛管孔隙度：混交林>油松林>刺槐林，非毛管孔隙则 3 种较为相近。0~10cm 土层总孔隙、毛管孔隙和非毛管孔隙均为次生林最大，分别高出混交林 1.7%、0.9% 和 0.8% 的孔隙，人工林中混交林稍大于油松林，而油松林和混交林显著大于刺槐林 0~10cm 土层的孔隙，这说明在土壤孔隙特征的比较方面次生林>混交林>油松林>刺槐林（图 4-19）。

（1）植被类型对土壤总孔隙度的影响

2014 年 8 月中旬的研究结果表明，退耕使林地土壤总孔隙度的垂直分布较耕地发生了显著变化，土壤总孔隙度随着土层的加深呈现下降的趋势（图 4-20）。植被类型对土壤总孔隙度的影响程度表现为自然恢复林最大，混交林略大于纯林，耕地最小。0~10cm 处，自然恢复林与混交林、纯林的总孔隙度均显著高于耕地，人工林之间无显著差异，但均与自然恢复林差异显著。对土壤总孔隙度的影响程度表现为 NR（36.69%）>MF（8.82%）>PF（7.10%）。10~20cm 的土层，3 种林分之间彼此差异显著，且明显高于对照，其影响程度均达到 10% 以上。在土层 20~40cm、40~60cm 和 60~80cm 处，差异显著性分析结果与 0~10cm 处一致。在 20~40cm 处，3 种植被类型对土壤总孔隙度的影响程度范围为 23.35.%~51.26%。40~60cm 的土层深度，NR、MF 与 PF 的影响程度均超过 25%，且自然恢复林使土壤总孔隙度增加了 51.26%，是所有变化程度中的最大值。而在 60~80cm

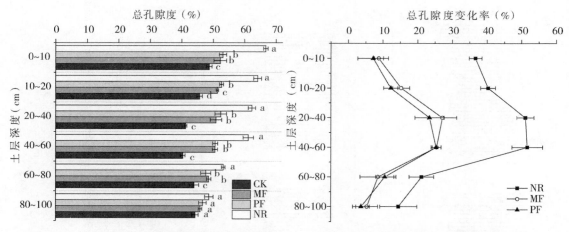

图4-19　不同植被土壤总孔隙度的差异显著性　　图4-20　植被类型对总孔隙度的影响程度

处，影响程度明显降低，分别为21.00%、8.42%和10.49%。在80~100cm处3种林分与对照均无显著性差异，其中自然恢复林的影响程度达到14.36%，而混交林与纯林分别增加了5.31%和3.66%。从变化程度来看，自然恢复林在0~60cm对土壤总孔隙度的影响随土层加深而增加，范围为36.69%~51.63%，60~80cm变化程度显著下降至21.11%，100cm处变化率为14.48%。混交林0~40cm，变化率由8.81%增长到27.12%，60cm处为25.46%，随后下降至100cm处的5.35%。人工林和自然恢复林均在0~60cm呈现上升趋势，最低为7.15%，最高为25.30%，随后下降，变化率在80cm和100cm处分别为10.56%和3.70%。总体上，退耕林地均影响到土层的80cm处，自然恢复林、混交林和纯林平均土壤总孔隙度分别比耕地增加了35.53%、15.04%和13.68%。

（2）植被类型对土壤毛管孔隙度的影响

2014年8月中旬的研究结果表明，退耕后不同植被类型的土壤毛管孔隙度随着土层的加深均显著增加。和对照相比，自然恢复林对土壤毛管孔隙度的影响大于人工林。毛管孔隙度在0~60cm各土层，退耕林地均和对照显著差异，人工林之间差异不显著，但二者均与自然恢复林差异显著；60~80cm，只有自然恢复林和其余三者差异显著；80~100cm，各林地均与对照无显著差异（图4-21）。3种植被类型对土壤毛管孔隙度的影响在0~10cm和10~20cm的土层，均达到10%以上（图4-22），在20~60cm达到20%，最大为56.69%。而在60~80cm的土层，其影响程度明显减少，表现为NR（16.21%）＞MF（2.65%）＞PF（6.69%）。在80~100cm处，自然恢复林仅使土壤毛管孔隙度增加了2.59%，混交林和纯林反而分别减少了5.50%和4.76%。就变化程度而言，退耕林地对土壤毛管孔隙度的影响在10~20cm处略有下降，随后增大直到60cm处达到最大值，随后则呈现减小的趋势。其中自然恢复林的变化范围为2.59%~57.12%，混交林的最大值是40cm处的23.22%，最小值为80cm处的2.65%。人工林60cm处变化率最大（27.41%），增加程度最小为6.80%。总体上，自然恢复林对土壤影响较深，达80cm，人工林则影响到60cm的土层。NR、MF和PF的平均土壤毛管孔隙度分别是CK的1.36倍、1.13倍和1.12倍。

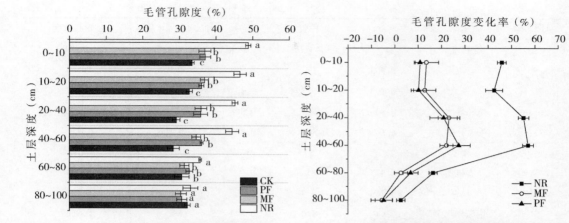

图 4-21 不同植被毛管孔隙度的差异显著性 　　　　图 4-22 植被类型对毛管孔隙度的影响程度

4.3.2.7 土壤不同理化性质相关性

土壤各理化性质间存在着一定相关性，由于各林地和耕地土壤粒径组成相差极小，非毛管孔隙变化趋势不一，总孔隙度根据土壤密度计算得出，故仅针对各土地利用方式土壤密度、土壤有机质、根系含量、饱和导水率和毛管孔隙度 5 项测定指标进行了相关性分析，通过各林地和耕地双变量相关分析得出不同林地 5 种性质两两之间的相关性，得出了Pearson 相关性的结果，由表 4-7 中可以看出各性质之间的相关与否及相关度。

表 4-7　土壤理化性质 Pearson 相关性分析

林地名称	指标	密度	有机质	根系	饱和导水率	毛管孔隙度
次生林	密度	1	−0.917	−0.914	*−0.937*	−0.911
	有机质	−0.917	1	0.872	*0.924*	0.833
	根系	*−0.914*	0.872	1	0.878	0.858
	饱和导水率	*−0.937*	0.924	0.878	1	0.854
	毛管孔隙度	*−0.911*	0.833	0.858	0.854	1
混交林	密度	1	−0.900	−0.770	*−0.930*	−0.882
	有机质	−0.900	1	*0.943*	0.877	0.808
	根系	−0.770	*0.943*	1	0.758	0.717
	饱和导水率	*−0.930*	0.877	0.758	1	0.801
	毛管孔隙度	*−0.882*	0.808	0.717	0.801	1
刺槐林	密度	1	−0.865	−0.864	−0.821	−0.575
	有机质	*−0.865*	1	0.720	0.775	0.438
	根系	*−0.864*	0.720	1	0.863	0.418
	饱和导水率	*−0.821*	0.775	0.863	1	0.563
	毛管孔隙度	*−0.575*	0.438	0.418	0.563	1

（续）

林地名称	指标	密度	有机质	根系	饱和导水率	毛管孔隙度
油松林	密度	1	-0.960	-0.896	-0.846	-0.908
	有机质	-0.960	1	0.913	0.961	0.863
	根系	-0.896	0.913	1	0.908	0.822
	饱和导水率	-0.846	0.961	0.908	1	0.896
	毛管孔隙度	-0.908	0.863	0.822	0.896	1
耕地	密度	1	-0.877	-0.849	-0.979	-0.954
	有机质	-0.877	1	0.977	0.870	0.824
	根系	-0.849	0.977	1	0.844	0.788
	饱和导水率	0.979	0.870	0.844	1	0.956
	毛管孔隙度	-0.954	0.824	0.788	0.956	1

注：图中±表示正负相关性，斜体数字表示各行中的最大值。

从各种植被类型的分析结果都可以看出，有机质、根系、饱和导水率、毛管孔隙度与土壤密度之间都存在负相关关系，土壤有机质与根系含量、饱和导水率和毛管孔隙度呈现正相关关系，土壤根系与饱和导水率、毛管孔隙度成正相关关系，土壤饱和导水率与毛管孔隙度之间存在正相关关系，土壤根系越多，土壤有机质含量越高，土壤密度越小，土壤饱和导水率越大，土壤毛管孔隙越多，耕地和各林地均表现出上述现象。不同林地和耕地之间相关度的比较发现，次生林土壤密度与根系含量、饱和导水率和毛管孔隙度相关性最高，土壤有机质与饱和导水率相关性高，这说明土壤密度对于次生林土壤各性质的改变起到重要的桥梁作用。混交林土壤密度也是影响其他因素的第一因子，刺槐林土壤密度是所有其他因素相关度最高的因子，油松林土壤有机质对于土壤其他物理性质影响最大，耕地则表现为饱和导水率是其他性质的重要决定因素。

4.3.3 退耕林地水文功能

4.3.3.1 枯落物蓄积量和持水能力

枯落物是林地持水能力的重要组成部分，枯落物本身可以截留降水，含蓄水源，阻延地表径流，发挥自身重要的生态水文功能，其次枯落物还在很大程度上可以影响土壤的性质和保护土壤层，如枯落物层可以改良土壤结构、提高土壤入渗能力，为土壤提供大量的有机质和营养元素，增加土壤团聚体，还可以降低土壤溅蚀、减少土壤蒸发、保护土壤。枯落物的蓄积量和物种类型决定了枯落物的持水能力。本文从枯落物本身的蓄积量和持水能力进行了研究。

从下图 4 种林地枯落物各个性质的年际变化可以发现（图 4-23），枯落物蓄积量（生物量）各林地的年际变化较小，次生林除了 2011 年反而有所减小外，呈现逐年增加的趋势，但增幅较小，仅由 32.1t/hm² 增加至 35.4t/hm²，4 年增加了约 10.7%，混交林呈现逐年稳步增多的规律，年均增幅约 2.36%，2014 年较 2010 年增加约 9.8%；刺槐林地枯落物随退耕年份的增加累积较少，4 年仅增加 1.62t/hm²，增幅为 6.5%，油松林则变化不稳定，在 2013 年蓄积量最大，其次是 2014 年，但 2013 年对比 2010 年有较大增幅，达15.0%。枯落物最大持水量、有效持水量与枯落物蓄积量呈现相似的年际变化规律，次生林最大持水量增速最大的年份为 2012—2013 年，枯落物持水率最大的年份为 2011 年，达到 637%，有效持水率也最大，达到 496%，枯落物最大和有效持水率最小的为 2012 年；混交林最大持水量和有效持水量最大的退耕年份为 2014 年，分别达到 144.1t/hm² 和110.8t/hm²，最大和有效持水率最大的年份为 2010 年，分别为 551% 和 429%，2014 年较2010 年最大持水量和有效持水量分别增加 3.99% 和 2.80%，小于枯落物蓄积量的增加比例，这说明枯落物的持水率不是固定的，可能与枯落物的分解程度相关。刺槐林地的枯落物最大持水量和有效持水量最大值在 2014 年，分别较 2010 年增加 11.2% 和 12.0%，高于蓄积量的增量，最大持水率和有效持水率也为 2014 年最大；油松林的最大持水量和有效持水量发生在 2013 年，增速最大的为 2012—2013 年，最大和有效持水率则 2010 年最大，为 363% 和 274%。

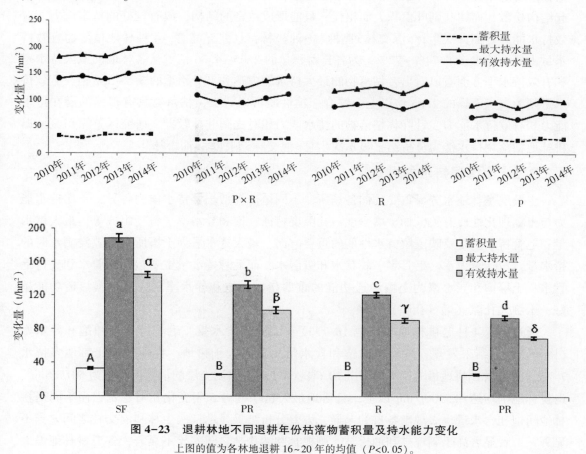

图 4-23　退耕林地不同退耕年份枯落物蓄积量及持水能力变化
上图的值为各林地退耕 16~20 年的均值（P<0.05）。

枯落物蓄积量增加量比较为次生林>混交林>油松林>刺槐林，5 年依次增加约 3.43t/hm²、2.45t/hm²、2.42t/hm²、1.62t/hm²，而各林地增加比例也呈现相同的规律。枯落物最大持水量和有效持水量的增加量依次为次生林>刺槐林>油松林>混交林，最大持水量分别增加 22.46t/hm²、12.99t/hm²、7.12t/hm² 和 5.53t/hm²，有效持水量分别增加 14.4t/hm²、10.4t/hm²、4.2t/hm²和 3.1t/hm²，二者增速也呈现相同的规律，次生林>刺槐林>油松林>混交林。

综合 5 年各退耕林地枯落物蓄积量、最大和有效持水量可以发现，不同退耕林地对于枯落物的影响是有差异的。从各林地枯落物蓄积量比较发现，次生林枯落物蓄积量显著高于其他人工林地，达到 33.2t/hm²，为其 1.26~1.30 倍，人工退耕林地蓄积量 25.4~26.4t/hm²之间，且 3 种人工林之间差异不显著，这说明次生林对于枯落物的累积优于人工林，从而也能反映出次生林地上植被的长势较好，封禁封育的次生林的地上生物量较高。最大持水量方面，次生林>混交林>刺槐林>油松林，且 4 种林分之间差异显著，4 种退耕林地最大持水量分别达到 188.9t/hm²、133.0t/hm²、121.0t/hm² 和 93.9t/hm²，是各林分蓄积量的 5.7 倍、5.1 倍、4.7 倍和 3.6 倍，油松林的最大持水能力最小的原因可能是枯落物的组分以针叶为主，油松针叶形态细长而光滑，不易截留和吸收水分，堆积在一起结构松散，而阔叶则叶面积大而粗糙，且能形成致密的结构，故有较好的持水能力。有效持水能力方面，次生林>混交林>刺槐林>油松林，且差异显著。4 种林地枯落物有效持水量占最大持水量的 74%~77%，为各自蓄积量的 2.65~4.36 倍。从各林地的最大持水率和有效持水率方面看以看出，枯落物的最大持水能力达到自身干重的 3.5~5.7 倍，有效持水量则为自身干燥的 2.65 倍以上。综合三项性质可以看出，枯落物具有很强的潜在持水能力和有效持水能力，针叶林枯落物的持水能力相对比阔叶林较差，研究区蔡家川流域退耕林地枯落物持水能力分析结果显示次生林>混交林>刺槐林>油松林。

4.3.3.2　土壤层持水能力

土壤层是林地水分最重要的储备场所，不同植被类型土壤持水能力各异，土壤持水能力与土壤理化性质有关，如土壤密度、孔隙度特征、饱和导水率、粒径组成等，最大持水量和毛管持水量是反映土壤持水性能的重要方面，最大持水量为土壤所有孔隙浸满水时的持水量，包括重力水、毛管水、膜状水和吸湿水，而毛管持水量主要包括悬着水和支持毛管水。土壤饱和导水率为土壤渗透功能的重要指标，饱和导水率越大，土壤渗透功能越好，土壤大孔隙（通气孔隙）越多。

通过测定 4 种退耕林地和耕地 1m 厚度土层饱和含水量、毛管持水量和饱和导水率（图 4-24），结果发现，各林地的饱和含水量均显著大于耕地，林地平均比耕地多持水 7.7%，次生林比耕地最大持水量多出 10.6%，耕地 1m 厚度土层的最大持水量为 5075t/hm²，退耕林地则均达到 5300t/hm²以上，且耕地最大持水能力 5 年变化相对稳定，而不同退耕林地间饱和含水量也表现出各自的差异，方差分析结果显示，次生林和混交林之间差异不显著，二者显著高于刺槐林和油松林，刺槐林和油松林之间差异不显著，各退耕林地最大持水能力表现为次生林>混交林>油松林>刺槐林，次生林分别较 3 种人工退耕林分增加 1.4%，4.5%和 5.0%，这说明土壤持水能力方面封禁封育的退耕措施优于人工退耕造林措施。

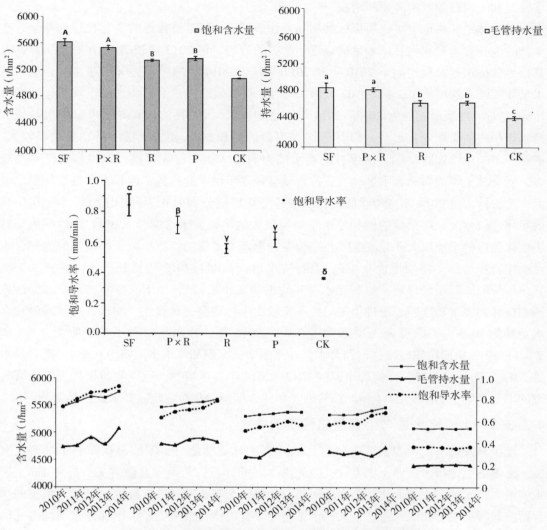

图4-24 不同植被类型土壤持水量和饱和导水率的差异

　　毛管持水量的比较得出与饱和含水量一致的规律，耕地的毛管持水量最小，且显著小于退耕林地，林地平均毛管持水量比耕地高出 7.2%，不同退耕林地间次生林最大，达到 4852t/hm²，人工退耕林地混交林最大，油松林稍大于刺槐林，但二者差异不显著。5 种土地利用类型毛管持水量占饱和持水量的比例处于 86%~88% 之间，耕地与林地未产生明显差异的原因可能由于耕地毛管持水和最大持水量都较小的缘故。

　　土壤饱和导水率的对比分析可以得出，次生林>混交林>油松林>刺槐林>耕地，除人工油松林和刺槐林间差异不显著外，其他土地利用类型饱和导水率间均表现出显著差异性。4 种退耕林地平均饱和导水率达到耕地的 1.87 倍，这说明退耕林地对于土壤的渗水功能较耕地有了显著的提高，这主要与土壤结构、土壤密度和孔隙度特征的改变有关。各退耕林地土壤饱和导水率次生林分别比 3 种人工林高 18.2%、36.0% 和 50.3%，显著高于土壤密度和土壤孔隙度的降幅和增幅。

　　退耕林地和耕地上述三项指标的年际变化表明，4 种退耕林地的变化比耕地明显，次生林的饱和含水量和毛管持水量呈现逐年增多的趋势，但 2013 年较 2012 年有所下降，尤其是毛管持水量，但均高于 2010 年和 2011 年，但 2014 年两项指标又迅速增加，最大持水量 4 年的平均增幅 1.2%，2010—2012 年两年间增幅最大，毛管持水量平均每年增幅为1.8% 左右，增幅最大的为 2013—2014 年，达到 6%。次生林的饱和导水率呈现出与最大持水量相似的年际变化趋势，但其年均增速却达到 6.2%，相较土壤的持水量增幅较大。退耕 5 年的连续观测显示，次生林的蓄水能力和渗水能力都在提高，但渗水功能提高较多。混交林土壤的饱和含水量和毛管持水量呈现逐年增大的趋势，饱和含水量逐年稳定增大，毛管持水量 2014 年有所降低，二项指标年均增幅分别为 0.7% 和 0.2%，小于次生林的年际增长幅度，而土壤的饱和导水率却有较大的增幅，年均增长 6.0%，这说明混交林土壤孔隙度的增加以大孔隙或通气孔隙为主，提高了土壤的渗透功能。刺槐林的饱和含水量逐年稳步增加，年均增大 0.4%，毛管持水量以 2011—2012 年增长最快，达到 3.2%，其他年份增幅较小较稳定，饱和导水率年均增幅 2.8%，显著小于次生林和混交林，这说明刺槐林的渗水功能随着退耕年限的提高相较次生林和混交林较差。油松人工林的饱和含水量和饱和导水率的提高主要集中于 2012—2014 年，这两年二者平均增幅为 1.1% 和8.3%，2012 年前增幅较慢，饱和含水量几乎零增长，饱和导水率增幅为 0.9%，毛管持水量 2013 年为下降趋势，降幅较小，但 2013—2014 年迅速增加，这说明油松林土壤毛管孔隙的增多集中于 2013—2014 年。而耕地 5 年的 3 项指标相对稳定，并未发生显著的变化。

4.3.3.3　土壤持水量与土壤理化性质的关系

　　土壤最大持水量即为土壤中所有孔隙充满水时的总量与土壤的总孔隙和土壤密度有关，土壤的毛管持水量即土壤毛管孔隙充满水时的含量，与毛管孔隙有关。故将 1m 土层土壤最大持水量与土壤理化性质拟合回归时忽略了土壤密度和总孔隙度，毛管持水量的拟合回归忽略了毛管孔隙。通过最大持水量与土壤有机质、根系含量、饱和导水率的多元回归和毛管持水量与土壤密度、有机质、根系含量、饱和导水率的多元回归，得出各自的拟合方程和 R^2（表 4-8、表 4-9）。

表 4-8　饱和含水量与土壤理化性质的拟合结果

植被利用类型	拟合方程	R^2
次生林	$Y=-81.8a+3.86b+367.3c+1114.3$	0.868
混交林	$Y=-85.9a-8.99b+815.7c+871.9$	0.874
刺槐林	$Y=-46.1a-30.3b+294.5c+1075.1$	0.830
油松林	$Y=-19.7a-91.1b+409.9c+998.6$	0.943
耕地	$Y=-46.7a-1033.3b+798c+944.9$	0.941

表 4-9　毛管持水量与土壤理化性质的拟合结果

植被利用类型	拟合方程	R^2
次生林	$Y=-71.2a+0.192b-185.8c-1650.5d+3302.8$	0.887
混交林	$Y=-123a+11.6b-232.1c-2774.9d+4517.3$	0.925
刺槐林	$Y=-48.5a+30b-446.1c-3082.8d+5161.5$	0.823
油松林	$Y=-21.4a+74.3b-169.6c-138.3d+3050.2$	0.929
耕地	$Y=-45.7a-899.9b-169.5c-2397d+4426.6$	0.942

注：表中饱和含水量和毛管持水量 Y 值单位为 t/hm^2；a 为有机质含量（g/kg）；b 为根系含量（kg/m^3）；c 为饱和导水率（mm/min）；d 为土壤密度（g/cm^3）。

　　从各植被类型饱和导水率与土壤有机质、根系含量和饱和导水率的拟合方程结果看出，拟合方程中系数最大的为常量，这说明土壤本身就具备初始的饱和持水量，各林地的拟合方程较为相近，各项物理性质的系数也都在相近的范围内，各退耕林地最大持水量影响程度最大的因子为饱和导水率，这可能由于土壤饱和导水率与土壤孔隙度特征的关系比土壤有机质和根系含量更加密切，而耕地的拟合方程根系含量的系数最大，这说明土壤根系对于耕地最大持水量的影响最大，同时也间接说明耕地土壤根系的含量极小。通过 R^2 值的比较发现，油松林的拟合度最大，其次是耕地，其他 3 种林地类型拟合度小于耕地和油松林。

　　毛管持水量与土壤有机质、根系含量、饱和导水率和土壤密度的拟合结果发现，各种植被类型的拟合方程常量系数都很大，而且远大于饱和含水量拟合方程的常量，这主要与土壤密度因子的增加有关，土壤密度与土壤毛管持水量呈现负相关关系，故除油松林外，各个拟合方程土壤密度因子的常数都很大，这也说明土壤密度是影响次生林、混交林、刺槐林和耕地毛管持水量的主要因素，油松林拟合方程的系数最大的为土壤饱和导水率，其次是土壤密度。R^2 值的比较发现，耕地、油松林和混交林的拟合效果最好，刺槐林最差。

4.3.3.4　林地总持水能力

　　林地与耕地最大的区别之一就是枯落物层，林地持水能力包括枯落物层和土壤层，耕地土壤的持水功能主要是土壤层。

　　从 4 种退耕林地和耕地总持水量的比较结果可以看出，枯落物层的最大持水量占林地总持水量的比例很小，林地枯落物层的最大持水量所占权重平均为 2.4%，其中次生林所占比例最大，为 3.3%，油松林枯落物层所占比例最小仅为 1.7%，这主要与油松林枯落物的特性和组分有关。由于土壤层有效持水量为土壤田间持水量减去凋萎系数，而两项指标均较难测定，故采用毛管持水量来表征各植被类型土壤的有效持水能力。因为毛管水包括一部分重力水和田间持水量，从图 4-25 右侧可以看出枯落物的有效持水量所占林地有效持水总量的比例也较小。这说明林地持水的主体还是土壤层，退耕措施对于林地持水能力和生态水文功能的提高体现在土壤层中，但枯落物层的持水也是林地的重要组成部分，因为枯落物的生态水文功能除了自身对于水分的储存之外，对于土壤层的保护作用明显，减少土壤蒸发，降低土壤侵蚀。从 4 种退耕林地枯落物和土壤最大持水量含量方面比较发现，次生林>混交林>人工纯林，而油松林和刺槐林之间差异极不明显，4 种林地最大持水量介于 5465~5801t/hm² 之间，土壤毛管持水量和枯落物有效持水量表现为次生林>混交林>刺槐林>油松林，而林地两项指标均显著高于耕地。

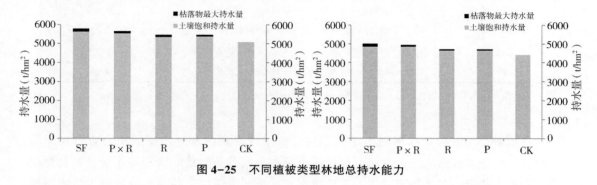

图 4-25　不同植被类型林地总持水能力

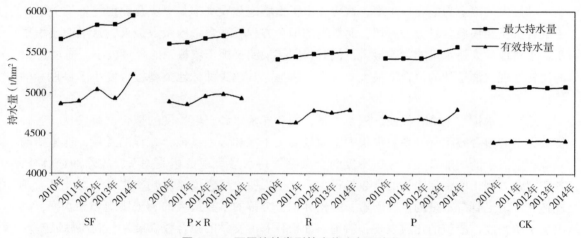

图 4-26　不同植被类型持水能力年际变化

　　5 种植被类型林地枯落物和土壤综合最大持水量和有效持水量方面发现，二者的年际变化规律与土壤层很相似，这主要由于枯落物层对于林地持水能力的影响能力有限。从 4 种退耕林地和耕地持水能力的年际变化发现，林地的最大持水量和有效持水量呈现增加的趋势，最大持水量：次生林年均增加 72.7t/hm²，增幅 1.3%，混交林年均增加 38.6t/hm²，增幅为 0.7%，刺槐林和油松林年均增加 23.5t/hm² 和 35.0t/hm²，增幅分别为 0.4% 和 0.6%，年均增加量和增幅次生林都是最大，其次为混交林>油松林>刺槐林。有效持水量方面：次生林年均增加 88.4t/hm²，增幅达到 1.8%，混交林年均增加 10.2t/hm²，增幅仅 0.2%，明显小于最大持水量的增速和增幅，这说明混交林土壤孔隙的年际变化主要体现在通气孔隙，刺槐林和油松林年均增幅和增速分别为 38.9t/hm² 和 22.1t/hm²，0.8% 和 0.4%，相较混交林较高，但二者有效持水量的总量并未大于混交林。而耕地 4 年的变化却极其微小，几乎维持在一个稳定的范围。综上所述，从林地最大持水量和有效持水量的年际变化看出，退耕林地对于土壤的持水能力的年际变化较耕地明显，林地由于耕作方式的稳定而变化极小，林地持水能力的年际变化次生林最大，其次是人工林地，混交林在最大持水能力的提高高于人工纯林，有效持水能力的提高较小，但每年的有效持水总量还是高于人工纯林。

4.3.4 结论与讨论

4.3.4.1 讨论

①土壤是在气候、母质、生物、地形和时间等因素下逐步形成的，土壤的性质受自然因素和人为因素的共同影响（林大仪，2002）。在气候、母质和地形条件相似的情况下，植被因素对于土壤的影响作用就会体现出来。土壤是一个三相共存的生态系统，时刻与外界进行着物质和能量的交换过程，但不同植被类型下土壤中发生的物理过程是有差异的（罗汝英，1992）。耕地土壤由于严重的人为因素表现出鲜明的分层现象，表层土壤疏松，适宜耕作，但表层耕作层以下的犁底层却迅速变得紧实，通气和透水性能急剧下降，土壤质地、结构和孔隙特征表现出其致密性（龚振平，2009）。森林土壤由于其具备独特成土因素：林木根系、森林枯落物和依存于森林植被下特殊的生物群，故表现出森林土壤独特的水文物理性质，土壤紧实程度、土壤结构性、土壤透水性、土壤持水能力、土壤水分移动均表现其特有的性质，土壤中有机质的含量也明显高于其他土壤类型。本文研究结果显示，退耕16~20年间的林地土壤理化性质与广种薄收的传统耕地土壤表现出明显的差异性，主要体现在土壤有机质含量、土壤颗粒组成、土壤密度、孔隙度、饱和导水率等方面，尤其是表层土壤以下更表现出林地的优越性。邢菊香（2010）等在陕西吴起黄土丘陵区进行退耕还林的研究发现，土壤表层孔隙度农田稍大于退耕还林地，而表层以下则小于退耕林地，且农耕地和草地土壤层随土层深度孔隙度锐减很大，本文研究也得出耕地表层土壤比油松退耕林和刺槐退耕林孔隙度大的结果，且耕地表层以下土壤孔隙度显著小于退耕林地。黄土丘陵区退耕还林后土壤物理性质恢复特征的研究，李志（2008）等在黄土塬区对不同土地利用方式下土壤物理性质的研究发现，各物理性质在土壤垂直剖面上存在变异，土壤饱和导水率、容重等变异较强，但颗粒组成基本不受土地利用方式的影响。本研究也发现各植被类型土壤随深度的变化表现出一定的变异，但粒径组成变异最小，这主要源于母质对土壤质地影响的决定性作用。不同土地利用方式下土壤理化性质的比较，李民义等在晋西黄土区的研究发现土壤容重人工混交林<人工纯林<农地，孔隙度与土壤容重表现出相反的比较规律，与本文研究结果一致，故说明退耕林地对于土壤理化性质的改善具有较明显的作用。本研究还得出各土地利用方式下土壤理化性质随退耕年限增加的变化，耕地土壤由于每年的人为干扰相对稳定，导致理化性质几乎不变；而退耕林地由于退耕年限的增加，乔冠草枯落物的增加，林木根系的增多，使得土壤理化性质时刻在发生着微小的变化，间隔5年的退耕时间土壤理化性质表现出不断改善和提高的年际变化规律。张国芬（2014）等在山西吉县的研究也发现退耕林地土壤孔隙度和容重随着退耕年限的积累也呈现出一定的变化规律。

②林地持水量包括土壤层和枯落物层。土壤最大持水量又可称为饱和持水量或全容水

量，即土壤完全为水饱和时的含水量，土壤全部孔隙均为水所充满，土壤水吸力等于0（孙向阳，2004）。枯落物最大持水量一般用浸泡24h后至恒重的枯落物含水量进行表征（时忠杰，2009；周娟，2013）。林地最大持水量是林地持水的最大量，反映了林地截持水分的最大能力，最大持水能力增加可有效减少黄土区地面径流和土壤侵蚀，削减洪峰，延缓洪水历时。传统上土壤有效持水量指土壤中能被植物有效利用的水分，一般用田间持水量减去凋萎系数进行计算（孙向阳，2004），但由于田间持水量和凋萎系数都极其难测定，故本文用毛管持水量来表征土壤的有效持水能力。

③枯落物的持水能力与物种类型、现存量、组分、分解程度等有关。研究表明，森林生态系统枯落物层的最大持水能力能达到生物量的200%~500%（刘世荣，2001）。本研究中4种退耕林地的枯落物最大持水量能达到生物量的300%~600%，因此，森林枯落物层是林地持水功能的重要组成部分，胡淑萍（2008）等在北京百花山的研究发现阔叶林枯落物的持水能力较针叶林强，而时忠杰（2009）等在六盘山对于森林枯落物水文功能的研究发现针叶林的蓄积量、最大拦蓄量和有效拦蓄量都优于阔叶林和灌木林。本研究中针叶林油松枯落物的持水能力最小，主要原因可能是由于研究地区油松林与阔叶林林龄一致，且长势不及阔叶林。周娟（2013）等在北京山区对于枯落物层的研究表明枯落物储量油松林>刺槐林>侧柏林，而最大持水量则表现为刺槐林>侧柏林>油松林，本研究中枯落物生物量油松林和刺槐林差异不显著，最大持水量和有效持水量刺槐林大于油松林。

④土壤层是林地含蓄水源、发挥生态水文功能的重要场所，土壤的持水能力、蓄水能力和渗水能力受土壤物理性质的影响较大。大量研究结果显示，土壤密度、土壤孔隙度、饱和导水率等对土壤层水文功能有决定的影响。丁绍兰（2009）等在黄土丘陵沟壑区针对不同植被类型的研究结果发现，土壤总孔隙度、非毛管孔隙度均表现混交林>阔叶林>针叶林>荒山荒地，而最大持水量也表现为混交林>阔叶林>针叶林；郭军庭（2010）等在晋西黄土区的研究表明水源涵养能力山杨次生林>刺槐侧柏混交林>人工油松林>人工刺槐林，孙艳红（2006）等在缙云山不同林地的土壤特性发现灌木林和针阔混交林土壤最大和有效持水能力最好。本文研究结果显示，4种退耕林和耕地土壤的最大持水量和有效持水量次生林>混交林>刺槐林>油松林>耕地，且持水量的年际增量和增速均以次生林最大。

⑤由于枯落物的输入，林木根系活动、土壤水热状况、微生物活动及人为干扰的减少，退耕还林可有效改善林地土壤的土壤密度、孔隙状况和持水能力等物理性质（李志等，2008；高强伟等，2014；罗汝英，1990；Perez-Bejarano et al.，2010）。2014年8月中旬的研究结果表明退耕22年后，自然恢复林和人工林对土壤物理性质影响深度分别达到80cm和60cm，对土壤密度、总孔隙度和毛管孔隙度的影响程度对应分别为28.78%、35.53%、36.00%和9.46%、12.50%、14.36%，这与众多研究结果基本一致。土壤有机质和土壤黏粒的增加以及土壤结构的改善被认为是退耕还林改善黄土区土壤物理性质的主要原因（Li et al.，2007；Zhao et al.，2011；Bow man et al.，1999）。曹国栋（2013）对玛纳斯河流域扇缘带上4种植被类型下的土壤性质相关性分析表明，有机质含量是引起其他土壤物理性质变化的重要原因。土壤中的黏粒以其颗粒细、表面积大及某些矿物的结构

特征决定了它在土壤结构中的重要作用。本文对 216 个分析土样的有机质和黏粒含量分别与以上 3 种物理性质进行了线性拟合，结果表明，土壤有机质的增加对土壤密度减小、总孔隙度和毛管孔隙度的增加解释程度均达到 31% 以上，黏粒含量的增加可解释土壤密度、总孔隙度和毛管孔隙度变化的 44%~51%，且相关性均达到极显著水平（图 4-27，$P < 0.01$）。原因可能是植被根系和凋落物使土壤中的有机质和黏粒含量增加，改善了土壤胶体状况从而使土壤颗粒胶结，形成了较大的团聚体和结构稳定、比例适合的水稳定性团聚体（Albiach et al.，2001；Whalley et al.，1995）。相关性分析表明，土壤有机质含量和黏粒含量的变化是黄土区退耕林地土壤物理性质变化的重要原因，同时也说明土壤物理性质变化机制的复杂性（刘鑫，2006；Wang et al.，2012；杜冠华等，2009；刘淑娟等，2010）。

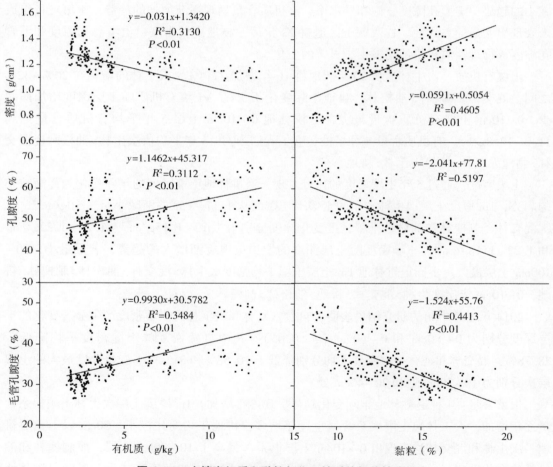

图 4-27　土壤有机质和黏粒与物理性质的相关性分析

本文研究结果表明，退耕 22 年后，对自然恢复林土壤物理性质影响深度达到 80cm，人工林影响深度为 60cm；在影响程度上，不同林分间也明显不同，自然恢复林影响程度达到 28%~36%，而人工林影响程度为 9%~15%。邢菊香等（2010）发现内蒙古清水河县退耕还林 15 年后，表层土壤物理性质明显改善，0~20cm 的土壤密度明显低于 20~40cm 和 40~60cm；彭文英等（2005）通过比较陕西安塞县黄土区退耕 6 年、13 年、27 年和 40 年后土壤物理性质的变化，表明随恢复年限的增长，土壤密度减小，毛管孔隙度和总孔隙度增大。总体上自然恢复林对土壤物理性质影响程度和深度都大于人工林，主要是由于自然恢复林枯落物及腐殖质较厚，生物多样性较好，微生物活动频繁，且树木根系较发达等（李民义等，2013）。

4.3.4.2 结论

（1）退耕林地土壤理化性质

通过在研究地区蔡家川流域 5 年的土壤理化性质测定，得出退耕 16~20 年的不同林地类型和耕地表现出一定的差异性。4 种退耕林地随着退耕年限的延长，土壤密度呈现逐渐减小的趋势，土壤孔隙度、饱和导水率、有机质含量呈现逐渐增加的趋势，土壤粒径组成未表现出明显的差异性。晋西黄土区退耕 22 年后，林地土壤密度、土壤总孔隙度和毛管孔隙度等物理性质较耕地均发生了显著的变化。

土壤有机质：次生林退耕 20 年较退耕 16 年增加 27.4%，人工林的增幅在 20%~32% 之间，混交林>刺槐林>油松林，耕地年际变化不明显。土壤有机质随土层深度增加而减少，0~10cm 土层有机质含量最大，退耕林地 0~10cm 土层 5 年平均有机质含量达到 11.0~12.8g/kg。有机质含量 5 种植被类型 1m 土层厚度 5 年平均值次生林>油松刺槐混交林>刺槐人工林>油松人工林>耕地。

土壤密度：通过 5 年土壤密度的比较发现，退耕林地土壤密度的年际变化为逐渐减小的趋势，1m 厚度土层次生林 5 年的土壤平均密度从 1.17g/cm³ 逐渐减小至 1.10g/cm³，人工混交林、刺槐林和油松林土壤密度变化梯度分别为 1.19~1.15g/cm³、1.24~1.22g/cm³ 和 1.22~1.18g/cm³。土壤密度随土层深度的增加呈现逐渐增大的趋势，表层最小，80~100cm 土层最大。不同退耕林地 1m 土层土壤平均密度次生林>混交林>油松林>刺槐林>耕地，0~10cm 土层次生林>混交林>耕地>油松林>刺槐林。

2014 年 8 月中旬的研究结果表明，自然恢复林和人工林内土壤密度产生显著变化的土层深度分别为 0~80cm 和 0~60cm（P<0.05），其中自然恢复林土壤密度平均降低了 28.78%，混交林和纯林土壤密度平均分别降低了 10.58% 和 8.34%，变化程度最大的土壤层次分别为 10~20cm 处和 20~40cm 处。

根系含量：4 种退耕林地年际变化趋势呈现逐年增加，1m 厚度土层次生林土壤根系含量逐年增加，人工林地土壤根系含量也逐年增多，耕地年均变化极小。20cm 以上土层耕地、次生林和混交林均表现出 0~10cm 土层根系含量高于 10~20cm 土层，而刺槐林和油松林的变化则相反，20cm 土层以下根系含量均随土层的增加而逐渐减少。不同退耕林地间根系含量次生林>混交林>刺槐林>油松林，且显著高于耕地。

土壤饱和导水率：耕地土壤饱和导水率的年际变化微小，4 种退耕林地呈现逐年增加的趋势。随土层深度增加而减小，且减小幅度较大。不同植被类型间土壤饱和导水率林地显著大于耕地，不同林分间次生林>油松刺槐混交林>刺槐人工林>油松人工林。

土壤孔隙度：总孔隙度和毛管孔隙度呈现与土壤密度相反的比较规律和变化趋势。二者年际变化为增加趋势，土层深度增加为减小趋势，不同退耕林地间土壤总孔隙度和毛管孔隙：次生林>油松刺槐混交林>刺槐人工林>油松人工林。

通过 4 种退耕林地和耕地土壤性质之间的 Pearson 相关度分析得出，有机质、根系、饱和导水率、毛管孔隙度与土壤密度之间都存在负相关关系，土壤有机质与根系含量、饱和导水率和毛管孔隙度呈现正相关关系，土壤根系与饱和导水率、毛管孔隙度成正相关关系，土壤饱和导水率与毛管孔隙度之间存在正相关关系，土壤根系越多，土壤有机质含量越高，土壤密度越小，土壤饱和导水率越大，土壤毛管孔隙越多。

2014 年 8 月中旬的研究结果表明，3 种退耕林地土壤总孔隙度产生显著变化的土层深度均为 0~80cm（$P<0.05$），变化程度总体表现为自然恢复林（35.53%）>混交林（15.04%）>纯林（13.68%），变化程度最大的土壤层次均为 20~40cm 处。

自然恢复林内土壤毛管孔隙度产生显著变化的土层深度达到 80cm，人工林则达到 60cm（$P<0.05$），自然恢复林、混交林和纯林分别是耕地土壤毛管孔隙度的 1.36 倍、1.13 倍和 1.12 倍，变化程度最大的土壤层次均在 40~60cm 处。

土壤有机质的增加对土壤密度减小、总孔隙度和毛管孔隙度的增加解释程度均达到 31% 以上，黏粒含量的增加可解释土壤密度、总孔隙度和毛管孔隙度变化的 44%~51%，且相关性均达到极显著水平（$P<0.01$）。自然恢复林对土壤物理性质影响程度和深度总体上都大于人工林。

（2）林地持水能力

枯落物层：4 种退耕林地枯落物蓄积量呈现逐年增加的趋势，次生林的 5 年增幅为 10.7%，混交林增加 9.8%，刺槐林增幅约 6.5%，油松林主要集中在退耕 17~20 年 4 年时间，增幅达 15.0%。枯落物蓄积量增加量比较为次生林>混交林>油松林>刺槐林，4 年依次增加约 3.43t/hm²、2.45t/hm²、2.42t/hm²、1.62t/hm²，而各林地增加比例也呈现相同的规律。枯落物的最大持水量和有效持水量呈现与枯落物蓄积量相似的年际变化趋势。最大持水量分别增加 22.46t/hm²、12.99t/hm²、7.12t/hm² 和 5.53t/hm²，有效持水量则分别增加 14.4t/hm²、10.4t/hm²、4.2t/hm² 和 3.1t/hm²。综合 4 年时间比较发现，不同退耕林地间的枯落物蓄积量、最大和有效持水量直接存在不同的差异性。枯落物蓄积量次生林大于人工林，3 种人工退耕林地直接差异不显著，但最大和有效持水量表现为次生林>混交林>刺槐林>油松林，且 4 种林分之间差异显著。

土壤层：4 种退耕林地和耕地 1m 厚度土层的饱和含水量和毛管持水量：次生林>混交林>油松林>刺槐林>耕地。饱和含水量和毛管持水量表现出相同的差异显著性，林地显著大于耕地，次生林和混交林之间差异不显著，但显著大于油松林和刺槐林，而油松林和刺槐林差异不显著。次生林最大持水量达到 5680t/hm² 以上，分别较 3 种人工退耕林分多出 1.4%、4.5% 和 5.0%，毛管持水量达到 4852t/hm²，也明显高于人工退耕林地。年际变化趋势，林地比耕地明显，呈现逐年增多的趋势。次生林最大持水量 5 年的平均增速为 1.2%，毛管持水量平均每年增幅为 1.8% 左右，人工林地增幅较小。

综合枯落物层和土壤层持水能力评价林地最大持水能力和有效持水能力发现，最大持水量：次生林年均增加 72.7t/hm²，年均增幅 1.3%，混交林年均增加 38.6t/hm²，年均增幅为 0.7%，刺槐林和油松林年均增加 23.5t/hm² 和 35.0t/hm²，增幅分别为 0.4% 和 0.6%，从年均增加量和增幅次生林都是最大，其次是混交林>油松林>刺槐林。有效持水量方面：次生林年均增加 88.4t/hm²，增幅达到 1.8%，混交林年均增加 10.2t/hm²，增幅仅 0.2%，刺槐林和油松林年均增幅和增速分别为 38.9t/hm² 和 22.1t/hm²，0.8% 和 0.4%，各林地的有效持水能力表现为次生林>混交林>刺槐林>油松林>耕地。

4.4 土壤碳

4.4.1 研究内容及方法

地形和土地利用方式是影响表层土壤有机碳空间分布的重要因素。地形因子不仅通过土壤侵蚀和水土流失直接影响土壤有机碳的空间分布，还通过水、热资源分配，影响植被和土地利用方式的空间配置（影响土壤有机碳的输入），间接地影响土壤有机碳的储存。目前大量研究多集中在土地利用方式与管理措施方面，而地形和土地利用及其交互作用下对土壤有机碳空间分布格局的影响研究较少。通过分析地形和土地利用及其交互作用下对表层土壤有机碳空间分布格局的影响，在一定程度上来揭示蔡家川流域表层土壤有机碳空间变异特征。

黄土区植被恢复、地形、土地利用方式等对流域土壤有机碳储量的影响是研究热点。通过在蔡家川流域布点采样，测定不同土地利用方式下的 SOC 含量，结合各土地利用类型的土壤容重及其面积来估算蔡家川表层（0~20cm）土壤有机碳储量，探究土地利用方式对流域表层土壤有机碳储量的影响，阐述流域表层土壤有机碳储量分布状况，为准确评估水土流失区生态恢复条件下土壤的固碳潜力提供帮助。

本研究采用野外调查与室内实验相结合的研究方案，通过实验结果分析来揭示蔡家川流域表层土壤有机碳的空间分布格局及其影响因素。因气候、地形、母质、植被、土地利用和管理方式等众多因子对土壤有机碳储量影响的区域差异以及它们之间交互作用的不同，土壤有机碳储量的估算过程存在着较多的不确定性，从而导致同一地区不同研究者之间存在着较大的差异。可见，研究方法设计的科学性和完整性对实验结果起着决定性作用。

（1）土样的采集

以晋西黄土区蔡家川流域为研究对象，基于流域内地形（峁顶、峁坡、沟底）和土地利用方式（针叶林、阔叶林、针阔混交林、灌木林、草地、果园及农田）两大因素，采用"分层采样的方法"采集地形之上每种土地利用方式下典型植被类型（面积较广、生长良好而集中）0~10、10~20cm 土壤样本（地形作为一级层次，土地利用方式作为二级层次），每个样本由 3 点采集而成。以蔡家川流域间隔 30s 生成经纬格网为参照，根据实际情况进行采样，并用 GPS 定位各样点坐标。对于土地利用方式单一、生长均匀、面积较广的区域布点较少，土地利用方式复杂，且为典型植被的区域加密布点。并在蔡家川流域农田、果园、草地、灌木林、针阔混交林、阔叶林及针叶林等 7 种典型土地利用方式的土壤剖面上，用环刀采集 0~10cm、10~20cm 的表层原状土壤，各层重复 3 次，烘干称重，获取各土层的土壤容重。本次研究的采样点主要分布在蔡家川流域的北坡及其周边（图 4-28、表 4-10）。

图 4-28 蔡家川流域表层土壤样点分布

表 4-10 蔡家川流域地形和土地利用面积、采样数及其所占比例

影响因子	项目	面积（hm²）	面积比例（%）	样本数	样本比例（%）
地形	峁顶	787.34	20.02	13	21.67
	峁坡	1939.89	49.32	31	51.67
	沟底	1206.01	30.66	16	26.67
	总计	3933.24	100.00	60	100.00
土地利用	针叶林	427.24	10.86	7	11.67
	阔叶林	1242.28	31.58	20	33.33
	针阔混交林	548.84	13.95	8	13.33
	灌木林	895.41	22.76	10	16.67
	草地	496.71	12.63	5	8.33
	果园	48.82	1.24	7	11.67
	农田	229.99	5.85	3	5.00
	水域	0.9	0.023	—	—
	居民点	12.39	0.32	—	—
	未利用地	30.66	0.78	—	—
	总计	3933.24	100.00	60	100.00

（2）样品处理与分析

土壤有机碳含量：将采集的新鲜土样混合均匀后，风干，风干样过 0.149mm 筛后，测定土壤有机碳含量（$H_2SO_4-K_2Cr_2O_7$ 外加热法）。

土壤容重：将新鲜土样 105℃烘干 8h。计算公式：土壤容重（g/cm³）=（铝盒重+土干重）-铝盒重/环刀容积。

土壤有机碳储量计算公式如下：

$$C_i = d_i \times P_i \times O_i / 100 \qquad (4-12)$$

$$S_i = A_i \times C_i \qquad (4-13)$$

式中：C_i 为土壤不同层次有机碳密度（kg/m^2）；d_i 为土层厚度（cm）；P_i 为土壤不同层次容重（g/cm^3）；O_i 为土壤不同层次有机碳含量（g/kg）；S_i 为土壤不同层次有机碳储量（kg）；A_i 为土壤不同层次各单元面积（m^2）。

（2）数据处理

①流域地形特征图件制作。为了模拟真实地形地貌特征，用经度、纬度、高程描述最基本的三维特征，坡向、坡度描述微域地形地貌特征，地形（峁顶、峁坡、沟底）描述宏观地形地貌特征。以蔡家川流域 DEM 数据为基础，通过 ArcGIS 9.3 软件，利用 Spatial Analyst 分析模块中 Surface Analyst 的 Slope、Aspect 功能，经 DEM 自动生成坡度图和坡向图；利用 ArcToolbox 中水纹分析工具提取河流网络、山脊线及山谷线，并统计出相应区域的面积及其比例，如图 4-29、图 4-30。

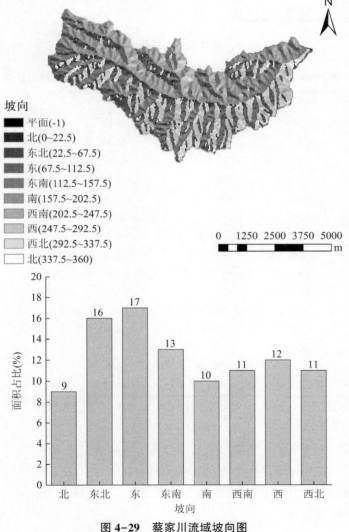

图4-29 蔡家川流域坡向图

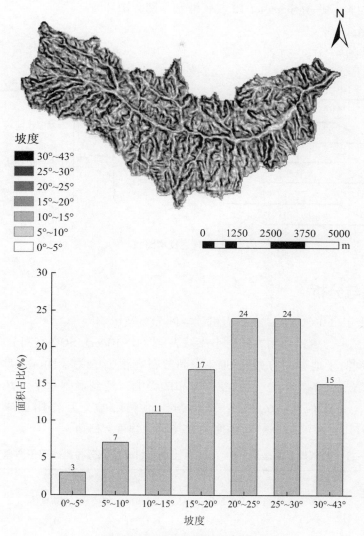

图4-30　蔡家川流域坡度图

②流域土地利用图及样点分布图的生成与制作。以2003年土地利用调查数据为基础，在土地利用三级分类系统的基础上按一、二级分类体系合并为10大类，其中7大类（针叶林、阔叶林、针阔混交林、灌木林、草地、果园及农田）3889.29 hm² 土壤面积为本文研究对象。将采样点的定位数据（经纬度）导入 ArcGIS 9.3，投影转换为以 m 为单位的平面坐标，结合河流网络最后生成样点分布图。

③流域表层土壤有机碳数据处理与统计。用SPSS软件对不同地形部位和不同土地利用方式下的SOC进行方差分析（GLM），当 F 检验显著时，再对3种地形部位（峁顶、峁坡、沟底）和7种土地利用（针叶林、阔叶林、针阔混交林、灌木林、草地、果园及农田）方式间均值进行比较（Duncan）检验。对同一地形部位不同土地利用方式和同一土地利用方式不同地形部位下SOC进行方差分析（GLM），当 F 检验显著时，进行均值间比

较（Duncan）检验。并用 Sigmplot 12.5 软件制作部分图片。

（3）技术路线

技术路线如图 4-31。

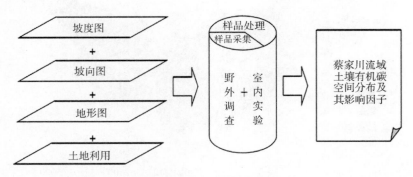

图 4-31　技术路线

4.4.2　结果与分析

（1）流域表层（0~10cm）土壤有机碳空间分布及影响因子

由表 4-11 显示，土地利用方式对小流域表层（0~10cm）SOC 空间分布有极显著影响（$P<0.0001$），同时土地利用方式与 SOC 空间分布有很强的关联性（关联强度 =47.6% >16%）；地形对表层（0~10cm）SOC 空间分布的影响未达到显著水平（$P=0.247$），它们之间中度关联（关联强度 =6.9%）；地形与土地利用的交互作用也未达到显著水平（$P=0.381$），但其与 SOC 空间分布强度关联（关联强度 =25.4%）。

表 4-11　蔡家川流域表层（0~10cm）土壤有机碳空间分布影响因子方差分析

变异来源	自由度 DF	均方差	F 值	P	关联强度（%）
土地利用	6	124.575	5.916	<0.0001	47.6
地形	2	30.563	1.451	0.247	6.9
交互作用	12	23.356	1.109	0.381	25.4

注：<6%表示关联强度微弱；6%~16%表示关联强度中度；>16%表示关联强度强度，下同。

土地利用方式极显著（$P<0.0001$）影响表层土壤有机碳含量的分布。如图 4-32 显示，阔叶林极显著（$P<0.001$）高于针叶林和草地，显著（$P<0.05$）高于灌木林；针阔混交林的 SOC 含量显著高于草地；农田和果园之间差异不显著。在不同土地利用方式下，表层（0~10cm）土壤有机碳含量表现为：阔叶林>针阔混交林>灌木林>农田>针叶林>果园>草地的变化规律。其中，阔叶林 SOC 含量为 18.157g/kg，是针叶林的 1.97 倍，是灌木林的 1.46 倍，是草地的 2.42 倍。针阔混交林为 15.904g/kg，其含量是草地 2.1 倍，而农田和果园的 SOC 含量分别为 10.99g/kg、8.34g/kg。

（2）流域表层（10~20cm）土壤有机碳空间分布及影响因子

由表 4-12 显示，土地利用方式对小流域表层（10~20cm）SOC 空间分布有显著影响（$P<0.05$），同时土地利用方式与 SOC 空间分布有很强的关联性（关联强度 =32.2% >16%）；

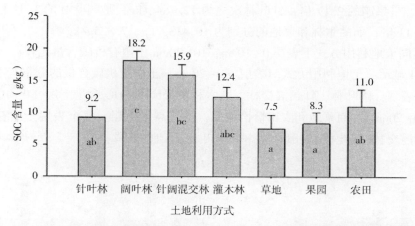

图 4-32　土地利用方式对蔡家川流域 0~10cm 土壤有机碳含量分布的影响

地形对表层（10~20cm）SOC 空间分布的影响未达到显著水平（$P = 0.793$），它们之间微弱关联（关联强度 = 1.2%）；地形与土地利用的交互作用也未达到显著水平（$P = 0.825$），其与 SOC 空间分布中度关联（关联强度 = 15.7%）。

表 4-12　蔡家川流域表层（10~20cm）土壤有机碳空间分布影响因子方差分析

变异来源	自由度 DF	均方差	F 值	P	关联强度（%）
土地利用	6	39.616	3.085	0.014	32.2
地形	2	2.985	0.233	0.793	1.2
交互作用	12	7.753	0.605	0.825	15.7

注：<6%表示关联强度微弱；6%~16%表示关联强度中度；>16%表示关联强度强度。

　　土地利用方式对表层（10~20cm）土壤有机碳含量的分布有显著（$P < 0.05$）影响。如图 4-33 显示，仅针叶林与果园的 SOC 含量之间存在显著性差异，即针叶林 SOC 含量显著高于果园，其他土地利用方式间无显著性差异。表层（10~20cm）土壤有机含量表现：农田>针叶林>针阔混交林>灌木林>阔叶林>草地>果园的规律。农田的 SOC 含量最高为

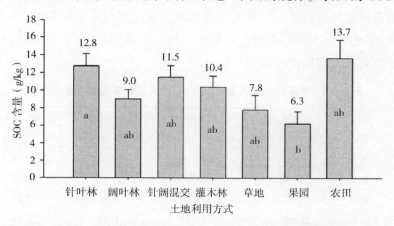

图 4-33　土地利用方式对蔡家川流域 10~20cm 土壤有机碳含量分布的影响

13.698g/kg，是果园的 2.17 倍；针叶林次之为 12.784g/kg，是阔叶林的 1.42 倍，是针阔混交林的 1.11 倍；而灌木林和草地的分别为 10.413g/kg、7.825g/kg。

（3）不同土地利用方式下表层 0~10cm、10~20cm 土壤有机碳含量比较

图 4-34 显示，土地利用方式对表层（0~20cm）土壤有机碳含量的分布有不同程度的影响，具体表现：阔叶林、针阔混交林、灌木林及果园的 SOC 含量上层（0~10cm）均高于下层（10~20cm）；而草地和农田恰恰相反，下层高于上层。整个表层土壤有机碳含量趋势：针阔混交林>阔叶林>农田>灌木林>针叶林>草地>果园。

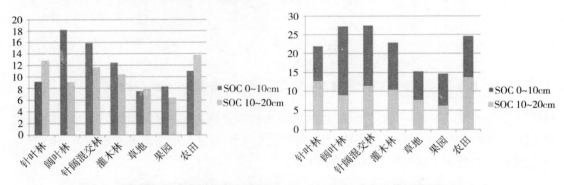

图 4-34　不同土地利用方式下表层 0~10cm、10~20cm 土壤有机碳含量比较

（4）不同地形部位表层土壤有机碳含量分布情况

地形对表层（0~20cm）SOC 含量的分布影响不显著。峁顶、峁坡及沟底的 SOC 含量上层均高于下层，不同地形部位整体表层土壤有机碳含量变化趋势：峁坡>沟底>峁顶。

（5）流域表层（0~20cm）土壤有机碳储量估算及分布状况

由表 4-13 可知，以 3889.29hm² 流域面积计算，蔡家川流域表层（0~20cm）土壤有机碳储量约为 104.98×10³t。阔叶林和灌木林的土壤有机储量较高，其面积分别占总流域面积的 31.94% 和 23.02%，土壤有机碳储量分别占总储量的 34.24% 和 21.66%。其次为针阔混交林，其面积比例为 14.11%，土壤有机碳储量比例为 16.8%。然而，针叶林、草地和果园的土壤有机碳储量较低，三者土壤有机碳储量之和仅占总储量的 20.39%，而其面积占总流域的 25.02%。相比较来看，农田的土壤有机碳储量较高，在其面积仅占 5.91% 的情况下，土壤有机碳储量比例占到了 6.9%。

表 4-13　蔡家川流域表层（0~20cm）土壤有机碳的密度和含量

土地利用	面积（hm²）	面积占比（%）	土壤有机碳含量（g/kg）	土壤有机碳密度（kg/m²）	土壤碳储量（×10³t）	碳储量占比（%）
针叶林	427.24	10.99	10.99	1.25	10.64	10.14
阔叶林	1242.28	31.94	13.59	1.45	35.95	34.24
针阔混交林	548.84	14.11	13.72	1.61	17.64	16.8
灌木林	895.41	23.02	11.43	1.27	22.74	21.66
草地	496.71	12.77	7.66	1.01	10.05	9.57

（续）

土地利用	面积（hm²）	面积占比（%）	土壤有机碳含量（g/kg）	土壤有机碳密度（kg/m²）	土壤碳储量（×10³t）	碳储量占比（%）
果园	48.82	1.26	7.32	0.73	0.71	0.68
农田	229.99	5.91	12.34	1.57	7.24	6.9
平均				1.27		
合计	3889.29	100.00			104.97	100.00

蔡家川流域表层土壤有机碳储量空间格局上，流域西部、西南部（冯家屹垛）以及东南部（南北腰等地）地区土壤有机碳储量相对较高，中部（北坡、阎家社西部等地）地区有机碳含量较低。以每种土地利用板块为基本单元，在阎家社东南部位置，有一小块是全流域土壤有机碳储量最高部位，其土壤有机碳储量>1100kg；而表层土壤有机碳储量最低部位主要分布在中部地区，土壤有机碳含量不足50kg。

以每种土地利用板块为基本单元，其表层土壤有机碳储量>400kg 的区域，主要分布在阔叶林和针阔混交林中，只有少部分分布在农田和灌木林中；大部分灌木林、针叶林、草地表层土壤有机碳储量在0~400kg 之间。即就目前情况而言，在整个蔡家川流域的不同土地利用类型中，阔叶林和针阔混交林的表层土壤有机碳储量较高；针叶林、灌木林、果园及草地的表现土壤有机碳储量较低，而农田的表层土壤有机碳储量有一定的波动，有些地区高，有些地区低（彩图2）。

4.4.3 讨论与结论

大量研究显示，土地利用方式对土壤有机碳影响存在显著差异，土壤有机碳含量表现为林地>灌木地>草地的规律。本次研究中，土地利用方式对小流域表层（0~20cm）SOC 空间分布也存在显著影响，同时土地利用方式与土壤有机碳含量之间强度关联（关联强度>16%），但本流域表层（0~20cm）土壤有机碳含量变化规律：针阔混交林>阔叶林>农田>灌木林>针叶林>草地>果园，与之有一定的出入，出现针叶林<灌木林的状况。在实地考察中发现，蔡家川流域针叶林主要组成树种是油松和侧柏，而油松林和侧柏的枯落物分解速度较慢，导致针叶林下大部分枯落物没有完全分解，从而影响了表层土壤有机碳含量的分布。

本研究显示，不同土地利用方式对表层（0~10cm）、（10~20cm）土壤有机碳含量的影响程度不同。在0~10cm 层，土壤有机碳含量：阔叶林极显著（$P<0.001$）高于针叶林和草地，显著（$P<0.05$）高于灌木林；而在10~20cm 层，仅有针叶林 SOC 含量显著高于果园，其他土地利用方式间均无显著性差异。调查发现，不同土地利用方式下的土壤表面枯落物厚度不同，土壤质地也存在差异，这些可能影响了上层（0~10cm）和下层（10~20cm）土壤有机碳含量分布。

地形因子不仅通过土壤侵蚀和水土流失直接影响土壤有机碳的空间分布；还通过水、热资源分配，影响植被和土地利用方式的空间配置（影响土壤有机碳的输入），间接地影响土壤有机碳的储存（孙文义等，2010）。但在本次研究中，地形对表层（0～20cm）SOC 空间分布的影响不显著，而且地形与 SOC 含量之间的关联较弱，即地形因子对本研究流域表层 SOC 含量影响较弱。虽然，地形与土地利用交互作用方差分析（GLM）结果未达到显著水平，但地形与土地利用的交互作用对本流域表层 SOC 含量是有一定影响的（交互作用与流域表层 SOC 含量基本上强度关联，0～10cm 层，关联强度＝25.4%；10～20cm 层，关联度＝15.7%）。这与孙文义（2010）等在陕西燕沟流域研究的有关影响表层土壤有机碳空间分布影响因子的结果有一定的出入，其结果为地形部位和土地利用方式对流域表层土壤有机碳空间分布有极显著影响，并且交换作用达到显著水平。在本次研究过程中，可能因采样点的布设有点集中，没有在整个流域水平上布点，加之，本流域地形破碎，采样点区高程差小，导致了地形因子对本研究流域表层 SOC 含量影响较弱的现象，即地形对表层土壤有机碳空间分布的影响存在区域差异性。

本研究显示，晋西北黄土区蔡家川流域表层（0～20cm）土壤有机平均碳密度（1.27kg/m²）远低于黄土高原地区平均土壤有机碳密度 2.49kg/m² 和全国平均土壤有机碳密 10.53kg/m²（王小利等，2007），可以说，该流域土壤有机碳密度存在明显的空间变异性。还显示出，蔡家川流域表层土壤有机碳储量空间格局上，流域西部、西南部（冯家屹垛）以及东南部（南北腰等地）地区土壤有机碳储量相对较高，中部（北坡、阎家社西部等地）地区有机碳含量较低。以每种土地利用板块为基本单元，就目前情况而言，阔叶林和针阔混交林的表层土壤有机碳储量较高；针叶林、灌木林、果园及草地的表现土壤有机碳储量较较低，而农田的表层土壤有机碳储量有一定的波动，有些地区高，有些地区低，表层土壤有机碳密度的空间分布与流域综合治理措施的空间配置有着密切的相关。

主要结论：

①土地利用方式对小流域表层（0～20cm）SOC 空间分布有显著影响，整体（0～20cm）土壤有机碳含量表现为针阔混交林>阔叶林>农田>灌木林>针叶林>草地>果园的变化规律；不同的土地利用方式对表层（0～10cm）、（10～20cm）土壤有机碳含量的影响不同。

②地形对表层（0～20cm）SOC 空间分布的影响不显著，且地形与 SOC 含量之间的关联较弱。但其土壤有机碳含量表现为峁坡>沟底>峁顶。

③地形与土地利用的交互作用对本流域表层 SOC 含量有一定的影响（交互作用与流域表层 SOC 含量基本上强度关联）。

④蔡家川流域表层（0～20cm）土壤有机碳总储量约为 104.98×10³t。整体上阔叶林、针阔混交林及农田的土壤有机储量较高，阔叶林占总储量比例最大，为 34.25%。

⑤蔡家川流域表层土壤有机碳储量在空间格局上，流域西部、西南部（冯家屹垛）以及东南部（南北腰等地）地区土壤有机碳储量相对较高，中部（北坡、阎家社西部等地）地区有机碳含量较低；在整个蔡家川流域的不同土地利用类型中，阔叶林和针阔混交林的表层土壤有机碳储量较高；针叶林、灌木林、果园及草地的表层土壤有机碳储量较低。

第 ⑤ 章
流域植被变化水文响应

5.1 清水河流域植被变化水文响应

5.1.1 研究区概况

5.1.1.1 地理位置

清水河流域地处吕梁山脉大背斜的南端，位于山西省吉县境内，E110°36′47″~110°56′0″、N36°2′18″~36°16′23″，清水河发源于吉县高天山，向西经曹庄、川庄、城关、东城，在蛤蟆滩注入黄河，全长 59.24km，河道纵坡 14.7‰，水文站设在县城，水文站以上河长 36.4km，流域面积 436km² （图 5-1）。海拔 830~1820m，地势东高西低。

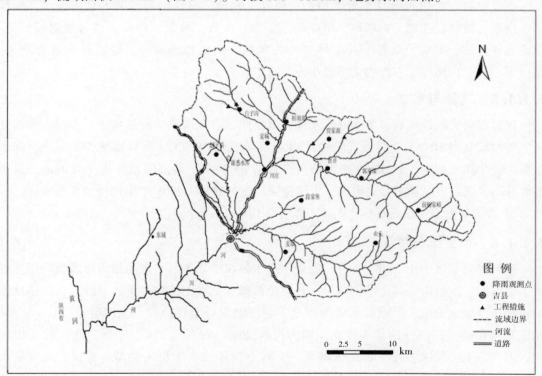

图 5-1 清水河流域示意

5.1.1.2 地质、地貌

表层为第四纪风积黄土覆盖，下层为第三纪红土。清水河两岸及一些沟底为二叠纪的红色砂岩。高天山、人祖山及河岸有三叠纪的红色砂岩和砂质岩出露。流域内属黄土残塬沟壑区，地貌可分为以下类型：①残塬沟壑区：塬地已变成残塬，冲沟深100~200m，多呈"V"字形，沟坡陡峭，沟头前进较快，沟壁崩塌，滑塌严重。②丘陵沟壑区：残塬变成梁峁，沟壑密度大，人口密度小。③土石山区和石质山区：高天山和人祖山为天然次生林区，人烟稀少，水土流失轻微。

5.1.1.3 土壤情况

流域内土壤主要为褐土，可分为三个亚类：①淋溶褐土：分布在高天山、人祖山海拔1600m以上天然次生林下，全剖面没有石灰性反应，枯落层3~5cm，腐殖层4~12cm。母质为砂岩或泥质砂岩。②普通褐土：在淋溶褐土下部，一般分布在海拔1450~1650m的天然次生林或灌草覆盖的山地。淋溶层明显，土壤上层石灰性反应，钙积层在下部，腐殖层厚3~20cm。③丘陵褐土：分布在黄土丘陵沟壑区，海拔450~1500m。包括川地、塬地、梁峁、坡地、植被为天然次生残林、人工林及灌草。主要发育在黄土母质上。土壤结构粒状、块状。层次不明显，质地轻壤。通体碳酸盐反应强烈。另有少量的钙质粗骨土分布在丘陵沟壑区，植被为天然次生残林、人工林及灌草。

5.1.1.4 植被

主要植被乔木树种有辽东栎、山杨、白桦、侧柏、白皮松等。灌木有虎榛子、胡枝子、荆条、黄栌、连翘、黄刺玫、绣线菊、丁香、山杏、杜梨、沙棘、达乌里胡枝子等。草类有铁杆蒿、羊胡子草等。人工林主要为刺槐、油松和杨树等。经济林主要有苹果、梨、杏、桃、核桃等。农作物主要是小麦、玉米、谷子、豆类等。

5.1.1.5 气候与水文

属暖温带大陆性气候，冬季寒冷干燥，夏季热，多东南风。雨量集中，春旱，多西北风。年平均气温10.2℃，最低气温−21.3℃，最高气温39.7℃。年降水量552.3mm，降水量集中，年内变幅大，5~10月降水量占全年的85.38%。最多降水年份789.4mm，最少284.7mm。汛期多以暴雨形式出现，土壤侵蚀严重，1959—2005年年均侵蚀模数5863.4t/（km^2·a），最大为37600t/（km^2·a），最小为198t/（km^2·a）。

5.1.1.6 水土流失情况

流域内降水集中于7、8、9月，占全年降水的50%以上，且多为暴雨形式，降雨强度大，历时短，同时由于黄土结构疏松，自然植被稀少，水土流失严重。另外，人为活动影响也是该流域水土流失严重的重要原因之一。侵蚀发展至现阶段，主沟道呈"U"字形，沟底基岩裸露，三向侵蚀基本停止。侧沟沟坡陡峭，沟底呈"V"字形，水土流失以崩塌、陷穴等重力侵蚀形式不断吞噬塬面。不同地貌部位水土流失类型、程度、强度均不同。塬面、梁峁顶坡度小，水土流失以耕地面蚀（塬面农田、水平梯田）、鳞片状面蚀为主，侵蚀不明显或微弱。梁峁坡被道路、坡面径流切割，但由于坡度较缓，加上多被整地，营造了防护林体系，同时侵蚀以鳞片状面蚀为主，侵蚀微弱至中度。沟坡、沟谷坡度大，植被稀疏，侵蚀严重。坡面除面蚀外，主要有细沟状沟蚀，沟头、沟底有崩塌、滑坡、泻溜等重力侵蚀。沟坡和沟道是水土流失最严重的地方，也是泥沙的主要来源地。

5.1.2　研究方法

5.1.2.1　基础数据收集

（1）径流、泥沙和气象数据的收集

收集了山西省清水河流域吉县水文站从建站 1959—2005 年 47 年的降雨、径流和泥沙数据，包括 13 个降雨观测站（表 5-1）。其中，1959—1990 年的数据摘自《黄河水文年鉴》，包括实测流量成果表、流量站逐日平均水位表、洪水水文要素摘录表、实测悬移质输沙率成果表、逐日平均悬移质输沙率表、逐日平均含沙量表、逐日平均流量表、洪水流量统计表、逐日降水量表、降水量摘录表等 21 个表中的内容。1990—2005 年的数据来源于黄河水利委员会，包括洪水水文要素摘录表、逐月平均含沙量表、逐日平均流量表、洪水流量统计表、逐日降水量表、降水量摘录表等内容。气象数据主要收集了吉县、大宁、乡宁和蒲县 4 个气象观测站的日最高气温、日最低气温、日均气温、平均风速、平均相对湿度等资料及侯马市 1960—2005 年的太阳辐射资料（表 5-1、表 5-2）。

表 5-1　清水河流域 13 个雨量站基本情况

降雨观测站	东经（E）	北纬（N）	海拔（m）	资料年限（年）	备注
吉县	36°05′	110°40′	811	1959—2005	全年站
川庄	36°13′	110°41′	927	1979—2005	汛期站
柏坡底	36°12′	110°44′	1050	1980—2005	汛期站
麦原	36°50′	110°44′	1078	1980—2005	汛期站
前杨家峪	36°07′	110°53′	1297	1980—2005	汛期站
贾家塬	36°11′	110°45′	1115	1980—2005	汛期站
段家堡	36°08′	110°45′	1153	1980—2005	汛期站
山头	35°53′	110°13′	1160	1980—2005	汛期站
郭家垛	36°09′	110°49′	1113	1980—2005	汛期站
曹井	36°10′	110°47′	1050	1966—1990	全年站
烟子渠	36°10′	110°39′	1201	1980—2005	汛期站
白子沟	36°13′	110°41′	1098	1979—2005	汛期站
麦城	36°11′	110°41′	1150	1966—1990	全年站

表 5-2　气象站基本情况

站名	时间（年）	北纬（N）	东经（E）	海拔（m）	地址
大宁	1973—2005	36°28′	110°45′	765.9	大宁县城关南门外翠微山
吉县	1960—2005	36°05′	110°40′	851.3	吉县城关镇西关村号子垣

（续）

站名	时间（年）	北纬（N）	东经（E）	海拔（m）	地址
蒲县	1957—2005	36°25′	111°08′	1030.6	蒲县城关镇荆坡村
乡宁	1972—2005	35°58′	111°49′	965.3	乡宁县昌宁镇幸福湾村口
侯马	1960—2005	35°37′	111°12′	—	

（2）数字化地形图的制作

收集和购置试验流域山西清水河流域41张1∶10000地形图，利用Geoway 3.5软件完成流域地形数字化，形成流域数字地形（DEM）；建立了1∶1万基础地理数据库（道路、水系、降雨观测站、气象观测站等明显地物点）（彩图3）。

在DEM中，流域平面坐标一般用方块栅格的个数来度量。已知流域DEM，就可计算流域地表上每点（或栅格）的地表坡度（gradient slope）、坡向（aspect of slope）、地貌指数。坡度按单位距离内斜度的度数测量。坡度和坡向的计算通常使用3×3窗口，窗口在DEM高程矩阵中连续移动后，完成整幅图的计算。流域的坡向，可以理解为坡面的方向或者斜坡面向的方向。其按顺时针方向的度数从0°（正北方向）至360°（重新回到正北方向，一个完整的圆形）。在坡向数据集中一单元的值代表这一点的斜坡对面的方向。平坦的地面没有坡向，赋值为-1（彩图4）。

坡度的计算如下：

$$\tan\beta = [(\sigma_Z/\sigma_X)^2 + (\sigma_Z/\sigma_Y)^2]^{\frac{1}{2}} \tag{5-1}$$

坡向计算如下：

$$\tan A = (-\sigma_Z/\sigma_X)/(\sigma_Z/\sigma_Y) \quad (-\pi < A < \pi) \tag{5-2}$$

式中：σ_X、σ_Y、σ_Z是格网在x、y、z方向上的间距；β为坡度；A为方位。

（3）土地利用类型图的解译

根据全国土地利用现状分类系统（国家土地管理局，1997）及研究区的土地利用特点，将流域土地利用类型划分为农地、针叶林、阔叶林、园地、荒草地、灌木林和居民区7大类。

为了使获取的遥感数据提供更准确的信息，所需TM影像的获取时间为春、夏、秋、冬4个季节的图像，因此选择了1986年、1987年、1990年、1995年、2000年、2005年和2007年的14期TM卫星遥感影像（表5-3）。采用PCI9.0软件进行遥感数据的处理分析，主要处理过程包括图像的几何校正与图像分类及输出，图像处理包括以下过程：

表5-3　影像数据基本信息

序号	卫星	传感器	中心	投影	日期（年/月/日）	分辨率	波段
1	Landsat-5	TM	N36.17/E110.77	Gauss Kruger19/Krasovsky 1940	1986/7/10	25	1月7日
2	Landsat-5	TM	N36.16/E110.78	Gauss Kruger19/Krasovsky 1940	1986/10/30	25	1月7日
3	Landsat-5	TM	N36.16/E110.78	Gauss Kruger19/Krasovsky 1940	1987/2/3	25	1月7日

（续）

序号	卫星	传感器	中心	投影	日期（年/月/日）	分辨率	波段
4	Landsat-5	TM	N36. 16/E110. 78	Gauss Kruger19/Krasovsky 1940	1987/4/8	25	1月7日
5	Landsat-5	TM	N36. 17/E110. 77	Gauss Kruger19/Krasovsky 1940	1990/6/3	25	1月7日
6	Landsat-5	TM	N36. 17/E110. 77	Gauss Kruger19/Krasovsky 1940	1995/7/3	25	1月7日
7	Landsat-5	TM	N36. 17/E110. 77	Gauss Kruger19/Krasovsky 1940	2000/5/21	25	1月7日
8	Landsat-5	TM	N36. 17/E110. 77	Gauss Kruger19/Krasovsky 1940	2000/6/30	25	1月7日
9	Landsat-5	TM	N36. 16/E110. 78	Gauss Kruger19/Krasovsky 1940	2000/12/7	25	1月7日
10	Landsat-5	TM	N36. 17/E110. 77	Gauss Kruger19/Krasovsky 1940	2005/6/12	25	1月7日
11	Landsat-5	TM	N36. 16/E110. 78	Gauss Kruger19/Krasovsky 1940	2007/3/30	25	1月7日
12	Landsat-5	TM	N36. 16/E110. 78	Gauss Kruger19/Krasovsky 1940	2007/5/1	25	1月7日
13	Landsat-5	TM	N36. 17/E110. 77	Gauss Kruger19/Krasovsky 1940	2007/6/2	25	1月7日
14	Landsat-5	TM	N36. 16/E110. 78	Gauss Kruger19/Krasovsky 1940	2008/2/29	25	1月7日

①几何校正：利用 PCI 软件的 GCP works 模块，使遥感影像获得地图投影和数据比例尺，以吉县 1:10000 矢量化地形图（高斯-克吕格投影，1954 北京坐标系）为参考图像对遥感影像进行几何校正使之获得相应的投影和地理坐标为 TM（transverse mercator）Ellipsoids 为 E015（投影椭球体采用 Krassovsky-1940），然后利用已校正的影像对其他各期影像进行图对图的几何校正，在选取控制点的时候，要把握整体，再对局部均匀、有序地选择控制点，选点时要选择没有变化的相同区域，如明显的道路交叉路口等，控制点数量在 10~20 个，影像重采样采用双线性差值法（bilinear interpolation），最后检查校正精度，本次几何校正的精度都在 90% 以上。

②图像融合及变换处理：利用 PCI 软件的 Xpace 模块中主成分分析（PCA）程序对遥感影像进行多波段信息分析及融合，选择目视判别效果较好的组合为进一步处理作准备。TM 影像有 7 个波段，但某些波段之间相关性很高，造成信息冗余。主成分分析可以在总信息量不变的前提下，通过正交变换，使各个波段信息重新分配，将多波段的图像信息压缩到比原波段更少的几个分量上，实现在尽可能不丢失信息的同时，用几个综合性分量代表多波段的原图像。以 2007 年为例，将配准后的冬季（彩图 5a）和夏季（彩图 5b）两期影像的所有波段作为输入通道（DBIC），将 14 个波段信息压缩到前四个波段。报告结果显示融合后前四个通道包含的信息占到总信息量的 98% 左右，其中第一个通道包含信息最多（79.16%）。彩图 6 为压缩后融合影像的前三个通道组合，图中果园（橙红）和农田（翠绿）目视判别效果明显。

③图像分类：采用监督分类的最大似然法，为提高训练样区精度，减小类内方差，提高选取的纯度，对于不同颜色代表的同一地类使用 merge 命令，将不同颜色代表的同一地类分别各分为一类（如灌木 1、灌木 2 等）然后进行合并。

④分类后处理：对容易混淆的地类用局部类编辑（class editing）工具修改易混淆的地

类，提高分类的准确率。对面积很小的图斑用"Sieve"程序进行剔除和重新分类，本次分类中输入小图斑为 30 像元。

⑤图像输出：分类图像输出，将分类完成的图像输出为 .img 单通道文件，然后利用 ERDAS 的 Vector 模块下 Raster 转 Vector 将其转化成 arcinfo 的 coverage 图层文件，最后输出矢量图，输出的矢量图在 ARCVIEW 下转换成 GRID 格式进行栅格数据计算。

5.1.2.2 数据的观测与实验

（1）水文与气候数据的观测

气象观测要素的平均值为 4 次定时（02、08、14、20）值的平均，日最高最低气温值来源于自记记录，日最高、最低气温缺测时，用订正后的自记日最高、最低气温代替；若无温度自记仪器或温度自记日值也缺测时，改从当日各定时观测气温中挑取。

考虑高度和地形对雨量的影响，在流域的不同海拔高度和坡向设置了 13 个降雨观测站，采用翻斗式自记雨量计记录降水过程。面雨量采用泰森多边形法（图 5-2）求得，公式如下：

$$R = \sum_{i=1}^{n} R_i f_i \tag{5-3}$$

式中：R 为流域面雨量；R_i 为第 i 个雨量站的点雨量；n 为流域内雨量站个数；f_i 为第 i 个雨量站对应的面积权重。

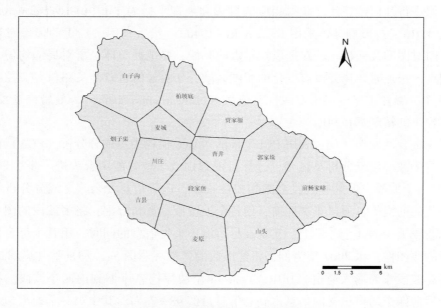

图 5-2　流域雨量分布的泰森多边形

径流观测站布设在流域出口。出口径流站为自然断面，但因城市修建，沟道两岸修建了较高的河堤，形成矩形断面，平水时用旋桨式流速仪测定流速，标尺测定水深，水面宽度采用沟道上方的固定标尺读出；洪水时用浮标法测定流速，浮标系数为 0.7~0.85，采用公式（5-4）计算流量。平时每天 8：00 观测，洪水期每 6min 观测一次，采用算术平均法计算流量，公式如下：

$$Q = V \times H \times L \times \alpha \tag{5-4}$$

式中：Q 为流量（m³/s）；V 为流速（m/s）；H 为水深；L 为水面宽度；α 为浮标系数输沙率测定一般用积深法和定比混合法，在水情变化剧烈时，采用全断面混合法或 0.5 相对水深一点法等。

定比混合法是在每根取样垂线上取三个水样（0.2h、0.6h、0.8h），然后以 2：1：1 的比例混合，混合后再进行水样处理。积深法是取样器由水面匀速放至河底，再由河底提至水面。取样后对水样直接进行处理。泥水样经处理后计算取样垂线的平均含沙量。

$$\text{三点法 } \rho_m = （\rho_{0.2}v_{0.2} + \rho_{0.6}v_{0.6} + \rho_{0.8}v_{0.8}）/（v_{0.2} + v_{0.6} + v_{0.8}） \tag{5-5}$$

$$\text{二点法 } \rho_m = （\rho_{0.2}v_{0.2} + \rho_{0.8}v_{0.8}）/（v_{0.2} + v_{0.8}） \tag{5-6}$$

$$\text{一点法 } \rho_m = k_1\rho_{0.5} \text{ 或 } \rho_m = k_2\rho_{0.6} \tag{5-7}$$

式中：ρ_m 为垂线平均含沙量；ρ_i（$i=0.2$, 0.6, 0.8）表示 i 为 0.2, 0.6, 0.8m 处的含沙量；v_i（$i=0.2$, 0.6, 0.8）表示水深 i 为 0.2, 0.6, 0.8m 处的流速（m/s）；k_1、k_2 为由试验测得的系数。

求得垂线平均含沙量后，由下式计算断面输沙率：

$$\rho_s = \rho_{m1}Q_0 + （\rho_{m1} + \rho_{m2}）Q_{1/2} + （\rho_{m2} + \rho_{m3}）Q_{2/2} + \cdots + （\rho_{mn-1} + \rho_{mn}）Q_{n-1/2} + \rho_{mn}Q_n \tag{5-8}$$

式中：ρ_s 为断面输沙率；Q_i（$i=0$, 1, 2, …, n）为第 i 个部分断面的平均流速（m/s）；ρ_{mi}（$i=1$, 2, …, n）为第 i 条取样垂线的平均含沙量。

（2）植被状况及结构调查

①植被生长状况调查。样地设置采用典型取样法。共设 15 个样地，其中次生乔木林 5 个、次生灌木林 5 个、草地 2 个、人工林 3 个。乔木林样地面积为 30m×20m，内设 5 个 4m×4m 小样方调查灌木，5 个 1m×1m 小样方调查草本，灌木林面积为 20m×20m，草地为 2m×2m。记录项目主要包括：乔木样方按每木检尺法记录，乔木的物种、高度、胸径、冠幅，灌木的物种高度地径、株数、高度、多度，草本层的物种、高度、盖度、多度，生境因子，如：海拔、坡向、坡位、坡度等。

②冠层表面持水率测定。在样地中选择灌木标准株，乔木标准枝，称其鲜重，将其放入水中浸泡 0.5~1h，取出后待重力水滴净后称重，由此求算以鲜重为基准的植冠表面一次最大持水率，进而通过生物量公式推算群落植冠表面一次最大持水率。

③叶面积指数测定。采用冠层分析仪 LAI2000，按不同的土地利用类型分别随机抽取 3~5 组样地测定针叶林、阔叶林、灌木林、草地、果园和农田等各种植被类型 4 月、7 月、8 月等叶面积指数。

（3）土壤的采集及其理化性质测定

根据不同的土壤植被类型，挖取 1m 深的土壤剖面，并以 20cm 为单位划分土壤层次，用环刀法测定土壤孔隙度、容重等物理性质；用双环渗透法测定土壤的饱和导水率；每层取 500g 土壤测定土壤粒径分布，土壤有机质含量等物理化学性质。

（4）土地利用野外校正

在遥感影像数据解译和资源清查数据分析的基础上，开展流域内典型样地调查，校正遥感解译结果；2008 年 4 月对清水河流域的森林植被及土地利用状况进行野外调查，采取以线路调查为主，点面相结合的办法，结合 GPS 接收机，完成流域界内标准地测量、设置及地类调查。共选择了 6 条主要线路，58 个调查样点，经检验图像解译的精度可达到85%，能够反映清水河流域的土地利用/植被覆盖的真实情况。

5.1.2.3 统计分析方法

（1）统计参数计算

气候现象是具有明显随机性的自然现象，其个别的演变行为具有很大的随机性，忽略个别的演变行为而研究大量现象的总体行为，容易发现气候要素的规律性，因此，统计学方法依然是分析气候要素变化的重要手段。了解一些特征值，其分布就基本明确了，这些特征值在概率论中称为数字特征，主要有均值、方差、离势系数、偏态系数等。其计算方法参考范金城（2002），具体方法如下：

①均值。均值即 x_1，x_2，$\cdots$，x_n 的平均值，表示气象数据的集中位置，公式如下：

$$\bar{x} = \frac{1}{n} \sum_{i=1}^{n} x_i \tag{5-9}$$

式中：n 为序列长度。

②方差。方差描述随机变量与其均值的离散程度。公式如下：

$$s^2 = \frac{1}{n-1} \sum_{i=1}^{n} (x_i - \bar{x})^2 \tag{5-10}$$

③离势系数 Cv。用来描述各种气候要素的相对分散性。公式如下：

$$Cv = \frac{s}{\bar{x}} \tag{5-11}$$

④偏态系数 Cs。偏态系数是刻画数据对称性的指标，关于均值对称的数据其偏度为0，Cs 大于 0 称为正偏，小于 0 称为负偏。公式如下：

$$Cs = \frac{n}{(n-1)(n-2)s^3} \sum_{i=1}^{n} (x_i - \bar{x})^3 \tag{5-12}$$

⑤极差 R。极差是描述数据分散性的数字特征，数据越分散，极差越大。公式如下：

$$R = x_{(n)} - x_{(l)} \tag{5-13}$$

式中：$x_{(n)}$、$x_{(l)}$ 分别代表序列的最大值和最小值。

（2）Mann-Kendall 秩统计检验方法

此法最初由 Mann 于 1945，Kendall 于 1955 年所发展，当时并非用于检测气候突变，而仅用于检测序列的一种变化趋势。Sneyers（1963，1975）则进一步完善了这种方法。它能大体上测定各种变化趋势的起始位置。Goossens 等（1986）把这一方法应用到反序列中，从而发展了一种能检测气候突变的新方法，它有检测范围宽、定量化程度高的特点，是目前突变检测方法中应用较多且理论意义最为明显的一种。M-K 法以气候序列平稳为前提，并且这序列是随机独立的，其概率分布等同，M-K 方法的优点在于不需要样本遵从一定的分布，也不受少数异常值的干扰，更适合于水文气象等非正态分布的数据。该方法还能明确降水的演变趋势是否存在突变现象以及突变开始的时间，并指出突变区域。

在原假设 H_0：气候序列没有变化的情况下，设此气候序列为 x_1，x_2，$\cdots$，x_n，m_i 表示第 i 个样本 x_i 大于 x_j（$1<j<i$）的累计数。

定义一统计量：

$$d_k = \sum_{i=1}^{k} m_i \, (2 \leqslant k \leqslant N) \tag{5-14}$$

在原序列的随机独立等假定下，d_k 的均值、方差公式如下：

$$E[d_k] = k(k-1)/4$$
$$Var[d_k = k(k-1)(2k+5)/72(2 < k \leqslant N)] \tag{5-15}$$

将 d_k 标准化：

$$u(d_k) = (d_k - E[d_k])/\sqrt{Var[d_k]} \tag{5-16}$$

这里 $u(d_k)$ 为标准分布，其概率 $\alpha = prob(|u| > |u(d_k)|)$ 可以通过计算或查表获得。给定一显著性水平 α_0，当 $\alpha_1 > \alpha_0$，接受原假设 H_0；当 $\alpha_1 < \alpha_0$，则拒绝原假设，它表明序列存在一个强的增长或减小的趋势。所有的 $u(d_k)$（$1 \leqslant k \leqslant N$）将组成一条曲线 c_1，通过信度检验可知其是否有变化。把此方法引用到反序列中，$\overline{m_i}$ 表示第 i 个样本 x_i 大于 x_j（$i \leqslant j \leqslant N$）的累计数，当 $i' = N+1-i$ 时，如果 $\overline{m_i} = m_i'$ 按反序列的 $u(d_i)$ 由下式给出，$\overline{u}(d_i)$ 以 c_2 表示。

$$\overline{u}(d_i) = -u(d_i')$$
$$i' = N + 1 - i \tag{5-17}$$

当曲线 c_1 超过信度线，即表示存在明显的变化趋势，如果曲线 c_1 和 c_2 的交叉点位于信度线之间，这点便是突变点的开始（符淙斌等，1992）。

（3）滑动 t 检验法及跃变参数计算

滑动 t 检验法（moving t-test technique），是用来检验两随机样本平均值的显著差异的方法（Afifi，1972）。将一连续的随机变量 x 分成两个子样本集 x_1 和 x_2，令 μ_i，S_i^2 和 n_i 分别代表 x_i 的平均值，方差和样本长度（$i=1$，2，$\cdots$，n）。本文中 n_i 定义的长度为 5 年。

原假设 H_0：$\mu_1 - \mu_2 = 0$，定义一统计量：

$$t_0 = \frac{(\overline{x_1} - \overline{x_2})}{S_p \left(\dfrac{1}{n_1} + \dfrac{1}{n_2}\right)^{1/2}} \tag{5-18}$$

这里 S_p^2 是联合样本方差 $S_p^2 = \dfrac{(n_1-1)S_1^2 + (n_2-1)S_2^2}{n_1 + n_2 - 2}$ 为 σ^2 的无偏估计（$E[S_p^2] = \sigma^2$），显然 $t_0 \frown t_{(n_1+n_2-2)}$ 分布，给出信度 α，得到临界值 t_α，计算 t_0 后在 H_0 下比较 t_0 与 t_α，当 $|t_0| \geqslant t_\alpha$ 时，否定原假设 H_0，说明存在显著性差异。

再根据丁瑞强等（2003）、严中伟等（1990）定义的气候跃变参数 J_y，来验证滑动 t 检验得出的结论。气候跃变参数 J_y 的表达式如下：

$$J_y = \mid M_1 - M_2 \mid / (S_1 + S_2) \tag{5-19}$$

式中：y 表示气候要素序列中某个时刻，这里为某年；M_1、M_2、S_1、S_2 分别为 y 年前 N 年、后 N 年两个子序列的平均值和均方差。

当 $J_y > 1$ 表明序列年附近出现跃变；当 $J_y > 2$ 表明出现强跃变。

5.1.2.4 潜在蒸发散计算方法

潜在蒸发散 PET 采用 FAO 推荐的 Hamon（1963）公式计算：

$$PET = 0.1651L_d \times RHOSAT \times KPEC \tag{5-20}$$
$$RHOSAT = 216.7EAST / (T + 273.3) \tag{5-21}$$
$$EAST = 6.108 \times \exp\left[17.26939 \times T / (T + 273.3)\right] \tag{5-22}$$

式中：PET 为日均潜在蒸散量（mm/d）；L_d 为昼长（h）；RHOSAT 为日均温对应的饱和水汽密度（g/m³）；KPEC 为校正系数，取 1.2；T 为日平均气温（℃）；EAST 为一定温度下的饱和水汽压（mb）。

5.1.3 清水河流域 46 年来土地利用变化分析

5.1.3.1 流域土地利用类型变化分析

土地利用是人类对土地自然属性的利用方式和利用状况，土地利用变化包括土地资源的数量、质量与土地利用结构随时间的变化，也包括土地利用空间结构变化及土地利用类型组合方式变化。土地利用变化是一个相当复杂的过程，同时受自然和人类活动两个方面的影响。

1）不同时期土地利用类型的构成

清水河流域内变化最显著的是森林植被，解放前阎锡山在吉县屯兵 8 年，森林破坏殆尽，解放后封山育林，天然植被逐步得到恢复，为了查明流域内土地利用状况的变化，根据 14 期 TM 影像解译的结果，结合杨雨行等（1991）对 1959 年和 1978 年航片解译的清水河流域土地利用构成情况。选择 1959 年、1986 年和 2007 年三期的土地利用结果进行分析土地利用变化的趋势，因 1990 年、1995 年、2000 年、2005 年的影像资料较少，故用其解译结果进行辅助分析。

（1）1959 年土地利用构成

根据 1959 年航片解译结果将土地利用分为塬地、坡耕地、有林地、灌木林地、疏林地、居民点和荒草地共 7 种类型，其中有林地包括天然和人工乔木林。图 5-3 表明，流域在 1959 年各地类面积大小排序：荒草地>灌木林>塬地>坡耕地>疏林地>有林地>居民点，各地类中面积中荒草地面积最大达到 214.79km²，占到总面积的 50.50%，表明草地是占绝对优势的景观元素，其次是灌木林，占面积的 22.47%，园地和坡耕地的面积占的比例分别为 13.15% 和 11.42%，居民区用地所占比例最小，面积仅有 0.41km²，占 0.10%。

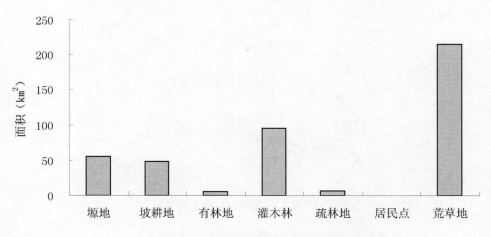

图 5-3　清水河流域 1959 土地利用

（2）1986 年土地利用构成

图 5-4 表明，流域在 1986 年各地类面积大小排序：草地>阔叶林>灌木>农地>针叶林>园地>居民区，灌木、草地和阔叶林 3 种地类具有明显优势，占到总面积的 87.24%。各地类面积中荒草地面积最大达到 181.75km²，占到总面积的 41.69%，表明草地是占绝对优势的景观元素，面积在第二水平的是阔叶林和灌木，分别占总面积的 24.48% 和 21.07%，农地的面积占的比例为 10.15%，园地的面积比例为 0.7%，居民区用地所占比例最小，面积仅 1.03km²，比例为 0.24%，因居民区相对集中在县城。

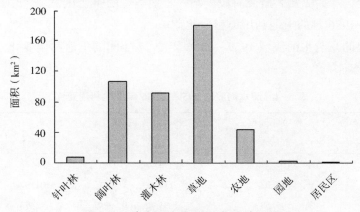

图 5-4　清水河流域 1986 年土地利用

（3）2007 年土地利用构成

图 5-5 表明，流域 2007 年地类面积大小排序：灌木>草地>阔叶林>农地>针叶林>园地>居民区，灌木、草地和阔叶林 3 种地类具有明显优势，占总面积的 83.82%。各地类中面积在第一水平的是灌木，面积 156.85km²，占总面积的 35.97%，表明灌木占绝对优势，其次是草地和阔叶林，分别占总面积的 25.41% 和 22.43%。农地的面积占的比例为 6.87%，居民区用地已有明显增加，面积为 3.38km²，但比例仅占 0.77%。

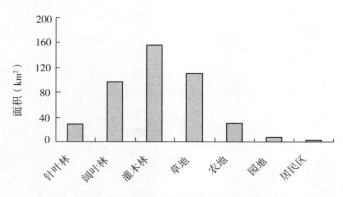

图 5-5　清水河流域 2007 年土地利用

2）土地利用类型变化过程

土地利用变化首先反映在不同类型面积总量的变化上，通过分析土地利用类型的总量变化，可了解土地利用变化总的态势和结构的变化。单一土地利用动态度可定量描述区域一定时间范围内某种土地利用类型变化的速度，它对比较土地利用变化的区域差异和预测未来土地利用变化趋势都具有积极的作用。公式如下：

$$K_i = \frac{LU_{i2} - LU_{i1}}{LU_{i1}} \times \frac{1}{T} \times 100\% \qquad (5-23)$$

式中：LU_{i2}、LU_{i1} 分别为研究期末及研究期初某一种土地利用类型的数量；T 为研究期时段长。当 T 设定为年时，K_i 为研究时段内某一土地类型的年变化率。

（1）1959—1986 年的土地利用类型变化特征

表 5-4 反映的是清水河流域 1959—1986 年的 27 年间的土地利用变化，其主要特征表现为以下几个方面：

表 5-4　清水河流域 1959—1986 年土地利用变化

地类	1959 年面积（km²）	1986 年面积（km²）	面积变化（km²）	K（%）
农地	102.57	44.24	−58.33	−2.11
乔木林地	12.07	114.06	101.99	31.29
灌木林地	95.58	91.85	−3.73	−0.14
荒草地	214.77	181.75	−33.02	−0.57
居民区	0.41	1.04	0.63	5.61
园地	0.00	3.06	3.06	无
总计	425.40	436.00	10.60	0.09

①农地面积减小，新增地类园地。流域内农地的面积呈减少趋势，年动态度为 −2.11%，而园地作为一种新的土地利用类型进入到流域中，到 1986 年面积为 3.06km²，说明流域内农业用地减少，林果用地增长。

②乔木林地面积增加速度较快。27 年间乔木林面积增加 $101.99km^2$，动态变化度达 31.29%，主要由于解放后封山育林，天然植被逐步得到恢复，加之人工造林成效显著，据 20 世纪 90 年代不完全统计，人工成林已达 8 万亩，其中 3 万余亩为 60 年代营造，其余为 70 年代所造（杨雨行，1991）。

③灌木林地和荒草地面积减少。流域内灌木林和荒草地面积减少了 $4.73km^2$ 和 $33.02km^2$，年动态变化率为 -0.14% 和 -0.57%，说明流域内荒草地改造进入林地，灌木林经恢复演替进入乔木林。

④居民区增加。流域内居民用地年动态变化率为 5.61%，虽面积增加仅 $0.63km^2$，但增长速度很快。

（2）1986—2007 年的土地利用变化特征

表 5-5 反映的是清水河流域 1986—2007 年的 21 年间的土地利用变化，其主要特征表现为以下几个方面：

①农地面积减小，园地面积增加。流域内农地的面积继续呈减少趋势，年动态度为 -1.54%，而园地面积增加 $5.07km^2$，结合图 5-4 和图 5-5，可以看出此期间大部分的农地转变成园地。

②乔木林地和灌木林地面积增加。21 年间乔木林面积继续增加，但增加的速度小于前一阶段，动态变化度达 0.54%，灌木林地呈现增加的趋势，动态变化度为 3.37%。

③荒草地面积减少。流域内荒草地面积减少了 $70.95km^2$，年动态变化率为 -1.86%，说明流域内荒草地的改造率进一步提高。

④居民区增长迅速。流域居民用地增长迅速，年动态变化率为 10.73%，说明此阶段城镇发展迅速。

表 5-5　清水河流域 1986—2007 年土地利用变化

地类	1986 年面积（km^2）	2007 年面积（km^2）	面积变化（km^2）	K（%）
农地	44.24	29.93	-14.31	-1.54
乔木林地	114.06	126.92	12.85	0.54
灌木林地	91.85	156.85	65.00	3.37
荒草地	181.75	110.80	-70.95	-1.86
居民区	1.04	3.38	2.34	10.73
园地	3.06	8.13	5.07	7.88

3）土地利用类型空间转移特征

目前国际上对土地利用变化的研究主要是在 GIS 的支持下，通过对不同时期的遥感影像或土地利用图进行空间叠加运算，求出各时期土地利用类型的转移矩阵，进而分析引起土地利用或景观空间格局变化的过程。运用地图代数法求得两期土地利用转移矩阵的公式如下：

$$M_i = N^k \times 10 - N^{k+1} \tag{5-24}$$

式中：M_i 为土地利用类型转移代码；N^k 为前一时期的土地利用情况；N^{k+1} 为后一时期的土地利用情况。

利用 ArcView 3.0 软件下的空间分析扩展模块中空间叠加功能，将获得的前后两期景观分布矢量数据进行空间叠加，统计每次叠置后各景观类型的保留面积和转化为其他类型的面积，再计算各景观类型转化概率，得到景观变化转移矩阵和转移概率矩阵。分别将1986 年和 2000 年，1986 年和 2007 年植被景观分布图在 ArcView 下经过叠加得到各种植被景观类型面积的转化情况，生成植被景观变化转移矩阵（表 5-6、表 5-7）。

然后，根据各种景观类型面积的转化情况，求出景观转化后的各类景观面积占转化前该类景观的年平均百分比，得到每两年度之间各种植被景观类型的转移概率矩阵（表 5-8、表 5-9）。

表 5-6 1986—2000 年土地利用转移矩阵

2000 年 1986 年	阔叶林 （km²）	针叶林 （km²）	灌木林 （km²）	草地 （km²）	园地 （km²）	农地 （km²）	居民区 （km²）
阔叶林	87.16	9.18	2.49	7.56	0.01	0.15	0.00
针叶林	0.65	6.63	0.01	0.01	0.00	0.00	0.00
灌木林	18.51	2.51	60.78	9.03	0.16	0.72	0.14
草地	14.01	0.63	48.65	115.40	0.44	2.40	0.41
园地	0.03	0.00	1.14	0.60	0.19	1.10	0.00
农地	0.11	0.00	16.18	8.81	2.07	16.85	0.25
居民区	0.00	0.00	0.05	0.03	0.00	0.00	0.95

表 5-7 2000—2007 年土地利用转移矩阵

2007 年 2000 年	阔叶林 （km²）	针叶林 （km²）	灌木林 （km²）	草地 （km²）	园地 （km²）	农地 （km²）	居民区 （km²）
阔叶林	86.30	10.46	2.48	21.23	0.01	0.01	0.00
针叶林	1.25	17.18	0.03	0.52	0.00	0.00	0.00
草地	8.37	1.21	91.29	31.33	1.24	6.92	1.02
灌木林	1.55	0.46	14.22	102.72	2.75	7.05	0.56
园地	0.00	0.00	0.41	0.27	1.93	0.25	0.01
农地	0.01	0.00	2.55	0.83	2.12	15.62	0.08
居民区	0.00	0.00	0.03	0.01	0.00	0.03	1.67

（1）1986—2000 年土地利用类型转移分析

从 1986—2000 年间的土地利用转移矩阵和转移概率矩阵（表 5-6 和表 5-8）可以看出，阔叶林有 8.61% 转为针叶林，7.09% 转为草地，2.34% 转为灌木林，还有少量转为农地和园地，而灌木、草地和针叶林也是阔叶林的主要增加来源；针叶林主要向阔叶林、草地和灌木林转变，其中转变为阔叶林的面积最大，占 1986 年针叶林面积的 8.94%，转变成草地和灌木林的比例相同为 0.19%，而针叶林的增加量主要来源于阔叶林、灌木和草地，各为 9.18km^2、2.51km^2 和 0.63km^2；灌木有 20.15% 转为阔叶林，9.83% 转为草地，2.73% 转为针叶林，0.79% 转为农地，灌木的主要来源是草地、农地、阔叶林和园地，有 48.65km^2 草地，16.18km^2 农地，2.49km^2 阔叶林和 1.14km^2 园地变成灌木，且增加的面积远大于减少的面积；草地有 26.74% 转为灌木，7.7% 转为阔叶，1.32% 转为农地，0.34% 转为针叶林，0.22% 转为园地，而阔叶林、灌木和农地是草地主要增加来源，但草地减少的面积远大于增加的面积，因此总面积减少；园地中 37.29% 转为灌木，35.96% 转为农地，19.53% 转为草地，0.89% 转为阔叶林，而农地和草地是园地主要来源，各有 2.07km^2 和 0.44km^2 转为园地，合计总面积变化不大；农地主要转为灌木和草地，分别为 36.56% 和 19.91%，还有 4.68% 转为园地，农地主要来源是草地，有 2.40km^2，其次是园地和灌木，分别有 1.10km^2 和 0.72km^2 转为农地，且转出的面积大于转入的面积；居民区转出面积很小，主要转入有 0.41km^2 草地、0.25km^2 农地和 0.143km^2 灌木。流域土地利用在 1986—2000 年主要转移变化：针叶林→阔叶林，阔叶林→针叶林，园地→灌木林、农地、草地，草地→灌木林，灌木林→阔叶林，农地→园地、灌木林、草地，草地→居民区、农地、灌木林。

（2）2000—2007 年土地利用类型转移分析

从 2000—2007 年间的土地利用转移矩阵和转移概率矩阵（表 5-7 和表 5-9）可以看出，阔叶林有 17.62% 转为灌木，8.68% 转为针叶林，2.06% 转为草地，0.02% 转为农地和园地，而草地、灌木和针叶林也是阔叶林的主要增加来源，且转出面积大于转入面积，总面积减少；针叶林主要向阔叶林和灌木林转变，各占 6.60% 和 2.73%，而针叶林的增加量主要来源于阔叶林、草地和灌木，各为 10.461km^2、1.21km^2 和 0.46km^2，总面积增加；草地有 22.16% 转为灌木，5.92% 转为阔叶林，4.89% 转为农地，0.88% 转为园地，0.86% 转为针叶林，而阔叶林、灌木和农地是草地主要增加来源，草地总面积减少，大量转变成灌木；灌木有 11% 转为草地，5.45% 转为农地，2.13% 转为园地，1.20% 转为阔叶林，灌木的主要来源是草地 31.33km^2、阔叶林 21.23km^2、0.83km^2 农地、0.52km^2 针叶林和 0.27km^2 园地，增加的面积多于变为其他类型的面积，总面积增加；园地中 8.52% 转为农地，14.21% 转为草地，9.47% 转为灌木，而灌木、农地和草地是园地主要来源，各有 2.75km^2、2.12km^2 和 1.24km^2 转为园地，合计总面积增大；农地主要转为草地 12% 和园地 10.01%，还有 3.91% 转为灌木，农地主要来源是灌木和草地，分别为 7.05km^2 和 6.92km^2，其次是园地 0.25km^2 和阔叶林 0.01km^2 转为农地；居民区有 0.78% 变成灌木，1.56% 变成草地，1.56% 变成农地，同时有 1.02km^2 草地、0.56km^2 灌木和 0.08km^2 农地变成居民区，总面积增加。整个流域在 2000—2007 年间土地利用类型总的转移趋势：阔叶林→针叶林，园地→灌木林、农地、草地，草地→灌木林、阔叶林，灌木林→阔叶林、草地，农地→灌木林、草地、园地，草地、农地、灌木林→居民区。

表 5-8　1986—2000 年土地利用转移概率矩阵

2000 年 1986 年	阔叶林 （%）	针叶林 （%）	灌木林 （%）	草地 （%）	园地 （%）	农地 （%）	居民区 （%）
阔叶林	81.80	8.61	2.34	7.09	0.01	0.14	0.00
针叶林	8.94	90.66	0.19	0.19	0.00	0.00	0.00
灌木林	20.15	2.73	66.17	9.83	0.18	0.79	0.15
草地	7.70	0.34	26.74	63.43	0.24	1.32	0.22
园地	0.89	37.29	19.53	6.22	35.96	0.00	0.00
农地	0.25	36.56	19.91	4.68	38.06	0.55	
居民区	0.00	5.24	2.62	0.00	0.00	91.72	

表 5-9　2000—2007 年土地利用转移概率矩阵

2007 年 2000 年	阔叶林 （%）	针叶林 （%）	灌木林 （%）	草地 （%）	园地 （%）	农地 （%）	居民区 （%）
阔叶林	71.62	8.68	2.06	17.62	0.01	0.01	0.00
针叶林	6.60	90.55	0.14	2.73	0.00	0.00	0.00
草地	5.92	0.86	64.57	22.16	0.88	4.89	0.72
灌木林	1.20	0.36	11.00	79.43	2.13	5.45	0.43
园地	0.00	14.21	9.47	67.24	8.52	0.47	
农地	0.06	12.00	3.91	10.01	73.61	0.39	
居民区	0.00	0.00	1.56	0.78	0.00	1.56	95.95

4）土地利用类型的变化趋势

为了比较植被类型 i 的转出和转入速度，反映植被类型变化的趋势和状态，引入状态指数 D_i（仙巍，2005），公式如下：

$$D_i = \frac{V_{in} - V_{out}}{V_{out} + V_{in}} \qquad (-1 \leqslant D_i \leqslant 1) \qquad (5-25)$$

D_i 的大小代表从研究初期 t_1 到研究末期 t_2 植被转入、转出速度的关系。不同状态指数代表不同的发展趋势，表 5-10 详细列出状态指数所代表的含义和趋势。

由公式（5-24）计算得知，清水河流域（1986—2007 年）植被状态指数为针叶林 0.98、阔叶林-0.19、草地-0.37、灌木林 0.35、园地 0.52、农地-0.46、居民区 0.98。参照表5-10 中不同状态指数值所对应的含义分析土地利用趋势：乔木林地的转入速度大于转出速度，面积呈增大趋势，其中针叶林的转入速度很大，面积大量增大，阔叶林减小不明显；灌木林的转入速度大于转出速度，面积呈增大趋势；农地的转入速度小于转出速度，面积呈减小趋势；草地的转入速度小于转出速度，面积呈减小趋势。园地的转入速度大于转出速度，面积呈增大趋势；居民区转入速度远大于转出速度，面积大量增加。

表 5-10 状态指数含义趋势对照表

D_i的范围	含义	趋势
D_i接近1	转入速度远大于转出速度	面积大量增大
$0<D_i<1$	转入速度大于转出速度	面积呈增大趋势
D_i接近0	转入速度略大于转出速度，都很小	土地类型不明显增大，平衡状态
	转入速度略大于转出速度，都很大	双向高速转换下的平衡状态
D_i接近0	转入速度略小于转出速度，都很小	土地类型不明显减小，平衡状态
	转入速度略小于转出速度，都很大	双向高速转换下的平衡状态
$-1<D_i<0$	转入速度小于转出速度	面积呈减小趋势
D_i接近-1	转入速度远小于转出速度	面积大量减小

5）流域土地利用类型的地形分异特点

在山区由于地形控制了热量和降水的再分配，因此往往是局部生境温、湿度的良好指示，并且影响土壤的发育过程及其强度，进而影响群落的物种组成、结构和动态（Swanson，1988）。高程、坡度和坡向是衡量地形分异的3个主要属性特征，也是决定土壤、小气候和水文等要素的主导因子（Pearson，1999）。此外，地形分异还对山区人为活动产生显著的影响。在弄清景观地形分异的基础上，从景观尺度上了解资源的空间分布规律，以便进行合理的开发利用，或根据人为活动的地形分异特点及影响后果，制定适宜的生态保护与管理对策，促进山区生态恢复与建设，是目前山地生态研究的热点问题（Herzong，2001；张志，2005）。

本研究主要利用 Arcview 中的空间分析功能，根据 1∶10000 地形图数字化等高线，获取该流域的 DEM，进行地形因子（坡度、坡向、高程）分布统计和重新分类生成专题图层，将 2007 年的土地利用类型图层分别与各专题图层进行叠加，得到各种地类的坡度、坡向、高程属性，进而进行面积汇总和构成比例计算。

清水河流域的高程 850~1820m，故以 850m 为起点 100m 为基数分带，统计其地势变化规律，共分成 10 级（图5-6）。清水河流域总的高差为 970m，平均高程为 1350m，但流域内高程并非均匀分布，整个曲线分布呈单峰型，950~1350m 面积比例为 77.8%，其中 1050~1250m 的面积占总面积的比例近 50%，1550m 以上的比例不到 2%，1450m 以上的也只有 6.4%，850~950m 的面积占 6.6%。

清水河流域的坡向，可以理解为坡面的方向或者斜坡面向的方向。其按顺时针方向的度数从 0°（正北方向）~360°（重新回到正北方向，一个完整的圆形），-1 表示平地，小于 45°和大于 315°为阴坡，135°~225°为阳坡，45°~90°和 275°~315°为半阴坡，90°~135°和 225°~270°为半阳坡，共划分为 5 个等级。从图5-7可见，流域内坡向的分异很大，平地所占的面积比例较大接近 40%，阳坡所占的比例高于阴坡近 10 个百分点，半阳坡高于半阴坡 8 个百分点，如果综合为平地、阴坡和阳坡 3 个等级，则流域以阳坡和平地为主。

清水河流域的坡度划分主要考虑植被生长的情况，下限为 0°，上限大于 45°，0°~45°之间以 5°为基数分带，确定了 10 个等级。从图5-8可知，流域内坡度的分异很大，0°~5°的坡度占总面积的 36.2%，大于 25°以上的坡度占总面积的 48%以上。

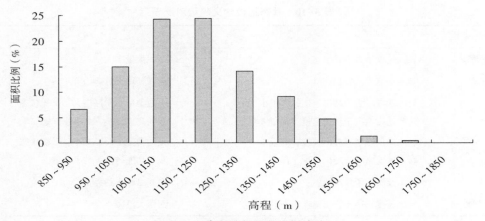

图 5-6　高程分级面积比例统计

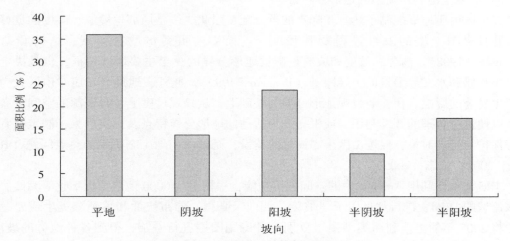

图 5-7　各坡向面积比例统计

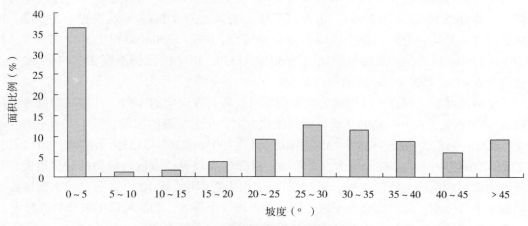

图 5-8　坡度分级面积比例统计

6）不同高程下土地利用类型的分布

由图5-9可见，在清水河流域超过90%的农地分布在海拔1350m以下的地区，多为狭长形斑块，分布不连续，且在居民区和道路周围。农地随高程分布的曲线呈单峰型，峰值出现在1050~1150m高程带，比较各地类的分布曲线，农地与园地曲线极为相似，峰值均出现在1050~1150m高程带，实地调查中发现，果园的林龄大都在七八年左右，少数有15年以上的。造成这种状况的主要原因是近年来国家退耕还林政策的实施使原农地发生地类变化，退耕的农地转为种植果园。同时，在低海拔地区（850~950m），农地所占的比例明显高于果园，低海拔地区的坡度一般都小于5°，这在一定程度上反映出沟道下部低海拔地区农地的固耕性。

草地的高程曲线与灌木林相似，但其峰值出现在1150~1250m的范围内。且草地的分布范围非常广泛，一直延伸至流域海拔1450~1550m的高程带，主要分布位置在流域中段。灌木林的峰值位于1050~1150m的高程带，但其分布的高程范围小于草地，上限为1450m，分布位置与草地相似，结合实地调查，两者主要表现在坡向的不同，阴坡水分条件好于阳坡，分布为灌木，阳坡分布为草地。

阔叶林、针叶林分布曲线最大峰值均出现在1450~1550m的高程带，阔叶林分布很广泛10个等级的高程带都有分布，高海拔地区是以辽东栎、山杨、白桦等为主要树种的天然次生林，中、低部则是以刺槐、杨树等的人工林为主。针叶林分布的高程带较少，主要集中在海拔1150~1650m的范围里，高程分布曲线明显呈单峰型，位于1350~1450m高程带的比例为50%以上，针叶林主要起源于人工的油松林和侧柏林，分布位置大多在梁峁顶部。

另外，居民区主要位于流域出口的吉县县城，集中分布于海拔850~950m的高程范围内，随着经济和社会的发展，居民区的范围正加速扩大，但其主要位于低海拔地区。

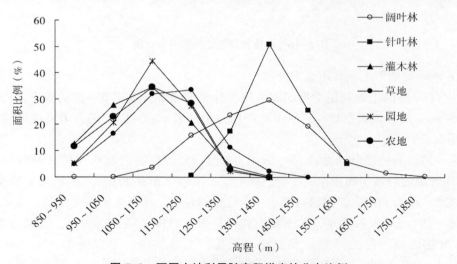

图5-9 不同土地利用随高程梯度的分布比例

7）不同坡向土地利用类型分布

根据图5-7的坡向分异结果，结合清水河流域坡向特点，将坡向按平地、阴坡和阳坡

3 个等级进行分析。由图 5-10 可知，居民地、园地和农地的 3 种类型的坡向分布规律相似，平地占的比例大，分别为 73%、61.7% 和 65.3%，阳坡所占的比例明显高于阴坡，尤其是园地，清水河流域内果园主要有苹果、桃、杏、梨等，对日照条件要求较高，决定其分布坡向主要是阳坡。

草地在平地和阳坡的面积比例明显高于阴坡，根据野外实际调查的情况，草地和灌木林分布的区域大致一致，在低海拔山区阳坡分布的以草地为主，阴坡分布的以灌木为主。

针叶林、阔叶林和灌木林在 3 个坡度等级中的比例分布大致相当，阳坡大于阴坡 10% 左右。因整个流域中阳坡面积的绝对值远大于阴坡面积，故针叶林、阔叶林实际分布是阴坡面积大于阳坡面积，在高海拔山区，乔木林主要分布于沟谷，或是梁、峁坡的阴坡，灌木则分布在阳坡。

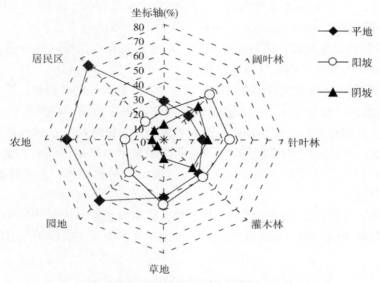

图 5-10   土地利用随坡向的分布比例

8）6 不同坡度下土地利用类型分布

图 5-11 是不同土地利用类型随坡度梯度分布的频率，由于 0°~5° 的坡度占的比例很高（图 5-8），故各地类在 0°~5° 所占比例用主坐标表示，5° 以上的各级坡度的地类频率用次坐标表示。

农地和园地的坡度分布曲线是一致的，小于 25° 的范围内面积比例在 90% 以上，在 25° 以下随着坡度的增加面积比例下降。动力学、重力学和农业生产实践证明：坡度 15° 以下为缓坡地，动力和重力作用相对较小，水流运动较缓，水土流失不太强烈，是条件较好的农业区；15°~25° 为斜坡地，水土流失相对严重，只能勉强进行农作，是农业上限区；25° 以上为陡坡地，侵蚀强烈，水土流失严重，土壤贫瘠，不宜耕作，应当退耕还林（Foody and Boyd, 1999）。因选用的地类图为 2007 年，是退耕还林后 8 年的结果，故农地大于 25° 以上的面积很小，但由于流域内分布着有零散的居民，有些居民开挖窑洞和居住地附近的小块农地，坡度会高于 25°。

针叶林和阔叶林主要分布在 20°~40° 的坡度范围内，占面积比例的 80% 以上，坡度较

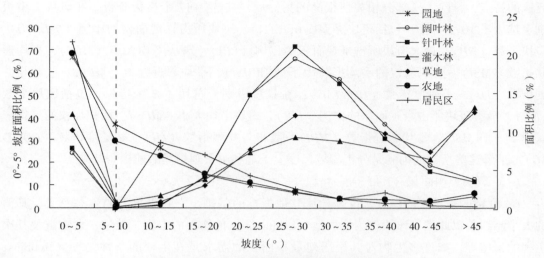

图 5-11　不同土地利用随坡度梯度的分布比例

　　陡的阔叶林主要是原有的天然林，分布在梁、峁的阴坡，而坡度较缓地区的阔叶林主要为人工林，多种植于阴坡和沟谷地带；针叶林中更能适应贫瘠环境的侧柏分布在坡度较陡的坡面上，油松人工林多分布于坡度较缓的梁、峁坡。

　　灌木林和草地在每一个坡度级都有分布，除 0°~5°外，大于 25°以上的占到 50% 左右，尤其是在大于 45°以上的坡度上亦有大于 10% 的分布。清水河流域的灌木林和草地都是自然景观，是在乔木林被破坏后，自然恢复形成的次生景观类型。

　　根据对清水河流域地形分异的分析，将面积达到 90% 以上的地形条件作为植被分布区，建立清水河流域地类随地形的分布表（表 5-11）。

表 5-11　不同地类的地形分异

地类	坡度（°）	海拔（m）	坡向
针叶林	0~5 或>15	1250~1550	平坡/阴坡/阳坡
阔叶林	0~5 或>15	1050~1650	平坡/阴坡/阳坡
灌木林	0~5 或>15	850~1250	平坡/阴坡/阳坡
草地	0~5 或>15	850~1350	平坡/阳坡
园地	0~25	850~1250	平坡/阳坡
农地	0~25	850~1250	平坡/阳坡
居民区	0~30	850~950	平坡/阳坡

5.1.3.2　流域土地利用景观结构动态分析

　　1）流域景观特征指数的提取及其生态意义

　　使用解译校正过的土地利用矢量图经过 Arcview 3.2 转化形成的栅格图像。用 Fragstats 3.3 软件计算景观指数。景观指数能高度浓缩景观格局信息，反映结构组成和空间配置某些方面特征，其特征可以在斑块、类型和景观 3 个层次上分析（邬建国，2000）。根据研究区的特点，排除了一部分相关性很高的指标后，共选择 17 个指标分析。在斑块类型级别上选用了 10 个指标，包括斑块类型面积（*CA*）、斑块所占景观面积的比例（*%LAND*）、斑块个数（*NP*）、最大斑块所占景观面积的比例（*LPI*）、斑块平均大小（*MPS*）、平均形状指数（*MSI*）、面积加权的平均形状因子（*AWMSI*）、平均邻近指数（*MPI*）、散布与并列指数（*IJI*）、蔓延度指数（*CONTAG*）；在景观级别上选用了 7 个指标，包括斑块个数（*NP*）、最大斑块所占景观面积的比例（*LPI*）、斑块平均大小（*MPS*）、面积加权的平均形状因子（*AWMSI*）、平均邻近指数（*MPI*）、散布与并列指数（*IJI*）、蔓延度指数（*CONTAG*）。了解这些指标的内涵是分析流域尺度上土地利用景观格局的前提与基础。

（1）斑块类型面积（*CA*）

CA 度量的是景观的组分，也是计算其他指标的基础。它有很重要的生态意义，其值的大小制约着以此类型斑块作为聚居地（habitation）的物种的丰度、数量、食物链及其次生种的繁殖等，如许多生物对其聚居地最小面积的需求是其生存的条件之一（Robbins，1989）；不同类型面积的大小在对水土流失的制约程度上能够反映出其作用、能量和效益组分等信息差异。一般来说，一个植被斑块对水土流失的防护或加剧与其面积成正比。为理解和管理景观，我们往往需要了解斑块的面积大小，如所需要的斑块最小面积和最佳面积是极其重要的两个数据。

$$CA = \sum_{j=1}^{n} a_{ij} \times \frac{1}{10000} \qquad (5-26)$$

式中：*CA* 等于某一斑块类型中所有斑块的面积之和，除以 10000 后转化为公顷，即某斑块类型的总面积（hm²），*CA*>0；a_{ij} 为斑块 *ij* 的面积（m²）。

（2）景观面积（*TA*）

TA 决定了景观的范围以及研究和分析的最大尺度，也是计算其他指标的基础。反映该类景观要素斑块规模的整体水平。

$$TA = A \times \frac{1}{10000} \qquad (5-27)$$

式中：*TA* 等于一个景观的总面积（km²），除以 10000 后转化为公顷，*TA*>0。

（3）斑块所占景观面积的比例（*%LAND*）

其值趋于 0 时，说明景观中此斑块类型变得十分稀少；其值等于 100 时，说明整个景观只由一类斑块组成。*%LAND* 度量的是景观的组分，其在斑块级别上与斑块相似度指标（LSIM）的意义相同。由于它计算的是某一斑块类型占整个景观面积的相对比例，因而是确定景观中基质（matrix）或优势景观元素的依据之一。

$$\%LAND = \frac{\sum_{j=1}^{n} a_{ij}}{A} \times 100 \qquad (5-28)$$

式中：*%LAND* 等于某一斑块类型的总面积占整个景观面积的百分比，0<*%LAND*≤100。

（4）斑块个数（*NP*）

NP 在类型级别上等于景观中某一斑块类型的斑块总个数；在景观级别上等于景观中

所有的斑块总数。NP 反映景观的空间格局，经常被用来描述整个景观的异质性，其值的大小与景观的破碎度也有很好的正相关性，一般规律是 NP 大，破碎度高；NP 小，破碎度低，NP 对许多生态过程都有影响，尤其对景观中各种干扰的蔓延程度有重要影响。

$$NP = n \qquad (5-29)$$

式中：NP 在类型级别上等于景观中某一斑块类型的斑块总个数；在景观级别上等于景观中所有的斑块总数，$NP \geqslant 1$。

（5）最大斑块所占景观面积的比例（LPI）

LPI 有助于确定景观优势类型。其值的变化可以改变干扰的强度和频率，反映人类活动的方向和强弱。

$$LPI = \frac{\max\limits_{j=1}^{n}}{A} \times 100 \qquad (5-30)$$

式中：LPI 等于某一斑块类型中的最大斑块占据整个景观面积的比例（%），$0 < LPI \leqslant 100$。

（6）斑块平均大小（MPS）

MPS 代表一种平均状况，在景观格局分析中反映两方面的意义：景观中 MPS 值的分布区间对图像或地图的范围以及对景观中最小斑块粒径的选取有制约作用；另一方面 MPS 可以指征景观的破碎程度，如在景观级别上一个具有较小 MPS 值的景观比一个具有较大 MPS 值的景观更破碎，斑块级别上同样如此，研究发现 MPS 值能反馈丰富的景观生态信息，是反映景观异质性的关键。

$$MPS_i = \frac{\sum\limits_{i=1}^{n} a_{ij}}{n_i} \times \frac{1}{10000} \qquad (5-31)$$

$$MPS = \frac{A}{N} \times \frac{1}{10000} \qquad (5-32)$$

式中：MPS 在斑块级别上等于某一斑块类型的总面积除以该类型的斑块数目；在景观级别上等于景观总面积除以各个类型的斑块总数（hm^2），$MPS > 0$。

（7）面积加权的平均形状因子（$AWMSI$）

$AWMSI$ 是度量景观空间格局复杂性的重要指标之一，并对许多生态过程都有影响。对于自然斑块或自然景观的形状分析有一个很显著的生态意义，即常说的边缘效应。

$$AWMSI_i = \sum_{j=1}^{n} \left[\left(\frac{0.25 p_{ij}}{\sqrt{a_{ij}}} \right) \left(\frac{a_{ij}}{\sum\limits_{j=1}^{n} a_{ij}} \right) \right] \qquad (5-33)$$

$$AWMSI = \sum_{i=1}^{m} \sum_{j=1}^{n} \left[\left(\frac{0.25 p_{ij}}{\sqrt{a_{ij}}} \right) \left(\frac{a_{ij}}{A} \right) \right] \qquad (5-34)$$

式中：$AWMSI$ 在斑块级别上等于某斑块类型中各个斑块的周长与面积比乘以各自的面积权重之后的和；在景观级别上等于各斑块类型的平均形状因子乘以类型斑块面积占景观面积的权重之后的和。其中，系数 0.25 是由栅格的基本形状为正方形的定义确定，公式表明面积大的斑块比面积小的斑块具有更大的权重，$AWMSI \geqslant 1$。当 $AWMSI = 1$ 时说明所有的斑块形状为最简单的方形；当 $AWMSI$ 值增大时说明斑块形状变得更复杂，更不规则。

（8）平均邻近指数（MPI）

MPI 能够度量同类型斑块间的邻近程度以及景观的破碎度，如 MPI 值小，表明同类型斑块间离散程度高或景观破碎程度高；MPI 值大，表明同类型斑块间邻近度高，景观连接性好。MPI 生态过程进展的顺利程度有十分重要的影响。

$$MPI = \frac{\sum_{j=1}^{n} \sum_{s=1}^{n} \frac{a_{ijs}}{h_{ijs}^2}}{n_i} \tag{5-35}$$

$$MPI = \frac{\sum_{i=1}^{m} \sum_{j=1}^{n} \sum_{s=1}^{n} \frac{a_{ijs}}{h_{ijs}^2}}{N} \tag{5-36}$$

式中：给定搜索半径后，MPI 在斑块级别上等于斑块 ijs 的面积除以其到同类型斑块的最近距离的平方之和，再除以此类型的斑块总数；MPI 在景观级别上等于所有斑块的平均邻近指数，$MPI \geqslant 0$。$MPI = 0$ 时说明在给定搜索半径内没有相同类型的两个斑块出现。MPI 的上限是由搜索半径和斑块间最小距离决定的。

（9）散布与并列指数（IJI）

IJI 是描述景观空间格局最重要的指标之一。IJI 对那些受到某种自然条件严重制约的生态系统的分布特征反映显著，如山区的各种生态系统严重受到垂直地带性的作用，其分布多呈环状，IJI 值一般较低；而干旱区中的许多过渡植被类型受制于水的分布，彼此邻近，IJI 值一般较高。

$$IJI_i = \frac{-\sum_{i=1}^{m} \left(\left(\frac{e_{ik}}{\sum_{k=1}^{m^1} e_{ik}} \right) \ln\left(\frac{e_{ik}}{\sum_{k=1}^{m^1} e_{ik}} \right) \right)}{\ln(m-1)} \times 100 \tag{5-37}$$

$$JI = \frac{-\sum_{i=1}^{m} \sum_{k=i+1}^{m} \left[\left(\frac{e_{ik}}{E} \right) \ln\left(\frac{e_{ik}}{E} \right) \right]}{\ln \frac{1}{2} m(m-1)} \times 100 \tag{5-38}$$

式中：IJI 在斑块类型级别上等于与某斑块类型 i 相邻的各斑块类型的邻接边长除以斑块 i 的总边长再乘以该值的自然对数之后的和的负值，除以斑块类型数减 1 的自然对数，最后乘以 100 是为了转化为百分比的形式；IJI 在景观级别上计算各个斑块类型间的总体散布与并列状况，$0 < IJI \leqslant 100$。IJI 取值小时表明斑块类型 i 仅与少数几种其他类型相邻接；$IJI = 100$ 表明各斑块间比邻的边长是均等的，即各斑块间的比邻概率是均等的。

（10）蔓延度指数（$CONTAG$）

$CONTAG$ 指标描述的是景观里不同斑块类型的团聚程度或延展趋势。由于该指标包含空间信息，是描述景观格局的最重要的指数之一。一般来说，高蔓延度值说明景观中的某种优势斑块类型形成了良好的连接性；反之则表明景观是具有多种要素的密集格局，景观的破碎化程度较高。

$$CONTAG = \left[1 + \frac{\sum_{i=1}^{m} \sum_{k=1}^{m} \left[(P_i \frac{g_{ik}}{\sum_{k=1}^{m} g_{ik}}) \ln(P_i \frac{g_{ik}}{\sum_{k=1}^{m} g_{ik}}) \right]}{2\ln m} \right] \times 100 \qquad (5\text{-}39)$$

式中：$CONTAG$ 等于景观中各斑块类型所占景观面积乘以各斑块类型之间相邻的格网单元数目占总相邻的格网单元数目的比例，乘以该值的自然对数之后的各斑块类型之和，除以 2 倍的斑块类型总数的自然对数，其值加 1 后再转化为百分比的形式，$0 < CONTAG \leq 100$。理论上，$CONTAG$ 值较小时表明景观中存在许多小斑块；趋于 100 时表明景观中有连通度极高的优势斑块类型存在。

（11）香农多样性指数（$SHDI$）

$SHDI$（无量纲）在景观水平上等于各斑块类型的面积比乘以其值的自然对数之后的和的负值。$SHDI = 0$ 表明整个景观仅由一个斑块组成；$SHDI$ 增大，说明斑块类型增加或各斑块类型在景观中呈均衡化趋势分布。该指标能反映景观异质性，特别对景观中各斑块类型非均衡分布状况较为敏感，即强调稀有斑块类型对信息的贡献，这也是与其他多样性指数不同之处。在比较和分析不同景观或同一景观不同时期的多样性与异质性变化时，$SHDI$ 也是一个敏感指标。

$$SHDI = - \sum_{i=1}^{m} (P_i \ln P_i) \qquad (5\text{-}40)$$

（12）香农均度指数（$SHEI$）

$SHEI$（无量纲）为香农多样性指数除以给定景观丰度下的最大可能多样性（各斑块类型均等分布）。其范围为 $0 \leq SHEI \leq 1$。$SHEI = 0$ 表明景观仅由一种斑块组成，无多样性；$SHEI = 1$ 表明各斑块类型均匀分布，有最大多样性。

$$SHEI = \frac{- \sum_{i=1}^{m} (P_i \ln P_i)}{\ln m} \qquad (5\text{-}41)$$

$SHEI$ 与 $SHDI$ 指数一样也是我们比较不同景观或同一景观不同时期多样性变化的一个有力手段。而且，$SHEI$ 与优势度指标之间可以相互转换，即 $SHEI$ 值较小时优势度一般较高，可以反映出景观受到一种或少数几种优势斑块类型所支配；$SHEI$ 趋近 1 时优势度低，说明景观中没有明显优势类型且各斑块类型在景观中均匀分布。

2）流域土地利用景观结构分析

（1）20 世纪 80 年代景观结构分析

从表 5-12 可以看出，斑块数目从多到少排序：灌木>农地>草地>阔叶林>针叶林>园地>居民区，居第一位的是灌木林，共 568 块，占总斑块数的 42%，但其面积比例只排第三，表明灌木在流域内分布零散、破碎，天然的成分较大，斑块数目在第二水平的是农地，有 301 个，其次是草地和阔叶林，再次是针叶林和园地，说明它们破碎度较低；从斑块平均大小（MPS）和最大拼块所占景观面积的比例（LPI）来衡量，从大到小排序：草地>阔叶林>灌木>农地>针叶林>园地（居民区除外）结果表明草地指数最大，较完整连片，阔叶林和灌木连片性也较好。

斑块的几何形状是景观空间结构度量的一个重要特征，斑块形状指数越高，斑块边界越复杂，具有复杂边界的斑块与周围的联系更为密切，具有更多的边缘价值，流域中各植被景观要素面积加权平均形状因子从大到小排序：草地>阔叶林>灌木>农地>针叶林>园地（不包括居民用地），草地数值最高反映出它自然发展、未被利用的特征，而园地的分布受人为影响就比较不规则。

表 5-12　清水河流域斑块指数

年份	类型	CA（km²）	%LAND	NP	LPI	MPS	MSI	AWMSI	MPI	IJI
1986	针叶林	7.32	1.68	91	0.18	8.04	1.97	2.69	6.01	35.27
	阔叶林	106.75	24.48	135	12.13	79.07	1.99	9.74	212.24	59.89
	灌木林	91.85	21.07	568	3.84	16.17	2.1	3.88	25.26	52.84
	草地	181.75	41.69	169	38.83	107.5	2.24	30.97	1712.1	60.17
	农地	44.24	10.15	301	0.83	14.7	2.24	3.63	12.38	40.33
	园地	3.06	0.7	76	0.05	4.03	1.71	1.84	0.38	58.56
	居民区	1.03	0.24	1	0.24	103.4	2.45	2.45	0	57.72
2000	针叶林	19.00	4.36	91	1.38	20.87	2.06	5.56	19.65	18.8
	阔叶林	120.54	27.65	150	11.96	80.36	2.1	8.48	177.33	64.01
	灌木林	128.01	29.36	286	11.29	44.76	2.15	7.68	247.36	52.53
	草地	142.07	32.58	213	25.15	66.7	2.06	2.86	945.18	50.51
	农地	21.58	4.95	220	0.31	9.81	2.23	11.1	4.74	49.5
	园地	3.10	0.71	50	0.23	6.21	1.69	2.3	0.68	64.05
	居民区	1.70	0.39	1	0.39	170.2	2.74	2.74	0	51.14
2007	针叶林	29.11	6.68	105	2.2	27.73	1.88	5.46	31.94	39.81
	阔叶林	97.80	22.43	192	11.35	50.94	2.08	6.44	135.67	43.95
	灌木林	156.85	35.97	193	27.84	81.27	2.36	16.69	811.73	63.9
	草地	110.79	25.41	255	10.76	43.45	2.28	12.82	229.87	49.76
	农地	29.93	6.87	255	0.48	11.74	1.93	2.74	6.46	50.6
	园地	8.13	1.86	123	0.33	6.61	1.86	2.58	1.9	60.54
	居民区	3.38	0.77	1	0.77	337.7	2.36	2.36	0	55

注：TYPE 为景观斑块类型；CA 为类型面积；NP 为斑块个数；PLAND 为斑块所占景观面积的比例；LPI 为最大斑块所占面积比例；MPS 为拼块平均大小；MSI 为平均形状指数；AWMSI 为面积加权的平均形状因子；MPI 为平均邻近指数；IJI 为散布与并列指数。

从景观破碎度看，邻近指数（MPI）和散布并列指数（IJI）在一定程度上反映了景观的破碎程度，如 MPI 值小表明同类型斑块间离散程度高或景观破碎度高，反之表明同类型间邻近度高，景观连接性好，从表 5-12 明显看出研究流域的草地有最大斑块间邻近度，表明草地拼块完整集中，有最好的景观连接性，是流域的主要景观基质，农地、针叶林的邻近指数小反映它们的空间分布离散性很强；*IJI* 取值小时表明斑块类型仅与少数几种其他类型相邻接，研究流域各景观地类的散布并列指数相差都不大，其中草地最大，针叶林最小，表明草地景观聚集分布，受人为因素影响较强，且针叶林分布受人为影响较小。

（2）2000 年景观结构分析

流域在 2000 年斑块数目上，从多到少排序：灌木>农地>草地>阔叶林>针叶林>园地>居民区，居第一位的是灌木林，共 286 个，占总斑块数的 28%，斑块数目在第二水平的是农地和草地，分别为 220 个和 213 个，再次是阔叶林和针叶林；斑块平均大小（*MPS*）及最大拼块所占景观面积的比例（*LPI*）上，从大到小排序：阔叶林>草地>灌木>针叶林>农地>园地，结果表明阔叶林指数较大，分布相对集中，较完整连片，其次是草地和灌木。

斑块形状指数的大小代表了斑块的复杂程度，各景观类型面积加权平均形状因子大小排序：农地>阔叶林>灌木>针叶林>草地>园地，农地指数最大可能说明当地农地开垦耕种很少改变自然地形、坡度条件，所以其受自然条件影响较大，阔叶林、灌木和针叶林受人为干扰也相对较小，草地和园地受人为影响分布相对规则。

从景观破碎度看，表 5-12 明显看出研究流域的草地有最大斑块间邻近度，表明草地有最好的景观连接性，是流域的主要景观基质，其次是灌木和阔叶林也有较大连片面积，农地和园地的斑块间邻近度最小，表明其分布零散、破碎；*IJI* 取值以园地和阔叶林最大，针叶林最小，表明园地和阔叶林景观受人为因素影响较强，针叶林分布受影响较小。

（3）2007 年景观结构分析

流域 2007 年斑块数目上，居第一位的是草地和农地，都为 255 个，但草地面积大于农地，表明农地的分布比较零散而草地相对集中，斑块数目在第二水平的是灌木和阔叶林，且斑块数也相同，而灌木面积最大表明灌木的分布比阔叶林集中，最后是园地、针叶林和居民区；从斑块平均大小（*MPS*）和最大拼块所占景观面积的比例（*LPI*）来衡量，灌木和居民区指数最大，较完整连片，其次是草地和阔叶林分布也较大成片。灌木和草地的平均形状和面积加权平均形状因子是流域最大值，反映出此类景观要素的自然特征，人们没有去利用，使得草地及灌木在纯自然状态下生长、发展，园地和居住地的形状因子较小，形状复杂。景观破碎度方面，流域内的灌木和草地有较大的斑块间邻近度，表明灌木和草地有最好的景观连接性，是流域的主要景观基质，园地邻近指数最小，说明其分布较为破碎，离散程度高，彼此间相距较远；散布并列指数以灌木最大，针叶林最小，表明灌木景观受人为因素影响较强，针叶林周围的其他拼块类型很少（陈静谊，2008）。

3）流域土地利用景观动态变化分析

（1）斑块级别景观特征变化分析

①斑块面积与数目多样性分析。从斑块平均大小看，1986 年草地最大，且逐年持续减小，2000 年阔叶林最大，2007 年灌木最大，3 年度相比，灌木和针叶林斑块平均面积持续增大，表明其生长较好，受人为干扰不大，阔叶林在 2007 年显著减小，与局部砍伐有关，园地的平均斑块面积也保持小幅增加，这与当地经济取向相符，该流域近年来以苹果、杏

等为主的水果生产成为当地特色农产之一，因此园地面积比例也相应增大（陈静谊，2008）。

从表5-12看出，灌木、草地、阔叶林三者所占面积比例始终最大，是流域主要景观基质，1986年各地类中斑块面积比例最大的是荒草地，占到总面积的41.69%，表明草地是占绝对优势的景观元素，但它的比例随年度持续减少，2000年占景观总面积的32.58%，2007年减少到25.41%，3个时段相比，灌木的斑块面积所占比例持续增加，从1986年的21%增加到2007年的36%，原因可能由于该流域草地和灌木混生面积大，草地和矮灌的分类区别不大，随时间推移，灌木成长起来，草地转变成灌木林，阔叶林比例变化幅度不大，先增加后减少，保持在景观总面积的1/4左右，针叶林面积比例呈上升趋势，从1986年的1.68%增加到2007年的6.68%，农地所占面积比例先减少后有所增加，园地和居民区面积比例增加明显，园地从0.7%增大到1.86%，居民区面积比例从0.24%增大到2000年的0.39%，2007年增大到0.77%。

斑块数目上，草地、阔叶林和针叶林的斑块数呈缓慢增加趋势，灌木虽然面积比例增加，但其斑块数显著减少，从1986年的568个减少到2007年的193个，占总斑块数的比例从42%减少到17%，很明显其连片性提高，农地斑块先减少后增加，从1986年的301个减少到2000年的220个，2007年又增加到255个，园地斑块增加明显，从1986年76个增加到2007年的123个。

②景观形状与异质性指数。MSI、AWMSI比较的结果：各斑块的平均形状指数变化都不大，流域在3个时期，草地的面积加权平均形状因子波动变化最大，比其他斑块类型要大许多，1986年的自然程度最高，2000年受人为影响数值减小，2007年又有所回升，表明人类活动对草地的干扰因素较大，灌木数值逐年增大，表明人为干扰减少，而阔叶林数值减小说明干扰度在提高，其他景观要素的前后变化趋势不明显。

③景观破碎化指数。MPI值大表明同类型斑块间邻近度高，景观连结性好。先期草地有最大的斑块邻近度，说明草地有最好的连通性，后期草地邻近度减小，变得破碎、分散，灌木邻近度数值增大，说明灌木的连通性增大，连片面积增大，另外，阔叶林的指数值持续减小，与局部砍伐有关，针叶林和园地的邻近度指数保持增长，说明生长较好。

IJI取值小时表明斑块类型与少数几种其他类型相邻接；IJI=100表明各斑块间比邻的边长是均等的，即各斑块间的比邻概率是均等的，农地的散布并列指数是逐年增大，表明农地景观要素受人为因素制约最强，景观空间格局也最具人性分布，居住地的选择，园地分布也受人的主观影响和制约，其他指数的变化趋势不明显（陈静谊，2008）。

（2）景观级别景观特征变化分析

1986—2000年，清水河流域植被景观地带的斑块数目从1341块减少为1011块，斑块平均面积扩大，原因是过去的许多小拼块相互连通变成大拼块，面积加权平均形状因子减小，反映出景观的破碎度降低，景观异质性减弱，斑块间平均邻近指数增大，也说明同类型斑块间邻近度增加，景观连接性好，破碎化指数方面，2000年散布并列指标减小蔓延度值增大，都说明斑块破碎程度降低；2000—2007年，斑块数从1011增加到1124个，面积加权平均形状因子增大，平均邻近度指数明显下降，说明拼块的空间分布变得离散，彼此间相距更远，散布并列指数增大，蔓延度指数减小表明了景观要素的分散、破碎度增大，3年度相比，1986年斑块数最多1341个，2000年斑块数最少1011个，且2000年的斑块平均面积最大，面积加权平均形状因子最小，说明2000年斑块成片面积较大，景观连通性较好，到2007年破碎度有所增大。香农多样性指数（SHDI）表示景观中斑块的多度和异质性，1986—2007年香农多样性指数变大说明景观向着多样化发展，景观异质性增加，香农均匀度指数（SHEI）从1986年的0.75到2007年的0.81呈现一直增加的趋势，说明各种类型斑块在景观中的分布向着均匀化方向演变，原有的优势景观类型优势度降低（表5-13）。

表 5-13　流域多年景观级别指数

年份	NP	LPI	MPS	MPI	AWMSI	IJI	CONTAG	SHDI	SHEI
1986	1341	38.83	32.26	251.04	16.52	57.13	41.02	1.47	0.75
2000	1011	25.15	42.81	298.25	8.62	56.78	42.04	1.52	0.78
2007	1124	27.84	38.51	219.36	11.33	60.44	38.82	1.56	0.81

注：景观总面积不变，NP 为斑块个数；LPI 为最大斑块所占景观面积的比例；MPS 为拼块平均大小；AWMSI 为面积加权的平均形状因子；MPI 为平均邻近指数；IJI 为散布与并列指数；CONTAG 为蔓延度指数；SHDI 为香农多样性指数；SHEI 为香农均匀度指数。

5.1.3.3　小结

①基于航片和TM影像解译的1959年、1986年和2007年的土地利用情况分析，清水河流域内土地利用变化的特点：乔木林面积增加，灌木林面积增加，草地面积减小，农地面积减小，园地面积增加，居民区增加迅速，这是退耕还林政策和经济结构转变的表现；加之人工植树造林和生态恢复措施的实施，乔木林地面积增加速度较快；灌木林地和荒草地面积减少。土地利用空间转移特征为针叶林→阔叶林，阔叶林→针叶林，草地→灌木林，灌木林→阔叶林，农地→园地、灌木林、草地，草地、农地、灌木林→居民区。

②流域内地形分异特点：针叶林和阔叶林分布在高海拔、20°~40°梁、峁坡的阴坡和沟谷；农地和园地分布于低海拔区缓坡的阳坡；灌木林和草地分布在海拔850~1550m的范围内，坡度和坡向范围很广几乎覆盖整个流域。

③从斑块级别分析，灌木、草地、阔叶林三者所占面积比例始终最大，是流域主要景观基质；斑块形状指数草地的波动变化最大，表明人类活动对草地的干扰较大，阔叶林干扰度在提高，其他景观要素不明显；草地受人为活动的影响破碎化程度提高，灌木邻近度数值增大，说明灌木的连通性增大，连片面积增大，而针叶林和园地的邻近度指数保持增长，说明生长较好。从景观级别上分析，清水河流域植被景观斑块数目减少，斑块平均面积扩大，面积加权平均形状因子减小，反映出景观的破碎度降低，景观连接性好，景观异质性减弱；破碎化指数方面，斑块破碎程度降低；景观多样性方面，各种类型斑块在景观中的分布向着均匀化方向演变，原有的优势景观类型优势度降低。

5.1.4 清水河流域 46 年来气候变异分析

在气候变化的影响下，冰川退缩、冻土退化、湖沼疏干等环境问题彼此影响、相互加重，有明显恶化的趋势。全球气候变化必然引起全球水分的变化，导致水资源在时间、空间上的重新分配和引起水资源数量的改变，从而进一步影响地球的生态环境和人类社会的方方面面。目前黄土高原区环境的整体恶化已对社会经济造成了严重的影响。因此，对黄土高原区进行水文特征变化的气候响应分析十分必要，有利于更加深入地研究和预测该地区水资源的变化。本章将以晋西黄土高原区清水河流域 1960—2005 年 46 年的气候资料为基础，研究降雨、平均气温与潜在蒸发散等气候要素年际和年内变化的趋势性、阶段性和突变性及其对水文因素径流、泥沙的影响。

5.1.4.1 统计参数分析

表 5-14 是气候要素的基本特征统计结果，可见，降雨量的离势系数 Cv 为 0.22，说明降雨量的年际分散变化较大，最大值比最小值大 504.7mm，而相对应的其他气候要素气温和潜在蒸发散的 Cv 值在 $0.04 \sim 0.1$ 之间，没有太大的变异，表明平均气温和潜在蒸发散的年际分散程度不明显；气温和潜在蒸发散的偏态系数 Cs 都为正，降雨量的偏态系数 Cs 为负，说明气温和潜在蒸发散为正偏态，降雨量为负偏态。

表 5-14 清水河流域气候因素统计特征

气候因素	样本数 n	均值 $\bar{x}$	离势系数 Cv	偏态系数 Cs	极差 R	最大值 x_n	最小值 x_l
降雨量（mm）	46	552.3	0.22	-0.1	504.7	789.4	284.7
平均气温（℃）	46	10.17	0.06	0.4	2.54	11.49	8.95
最高气温（℃）	46	16.81	0.06	0.34	3.84	18.8	14.96℃
最低气温（℃）	46	4.85	0.1	0.1	1.97	5.87	3.9
潜在蒸发散（mm）	46	808.5	0.04	0.59	125.2	878.2	753.1

5.1.4.2 趋势性变化分析及突变点检验

气候因素的趋势变化是观测期内长而平滑的运动，可以是上升或下降趋势。这可能由于大气组成变化，以及人口、经济、技术和社会压力等情况引起的土地利用及流域特征的变化。除趋势之外，气候序列也可能会在某个时刻发生突然变化，即存在突变点，气候的突变是普遍存在于气候系统中的一个重要现象，通常意义下的突变定义是气候从一个平均值到另一个平均值的急剧变化，它表现为气候变化的不连续性，这个定义能够较好地反映一个气候基本状况（特征平均值）的变化。为更清楚地分析气候因素的趋势性变化及进行突变点检验。采用去燥的 MK 法进行趋势分析，并结合滑动 T 检验方法和跃变参数，分析清水河流域气候因素的趋势性变化及验证其突变点。

（1）降水的变化

①降水量的年际分布规律。由图 5-12 可见，清水河流域降水量在 1960—2005 年间没

有明显的趋势性变化，整个时间序列内降水量变化不大，显著性水平 $P = 0.4549$，其中
1974 年的降水量最小为 284.7mm，而 2003 年的降水量最大为 789.4mm。结合图 5-13 降
水量的 MK 检验，曲线 C_1 在 1960—1965 年间有上升趋势，1965 年开始下降到 1974 年降
到最低 M 值为 -2.34，而后曲线变化平稳，其中除少数几年超出 95% 的置信区间，其余均
位于 95% 置信区间内。降水的趋势系数为 -15.28mm/10a，结合滑动 T 检验的结果和跃变
参数分析表明降水量在 1960—2005 的 46 年间没有明显的趋势性变化。

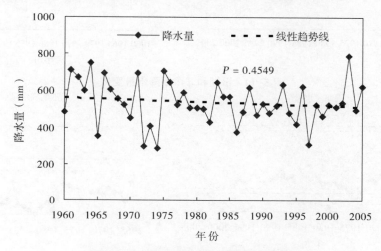

图 5-12　清水河流域年降水变化曲线

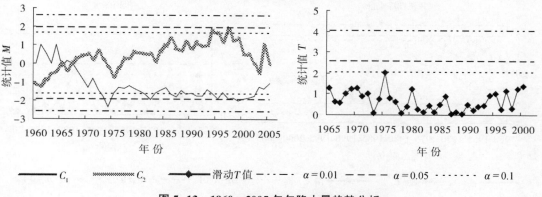

图 5-13　1960—2005 年年降水量趋势分析

②降雨量汛期与非汛期的年际分布规律。图 5-14 是降雨量在汛期（5～10 月）和非
汛期（11 月至翌年 4 月）的时间序列变化趋势。可见，汛期平均降水量为 455.47mm 占全
年降水量的 80% 以上，清水河流域汛期的降水量与全年降水量的变化趋势基本一致，说明
汛期的变化趋势可以代表全年的变化趋势。非汛期亦没有明显的趋势变化，变异系数为
0.41。从图 5-15 可见，汛期和非汛期的降水量的 MK 值均位于 95% 置信区间内。结合滑
动 T 检验的结果和跃变参数分析表明降水量 46 年间没有明显的趋势性变化。

③极端降雨的年际分布规律。近年来随着全球变暖的进一步加剧，极端天气事件发生
频繁，人们对极端天气事件的关注也在增加。极端气候事件作为一种稀有事件，随机性

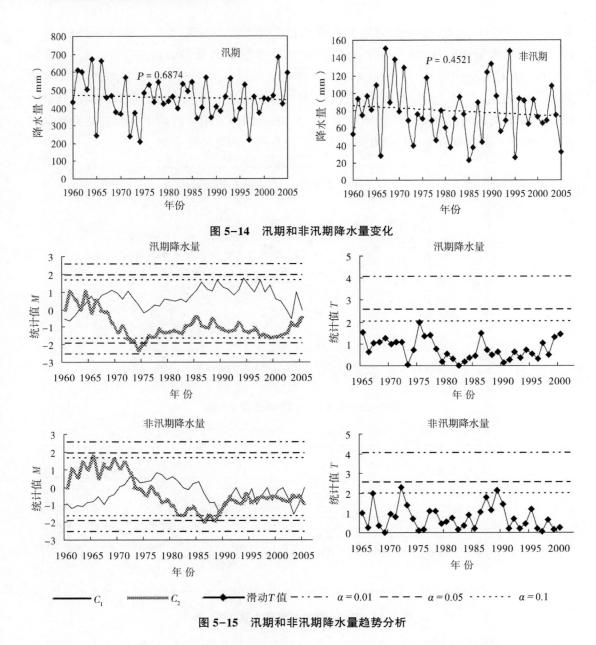

图 5-14　汛期和非汛期降水量变化

图 5-15　汛期和非汛期降水量趋势分析

大、突发性强、损害性大，所以极端气候事件的变化越来越引起了广泛关注（杨金虎等，2008）。关于极端降水事件的研究发现（IPCC2001），在全球变暖背景下，总降水量增大的区域，强降水和强降水事件都极有可能以更大比例增加，美国（Karl 等，1998）、加拿大（Stone 等，1999）、日本（Yamamoto 等，1999）等区域降水研究都证实了上述结论。即使平均总降水量减少，强降水量及其降水频数也在增加（Manton 等，2001；Buffoni 等，1999）。翟盘茂等（1999）指出，20 世纪 80 年代以来，中国长江流域频繁发生洪水，而北方却出现持久、严重的干旱。全国总降水量变化趋势不明显，但从区域性变化上看，长江流域降水呈增加趋势，华北地区呈减少趋势，同时雨日也显著减少，意味着降水强度可能增强，干旱与洪涝将同时趋于增多。刘小宁（1999）的研究发现，20 世纪 80 年代后，除华北外，全国暴雨出现频数明显上升，强度增大。黄土高原区的产流主要是暴雨产流，卫伟等（2007）研究半干旱黄土丘陵沟壑区定西市安家沟流域时发现在极端降雨事件作用下，径流系数和侵蚀模数要比对应的多年平均值高，降雨量和雨强都很高的极端事件的破坏性最强，但高历时低雨强的极端事件所产生的破坏也不容低估。因此，研究清水河流域的极端降雨变化特征有助于更好地解释产流产沙特性。

从 WMO-CCL/CLIVAR 发布的 50 种气候指数中选取了 5 种极端降水指数，这 5 种指数能比较全面地描述极端降水事件。其中，部分指数的定义都是通过计算降水量的阈值或天数，从而消除了地域因素，使计算出的降水指数可以进行空间比较，具有较弱的极端性、噪声低、显著性强的特点，这些指数已成为欧盟 STARDEX 计划推荐用于描述与极端降水事件有关的核心指标（王冀等，2008）。具体定义见表 5-15。

表 5-15　5 种基于逐日降水量的极端降水指数定义

指数缩写	定义
R_{5d}（mm）	连续 5d 最大降水量
S（mm/d）	总降水量/降水日数
d_{R20}（d）	日降水量超过 20mm 的天数
R_{95}（mm）	日降水量超过 95%百分位的降水量
R_{99}（mm）	日降水量超过 99%百分位的降水量

从图 5-16 可以看出，R_{5d}、d_{R20}、R_{95}、R_{99} 的线性回归的斜率为负，说明这 4 个指数在 1960—2005 年的时间序列内有减小的趋势，其中 R_{99} 的下降趋势显著性水平 P 为 0.0794，超过 90%的置信水平检验，说明 R_{99} 减小趋势较为明显，而其余 3 个指数减小的趋势都不显著性，显著性水平 P 在 0.17～0.47 之间。R_{5d} 减少率为 4.78mm/10a，d_{R20} 的减小率为 0.2d/10a，R_{95} 的减小率为 4.99mm/10a，R_{99} 的减小率为 7.2mm/10a。d_{R20} 有增加的趋势，但增加亦不明显。

另外，从图 5-16 中我们也可以看到极端降水指数均在不同时段存在着偏多和偏少期。不同的极端降水指数偏多和偏少时期并不一致，其中连续 5d 最大降水量偏少期主要集中在 20 世纪 80 年代，最小年在 1983 年、1984 年、1987 年和 1995 年，这些年没有连续 5d 的降水距平百分率为-100%，最大值出现在 1962 年；d_{R20} 指数在 20 世纪 70 年代变化最为明显，最大值和最小值均出现在这个时期，但少数几年位于高值区，多数年份处于低值区，最小值出现在 1974 年，距平百分率为-53.8%，最大值出现在 1971 年，距平百分率为-40.6%；大雨日数最低年出现在 1972 年，距平百分率为-62.26%，最高年为 2003 年，距平百分率为 88.68%；R_{95} 偏多时期为 60 年代和 70 年代初，而在 70 年代至 90 年代之间主要处于偏少期，在 2000 年后又出现偏多的趋势，整个时间序列中最大值出现在 1971 年，最小值出现在 1999 年；R_{99} 降水指数的偏多和偏少时期表现出明显的分化，偏多时期位于 60 年代和 70 年代初这与其他指数一致，但自 1972 年开始出现一直减小的趋势，除偶有几年为正值，其余年份都为负值，整体呈下降趋势，最大年的距平百分率为 207.5%，出现在 1971 年，最小值-46%出现在 1966 年。

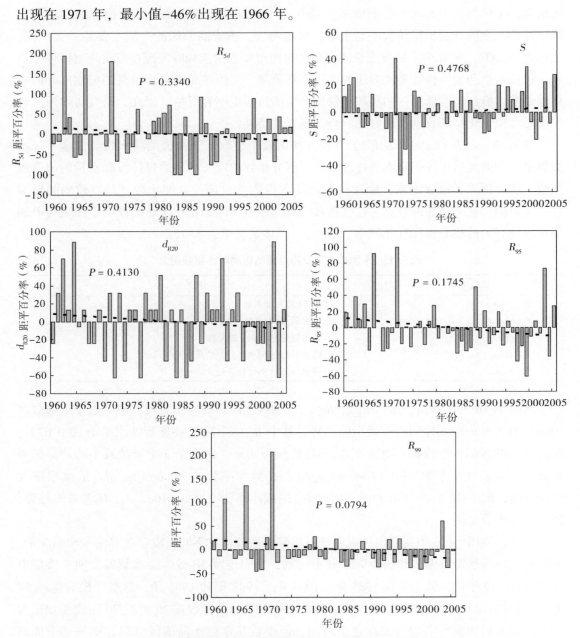

图 5-16 极端降水指数距平的时间序列变化直方图和线性趋势

从图 5-17 对 5 个极端降水指数的 *MK* 趋势分析可见，R_{5d} 的 *MK* 检验曲线 C_1 在 1960-1983 年间在 0 附近波动没有明显的变化趋势，1983 年以后有下降的趋势，但未超出 90% 的置信区间，表明 R_{5d} 没有趋势性变化。

d_{R20} 的 *MK* 检验曲线 C_1 在 1960—1974 年间呈下降的趋势，并超过了 99% 的置信区间，*MK* 值最低达到-2.83，但此后逐渐回升 1977—2005 年都位于 95% 的置信区间内，说明降雨强度在研究的 46a 内没有整体出现上升或下降的趋势，但在某些年份出现了波动性的变化。

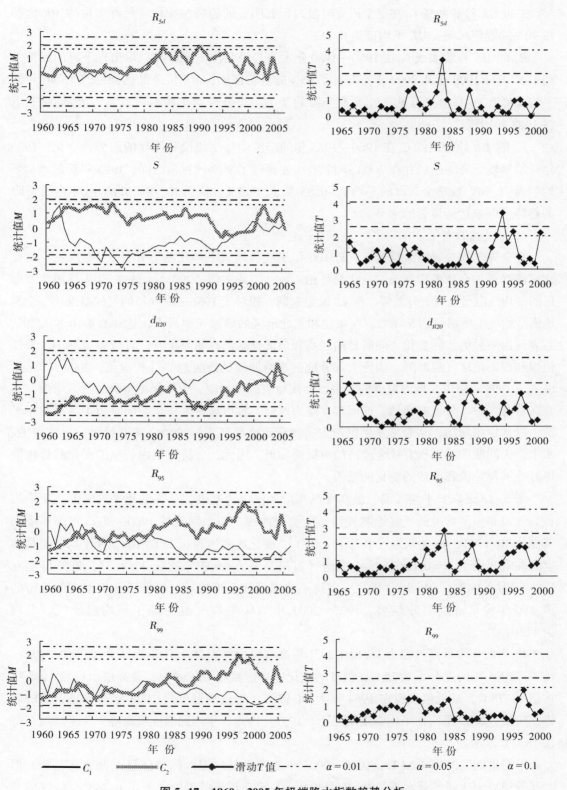

图 5-17　1960—2005 年极端降水指数趋势分析

S 的 MK 检验曲线 C_1 在整个研究时段内没有明显的趋势性变化，所有年份的 MK 值都在 90% 的置信区间，MK 平均值为 0.21。

R_{95} 的 MK 检验曲线 C_1 在 1960—1980 年没有趋势变化，1980 年以后出现下降的趋势并在 1987 年、1999 年和 2000 年都超过了 95% 的置信区间，MK 值最低达到 -2.09，46 年的平均 MK 值为 -1.01。可见，R_{95} 是有下降趋势的，结合滑动 T 检验可以看出 R_{95} 的突变点在 1983 年附近。

R_{99} 的 MK 检验曲线 C_1 在 1960—1985 年间呈波动性变化没有明显的趋势性变化，1985 年开始呈现下降的趋势并在 2000 年和 2001 年超过了 90% 的置信区间，1985 年后的 MK 平均值为 -1.14，较整个时段的平均值 -0.83 低了 37.3%，说明 R_{99} 在研究的 46 年内有下降的趋势，但未达到显著的水平。

（2）气温的变化

在全球气候变暖的大背景下，近 100 年来我国地表平均气温上升了 0.5℃ 左右。其变化总体趋势与全球平均气温的变化趋势相一致（王绍武等，2003）。最近 50 年我国北方地区的平均气温呈显著上升趋势，至 21 世纪末期，相对于 1961—1990 年的气候基准值，全国地面平均气温增幅可达 5~6℃，在华北和东北地区的增温速率最大，达到 0.4~0.8℃/10a，且表现出明显的年际变化，同时日内最高和最低气温都有明显上升，日较差将减小。长江流域和西南地区气温略降，南方大部分地区没有明显的冷暖趋势（翟盘茂，2004）。Trenberth（1998）指出，地面温度的升高，会使地表蒸发加剧，大气保持水分的能力增强，这意味着大气中水分可能增加。地面蒸发能力增强，将更易发生干旱，同时为了与蒸发相平衡，降水也将增加，从而易发生洪涝灾害。黄土高原区干旱少雨、蒸发量大，土壤侵蚀、水土流失问题严重困扰着社会经济的可持续发展，因此，分析流域内气温的变化趋势将能更好地解释径流和产沙的变化的原因。

图 5-18 是以日平均气温、最高气温和最低气温为基础，计算的年平均气温、年平均最高气温和年平均最低气温绘制气温年际变化曲线。清水河流域 1960—2005 年的年平均气温为 10.17℃，46 年来温度上升了 1.06℃，变化速率达到 0.23℃/10a，年平均气温整体上升非常显著（$P=0.0003$），年平均气温最高是在 1998 年达到 11.46℃，最低出现在 1984 年为 8.94℃，60~80 年代之间围绕平均温度线上下波动，以低于平均温度的年份居多，90 年代开始呈上升趋势，1997—2005 年的年平均气温均高于平均温度线，平均为 11.07℃。

46 年的年均最高气温为 16.81℃，年最高气温曲线整体上升非常显著（$P=0.0001$），1960—2005 年间上升了 2.25℃，温度的变化速率达到 0.46℃/10a，最高值出现在 1998 年达到 18.78℃，最低值出现在 1964 年为 14.95℃，年最高温度自 1993 年开始呈上升的趋势，1993—2005 年均在平均温度线以上，1997—1999 3 年达到温度最高峰，年平均温度都在 18.5℃ 以上。

年均最低气温为 4.85℃，1960—2005 年的年最低气温曲线整体呈上升变化趋势，但上升的趋势未达到显著水平（$P=0.0248$），46 年来年最低温度上升了 0.78℃，温度的变化速率为 0.17℃/10a，最高是在 2001 年的 5.87℃，最低值出现在 1986 年为 3.89℃。

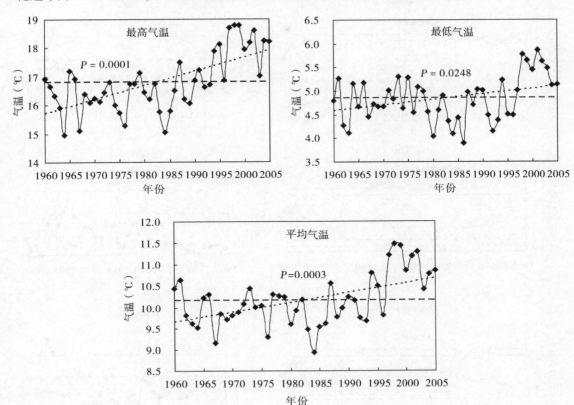

图 5-18 1960—2005 年气温变化趋势

从图 5-19 可见，平均气温的 *MK* 检验曲线 C_1 在 1960—1993 年在 90%的置信区间内波动，*MK* 的平均值为 0.537，C_1 从 1993 年开始出现上升的变化趋势，于 2001 年超出 95%的置信区间，表现出显著上升趋势，2003 年超出 99%的置信区间，呈现极显著的上升趋势。表明清水河流域平均气温有上升趋势，这与徐宗学等（2005）对黄河流域 78 个站点年平均气温研究结果一致，其与全球变暖的趋势相符。*MK* 趋势曲线 C_1 和 C_2 的交点位于 1996和 1997 年之间，结合滑动 *T* 检验和表 5-16 跃变参数分析，平均温度的突变点在 1997 年。

最高气温的 *MK* 检验曲线 C_1 在 1960—1990 年除去 1963 年和 1964 年其余均在在 90%的置信区间内波动，*MK* 的平均值为 0.46，C_1 从 1990 年开始出现上升的变化趋势，于 1996 年超出 95%的置信区间，表现出显著上升，1999 年超出 99%的置信区间，呈现极显著的上升，表明清水河流域最高气温有极显著上升趋势，*MK* 趋势曲线 C_1 和 C_2 的交点位于 1993 和 1995 年之间，并且位于 95%的置信区间内，滑动 *T* 检验在 1994 年、1995 年和 1997 年超过了 95%的置信区间，跃变参数 1994 年、1995 年和 1996 年、1997 年出现跃变信号，故最高温度的突变点在 1994 年。

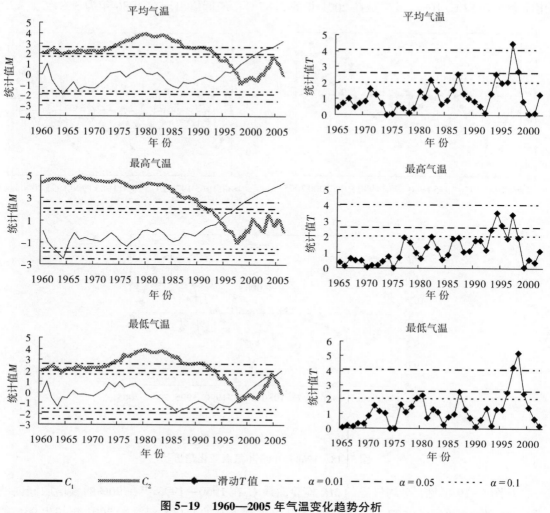

图 5-19　1960—2005 年气温变化趋势分析

表 5-16　清水河流域气象数据的跃变参数（Jy）分析

年份	降水	最高气温	最低气温	平均气温	潜在蒸发散
1965	0.39	0.01	0.02	0.26	0.14
1966	0.20	0.17	0.01	0.36	0.26
1967	0.37	0.01	0.16	0.05	0.54
1968	0.42	0.24	0.25	0.29	0.66
1969	0.52	0.15	0.09	0.33	0.59
1970	0.21	0.10	0.49	0.37	0.85
1971	0.34	0.08	0.29	0.26	0.09
1972	0.20	0.11	0.47	0.46	0.04
1973	0.15	0.19	0.27	0.21	0.12

（续）

年份	降水	最高气温	最低气温	平均气温	潜在蒸发散
1974	0.52	0.01	0.01	0.06	0.39
1975	0.56	0.15	0.36	0.15	0.60
1976	0.19	0.57	0.51	0.05	0.76
1977	0.15	0.64	0.41	0.10	0.14
1978	0.02	0.30	0.70	0.17	0.33
1979	0.08	0.04	0.76	0.40	0.47
1980	0.31	0.29	0.67	0.47	0.35
1981	0.17	0.36	0.39	0.44	0.37
1982	0.11	0.42	0.37	0.51	0.52
1983	0.19	0.36	0.24	0.43	0.41
1984	0.03	0.05	0.15	0.00	0.08
1985	0.16	0.47	0.39	0.48	0.34
1986	0.19	0.68	0.69	0.69	0.43
1987	0.03	0.54	0.46	0.65	0.48
1988	0.08	0.42	0.32	0.41	0.32
1989	0.03	0.60	0.26	0.43	0.37
1990	0.04	0.68	0.07	0.32	0.41
1991	0.19	0.49	0.19	0.08	0.28
1992	0.12	0.61	0.19	0.27	0.51
1993	0.30	1.19	0.36	0.89	1.15
1994	0.32	1.26	0.48	0.95	1.21
1995	0.22	0.86	0.64	0.73	0.79
1996	0.23	1.09	1.34	1.45	1.33
1997	0.18	1.11	1.97	1.52	1.41
1998	0.28	0.29	1.64	0.60	0.40
1999	0.43	0.06	0.62	0.15	0.01
2000	0.53	0.14	0.39	0.02	0.01

最低气温的 MK 检验曲线 C_1 1960—1997 年在 90% 的置信区间内波动，MK 的平均值为 −0.46，C_1 从 1997 年开始出现上升的变化趋势，于 2004 年超出 95% 的置信区间，表现出显著上升趋势，2005 年超出 99% 的置信区间，呈现极显著的上升趋势。表明清水河流域最低气温有上升趋势，MK 趋势曲线 C_1 和 C_2 的交点位于 1998 年和 2000 年之间，结合滑动 T 检验和跃变参数分析，最低气温的突变点在 1998 年。

总体来看，清水河流域在 1960—2005 年的 46 年间温度出现了明显的上升趋势，年平均气温和年最高气温都呈极其显著的上升趋势，显著性水平 $P<0.001$，年最低气温呈上升的变化，结合 MK 趋势分析和滑动 T 检验，平均气温、最高气温和最低气温都呈明显的上升趋势，突变点分别为 1997 年、1994 年和 1998 年。

（3）潜在蒸发散的变化

蒸发是水量平衡和热量平衡的重要组成部分，植被地段的蒸发和蒸腾统称为蒸散。潜在蒸散量是实际蒸散量的理论上限，通常也是计算实际蒸散量的基础，广泛应用于干湿状况分析（杨建平等，2002；马柱国等，2003；王菱等，2004）、水资源合理利用和评价、农业作物需水和生产管理、生态环境如荒漠化（周晓东等，2002）等研究中。在我国开展的第二次全国水资源综合评价中，潜在蒸散量是水资源评价关注的主要内容之一。近几十年来气候发生明显变化，潜在蒸散量也必然会随之发生变化，其变化趋势将直接影响到水资源评价。

图 5-20 为清水河流域 1960—2005 年基于 Hamon 公式计算的潜在蒸发散年距平分布曲线。1960—2005 年的年均潜在蒸发散为 808.51mm，46 年来清水河流域的潜在蒸发散增加了 49mm，潜在蒸发散的变化速率为 10.68mm/10a，年潜在蒸发散整体上升非常显著（$P=0.0009$）。最高值在 1997 年达到 878.21mm，最低值在 1984 年为 753mm，60~80 年代之间潜在蒸发散围绕平均线上下波动，以低于平均值的年份居多，自 1997 年来潜在蒸发散高于平均水平，1997—2005 年间的平均值达 853.66mm，高出平均值 5.5%。

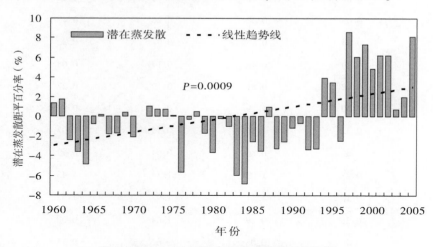

图 5-20　1960—2005 年潜在蒸发散变化趋势

从图 5-21 可见，潜在蒸发散的 MK 检验曲线 C_1 1960—1993 年在 90% 的置信区间内波动，MK 的平均值为 0.551，C_1 从 1993 年开始出现上升的变化趋势，于 2001 年超出 90% 的置信区间，表现出上升趋势，2004 年超出 99% 的置信区间，呈现极显著的上升趋势。MK 趋势曲线 C_1 和 C_2 的交点位于 1996 年和 1999 年之间，结合滑动 T 检验和跃变参数分析，潜在蒸发散的突变点在 1997 年。

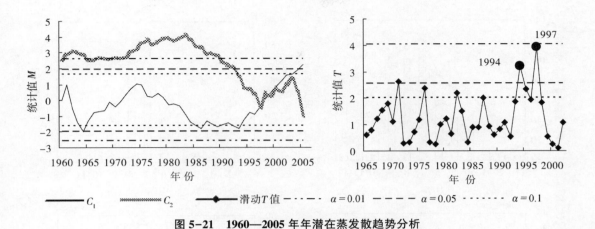

图 5-21　1960—2005 年年潜在蒸发散趋势分析

5.1.4.3　气候因素的年内分布特征分析

（1）降水的年内分布

按照我国气象部门对降雨强度等级的划分标准（表 5-17），基于日降雨量将清水河流域的降雨分为小雨、中雨和大雨，并统计各降雨类型的降雨量和降雨天数的年内分布规律（图 5-22），考虑到大雨以上的降水天数总计只有 27d 且集中于 7 月、8 月、9 月，故将日降雨量大于 50mm 的降雨归入大雨类型进行统计。

表 5-17　降雨类型划分

降雨强度等级	日降雨量（mm）
小雨	0~9.9
中雨	10~24.9
大雨	25~49.9
暴雨	50~99.9
大暴雨	100~199.9
特大暴雨	≥200

由图 5-22 可见，降水量在各月的分配（年内变化）为典型的单峰型曲线，峰值出现在 7 月，从 7 月向前、后两端减少，但前半段即 1~6 月减小的幅度大，后半段减小的幅度较小，曲线下降的坡度较缓；降雨主要集中在 7~9 月，3 个月的降水量之和为 303.1mm，占全年降水量的 55%。7 月的降雨量达到最大值，为 121.6mm，占全年降水量的 22%；1 月的降雨量最小，为 4.32mm，仅占全年降水量的 1%。降雨数的年内变化曲线与降水量的变化曲线基本趋势一致，是典型的单峰型曲线，峰值出现在 7 月，7 月的降雨天数达到最大值，为 12.26d，占全年降水天数的 15%；12 月的降雨天数最小，为 2.46d，仅占全年的 3%。

清水河流域大雨的年内变化曲线为典型的单峰型且峰度值大于零，曲线比较尖削。大雨主要出现在 7、8、9 月，1~3 月和 11 月、12 月为零，大雨总的降雨量为 150.8mm 集中

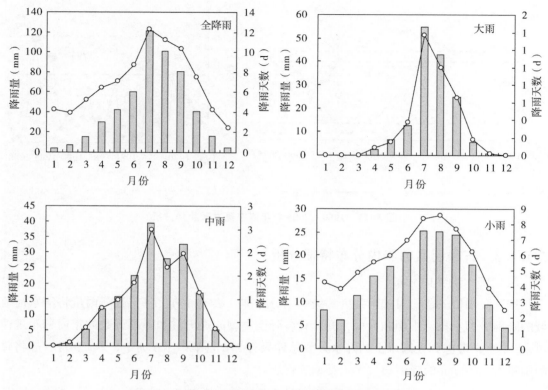

图5-22　1960—2005年月平均降雨量及降雨日数变化

图中柱状图表示降雨量，折线表示降雨天数。

了29%的降雨量，而大雨的天数仅为3.83d占整个降雨天数的5%，说明清水河流域汛期大雨及暴雨是降雨的主要形式；中雨的年内变化曲线呈双峰型，两个峰值分别为7月和9月降雨量分别为39.56mm和32.57mm，中雨降雨天数的分布与雨量分布趋势一致，中雨总的降雨量为179.06mm占总降雨量的35%，降雨天数为11.26d占总降雨天数的13.67%；小雨的分布趋于均匀，每个月都有分布，峰值出现在7~9月，非汛期（11月至翌年4月）都有降雨分布，小雨总的降雨量为185.84mm占总降雨量的36%，降雨天数为68.59天占总降雨天数的81.9%。从不同降雨类型的降雨量和降雨天数来看，清水河流域汛期（5~10月）的降水主要以中雨和大雨为主，小雨在全年都有分布，汛期较非汛期稍多。

（2）气温的年内分布

气温的气候倾向率采用一次线性方程表示，即：

$$T_i = a_0 + a_i t_i \tag{5-42}$$

式中：T_i为月均气温；t_i为时间；a_i为气温每10年的趋势变化率。

由图5-23可见，平均气温、最高气温和最低气温在各月的分配（年内变化）趋势是一致的，为典型的单峰型曲线，峰值集中在7~9月，呈正态曲线分布。其中，平均气温和最低气温在1月、2月、11月和12月为零下。根据年气温的趋势分析可知，气温在

1960—2005 年间有明显的上升趋势，结合不同月气温的倾向率可以看出，最高气温和平均气温各月的倾向率都为正值，其中 4 月的贡献最大，即倾向率分别为 0.89 和 0.56，最低气温是 2 月的贡献最大，倾向率为 0.46，同时最低气温在 8 月和 11 月的倾向率为负值，说明这两个月最低气温有减小的趋势。

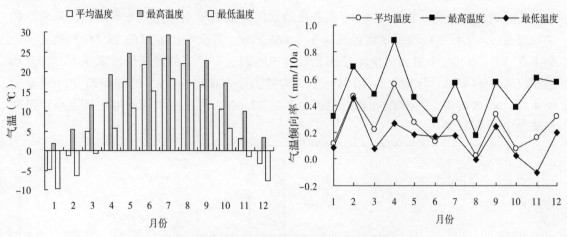

图 5-23　清水河流域 1960—2005 年月气温变化

（3）潜在蒸发散的年内分布

由图 5-24 可见，潜在蒸发散在各月的分配（年内变化）为典型的单峰型曲线，峰值集中在 6～8 月，最高值出现在 7 月为 140.68mm。汛期即 5～10 月的潜在蒸发散为 623.1mm，占全年的 80%。根据年潜在蒸发散的趋势分析可知，潜在蒸发散在 1960—2005 年间有明显的上升趋势，结合不同月潜在蒸发散的倾向率可以看出，潜在蒸发散在各个月的倾向率均为正值，其中 4 月、7 月和 9 月的贡献较大，倾向率分别为 2.21，2.59 和 1.72，说明潜在蒸发散在各月都有上升的变化趋势，其中以 4 月、7 月和 9 月的上升趋势最为明显，对全年的贡献最大。

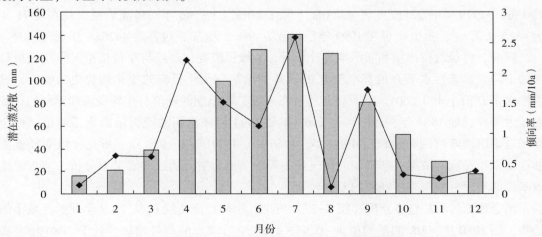

图 5-24　清水河流域 1960—2005 年月潜在蒸发散变化

5.1.5 土地利用变化与气候变异对径流、泥沙的影响

5.1.5.1 径流、泥沙变化分析

（1）径流变化

①径流年内变化。从图5-25可以看出清水河流域的年内径流分布不均匀，呈典型的单峰型曲线，7月达到峰值平均径流量为1.665m³/s，占全年径流量的23.5%，径流主要集中在7月、8月、9月，占全年径流总量的50%以上。径流的最低值出现在1月，月均径流仅为0.18m³/s。汛期（5~10月）的平均径流量为0.856m³/s，是非汛期（11月至翌年4月）的2.65倍，汛期的径流总量占全年的72.6%，可见清水河流域径流主要以汛期径流为主。

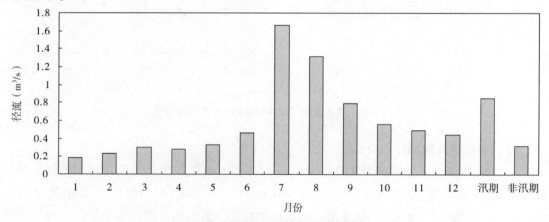

图5-25 清水河流域径流年内变化趋势

②径流年际变化。由图5-26可以看出，清水河流域1960—2005年年均径流呈极显著的下降趋势（P<0.0001）。46年间径流共减少2276万m³，平均下降速率为494.8万m³/10a，下降趋势出现在70年代末至80年代初，1980—2005年的平均流量为8760.4万m³/10a，较1960—1979年的22117.8万m³/10a下降了60%以上。46年间最高流量出现在1971年为4885.1万m³，最低出现在1999年径流量为464.2万m³，极差为4420.8万m³。

同时，将径流按汛期和非汛期统计来看，流域径流变化趋势与年径流量一致均呈极显著的下降，显著性水平P值都小于0.01，其中汛期与全年径流的变化趋势更为吻合，显著性水平P值小于0.0001。从具体年份分布来看，非汛期的峰值与年均径流和汛期的径流有较大差异，如1964年、1965年、1967年和1994年非汛期的径流量出现了峰值，而全年和夏季出现峰值的年份位于1964年、1966年、1971年和1988年。可见，汛期径流能够反映全年径流的情况。非汛期的径流量主要以基流为主，从这种意义上分析，清水河流域基流的年际分布与直接径流的差异较大。

结合径流量MK趋势分析（图5-27）可见，年均径流曲线C₁从1969年开始有减小的趋势，到1980年，MK的平均值为-0.97，1980年后减少的趋势增加，且于1980年突破99%的置信区间，MK的平均值为-4.44。MK趋势曲线C₁和C₂的交点在1980—1985年间，

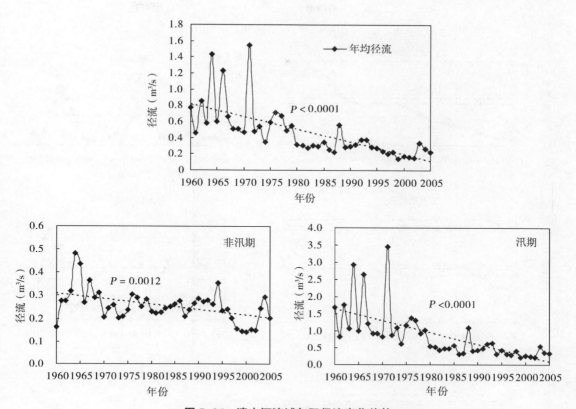

图 5-26　清水河流域年际径流变化趋势

位于 90% 的置信区间，可初步确定清水河流域径流突变点在 1980—1985 年之间。用滑动 T 检验法得出：清水河流域 46 年中径流突变发生在 1980 年，其 T 值最大达到 99% 的显著性水平。结合跃变参数分析，径流在 1979—1981 年和 1994—1997 年的跃变参数大于 1，表明径流在这几个序列年附近出现跃变，其中 1980 年的跃变参数最大为 2.499，大于 2，出现强跃变。因此，确定径流的突变点在 1980 年。

　　汛期和非汛期的径流在 MK 趋势上与年均径流一致，但非汛期的曲线 C_1 在 1965 年开始出现下降直到 1974 年，1974—1994 年呈平稳的状态，从 1995 年开始出现明显下降趋势，并于 2002 年超过 99% 的置信区间，与曲线 C_2 相交于 1995 年，参照滑动 T 检验的结果，T 值最高出现在 1995—1998 年都超过了 95% 的置信区间，故综合分析，确定非汛期径流的突变点在 1995 年。而汛期径流的 MK 曲线变化趋势与年径流的几乎完全一致，突变点位于 1980 年。

　　根据图 5-27 径流的滑动 T 检验分析和跃变参数分析，年均径流出现两次跃变现象，除上述的 1980 年左右的突变，滑动 T 检验在 1993—1997 年间统计值超过了 95% 的置信区间，其中 1995 年的 T 值超过了 99% 的置信区间，达到了极显著水平，同时跃变参数在 1994—1997 年间大于 1，而非汛期流量的 MK 趋势分析和滑动 T 检验的结果显示径流的突变是在 1995 年。故绘制径流突变点后，由 1981—2005 年的 MK 趋势曲线（图 5-28）可见，径流在后 25 年有极显著下降趋势，突变点位于 1996 年。对气候因素的趋势分析中平

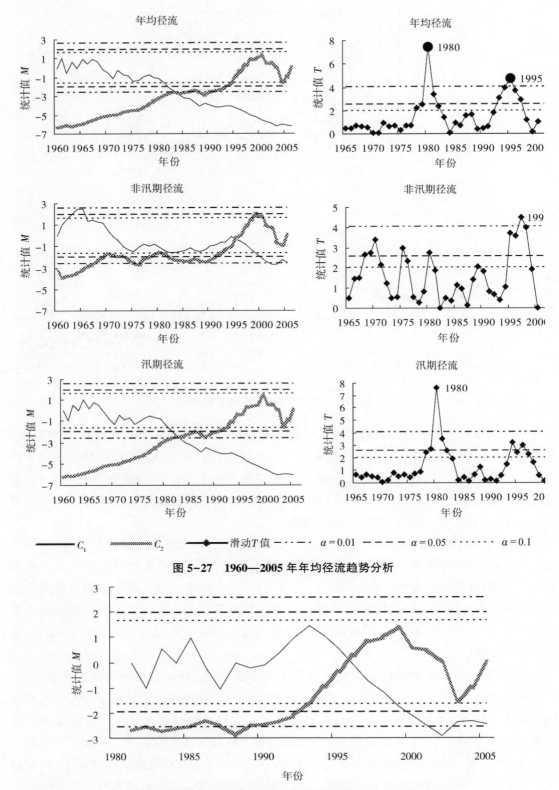

图 5-27　1960—2005 年年均径流趋势分析

图 5-28　1981—2005 年年均径流 Mann-Kendall 检验曲线

均气温在 90 年代末出现上升趋势，突变点位于 1997 年，而气温是影响径流变化的主要因素之一，说明温度升高对径流减少有一定影响。同时，*MK* 趋势检验法只适用于一次突变现象的检验，而对于整个系列有两次以上突变的情况则需要结合其他检验方法。

③日径流频率曲线分析。为更清楚地分析清水河流域 46a 径流的变化趋势，本文引入流量累计频率曲线 FDC（flow duration curve），FDC 曲线提供了一种简单、全面、图表化的方式来反映径流历史资料的可变性。每一个流量值 *Q* 对应一个超过该值流量的概率，一个 FDC 曲线就是一个简单的某一概率 *p* 对应流量 Q_p 的标绘图，可由式（5-43）计算：

$$P = 1 - p \qquad \{ Q_p \leqslant q \} \tag{5-43}$$

Q_p 是径流资料的函数，因为这一函数依赖于观测值，所以经常称为经验分位函数（Vogel and Fennessey，1994）。定义高流量为频率 5% 所对应流量 Q_5，低流量为频率 95% 所对应流量 Q_{95}，高流量与低流量之间的流量为中流量。

从图 5-29 清水河流域在 1960—2005 年间日径流的累计频率分布曲线中可以得出，低流量的阈值 Q_{95} 为 0.1m³/s，高流量的阈值 Q_5 为 0.9m³/s，Q_{50} 为 1.81m³/s。为解释不同流量对径流趋势的影响，分别对高、中、低 3 个流量进行趋势分析。

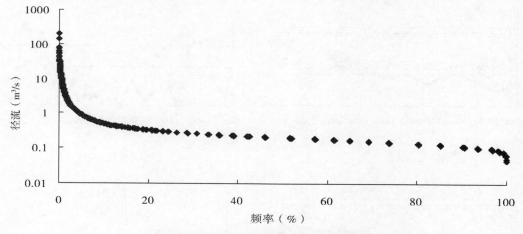

图 5-29　清水河流域日径流累计频率曲线

图 5-30 是不同流量的径流的 *MK* 趋势曲线和滑动 *T* 检验曲线，可见径流在高流量（$Q > Q_5$），低流量（$Q < Q_{95}$）和中流量（$Q_5 \leqslant Q \leqslant Q_{95}$）上表现出明显的差异，高流量表现出与总的径流趋势几乎相同的变化趋势，只是高流量的径流的突变点出现在 1981 年，略晚于总径流的 1980 年，这主要受低流量和中流量的影响。低流量则表现出与总流量明显不同的变化趋势，不仅没有出现下降的趋势，反而在 90 年代末出现了上升的趋势，于2001 年超过 95% 的置信区间，2002 年超出 99% 的置信区间，表现出极显著的上升趋势，突变点为 1997 年。中流量于 90 年代末出现下降的趋势，于 2000 年超出 99% 的置信区间表现出极显著的下降，而平均气温在此阶段呈现出上升的变化趋势。从气候因素的趋势变化解释，降雨量和潜在蒸发散没有明显的趋势性变化，平均气温亦在 90 年代末出现上升趋势，突变点位于 1997 年，更加难以解释低径流量的变化趋势，故认为低流量的变化主

要由土地利用变化引起，低流量的径流主要发生在枯水季节，黄河流域非汛期河川径流主要由基流补给，在枯水季河川径流基本上是由基流所组成（陈利群等，2006）。McCulloch and Robinson（1993）对83次流量过程的分析表明森林流域具有较高的基流流量。清水河流域的土地利用变化也主要是林地面积的变化，因此认为林地面积的增加是低流量径流增加的原因。中流量受气候主要是平均气温影响，高流量是气候和土地利用变化共同作用的结果。

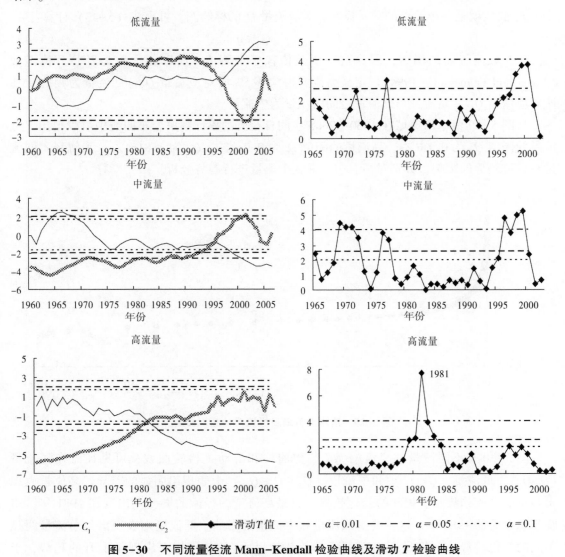

图 5-30　不同流量径流 Mann-Kendall 检验曲线及滑动 T 检验曲线

（2）输沙量变化

①输沙量年内变化。从图 5-31 可以看出，清水河流域的年内输沙分布不均匀，呈典型的单峰型曲线，7 月达到峰值输沙量为 87.11 万 t，占全年输沙量的 45.8%，流域输沙主要集中在 6、7、8、9 月，占全年输沙总量的 96.8%，几乎涵盖了整个年份的输沙量，输

沙的最低值出现在 1 月仅为 8.3t。汛期（5~10 月）的输沙量为 189 万 t，是非汛期（11 月至翌年 4 月）的 99 倍，汛期的输沙总量占全年的 99% 以上，可见清水河流域输沙主要是汛期的输沙。

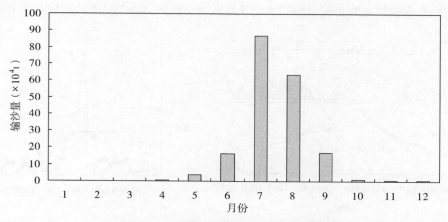

图 5-31　清水河流域输沙年内变化趋势

②输沙量年际变化。由图 5-32 可以看出，清水河流域 1960—2005 年年均输沙量呈极显著的下降趋势（$P<0.0001$），46 年的年均输沙量为 249.57 万 t，输沙量在研究期内共减少 74 万 t，平均下降速率为 1.61 万 t/a，下降趋势开始出现在 1972 年，到 1979 年下降的趋势更加明显，1980—2005 年的平均输沙量为 49.69 万 t/a，相比 1979 年以前的 509.39 万 t/a，下降 90% 以上。

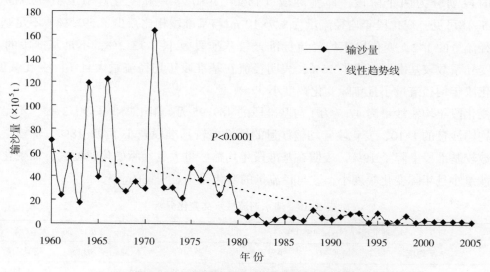

图 5-32　清水河流域年际输沙量变化趋势

结合输沙量 MK 趋势曲线分析，1960—1980 年 C_1 没有明显的变化，MK 的平均值为 -0.34，1980 年后呈现持续减少的趋势，且于 1981 年突破 99% 的置信区间，MK 的平均值为 -4.14。MK 趋势曲线 C_1 和 C_2 的交点位置在 1979—1981 年间，位于 95% 的置信区间，可初步确定清水河流域径流突变点在 1980—1985 年之间。用滑动 T 检验法得出：清水河流域 46 年中径流突变发生在 1979 年，其 T 值最大为 7.54，达到 99% 显著性水平。结合跃变参数分析，径流在 1979—1982 年的跃变参数大于 1，表明径流在 1979—1982 年附近出现跃变，其中 1980 年的跃变参数最大为 2.87 大于 2，出现强跃变。因此，确定径流的突变点在 1980 年。

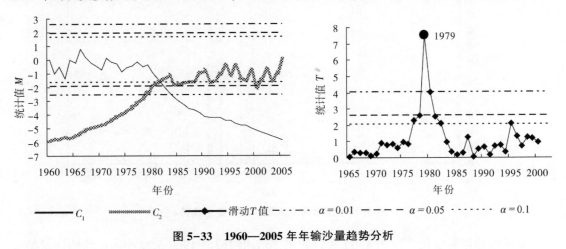

图 5-33　1960—2005 年年输沙量趋势分析

5.1.5.2　突变点前后水文特征分析

（1）突变点前后水文基本特征

基于对清水河流域的径流和输沙的趋势分析结果，以突变点 1980 年为界线，将整个研究时段划分为两个阶段，即基准段（1960—1980 年）和变化段（1981—2005 年）。由表 5-18 可见，变化段年均径流量为 $8.7 \times 10^6 \text{m}^3$ 与基准段相比减少了 59.5%，不足基准段年均径流量的 1/2，变化段年均径流标准差较基准段减小了 73.2%，不足基准段的 1/3。径流变异系数较基准段下降了 16%，表明径流在基准段年均径流量大且年际变化幅度大，而变化段年均径流量小且年际变化幅度小。

变化段年均输沙量为 47.7 万 t 与基准段的 489.95 万 t 相比减少了 90.27%，不足基准段年均输沙量的 1/10，变化段年均输沙量的标准差较基准段减小了 92.18%。输沙量的变异系数较基准段下降了 19%，表明在基准段年均输沙量大且年际变化幅度大，而变化段年均输沙量小且年际变化幅度小，这与径流量的变化趋势是一致的。

表 5-18　清水河流域水文变化分析

水文因素	基准段（1960—1980 年）			变化段（1981—2005 年）		
	平均值	标准偏差 SD	变异系数	平均值	标准偏差 SD	变异系数
径流量（m^3）	2.15×10^7	1.04×10^7	0.48	8.7×10^6	2.78×10^6	0.32
输沙量（t）	4.90×10^6	3.92×10^6	0.80	4.77×10^5	3.07×10^5	0.64

（2）变点前后日径流 FDC 曲线分析

为更清楚地刻画径流在突变点前后两段的变化，用高值变化比率（Q_5 / Q_{50}）和低流量变化比率（Q_{95}/Q_{50}）及相对变化率（Q变化段-Q基准段）/Q基准段来分析变点前后波动。图5-34是基准段和变化段的 FDC 曲线及两者相对变化率曲线，可见径流量大于 Q_5 的相对变化率很大，超过了-150%，最高达-485%，说明在高流量的情况下，径流有极明显的下降趋势，且流量越大下降趋势越明显；流量小于 Q_{95} 的低流量相对变化率为-10%左右，变化不大；流量 Q_{50} 的相对变化率-22%。基准段和变化段的高流量变化比率（Q_5/Q_{50}）为5.93和2.89，低流量变化比率（Q_{95}/Q_{50}）为0.45和0.56，表明变化段的径流在高流量变化波动减小，而低流量变化波动增加。

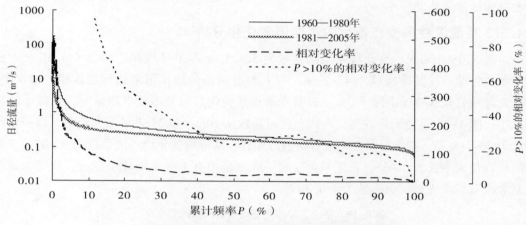

图5-34　基准段和变化段日径流累计频率曲线

（3）变点前后月输沙量 SDC 曲线分析

采用与累计径流曲线相同的方法绘制月输沙量累计频率曲线，低输沙量的阈值 S_{95} 为 0.145万t，高输沙量的阈值 S_5 为168万t，S_{50} 为1.81万t。图5-35是基准段和变化段的 SDC 曲线及两者相对变化率曲线，可见基准段的输沙量变化较大，变化范围从最大值的

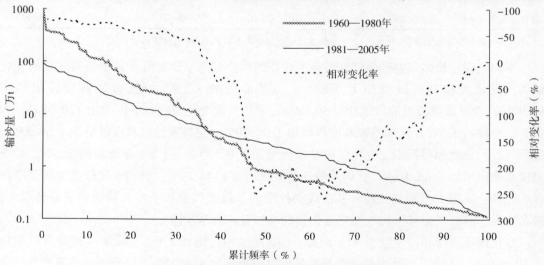

图5-35　基准段和变化段月输沙量累计频率曲线

927.5 万 t 到最小值的 0.114 万 t，极差达 927.3 万 t 以上。变化段的输沙量变化范围从 94.25 万 t 到 0.122 万 t，极差为 94.128 万 t。两段的相对变化率从 -82.44% 到 260.5%，在累计频率小于 35% 的范围内为负值，在 35%~47% 之间相对变化率一直上升到 260%，在累计频率超过 47% 以后呈波段性下降。说明高输沙量的情况下，输沙有极明显的下降趋势，输沙量中等或偏少的情况下，输沙量有增加的趋势，输沙量小于 S_{95} 的低输沙相对变化率为 3%~22%，变化不大。基准段和变化段的高输沙量变化比率（S_5/S_{50}）为 345.7 和 20.6，低流量变化比率（S_{95}/S_{50}）为 0.15 和 0.05，表明变化段的输沙量较基准段的输沙量在高输沙量的波动性小。

5.1.5.3 径流泥沙突变点前后的气候因素变化分析

由表 5-19 中可见，变化段年均降水量为 528.5mm 与基准段相比减少了 4.3%，变化段降水量标准差较基准段减小 42.7mm。用 F 检验两段的降水量未达到显著相关的水平，降水变异系数较基准段下降了 7%，表明降水量在变化段较基准段有所减少，但减小的幅度较小。图 5-36 是径流系数变化曲线，径流系数从 1960—2005 年呈下降趋势，以径流突变点 1980 年为界，基准段和变化段有明显的差异，基准段的年均径流系数为 0.091，变化段的年均径流系数为 0.036，径流系数反映了降水量中有多少水变成了径流，就降水而言在基准段对径流的贡献率明显大于变化段。

表 5-19　径流、泥沙突变点前后气候因素变化

气候因素	基准段（1960—1980 年）			变化段（1981—2005 年）		
	平均值	标准偏差 SD	变异系数	平均值	标准偏差 SD	变异系数
降水量（mm）	552.30	137.48	0.25	528.50	95.41	0.18
平均气温（℃）	9.97	0.40	0.04	10.35	0.70*	0.07
最高气温（℃）	16.30	0.64	0.04	17.23	1.07*	0.06
最低气温（℃）	4.78	0.37	0.08	4.90	0.55	0.11
潜在蒸发散（mm）	800.09	16.86	0.02	815.58	36.81*	0.05

注：** 表示显著水平 P 值 <0.01 为极显著相关；* 表示显著水平 $P<0.05$ 为显著相关。

平均气温、最高气温和最低气温在变化段的均值都高于基准段，其中最高气温的变化最大，变化段较基准段增加了 0.83℃，为基准段的 5.7%，标准差较基准段增加了 69.07%，变异系数较基准段增加了 59.94%；平均气温变化段较基准段增加了 0.38℃，相当于基准段的 3.8%，标准差较基准段增加了 76.29%，变异系数较基准段增加了 69.83%；最低气温的变化相对较小，变化段较基准段增加了 0.12℃，相当于基准段的 2.5%，标准差较基准段增加了 48.10%，变异系数较基准段增加了 44.49%。表明变化段温度较基准段有所升高，采用 F 检验变化段和基准段的标准差，最高气温和平均气温达到了显著水平，最高气温、最低气温和平均气温在变化段的变异性高于基准段。

变化段年均潜在蒸发散为 815.58mm 与基准段相比增加 1.9%，标准差较基准段增加了 19.95mm，达到了显著水平，变异系数较基准段增加 114.22%，说明潜在蒸发散在变化段有一定增加且变异性加大。

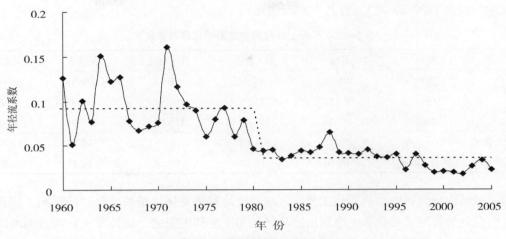

图 5-36 径流系数变化曲线

注：虚线表示两个阶段经流系数的平均值。

根据气候因素在突变点前后的变化来分析，降水减少、气温升高和潜在蒸发散的增加都是造成径流和输沙减少的原因，但根据前面的趋势性分析并未发现降雨有趋势性变化，认为该区气候因素中气温和潜在蒸发散的敏感性大于降水。

5.1.5.4 径流泥沙突变点前后土地利用变化分析

在流域尺度上，植被变化对水文过程影响将直接导致径流量和土壤侵蚀产沙量的变化。因此，结合气候因素的变化分析植被变化对流域侵蚀产沙量的影响，能更好地解释流域内径流和土壤侵蚀产沙变化的原因。根据径流输沙分析结果，结合第四章对 1959 年、1986 年和 2007 年三期的土地利用现状和植被特点的分析结果，分析径流和输沙量在突变点前后土地利用（植被）的变化。表 5-20 可见，清水河流域 1959 年的土地利用以农地、灌木林和荒草地为主，三者占全流域的 97.07%，乔林地所占的比例不足 3%，居民区仅占 0.1%。到 1986 年土地利用变化发生了明显的变化，其中乔林地面积急剧上升由 1959 年的 2.84% 上升到 26.54%，增加了 834.65%；农地、灌木乔林地和荒草地的面积减少，农地中部分转变成果园，灌木林部分演替进入乔林地，草地经过造林后部分进入乔林地，这是解放后大面积造林和封山育林的成果。到 2007 年（因 2005—2007 年的时间跨度较小，故用 2007 年的土地利用现状代表 2005 年的现状）乔林地面积继续增加，但增加的幅度小于前一阶段，与 1986 年相比增加了 11.65%，荒草地减少 14.23%，灌木增加 28.28%。总体来看，整个流域乔木林地显著增加，灌木林地有所增加，居民点虽增加，但占整个流域面积比例不足 1%，荒草地减少，农地减少，植被条件有很大的改善。

土地利用变化包括工程措施和植被变化两个方面。由于黄河流域的黄土高原区沟蚀十分活跃，为减少水土流失修建以淤地坝等为主要形式的工程措施对流域内的侵蚀产沙有着重要的影响。在总结 70、80 年代坝系建设经验的基础上，90 年代后期的坝系建设较为科学（徐建华等，2005），故本文主要考虑 90 年代建设的淤地坝。清水河流域 1997—1999 年共建了 5 座骨干坝，总控制面积为 32.61km²，截至 2007 年总拦泥 204.55 万 t，平均每年减少泥沙量为 24.65 万 t（吉县水利局估算）。

表 5-20　不同土地利用类型面积比率及变化率

项目	年份	农地	乔木林地	灌木林地	荒草地	居民区
面积 （km²）	1959	105.12	12.38	97.97	220.14	0.44
	1986	44.52	115.71	91.12	183.86	0.78
	2005	37.28	129.19	116.89	157.70	2.88
面积变化率 （%）	1959—1986	-57.65	834.65	-6.99	-16.48	77.27
	1986—2005	-16.26	11.65	28.28	-14.23	269.23

因流域内径流和输沙的变化主要受气候和土地利用变化（植被变化）的影响，综合突变点前后的气候因素变化和土地利用故从气候和土地利用变化（植被变化）两方面可以得出：一方面，气候因素中降雨的减少、气温的增加和潜在蒸发散的增加是径流和输沙减少的原因之一；另一方面，土地利用变化（植被变化）中林地面积的增加导致径流和输沙的减小，变化段的径流和输沙量的变异性都小于基准段，而气候因素除降雨的变异性变小外，气温和潜在蒸发散的变异性均大于基准段，在这种意义上可以说林地的增加使得径流和输沙量的变异性减小，变化趋于平稳。从量上来分析，土地利用（植被）变化对径流尤其是低流量的径流影响显著，但是要想从定量的角度来解释土地利用（植被）变化对径流和泥沙变化的贡献率，要借助水量平衡方程和通用土壤流失方程。

5.1.5.5　气候变化和土地利用变化对年径流影响的贡献率

从趋势分析上只能定性地分析气候因素和土地利用变化（植被）变化对径流的影响，要从定量的角度确定气候和土地利用变化（植被）变化对径流的影响，本文用水量平衡原理结合实际蒸发量的估算公式，分析气候及土地利用变化（植被）变化对径流的影响及各自的贡献率大小。

（1）气候变化和土地利用变化对年径流影响的贡献率分析方法

为区分气候变化及植被对径流的影响，径流年均变化 ΔQ^{tot} 可以看作是由气候原因引起的年均径流变化 $\Delta \overline{Q}^{clim}$ 和由人类活动引起的变化 $\Delta \overline{Q}^{LUCC}$ 两部分组成（Xiao et al.，2008），用公式（5-44）计算。

$$\Delta Q^{tot} = \Delta \overline{Q}^{clim} + \Delta \overline{Q}^{LUCC} \tag{5-44}$$

式中：ΔQ^{tot} 对于一个流域可认为是由径流突变点前后两个阶段的年均径流之差，可用公式（5-45）计算：

$$\Delta Q^{tot} = \overline{Q}_2 - \overline{Q}_1 \tag{5-45}$$

式中：$\overline{Q}_2$ 为突变后年均径流量；$\overline{Q}_1$ 为突变前的年均径流量。

$\Delta \overline{Q}^{clim}$ 是假定土地利用不发生变化由气候变化引起的年均径流变化量，其可用下列表达式（Milly and Dunne，2002）：

$$\Delta \overline{Q}^{clim} = \beta \Delta P + \gamma \Delta E_0 \tag{5-46}$$

式中：ΔP、ΔE_0 为降雨和潜在蒸发散的变化；β、γ 为径流响应于降雨和潜在蒸发散变化的灵敏系数。β、γ 计算公式如下：

$$\beta = \frac{1 + 2x + 3wx^2}{(1 + x + wx^2)^2} \qquad (5-47)$$

$$\gamma = \frac{1 + 2wx}{(1 + x + wx^2)^2} \qquad (5-48)$$

式中：x 为干旱指数，$x = E_0/P$；w 为与下垫面条件有关的一个综合参数，与地形、植被和土壤等的因素有关（Li et al.，2007），考虑到在研究的 46 年时间范围内，地形和土壤都不会发生大的变化，故植被变化是影响 w 的主要因素，w 是各地类 w_i 的面积加权和。

（2）气候变化和土地利用变化对年径流影响的贡献率分析结果

根据对径流量趋势的分析，将整个研究时段分为基准段和变化段，按公式（5-45）计算气候变化和土地利用变化对径流量的影响。其中模型参数 w 依据 1959 年的土地利用数据来确定，计算结果见表 5-21。表明径流量的减少气候因素的贡献率为 48.17%，而土地利用的贡献率为 51.83%。

根据淤积的泥沙量，按冉大川等（2004）提出的黄土高原仍在拦洪时期坝地减洪量计算公式计算拦洪量，公式如下：

$$\Delta W_2 = K(\Delta W_{2g})/\gamma_s \qquad (5-49)$$

式中：ΔW_2 为仍在拦洪时期淤地坝的减洪量（万 m^3）；ΔW_{2g} 为淤地坝的拦沙量（万 t）；K 为流域淤地坝拦洪时的洪沙比，根据清水河流域 1959—1996 年的洪水水文摘录资料确定为 1.45；γ_s 为淤泥干容重，取 $\gamma_s = 1.35t/m^3$。

因此，可以计算出工程措施在坝控面积的范围内对径流量减小的贡献率为 25.1%，对整个流域径流减小的贡献率为 1.88%。植被变化对减少输沙量的贡献率为 49.95%，植被变化中主要是乔木林地的变化，2005 年的乔木林地面积比 1959 年增加了 9 倍多，同时灌木林地面积也增加了 19.33%。可见，清水河流域林地面积增加是导致径流量减少的原因之一。

表 5-21　清水河流域气候变化及土地利用变化对径流量的影响

时　段	P（mm）	E_0（mm）	S（mm）	ΔQ^{tot}（mm）	$\Delta \overline{Q}^{clim}$（%）	$\Delta \overline{Q}^{LUCC}$（%）
1960—1980	552.3	683.65	50.98	−32.29	48.17	51.83
1981—2005	528.5	690.17	18.69			

5.1.5.6　降雨变化和土地利用变化对泥沙影响的贡献率

本文用通用土壤流失方程，分析降雨及土地利用变化（植被变化）对输沙的影响及各自的贡献率大小。

（1）降雨变化和土地利用变化对泥沙影响的贡献率分析方法

为区分降雨变化及土地利用变化对径流的影响，参考 Zhang（2008）对气候变化和土地利用变化对径流影响的分割方法。年均输沙量变化 ΔS^{tot} 可以看作是由降雨原因引起的年均输沙量的变化 $\Delta \overline{S}^{clim}$ 和由土地利用变化引起的年均输沙量变化 $\Delta \overline{S}^{LUCC}$ 两部分组成，用公式（5-50）计算：

$$\Delta S^{\mathrm{tot}} = \Delta \bar{S}^{\mathrm{clim}} + \Delta \bar{S}^{\mathrm{LUCC}} \tag{5-50}$$

式中：ΔS^{tot} 对于一个流域可认为是由输沙量突变点前后两个阶段的年均输沙量之差，可用公式（5-51）计算：

$$\Delta S^{\mathrm{tot}} = \bar{S}_2 - \bar{S}_1 \tag{5-51}$$

式中：$\bar{S}_2$ 为突变后年均输沙量；$\bar{S}_1$ 为突变前的年均输沙量。

$\Delta \bar{S}^{\mathrm{clim}}$ 是假定土地利用不发生变化由降雨变化引起的年均输沙变化量，其可用通用土壤流失方程（USLE）（Wischmeier and Smith，1978）将每个因子建立一个 25m×25m 的栅格图层，基于 ArcGIS 9.2 中的数据空间分析功能按公式（5-52）计算：

$$A = 13.26R \times K \times LS \times C \times P \tag{5-52}$$

式中：A 为年均土壤流失量 $[\mathrm{t}/(\mathrm{km}^2 \cdot \mathrm{a})]$；$R$ 为降雨侵蚀力因子 $[(\mathrm{MJ} \cdot \mathrm{mm})/(\mathrm{hm}^2 \cdot \mathrm{h} \cdot \mathrm{a})]$；$K$ 为土壤可蚀性因子 $[(\mathrm{t} \cdot \mathrm{m}^2)/(\mathrm{m}^3 \cdot \mathrm{t} \cdot \mathrm{cm})]$；$LS$ 为地形因子（L 为坡长因子，S 为坡度因子）；P 为治理措施因子；13.26 为单位换算系数。

R 因子利用年雨量公式（5-53）估算多年平均年降雨侵蚀力（Yu，1996）：

$$R_i = \alpha P_i^{\beta} \tag{5-53}$$

式中：R_i 为第 i 个降雨点多年平均的年降水侵蚀力 $[(\mathrm{MJ} \cdot \mathrm{mm})/(\mathrm{hm}^2 \cdot \mathrm{h} \cdot \mathrm{a})]$；借助 ArcGIS 工具根据降雨点分布位置生成泰森多边形以确定各测定的控制面积，并转成 25m×25m 的栅格图层；P_i 为第 i 个降雨点多年平均的年降水量（mm）；α，β 皆为系数。

根据殷水清等（2005）对黄土高原 231 个气象站 1961—1990 年多年平均年降水量的拟核，分别取值为 6.68 和 1.6266。基准段和变化段降雨侵蚀力的分布如彩图 7。

土壤可蚀性因子 K 采用 Williams 等在 EPIC 模型中发展的估算方法如公式（5-54）：

$$K = \{0.2 + 0.3\exp[-0.0256S_a(1 - S_i)]\}\left(\frac{S_i}{Cl + S_i}\right)0.3$$
$$\left[1 - \frac{0.25C}{C + \exp(3.72 - 2.95C)}\right]\left[1 - \frac{0.7S_n}{S_n + \exp(-5.51 + 22.9S_n)}\right] \tag{5-54}$$

式中：$S_n = 1 - S_a/100$，S_a 为砂砾含量（%）；S_i 为粉粒含量（%）；Cl 为黏粒含量（%）；C 为有机碳含量（%）。

土壤粒径和有机碳资料为实测，流域中共分布有 4 种土壤类型淋溶褐土、钙质粗骨土、褐土性土、石灰性褐土，K 值分别为 0.25、0.25、0.23、0.3。其分布如彩图 8。

LS 因子（彩图 9）用下式计算（Wischmeier and Smith，1978）：

$$LS = \left(\frac{\lambda}{22.1}\right)^{\xi}(65.41S^2 + 4.565S + 0.065) \tag{5-55}$$

式中：λ 为坡长（m）；指数 ξ 随坡度变化，用公式（5-56）计算：

$$\xi = 0.6[1 - \exp(-35.835S)] \tag{5-56}$$

C 因子参照王盛萍（2007）对黄土高原区吕二沟小流域的研究确定，果园为 0.18，草地为 0.09，灌木林为 0.12，农田为 0.27，居民区取 0.20，乔木林地参照蔡崇法（2000）的林地为 0.006，疏林地为 0.017，结合本流域的特点对乔木林地和乔木疏林地的盖度进行面积加权计算，确定乔木林地的值为 0.011。结果如彩图 10。

P 因子除果园为 0.69，农田为 0.78，其余各种地类都取 1.0（史志华，2002；蔡崇法，2000），如彩图 11。

（2）降雨变化和土地利用变化对泥沙影响的贡献率分析结果

根据通用土壤流失方程按公式（5-52）计算降雨变化和土地利用变化对输沙量（彩图 12）的影响。因基准段受人类活动影响较小，故用 1960—1979 年的模拟值与实测值进行验证，模型效率系数 Ens 为 0.5504，R^2 为 0.6302，认为模型可以用于模拟流域的土壤流失量。计算结果见表 5-22，其中降雨因素对输沙量减少的贡献率为 9.89%。而土地利用的贡献率为 90.11%。

土地利用变化同样也包括工程措施和植被变化两个方面，与径流量一样考虑 5 座骨干坝的作用，平均每年减少泥沙量为 24.65 万 t（吉县水利局估算）。因此，可以计算出工程措施对坝控面积范围内输沙量减小的贡献率为 74.8%，对整个流域输沙量减小的贡献率为 5.56%。植被变化对减少输沙量的贡献率为 84.55%，植被变化中主要是乔木林地的变化，结合表 5-20 中的分析，可见，清水河流域林地面积增加是导致输沙量减少的原因之一。

表 5-22　清水河流域气候变化及土地利用变化对年径流量的影响

时　段	P（mm）	A（t）	S（t）	ΔS^{tot}（t）	$\Delta \overline{S}^{clim}$（%）	$\Delta \overline{S}^{LUCC}$（%）
1960—1980	552.3	7395612	4899463	−4434143.29	9.89	90.11
1981—2005	528.5	6957046	465319.7			

5.1.6　小结与讨论

5.1.6.1　小结

①基于航片和 TM 影像解译的 1959 年、1986 年和 2007 年的土地利用情况分析，清水河流域内土地利用变化的特点：乔木林面积增加，灌木林面积增加，草地面积减小，农地面积减小，园地面积增加，居民区增加迅速，这是退耕还林政策和经济结构转变的表现；加之人工植树造林和生态恢复措施的实施，乔木林地面积增加速度较快；灌木林地和荒草地面积减少。土地利用空间转移特征为针叶林→阔叶林，阔叶林→针叶林，草地→灌木林，灌木林→阔叶林，农地→园地、灌木林、草地，（草地、农地、灌木林）→居民区。

②流域内地形分异特点：针叶林和阔叶林分布在高海拔、20°~40°梁、峁坡的阴坡和沟谷；农地和园地分布于低海拔区缓坡的阳坡；灌木林和草地分布在海拔 850~1550m 的范围内，坡度和坡向范围很广几乎覆盖整个流域。

③从斑块级别分析，灌木、草地、阔叶林三者所占面积比例始终最大，是流域主要景观基质；斑块形状指数草地的波动变化最大，表明人类活动对草地的干扰较大，阔叶林干扰度在提高，其他景观要素不明显；草地受人为活动的影响破碎化程度提高，灌木邻近度

数值增大，说明灌木的连通性增大，连片面积增大，而针叶林和园地的邻近度指数保持增长，说明生长较好。从景观级别上分析，清水河流域植被景观斑块数目减少，斑块平均面积扩大，面积加权平均形状因子减小，反映出景观的破碎度降低，景观连接性好，景观异质性减弱；破碎化指数方面，斑块破碎程度降低；景观多样性方面，各种类型斑块在景观中的分布向着均匀化方向演变，原有的优势景观类型优势度降低。

④清水河流域 1960—2005 年年均径流量呈极显著的下降趋势（$P<0.0001$），46 年间径流共减少 2276 万 m³，平均下降速率为 49.48 万 m³/a，对汛期和非汛期的年径流趋势分析，汛期和非汛期的年变化趋势与年径流一致，非汛期峰值与汛期和年径流有很大差别。径流年内分布不均匀，呈典型的单峰型曲线，7 月达到峰值，占全年径流量的 23.5%，径流主要集中在 7、8、9 月，占全年径流总量的 50% 以上。年均输沙量呈极显著的下降趋势（$P<0.0001$），46 年的年均输沙量为 249.57 万 t，输沙量在研究期内共减少 74 万 t，平均下降速率为 1.61 万 t/a。输沙年内分布不均匀，呈典型的单峰型曲线，7 月达到峰值输沙量为 87.11 万 t，占全年输沙量的 45.8%，流域输沙主要集中在 6、7、8、9 月，占全年输沙总量的 96.8%，几乎涵盖了整个年份的输沙量。

⑤由 FDC 曲线分析，高流量的情况下，径流有极明显的下降趋势，且流量越大下降趋势越明显，低流量变化不大；变化段的径流在高流量变化波动减小，而低流量变化波动增加。月输沙量累计频率曲线分析结果表明，高输沙量的情况下，输沙有极明显的下降趋势，输沙量中等或偏少的情况下，输沙量有增加的趋势，输沙量小于 S_{95} 的低输沙相对变化率为 3%~22%，变化不大，变化段的输沙量较基准段的输沙量在高输沙量的波动性减小。

⑥降雨量在变化段较基准段有所减少，但减小的幅度较小。平均气温、最高气温和最低气温在变化段的均值都高于基准段。潜在蒸发散在变化段有一定增加，且变异性加大。

⑦根据水量平衡原理分析，气候因素对径流的减少的贡献率为 48.17%。而土地利用的贡献率为 51.83%，其中工程措施的贡献率为 1.88%，植被变化的贡献率为 49.95%。根据通用土壤流失方程分析，降雨因素对输沙量的减少的贡献率为 9.89%。而土地利用的贡献率为 90.11%。土地利用变化中工程措施的贡献率为 5.56%，植被变化的贡献率为 84.55%。土地利用变化中主要是林地的变化，可见，清水河流域林地面积的增加是导致径流减少的原因之一。清水河流域林地面积增加是导致输沙量减少的原因之一。

5.1.6.2 讨论

清水河流域 1960—2005 年的年均径流量呈极显著的下降趋势，突变点在 1980 年。但是从气候因素变化的趋势分析中，降雨没有明显的趋势性变化，平均气温和潜在蒸发散显著性升高，突变点在 1997 年，不能完全解释径流的变化，而基于水量平衡原理分析气候因素对径流降低的贡献率为 48.17%。为进一步分析气候因素对径流的影响，笔者分析了基准段和变化段的气候因素变化，结果显示降雨量变化段降雨量下降 4.3%，未达到显著降低的水平，平均温度和潜在蒸发散有显著上升趋势，Zhang（2008）在研究黄土高原粗沙区的 11 个流域时，认为这是降雨因素不敏感的表现。而国内外大量的学者研究表明降雨对径流的影响大于气温的影响，本文在引言中进行了综述。

　　黄土高原区的产流特点是暴雨产流，基于这点分析，为清晰降水对径流的影响，在清水河流域径流高、中、低流量趋势变化分析的基础上，对产生不同流量的降雨进行了趋势性变化分析（图5-37），可见高流量对应的降水量的变化趋势与高流量径流及年径流的变化趋势一致，说明高流量下的降水是影响整个径流变化的主要部分，同时低流量径流对应的降水趋势与径流变化趋势一致。但中流量径流对应的降水变化趋势却与中流量径流有很大差异，中流量径流有显著下降的趋势，而降水反而有上升的变化趋势，认为中流量径流受气温及土地利用因素的影响要大于降水因素。对高中低流量对应的降雨分析发现，高流量的年降水量为160.7mm，中流量的年降水量为355.1mm，低流量的年降水量为36.6mm，可见中流量的降水量占到整个降水量的64.2%，故认为年降水量的变化趋势主要受中流量的降水量影响。

　　综上可以得出，降水对径流的变化有明显的贡献，其主要表现在对高流量和低流量的影响，而影响整个降雨量的中流量的降雨尚不能完全解释中流量径流的变化，对中流量的影响因素还需对气温、潜在蒸发散及土地利用的变化进行分析。

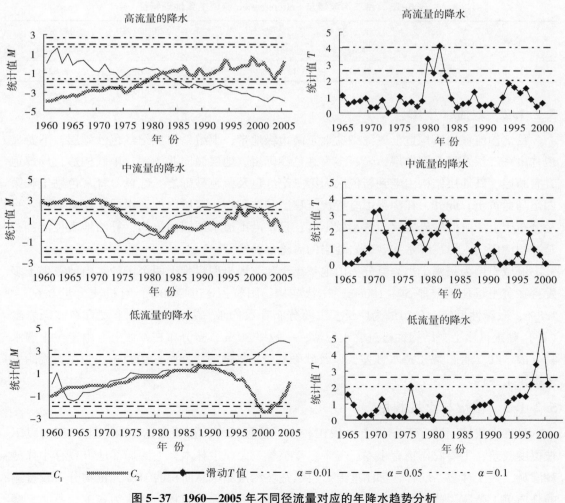

图5-37　1960—2005年不同径流量对应的年降水趋势分析

5.2 吕二沟典型小流域

5.2.1 流域概况

5.2.1.1 地理位置、地形、地貌

吕二沟流域位于我国甘肃省天水市南郊，是渭河支流藉河右岸的一级支沟；流域面积 12.01km²，呈狭长形，似叶舟状，南北最长 6650m，东西最宽处 2600m。流域内梁坡面积 9.0km²，占流域总面积的 75%，沟谷面积 3.01km²，占总面积的 25%，地势南高北低，海拔在 1175~1707m 之间，相对高差 532m。流域内丘陵起伏，沟壑纵横，干沟长 6800m，平均宽度 1830m，平均比降 4%，有大小支沟 51 条，沟壑密度 3.8km/km²，平均比降 20%，其中坡面 9.68km²，占 80.7%。大部分在 5°~20°，沟壑 2.33km²，占 19.3%，沟壑为底部切沟，溯源侵蚀严重。表 5-23 列出吕二沟流域主要地理特征。

表 5-23 吕二沟流域与 Seitengraben 流域主要地理特征

流域	面积 （km²）	流域长度 （km）	平均宽度 （km）	沟道比降 （%）	相对高差 （m）	沟壑密度 （km/km²）
吕二沟	12.01	6.94	1.73	4.0	531	3.82

5.2.1.2 地质、土壤

吕二沟流域地质构造上属陇中盆地东南边缘地带，上游系白垩纪红色沙砾层，下游显现甘肃系红层及局部漂白层，岩石多为红色沙砾岩。地层微向北倾斜，单斜构造，局部地方有断层。其地层结构由老到新依次为第三纪红色及紫色砂砾岩，红色、青灰色黏土和第四纪马兰黄土。此外，在沟谷中有近代沉积层和坡积物。流域内的含水层主要有两种：一是分布于上中游的砂砾岩层，含水较丰富，泉水沿不透水层层面流出，补给地表径流；二是冲积沟床，水源靠降水和砂砾岩地层的渗流水补给。

流域土壤为灰褐土类，可分为山地灰褐土和灰褐土型粗骨土两个土种。山地灰褐土多发育在黄土母质上，厚 50~100cm，柱状结构，团粒占 15%~60%，有机质含量 0.6%~1.8%，微碱性反应，分布最为广泛，主要分布在梁峁坡。灰褐型粗骨土发育在砂砾岩红（青）黏土母质上，结构性极差，土层薄，一般厚 30cm，多分布在谷坡上。由于黄土遇水易分散、红（青）黏土透水性差，以及砂砾岩胶结松散等母质特性的影响，为泥石流的发生提供了条件。

5.2.1.3 植被与土地利用

吕二沟流域上游（石门以上）农田较少，植被较好，被覆度达 70% 以上，石门以下被覆度较差，主要农作物有小麦、玉米、洋芋等。无原生林木，上游局部地方残存小片沙棘灌丛，人工林多系幼林，郁闭度差。自然荒坡约占流域总面积的 18%，植物分布较普遍的是白草、杂蒿、苜蓿、达乌里胡枝子、苔子等，组成天然牧场；其次为雀麦、蒿属、糜

叶草、狼尾草等。

5.2.1.4 气候与水文

（1）气候特征

吕二沟流域位于干燥少雨的大陆性气候区域，年降水量少，多年平均降水量 574.1mm，降水年际变幅大，年内分配不匀，5~10 月降水量占全年降水量的 83.3%（图5-38），且多以暴雨降雨形式出现。

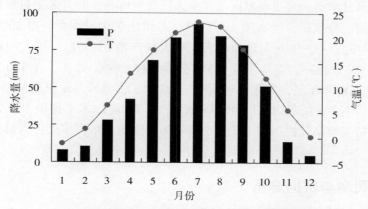

图5-38　吕二沟流域多年平均降水及气温季节分布

图5-39 表示了吕二沟流域近 50 年降水变化。图中可明显看出流域降水呈减小的趋势，从1950 年至 2000 年，流域年降水整体减少 102mm。

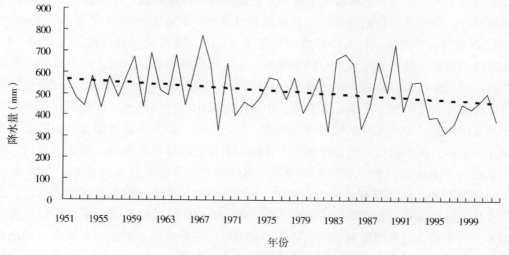

图5-39　吕二沟流域降水变化

（2）径流特征

吕二沟流域整体产流较少，1982—2003 年多年平均径流系数为 0.045±0.04，径流季节分布与降水分布基本一致，随着降水的逐渐增加，5~10 月径流系数逐渐增大，10 月径流系数高达 0.10，5~10 月年均径流占全年 90.7%。此外，流域降水多以暴雨降雨发生，土壤侵蚀严重。实测资料表明，1982—2000 年年均侵蚀模数达 2561.6t/km² （张志强，2005），汛期输沙量占年输沙总量的 99.2%。

吕二沟流域冬季及春季部分时段无径流量，河道出现"连底冻"，根据具有径流量的逐日观测记录统计得到流域逐日径流历时曲线，流域频率≥90%的逐日径流约为 0.005m³/s，频率≥50%的逐日径流约为 0.015m³/s，而频率≥10%的逐日径流约为 0.087m³/s。

5.2.1.5　其他

吕二沟流域属甘肃省天水市秦城区吕二乡人民政府所辖，共有 8 个自然村，分属半坡寨、肖家沟、杨河、曹家崖、李官湾、石马坪、东团庄 7 个村委会。据 2000 年年底调查统计，有 452 户 1825 人，从业人员 880 人，年人均产粮 510.7kg，年人均收入 1077 元，流域内耕地面积 576.74hm²，人均耕地 0.311 公顷。有大牲畜 53 头，羊 100 只，猪 40 头，鸡 400 只。截至 2000 年年底，实际治理面积 6.88km²，占流域总面积的 57.3%。其中，林地面积 401.91hm²（多系新造幼林），牧草地面积 94.73hm²，水平梯田 191.72hm²。此外，尚有水利水土保持工程措施拦泥坝 1 座，土柳谷坊、涝池、水窖多处，大部分已不能继续发挥效益。

5.2.2　数据观测与数据准备

5.2.2.1　水文观测与气象

黄土高原吕二沟流域自 1954 年即开始水土流失观测，为我国最早布设的小流域水土流失观测网站。在小流域内布设了降雨、径流、泥沙观测站网，图 5-40 为流域降雨、径流观测网分布图。流域内分布有多个降雨观测点，基本考虑流域上中下游及不同海拔的降水变异情况。降水采用自记雨量计和普通雨量计两种形式。普通雨量计为口径 20cm 的标准 SM1 雨量筒。普通雨量计筒口距地面高度为 1~2m，降水量一般按两段制观测，5~10 月按四段制观测。各站除按规定时段观测外，要求记载降水起止时间。以泰森多边形法计算获得流域面降雨量。流域出口布设有径流观测站。沟口断面为自然断面，因城市修建沟道两岸均修建较高河堤，形成梯形断面。中小水时采用浮标法测速，测杆测量水深，并用皮尺测量岸边距。中大水时采用浮标法测速，并记水位，根据洪前所测大断面图确定洪水水深和岸边距。洪水时以草把作浮标，平水时用木片、高粱秆作浮标，浮标系数均未经率定，平水时采用 0.85，大洪水时采用中泓一点法施测，浮标系数采用 0.65。每天 8：00、20：00 施测径流，洪水期视水情增加测次，一般每天 5~10 次。根据过水断面水深、流速等计算径流量如公式 (5-57)。自动插补 0：00、24：00 时径流流量，平水期每日观测时距相等，日平均流量采用算术平均法计算；观测时距不等或部分时段河干时，采用面积包围法计算；洪水时期采用面积包围法计算，如公式 (5-58)。

$$Q = a \sum_{i=1}^{n} F_i V_i \tag{5-57}$$

$$\overline{Q} = \frac{1}{2T}[\Delta t_1 Q_1 + \Delta t_2(Q_1 + Q_2) + \Delta t_3(Q_2 + Q_3) + \cdots + \Delta t_{n-1}(Q_{n-2} + Q_{n-1}) + \Delta t_n Q_n] \tag{5-58}$$

式中：Q 为流量（m^3/s）；F_i 为过水断面第 i 单元面积（m^2）；V_i 为第 i 单元流速（m/s）；a 为浮标系数；$\overline{Q}$ 为逐日平均流量（m^3/s）；$\triangle t_n$ 为第 n 时段长（s）；Q_n 为第 n 时段观测径流（m^3/s）；T 为 $24\times60\times60$（s）。

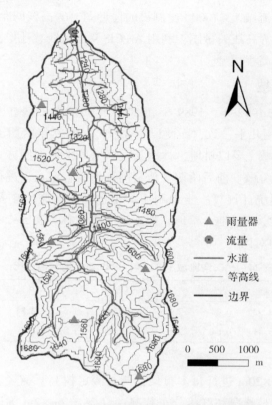

图例：
▲ 雨量器
◉ 流量
—— 水道
—— 等高线
—— 边界

0 500 1000 m

图 5-40 流域降雨测站及径流测站分布图

研究获得 1982—2000 年吕二沟流域降水及径流实测观测资料以及逐日径流统计资料。此外，从当地天水气象局获得逐日气温资料，研究流域距天水气象局约 10km。

5.2.2.2 参考作物蒸发散（潜在蒸发散）

参考作物蒸发散（reference evapotranspiration）是参考作物表面（通常假设为具有特定特征的草地参考）在水分条件不受限制条件下的最大蒸发散，是 MIKE SHE 模型中一重要输入项。气候为影响参考作物蒸发散的唯一因素，模型推荐采用 FAO Penman-Monteith 方法根据气象观测计算获得。但限于数据资料获取，吕二沟流域以潜在蒸发散代替参考作物蒸发散，Hamon（Hamon，1963；Jianbiao Lu et al.，2005）方法计算流域 PET。公式如下：

$$PET = 0.1651 \times Ld \times RHOSAT \times KPEC \tag{5-59}$$

$$RHOSAT = 216.7 \times ESAT/(T + 273.3) \tag{5-60}$$

$$ESAT = 6.108 \times [\exp(17.26939T/(T + 273.3))] \tag{5-61}$$

式中：PET 为日均潜在蒸发散（mm）；Ld 为白昼时数；$RHOSAT$ 为日均温对应的饱和水汽

密度（g/m³）；KPEC 为校正系数，设为 1.1；T 为日均温（℃）；$ESAT$ 为一定温度下的饱和水汽压（mb）。

5.2.2.3　DEM

获得黄土高原吕二沟流域 1：10000 比例尺的地形图，等高线间距为 5m，对流域地形图进行数字化制图，建立等高线矢量图，利用 ArcGIS 9.1 对线状地形图进行格式转化，生成 TIN 格式数据建立数字高程模型。

5.2.2.4　土地利用与植被

分别获得吕二沟流域 1982 年、1989 年和 2000 年三期人工踏查土地利用资料，其中1989 年与 2000 年土地利用几乎一致，因此以 1982 年及 1989 年两期土地利用资料为基本研究数据（彩图 13）。流域主要以耕地、林地及牧草地等土地利用方式为主，但土地利用景观较为破碎，分布较为分散。前后两期土地利用分类稍有出入，进行比较时采用统一分类类型重新进行土地利用统计计算。土地利用类型包括：村庄厂矿及非生产占地、有林地、梯田、坡耕地、果园、疏林地、草地、裸土地、灌木林。表 5-24 为吕二沟流域 1982年、1989 年两期土地利用对比。

表 5-24　吕二沟流域 1982 年、1989 年土地利用对比

年份	灌木林	果园	草地	裸地	坡耕地	疏林地	梯田	林地	村庄厂矿及非生产用地
1982	0.20	0.17	2.92	0.03	2.81	0.33	1.57	2.88	1.10
1989	0.13	0.22	3.41	0.04	2.63	0.56	1.82	2.99	0.21

注：总面积为 12.01km²。

此外，以标准地 20m×20m 进行每木检尺，调查测定树高、胸径、冠幅、郁闭度、密度等流域现有主要植被生长状况和群落分布状况；以样方 2m×2m 等调查测定灌草生长状况；并用冠层分析仪 Canopy Analysis 2000，按土地利用类型分别随机抽取 3~5 组样地测定林地、幼林地、疏林地、灌木林、草地、果园、梯田（农作物）等各植被类型 4 月、6月、7 月等叶面积指数 LAI 季节动态变化信息。

5.2.2.5　土壤

黄土高原土壤质地较为均一，鉴于不同植被类型对表层土壤的影响作用，吕二沟流域按有林地、梯田、坡耕地、果园、幼林地、草地、裸土地、灌木林等土地利用类型，取重复 2~3，挖取剖面，机械划分 0~30cm、30cm 以下等土壤层次，用铝盒、环刀分别采集土壤样本，室内测定相关土壤物理特性，包括土壤含水量、土壤空隙度、土壤容重等，并用压力膜仪（No.1500 15Bar Pressure Extractor），逐级设置压力值：0.1bar、0.3bar、0.5bar、1.5bar、2bar、3.5bar、5bar、7bar、9bar、12bar，测定其中部分土地利用类型脱湿土壤水分特征曲线（PF 曲线）。图 5-41 显示了林地、草地和农地土壤 PF 曲线。研究未直接测定土壤饱和导水率等参数，采用 Rosetta1.0（http://www.ussl.ars.usda.gov）程序，根据土壤转换函数原理（pedotransfer function），以土壤容重和土壤质地特征等土壤物理特性预测。此外，采集土壤样本室内测定土壤粒径分布。

5.2.2.6 河道

获得吕二沟流域河道平面分布图并数字化,如图 5-41 所示。主沟道全长 6800m,沟口因城市修建已形成梯形断面,从沟口沿主沟道每隔 1000~2000m 调查河道横断面信息,测量河道宽度、过水断面水深,并记录河道断面基本形状。以同样方法调查测量支沟首末端断面信息。

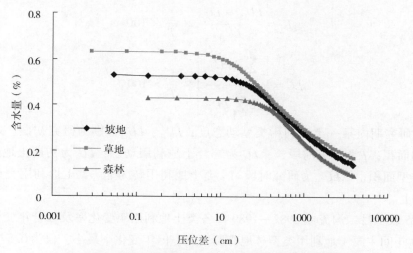

图 5-41 吕二沟流域林地、草地、坡耕地表层土壤 PF 曲线

5.2.3 流域土地利用变化定量分析

图 5-42 对比了吕二沟小流域两期土地利用。图中反映出流域两期土地利用均主要以草地、林地、坡耕地以及梯田为主。其中,草地、林地占流域面积比例后期较前期分别增加 4%、1%,坡耕地后期较前期减少近 2%,而梯田后期较前期增加 2%。图中果园、疏林地虽占流域面积比例较少,但后期也较前期有所增加,分别增加 0.4%、2%。此外,被认

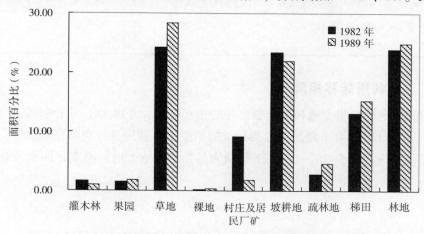

图 5-42 吕二沟流域 1982 年、1989 年两期土地利用对比

为具有重要水保效益的灌木林虽然后期较前期减少，并且裸地也有所增加，但其所占流域面积均甚小，后期分别为 1.1%、0.4%。

5.2.3.1 土地利用变化率

土地利用动态度可直观反映土地利用类型变化速率。采用单一土地利用动态度和综合土地利用动态度定量描述流域土地利用变化，公式如下：

$$K_i = \frac{LU_{i2} - LU_{i1}}{LU_{i1}} \times \frac{1}{T} \times 100 \tag{5-62}$$

$$LC = \left[\frac{\sum\limits_{i=1}^{n} \Delta LU_{i-j}}{2 \sum\limits_{i=1}^{n} LU_i} \right] \times \frac{1}{T} \times 100\% \tag{5-63}$$

式中：K_i 为研究期内某一土地利用类型动态度；LU_{i1}、LU_{i2} 分别为研究初期、末期某土地利用类型的面积；T 为研究时段长；LC 为综合土地利用动态；LU_i 为初期土地利用第 i 类土地利用类型面积；ΔLU_{i-j} 为研究时段第 i 类土地利用转为非 i 类土地利用类型面积的绝对值，T 同上。

表 5-25 表示吕二沟流域 1982—1989 年各类土地利用年变化率及综合年变化率。表中1982—1989 年间主要土地利用类型林地有所增加，但年变化率最小，仅为 0.57%；坡耕地减少，年变化率也仅为 0.93%，低于流域综合年变化率；草地和梯田均有所增加，年变化率分别为 2.37% 和 2.29%。流域其余土地利用类型年变化率较大或与综合年变化率相接近。其中，裸地增加，年变化率为 6.28%；灌木林减少，年变化率为 5.26%。流域中村庄厂矿及非生产用地年变化率最大，主要由于后期土地利用不包含大面积范围的非生产用地，如坟地、道路等。

表 5-25 吕二沟流域 1982—1989 年土地利用变化速率

项目	灌木（%）	果园（%）	草地（%）	裸地（%）	坡耕地（%）	疏林地（%）	梯田（%）	林地（%）	村庄厂矿及非生产用地（%）
K	-5.26	3.91	2.37	6.28	-0.93	9.90	2.29	0.57	-11.52
LC	3.65								

5.2.3.2 土地利用转移矩阵

转移矩阵可定量说明土地利用类型之间的相互转化，并揭示不同土地利用类型之间的转移概率。在 ArcGIS 9.0 下将统一分类标准的两期土地利用进行空间叠加运算，得到流域土地利用转移矩阵。表 5-26、表 5-27 分别为吕二沟流域土地利用变化面积转移矩阵和概率矩阵。

表 5-26　吕二沟流域 1982—1989 年土地利用变化转移面积矩阵

土地类型	村庄厂矿及非生产用	林地	梯田	草地	坡耕地	裸地	疏林地	灌木林	果园
村庄厂矿	0.111	0.163	0.058	0.556	0.075	0.028	0.055	0.038	0
林地	0.033	1.815	0.097	0.377	0.229	0	0.212	0.029	0.036
梯田	0.015	0.061	0.802	0.365	0.226	0.010	0.046	0	0.012
草地	0.041	0.344	0.382	1.392	0.357	0.003	0.221	0.016	0.123
坡耕地	0.008	0.356	0.409	0.345	1.616	0	0.017	0	0.040
裸地	0.005	0	0	0	0.023	0	0	0	0
残疏林	0.002	0.103	0.039	0.094	0.066	0	0.021	0.002	0.007
灌木林	0	0.032	0	0.120	0	0	0.002	0.002	0.041
果园	0	0.013	0	0.104	0	0	0.053	0	0

表 5-27　吕二沟流域 1982—1989 年土地利用变化转移概率矩阵

土地类型	村庄厂矿及非生产用	林地	梯田	草地	坡耕地	裸地	疏林地	灌木林	果园
村庄厂矿	10.22	15.05	5.32	51.37	6.90	2.58	5.07	3.49	0
林地	1.18	64.17	3.44	13.33	8.08	0	7.51	1.02	1.27
梯田	1.00	3.98	52.20	23.73	14.70	0.64	2.99	0.00	0.76
草地	1.41	11.94	13.25	48.36	12.41	0.09	7.69	0.56	4.28
坡耕地	0.29	12.77	14.65	12.35	57.90	0	0.61	0.00	1.42
裸地	18.75	0	0	0	81.25	0	0	0	0
残疏林	0.54	30.89	11.65	28.18	19.78	0	6.23	0.54	2.17
灌木林	0	16.44	0	60.73	0	0.91	0.91	21.00	0
果园	0	7.41	0	61.38	0	0	31.22	0	0

　　从表 5-26 和表 5-27 中可以看出，流域主要土地利用类型中，林地 64% 的概率保持不变，以 13.3% 和 8.08% 的概率分别转变为草地和坡耕地；草地以 48% 的概率保持不变，以 11.9% 和 12.4% 的概率分别转变为林地和坡耕地；梯田以 52% 的概率保持不变，以 23.7% 和 14.7% 的概率转变为草地和坡耕地；而坡耕地则分别以 12%~14% 的概率转变为林地、梯田和草地，57% 的概率保持不变。流域其余土地利用类型如裸地约 81% 的概率转变为坡耕地，村庄厂矿非生产用地约 51% 的概率转变为草地，15% 的概率转变为林地。流域土地利用转变基本为林地—林地、草地，梯田—梯田、草地，草地—草地、梯田、林地、坡耕地，坡耕地—坡耕地、梯田、林地、草地，残疏林—林地、草地、坡耕地，灌木林—草地、林地，果园—草地、疏林地。

5.2.4　流域径流、泥沙水文特征

5.2.4.1　流域径流年内分配

　　图 5-43 反映了各月径流响应的累积分布曲线，同时表示了降雨、潜在蒸发散的累积

分布。从图中可以看出：无论是植被覆被改善后径流量较原观测值减小（图5-43A），或是植被覆被退化后径流量较原观测值增加（图5-43B），径流响应与降水分布曲线基本一致，径流累积曲线在5~10月明显增长较快，而其余月份则增长缓慢，且图中径流累积变化均约20mm。

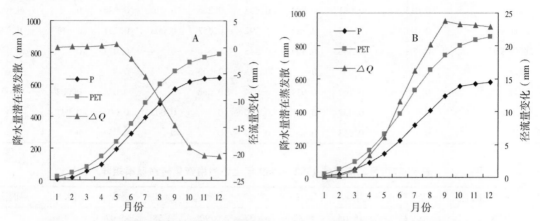

图5-43　不同阶段累积月径流对土地利用变化的响应分布以及降水、潜在蒸发散分布

5.2.4.2　流域洪水频率分析

图5-44表示了两期土地利用的洪水频率曲线。图中理论频率根据Person-Ⅲ计算。洪水资料以洪峰流量大于1m³/s为标准进行摘录。从图5-44中可以看出：除频率≥10%的洪峰流量有微小差异外，两期土地利用洪水频率曲线几乎一致。洪水频率曲线受多种因素影响，如气候、地被覆盖或土地利用、土壤类型、地形、河流形态等。相关分析表明：降雨量与洪水总量相关，而洪峰流量与降雨强度显著相关，前后两期相关系数分别为0.637和0.530。因此，我们结合雨强进行分析。将两期土地利用期间的产洪降雨按降水划分标准划分为小、中、大、暴雨、大暴雨、特大暴雨6个等级，比较两期各等级平均降雨强度，发现两期降雨强度具有显著差异。图5-45同时表示了产洪暴雨降雨强度的频率分布。从图中可以看出两期土地利用降雨强度的频率分布曲线明显不同，同一频率对应的降雨强度后期大于前期，表明后期土地利用暴雨强度总体大于前期，而此时观测得到洪水频率后

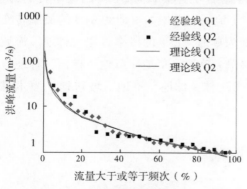

图5-44　洪水峰值流量频率分布

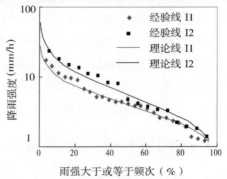

图5-45　降雨强度频率分布

期与前期无明显差异，据此，我们推断若后期与前期具有一致的降雨强度频率分布曲线，即后期暴雨雨强若与前期完全一致，则很可能出现后期的洪水频率曲线较前期有所下降，呈现洪水对土地利用与植被变化的明显响应。

5.2.5　吕二沟流域土地利用/植被变化与气候变化水文响应解析

5.2.5.1　土地利用水文响应初步分析

Zhang 模型为分析土地利用变化影响的经验模型，模型根据世界范围内 250 多个流域的观测数据建立，已被证实并广泛应用于相关影响研究。模型如公式（5-64）所示：

$$ET = \left(\frac{1 + w\dfrac{PET}{P}}{1 + w\dfrac{PET}{P} + \left(\dfrac{PET}{P}\right) - 1} \right) \times P \tag{5-64}$$

式中：P 为流域降水；ET、PET 分别为流域蒸发散和潜在蒸发散；w 为植物可利用水分系数，与植物可吸收水分的多少有关。模型认为林地由于根系层较深，可吸收水分较多，w 取值较大，为 2；草地、农地根系层较浅，w 值较小，为 0.5；而裸地则 w 取值最小，此时 w 仅仅反映裸地中土壤蒸发的多少。

一旦确定植被系数 w，结合 Zhang 模型与水量平衡方程即可预测估计流域产水量。为此，分别拟合产生吕二沟流域两期土地利用（1982—1988 年与 1989—2003 年）植被系数 w_1、w_2，通过比较系数 w 值应用于另一期土地利用的径流预测和径流观测，获得并产生相同降水输入条件下土地利用变化引起的径流响应估计。其中，w_1、w_2 分别拟合为 7.09 和 9.04，与 Zhang 模型中 w 值相差较大，推断主要由于 Zhang 模型基于地形变化较缓的观测流域建立，流域水系反映汇集于整个流域的产流情况，而吕二沟流域地形变化较为剧烈，产流过程和产流方式较为复杂，地表径流多以蒸发损失，流域沟系仅汇集流域少部分流域面积产流，因此影响流域 ET-Q 关系的反映，w 拟合值明显增大。此外，推断 w 拟合值较高部分与潜在蒸发散计算方法不同有关；Zhang 模型中潜在蒸发散（PET）基于 Priestley and TAylor 方法计算，而吕二沟流域在此以 Hamon 方法计算。

定义产水量变化 $\triangle Q$ 等于模型预测值与观测值之差，应用 Zhang 模型与水量平衡相结合检测土地利用/植被变化的水文响应。其应用分析步骤如下：

将土地利用前期拟合产生 w_1 值分别应用于前、后两期，

①前期：若产水量变化 $\triangle Q_1 \neq 0$，视 $\triangle Q_1$ 为模型误差；

②后期：若产水量变化 $\triangle Q_2 > 0$，且 $|\triangle Q_2| > |\triangle Q_1|$，则认为后期较前期植被改善，产水量减少。

同上，将土地利用后期拟合产生 w_2 值分别应用于前、后两期：

①后期：若产水量变化 $\triangle Q_2 \neq 0$，视 $\triangle Q_2$ 为模型误差；

②前期：若产水量变化 $\triangle Q_1 < 0$，且 $|\triangle Q_1| > |\triangle Q_2|$，则认为前期植被覆被稍逊于后期，前期较后期产水量较多。

图 5-46 表示应用 Zhang 模型分析产生的土地利用变化引起流域产水量变化。从图 5-46可以看出，后期产水量变化△Q_2多为正值，后期年产水量观测较预测小，表明后期土地利用变化后减少了流域年产水量，但产水量变化即"影响效应"基本在模型预测误差范围内浮动（$-38mm<△Q_1<31mm$）；而当代表后期植被状况的系数 w_2 应用于前期（图 5-46B），模型预测误差在$-21\sim13mm$，"影响效应"仍多在误差范围之内且变异较大，仅在 1984 年、1985 年表现出产水量减少趋势，即后期土地利用产流较前期土地利用产流减少。

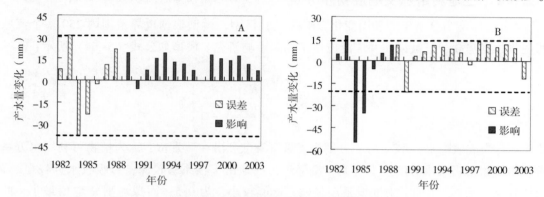

图 5-46　Zhang 模型分析年产水量变化

A 为应用前期拟合参数 w；B 为应用后期拟合参数 w

5.2.5.2　气候变化水文响应灵敏度分析

流域观测径流变化同时受土地利用/植被变化以及流域降水、气温等气候因素影响。如前文所述，吕二沟流域后期较前期土地利用林草面积有所增加，但植被覆被变化较小，当植被变化小于 20%时很难直接观测到流域产水量的变化（Bosch and Hewlett, 1982），且流域两期土地利用转变较为复杂，除林草方向的主要转变外同时存在向坡耕地的转变，采用 Zhang 模型对流域土地利用变化水文响应进行经验性分析具有很大不确定性，土地利用变化水文响应并未呈现明显变化趋势。与土地利用变化相比，流域气候变化似乎更显主导优势，流域降水呈现明显减少趋势，吕二沟在近 50 年气候观测中流域降水年平均减少约 20mm，气候变得较为干、热。因此，假设流域土地利用未发生明显变化对流域气候变化水文响应进行分析。

相关研究（Jones et al., 2006）认为：流域对气候变化的水文响应与降水、潜在蒸发散等存在双线性关系，公式如下：

$$\delta Q = A \times \delta P + B \times \delta PET \qquad (5-65)$$

式中：δQ 为流域径流变化；δP 为流域降水变化；δPET 为流域潜在蒸发散变化，三者均以相对变化表示；系数 A、B 分别为径流响应于降水变化和蒸发散变化的灵敏系数。

公式（5-65）被广泛应用于气候变化水文响应灵敏度分析中，只需确定灵敏系数 A、B，即可对降水和潜在蒸发散即气温变化的流域径流响应进行经验性探讨。

较多经验模型如 Zhang 模型、Budyko 模型、Schreiber 模型、Pike 模型等，运用干燥指数（PET/P）的概念有效建立了蒸发散（ET）与降水（P）、潜在蒸发散（PET）的关系，如公式（5-66），可借助三者的关系，通过设立不同气候情景模拟气候变化流域径流，进而根据公式（5-65）产生流域径流对气候变化响应的灵敏系数 A、B。研究以吕二沟流域 1982—2000 年以及奥地利 Seitengraben 小流域 1992—2003 年气象观测为参照情景，根据流域各年降水设置 P 变化 0%、-5%、-10%、-15%、+10%，潜在蒸发散 PET 变化 0%、+5%、+10%、+15% 等 19 组不同的气候变化组合情景，通过比较参照情景与其余各情景径流模拟，根据公式（5-65）以最小二乘法拟合产生灵敏系数 A、B。其中，径流预测同时采用 Zhang 模型以及 Budyko 模型模拟产生。

$$\frac{ET}{P} = F\left(\frac{PET}{P}\right) \tag{5-66}$$

$$ET = \left\{P\left[1 - \exp\left(-\frac{PET}{P}\right)\right]PET\tanh\left(\frac{P}{PET}\right)\right\}0.5 \tag{5-67}$$

式中各符号意义同前。

假设观测期间吕二沟流域土地利用/植被覆盖均未发生显著变化，最小二乘法拟合得到吕二沟流域 w 为 8.69。w 拟合值与 Zhang 模型中 w 值的差异仍源于产流过程与机制的差异以及 PET 潜在蒸发散计算方法的差异。

Zhang 模型引入植被吸水系数 w，模型应用可针对特定流域土地利用进行调整或校正，而 Budyko 模型并无任何模型系数，模型基于平均水平的建立使得模型在特定流域的应用显现出很大差异。

表 5-28 列出吕二沟流域基于各观测年份分析产生的气候变化水文响应灵敏度系数。整体来看，降水变化对应的水文响应灵敏系数 A 较气温变化灵敏系数 B 大；Zhang 模型分析产生灵敏度系数与 Budyko 模型的有所相区别。在吕二沟流域模型应用中，Zhang 模型对应灵敏系数 A、B 均值分别为 2.41 和 -1.37，而 Budyko 模型 A、B 均值分别为 4.16 和 -2.25。Zhang 模型各年份对应灵敏度系数分布较为集中，灵敏系数 A、B 变异系数 Cv 分别为 0.02 和 0.03，而 Budyko 模型各年份对应灵敏系数变化相对较大，灵敏系数 A、B 变异系数 Cv 分别为 0.41 和 0.44。对于 Budyko 模型灵敏系数 A、B 变异较大，分析认为主要由于 Zhang 模型具有一定校正参数，可针对特定流域进行校正以保证模型的适用性，而 Budyko 模型无任何模型校正参数，回归关系对其预测径流进一步转换仅能保证现有观测数据的拟合，但不能完全保证情景条件预测径流的正确性，因此，基于各年分析产生灵敏系数变化较大。

表 5-28　吕二沟流域气候变化水文响应灵敏度系数

年份	Zhang 模型		Budyko 模型	
	A	B	A	B
1982	2.447	-1.405	—	—
1983	2.356	-1.322	2.551	-1.281
1984	2.333	-1.302	2.366	-1.152
1985	2.372	-1.337	2.743	-1.411

（续）

年份	Zhang 模型		Budyko 模型	
	A	B	A	B
1986	2.445	−1.4.3	—	—
1987	2.417	−1.378	4.207	−2.341
1988	2.374	−1.339	2.759	−1.425
1989	2.395	−1.358	3.212	−1.715
1990	2.351	−1.318	2.485	−1.24
1991	2.435	−1.394	6.052	−3.394
1992	2.394	−1.357	3.147	−1.678
1993	2.396	−1.359	3.181	−1.703
1994	2.442	−1.401	6.767	−3.645
1995	2.441	−1.4	6.76	−3.643
1996	2.461	−1.418	—	—
1997	2.456	−1.414	—	—
1998	2.437	−1.396	5.938	−3.33
1999	2.437	−1.397	6.093	−3.426
2000	2.436	−1.395	5.817	−3.243
2001	2.420	−1.381	4.341	−2.43

图 5-47、5-48 分别为 Zhang 模型与 Budyko 模型产生灵敏系数与干燥指数散点关系图。图中 Zhang 模型产生的灵敏系数 A、B（绝对值）随干燥指数增大，灵敏系数 A、B（绝对值）有缓慢增大趋势（系数 A 趋势线截距 $a=0.09$，$R^2=0.92$；系数 B 趋势线截距 $a=-0.08$，$R^2=0.92$）。Budyko 模型在吕二沟流域产生的灵敏系数 A、B 表现出随干燥指数增大而明显增大的趋势（图 5-48）。整体来看，与相关研究灵敏度系数变化规律一致（Jones et al.，2006），不同模型、不同流域产生的灵敏系数 A、B 均具有随干燥指数增大而有不同程度增大的趋势，即随着气温增加、降水减少，流域水文对气候变化的响应更为灵敏。

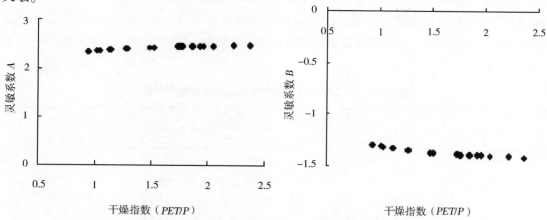

图 5-47 Zhang 模型产生灵敏系数随干燥指数变化

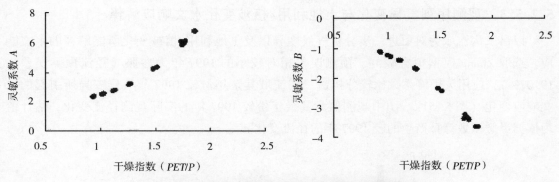

图 5-48 Budyko 模型产生灵敏系数随干燥指数变化

图 5-49、图 5-50 表示了灵敏系数与径流系数散点关系图。从图中可以看出，Zhang 模型产生灵敏系数 A、B（绝对值）均随着径流系数的增大而缓慢减小（图 5-49），这与相关研究灵敏系数变化规律相似。Budyko 模型产生灵敏系数与径流系数并非呈现明显线性关系，虽然灵敏系数变化幅度较大，但同样表现出随径流系数增大而灵敏系数减小的趋势。吕二沟流域径流系数整体较小，灵敏系数 A、B 较大，表明吕二沟流域气候变化水文响应较为灵敏。

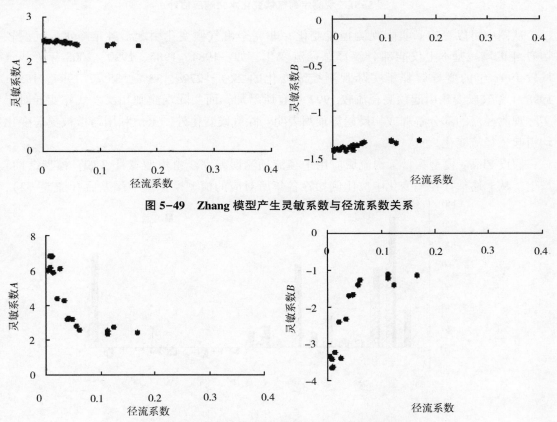

图 5-49 Zhang 模型产生灵敏系数与径流系数关系

图 5-50 Budyko 模型产生灵敏系数与径流系数关系

5.2.5.3 观测序列气候变化与土地利用/植被变化水文响应解释

以吕二沟流域为对象进一步分析气候变异以及土地利用/植被变化所能解释的水文响应。选取 Zhang 模型拟合较好、预测误差相对较小的 1997 年为参照（径流预测误差为 19.07%），应用灵敏度系数比较分析吕二沟流域其余年份较 1997 年气候变异所引起的水文响应变化（图 5-51）。图中观测值为其余年份较 1997 年的实际观测径流变化，估计值为依据灵敏系数计算产生的较 1997 年的径流变化。

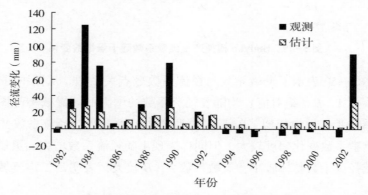

图 5-51 观测序列气候变化水文响应估计

从图中可以看出，实际观测径流变化并非完全由气候变化引起，各年降水、气温较 1997 年的增减基本上仅能部分解释总径流变化，如：1984、1985、1990、2003 年等，气候较 1997 年的变异解释了实际观测径流变化的 22%、27%、33%、35%；1994、1995、1998 年等气候变化引起预测径流较 1997 年有所增加，而实际观测则相反。气候变异对于实际观测径流的部分解释或相反趋势预测表明：除气候变化外，土地利用与植被覆盖变化均引起了径流变化。

假设 Zhang 模型在吕二沟流域应用中径流预测误差完全由模型本身（如：模型结构）产生，从上述估计径流变化中按比例扣除各年所对应的模型模拟基本误差后（图 5-52），

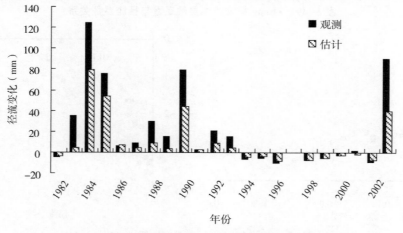

图 5-52 移出误差后观测序列气候变化水文响应估计

可以看出：在观测序列中部分年份较 1997 年的气候变异引起总观测径流变化中约 80% 的径流变化，如：1994、1995、1996、1998、1999、2000 年等，但部分年份气候变异仅能解释总观测径流变化中约 50% 甚至更小的份额，如 1983、1988、1989、1990、2003 年等，这一定程度说明：除气候变化外，流域土地利用或植被覆盖的改变等因素对流域径流存在一定潜在影响。

5.3 蔡家川流域

5.3.1 流域概况

研究区位于晋西黄土残塬沟壑区、吕梁山南端山西吉县蔡家川流域（E110°39′45″~110°47′45″、N36°14′27″~36°18′23″），为黄河的三级支沟，属于暖温带落叶阔叶林向森林草原的过渡地带。流域大体上为由西向东走向，长约 14km，流域面积 40.1km²，海拔高度为 904~1592m（图 5-53）。流域中、下游坡度较缓，而上游则岩石陡峭、突露于地表。区域地貌类型为典型的黄土残塬、梁峁侵蚀地形，沟壑密度为 0.966km/km²。流域土壤以褐土为主，黄土母质，抗蚀性差，水土流失严重，平均侵蚀模数 11823t/（km²·a）（纳磊等，2008）。流域气候属于温带大陆季风气候，多年（1957—1979 年）平均降水量为 580mm，多年平均日均温为 10℃，大于 10℃ 的积温为 3358℃，绝对最高气温 38.1℃，绝对最低气温 -20.4℃，光照充足，多年平均光照时数为 2565.8h，无霜期平均 172d。降水年内分布不均，约 70% 降水集中分布于 6~9 月，并且雨强较大，最大 5min 降雨可达 50mm/h。流域潜在蒸发散较高，多年平均水面蒸发量高达 1729mm，这导致区域极度干旱，严重影响了当地的生态环境和经济发展。流域具有多种土地利用和植被组成，观测期内流域土地利用较为稳定。植被覆被率整体较高，森林覆盖率可达 72%。除刺槐、油松、侧柏等人工林以外，流域上游及中游分布有大面积次生植被，包括：辽东栎、白桦、山杨等，灌丛主要有荆条、黄刺玫、沙棘、虎榛子、绣线菊及丁香等，而下游则多为疏林、荒草地和农地等。

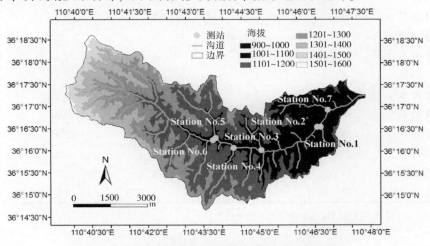

图 5-53 蔡家川流域地形分布及径流测站分布

5.3.2 数据观测

研究在 2006 年和 2007 年生长季，收集了研究流域水文气象资料。蔡家川流域为嵌套流域（图 5-53），共设置有 7 个子流域，除 2 号流域和 7 号流域测站位于主沟以外，其他测站均位于支沟流域，分别代表了具有不同土地利用组成的流域状况。嵌套流域土地利用组成分析将在以下小节具体阐述。各流域测站设有宽顶堰，采用自计水位计监测水位，数据每 5min 进行采集。随后，采用率定水位-流量关系曲线估算径流量。与此同时，各测站设置有翻斗式雨量计或虹吸式雨量计观测记录同期降水量。研究期间内降水观测序列较短，因此，研究主要针对场次降雨探讨其径流响应。主要研究内容包括：不同植被与土地利用的降雨—径流关系对比及蔡家川流域次降雨径流模拟。

鉴于黄土高原小流域降水分布较为均一，并且初步统计分析表明：对于大部分次降雨，各嵌套流域之间并无显著差别（$P>0.05$）。因此，在对比分析不同植被与土地利用的次降雨径流响应时，研究假设同一场次降雨条件下，不同子流域次降雨量相同。根据不同雨量站观测值平均值估计各次降雨总量。对于各次降雨所引起的径流响应，进一步从径流响应总量、径流响应持续时间、响应峰值流量、峰现时间等方面对比探讨。其中，径流响应的起点判定为径流过程线出现陡增水位的时刻，终点判定为当径流回降到起点水位的时刻。研究共收集 14 场次降雨—径流响应，其对应降水量变化范围较大，最小对应次降水 7mm，而最大对应次降水 84mm（表 5-29）。

表 5-29　蔡家川流域实测降水事件统计

日期	降雨量（mm）		降雨强度（mm/h）		N
	算样均值 Mean	标准差 SD	算样均值 Mean	标准差 SD	
2006 年 07 月 31 日	23	2.5	12	1.1	6
2006 年 08 月 03 日	29	4.6	19	3.4	6
2006 年 08 月 15 日	6	0.9	11	3.6	6
2006 年 08 月 25 日	29	5.3	6	1.8	6
2006 年 08 月 28 日	43	5.5	2	0.5	6
2006 年 08 月 30 日	15	4.9	3	1.3	6
2006 年 09 月 04 日	41	3.0	6	5.6	6
2006 年 09 月 19 日	8	1.2	3	1.3	6
2006 年 09 月 21 日	24	3.5	1	0.6	6
2006 年 06 月 03 日	84	3.4	4	0.2	5
2007 年 07 月 23 日	10	2.8	10	2.4	5
2007 年 07 月 27 日	25	7.1	10	8.1	5
2007 年 07 月 29 日	11	5.1	2	1.3	5
2007 年 07 月 28 日	17	7.0	2	1.0	5

注：N 表示用于计算相应统计值时所涉及的子流域的数目。

5.3.3 蔡家川嵌套流域土地利用分析

蔡家川为具有不同土地利用覆被的嵌套流域（表5-30），总体来看，蔡家川流域植被覆被率较高，达72%。除1号流域以外，其余流域林地覆被（包括林、灌）较高。1号流域（南北窑）以农地及荒草地为主要土地利用类型，分别占其子流域面积35.9%和52.4%。3号流域、4号（柳沟）、5号（刘家凹）以及6号（冯家圪垛）号流域以次生林、灌木林和人工林为主。蔡家川主沟2号流域与其余大部分流域相似，以次生林、人工林和灌木林为主，分别占流域面积42.8%、29.4%和12.2%。认为不同土地利用/植被覆被对流域水文响应具有不同影响。

表5-30　各流域土地利用与植被类型比例

流域编号	流域面积（km²）	森林覆盖（%）	农地	草地	灌木林	次生林	人工林	果园	农舍	其他
1	0.7	10.7	35.9	52.4	0.0	0.0	9.9	0.9	0.9	0.0
2	34.2	85.6	4.3	9.0	12.2	42.8	29.4	1.2	0.3	0.9
3	1.5	83.4	3.3	5.9	28.7	0.0	47.5	7.2	0.2	7.2
4	1.9	98.3	0.0	1.5	2.4	85.3	10.6	0.0	0.0	0.2
5	3.6	93.9	0.5	3.6	7.0	48.1	37.5	1.3	0.0	2.0
6	18.6	92.2	1.3	6.3	7.8	55.1	29.2	0.1	0.1	0.1
7	2.6	64.8	5.7	28.3	17.7	0.0	44.1	3.0	0.8	0.4

5.3.4 蔡家川流域植被分布模拟

5.3.4.1 GAM模型

研究采用广义相加模型（generalized additive modeling, GAM），基于SPLUS 2000软件平台并应用其中GRASP（generalized regression and spatial prediction）（Lehmann et al., 2002）模块进行分析。其中，响应变量为次生植物各物种出现及缺失（分别记为1和0），预测变量为相应地形因子，对各物种在特定地形环境条件下出现的概率进行模拟预测。

GAM为非参数统计模型，是GLM模型（generalized linear modeling）的扩展形式。GLM模型通过联结函数（如：逻辑函数logit或对数函数logarithm）将传统回归模型拓展应用于具有其他分布特征（如：二项分布、泊松分布、伽马分布、负二项分布）的研究数据［如公式（5-68）］，而GAM模型虽然仍通过联结函数建立响应变量与预测变量的线性关系，但其函数组分为更具灵活性和包容性的非参数平滑函数（smoother function），GAM模型如公式5-69所示。由于GAM无需指定特定形式的参数模型（如：$ax+bx^2$），对变量的数据类型和统计分布特征适应性更为广泛（Austin et al., 1996；沈泽昊等，2007），具有处理环境影响因子与响应因子间非线性或非单调函数关系的能力（Guisan et al., 2002），并使得拟合统计模型与生态学理论更具有一致性（Austin, 2002）。

GAM模型参数设置时，选择响应变量为quasi二项分布，为避免变量间共线性，以相关性小于 60% 的预测变量进行模型模拟，预测变量平滑函数自由度设置为 4，并以逐步回归机制，采用 F 检验，在显著水平 α 为 0.05 条件下选择确定最佳拟合模型。GRASP 除可产生基于各环境因子的物种分布拟合模型，输出各植物物种随环境因子的响应变化曲线，同时，可分析预测变量对模拟预测影响的大小，并可将预测模型导入查询表（lookup table），在 Arcview 平台下进行空间预测。

$$g[E(Y)] = \alpha + X^T\beta \tag{5-68}$$
$$g[E(Y)] = \sum s(x_i) \tag{5-69}$$

式中：α、β 分别为线性回归模型中的截距和回归系数矩阵；X^T 为预测变量矩阵；$E(Y)$ 为响应变量 Y 的期望；$g(\ )$ 为联结函数；$s(\ )$ 为平滑函数。

5.3.4.2　数据获取

（1）植被数据

GAM 模型的有效建立有赖于大量植被数据的获取。野外样方调查能保证植被样方的精确空间定位及地形相关信息，但调查较为耗时费力，且不能保证足够的样本数量，模拟预测一定程度将受严重影响。因此，研究中植被数据信息并未直接以野外调查方式获取，而是根据 2003 年 10 月 Quickbird 遥感影像判读生成的矢量数据植被分布数据间接提取植物种空间分布信息。该数据为蔡家川流域 2003 年 10 月 21 日 QuickBird 影像（其空间分辨率全色波段影像为 0.61m，多光谱波段为 2.44m），结合 2003 年暑期样线调查、样地调查等前期野外调查资料，运用人机交互判读方法室内进行野外调查地类图斑校核；并于 2004 年 5 月和 2004 年 10～11 月现地抽样调查进行验证。该数据详细记录了研究流域面积不等的各小班树种组成、主要灌木、优势种、林龄、郁闭度、起源等相关信息。根据数据记录，研究提取流域次生树种山杨、辽东栎、栾树（*Koelreuteria paniculata*）以及灌木树种丁香、荆条、沙棘、胡枝子、黄刺玫等 10 余种植物种空间分布信息。具体信息提取步骤如下：将上述植被空间分布矢量数据转变为栅格数据，栅格单元 25m×25m，以 1 和 0 分别记录各栅格单元某植物种存在或不存在信息；以 100m 为间距，生成流域规则矢量点位数据；将生成的规则 Point 矢量数据图层与上述物种分布栅格数据图层叠置，确定各规则点位对应的植物种空间分布属性。由此，提取蔡家川流域 3927 个点位的数据信息，各点位分别记录不同植物种存在及不存在的相关信息，作为 GRASP 模拟分析的响应变量。表 5-31 为各物种提取信息记录。

表 5-31　蔡家川流域次生植被各物种提取信息记录

物种	存在	不存在	物种	存在	不存在	物种	存在	不存在
山杨	653	3274	辽东栎	1790	2137	栾树	100	3827
沙棘	687	3240	荆条	361	3566	虎榛子	1386	2541
黄栌	1691	2236	黄刺玫	1592	2335	丁香	733	3194
胡枝子	294	3633	杠柳	143	3784	绣线菊	378	3549
悬钩子	31	3896						

（2）地形因子

除海拔、坡度、平面曲率、坡向以外，研究同时选取坡位指数（SPI）、地形湿度指数（TWI）以及单宽汇水面积（SCA）作为 GAM 分析的预测变量。其中，地形湿度指数被用以表示恒定水流条件下变动源产流区的空间分布和范围（Beven and Kirkby，1979），反映揭示了地表趋于饱和的灵敏度（del Barrio′ et al.，1997），而单宽汇水面积则反映了栅格单元潜在地表径流强度（Moore et al.，1993）。借助上述各项地形因子指标，研究试图反映各栅格单元潜在土壤水分条件、地表水文条件及光照条件。坡度、坡向以及平面曲率等地形因子直接采用 ArcGIS 9.2 空间分析模块（spatial analysis）基于栅格单元为 25m×25m 的流域 DEM 提取。坡向从指北针方向顺时针依次定义为：北、东北、东、东南、南、西南、西、西北。坡位指数和地形湿度指数采用 Topographic Position Index 模块提取，依据高程残差分析，将流域大致划分为沟谷、下坡位、中坡位、上坡位和山脊 5 类；而单宽汇水面积（SCA）则根据 TauDEM 模块提取，计算为上坡汇水单元格数目与单元格大小乘积。为有效反映各植物物种随 SCA 变化的响应曲线，GRASP 分析中 SCA 仅取值表示为上坡汇水单元格数。表 5-32 表示了 GRASP 分析各地形因子取值大小。

表 5-32　蔡家川流域地形因子取值

变量	类型	均值/范围
海拔（Elevat）	NA	1174/900~1583
坡向（Aspect）	北、东北、东、东南、南、西南、西、西北	NA
坡度（Slope）	NA	22/0~41
平面曲率（Curvature）	NA	0/−5~4
坡位指数（SPI）	沟谷、下坡、中坡、上坡、山脊	NA
地形湿度指数（TWL）	NA	0.008/0~0.03
单宽汇水面积（SCA）	NA	299/1~62667

注："NA" 表示值为空或不存在。

5.3.4.3　拟合 GAM 模型及检验

根据上述模型参数设置，建立研究流域次生植被物种分布模型（图 5-54、表 5-33）。由于地形湿度指数与平面曲率相关性达 0.66，模型逐步回归过程中仅保留地形湿度指数作为预测变量。从表 5-33 可以看出，各物种 GAM 拟合模型预测变量具有一定差异。辽东栎、荆条以及悬钩子拟合模型保留了几乎所有测试的预测变量，而绣线菊则仅保留海拔、地形湿度指数（TWI）等变量。与其余地形因子如坡度、坡向、平面曲率相区别，海拔几乎进入所有物种的 GAM 拟合模型。表中同时表示了 GAM 拟合模型方差分析结果以及 ROC 曲线对模拟预测的评价结果。其中，方差分析 D^2 由公式（5-70）计算。尽管各物种拟合模型 D^2 均较小，部分植物种如：沙棘、荆条、黄栌、黄刺玫、胡枝子以及杠柳 D^2 甚至小于 0.15，表明仍存在有除地形以外的较大误差来源。但是，从 ROC 曲线看，流域各测试植物种 GAM 模型预测判断效果整体较好，ROC 值变化 0.631~0.965（图 5-54）。GAM 模型为数据驱动的模型，除悬钩子、栾树、胡枝子以及杠柳以外，其余物种交叉验证结果与单一验证结果较为接近，表明 GAM 拟合模型较为稳定，方差分析公式如下：

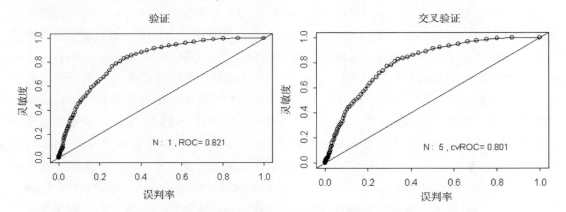

图 5-54　蔡家川流域山杨 GAM 拟合模型 ROC 曲线示例

$$D^2 = (ND - RD)/ND \tag{5-70}$$

式中：D^2 为模型可解释的偏差；ND 为拟合模型仅剩截距时的偏差；RD 为剩余偏差。

当 D^2 为 1，表明模型可完全解释响应变量。

表 5-33　蔡家川流域次生植被物种 GAM 拟合模型

物种	拟合 GAM 模型	D^2	ROC 交叉验证	ROC 单一验证
山杨	$s(Elevation, 4) + s(Slope, 4) + s(SCA, 4) + Aspect$	0.216	0.801	0.821
辽东栎	$s(Elevation, 4) + s(Slope, 4) + s(TWI, 4) + s(SCA, 4) + Aspect + SPI$	0.382	0.871	0.879
栾树	$s(Elevation, 4) + s(Slope, 4) + s(TWI, 4) + s(SCA, 4) + Aspect$	0.300	0.805	0.883
沙棘	$s(Elevation, 4) + s(SCA, 4) + Aspect$	0.100	0.707	0.724
荆条	$s(Elevation, 4) + s(Slope, 4) + s(TWI, 4) + s(SCA, 4) + Aspect + SPI$	0.115	0.679	0.735
虎榛子	$s(Elevation, 4) + s(Slope, 4) + s(TWI, 4) + s(SCA, 4) + Aspect$	0.231	0.793	0.804
黄栌	$s(Elevation, 4) + s(SCA, 4) + Aspect + SPI$	0.084	0.664	0.679
黄刺玫	$s(Elevation, 4) + s(SCA, 4) + Aspect$	0.053	0.631	0.646
丁香	$s(Elevation, 4) + s(Slope, 4) + s(TWI, 4) + Aspect$	0.221	0.811	0.82
胡枝子	$s(Elevation, 4) + s(Slope, 4) + s(SCA, 4)$	0.111	0.696	0.734
杠柳	$s(Elevation, 4) + s(Slope, 4) + s(TWI, 4) + s(SCA, 4) + Aspect$	0.111	0.638	0.758
绣线菊	$s(Elevation, 4) + s(TWI, 4)$	0.196	0.805	0.818
悬钩子	$s(Elevation, 4) + s(Slope, 4) + s(TWI, 4) + s(SCA, 4) + Aspect + SPI$	0.489	0.822	0.965

5.3.4.4　物种随地形因子响应变化

根据各物种 GAM 拟合模型，对物种模拟预测随地形因子的响应变化进行分析。总体来看，各物种与地形因子响应关系如下：

山杨：与海拔、坡度呈正相关关系。随海拔升高，分布逐渐增大，而后从海拔约

1150m 处表现出一定的平稳趋势；与地形湿度指数呈一定程度的负相关关系，随地形湿度指数增大，分布逐渐下降；而不同坡向则表现出阴坡（北、东北、西北）分布较大。

辽东栎：随海拔升高分布逐渐增大，而后从海拔约 1150m 处增大趋势减弱；与坡度呈一定程度正相关关系；阴坡（北、东北和西北）分布最大，且主要分布于沟谷及下坡坡位。物种分布随其余因子变化趋势较不明显。

栾树：与坡度呈正相关；随海拔升高分布逐渐增大，随后从海拔约 1200m 处分布呈下降趋势；物种整体在阳坡和半阳坡（南、西南和西）分布最大，而随地形湿度指数和单宽汇水面积则变化趋势相对较不明显。

沙棘：表现出在一定海拔（约 1100m）范围分布较大的趋势；阴坡、半阴半阳坡（北、东北、东）均有一定分布。物种随单宽汇水面积变化趋势较不明显。

荆条：随海拔升高，分布逐渐减少；各坡向有不同程度的分布，其中阴坡（北）分布相对较大。物种随其余地形因子变化趋势较不明显。

虎榛子：与海拔、坡度呈正相关，随海拔、坡度上升，分布概率增大；阴坡和半阴坡（北、东北）均有一定的分布。物种随其余地形因子变化趋势较不明显。

黄栌：随海拔升高分布逐渐增大，随后从海拔约 1200m 处稍显一定程度下降趋势；半阴坡、阴坡（西北、北、东）分布相对较大。物种随单宽汇水面积变化趋势较不明显。

黄刺玫：随海拔升高分布逐渐增大，而后从海拔约 1150m 处呈逐渐下降趋势；半阴坡及阴坡（西北、北）分布相对较大。物种随单宽汇水面积变化趋势较不明显。

丁香：与坡度呈正相关关系；随海拔升高分布逐渐增大，随后从海拔约 1200m 处表现有一定的平稳趋势；而随地形湿度指数增加则呈现分布缓慢减小趋势；阴坡和半阴坡（北、西北、东北）分布概率相对较大。

胡枝子：随海拔升高分布逐渐增多，随后从海拔约 1200m 处表现有一定的平稳趋势；物种随其余因子变化趋势较不明显。

杠柳：随海拔升高，分布逐渐增多；阴坡和阳坡均有较大分布。物种随其余因子变化趋势较不明显。

绣线菊：随海拔升高仍表现有分布显著增多的趋势，随后从海拔约 1350m 处稍显下降趋势；与地形湿度指数变化趋势较不明显。

悬钩子：随海拔升高分布逐渐增大，而随坡度增加分布逐渐减小；不同坡向均有一定程度的分布概率，而随其余因子变化趋势较不明显。

5.3.4.5　地形因子贡献率分析

GRASP 同时提供了不同预测因子对物种模拟预测的影响作用分析，即贡献率分析。表 5-34 反映了蔡家川流域次生植被各物种不同预测因子潜在影响作用，表示为单独应用各预测因子模型可解释的偏差。尽管不同物种 GAM 拟合模型包含有不同预测变量，但总体来看，在所有检测物种中海拔显示了其对物种分布模拟预测的潜在重要影响，且不同物种模拟预测中各因子的影响作用表现有不同排序。其中，辽东栎、山杨，以及丁香、黄刺玫、悬钩子分布预测除受海拔的绝对影响以外，坡向影响作用也相对较大，其次为单宽汇水面积（*SCA*）和地形湿度指数（*TWI*），但二者绝对值较小，而坡位、坡度影响作用最小。栾树、杠柳等物种呈现海拔、单宽汇水面积（*SCA*）、地形湿度指数（*TWI*）、坡向等影响作用依次减小的特征，坡度影响作用仍然最小。而沙棘、荆条、虎榛子、胡枝子、绣线菊等则整体显示海拔的绝对影响作用，其余因子虽然也呈现不同程度的影响作用，但绝对值甚小。分析认为，上述各物种地形因子影响作用的差异总体体现了不同生活型植被对生境环境要求的差异。区别于低矮灌木，乔木树种以及高大灌木往往水分需求较高，对生境条件要求也更为苛刻，这导致该类物种分布模拟预测时往往主导影响因素较多。而低矮灌木则对生境条件要求相对较宽，通常可分布于流域大部分面积区域，特别是当流域面积较小时更不易辨析出物种主要分布区域，因此，模拟预测时具有重要潜在影响作用的因子相对较少。

表 5-34　蔡家川流域各预测因子潜在影响作用

物种	s（海拔，4）	s（坡度，4）	s（地形湿度指数，4）	s（单宽汇水面积，4）	坡向	坡位指数 SPI
辽东栎	1373.44	16.60	64.27	91.27	202.51	54.96
山杨	307.23	21.07	62.24	66.12	239.24	NA
栾树	101.13	3.50	66.08	79.70	32.29	NA
沙棘	265.80	NA	NA	49.99	52.84	NA
荆条	172.56	5.68	29.37	22.84	25.42	9.55
虎榛子	948.09	54.01	22.41	50.00	68.11	NA
黄栌	325.18	NA	NA	38.65	87.78	6.48
黄刺玫	165.58	NA	NA	43.24	94.44	NA
丁香	416.38	22.91	75.21	NA	201.59	NA
胡枝子	186.22	6.11	NA	28.12	NA	NA
杠柳	48.11	11.46	22.17	32.36	13.75	NA
绣线菊	462.08	NA	35.54	NA	NA	NA
悬钩子	106.05	13.43	19.89	14.42	25.10	3.89

注："NA" 表示值为空或不存在。

5.3.4.6　对植被恢复的指导意义

次生植被物种对地形因子的响应总体体现了水分限制影响植被分布的特征。坡向直接反映了光照条件的生境差异。尽管部分物种从其生态学特性看具有喜光特性，如黄栌、黄刺玫等，但模拟预测中包括其在内的较多物种具有阴坡或半阴坡分布较大等响应特征，这体现了因辐射不同所影响的水分差异对物种分布的重要影响。从具有绝对潜在影响作用的海拔梯度因子看，较多物种模拟预测时也呈现随海拔升高分布下降的趋势，其中包括荆条、沙棘、栾树、黄刺玫、黄栌、绣线菊等，反映了物种分布对于低海拔地段所具有的良好土壤水分生境的依赖性。研究认为：黄土高原植被建设或植被恢复必须遵循同次生植被或潜在植被相似的分布规律，以水分限制为核心确定植被的最佳覆盖率及空间格局（王盛萍，等，2010）。

研究中地形因子贡献率分析总体揭示了海拔对物种分布的绝对影响作用，其次为坡向，地形湿度指数与单宽汇水面积影响作用相对较小，而坡度则影响作用甚小，这对于植被建设具有重要指导意义。如前文所述，海拔与坡向相对于坡度、平面曲率等往往具有较大的绝对尺度，往往会掩盖或代替其余因子影响，其生态意义更为显著，因此，流域植被建设，包括流域尺度防护林空间配置目标区选择应以海拔因子和坡向因子作为首选依据，这证实了以往防护林空间配置研究中以海拔和坡向作为立地分类的合理性。受高一级尺度因子如：海拔、坡向的影响，单宽汇水面积（SCA）与地形湿度指数（TWI）贡献率相对较小，但二者仍进入较多物种的 GAM 模拟模型，表现了其对物种分布的一定的潜在影响。因此，认为 SCA 与 TWI 可以作为局地尺度因子有效辅助识别不同立地环境特征，流域防护林空间配置目标区的选择及立地划分此时可以以 SCA 和 TWI 作为低一级的分类依据。而坡度因子则对物种分布预测影响作用整体最小，因此，仅能作为立地划分或目标区域选择的最后一级分类依据。

5.3.5　流域径流、泥沙分析

5.3.5.1　嵌套子流域产流

统计检验表明：除 7 号流域以外，上述各流域产流系数、峰值流量均无显著差异。1~7 号流域各流域峰现时间及历时等也均无显著差异。虽然峰现时间与历时随流域的森林植被覆盖增大呈一定上升趋势，但二者关系并不显著（图5-55）；径流系数、峰值流量等甚至与森林植被覆盖表现出明显的不相关性。因此，仅凭借森林覆盖这一指标并不能完全揭示各流域水文响应的差异性或相似性。

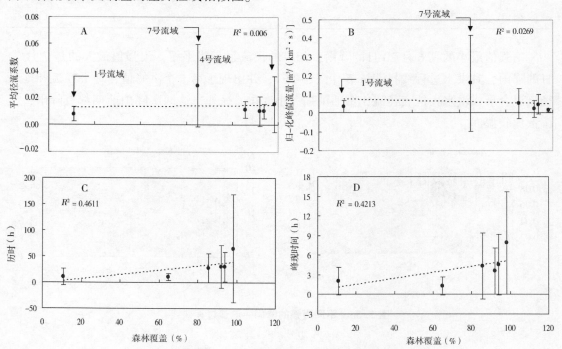

图 5-55　流域森林植被覆盖与次降水平均产流对比

A 产流系数；B 洪峰；C 历时；D 峰现时间

5.3.5.2 典型降雨响应

（1）同一流域不同雨强

选取 1 号农田小流域不同雨强的降雨做对比，见表 5-35。

表 5-35　不同雨强的径流参数

降雨场次编号	降雨历时（h）	降雨量（mm）	雨强（mm/h）	径流历时（h）	流量（m³）	径流系数（%）
0617	27.25	21.6	0.79	31.58	5.77	0.04
0619	7.83	4.3	0.55	7.83	2.71	0.09
0620	9.67	5	0.52	9.67	5.25	0.15
0630	1.75	6	3.43	1.75	1.65	0.04
0722	2.33	25.9	11.12	3	30.23	0.16
0723	0.91	12.1	13.3	2.1	29.38	0.34
0724	1.91	25.1	13.14	3.67	105.07	0.59
0726	4.5	5	1.11	4.5	4.55	0.13
07271	1.17	4	3.42	1.5	2.6	0.09
07272	2.6	17.3	6.65	6.41	104.69	0.85
07281	0.75	1.9	2.53	2.6	2.51	0.17
07282	0.42	1.9	4.52	1	1.87	0.14
07283	7	23	3.29	10.25	199.82	1.22
0729	16.67	19.4	1.16	16.67	120.3	0.87

　　雨强值最小的是 6 月 20 日的降雨，相应的径流过程线平缓，雨强值最大的是 7 月 24 日的降雨，其洪水过程线抖涨抖落（图 5-56），并出现了第二个洪峰值，地下径流和地表径流混合形成洪水，地表径流比重随雨强大小变化。另外，这两次降雨前期都有降雨，土壤都比较湿润。

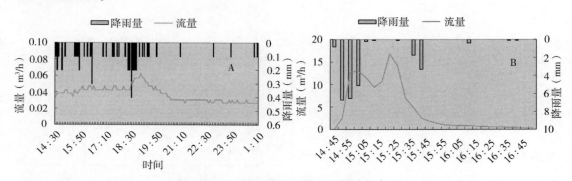

图 5-56　不同雨强的降雨—流量过程曲线

A. 6 月 20 日；B. 7 月 24 日

　　7 月 28 日断断续续下了 3 场雨，土壤非常湿润，所以在第 3 次降雨时径流系数值达到了1.2。洪水过程（图5-57）出现了多个洪峰，雨峰与最大洪峰值几乎同时出现。地下径流占到很大比例。黄土干旱地区产流以超渗产流为主，形成的洪峰比雨峰晚，洪峰过程线正偏，尖瘦涨落大体对称，由单一地表径流形成。

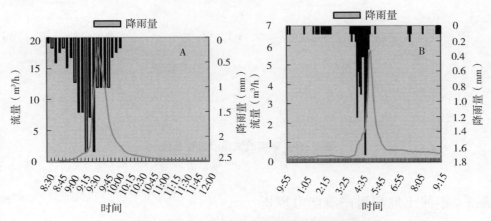

图5-57　7月27日、28日的降雨-流量过程曲线图

A.7月27日；B.7月28日

（2）不同流域典型径流过程线

选取1号农田流域和5号半人工林半次生林流域在2007年6月17~18日一次降雨过程（图5-58），此次过程降雨量为21.6mm，雨强为0.79mm/h。5号流域的流量值约是1号流域流量值的10倍，为了便于在图上进行比较，所以把1号流域的流量值同比放大10倍。5号流域的洪峰明显错后1号流域一个洪峰，并且前者洪峰持续时间也比后者长，即产流持续时间长。5号流域的森林覆盖率是82.7%，1号流域的森林覆盖率是0。可见，森林可以延缓洪峰出现，并且增加产水量。

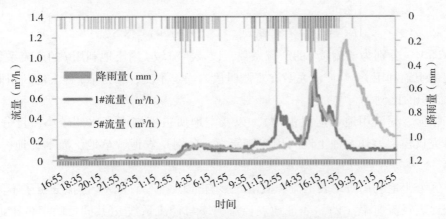

图5-58　典型流域降雨径流过程曲线对比

（3）不同土地利用类型的输沙过程对比

1号和7号小流域2007年7月27日和7月28日两场降雨显示出两流域沟道从第一次洪峰出现到洪峰消退过程中的输沙过程（图5-59）。从图上可以看出，1号农田流域比7

号半农半牧流域的产沙响应时间早。农田流域的产沙值变化较大，而半农半牧流域的变化相对较为平缓。高的森林覆盖率可以延长产沙响应时间，同时削减产沙峰值。

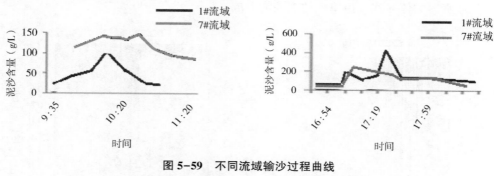

图 5-59 不同流域输沙过程曲线
A. 7 月 27 日；B. 7 月 28 日

5.3.5.3 不同土地利用产流能力辨析

研究应用非参数 Firedman 检验来检测蔡家川不同子流域的产流能力。主要通过建立多元回归方程以区分同一子流域内不同土地利用的产流情况。鉴于黄土高原土壤、地质特性比较均一，研究假设不同土地利用间产流差异主要源于不同的土地利用组成，以及随之引起的地表糙率等的差异。此外，假设研究流域降水分布均匀。参照 Costa 等（2003）研究结果，即流域内不同土地利用之间蒸发散的差异在一定时间段内是恒定不变，且流域总蒸发散等于不同土地利用之间的蒸发散之和，研究提出流域次降雨径流产量是不同土地利用地表产流的线性组合。据此，提出线性方程组如下：

$$\left. \begin{aligned} RC_1 &= rc_{11} \times S_{11} + rc_{12} \times S_{12} + \cdots + rc_{1j} \times S_{1j} \\ RC_2 &= rc_{21} \times S_{21} + rc_{22} \times S_{22} + \cdots + rc_{2j} \times S_{2j} \\ &\vdots \\ RC_i &= rc_{i1} \times S_{i1} + rc_{i2} \times S_{i2} + \cdots + rc_{ij} \times S_{ij} \end{aligned} \right\} \tag{5-71}$$

式中：RC_i 和 rc_{ij} 分别为子流域 i 的产流系数，以及子流域 i 内土地利用 j 的产流系数。对于某一特定的土地利用 j，其产流系数在观测时段内固定不变；S_{ij} 为第 j 种土地利用面积占子流域 i 总面积的比例。

由于果园、建筑用地（居民占地），以及空地所占流域面积比例较小，且分布零散，因此，研究仅模拟另外 5 种土地利用产流能力，分别是农地、草地、灌木林地、次生林、人工林等。

为了区分土地利用对地表汇流和截留的影响能力，研究进一步模拟分析了不同土地利用的表征地表径流速率（V）。表征地表径流速率与径流系数 rc 共同反映了各土地利用的水文影响程度。为简化起见，研究假设认为各流域不同土地利用次降雨地表产流与流域出口存在直接的水文联通性，其中地表径流入渗损失以及不同土地利用在流域的空间分布对流域产流的影响忽略不计。据此，通过量纲分析，可以根据表征地表径流速率 V、径流深及有效过水断面积模拟估算不同土地利用对于流域出口产流的估算。研究假设，在平均状态下，各土地利用一半的面积直接影响流域出口的瞬间出流，计算时各土地利用所对应的过水断面因此仅简单估算为各土地利用面积的均方根。由此，产生下列方程组：

$$\left.\begin{array}{l} \dfrac{Q_1}{T_1} = V_{11} \times P \times rc_{11} \times \sqrt{\dfrac{A_{11}}{2}} + V_{12} \times P \times rc_{12} \times \sqrt{\dfrac{A_{12}}{2}} + \cdots + V_{1j} \times P \times rc_{1j} \times \sqrt{\dfrac{A_{1j}}{2}} \\[3mm] \dfrac{Q_2}{T_2} = V_{21} \times P \times rc_{21} \times \sqrt{\dfrac{A_{21}}{2}} + V_{22} \times P \times rc_{22} \times \sqrt{\dfrac{A_{22}}{2}} + \cdots + V_{2j} \times P \times rc_{2j} \times \sqrt{\dfrac{A_{2j}}{2}} \\[3mm] \vdots \\[1mm] \dfrac{Q_i}{T_i} = V_{i1} \times P \times rc_{i1} \times \sqrt{\dfrac{A_{i1}}{2}} + V_{i2} \times P \times rc_{i2} \times \sqrt{\dfrac{A_{i2}}{2}} + \cdots + V_{ij} \times P \times rc_{ij} \times \sqrt{\dfrac{A_{ij}}{2}} \end{array}\right\}$$

$$(5-72)$$

式中：Q_i 为观测流域 i 的次降雨径流总量；T_i 为观测流域 i 在某一次降雨时的径流持续时间；V_{ij} 为观测流域 i 内第 J 种土地利用所对应的表征地表径流速率（m/s），该值不随子流域的改变而变；A_{ij} 为子流域 i 内第 j 种土地利用的面积（m²）；P 为次降雨量（m）。

为了估算当地利用变化时潜在的产水量变化，根据土地利用变化的面积比与产水量的关系，研究量化分析了由草地转变为其他土地利用时潜在的次降雨径流响应。研究假设潜在的流域产水量变化线性响应于土地利用的组成变化，据此，研究提出以下方程组：

$$\left.\begin{array}{l} Q_1 = Q_g + dm_{1g} \times S_{11} + dm_{2g} \times S_{21} + \cdots + dm_{jg} \times S_{j1} \\ Q_2 = Q_g + dm_{1g} \times S_{12} + dm_{2g} \times S_{22} + \cdots + dm_{jg} \times S_{j2} \\ \vdots \\ Q_i = Q_g + dm_{1g} \times S_{1i} + dm_{2g} \times S_{2i} + \cdots + dm_{jg} \times S_{ji} \end{array}\right\} \qquad (5-73)$$

式中：Q_i 意义同上，但量纲为 mm；Q_g 为当流域全部为草地覆盖时假设流域的次降水产水量（mm）；dm_{jg} 为当土地利用由草地（g）转为其他土地利用类型（j）时地表径流变化的相对速率。

上述方程采用高斯消元法进行数值求解。据此，针对各次降雨共产生了 14 个方程组。方程求解时地表径流系数 rc 以及表征地表径流速率 V 一旦产生有负值，研究以 0 值代替，这主要由于部分土地利用扮演有汇流的作用角色。

（1）不同土地利用径流系数（rc）比较

次生林平均径流系数为 0.017（变异系数为 1.3），而人工林平均径流系数为 0.001（变异系数为 0.28）。这表明人工林较次生林在减少地表径流方面更具有影响力。草地和灌木林地具有相对较高的径流系数，平均径流系数分别为 0.127 和 0.096。农地平均径流系数为 0.008，如图 5-60。

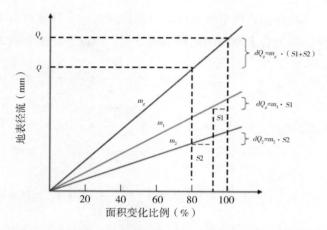

图 5-60 假设流域内地表径流与土地利用变化线性关系概念模型

（2）不同土地利用表征地表径流速率（V）比较

不同土地利用表征地表径流速率 V 的分布（图 5-61）与前述径流系数有所区别。虽然草地径流系数较高，但由于其地表糙率较大，因此表征地表径流速率较低，V 平均值为 0.02m/s。这表明了草地具有减少土壤侵蚀的潜力。灌木林地表征地表径流速率 V 最高，为 0.20m/s，而人工林表征地表径流速率也较高，为 0.18m/s。次生林和农地的表征地表径流速率相对适中，V 值分别为 0.07 和 0.05m/s，相对于人工林和灌木林来说，展现了一定的削减地表剪切力和增强土壤侵蚀控制的能力。

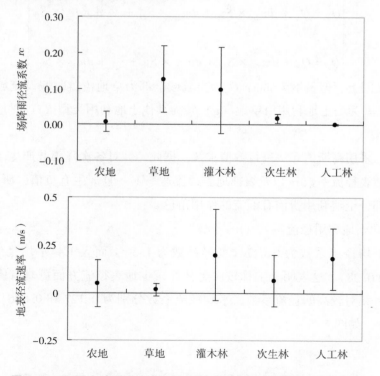

图 5-61 不同土地利用地表径流系数以及表征地表径流速率估计

（3）草地转变为其他土地利用的径流响应

基于如图 5-60 的模型假设，研究模拟估算了假设草地流域转变为其他土地利用时的径流响应。假设在给定降雨条件（7~84mm）下，流域全部为草地覆盖时平均地表径流估计值为 3mm。当草地转化为其他土地利用时，地表径流变化速率 dm 的分布（图 5-62）变化与径流系数较为相似。其中，灌木林对应 dm 值最大，而人工林和农地相对较小。根据 dm 估算，当草地转变为次生林和人工林时，dm 分别为-2.34 和-3.56。这意味着当假设的草地流域内次生林和人工林分别增加 10%时，流域产流将减少 5mm 和 8mm。而当草地转变为农地和灌木林地，对应 dm 值为-8.10 和 0.41，这表示当草地流域内农地和灌木林地面积分别增加 10%时，流域径流将分别减少 18mm 和 1mm（给定年降水为 579mm）。

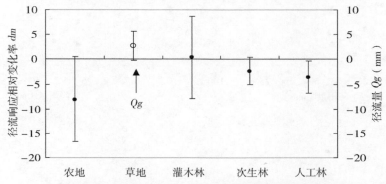

图 5-62 不同土地利用 dm 估计值以及假设草地流域产流量

（4）降雨量对径流响应检测的潜在影响

研究将各次降雨-径流响应的分析变量与降水量相关联，发现不同土地利用径流系数和表征地表径流速率（V）与降水量并无显著相关性。而 dm 值和 Qg 值呈现随降水量增加而增加的相关性（图 5-63）。虽然很容易解释径流产量随着降雨量增加而增加。但值得注意的是 Dm 估值对降水的依赖关系表明，对于具有较大降雨量的次降水，即便土地利用变化很小，亦可能发现能检测到的径流响应；然而，如果降雨量较小，则检测较不容易。虽然大多数研究持有观点认为：当植被与土地利用变化少于流域面积 20%时，径流量变化检测较不容易，但通过本研究，进一步证实了较小植被与土地利用变化的径流响应可以在汛期检测得到的结论。因此，在检测分析植被与土地利用变化的径流响应时，有必要考虑降水特性，不仅需要从年尺度，而且需要从事件尺度着手分析。

（5）不同植被与土地利用在流域水文中的扮演角色

黄土高原区域土壤母质和地质水文特性相对均一，因此，对流域水文响应检测影响较小。然而，不同植被及土地利用，则由于降雨截留、地表糙率、土壤特性等不同显著影响径流产生（Descheemaeker et al.，2006；Molina et al.，2007）。在我们的研究中，相对于灌木林或草地，次生林和人工林展现了相对较低的径流系数，但是次生林和人工林则在调节径流汇集等方面表现不同，次生林的表征地表径流速率为 0.06m/s，而人工林的表征地表径流速率则达 0.18m/s，展现了较弱的截流能力。虽然相关研究认为植被恢复是有效控制

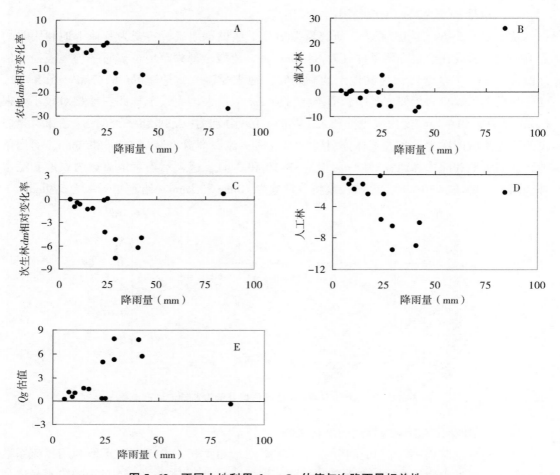

图 5-63   不同土地利用 *dm*、*Qg* 估值与次降雨量相关性

A. 农地；B. 灌木林；C. 次生林；D. 人工林；E. Q_g 估值。图中各散点代表各次降雨

径流的有效手段（Cosandey et al.，2005）。但是，需要强调的是由于地表枯落物等影响作用（Hartanto et al.，2003），人工林和次生林地表糙率以及土壤侵蚀显著不同。部分研究者在本研究区域开展的研究表明：人工林地表枯落物仅为次生林植被 17%~36%，这意味着次生林地表糙率明显大于人工林地表糙率。因此，尽管人工林径流系数较小，但实际上人工林的存在促进了流域径流的汇集、加速了地表径流的产生。这与有关研究结论相似，即人工林较未受干扰的植被具有较高的侵蚀速率（Ide et al.，2009），这种侵蚀速率甚至比草地的要高（Wei et al.，2007）。

研究中，草地的表征地表径流速率 *V* 为 0.02m/s，这与其他研究结论相一致，即草地可以有效控制径流（Van Dijk，et al.，1996；Fiener and Auerswald，2003；Descheemaeker et al.，2006）。草地对径流的阻截作用主要与其较高的地表糙率相关。然而，需要强调的是，尽管草地对径流的阻截作用明显，但其径流系数较高，为 0.127。分析认为这部分源于草地较低的冠层截留和较低的蒸发散所致（Bruijnzeel，2004）。虽然蒸发散变化主要反映的是长期尺度的水文变化，但蒸发散可以显著影响土壤水，进而影响次降雨径流产生。Bunza（1989）指出草地较高的径流系数与土壤前期含水量较高相关。

本研究中灌木林径流系数 rc 和表征地表径流速率 V 均大于次生林，这与其他研究相一致。Garcia-Ruiz 等（2008）指出灌木林产流量大于森林；Abrahams 等（1995）发现灌木林地的径流截流能力要低于草地。除了相对较小的截留量和地表糙率以外，灌木林地土壤特性总体改善较小部分解释了其较高的产流量。当然，不得不承认灌木层植株下方土壤及根系区可以有效控制拦截径流和泥沙，进而促进入渗，但是这种局部的入渗率往往并未能代表灌木林地总体较低的入渗特性，这主要由于灌木林地往往植株并不能均匀分布于地表，导致植株间裸露区域不能受到很好保护。这导致在植株间的裸露区域地表产流较多，灌木林地总体径流系数较高。

研究中农地的径流系数和表征地表径流速率均较其他土地利用低。这与其他研究相区别，即农地增加，产流量增加。除了农耕地土壤水文特性有所改善以外（Molina et al.，2007），梯田的作用解释了本研究中农地产流量较低（Thomas et al.，1980；Mu et al.，2007；Lü et al.，2009）。随着退耕还林还草项目的推进，黄土高原区域发展有大量梯田。因此，有理由相信研究区农地产流较低与梯田的作用相关。

研究得到的各土地利用对流域径流的调节作用并非在所有情况下一成不变。实际上，在降雨强度较小时，由于地表径流速率较低，进而入渗几率增加，使得草地产流量减少。这就解释了在前文中当降雨量高达 84mm，而降雨雨强则仅 4mm/h 时，草地产流量 Q_g 估值较低（图 5-63E）。同样，在类似大雨量，但低雨强条件下，其他植被与土地利用的产流情况也表现出不同趋势。

5.3.6　植被恢复的理论指导意义

径流深决定了产流量大小。同时，径流深已与地表剪切力正相关，径流深与地表径流速率共同决定影响了侵蚀速率（Abrahams and Parson，1993）。在面对干旱缺水和严重土壤侵蚀等双重压力下，诸如黄土高原这样的干旱半干旱区有必要找寻一种有效方法以切实控制土壤侵蚀，同时缓解水资源危机。人工林表征地表径流速率虽然相对较小，在减少地表剪切力方面具有一定的作用，但是，人工林显著减少的流域径流的产生。人工林增加将显著增加水资源短缺（Sun et al.，2006；McVicar et al.，2007a；Zhang et al.，2008b，c）。黄土高原区域目前已种植的大量人工林，实际由于土壤水分缺失，呈现出"小老树"现象（McVicar et al.，2007a），这已显著证明了我们的研究结论：黄土高原植被恢复不能单纯地依靠大面积种植人工林，因为黄土高原水分资源并不足以维持人工林木的长期生长。灌木林地消耗水分较少，流域产流受影响较少，但灌木林地具有较高的地表径流深和径流速率，导致地表剪切力和挟沙能力增加（Abrahams et al.，1994，1995）。据此，我们认为，在黄土高原这样的干旱半干旱区域，区域生态环境功能的修复应该是循序渐进的植被修复过程（Lockwood，1997；Wei et al.，2008；McVicar et al.，2010），在引入乔木林等林分时，要保护和确立好草地这一类土地利用及植被类型以改善土壤特性。虽然草地径流深较大，其潜在的剪切力亦较大，但草地可以通过拦截径流进而有效拦截泥沙，在侵蚀控制和缓解水资源危机等方面展现了重要作用。因此，研究认为，在黄土高原这样的干旱半干旱区域，进行植被修复时草地应该被鼓励予以保护或种植（Wang et al.，2012）。

第 ⑥ 章
流域生态水文模拟

6.1 采用分布式水文模型 SWAT 模拟清水河流域径流与输沙

6.1.1 SWAT 模型

SWAT 模型是具有物理基础的、流域尺度的动态模拟模型，模型运行以日为时间单位，但可以进行连续多年的模拟计算。模拟结果可以选择以年、月或日为时间单位输出。

SWAT 模型可以模拟流域内部的多种地理过程，模型由水文（hydrology）、气象（weather）、泥沙（sediment）、土壤温度（soil temperature）、作物生长（crop growth）、养分（nutrient）、农药/杀虫剂（pesticides）和农业管理（agriculture management）8 个组件构成。可以模拟地表径流、入渗、侧流、地下水流、回流、融雪径流、土壤温度、土壤湿度、蒸散发、产沙、输沙、作物生长、养分流失（氮、磷）、流域水质、农药/杀虫剂等多种过程以及多种农业管理措施（耕作、灌溉、施肥、收割、用水调度等）对这些过程的影响。

6.1.1.1 水文（hydrology）

（1）表面径流（surface runoff）

SWAT 模型可由降雨量直接计算径流量。径流量通过修改的 SCS 径流曲线数方法（modified SCS curve number）计算。美国土壤保护局（SCS）对各种水文土被组合给出了径流曲线数。径流曲线数表示为流域每一土被组合的水持留能力（retentionparameter）的函数，它从条件 1（dry condition，wilting point）到条件 3（wet condition，at fleld capacity）之间呈非线性变化。SCS 曲线数模型把土壤类型、土地利用和管理措施和径流量联系在一起。SWAT 模型还推出了有冻土（frozen soil）径流计算的版本。

径流峰值率的预测采用了修改的 Rational Formula 方法和 SCS TR-55 方法。降雨强度为降雨量的函数，通过随机方法计算。坡面流和河道流积聚时间通过曼宁公式（Manning's formula）来计算。

（2）下渗（interpenetration）

SWAT 模型的采用土壤蓄水演算技术（storage routing technology）来计算植被根部带每层土壤之间的水的流动。如果土壤层的含水量超过了田间持水量（field capacity），而且下层土壤含水量没有达到饱和状态，就会存在向下的流动，流动速率由土壤层的饱和传导率来控制；当下部土壤层的含水量超过了田间持水量，就会存在水的向上流动，从下到上的流动过程由上下两层土壤含水量和田间持水量的比率来调节。土壤温度对水的入渗也产生一定的影响，如果某一土壤层的温度为零度或零下，此土壤层就不会有水的流动。

（3）侧流（lateral subsurface flow）

土壤层（0~2m）内的侧流是和入渗同时计算的。SWAT 模型采用动力学蓄水容量模型来计算每一土壤层的侧流量。这个模型说明了土壤水传导、含水量和坡度等因素对侧流的影响。

（4）地下水流（ground water flow）

SWAT 模型中地下水流对总产水量的贡献通过浅水带蓄水模型来模拟。地下水的补给路径从土壤根部带由入渗水补给到浅水层（shallow aquifer）。也可以通过日径流观测值计算出回退系数，计算出浅水带出流量。

（5）蒸散发（evapotranspiration）

SWAI 模型提供了 3 种估计蒸散发的方法：①Hargreaves 法（Hargreaves and samani，1985）；② Priestly - Taylor 法（Priestly And Taylor，1972）；③ Penman - Monteith 法（Monteith，1965）。Penman-Monteith 法需要日太阳辐射、日气温、日风速及日相对湿度的值作为输入数据。如果没有这些输入数值，可以选择其他两种方法。

本模型可以分别计算植被散发以及土壤蒸发。土壤水分的蒸发由包含"土壤深度"和"含水量"两个变量的指数函数计算。植被蒸散发则通过由潜热（potential ET）和叶面指数（leaf area index）组成的线性函数计算。

（6）融雪径流（snow melt）

如果存在雪盖，当日最高温度超过 0℃时就会产生融雪。融雪量通过一个气温的线性函数来计算。

（7）传输损失（transmission losses）

SWAT 模型利用 SCS 的 Lane's Method 来计算传输损失。河道传输损失量是河道宽度、长度和径流历时的函数。在计算过程中，预测的径流量和峰值率也进行了相应调整。

6.1.1.2 气象（weather）

SWAT 模型运行需要的气象输入数据有：降水量、日最高气温和日最低气温、太阳辐射、风速和相对湿度。这些数据都可以由一个气象模型从空间和时间两个方面模拟产生。观测的降雨、最高气温和最低气温可以直接输入模型，太阳辐射、风速和相对湿度总量可以由气象模拟模型模拟产生，也可以作为模型的直接输入数据。

（1）降水（precipitation）

SWAT 的降水模拟模型由一个一级马尔可夫链模型（A First - order Markov Chain Model）组成。模型输入数据需要多年日降水资料的多项概率统计数值作为输入值。

（2）气温和太阳辐射（air temperature 和 solar radiation）

日最高、日最低气温和太阳辐射通过由干湿状态概率校正的正态分布统计产生。校正因子由长期日记录统计的标准差计算得来。

（3）风速和相对湿度（wind and relative humidity）

日风速通过修改的指数公式模拟，需要多年每月的日风速的平均值作为输入数据。日平均相对湿度由长期的月平均值通过三角分布模拟产生。并且随着气温和太阳辐射的变化进行调整，来反映出湿（wet day）和干（dry day）条件下的影响。

6.1.1.3　产沙（sedimentation）

产沙量（sedimentation yield）：对于每个离散单元，产沙量由 MUSLE 方法计算。表面径流量和峰值率由水文模型模拟值产生。植被管理因子（C factor）由地面生物量、地表残存量和最小的 C 因子计算得来。MUSLE 中其他因子的计算，Wischmeier 和 Smith 也作了详细的说明。

土壤温度（soil temperature）：每一层土壤中心部分日平均土壤温度由日最高气温、日最低气温以及雪盖、植被、田间残留等因素模拟计算。需要土壤容重和土壤水分等参数作为输入数据。

6.1.1.4　作物生长（crop growth model）

SWAT 模型有一个单独的作物生长模型，是由 EPIC 模型（Erosion-Productivity Impact Calculator）（Williams et al.，1985）中的作物生长模块修改集成的。作物生长所需的能量获取表示为太阳辐射和作物叶面指数的函数。生物量的日增加利用作物参数和获取的能量来转化计算。叶面指数通过热量单位的变化模拟得到，作物产量（crop yield）通过由收割指数的概念建立的模型计算。收割指数是热量单位的非线性函数，随热量值变化从作物种植开始到作物成熟非线性增加。作物种植时设为零，对于不同的作物成熟时，具有不同的优化值。收割指数可以根据水胁迫（water stress）因子在植被生长的不同阶段进行调节。

6.1.1.5　养分（nutrients）

（1）氮素（nitrogen）

包含在径流、侧流和入渗中的 NO_3^- 通过水量和平均聚集度来计算，在地下的入渗和侧流中考虑了过滤的因素影响。降雨事件中有机氮的流失利用了 McElroy 等人开发，经由 Williams and Hann 修改的模型来模拟。此模型不但考虑了氮元素在上层土壤和泥沙中的集聚，同时利用了供-求方法计算了作物生长的吸收。

（2）磷素（phosphorus）

溶解状态下的磷元素在表面径流中的流失，采用了 Leonard 和 Wanchop（1987）研究的方法，这个方法将磷素分成溶解和沉淀两种状态进行模拟。磷元素的流失计算考虑了表层土壤聚集、径流量和状态划分因子等因素的影响，同时考虑了作物生长的吸收。

6.1.1.6　农药/杀虫剂（pesticides）

农药/杀虫剂的模拟，应用了 GLEAMS 模型的方法。可以模拟农药/杀虫剂在表面径流、入渗水、泥沙中的传输以及在土壤表面的蒸发量。杀虫剂在大气中的挥发通过挥发率模拟计算。对于不同类型的杀虫剂，SWAT 模型设置有多种参数，如：溶解度、在土壤和叶面中的半衰期、冲测比率、有机碳吸收系数等。

农药/杀虫剂在植物表面和土壤中的降解随半衰期以指数函数形式变化模拟。农药/杀虫剂在径流和泥沙中的传输则通过每一次降雨事件进行计算，当有入渗水存在时，也同时考虑了过滤的因素。

6.1.1.7 农业管理因素模拟（agricultural management）

SWAT模型可以模拟多年生植被的轮作（年数没有限制），年内最多可以模拟三季轮作，可以输入灌溉、施肥和农药/杀虫剂的数据（以日期、数量方式）来模拟多种农业管理措施的影响。

SWAT模型的耕作（tillage）和（田间）残茬（residue）组件可以把地面生物量分解成收割量、混入土壤量和田间残茬3个部分，模型对于土壤内的残茬部分没有再作进一步的模拟。假设耕作方式对于土壤属性没有影响，那么对于作物灌溉的模拟则分成多种情况考虑，如果有灌溉措施，就必须确定灌溉用水量和作物的水胁迫因子阈值，当到了用户定义的胁迫水平值时，模型自动产生灌溉的操作，直到土壤根部带的含水量达到田间持水量为止。

6.1.2 SWAT模型结构

6.1.2.1 水文模型

SWAT模型的水量平衡方程如下：

$$SW_t = SW_0 + \sum_{i=1}^{t} (R_{day} - Q_{surf} - E_a - W_{seep} - Q_{gw}) \tag{6-1}$$

式中：SW_t为土壤最终含水量（mm）；SW_0为土壤前期含水量（mm）；t为时间步长（day）；R_{day}为第i天降雨量（mm）；Q_{surf}为第i天的地表径流（mm）；E_a为第i天的蒸发量（mm）；W_{seep}为第i天存在于土壤剖面地层的渗透量和侧流量（mm）；Q_{gw}为第i天地下水含量（mm）。

SWAT模型考虑了流域中的各个水文过程，其模型结构总结如图6-1所示。

（1）地表径流

①产流计算。SWAT模型采用SCS径流曲线数法对流域地表径流量进行模拟，该模型有3个基本假定：存在土壤最大蓄水容量S；实际蓄水量F与最大蓄水容量S之间的比值等于径流量Q与降雨量P和初损I_a差值之比值；I_a和S之间为线性关系。其降雨-径流关系表达式如下：

$$\frac{F}{S} = \frac{Q}{P - I_a} \tag{6-2}$$

其降雨-径流关系表达式如下：

$$I_a = aS \tag{6-3}$$

式中：a为常数，在SCS模型中一般取为0.2。

根据水量平衡，可得：

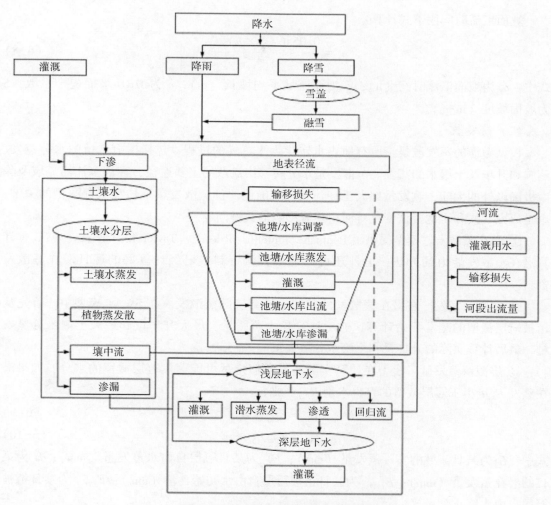

图6-1 SWAT 模型水文模拟流程

$$F = P - I_a - Q \tag{6-4}$$

其中，

$$Q = (P - I_a)^2/(P - I_a + S) \tag{6-5}$$

$$S = 25400/CN - 254 \tag{6-6}$$

CN 值可针对不同的土壤类型、土地利用和植被覆盖的组合查表获得。CN 值是无量纲的反映降雨前期流域特征的一个综合参数，将前期土壤湿度（antecedent moisture condition，AMC）、坡度、土地利用方式和土壤类型状况等因素综合在一起。

②汇流计算。SWAT 模型针对 HRU（hydrologcial response unit）计算汇流时间，包括河道汇流和坡面汇流时间。河道汇流时间用下式计算：

$$c_t = \frac{0.62 \times L \times n^{0.75}}{A^{0.125} \times c_s^{0.375}} \tag{6-7}$$

式中：c_t 为河道汇流时间（h）；L 为河道长度（km）；n 为河道曼宁系数；A 为 HRU 面积（km^2）；c_s 为河道坡度（m/m）。

坡面汇流时间用下式计算：

$$o_t = \frac{0.0556 \, (s_l \times n)^{0.6}}{S^{0.3}} \tag{6-8}$$

式中：o_t 为坡面汇流时间（h）；s_l 为亚流域平均坡长（m）；n 为 HRU 坡面曼宁系数；S 为坡面坡度（m/m）。

（2）蒸发散

模型考虑的蒸发散是指所有地表水转化为水蒸气的过程，包括树冠截留的水分蒸发、蒸腾和升华及土壤水的蒸发。蒸散发是水分转移出流域的主要途径，在许多江河流域及除南极洲以外的大陆，蒸发量都大于径流量。准确地评价蒸散发量是估算水资源量的关键，也是研究气候和土地覆被变化对河川径流影响的关键问题。

① 潜在蒸散发。模型提供了 Penman-Monteith、Priestley-Taylor 和 Hargreaves 等 3 种计算潜在蒸散发能力的方法，另外还可以使用实测资料或已经计算好的逐日潜在蒸散发资料。

② 实际蒸散发。在潜在蒸散发的基础上计算实际蒸散发。在 SWAT 模型中，首先从植被冠层截留的蒸发开始计算，然后计算最大蒸腾量、最大升华量和最大土壤水分蒸发量，最后计算实际的升华量和土壤水分蒸发量。

③ 层截留蒸发量。模型在计算实际蒸发时假定尽可能蒸发冠层截留的水分，如果潜在蒸发 E_o 量小于冠层截留的自由水量 R_{INT}，则，

$$E_a = E_{can} = E_o \tag{6-9}$$

$$E_{INT(f)} = E_{INT(i)} - E_{can} \tag{6-10}$$

式中：E_a 为某日流域的实际蒸发量（mm）；E_{can} 为某日冠层自由水蒸发量（mm）；E_o 为某日的潜在蒸发量（mm）；$E_{INT(i)}$ 为某日植被冠层自由水初始含量（mm）；$E_{INT(f)}$ 为某日植被冠层自由水终止含量（mm）。

如果潜在蒸发 E_o 大于冠层截留的自由水含量 E_{INT}，则：

$$E_{INT(i)} = E_{can} \tag{6-11}$$

$$E_{INT(f)} = 0 \tag{6-12}$$

当植被冠层截留的自由水被全部蒸发掉，继续蒸发所需要的水分就要从植被和土壤中得到。

④ 植物蒸腾。假设植被生长在一个理想的条件下，植物蒸腾可用以下表达式计算：

$$E_t = \frac{E_o' \times LAI}{3.0} \qquad 0 \leq LAI \leq 3.0 \tag{6-13}$$

$$E_t = E_o' \qquad LAI > 3.0 \tag{6-14}$$

式中：E_t 为某日最大蒸腾量（mm）；E_o' 为植被冠层自由水蒸发调整后的潜在蒸发（mm）；LAI 为叶面积指数。

由此计算出的蒸腾量可能比实际蒸腾量要大一些。

⑤ 土壤水分蒸发。在计算土壤水分蒸发时，首先区分出不同深度土壤层需要的蒸发

量，土壤深度层次的划分决定土壤允许的最大蒸发量，可由下式计算：

$$E_{soil,\,z} = E''_s \times \frac{z}{z + \exp(2.347 - 0.00713z)} \tag{6-15}$$

式中：$E_{soil,z}$ 为 z 深度处蒸发需要的水量（mm）；z 为地表以下土壤的深度（mm）；E''_s 为最大可能土壤水蒸发量。

表达式中的系数是为了满足 50% 的蒸发所需水分来自土壤表层 10mm，以及 95% 的蒸发所需的水分来自 0~100mm 土壤深度范围内。

土壤水分蒸发所需要的水量是由土壤上层蒸发需水量与土壤下层蒸发需水量决定的：

$$E_{soil,\,ly} = E_{soil,\,zl} - E_{soil,\,zu} \tag{6-16}$$

式中：$E_{soil,ly}$ 为 ly 层的蒸发需水量（mm）；$E_{soil,zl}$ 为土壤下层的蒸发需水量（mm）；$E_{soil,zu}$ 为土壤上层的蒸发需水量（mm）。

上述表明，土壤深度的划分假设 50% 的蒸发需水量由 0~10mm 内土壤上层的含水量提供，因此 100mm 的蒸发需水量中 50mm 都要由 10mm 的上层土壤提供，显然上层土壤无法满足需要，所以，SWAT 模型建立了一个系数来调整土壤层深度的划分，以满足蒸发需水量，调整后的公式如下：

$$E_{soil,\,ly} = E_{soil,\,zl} - E_{soil,\,zu} \times esco \tag{6-17}$$

式中：$esco$ 为土壤蒸发调节系数，该系数是 SWAT 模型为调整土壤因毛细作用和土壤裂隙等因素对不同土层蒸发量的影响而提出的，对于不同的 $esco$ 值对应着相应的土壤层划分深度。随着 $esco$ 值的减小，模型能够从更深层的土壤获得水分供给蒸发。当土壤层含水量低于田间持水量时，蒸发需水量也相应减少，蒸发需水量可由下式求得：

$$E'_{soil,\,ly} = E_{soil,\,ly} \times esp\left[\frac{2.5(SW_{ly} - FC_{ly})}{FC_{ly} - WP_{ly}}\right] \qquad SW_{ly} < FC_{ly} \tag{6-18}$$

$$E'_{soil,\,ly} = E_{soil,\,ly} \qquad SW_{ly} \geqslant FC_{ly} \tag{6-19}$$

式中：$E'_{soil,ly}$ 为调整后的土壤 ly 层蒸发需水量（mm）；SW_{ly} 为土壤 ly 层含水量（mm）；FC_{ly} 为土壤 ly 层的田间持水量（mm）；WP_{ly} 为土壤 ly 层的凋萎含水量（mm）。

（3）土壤水

下渗到土壤中的水以不同的方式运动着。土壤水可以被植物吸收或蒸腾而损耗，可以渗漏到土壤底层最终补给地下水，也可以在地下形成径流，即壤中流。由于本文主要考虑径流量的多少，因此对壤中流的计算简要概括。模型采用动力贮水方法计算壤中流。相对饱和区厚度 H_0 计算公式如下：

$$H_o = \frac{2SW_{ly,\,excess}}{1000 \times \varphi_d \times L_{hill}} \tag{6-20}$$

式中：$SW_{ly,excess}$ 为土壤饱和区内可流出的水量（mm）；L_{hill} 为山坡坡长（m）；Φ_d 为土壤有效孔隙度；Φ_d 为土壤层总空隙度 φ_{soil} 与土壤层水含量达到田间持水量的空隙度 φ_{fc} 之差。

$$\varphi_d = \varphi_{soil} - \varphi_{fc} \tag{6-21}$$

山坡出口断面的净水量公式如下：

$$Q_{lat} = 24 \times H_o \times v_{lat} \qquad (6\text{-}22)$$

式中：v_{lat} 为出口断面处的流速（mm/h），表达式如下：

$$v_{lat} = K_{sat} \times slp \qquad (6\text{-}23)$$

式中：K_{sat} 为土壤饱和导水率（mm/h）；slp 为坡度（m/m）。

因此，模型中壤中流最终计算公式如下：

$$Q_{lat} = 0.024 \times \left(\frac{2SW_{ly,\,excess} \times K_{sat} \times slp}{\varphi_d \times L_{hill}} \right) \qquad (6\text{-}24)$$

（4）地下水

模型采用下列表达式计算流域地下水：

$$Q_{gw,\,i} = Q_{gw,\,i-1} \times \exp(-\alpha_{gw} \cdot \Delta t) + \omega_{rchrg} \times [1 - \exp(-\alpha_{gw} \cdot \Delta t)] \qquad (6\text{-}25)$$

式中：$Q_{gw,i}$ 为第 i 天进入河道的地下水补给量（mm）；$Q_{gw,i-1}$ 为第（$i-1$）天进入河道的地下水补给量（mm）；Δt 为时间步长（d）；ω_{rchrg} 为第 i 天蓄水层的补给流量（mm）；α_{gw} 为基流的退水系数。

补给流量由下式计算：

$$W_{rchrg,\,i} = [1 - \exp(-1/\delta_{gw})] \times W_{seep} + \exp(-1/\delta_{gw}) \times W_{rchrg,\,i-1} \qquad (6\text{-}26)$$

式中：$W_{rchrg,i}$ 为第 i 天蓄水层补给量（mm）；δ_{gw} 为补给滞后时间（d）；W_{seep} 为第 i 天通过土壤剖面底部进入地下含水层的水分通量（mm/d）。

6.1.2.2　土壤侵蚀模型

SWAT 模型中的土壤侵蚀过程是用修正的通用土壤流失方程（modified universal soil Loss equation，MUSLE）（Williams and Berndt，1977）来模拟计算的。

$$Y = 11.8\,(Q \times pr)0.56 \times K \times C \times P \times LS \qquad (6\text{-}27)$$

式中：Y 为子流域的产沙量（t）；Q 为子流域的地表径流量（m³）；pr 为子流域的洪峰流速（m³/s）；K 为土壤可蚀因子；C 为作物经营因子；P 为侵蚀控制措施因子；LS 为地形因子。

（1）土壤侵蚀因子 K

当其他影响侵蚀的因子不变时，K 因子反映不同类型土壤抵抗侵蚀力的高低。它与土壤物理性质，如机械组成、有机质含量、土壤结构、土壤渗透性等有关。

当土壤颗粒粗、渗透性大时，K 值就低，反之则高；一般情况下 K 值的变幅为 0.02~0.75。

（2）植被覆盖度因子 C

植被覆盖度因子，又称作物经营管理因子。经验指出，植被覆盖度与土壤侵蚀量关系极大。在其他地理环境因子值相同的情况下，植被覆盖度越大，土壤流失量越小；反之，就越大。作物经营因子 C，当径流发生时用下式计算全天的值：

$$C = \exp[(-1.2231 - CVM)\exp(-0.00115CV) + CVM] \qquad (6\text{-}28)$$

式中：CV 为土壤覆盖度（地表生物量+残余量）（kg/hm²）；CVM 为 C 的最小值。

CVM 值用下式由 C 因子的年平均值求得：

$$CVM = 1.463\ln(CVA) + 0.1034 \tag{6-29}$$

（3）地形因子 LS

地形因子主要包括坡长（L）和坡度（S）两个因素。在其他地理环境因子相同的条件下，坡度越大，坡长越长，土壤侵蚀就越严重。坡长与坡度均可通过数字高程模型（DEM）获得。LS 因子用下式计算（Wischmeier 和 Smith，1978）：

$$LS = (\frac{\lambda}{22.1})^{\xi}(65.41S^2 + 4.565S + 0.065) \tag{6-30}$$

指数 ξ 随坡度变化，在 SWRRB 中用下式计算：

$$\xi = 0.6[1 - \exp(-35.835S)] \tag{6-31}$$

（4）水土保持措施因子 P

水土保持措施因子是采取水保措施后，土壤流失量与顺坡种植时的土壤流失量的比值。通常，包含于这一因子中的控制措施有等高耕作、等高带状种植、修梯田等。

6.1.3　SWAT 数据库的建立

研究采用 AVSWAT 2005 进行模拟径流、泥沙等，为进行模拟需要输入土地利用、土壤、天气和模拟日期等数据，在运行 AVSWAT 之前，需要准备必要的地图和数据库文件，以生成模型输入数据库。其中，高程、土壤和土地利用等需要赋予相同的投影系统在 AVSWAT 界面中叠加，而降水、气温、相对湿度、风速、太阳辐射等数据文件以 .dbf 格式导入，并与相应的土壤和土地利用图进行链接。

6.1.3.1　基于 GIS 建立流域 DEM

AVSWAT 所需的专题图可以在任何一个投影下生成，将所有的空间数据转换成 Albers 投影等面积圆锥投影，以减小由于投影带来的面积误差。DEM 是模型进行流域划分、水系生成和水文过程模拟的基础。由 1:10000 的数字化地形图在 Arcgis 9.0 下转成 TIN，再由 TIN 转成 Raster 生成的栅格图。栅格大小为 100m×100m（图6-2）。

（1）土地利用数据

土地利用类型根据遥感影像解译的结果划分为 7 类（彩图 14），采用 1986 年解译的结果，转成 Grid 格式，栅格大小为 100m×100m，并结合 SWAT 中对植被类型分类系统赋予其相应的编码，见表6-1。

表6-1　流域土地利用类型分类

编号	地类	含义	代码
1	针叶林	郁闭度>30%的天然针叶林和人工针叶林	FRSE
2	阔叶林	郁闭度>30%的天然阔叶林和人工阔叶林	FRSD
3	草地	指以生长草本植物为主，覆盖度在 5%以上的各类草地，包括以牧为主的灌丛草地和郁闭度在 10%以下的疏林草地	PAST
4	耕地	指种植农作物的土地，包括熟耕地、新开荒地、休闲地、轮歇地、草田轮作地；以种植农作物为主的农果、农桑、农林用地	AGRL

（续）

编号	地类	含义	代码
5	灌木林	指郁闭度>40%、高度在 2m 以下的矮林地和灌丛林地	RNGB
6	园地	各类园地（果园、桑园、茶园等）	ORCD
7	居民区	农村居民点或县镇建成区用地以及交通用地	URLD

图 6-2　清水河流域 DEM

（2）土壤数据

土壤类型图主要根据《山西土壤》中 1：200 万的土壤类型分布图进行配准，转换成 Albers 投影，矢量化形成土壤类型图，再将矢量图转成 Grid 格式，栅格大小为 100m×100m。将土壤类型根据 SWAT 模型的标准重新赋予代码，见表 6-2、图 6-3。

表 6-2　土壤类型分类及重新编码

编号	名称	特　征	面积（km²）	比例（%）	代码
1	淋溶褐土	淋溶褐土剖面发育完整，土壤发育层次过渡明显，剖面构型一般为枯枝落叶层-腐殖质层-黏粒淀积层-母质母岩或基岩层。土壤质地以壤土为主，砾石含量一般小于10%。一般无侵蚀	36.45	8.36	LRHT
2	褐土性土	褐土性土剖面发育多数不完整，除耕作层或腐殖质层明显外，黏化层和钙积层均不明显，母质特征明显。黄土丘陵区以下黄土或黄土状母质上发育的土壤，土层深厚，剖面完整	328.92	75.44	HTXT
3	石灰性褐土	石灰性褐土剖面有明显的发育层次，土体构型一般为耕作层-犁底层-淋溶层-黏化层-钙积层-母质层和黏化同层。土体深厚，以壤质为主，从北部向南部质地逐渐变细，母质类型不同质地也有差异	57.07	13.09	SHXHT

（续）

编号	名称	特 征	面积（km²）	比例（%）	代码
4	钙质粗骨土	通体石灰反应强烈，砾石含量多。从剖面性状分析结果表明，本剖面有一定的植被保护，侵蚀稍轻，土壤有一定的发育，有机质和全氮含量较高，磷素缺乏	13.56	3.11	GZCGU

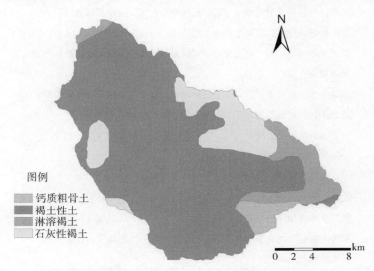

图 6-3　清水河流域土壤类型

6.1.3.2　属性数据库

（1）土地利用数据库

SWAT 模型中有关土地利用和植被覆盖的数据通过文件 crop. dat 文件进行存储和计算，具体变量及定义见表 6-3。由于植被数据库参数的设置是以美国的植物为基础，有些数据与我国的植被还是有较大的差异，本书采用的植被数据库中，部分植被的参数如最大可能叶面积指数、最大根系深度、最大树冠高度采用实测数据，而 USLE 方程中土地覆盖因子 C 的最小值等参考我国黄土高原植被研究成果（蔡崇法，2000；李嘉俊，2005；王盛萍，2007），对于没有条件测定的参数选用模型中的默认值，建立清水河流域土地利用输入参数表（表 6-4）。

表 6-3　模型土地利用和植被覆盖属性

变量	模型定义
CPNM	一个由 4 个字母组成的代表土地覆盖/植被名称的代码
IDC	土地覆盖/植被分级
DESCRIPTION	土地覆盖/植被的全称，它不被模型使用而是用于帮助使用者区分植物种类
BIO_ E	辐射利用效率或生物能比（kg/hm² 或 kJ/m²）
HVSTI	最佳生长条件的收获指数

(续)

变量	模型定义
BLAI	最大可能叶面积指数
FRGRW1	植物生长季节的比例或在叶面积发展曲线上与第一点相对应的潜在的总热
LAIMX1	在最佳叶面积发展曲线上与第一点相对应的最大叶面积指数
FRGRW2	植物生长季节的比例或在叶面积发展曲线上与第二点相对应的潜在的总热
LAIMX2	在最佳叶面积发展曲线上与第二点相对应的最大叶面积指数
DLAI	当叶面积减少时，植物生长季节的比例
CHTMX	最大树冠高度，是一个直接的测量结果，生长不受限制的植被的树冠高度
RDMX	最大根深
T_OPT	植物生长的最佳温度。对一个物种来说，植物生长的最佳基温是稳定的
T_BASE	植物生长的最低气温
WSYE	收获指标的较低限度（kg/hm^2），这个值介于 0 和 HVSTI 之间
USLE_C	USLE 方程中土地覆盖因子 C 的最小值
GSI	在高太阳辐射和低水汽压差下最大的气孔导率
FRGMAX	在气孔导率曲线上对应于第二点的部分的水汽压差
CO2HI	对应于辐射使用效率曲线的第二点，已提高的大气二氧化碳浓度
BIOEHI	对应于辐射使用效率曲线的第二点单位体积内生物能量的比率
RSDCO_PL	植物残渣分解系数

表 6-4　清水河流域土地利用/植被覆盖模型输入参数

变量	农地	园地	阔叶林	针叶林	草地	灌木林
CPNM	AGRL	ORCD	FRSD	FRSE	PAST	RNGB
IDC	4	7	7	7	6	6
BIO_E	33.50	15.00	15.00	15.00	35.00	34.00
HVSTI	0.45	0.10	0.76	0.76	0.90	0.90
BLAI	3.37	3.00	4.36	4.11	3.00	2.65
FRGRW1	0.15	0.10	0.05	0.15	0.05	0.05
LAIMX1	0.05	0.15	0.05	0.70	0.05	0.10
FRGRW2	0.50	0.50	0.40	0.25	0.49	0.25
LAIMX2	0.95	0.75	0.95	0.99	0.95	0.70
DLAI	0.64	0.99	0.99	0.99	0.99	0.35
CHTMX	2.00	2.50	5.50	5.50	1.00	3.00
RDMX	2.00	2.00	3.50	3.50	2.00	2.00
T_OPT	30.00	20.00	30.00	30.00	25.00	25.00
T_BASE	11.00	7.00	10.00	0.00	12.00	12.00
WSYF	0.25	0.05	0.01	0.60	0.90	0.90
USLE_C	0.27	0.10	0.041	0.041	0.09	0.12

（续）

变量	农地	园地	阔叶林	针叶林	草地	灌木林
GSI	0.005	0.007	0.002	0.002	0.005	0.005
VPDFR	4.00	4.00	4.00	4.00	4.00	4.00
FRGMAX	0.75	0.75	0.75	0.75	0.75	0.75
WAVP	8.50	3.00	8.00	8.00	10.00	10.00
CO2HI	660.00	660.00	660.00	660.00	660.00	660.00
BIOEHI	36.00	20.00	16.00	16.00	36.00	39.00
RSDCO_PL	0.05	0.05	0.05	0.05	0.05	0.05

（2）土壤数据库

SWAT 模型中用到的土壤属性参数较多，最多的土壤分层可达 10 层，土壤的物理属性决定了土壤剖面中水和气的运动情况，并对 HRUs 中的水循环起着重要作用。物理属性主要包括土层厚度、密度、有机碳、有效可利用水量和土壤饱和水力传导率等。土壤的化学属性主要表征土壤中氮、磷的初始浓度。SWAT 模型中有关土地利用和植被覆盖的数据通过文件 usersoil. dbf 文件进行存储和计算，具体变量及定义见表 6-5。

表 6-5　模型土壤属性输入文件

变量	模型定义
SNAM	土壤名称
NLAYERS	土壤分层的数目
HYDGRP	土壤水文性质分组（A、B、C 或 D）
SOL_ZMX	土壤坡面最大根系深度（mm）
ANION_EXCL	阴离子交换孔隙度，模型默认值为 0.5
TEXTURE	土壤层的结构
SOL_Z	土壤表层到土壤底层的深度（mm）
SOL_BD	土壤湿密度（mg/m^3 或 g/m^3）
SOL_AWC	土层可利用的有效水（mmH_2O/mmsoil，0.0~1.0）
SOL_K	饱和水力传导系数（mm/hr）
SOL_CBN	有机碳含量
CLAY	黏土（%），直径<0.002mm 的土壤颗粒组成
SILT	壤土（%），直径在 0.002~0.05mm 的土壤颗粒组成
SAND	砂土（%），直径在 0.05~2.0mm 的土壤颗粒组成
ROCK	砾石（%），直径>2.0mm 的土壤颗粒组成
SOL_ALB	地表反射率（湿，0.00~0.25）
USLE_K	USLE 方程中土壤可蚀性因子（0.0~0.65）
SOL_EC	电导率（ds/m）

水文单元组的划分，具有一定的复杂性。1996 年，NRCS 土壤调查小组将在相同的降

雨和地表条件下，具有相似的产流能力的土壤归为一个水文组。影响土壤产流能力的属性是指那些影响土壤在完全湿润并且不冻条件下的最小下渗率属性，主要包括季节性土壤含水量、土壤饱和水力传导率和土壤下渗速率。土壤的水文学分组定义见表6-6。

表6-6　SCS模型中土壤水文组

土壤分类	土壤水文性质	最小下渗率（mm/h）
A	在完全湿润的条件下具有较高渗透率的土壤。这类土壤主要由沙砾石组成，有很好的排水，导水能力强（产流低）。如：厚层沙、厚层黄土、团粒化粉沙土	7.26~11.34
B	在完全湿润的条件下具有中等渗透率的土壤。这类土壤排水、导水能力和结构都属于中等。如：薄层黄土、沙壤土	3.81~7.26
C	在完全湿润的条件下具有较低渗透率的土壤。这类土壤大多有一个阻碍水流向下运动的层，下渗率和导水能力较低。如：黏壤土、薄层沙壤土、有机质含量低的土壤，黏质含量高的土壤	1.27~3.81
D	在完全湿润的条件下具有很低渗透率的土壤。这类土壤主要由黏土组成，有很高的涨水能力，大多有一个永久的水位线，黏土层接近地表，其深层土几乎不影响产流，具有很低的导水能力。如：吸水后显著膨胀的土壤，塑性的黏土，某些盐渍土	0~1.27

根据清水河流域土壤类型的情况结合表6-5的内容建立清水河流域的土壤属性数据库（表6-7）。一些难以获得的参数值，如地表反射率SOL_ALB查阅文献（杨兴国等，2005）确定，阴离子交换孔隙度ANION_EXCL采用模型默认值0.5；可以实测获得的参数植被根系深度值SOL_ZMX、土壤层的结构TEXTURE、土壤表面到各层土壤的深度值SOL_Z、土壤的有机质含量、饱和水力传导系数SOL_K、土壤各层中黏粒、粉沙、砂粒、砾石的含量等数据根据典型剖面的实测值结合《山西土壤》确定。

另外，我国的土壤质地分类体系与SWAT模型采用的标准不同，因此，要利用我国现有的土壤普查资料就必然涉及不同分类标准的土壤质地转换问题，本文采用蔡永明等（2003）的三次样条插值法，换算土壤颗粒组成。

表6-7　清水河流域土壤物理属性输入参数

SNAM	LRHT	HTXT	SHXHT	GZCGT
NLAYERS	5	5	6	3
HYDGRP	A	A	A	A
SOL_ZMX	1000.00	1200.00	1400.00	600.00
SOL_Z1	30.00	230.00	200.00	60.00
SOL_BD1	1.21	1.19	1.38	1.16
SOL_AWC1	0.15	0.10	0.16	0.14
SOL_K1	45.72	12.70	24.38	26.92
SOL_CBN1	3.85	0.51	1.15	3.31
CLAY1	19.66	22.98	15.44	5.12

（续）

SNAM	LRHT	HTXT	SHXHT	GZCGT
SILT1	42. 80	20. 97	43. 81	45. 20
SAND1	37. 54	56. 05	40. 75	49. 68
ROCK1	0. 10	0. 10	0. 10	0. 50
USLE_ K1	0. 28	0. 32	0. 34	0. 30
SOL_ Z2	190. 00	580. 00	500. 00	200. 00
SOL_ BD2	1. 16	1. 48	1. 25	1. 21
SOL_ AWC2	0. 17	0. 11	0. 14	0. 16
SOL_ K2	33. 53	12. 45	18. 54	28. 45
SOL_ CBN2	3. 38	0. 52	0. 67	1. 60
CLAY2	19. 77	20. 14	15. 70	15. 10
SILT2	43. 03	23. 21	44. 03	43. 50
SAND2	37. 20	56. 65	40. 27	41. 40
ROCK2	0. 10	0. 10	0. 10	0. 50
USLE_ K2	0. 26	0. 30	0. 36	0. 30
SOL_ Z3	350. 00	900. 00	780. 00	500. 00
SOL_ BD3	1. 21	1. 54	1. 25	1. 15
SOL_ AWC3	0. 15	0. 09	0. 14	0. 15
SOL_ K3	11. 68	15. 24	14. 48	30. 23
SOL_ CBN3	1. 65	0. 35	0. 56	1. 34
CLAY3	25. 60	20. 57	16. 60	14. 60
SILT3	38. 70	18. 43	41. 67	39. 50
SAND3	35. 70	61. 00	41. 73	45. 90
ROCK3	0. 00	0. 00	0. 00	0. 50
USLE_ K3	0. 28	0. 32	0. 36	0. 30
SOL_ Z4	810. 00	1190. 00	1150. 00	0. 00
SOL_ BD4	1. 28	1. 57	1. 32	0. 00
SOL_ AWC4	0. 14	0. 09	0. 13	0. 00
SOL_ K4	5. 84	34. 03	15. 24	0. 00
SOL_ CBN4	1. 10	0. 33	0. 43	0. 00
CLAY4	33. 17	11. 66	15. 50	0. 00
SILT4	31. 83	29. 50	43. 12	0. 00
SAND4	35. 00	58. 84	41. 38	0. 00
ROCK4	13. 76	2. 10	1. 48	0. 00
SOL_ ALB4	0. 20	0. 20	0. 20	0. 00
USLE_ K4	0. 15	0. 18	0. 18	0. 00
SOL_ EC4	0. 00	0. 00	0. 00	0. 00
SOL_ Z5	1000. 00	1500. 00	1400. 00	0. 00
SOL_ BD5	1. 25	1. 55	1. 41	0. 00

（续）

SNAM	LRHT	HTXT	SHXHT	GZCGT
SOL_AWC5	0.15	0.15	0.14	0.00
SOL_K5	5.08	17.53	24.64	0.00
SOL_CBN5	0.97	0.31	0.32	0.00
CLAY5	37.10	16.24	9.36	0.00
SILT5	26.40	45.46	48.88	0.00
SAND5	36.50	38.30	41.76	0.00
ROCK5	23.14	0.80	2.24	0.00
SOL_ALB5	0.20	0.20	0.20	0.00
USLE_K5	0.16	0.18	0.19	0.00
SOL_EC5	0.00	0.00	0.00	0.00
SOL_Z6	0.00	0.00	1500.00	0.00
SOL_BD6	0.00	0.00	1.30	0.00
SOL_AWC6	0.00	0.00	0.14	0.00
SOL_K6	0.00	0.00	18.80	0.00
SOL_CBN6	0.00	0.00	0.25	0.00
CLAY6	0.00	0.00	12.10	0.00
SILT6	0.00	0.00	46.48	0.00
SAND6	0.00	0.00	41.42	0.00
ROCK6	0.00	0.00	2.08	0.00
SOL_ALB6	0.00	0.00	0.20	0.00
USLE_K6	0.00	0.00	0.19	0.00

（3）气象数据库

SWAT 模型首先定义一个"天气发生器","天气发生器"要求输入流域的多年逐月气象资料,当流域内某些数据难以获得,该"天气发生器"可以根据事先提供的多年月平均资料来模拟逐日的气象资料,因此该数据库要求的参数比较多,有 168 个,包括月平均最高气温（℃）、月平均最低气温（℃）、最高气温标准偏差、最低气温标准偏差、月均降雨量（mm）、月均降雨量标量准偏差、降雨的偏度系数、月内干日数、月内湿日数、平均降雨天数（d）、露点温度（℃）、月平均太阳辐射量 [kJ/（m² · d）]、月平均风速(m/s)以及最大半小时降雨量（mm）。

模型需要的 DBF 表格文件和文本文件：①研究流域资料较全的 13 个雨量站（吉县、川庄、柏坡底、麦原、前杨家峪、贾家塬、段家堡、山头、郭家垛、曹井、烟子渠、麦城）1959—2005 年日降雨资料,考虑到土地利用的资料里 80 年后的土地利用图较为准确,故选用研究时段 1981—2005 年的 25 年日降雨资料录入数据库。②气象观测站：考虑到流域内只有一个吉县站,选取了流域周围 3 个县城的气象站大宁、蒲县、乡宁作为参考,选取 4 个气象站 1981—2005 年日最高、最低气温值、相对湿度平均风速等,太阳辐射值取自据吉县最近且有观测值的侯马市。

6.1.4 基于 DEM 的水文参数的提取

6.1.4.1 流域河网的生成

数字水系的提取是划分子流域、获取流域信息进行水文模拟的前提。SWAT 模型带有"自动流域分隔机",采用 TORAZ(topographic parameterizatinn)软件包(1999),进行数字地形分析,得到水流流向,流域分水线,自动生成河网及子流域,河道和子流域编码、面积,河网结构的拓扑关系等,流程图如图 6-4 所示。

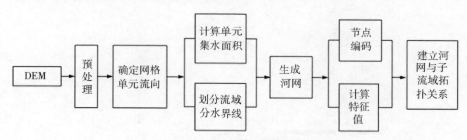

图 6-4 流域水系提取流程

(1)DEM 数据预处理

对 DEM 的处理基于 D8 方法,主要是对洼地的处理,将洼地分为凹点和凸点,前者通过填洼方法,后者采用降低凸点高程的处理,平地采用修正周围高程的方法进行处理,形成连续的河网(吴险峰等,2003)。

(2)水流流向分析(flow direction)

流向分析的目的是确定每个栅格单元的流向,模型中主要采用 D8 法,比较某个栅格与周边 8 个栅格的高程差,将高程下降的最大方向视为改网格的流向,最终形成水流方向矩阵。

(3)汇流分析(flow accumulation)

在确定流向的基础上,计算流入到每个网格点上的上游网格数,从而生成网格单元的上游集水面积,集水面积的大小以汇入的网格数目表示。给出闭流域出口断面的准确地理位置,从流域出口单元开始并沿着与流向相反方向找,找到所有能够通过出口的单元,确定流域的边界。

(4)河网的生成(stream network)

在确定河网水系时,首先要给定一个河道最小集水面积阈值,也叫临界集水面积阈值 CSA(critical source area),它是指形成永久性河道所必需的面积。上游集水面积超过该集水面积阈值的单元定义为河道,小于该值则不可能产生足够的径流形成水道。集水面积阈值是可以变化的,集水面积阈值越小,则生成的网越详细。但是,如果阈值过小,会使生成的河网过密,产生伪河道。SWAT 模型中提供 Burn-in 方法来矫正 DEM 生成的水系,使 DEM 生成的水系更符合实际,其基本思路是将数字河流地图叠加到 DEM 图中,强迫水流通过实测河流单元,确保勾绘出的水系与实际相符合。在实际操作中,将 1:10000 的清水河实际水系图经过投影转换,纳入到统一的坐标系中,叠加到原 DEM 图上,阈值采用试错法确定，首先给一个初始阈值，比较生成的河道和实际河道的差别，调整阈值。通过反复调试，发现集水面积值取 $800hm^2$，最终生成的河网水系精度最高（图6-5）。

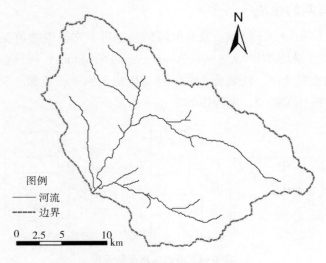

图6-5　基于 DEM 提取的水系

6.1.4.2　子流域的划分

河网确定后，则以两个河道的交汇点上游最近的格网水流聚集地作为流域的出口，河道交汇点和格网水流聚集点在生成流域河网时已经进行了标注，沿确定的格网水流聚集点分辨沿着上游河道计算集水区面积就可以划分出每个子流域。子流域数目是根据定义限制

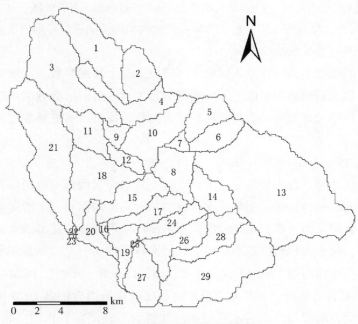

图6-6　清水河流域子流域划分

亚流域最小集水面积的阈值来决定的，给出的阈值越大，划分的子流域数目也越少。根据研究流域的实际面积，将清水河流域子流域划分时的集水区面积域值控制在 $800hm^2$，最终将研究区划分为 29 个子流域，如图 6-6 所示，各子流域编码和统计参数见表 6-8。

表 6-8　清水河流域各子流域及其水文响应单元属性

子流域	子流域面积（km²）	平均坡度（%）	海拔（m）	HRU编号	土地利用类型	土壤类型	面积（km²）	占总流域面积（%）	占子流域面积（%）
1	20.98	25.06	1150	1	灌木林	褐土性土	3.51	0.83	16.73
				2	草地	褐土性土	7.66	1.81	36.51
				3	阔叶林	褐土性土	9.81	2.31	46.76
2	11.45	25.62	1124	4	灌木林	褐土性土	2.37	0.56	20.70
				5	草地	褐土性土	7.80	1.84	68.13
				6	农地	褐土性土	1.28	0.30	11.18
3	33.92	25.47	1244	7	灌木林	褐土性土	3.33	0.79	9.82
				8	草地	褐土性土	10.30	2.43	30.37
				9	阔叶林	褐土性土	20.30	4.79	59.85
4	15.29	27.02	1107	10	灌木林	褐土性土	2.51	0.59	16.41
				11	灌木林	石灰性褐土	1.01	0.24	6.60
				12	草地	褐土性土	7.22	1.70	47.21
				13	草地	石灰性褐土	2.49	0.59	16.28
				14	阔叶林	褐土性土	0.99	0.23	6.44
				15	农地	褐土性土	1.07	0.25	7.00
5	9.72	23.69	1163	16	灌木林	褐土性土	0.95	0.22	9.80
				17	灌木林	石灰性褐土	1.68	0.40	17.28
				18	草地	褐土性土	2.37	0.56	24.37
				19	草地	石灰性褐土	2.35	0.55	24.17
				20	阔叶林	石灰性褐土	2.37	0.56	24.37
6	9.19	22.50	1200	21	灌木林	石灰性褐土	2.52	0.59	27.41
				22	草地	石灰性褐土	6.11	1.44	66.46
				23	农地	褐土性土	0.34	0.08	3.73
				24	农地	石灰性褐土	0.22	0.05	2.43
7	2.09	22.07	1049	25	灌木林	褐土性土	0.28	0.07	13.38
				26	草地	褐土性土	1.37	0.32	65.48
				27	农地	褐土性土	0.44	0.10	21.13
8	12.32	23.38	1086	28	灌木林	褐土性土	1.65	0.39	13.40
				29	草地	褐土性土	8.29	1.96	67.31
				30	阔叶林	褐土性土	0.72	0.17	5.85
				31	农地	褐土性土	0.89	0.21	7.19
				32	农地	石灰性褐土	0.77	0.18	6.22

子流域	子流域面积（km²）	平均坡度（%）	海拔（m）	HRU编号	土地利用类型	土壤类型	面积（km²）	占总流域面积（%）	占子流域面积（%）
9	3.34	20.41	993	33	灌木林	褐土性土	0.32	0.08	9.69
				34	草地	褐土性土	2.48	0.58	74.15
				35	农地	褐土性土	0.55	0.13	16.30
10	18.70	23.95	1053	36	灌木林	褐土性土	1.63	0.38	8.72
				37	灌木林	石灰性褐土	0.98	0.23	5.23
				38	草地	褐土性土	10.10	2.38	54.02
				39	草地	石灰性褐土	3.03	0.71	16.21
				40	农地	褐土性土	2.96	0.70	15.83
11	11.43	20.52	1116	41	灌木林	褐土性土	2.07	0.49	18.11
				42	草地	褐土性土	6.84	1.61	59.83
				43	农地	褐土性土	2.52	0.59	22.04
12	3.70	22.11	953	44	灌木林	褐土性土	0.47	0.11	12.60
				45	草地	褐土性土	2.45	0.58	66.25
				46	农地	褐土性土	0.78	0.18	21.15
13	78.53	24.78	1275	47	灌木林	褐土性土	6.14	1.45	7.82
				48	灌木林	石灰性褐土	7.62	1.80	9.70
				49	草地	褐土性土	10.40	2.45	13.24
				50	草地	石灰性褐土	7.53	1.78	9.59
				51	阔叶林	淋溶褐土	32.20	7.59	41.01
				52	阔叶林	褐土性土	14.70	3.47	18.72
14	10.43	22.76	1213	53	灌木林	褐土性土	2.44	0.58	23.39
				54	草地	褐土性土	3.23	0.76	30.97
				55	阔叶林	褐土性土	3.48	0.82	33.36
				56	针叶林	褐土性土	1.29	0.30	12.37
15	14.13	21.26	925	57	灌木林	褐土性土	3.07	0.72	21.73
				58	草地	褐土性土	8.13	1.92	57.54
				59	农地	褐土性土	2.93	0.69	20.74
16	0.83	22.40	925	60	灌木林	褐土性土	0.22	0.05	26.78
				61	草地	褐土性土	0.50	0.12	60.72
				62	农地	褐土性土	0.10	0.02	12.48
17	22.35	22.21	1118	63	灌木林	褐土性土	3.22	0.76	14.41
				64	草地	褐土性土	11.20	2.64	50.11
				65	农地	褐土性土	7.97	1.88	35.66
18	9.47	16.73	1025	66	灌木林	褐土性土	2.76	0.65	29.13
				67	草地	褐土性土	4.96	1.17	52.36
				68	农地	褐土性土	1.75	0.41	18.47

（续）

子流域	子流域面积（km²）	平均坡度（%）	海拔（m）	HRU编号	土地利用类型	土壤类型	面积（km²）	占总流域面积（%）	占子流域面积（%）
19	7.25	21.08	1075	69	灌木林	褐土性土	1.54	0.36	21.25
				70	草地	褐土性土	4.60	1.08	63.46
				71	农地	褐土性土	1.10	0.26	15.18
20	6.59	16.21	907	72	灌木林	褐土性土	1.43	0.34	21.71
				73	草地	褐土性土	2.25	0.53	34.16
				74	草地	石灰性褐土	1.02	0.24	15.49
				75	农地	褐土性土	1.49	0.35	22.62
				76	农地	石灰性褐土	0.41	0.10	6.23
21	37.79	24.79	1100	77	灌木林	褐土性土	4.99	1.18	13.20
				78	灌木林	石灰性褐土	2.59	0.61	6.85
				79	草地	褐土性土	9.41	2.22	24.90
				80	草地	石灰性褐土	6.13	1.45	16.22
				81	阔叶林	褐土性土	9.54	2.25	25.24
				82	农地	褐土性土	3.53	0.83	9.34
				83	农地	石灰性褐土	1.60	0.38	4.23
22	0.24	7.21	850	84	草地	褐土性土	0.01	0.00	6.24
				85	草地	石灰性褐土	0.04	0.01	18.75
				86	草地	褐土性土	0.04	0.01	18.75
				87	草地	石灰性褐土	0.12	0.03	50.06
				88	农地	石灰性褐土	0.01	0.00	6.24
23	0.24	12.22	850	89	灌木林	石灰性褐土	0.01	0.00	6.24
				90	草地	石灰性褐土	0.09	0.02	37.51
				91	草地	石灰性褐土	0.13	0.03	56.43
24	8.87	23.51	1065	92	灌木林	褐土性土	4.35	1.03	49.05
				93	草地	褐土性土	3.43	0.81	38.67
				94	农地	褐土性土	1.08	0.25	12.18
25	0.66	23.15	956	95	草地	褐土性土	0.52	0.12	77.83
				96	农地	褐土性土	0.10	0.02	15.54
				97	园地	褐土性土	0.04	0.01	6.67
26	12.10	25.74	1125	98	灌木林	褐土性土	3.99	0.94	32.99
				99	草地	褐土性土	6.30	1.49	52.08
				100	农地	褐土性土	1.80	0.42	14.88
27	11.65	26.37	1150	101	灌木林	褐土性土	3.65	0.86	31.32
				102	草地	褐土性土	7.07	1.67	60.67
				103	阔叶林	褐土性土	0.94	0.22	8.04

（续）

子流域	子流域面积（km²）	平均坡度（%）	海拔（m）	HRU编号	土地利用类型	土壤类型	面积（km²）	占总流域面积（%）	占子流域面积（%）
28	13.00	24.66	1124	104	灌木林	褐土性土	5.08	1.20	39.09
				105	草地	褐土性土	4.23	1.00	32.55
				106	阔叶林	褐土性土	1.79	0.42	13.77
				107	针叶林	淋溶褐土	0.16	0.04	1.21
				108	针叶林	褐土性土	0.60	0.14	4.59
				109	农地	褐土性土	1.14	0.27	8.77
29	37.92	25.70	1240	110	灌木林	褐土性土	10.00	2.36	26.37
				111	灌木林	钙质粗骨土	3.91	0.92	10.31
				112	草地	褐土性土	12.90	3.04	34.02
				113	阔叶林	褐土性土	6.22	1.47	16.40
				114	阔叶林	钙质粗骨土	4.88	1.15	12.87

6.1.4.3　水文响应单元

一旦子流域被明确定义了，还必须利用土地利用和土壤类型信息的协同变化特征的概率分布来定义水文响应单元（HRU），来计算每个子流域的基本参数和进行模型的模拟运算。水文响应单元是子流域的一部分，含有唯一的土地利用、管理和土壤属性，并假定在子流域中有统一的水文行为。在SWAT模型中，通过聚集所有相似的土壤类型和土地利用面积构成单个的响应单元，从而简化了模型运行。HRU的优点是增加模拟的精度。不同种类植被的生长和发展有很大的不同，当考虑到子流域内植被覆盖多样性时，从子流域中进入主渠道的径流量会更准确，对给定的子流域应该有1~10个HRU。若要在数据集中加入复杂性，应该在流域内定义更多的子流域，而不是在几个子流域内定义多个HRU。

HRU的划分，有两种方法可以选择，一种是优势土被法（dominant land use and soil），即每个子流域内只生成一个水文响应单元，这个水文响应单元由本子流域内占优势的土地利用和土壤组合而成，其他非优势土地利用和土壤将被并入优势类中。第二种方法，即多个水文响应单元法，具体分两步来确定两个阈值：第一步是土地利用面积阈值的确定，用来确定子流域内需保留的最小土地利用的面积；第二步是土壤面积阈值的确定，用来确定土地利用类型中需保留的最小土壤类型的面积。本研究中土地利用的面积阈值确定为5%，土壤类型的阈值为20%，则在子流域内划分出114个HRU，各个子流域的面积、占流域比例、HRU的数目及其土地利用和土壤类型组合见表6-8。HRU确定以后，模型运行流程如图6-7所示。

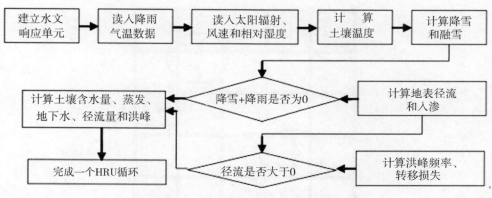

图 6-7　SWAT 模型 HRU 循环流程示意

6.1.5　参数的灵敏性分析

灵敏性分析的目的是对率定模型中的不确定性量化,而率定模型的不确定性是由土壤层参数、降雨、蒸发、植被和边界条件的估计值引起的,灵敏性分析在所有的模型应用中是最基本的一步。SWAT 模型需要通过大量的参数来描述,由于参数太多以及模型的空间特性,确定每个参数的准确值是相当困难的,只能使重要的参数尽可能的准确。解决这一问题的方法是找出模型的灵敏性参数,并对这些参数以模型效率最优的方法加以率定。随着 SWAT 模型应用的深入,很多研究者已经注意到模型参数灵敏度的问题,并尝试对其进行了分析(胡远安等,2003;朱利等,2005;Huisman 等,2004;Vanclooster 等,2005;Klaus,2003;Holvoet,2005;Muleta,2005;王海龙等,2007)。研究结果表明,虽均达到了提高模型可用性的目的,但是模型参数的选取往往依赖于经验而缺乏科学依据,并没有形成一套完整的灵敏度分析方法。SWAT 2005 模型版本中增加了灵敏度分析模块,该模块采用的是 LH-OAT(latin hypercube one-factor-at-a-time)灵敏度分析方法。

6.1.5.1　LH-OAT 灵敏度方法简介

LH-OAT 灵敏度方法结合了 LH(latin hypercube)采样法和 OAT(one-factor-at-a-time)灵敏度分析的一种新的方法,LH(latin hypercube)抽样法是 Mckay 等(1979 年)提出来的,它不同于蒙特卡罗(Monte Carlo)抽样法,事实上可以把它看作为某种意义上的分层抽样(stratified sampling)。抽样方法如下:首先,将每个参数分布空间等分成 m 个,且每个值域范围出现的可能性都为 $1/m$。其次,生成参数的随机值,并确保任一值域范围仅抽样一次(图 6-8)。最后,参数随机组合,模型运行 m 次,其结果进行多元线性回归分析(Christiaens,2002)。

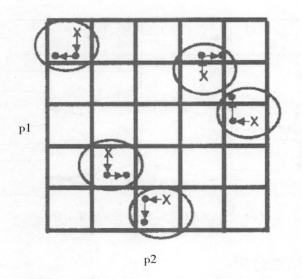

图 6-8　LH-OAT 抽样法示意——以 2 个参数为例

注：X 代表 LH 抽样的最初参数；● 代表 OAT 灵敏度分析的两个点

　　LH 抽样法的主要缺点：①多元回归分析的前提假设为线性变化；②输出结果的变化并不总能明确地归因于某一特定输入参数值的变化，这是因为所有的参数变动是协同的。OAT 灵敏度分析方法：模型运行 $n+1$ 次以获取 n 个参数中某一特定参数的灵敏度，其优点在于模型每运行一次仅一个参数值存在变化。因此，该方法可以清楚地将输出结果的变化明确地归因于某一特定输入参数值的变化。但 OAT 灵敏度分析的缺点是某一特定输入参数值的变化引起的输出结果的灵敏度大小依赖于模型其他参数值的选取（可视为局部灵敏度值）。LH 抽样法和 OAT 灵敏度分析法的结合能够有效地克服这一缺点。灵敏度的计算公式见公式（6-32），表 6-9 是灵敏度取值表。

$$M = \frac{\Delta y/y_0}{\Delta x/x_0} = \frac{(y-y_0)/y_0}{(x-x_0)/x_0} \tag{6-32}$$

式中：M 为灵敏度，该数值越大，灵敏度越高，反之亦然；x_0、x 为初时输入参数值、改变后的输入参数值；y_0、y 为初时输入参数值、改变后的输入参数值。

表 6-9　灵敏度取值

分类	因子值	灵敏度	分类	因子值	灵敏度
Ⅰ	<0.05	低	Ⅱ	0.05~0.2	中
Ⅲ	0.2~1.0	高	Ⅳ	>1.0	很高

　　LH-OAT 灵敏度分析方法是指对每一抽样点（LH 抽样法）进行 OAT 灵敏度分析，灵敏度最终值是各局部灵敏度之和的平均值。该方法有机地融合了 LH 抽样法和 OAT 灵敏度分析法各自的优点。通过该方法可有效地获取影响模型结果的主要参数因子，极大地提高了模型的可用性。

表 6-10　参数定义表

变量	定义	变量	定义
ALPHA_BF	基流消退系数	ESCO	土壤蒸发补偿系数
GW_DELAY	地下水滞后系数	EPCO	植物蒸腾补偿系数
GW_REVAP	地下水再蒸发系数	SPCON	泥沙输移线性系数
RCHRG_DP	深蓄水层渗透系数	SPEXP	泥沙输移指数系数
REVAPMN	浅层地下水再蒸发系数	SURLAG	地表径流滞后时间
QWQMN	浅层地下水径流系数	SMFMX	最大融雪系数
CANMX	最大覆盖度	SMFMN	最小融雪系数
CN_2	SCS 径流曲线系数	SFTMP	降雪气温
SOL_Z	土壤深度	SMTMP	雪融最低气温
SOL_AWC	土壤可利用水量	CH_EROD	沟道侵蚀系数
SOL_K	饱和水力传导系数	CH_N	主要沟道的人工赋值
SLOPE	平均坡度等级	TLAPS	气温下降率
SLSUBBSN	平均坡长	CH_COV	沟道覆盖系数
BIOMIX	生物混合效率系数	CH_{K_2}	沟道有效水导电率
USLE_P	USLE 中水土保持措施因子	USLE_C	USLE 方程中的植物覆盖度因子
BLAI	最大潜在叶面积指数		

6.1.5.2　参数灵敏度分析结果

本研究模型参数灵敏度分析采用清水河流域 1981—2005 年的实测径流和输沙数据。应用模型提供的 LH-OAT 灵敏度分析方法，对影响径流和泥沙模拟结果的参数因子进行灵敏度分析，辨析出对径流和泥沙两者影响模拟精度都重要的参数的灵敏度值，结果见表 6-11。

表 6-11　重要参数灵敏度值

参数	径流			泥沙		
	重要性序	灵敏度值	灵敏度等级	重要性序	灵敏度值	灵敏度等级
CN2	1	2.4500	Ⅳ	1	5.4700	Ⅳ
SOL_AWC	2	0.7190	Ⅲ	8	0.4350	Ⅲ
SOL_Z	3	0.5170	Ⅲ	7	0.5150	Ⅲ
ESCO	4	0.4450	Ⅲ	6	0.6790	Ⅲ
CANMX	5	0.4130	Ⅲ	14	0.2900	Ⅲ
SOL_K	6	0.3930	Ⅲ	20	0.1250	Ⅱ
SLOPE	7	0.3840	Ⅲ	5	1.0400	Ⅳ
ALPHA_BF	10	0.0394	Ⅰ	13	0.3110	Ⅲ
CH_K2	14	0.0108	Ⅰ	11	0.3500	Ⅲ
EPCO	17	0.0027	Ⅰ	—	—	—
SURLAG	16	0.0031	Ⅰ	4	1.1000	Ⅳ

（续）

参数	径 流			泥 沙		
	重要性序	灵敏度值	灵敏度等级	重要性序	灵敏度值	灵敏度等级
CH_N	18	0.0016	I	19	0.2010	III
SPCON	—	—	—	2	3.2300	IV
USLE_P	—	—	—	9	0.4030	III
USLE_C	—	—	—	10	0.3980	III

由表6-11分析：对径流来讲，SCS 径流曲线系数（CN2）是最敏感因子，按灵敏度等级划分原则定为IV级，土壤可利用水量（SOL_WC）、土壤深度（SOL_Z）、土壤蒸发补偿系数（ESCO）、最大覆盖度（CANMX）、饱和水力传导系数（SOL_K）、平均坡度等级（SLOPE）的影响是显著的，是最敏感因子，按灵敏度等级划分原则定为III级，即对径流的输出结果影响程度高，其中土壤可利用水量与径流量呈负相关关系，其余因子的影响轻微或没有影响。

对泥沙来说，SCS 径流曲线系数（CN2）、泥沙输移线性系数（SPCON）、平均坡度（SLOPE）和地表径流滞后时间（SURLAG）的影响是最显著的，按灵敏度等级划分原则定为IV级，即对泥沙的输出结果影响程度很高；土壤蒸发补偿系数（ESCO）、土壤可利用水量（SOL_WC）、土壤深度（SOL_Z）、最大覆盖度（CANMX）、沟道有效水导电率（CH_K2）、基流消退系数（ALPHA_BF）、主要沟道的人工赋值（CH_N）、USLE 中水土保持措施因子 USLE_P 和植物覆盖度因子 USLE_C 为III级，即对泥沙的输出结果影响程度高，其余因子的影响轻微或没有影响。

从径流和泥沙两者的角度分析：SCS 径流曲线系数（CN2）对径流泥沙的影响是都是显著的，是最敏感的因子；土壤深度（SOL_Z）、土壤可利用水量（SOL_WC）、土壤蒸发补偿系数（ESCO）和最大覆盖度（CANMX）对径流泥沙的影响都是显著，其中土壤可利用水量（SOL_WC）对径流泥沙的影响呈负相关关系；泥沙输移线性系数（SPCON）、USLE 中水土保持措施因子 USLE_P 和植物覆盖度因子 USLE_C 这3个因子仅对泥沙影响显著，对径流没有影响；平均坡度（SLOPE）和地表径流滞后时间（SURLAG）对泥沙的影响的敏感度等级大于对径流的敏感度等级，说明其对泥沙的敏感性更强。

6.1.6 流域径流泥沙模拟的参数率定与验证

SWAT 模型的输入参数大多具有物理意义，由于 SWAT 模型并不是一个"参数化模型"，没有标准的优化步骤以适合所有的资料。对于一些没有基于物理过程定义的参数，如 SCS 径流曲线系数和通用水土流失方程中的土地覆被和管理因子可以用来调整，以得到较好的模拟结果。本研究采用由 Abbaspour 等开发的 SUFI-2（sequential uncertainty fitting ver. 2）算法（Abbaspour 等，2004）。

6.1.6.1 SUFI-2 算法简介

SWAT 模型将流域离散化成水文响应单元后，生成大量以 ASCII 码形式存贮的 SWAT

输入文件，每个子流域需要 4 个文件，以指定子流域、天气、水资源利用和水质参数。同时，每个水文响应单元需要 6 个文件来存储化学、地下水、地形、管理、水文响应单元和土壤特性，因本研究没有涉及化学性质的模拟，且采用与 Arcview 接口的 AVSWAT，故每个水文响应单元包括地下水、管理、水文响应单元和土壤特性 4 个文件，本研究流域所有属性数据被存放在 699 个文件中。任何校准程序都是需要反复变化参数值的运行模式，SUFI-2 通过自动化界面程序调整参数使模型达到最优的模拟效果。

SUFI-2 算法中，参数不确定性包括所有来源的不确定性，如驱动变量（降雨量）、概念模型、系数和测量数据的不确定性。所有不确定性的程度用 P-factor 来衡量，P-factor 是数据含不确定因素的比例，通常用 95PPU 表示，即模拟的数据包括了 95% 的不确定性。95PPU 的计算是采用拉丁方抽样方法选取累积频率位于 2.5%～97.5% 之间的模拟值，剔除了 5% 的极坏模拟。另一个衡量校准效果的因子是 R-factor，R-factor 是 95PPU 的平均厚度除以标准偏差的值。SUFI-2 算法是寻求最大化反映实测数据与最小化参数的不确定性。

SUFI-2 算法的校核和不确定性分析可用图 6-9 描绘。图 6-9A 表示单一参数值（一点）对应单一的模拟值，图 6-9B 是含有不确定性的参数，用短线表示，对应的模拟结果表现为阴影区域。随着参数不确定性的增加，产生的不确定性范围也增加（图 6-9C）。因此，SUFI-2 算法首先假设一个大的参数不确定性范围，从而使实测的数据包含在 95PPU 范围内，然后逐步减少这种不确定性的范围，同时监测 P-factor 和 R-factor。每改变一次参数范围，重新计算敏感性矩阵和协方差矩阵，然后更新参数，以这样一种方式使新范围始终小于前次范围，模拟结果更接近实测结果。从理论上讲，P-factor 介于 0～100%，而 R-factor 介于 0 和无穷大。P-factor 为 1，R 因子为 0 时

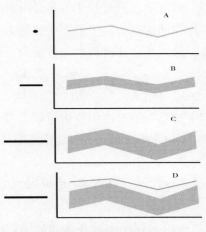

图 6-9　参数之间的关系不确定性和预测的不确定性

模拟和实测数据完全吻合。以 P-factor 接近 100% 和 R-factor 接近 0 的程度来判断我们的校准结果。当得到 R-factor 和 P-factor 相对最佳值，则参数不确定性范围是理想的。进一步的模拟以 R^2 和纳什系数（Ens）为目标函数达到最后的最佳模拟结果。如果最初参数范围等于最大实际有意义的范围（95PPU）仍然无法包含大部分数据，例如，如果图 6-9D 发生，表示没有一个参数可校准，概念模型必须重新设置。

6.1.6.2　SUFI-2 算法计算步骤

第一步，定义目标函数，目标函数可以有很多种（Legates 和 McCabe，1999；Gupta 等，1998）。不同目标函数可能会导致不同的结果；因此，最终参数范围的确定要依据目标函数。本研究采用 Nash-Suttcliffe 系数作为主要的目标函数。

第二步，确定参数有物理意义的最小值和最大值的绝对范围，这里不排除任何一个没

有理论依据的特殊分布。然而，实际中由于缺乏信息，我们假定所有参数都均匀地分布在一个给定最低值和最高值区域的范围内。由于确定参数范围制约作用，故其值应尽可能大，且具有实际意义：

$$b_j: \quad b_{j, abs\_min} \leq b_j \leq b_{j, abs\_max} \quad (j=1, \ 2, \ \cdots, \ m) \tag{6-33}$$

式中：b_j 是第 j 个参数；m 为用于估计的参数数目。

第三步，参数范围初定，每个参数的范围根据第一步中选定的目标函数，对于每个参数约进行 5 次模拟，简单地将范围分成 5 个区间，每个区间的中点代表该区间。比较这些模拟结果和实测值的差别，选定最为敏感的区间作为该参数的范围。

第四步，用第三步确定的参数范围确定第一轮的拉丁方设计，即

$$b_j: \quad [b_{j, abs\_min} \leq b_j \leq b_{j, abs\_max}] \quad (j=1, \ 2, \ \cdots, \ m) \tag{6-34}$$

一般情况下，上述范围小于绝对范围，是主观的，并取决于经验，但这个范围并不是不能改变的，可根据模拟结果，在绝对范围内调整。

第五步，进行拉丁方设计（McKay 等，1979），得到 n 种参数组合方式，其中 n 是想要模拟的次数。这个数字应比较大（500~1000），然后运行 n 次程序，保存模拟结果。

第六步：评价每个参数组合。首先，计算灵敏度矩阵：

$$J_{ij} = \frac{\Delta g_i}{\Delta b_j} \quad i=1, \ \cdots, \ C_2^n \quad (j=1, \ 2, \ \cdots, \ m) \tag{6-35}$$

式中：C_2^n 为敏感度矩阵中行数（等于任何两次模拟的组合）；j 为列数即参数的数量。下一步，用 Guass-Newton 方法并忽略高阶导数，计算 Hessian 矩阵 H，公式如下：

$$H = J^T J \tag{6-36}$$

然后，基于 Cramer-Rao 定理（Press 等，1992）估算下限参数协方差矩阵，公式如下：

$$C = s_g^2 (J^T J) \tag{6-37}$$

式中：s_g^2 为程序运行 N 次目标函数值的方差。

参数 b_j 的标准偏差和 95% 置信区间按公式（6-38）至公式（6-40）计算：

$$s_j = \sqrt{C_{jj}} \tag{6-38}$$

$$b_{j, lower} = b_j^* - t_{v, 0.025} s_j \tag{6-39}$$

$$b_{j, upperr} = b_j^* + t_{v, 0.025} s_j \tag{6-40}$$

式中：b_j^* 为参数 b 针对目标函数的一个最优解；ν 为自由度（$n-m$）。

参数敏感度 g 的计算，敏感度计算是多个回归系统之和，这些回归方程的应变量是目标函数，自变量是由拉丁方抽样得到的参数，其表达式如下：

$$g = \alpha + \sum_{i=1}^{m} \beta_i b_i \tag{6-41}$$

然后用 t 检验方法检验每个参数的显著性水平。由公式（6-41）可见，敏感度相对与各个参数是基于线性回归的，因此，只提供参数的部分敏感性信息。此外，相对敏感性不同的参数，取决于参数的取值范围。因此，每一个迭代计算后，参数的敏感性排序都可能发生变化。

第七步，参数不确定性的计算。因为 SUFI-2 是一个随机程序，每个参数率定的结果是一个范围，因此，参数的不确定性计算就是计算涵盖所有参数的每一个模拟点 95% 的预测不确定性即 95PPU，95PPU 平均距离 $\bar{d}_X$ 按公式（6-42）确定：

$$\bar{d}_X = \frac{1}{k} \sum_{i=1}^{k} (X_U - X_L)_l \tag{6-42}$$

式中：k 为实测值的数量；X_U 为每一个模拟点 95% 的预测不确定性上限值；X_L 为每一个模拟点 95% 的预测不确定性下限值。

最好的模拟结果是实测值都在 95PPU 内且 $\bar{d}_X$ 接近于 0。然而，由于测量误差和模型的不确定性，理想值通常会无法达到。合理衡量的 $\bar{d}_X$，引入 R-Factor：

$$R = \frac{\bar{d}_X}{\sigma_X} \tag{6-43}$$

式中：σ_X 为 $\bar{d}_X$ 标准差；R-Factor 小于 1 是模拟的最佳效果。

6.1.6.3　SWAT 模型的适用性评价标准

SWAT 模型基础数据库建立完成后，采用 1981—2005 年时段内日降雨观测资料，进行径流和产沙的模拟。径流的模拟选择了以日降水观测为基础的 SCS 径流曲线数方法，采用"日降水数据/径流曲线/日（Daily rain/CN/Daily）"演算方法来模拟。因为在确定土壤水文单元（HRU）的时候，就已经确定了 CN 值，所以可以采用这种方法以日为时间单位进行径流模拟。

对降雨量模拟，根据模型提供的偏正态分布（skewed normal distribution）或混合指数分布（mixed exponential distribution），本文选择了偏正态分布来模拟降雨量。

对潜在蒸散发（PET），SWAT 模型提供了 Priestly-Taylor 方法、Penman-Monteith 方法和 Hargreaves 方法来模拟及自行输入潜在蒸发散等方式。本文的 Penman-Monteith 方法，需要太阳辐射、气温、相对湿度、风速作为输入数据。

对河道演算的模拟方法，模型提供了 Variable Storage 和 Muskingum 两种方法，经过对比试验，二者模拟结果差别不大，选择了模拟精度略高的 Variable Storage 方法。

当模型的结构和输入参数初步确定后，需要对模型进行参数校准和验证。通常将所使用的资料系列分为两部分：一部分用于模型参数校准；而另一部分则用于模型的验证。参数校准是模型验证的重要一步，它能够揭示模型在设计和执行过程中的缺陷，在不能或者难以获得必要的参数值时，参数校准是相当有用的。当模型参数校准完成后，应用参数校准数据集以外的实验数据或者现场观测数据对模型模拟值进行对比分析与验证，以评价模型的适用性。

本书选用相对误差 R_e、相关系数 R^2 和确定性效率 Nash-Suttcliffe 系数（Ens）评价模型的适用性（表 6-12）。相对误差计算公式如下：

$$R_e = \frac{Q_{sim,\ t} - Q_{obs,\ i}}{Q_{obs,\ i}} \times 100\% \tag{6-44}$$

式中：R_e 为模型模拟相对误差；$Q_{sim, t}$ 为模拟值；$Q_{obs, i}$ 为实测值。

若 R_e 为正值，说明模型预测或模拟值偏大；若 R_e 为负值，模型预测或模拟值偏小；若 $R_e = 0$，则说明模型模拟结果与实测值正好吻合。

相关系数 R^2 在 MS-EXCEL 中应用线性回归法求得，R^2 也可以进一步用于实测值与模拟值之间的数据吻合程度评价，$R^2 = 1$ 表示非常吻合，当 $R^2 < 1$ 时，其值越小反映出数据吻合程度越低。

Nash-Suttcliffe 系数 Ens 的计算公式如下：

$$Ens = 1 - \frac{\sum_{i=1}^{n} (Q_{obs, i} - Q_{sim, t})^2}{\sum_{i=1}^{n} (Q_{obs, i} - \overline{Q}_{obs, i})^2} \tag{6-45}$$

式中：$\overline{Q}_{obs, i}$ 为观测的平均值；n 为观测的次数。

当 $Q_m = Q_p$ 时，$Ens = 1$；如果 Ens 为负值，说明模型模拟平均值比直接使用实测平均值的可信度更低。

表 6-12　确定性系数的评定标准

等级	甲等	乙等	丙等
标准	> 0.9	0.7~0.9	0.5~0.7

6.1.6.4　流域径流泥沙模拟参数率定与验证结果

（1）径流的模拟与验证的结果分析

为了校准河流流量，需要了解流域内的实际状况。在理想情况下，还需要获得流域内和流域出口处的河流流量数据。但实际情况一般只有出口处的河流流量数据，本研究选择流域出口的吉县水文站的实测径流数据进行校准和验证。首先在年平均状况下对河流流量进行校准，对年平均状况进行校准以后，在转为对月平均径流流量进行精细的校准。由于在模型运行初期，许多变量，如土壤含水量的初始值为零，这对模型模拟结果影响很大，因此在很多情况下，需要将模拟初期作为模型运行的启动（setup）阶段。故本研究将整个研究时段（1981—2005 年）分成 3 个时段：1981—1982 为启动阶段；1983—1995 为校准阶段；1996—2005 为验证阶段。

①年径流的校准和验证。参数率定均采用 SUFI-2 方法，从图 6-10 和表 6-13 可见校准期（1983—1995 年）的模型效率系数 Ens 为 0.63，模拟年均径流量为 0.296 m^3/s，比实测平均径流量 0.323 m^3/s 低 0.027 m^3/s，相对误差仅为 -9.8%，本次模拟兼顾两者考虑得到校准期 P-factor 为 0.93，R-factor 为 1.66，同时结合图 6-11 观测径流和模拟径流的散点图，观测径流和模拟径流的线性回归确定系数 R^2 达到 0.775，且散点都集中分布于 1∶1 理论线，表明模型在清水河流域具有良好的适用性。

校准完成后，用 1996—2005 年的观测径流进行验证，验证期的相对误差 R_e 为 13.5%，模型的效率系数 Ens 为 0.59，P-factor 为 0.9，R-factor 为 2.60，实测值与模拟值

相关系数 R^2 达到 0.78。可以满足精度要求，故模型可以用在清水河流域。其中因涉及的年序列较长，考虑到其中植被生长和土地利用的变化，根据解译的 2000 年的土地利用和植被情况，更新了验证期的土地利用和植被数据库。

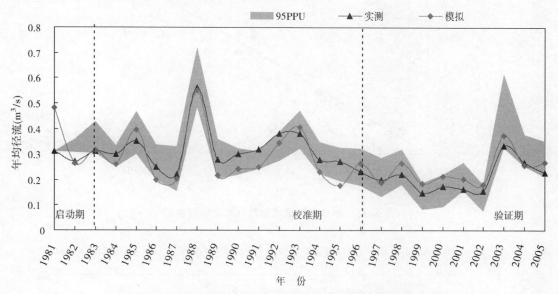

图 6-10　清水河流域年均径流的实测径流与模拟径流比较

表 6-13　年径流模拟结果评价

变　量	年均值（m³/s）		R_e（%）	R^2	Ens	P-factor	R-factor
	实测值	模拟值					
校准期（1980—1995 年）	0.323	0.296	−9.8	0.775	0.63	0.93	1.66
验证期（1996—2005 年）	0.211	0.248	13.5	0.783	0.59	0.9	2.60

②月径流的校准和验证。月径流的校准是在年径流校准的基础上对参数进行微调，从图 6-12 和表 6-14 可见，月径流校准期的模型的效率系数 Ens 为 0.54，模拟月均径流量为 0.22m³/s，比实测平均径流量（0.32m³/s）低 0.10m³/s，相对误差为−31%，校准期 P-factor 为 0.47，R-factor 为 0.97，同时结合图 6-13 观测径流和模拟径流的散点图，观测径流和模拟径流的线性回归确定系数 R^2 达到 0.71，散点分布 1 : 1 理论线的右下方，说明多数点的模拟值低于观测值。

校准完成后，用 1996—2005 年的月观测径流进行验证（图 6-14），验证期模拟月均径流量为 0.16m³/s，比实测平均径流量 0.21m³/s 低 0.05m³/s，验证期的相对误差 Re 为 −29.3%，模型的效率系数 Ens 为 0.56，P-factor 为 0.48，R-factor 为 3.35，实测值与模拟值相关系数 R^2 为 0.63，可以满足精度要求，故模型可以用在清水河流域。

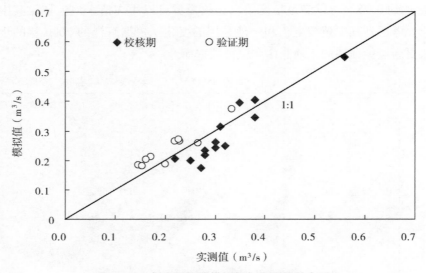

图6-11　年均径流量模拟值与实测值散点图

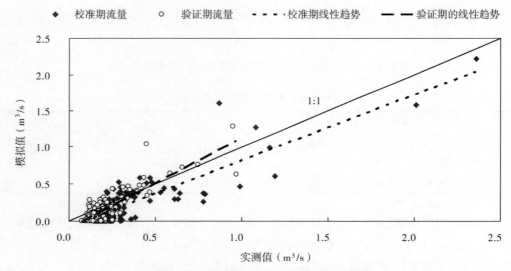

图6-12　月均径流量模拟值与实测值散点图

表6-14　月径流模拟结果评价

变　量	月均值（m³/s）		R_e（%）	R^2	Ens	P-factor	R-factor
	实测值	模拟值					
校准期（1980—1995年）	0.32	0.22	−31.00	0.71	0.54	0.47	0.97
验证期（1996—2005年）	0.21	0.16	−29.30	0.63	0.56	0.48	3.35

③汛期（5~10月）校准与验证。根据月径流的校准和验证的结果看，Ens系数和回归系数R^2可以达到基本的精度要求，但是相对误差R_e的值较大，且P-factor的值小于0.5，说明95ppu范围内所包含的观测点很少，结合图6-12和图6-14可见，在非汛期

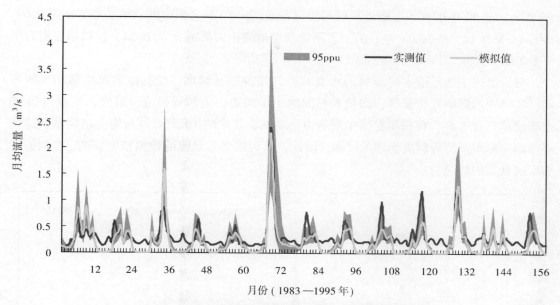

图 6-13　校准期月均径流的实测径流与模拟径流比较

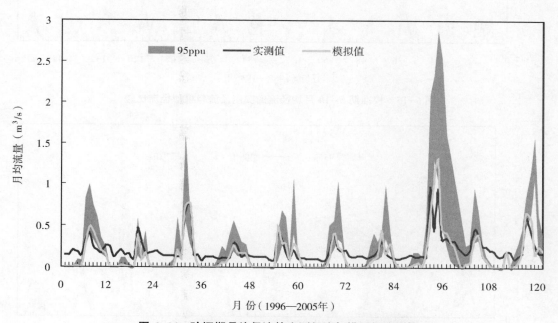

图 6-14　验证期月均径流的实测径流与模拟径流比较

（11 月至翌年 4 月）的模拟值和实测值相差较大。

故对汛期的月径流量进行模拟和验证如图 6-15、图 6-16 和表 6-15，结果表明汛期月径流的校准期的模型的效率系数 Ens 为 0.72，模拟月均径流量为 0.39 m^3/s，比实测平均径流量（0.42 m^3/s）低 0.03 m^3/s，相对误差仅为 -8.0%，相关系数 R^2 为 0.72，校准期 P-factor 为 0.92，R-factor 为 1.25。验证期模拟月均径流量为 0.22 m^3/s，比实测平均径流量

（0.24m³/s）低 0.02m³/s，验证期的相对误差 R_e 为-4.0%，模型的效率系数 Ens 为 0.69，P-factor 为 0.84，R-factor 为 1.07，实测值与模拟值相关系数 R^2 为 0.74，模拟精度提高了一个等级。

分析原因主要是清水河流域的水文站吉县站设在县城内，受县城居民生活用水的影响，非汛期的影响尤为显著，即使长时间的干旱沟道内依然有径流。另外，流域内的 13 个雨量站只有吉县、曹井和麦城 3 个站为全年站，其余的 10 个雨量站均为汛期站，这使得汛期的降雨观测资料更为详尽可靠，因此，认为模型对径流的模拟精度较高，模拟值能够反映真实的情况。

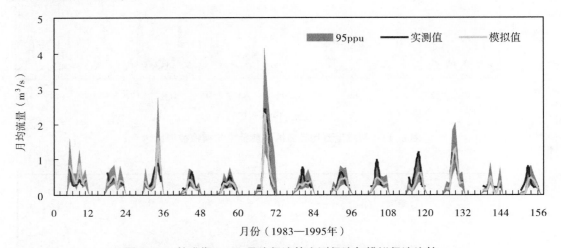

图 6-15　校准期 5~10 月均径流的实测径流与模拟径流比较

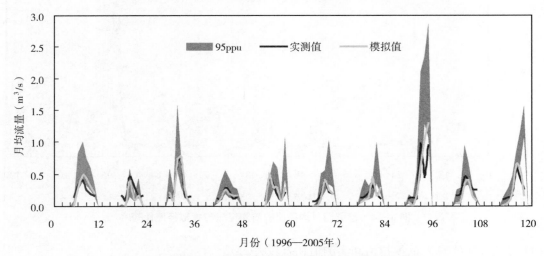

图 6-16　验证期 5~10 月均径流的实测径流与模拟径流比较

表 6-15　汛期月径流模拟结果评价

变　量	月均值（m³/s）		R_e（%）	R^2	Ens	P-factor	R-factor
	实测值	模拟值					
校准期（1980—1995 年）	0.42	0.39	-8.00	0.72	0.72	0.92	1.25
验证期（1996—2005 年）	0.24	0.22	4.00	0.74	0.69	0.84	1.07

（2）泥沙的模拟与验证的结果分析

①年输沙量的校准和验证。图 6-17 和表 6-16 是泥沙校准期模拟结果，效率系数 Ens 为 0.646，模拟年均输沙量为 47.7 万 t，比实测输沙量 57.5 万 t 低 9.8 万 t，相对误差为 -17.0%，P-factor 为 0.69，R-factor 为 1.33，相关系数 R^2 达到 0.76。验证期相对误差 R_e 为 -5.0%，模型效率系数 Ens 为 0.87，P-factor 为 0.8，R-factor 为 1.68，实测值与模拟值相关系数 R^2 达到 0.87，模型模拟产沙的精度较高。同时结合图 6-18 观测值和模拟值的散点图，散点都集中分布于 1∶1 理论线，表明模型在清水河流域具有良好的适用性。

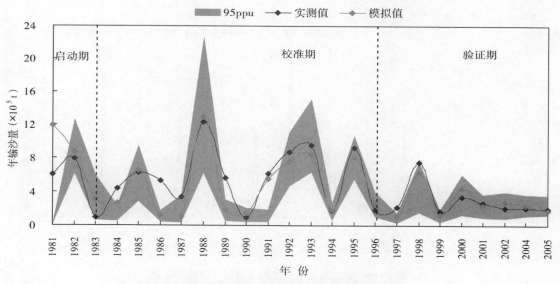

图 6-17　年输沙量的实测径流与模拟径流比较

表 6-16　年输沙量模拟结果评价

变　量	年均值（t）		R_e（%）	R^2	Ens	P-factor	R-factor
	实测值	模拟值					
校准期（1980—1995 年）	575375.8	477776.92	-17.00	0.763	0.646	0.69	1.330
验证期（1996—2005 年）	309757.6	295192.69	-5.00	0.789	0.874	0.8	1.680

②月输沙量的校准和验证。月输沙量的校准是在径流和年输沙量校准的基础上进行的。从图 6-19 和表 6-17 可见，校准期（1983—1995 年）的模型效率系数 Ens 为 0.59，模拟月均输沙量为 10.52 万 t，比实测月均输沙量低 2.01 万 t，相对误差为 -16.05%，P-factor 为 0.89，R-factor 为 1.29。

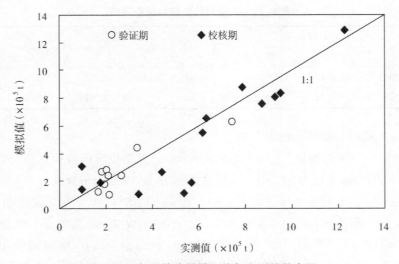

图 6-18　年均输沙量模拟值与实测值散点图

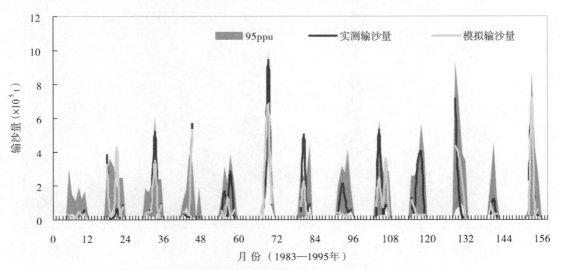

图 6-19　校准期月输沙量的实测值与模拟值比较

验证期（图 6-20）的相对误差 R_e 为 -11.85%，模型的效率系数 Ens 为 0.55，$P-factor$ 为 0.81，$R-factor$ 为 0.38，实测值与模拟值相关系数 R^2 为 0.57。同时结合图 6-21 测输沙和模拟输沙的散点图可以看出，月输沙量的变异性较大，尤其是低输沙量散点距 1∶1 的理论线相差较大。

黄土高原的产沙方式比较复杂，影响因素较多。从图 6-19 和图 6-20 中可见，模拟值与实测值出现误差主要表现为峰值错位，模拟值偏低的特点，故在参数率定过程中对地表径流滞后时间 SURLAG、植被覆盖和作物管理因子 C、河道参数如河道的侵蚀性因子 CH_EROD 等参数调节，但其精度与径流的模拟精度相比有一定差距，可基本满足模拟的要求达到丙等水平。

表 6-17　月输沙量模拟结果评价

变　量	月均值（t）		R_e（%）	R^2	Ens	P-factor	R-factor
	实测值	模拟值					
校准期（1980—1995 年）	125374.60	105250.00	−16.05	0.61	0.59	0.89	1.29
验证期（1996—2005 年）	37790.05	33312.78	−11.85	0.57	0.55	0.81	0.38

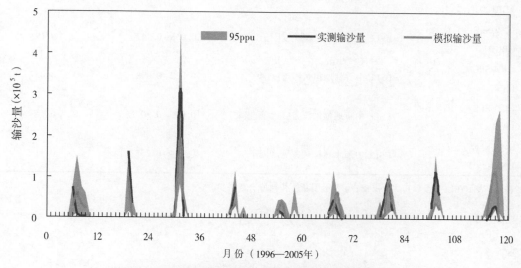

图 6-20　验证期月均输沙量的实测值与模拟值比较

（3）模型参数确定。在对径流、输沙的参数进行率定和模型验证后，最终确定模型参数的取值见表 6-18。

表 6-18　模型参数校准值

参数	说明	范围	确定值
r — CN2. mgt	SCS 径流曲线系数	−0.650	−0.200
v — ALPHA_ BF. gw	基流消退系数	0.000	0.060
v — GW_ DELAY. gw	地下水滞后系数	34.000	45.000
r — SOL_ AWC. sol	土壤可利用水量（mm/mm）	0.200~0.700	0.25
r — SOL_ K. sol	土壤饱和水力传导系数（mm/h）	−0.800~−0.200	17.5
v — ESCO. hru	土壤蒸发补偿系数	0.010~0.700	0.365
v — RCHRG_ DP. gw	深蓄水层渗透系数	0.000~0.900	0.225
r — GWQMN. gw	浅层地下水径流系数	−0.100~0.500	0.000
r — GW_ REVAP. gw	地下水再蒸发系数	−0.100~0.500	1.31
r — REVAPMN. gw	浅层地下水再蒸发系数	−0.200~0.400	0.222
v — SURLAG. bsn	地表径流滞后时间	1.000~24.000	14.000
v — EPCO. hru	植物蒸腾补偿系数	0.010~0.900	0.322
v — SPCON. bsn	泥沙输移线性系数	0.487~0.563	0.521

（续）

参数	说明	范围	确定值
v — CH_ EROD.rte	河道覆盖因子	$0 \sim 0.6$	0.3
v — SPEXP.bsn	泥沙输移指数系数	$1.516 \sim 1.558$	1.523
r — USLE_ P.mgt	USLE 中水土保持措因子	$-0.704 \sim -0.507$	0.68
v — USLE_ C.crp —AGRL	USLE 中农地植被覆盖度因子	$0.03 \sim 0.411$	0.278
v — USLE_ C.crp —ORCD	USLE 中果园植被覆盖度因子	$0.038 \sim 0.247$	0.19
v — USLE_ C.crp —FRSE	USLE 中乔林地植被覆盖度因子	$0.022 \sim 0.098$	0.037
v — USLE_ C.crp —PAST	USLE 中草地植被覆盖度因子	$0.005 \sim 0.207$	0.15
v — USLE_ C.crp —RNGB	USLE 中灌木林植被覆盖度因子	$0.104 \sim 0.255$	0.11

注：r 表示在原有参数扩大 $1+r$ 倍；v 表示用新值替换原有参数值。

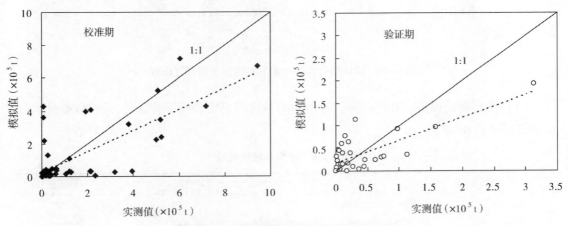

图 6-21 月输沙量模拟值与实测值散点图

（4）降雨、径流和泥沙空间分布分析。参数确定以后，运行 SWAT 模型，得到清水河流域不同年份及不同区域的产流产沙结果。以 1983—2005 年 23 年的平均模拟结果为例，分析了研究区径流与泥沙的空间分布特征。

降水量的空间分布没有明显的规律性（彩图 15），整个流域的降雨量都在 500mm 以上。整个流域的降水大致可以分为 3 个区域，多雨区主要分布在海拔稍高的的上游地区，多年平均降水量在 550mm 左右，这些地区的植被为整个流域中植被最好的地带，主要为阔叶林、针叶林和灌木林，只有少数的草本；少雨区主要分布在流域出口附近，多年平均降水量为 510~520mm，土地利用类型为农地和居民区且海拔相对较低，雨量中等的地区主要分布在流域的中部及西北和西南两侧，年均降水量在 530mm，主要地类为灌木和草地。

清水河流域径流的产生，与降水有一定的相关性，但同时受地形和植被因素影响表现出与降雨分布有一定的差异（彩图16）。流域上游6号和13号子流域的径流深空间分布与降水量的空间分布一致，即降雨量大径流深也随之增大。而位于流域中部的地区，降雨量中等但径流量却很小，这主要是中部地区植被类型多为农田，蒸发量较大。

泥沙的空间分布（彩图17），泥沙与降雨和径流的空间分布差异较大，主要表现在下游接近流域出口处，输沙量增加较多，这部分地区主要为农田和草地，而上游植被较好的地区输沙量很小，其受降雨和径流影响较大的区域为26和27号子流域。可见，清水河流域的产沙原因比较复杂，除降雨、径流外还受地形和植被的影响。

综合分析，清水河流域的产流和产沙类型多样，降雨是驱动力之一，降雨对径流和泥沙的影响有直接和间接两个方面，直接影响主要表现在坡度较大的地区如26、27号子流域，间接影响表现在其对植被的影响，清水河流域的植被分布受降雨影响很大，>550mm或是接近550mm的地区植被多为乔木林，而降雨量在530～550mm的多为灌木和草本，<530mm基本上是草本。同时，植被分布的差异又对产流和产沙有很大的影响，尤其是输沙的变化，以13号为例，降雨量>550mm，植被为乔木林，但输沙量却很小，仅为流域平均水平的31%。另外，地形因素也起着重要的作用，如26和27号子流域为流域中坡度最大的子流域，其径流和输沙都高于其他子流域。

6.1.6.5　模型的不确定性分析

由于水文过程的复杂性、历史水文资料误差及水文模型结构误差等因素的存在，即使我们采用当前最流行、最快速、最有效的全局优化算法进行水文模型参数自动优选确定模型最优参数时，每次搜索到的参数组合总是不尽相同，个别参数甚至相差较大，而这些参数组合却均能使模型的目标函数（如确定性系数等）达到相同或者几乎相同的水平，这种现象称为异参同效（equifinaliy）现象（熊立华，2005；Beven，1993）。Singh和Woolhiser（2002）指出，从统计的角度来说目前几乎所有的水文模拟和预测结果都被设定提供点估计，因为水文学的大多数研究只是尽力找到最好的估计值，而不是基于不确定性的模型预测。在水文模拟与预测中，需要接受水文、气象等多种输入，运用许多概化的模型，依赖对输入、输出进行解释的专家判断。这些复杂因素使得水文模拟的不确定性普遍存在，不可忽略。而在实际径流/泥沙模拟的时候，水文模型采用的是单一的参数组合，异参同效现象的存在使得我们在最终选择一组模型参数最优值时具有很大的不确定性，其必然后果是以该组参数进行水文预报产生的模型输出同样存在很大的不确定性（李向阳，2005）。因此，在利用水文模型进行模拟和验证的同时，要对模型的不确定性进行分析和说明。

水文模型的不确定性主要来源于三个方面：输入的不确定性、模型结构的不确定性和模型参数的不确定性（尹雄锐等，2006）。

（1）不同分辨率输入的不确定性分析

分布式水文模型的模拟是以气象、地形、地貌、植被等数据的输入为基础，在当前的客观条件下，人们不可能获得模型所需的所有输入资料（降水、蒸发、截留、下渗、土壤理化性质等）可靠的值及其时空变化值。因此，水文模型的输入给水文模型带来了许多不确定因素。以地形输入数据 DEM 的分辨率不同引起的径流、输沙变化是模型不确定性的来源之一。

DEM 的格网大小直接影响流域模型模拟的结果（Chaplot，2005）。Zhang 与 Montgomery（1994）认为 10m 的边长是介于完好空间分辨率和模拟陆面过程所需资料处理之间的折中方案。Bloschl 与 Sivapalan（1995）认为当模拟局部过程时，较高精度的 DEM 是必须的。任希岩等（2004）以卢氏流域为研究区，认为 DEM 的分辨率对流域地形坡度的影响较大，分辨率高的 DEM 产生的坡度大，不同的坡度值会影响产流量。对于 DEM 分辨率对模拟产流产沙的影响，Vieux and Needham（1993）基于 AGNPS 模型的输出结果分析得出，DEM 的分辨率从 100m 变换到 200m，产沙量会减小。王艳君等（2008）基于 SWAT 模型分析秦淮河流域 DEM 分辨率条件下的径流变化，结果表明 DEM 分辨率的变化对径流的模拟影响不大，尤其在 DEM 格网单元低于 100m 时，各种 DEM 格网单元模拟结果的相对偏差最大约为 1%。郝芳华等（2006）对不同 DEM 分辨率对模拟径流泥沙影响的研究表明，随着 DEM 分辨率的降低径流量和泥沙量随之减小，与坡度变化一致。理论上，DEM 的分辨率越高，越能真实地反映地形特征，但是对于大的流域，往往受到计算机存储容量和数据源的制约（吴险峰等，2003），必须考虑模型模拟精度与模拟运算时间等因素之间的平衡。故本书主要以地形输入数据 DEM 的分辨率不同引起的径流、输沙变化为例来分析输入的不确定性。

在 ARCVIEW 软件下将 1∶10000 的 DEM 分辨率进行调整，得到单元格为 25m×25m、50m×50m、100m×100m、150m×150m、200m×200m 的清水河流域的 DEM。采用 1983—2005 年的气象、水文数据、输入与 6.1.3 一致的土壤和植被数据，参数采用经 6.1.6.4 模拟和验证的参数，模拟 5 种不同 DEM 分辨率的年均径流量和年输沙量。

①不同 DEM 分辨率对年平均径流的影响。从图 6-22 中可以看出，径流量对 DEM 的分辨率响应显著，表现为随着 DEM 分辨率的增大，径流量增加的变化趋势，整个径流值域被分为两个区间，高值区是 DEM 分辨率为 25m×25m、50m×50m，低值区是 DEM 分辨率为 100m×100m、150m×150m、200m×200m，高值区的径流高出低值区 10 倍左右，说明在 DEM 分辨率增大的过程中，径流有突然增大的现象。结合表 6-19 分析其变化的原因，因模型采用的是 DEM 分辨率为 100m×100m，故以 100m×100m 的 DEM 为标准进行分析。可见，不同 DEM 分辨率下流域的面积变动范围在−2.07%~0.77%之间，分辨率增大，面积减小，表明高分辨率的 DEM 会使流域面积产生损失，进而减小径流量；子流域数目和 HRU 数目在不同的 DEM 分辨率下没有明显的变化；坡度的变化是径流变化的最主要因素，分辨率增加为 50m×50m 时，坡度增加 50.47%，径流增加 994.14%，分辨率增加到 25m×25m 时，坡度增加 79.44%，径流增加 1057.58%，而分辨率减小为 150m×150m、200m×200m，坡度减小 11.68% 和 27.57%，相应的径流减小 18.39% 和 37.11%，说明 DEM 分辨率对径流量的影响主要是影响地形因素中的坡度因素，但其影响的程度大小需做进一步研究。

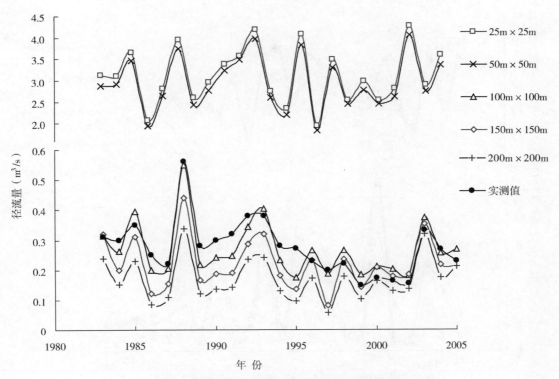

图 6-22　基于不同 DEM 分辨率的年均径流量

表 6-19　不同 DEM 分辨率流域特征变化

DEM	面积变化率（%）	子流域数	坡度变化率（%）	径流量	径流变化率（%）	输沙量	输沙变化率（%）
25m×25m	-0.77	27	79.44	3.11	1057.58	48.11	1118.68
50m×50m	-0.54	27	50.47	2.94	994.14	45.40	1050.07
100m×100m	0.00	29	0.00	0.27	0.00	3.95	0.00
150m×150m	-1.87	29	-11.68	0.22	-18.39	2.86	-27.43
200m×200m	-2.07	27	-27.57	0.17	-37.11	2.27	-42.51

　　②不同 DEM 分辨率对年输沙量的影响。从图 6-23 中可以看出，输沙量对 DEM 的分辨率响应显著，表现出的变化趋势与径流的变化趋势一致。根据 SWAT 模型的原理泥沙模拟采用的是修正土壤流失方程，故泥沙受径流和地形因素的双重影响。结合表 6-19 分析，DEM 分辨率不同引起的坡度的变化是输沙变化的最主要因素，分辨率增加为 50m×50m，输沙量增加 1050.07%，分辨率增加到 25m×25m，输沙量增加 1118.68%，而分辨率减小为 150m×150m、200m×200m，相应的输沙量减小 27.43% 和 42.51%，说明 DEM 分辨率增大，坡度变大，输沙量也增加。

　　另外，为比较不同 DEM 分辨率模拟的径流和泥沙的差别，将不同 DEM 分辨率模拟的 1983—2005 年的径流和泥沙做 Pearson 相关系数矩阵，结果见表 6-20 和表 6-21。可以看

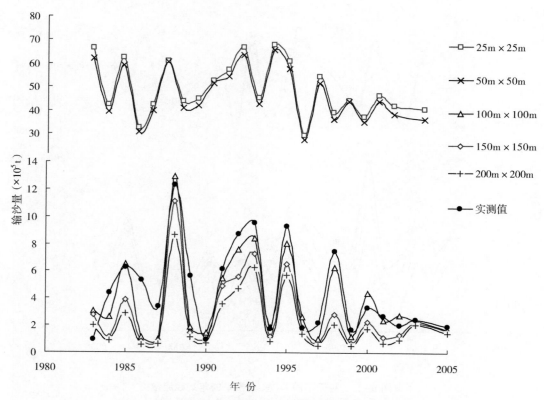

图 6-23 基于不同 DEM 分辨率的年输沙量

出不同分辨率径流变化的 Pearson 相关系数达到了极显著相关的水平（$\alpha = 0.01$），表现出良好的相关性，其中高值区分辨率为 25m×25m 和 50m×50m 相关性接近 1，低值区 DEM 分辨率为 100m×100m、150m×150m 和 200m×200m 三者的相关性也都在 0.90 以上，而低值区和高值区的相关性稍低在 0.77~0.86 之间。不同 DEM 分辨率输沙的相关系数变化与径流基本一致，但高值区和低值区的差别较大，相关系数在 0.66~0.74 之间。

表 6-20 不同 DEM 分辨率径流变化 Pearson 相关系数矩阵

DEM	25m×25m	50m×50m	100m×100m	150m×150m	200m×200m
25m×25m	1.0000	0.9980	0.7775	0.8358	0.8571
50m×50m	0.9980	1.0000	0.7815	0.8331	0.8556
100m×100m	0.7775	0.7815	1.0000	0.9437	0.9118
150m×150m	0.8358	0.8331	0.9437	1.0000	0.9771
200m×200m	0.8571	0.8556	0.9118	0.9771	1.0000

表 6-21　不同 DEM 分辨率输沙变化 Pearson 相关系数矩阵

DEM	25m×25m	50m×50m	100m×100m	150m×150m	200m×200m
25m×25m	1.0000	0.9974	0.6985	0.6713	0.6634
50m×50m	0.9974	1.0000	0.7327	0.7042	0.6938
100m×100m	0.6985	0.7327	1.0000	0.9659	0.9553
150m×150m	0.6713	0.7042	0.9659	1.0000	0.9952
200m×200m	0.6634	0.6938	0.9553	0.9952	1.0000

综上，不同分辨率的 DEM 输入导致模型模拟径流和输沙结果的不确定性，主要由坡度变化引起的，故兼顾模拟精度和运算时间的情况下，可以选用分辨率稍低的 DEM 进行坡度的修正。

（2）潜在蒸发散的不确定性分析

模型结构是水文预测的核心。自然界非常复杂，用数学公式描述自然规律时，进行合理的假设是必不可少的，而且为求解数学微分方程也不得不进行一些概括和假定，由此产生的不确定性影响重大，不可忽略。同时由于受收集数据的限制，选择计算方法时考虑已有数据也必然会造成模拟结果的不确定性。模型结构的不确性性包含很多方面的内容，本文只对 SWAT 模型水文模块中的潜在蒸发散的计算的不确定性进行分析。

潜在蒸发散的不确定性分析是基于不同潜在蒸发散计算方法的模型模拟结果进行分析，因潜在蒸发散主要影响径流的变化，对泥沙变化的影响是径流变化间接引起的，所以只分析不同计算方法产生的模拟径流的差异。采用 1983—2005 年的气象、水文数据，基于 SWAT 提供的 Penman-Monteith、Priestley-Taylor 和 Hargreaves 等 3 种计算潜在蒸发散的方法模拟清水河流域的径流量。

①潜在蒸发散的计算方法。Penman-Monteith：

$$PET = \frac{0.408\Delta(R_n - G) + \gamma\frac{900}{T + 273}u_2(e_s - e_a)}{\Delta + \gamma(1 + 0.34u_2)} \tag{6-46}$$

式中：PET 为参考蒸散量（mm/d）；R_n 为冠层表面的净辐射 [MJ/(m²·d)]；G 为土壤热通量 [MJ/(m²·d)]；Δ 为水汽压与温度曲线的斜率（kPa/℃）；γ 为干湿表常数（kPa/℃）；T 为 2m 高度处的日平均气温（℃）；μ_2 为 2m 高度处的风速（m/s）；$e_s - e_a$ 为饱和蒸汽压差（kPa）。

Priestley-Taylor：

$$PET = \alpha\frac{\Delta}{\Delta + \gamma}(R_n - G) \tag{6-47}$$

式中：α 为 Priestley-Taylor 系数，取 1.26；其余符号与 Penman-Monteith 公式一致。

Hargreaves：

$$PET = 0.0023H_o(T_{max} - T_{min}) \times 0.5(\bar{T}_{av} + 17.8) \tag{6-48}$$

式中：H_o 为理论太阳辐射 [MJ/(m² d)]；T_{max} 为日最高气温（℃）；T_{min} 为日最低气温

（℃）；T_{av} 为日平均气温（℃）。

②潜在蒸发散的计算结果分析。

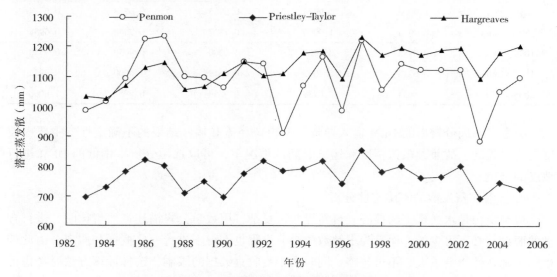

图 6-24 3 种计算方法的潜在蒸发散年变化

表 6-22   三种方法计算潜在蒸发散年值系列的统计特征

潜在蒸发散	均值（mm）	标准差（m）	变异系数	Pearson 相关系数矩阵		
				Penman	Priestley-taylor	Hargreaves
Penmon	1088.79	90.08	0.08	1.00	0.667 **	0.481 *
Priestley-taylor	767.06	44.62	0.06	0.667 **	1.00	0.569 **
Hargreaves	1133.70	59.36	0.05	0.481 *	0.569 **	1.00

注：* 表示在 0.05 的水平上显著相关；** 表示在 0.01 的水平上显著相关。

从图 6-24 和表 6-22 可以看出 3 种不同计算潜在蒸发散中，Hargreaves 的均值最高，其次是 Penmon，两者的均值在 1000mm 以上，而 Priestley-Taylor 的值远远低于前两种计算方法，均值仅为 767.06mm，较 Penmon 低 29.6%，较 Priestley-Taylor 低 33.4%。这与许多学者的研究一致，Dugas and Ainsworth（1983）曾用 Texas 州 18 个气象站的月平均数据的计算结果表明，Priestley-Taylor 的年值比 Penman 年值低 22%~97%。Benson 等（1992）曾对多种计算参照作物蒸发量的公式分别在美国干旱的西部、玉米带、湖泊区、湿润的沿海地区以及湿润带的应用情况进行过比较，多年平均结果表明，Priestley-Taylor 方法均比 Penman 法的计算结果偏低。刘晓英等（2003）利用北京气象站 50 年的气象资料，比较 Priestley-Taylor 和 Penman 方法，结果表明 Priestley-Taylor 远小于 Penman 结果，前者比后者低 15%~31%，两种方法在 7、8 月的结果没有显著差异，但其他月份均存在显著差异。造成这种显著差异的原因主要是 Penman 中空气动力学的影响。Hargreaves 与 Penman 相比多数研究认为 Hargreaves 结果偏大。如彭世彰等（2004）指出在我国江西中亚热带地区 Priestley- Taylor 和 Penman 结果保持了较高的一致性，而 Hargreaves 结果则明显偏大，特别是在相对日照时数较小的阴雨天气。范丽萍等（2007）对西安的潜在蒸发散研究表明

Hargreaves 全年值比 Penman- Monteith 偏大 201.7mm。

从年变异性来看，Penman 的变异性最大，变异系数为 0.08，最大值为 1987 年的 1234.08mm，最小值为 2003 年的 884.62mm，极差为 359.46mm；Priestley-Taylor 的变异系数为 0.06，最大值为 1997 年的 852.6mm，最小值为 2003 年的 691.02mm，极差为 161.58mm；Hargreaves 的变异系数为 0.05，最大值为 1997 年的 1230.28mm，最小值为 1984 年的 1024.59mm，极差为 205.69mm。从变化趋势分析，3 种方法在 1982—1988 年和 1997—2005 年两个时间段的变化趋势相近，而在 1989—1996 年的 8 年里差别较大，结合三者的 Pearson 相关系数分析，Priestley-Taylor 和 Penman 的相关系数最高为 0.667，在 0.01 的水平上达到显著相关，Hargreaves 与 Penman 的相关系数最低为 0.481，仅在 0.05 的水平上达到显著相关，Priestley-Taylor 与 Hargreaves 的相关系数为 0.569，在 0.01 的水平上达到显著相关。可见，3 种方法的相关系数虽达到 0.05 水平的显著相关，但是相关系数较低，说明三者的变化趋势存在一定的差别。

3 种方法差异的主要原因动力基础不同，Penman 以太阳辐射和空气动力学为基础的，Priestley-Taylor 以太阳辐射为基础，而 Hargreaves 主要以温度为基础的，故三者的差异来源于气候因素中太阳辐射、风、相对湿度和温度。就模型而言，Penman 所需要的资料比较多，所需确定的系数多。Priestley-Taylor 适合湿润地区，在干旱和半旱区使用要进行修正。Hargreaves 所需的资料相对较少，主要是温度资料，但此方法对日照时数小的天气误差偏大。

③实际蒸发散的计算结果分析。从图 6-25 和表 6-23 可以看出，3 种基于不同计算潜在蒸发散计算的实际蒸发散中，Hargreaves 的均值最高，为 376.51mm，其次是 Penman 为 370.41mm，而 Priestley-Taylor 的值低于前两种计算方法，均值仅为 318.82mm，较 Penmon 低 14.1%，较 Priestley-Taylor 低 15.3%。

从年变异性来看，Penman 的变异性最小，变异系数为 0.06，最大值为 1987 年的 404.08mm，最小值为 1995 年的 330.02mm，极差为 64.06mm；Priestley-Taylor 的变异系数为 0.08，最大值为 1985 年的 355.06mm，最小值为 1997 年的 260.17mm，极差为 94.89mm；Hargreaves 的变异系数最大为 0.05，最大值为 1983 年的 425.12mm，最小值为 1997 年的 287.23mm，极差为 37.89mm。从变化趋势分析，Priestley-Taylor 与 Hargreaves 的变化趋势相近，两者与 Penman 的差别较大，结合三者的 Pearson 相关系数分析，三者的相关系数都在 0.01 的水平上达到显著相关，Priestley-Taylor 和 Penman 的相关系数最低为 0.723，Hargreaves 与 Penman 的相关系数最高为 0.890，Priestley-Taylor 与 Hargreaves 的相关系数为 0.777，说明三者的变化趋势存在一定的相关性，这与潜在蒸发散的趋势刚好相反。

SWAT 模型的实际蒸发从 3 个层次考虑，包括林冠截留、植被蒸腾和土壤水分蒸发。当植被冠层截留的自由水被全部蒸发掉，继续蒸发所需要的水分就要从植被和土壤中得到，因此实际蒸发散除受潜在蒸发散的影响还受降雨及土壤水分等的影响。以 Penman 公式计算的实际蒸发散为基础分析，由 Hargreaves 方法引起的实际蒸发散变化为 1.6%，由

Priestley-Taylor 方法引起的实际蒸发散变化为-13.1%。

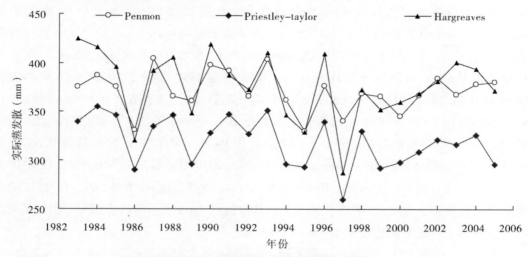

图 6-25　3 种计算方法的实际蒸发散年变化

表 6-23　3 种方法计算实际蒸发散年值系列的统计特征

潜在蒸发散	均值 （mm）	标准差 （mm）	变异系数	Pearson 相关系数矩阵		
				Penman	Priestley-taylor	Hargreaves
Penman	370.41mm	20.42mm	0.06	1.000	0.723**	0.777**
Priestley-taylor	318.82mm	25.13mm	0.08	0.720**	1.000	0.890**
Hargreaves	376.51mm	34.79mm	0.09	0.780**	0.890**	1.000

④不同方法模拟径流结果分析。从图 6-26 和表 6-24 可以看出，3 种基于不同潜在蒸发散方法模拟的径流结果中，Priestley-Taylor 的均值最高为 2.11m³/s，其次是 Penmon 为 1.56m³/s，而 Hargreaves 的值低于前两种计算方法，均值为 1.47m³/s。从年变异性来看，径流的变异性明显高于潜在蒸发散和蒸发散，变异系数在 0.29~0.34 之间。Penman 的变异性最大，变异系数为 0.34，Priestley-Taylor 的变异系数为 0.33，Hargreaves 的变异系数最小为 0.29。从变化趋势分析，三者基本一致，结合三者的 Pearson 相关系数分析，相关系数都在 0.01 的水平上达到显著相关，且相关系数都在 0.97 以上。

表 6-24　3 种方法模拟年均径流的统计特征

潜在蒸发散	均值 （m³/s）	标准差 （m³/s）	变异系数	Pearson 相关系数矩阵		
				Penman	Priestley-taylor	Hargreaves
Penmon	1.88	0.64	0.34	1.000	0.977**	0.975**
Priestley-taylor	2.63	0.88	0.33	0.977**	1.000	0.971**
Hargreaves	1.90	0.55	0.29	0.975**	0.971**	1.000

蒸发散模块是 SWAT 模型中水文模块的子模块，对 3 种不同潜在蒸发散模拟径流的结果看，径流的趋势是一致的，以 Penman 公式计算的实际蒸发散为基础分析，由 Hargreaves

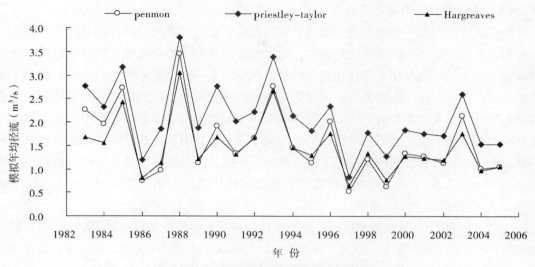

图6-26 3种计算方法的模拟径流年变化

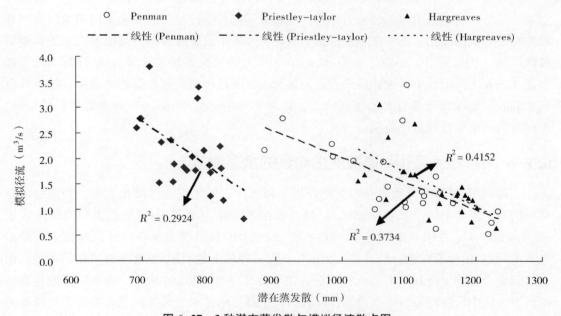

图6-27 3种潜在蒸发散与模拟径流散点图

方法引起的年均径流变化为5.4%，由Priestley-Taylor方法引起的实际蒸发散变化为 -35.6%，即采用Priestley-Taylor方法模拟的径流会出现偏高的特点。从图6-27三种潜在蒸发散与模拟径流的散点图可以看出，潜在蒸发散与径流呈负相关的相关系数都很小，都在0.5以下，其中Hargreaves最大也仅为0.4152，说明变化不同的潜在蒸发散计算方法对径流的年变化趋势影响很小，主要是对年径流量的影响。潜在蒸发散计算方法不同引起模型不确定性的主要变现为整体的增大或是减小径流量。

（3）模型参数的不确定性分析

分布式水文模型中模型参数多数具有物理意义，亦有一定的没有物理意义的参数。没有物理意义的参数在参数率定的过程中，为达到好的模拟效果会出现大的变化范围，造成很大的不确定性，而即使是有物理意义的参数在空间上一般也是不均匀分布的，即每个水文响应单元中也存在一定的差异。故参数不确定性对于模型模拟的结果有一定影响。由于实际环境系统复杂性和参数之间的实际相关性，在参数模拟和率定的过程中不能保证模型仅有一套确定的参数，且不同的优化算法在减小某一参数的不确定性时会增大其他参数的不确定性，故认为最佳的模拟效果不是参数的一个值，而是参数的最小不确定性范围。正如 Beck（1987）指出，与其面对没有可靠性的优化算法，不如接受一个更为合理的不确定性。

本文采用 SUFI-2 算法来分析清水河流域径流和泥沙模拟中参数的不确定性。以月径流模拟来分析，模型进行了 5 次重复，每次重复运行 2000 次，图 6-28 是第四次运行后各参数相对于目标 Ens 的散点图，这些参数值组成的模拟范围即为 95ppu。可见除了 r_SOL_K 因子，其他因子的高值区（$Ens>0.5$）都均匀地分布在各自的范围内。这是 5 次重复的最佳结果。因每一次重复所得到的最为敏感的参数都不同，运行时，第一次采用初始的实测和经验确定参数的范围，下一次重复根据上次运行结果中最敏感参数的高值范围来重新调整参数范围（例如采用 r_SOL_K 的 $-0.6\sim0.2$ 作为第二次重复的范围），这样每次重复都会使 95ppu 的范围缩小，这样造成的损失是 95ppu 所包含的观测数据越来越少。故综合分析 95ppu 的宽度和所能包含的实测值，也就是 P-factor 和 R-factor 得到参数的最佳范围，即参数的不确定性的最小范围。

6.1.7 不同土地利用/植被变化情景的水文响应

土地利用/植被变化是由一组交互作用、相互依存的要素通过交换能量、物质、信息形成的时空复杂系统（Dawn，2002）。建立模拟模型是土地利用/植被覆盖研究的有效手段（Pijanowski，2002；摆万奇，1997），在土地利用/植被覆盖复杂性认识基础上的对未来土地利用/植被覆盖进行情景模拟，不仅是深入理解土地利用/植被覆盖机制的关键，而且对制定合理的土地利用决策也具有重要指导意义（李月臣，2008）。清水河流域是典型的黄土地区中尺度流域，本章主要针对我国黄土高原地区水土流失严重和水资源短缺等关键生态环境问题，基于 SWAT 模型对清水河流域径流和产沙规律模拟的基础上，采用情景模拟的方法分析和建立黄土高原区中尺度流域防护林体系最优的空间配置。

6.1.7.1 情景模拟设计

土地利用（植被）变化受多重因素的影响，其受到自然、社会和经济等各个方面因素的制约，人类活动直接影响土地利用变化，如毁林、造林、农业灌溉以及城市化、交通等。为剔除土地利用变化中的不确定性因素的影响，采用极端土地利用变化的情景模拟和不同植被覆盖率情景模拟进行分析。

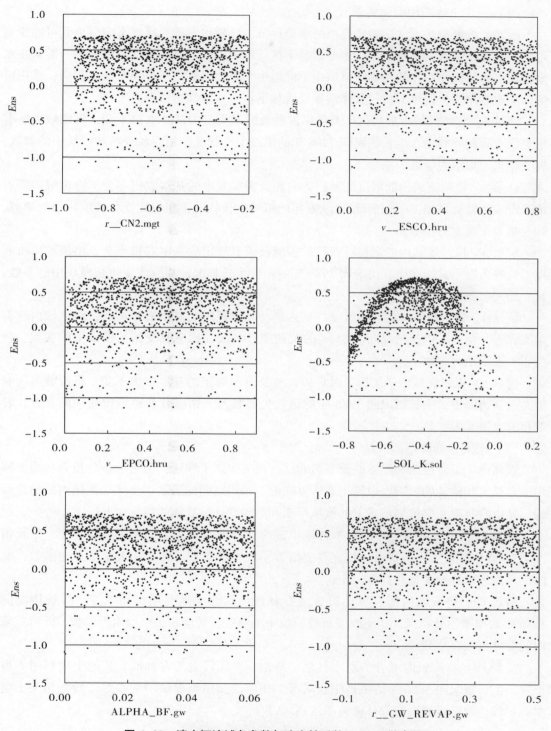

图 6-28 清水河流域各参数与确定性系数（Ens）散点图

（1）极端土地利用变化情景

极端情景模拟是水文影响研究中的重要环节，分析代表了流域水文响应单元可能变动范围，并可排除水文系统组成中多要素的干扰，有利于确定单一土地利用或单一要素在水文循环中所起的作用。故为剔除流域中不同地形、地貌因素对产流和产沙的影响，采用极端的土地利用变化情景分析，具体情景设置如下：

情景1：保留流域内的居民区及厂矿占地及国家规定的基本农田不变，将流域内所有地类设置为阔叶林地，生长情况同1986年的植被生长状况，相应改变植被模块中的参数，转变相关土壤水力参数。

情景2：保留流域内的居民区及厂矿占地及国家规定的基本农田不变，将流域内所有地类设置为针叶林地，生长情况同1986年的植被生长状况，相应改变植被模块中的参数，转变相关土壤水力参数。

情景3：保留流域内的居民区及厂矿占地及国家规定的基本农田不变，将流域内所有地类设置为灌木林地，生长情况同1986年的植被生长状况，相应改变植被模块中的参数，转变相关土壤水力参数。

情景4：保留流域内的居民区及厂矿占地及国家规定的基本农田不变，将流域内所有地类设置为草地，生长情况同1986年的植被生长状况，相应改变植被模块中的参数，转变相关土壤水力参数。

情景5：保留流域内的居民区及厂矿占地及国家规定的基本农田不变，将流域内所有地类设置为园地，生长情况同1986年的植被生长状况，相应改变植被模块中的参数，转变相关土壤水力参数。

（2）不同森林覆盖率情景

森林覆盖率对径流和泥沙的重要影响已在前文中作了综述，为进一步分析森林覆盖率增加对径流和输沙的影响，根据生态恢复理论，采用空间配置法逐步增加流域内的林地面积，分析森林覆盖率增加情景下的流域产流和产沙变化。具体的情景如下：

情景F1：将流域内所有的灌木林地设置为乔林地，其他土地利用类型不变，生长情况同1986年的植被生长状况，相应改变植被模块中的参数，转变相关土壤水力参数，此时流域内的森林覆盖率达到47.95%。

情景F2：将流域内所有草地设置为乔林地，其他土地利用类型不变，生长情况同1986年的植被生长状况，相应改变植被模块中的参数，转变相关土壤水力参数，此时流域内的森林覆盖率达到68.53%。

情景F3：将流域内所有的灌木林地、草地、果园设置为乔林地，其他土地利用类型不变，生长情况同1986年的植被生长状况，相应改变植被模块中的参数，转变相关土壤水力参数，此时流域内的森林覆盖率达到89.8%。

6.1.7.2 不同土地利用/植被变化情景模拟结果

（1）极端土地利用变化情景模拟结果

根据设计的情景将原有的土地利用图进行重新分类，采用1983—2005年的气象、水文数据、参数采用和验证的参数，模拟 1983—2005 年不同情景下的年均径流量和年输沙量。

①不同情景下年均径流变化。图 6-29 是不同土地利用变化情景下 1983—2005 年的年均径流变化，由于情景 1 阔叶林和情景 2 针叶林的径流模拟结果非常相近，故情景 2 针叶林的模拟结果未予显示。图中可见，极端土地利用模拟年径流变化的趋势是一致的，其Pearson 相关系数都在 0.9 以上。不同土地利用变化对径流的影响主要表现在径流值高低的差异，其高低次序依次为情景 3 灌木林地>情景 4 草地>情景 1 阔叶林地>情景 5 园地，其中模拟径流最大的为情景 3 灌木林地，平均值为 0.30m³/s，较模拟径流最低的情景 5 园地的 0.20m³/s，高 30.8%。为更清楚地分析不同土地利用变化对径流的影响，以原土地利用模拟的径流为基准，绘制各种极端土地利用变化情景相对的变化率（图 6-30），可见灌木林地和草地均使模拟径流增加，增加幅度为 24.3%和 21.9%，其余的情景都使模拟径流减少，但减小的程度不同，园地的减小率最大为 13.99%，针叶林和阔叶林的减小率为 6.5%和 4.99%，说明园地和乔木林地的水源涵养能力优于其他地类。

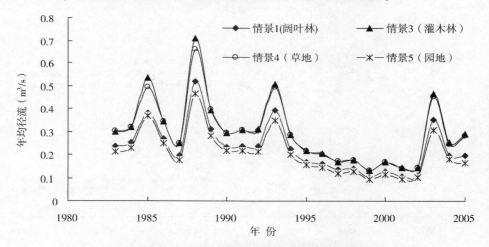

图 6-29　极端土地利用情景下的模拟径流变化

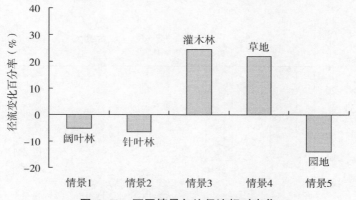

图 6-30　不同情景年均径流相对变化

②不同情景下年输沙量变化。图 6-31 不同土地利用变化情景下 1983—2005 年的年输沙量变化。图中可见，极端土地利用模拟年输沙量的趋势是一致的，这种趋势主要受气候条件的影响。不同土地利用变化对输沙量的影响主要表现在输沙量值高低的差异，其高低次序依次为情景 4 草地>情景 3 灌木林地 >情景 1 阔叶林地>情景 5 园地>情景 2 针叶林地，其中模拟输沙量分为两个区，高值区为情景 4 草地和情景 3 灌木林的，低值区为情景 1 阔叶林、情景 2 针叶林和情景 5 园地，其中输沙量最大的草地，平均值为 57.05 万 t，较模拟输沙量最低针叶林的 7.99 万 t，高 85.9%。同时，以原土地利用模拟的输沙量为基准，绘制各种极端土地利用变化情景相对的变化率（图 6-32），可见，只有草地使模拟输沙量增加，增加幅度为 25.48%，其余的情景都使模拟输沙量减少，但减小的程度不同，针叶林地的减小率最大为 82.4%，园地和阔叶林的减小率为 78.4% 和 76.8%，就减沙效果而言，乔木林地的效果最优，灌木林地的次之，草地的效果最差甚至起到相反的作用。

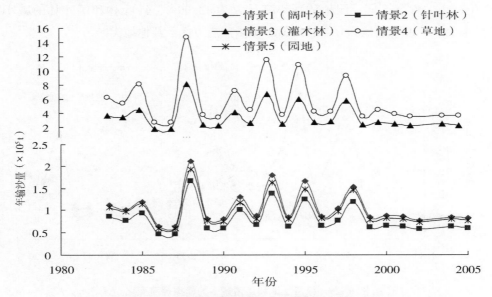

图 6-31　极端土地利用情景下的模拟年输沙量变化

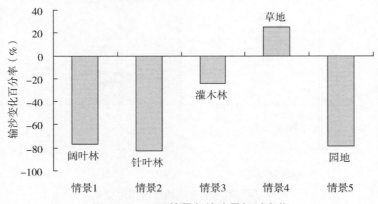

图 6-32　不同情景年输沙量相对变化

（2）不同森林覆盖率情景模拟结果

表 6-25 为不同森林覆盖率（乔木林的覆盖率）情景模拟下年均径流和输沙量的变化。从年均径流的响应来看，不同森林覆盖率在 1983—2005 年间的变化趋势是一致的，这与极端土地利用变化分析的结果一致，结合图 6-33 以看出径流随森林覆盖率的增大呈下降趋势，但下降的幅度在各种情景下有所不同，表现为前期下降幅度较大，后期下降幅度减小的趋势，森林覆盖率增加到 46.98% 时，径流减小 5.81%；当森林覆盖率增加到 68.12% 时，径流减小 9.136%；当森林覆盖率增加到 89.8% 时，径流减小 10.012%。这与徐建华（2005）对黄土丘陵林区河流和黄土丘陵沟壑区河流的研究结果一致，即森林覆盖增加径流减小。

表 6-25　不同森林覆盖率情景下模拟年均径流和年输沙量

年份	年均径流量（m³/s）				年输沙量（万 t）			
	原地类	F1	F2	F3	原地类	F1	F2	F3
1983	0.315	0.367	0.415	0.456	30.51	32.03	11.15	7.86
1984	0.262	0.272	0.266	0.287	26.55	30.77	10.62	7.37
1985	0.396	0.377	0.356	0.402	65.51	41.10	16.47	12.09
1986	0.198	0.269	0.088	0.083	11.46	23.80	7.84	5.44
1987	0.204	0.159	0.104	0.076	10.23	23.90	7.70	5.31
1988	0.549	0.488	0.450	0.497	129.20	50.33	25.78	19.96
1989	0.217	0.135	0.131	0.099	18.97	26.19	9.04	6.36
1990	0.242	0.194	0.228	0.220	14.25	24.34	8.24	5.77
1991	0.249	0.207	0.148	0.134	54.91	33.94	14.32	10.80
1992	0.345	0.260	0.190	0.169	36.19	29.87	11.40	8.44
1993	0.404	0.384	0.376	0.413	83.89	42.65	19.36	14.48
1994	0.233	0.266	0.177	0.170	18.88	25.45	8.93	6.32
1995	0.176	0.124	0.130	0.088	80.56	43.74	18.90	14.17
1996	0.266	0.391	0.368	0.373	26.40	28.25	10.18	7.26
1997	0.187	0.136	0.046	0.037	9.83	23.09	7.55	5.23
1998	0.266	0.207	0.207	0.186	62.63	37.77	16.13	11.77
1999	0.184	0.088	0.101	0.066	11.88	23.46	7.84	5.47
2000	0.212	0.234	0.228	0.189	44.11	29.73	12.47	9.28
2001	0.203	0.217	0.196	0.159	23.91	26.05	9.60	6.90
2002	0.182	0.184	0.174	0.129	27.67	26.26	10.08	7.33
2003	0.374	0.361	0.667	0.760	23.74	25.00	9.45	6.85
2004	0.258	0.213	0.178	0.170	17.25	25.58	8.71	6.21
2005	0.270	0.294	0.399	0.407	37.66	30.61	11.90	8.67
平均	0.269	0.253	0.245	0.242	30.51	32.03	11.15	7.86

从输沙量对不同森林覆盖率响应来看，输沙量随森林覆盖率的增大呈下降趋势，表现

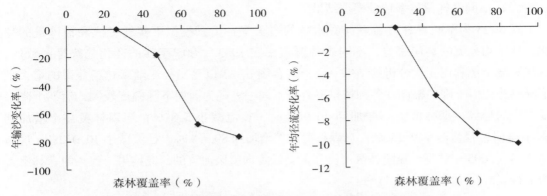

图 6-33　不同森林覆盖率情景下模拟年均径流和年输沙量变化率

为前期下降幅度较小，中期下降幅度增大，后期下降趋缓的变化趋势，森林覆盖率增加到 46.98% 时，输沙量减小 18.73%；当森林覆盖率增加到 68.12% 时，输沙量减小 68.40%；当森林覆盖率增加到 89.8% 时，输沙量减小 76.98%。相关研究中刘昌明（1982）对黄土高原林区 7 个自然地理条件相似的大中流域试验资料的统计分析表明，森林的减沙效应随森林覆盖率的增加而增长，两者呈指数关系。可见，清水河流域的输沙量随森林覆盖率的增加呈减小的趋势，覆盖率在 40%~70% 之间的输沙量下降速率最大。

6.1.7.3　流域优化空间配置技术研究

（1）流域优化空间配置情景设置

黄土高原由于水热条件的差异，乔、灌、草有明显的分带性，熊贵枢等（1988）对黄河流域的研究认为年降水量小于 350mm 的地区，一般为草原植被；年降水量在 350~550mm 区间的一般为灌丛草原植被带；年降水量大于 550mm 的地区适宜于乔木植被带。同时王义凤（1991）基于对黄土高原区植被研究中指出，降水量 >550mm，生物气温 >12℃，干燥度 <1.3 的半湿润地区，植被区划属于暖温性森林植被，在这个地区造林时基本不受土壤水分条件影响，可以作为植树造林的适宜区。清水河流域的年均降水量为 552.3mm，是植树造林的适宜区。因此，在考虑清水河流域的植被空间配置时主要将流域的地形地貌特征作为植被空间配置的基本依据。

流域的植被空间配置既要考虑到水资源的高效利用，又要兼顾土壤侵蚀的影响。流域中不同坡度、坡位、坡向等地形特征决定了不同土壤水分特征，进而影响植被生长状况以及径流和侵蚀产沙。结合不同地类的地形分异特点，极端情景和不同森林覆盖率情景模拟中各种不同地类的产流和产沙特点，确定清水河流域最适植被空间配置建立的指导思想：①坡度较陡地段往往因土壤水分侧向流动较少、水平地表面吸收降水较少从而土壤干燥，为防止"小老树"的产生，不宜种植乔木林；②平地或缓坡等土壤侵蚀发生几率相对较少，同时，为有效减少流域蒸发散损失，提高流域产水量，平地或缓坡地段以种植灌草为宜；③阴坡土壤水分条件优于阳坡，在其他地形因子相同的情况下，阴坡种植乔木林、灌木林，阳坡种植灌、草和果树；④保持居民区和国家规定的基本农田不变，原有的乔木林地不变。

根据动力学、重力学和农业生产实践证明：坡度为 6° 以下为平缓地，水土流失微弱，原地类主要为农田和居民区，故保持原地类不变；6°~15° 为缓坡地，重力和水动力作用加大，水土流失加重，但不太强烈，则针对阴、阳坡分别设置为灌木林和草地植被；15°~25° 为斜坡地，水土流失更为严重，故在 15°~20° 的阴、阳坡设置为针叶林和灌木林，20°~25° 的阴、阳坡设置为阔叶林和针叶林；25° 以上为陡坡地，侵蚀强烈，水土流失严重，土壤贫瘠，不宜耕作，主要以自然恢复为主。情景设置结果见表 6-26。

表 6-26　清水河流域优化植被空间配置情景

项目	坡向	坡度	土地利用/植被类型
目标区	阳坡	<6°	—
		6°~15°	草地
		15°~20°	灌木林
		20°~25°	针叶林
	阴坡	<6°	—
		6°~15°	灌木林
		15°~20°	针叶林
		20°~25°	阔叶林
限制区	全坡	<6°	农田
	全坡	所有坡度	居民区
封禁区	全坡	>25°	—

注：—表示原有植被不变。

（2）流域优化空间配置结果分析

情景模拟根据表 6-26 中的设计，在 ArcGIS 软件下将坡度图重分类，与坡向图和原地类图进行叠加，生成最优情景的地类图（彩图 18），最优情景中各地类构成见表 6-27。

表 6-27　最优情景下的地类构成

地类	针叶林	阔叶林	灌木林	荒草地	农地	园地	居民区
面积（km²）	99.86	50.54	147.79	106.75	21.84	5.86	3.36

1983—2005 年的气象数据输入 SWAT 模型，采用率定和校正过的参数，进行模拟，分析优化情景设置下的产流和输沙与原地类的差异，结果见表 6-28。最优情景下径流深增加了 16.49%，其中只有 19、26 和 27 号子流域出现径流减小的情况，其他子流域均表现出径流增加的趋势，这主要源于最优情景下，灌木林面积增加较大，由原来的 20.93%，增加到 34.10%，增长了 13.17%。最优情景下输沙模数明显减少，平均输沙模数为 56.09t/km²，较原地类减小 94.71%，其中每个子流域都出现了输沙模数减少的趋势，减少最多的为 23 号子流域，减少 99.83%，出现这种情况主要原因是灌木林面积的增大和森林覆盖率的增加，最优情景下的森林覆盖率为 34.42%，较原地类的 26.05%，增加

8.37%。可见，最优情景的植被配置明显起到了高效利用水资源和较少土壤侵蚀的作用。

表 6-28　最优情景下径流深和输沙模数变化

子流域	径流深（mm）			输沙模数（t/km²）		
	原地类	新地类	变化率	原地类	新地类	变化率
1	14.54	17.95	23.40	483.02	49.12	−89.83
2	16.82	20.01	18.99	1191.18	48.91	−95.89
3	14.80	18.22	23.10	381.79	55.53	−85.45
4	18.99	24.42	28.56	589.67	90.33	−84.68
5	20.00	24.86	24.31	938.51	15.43	−98.36
6	19.35	24.08	24.42	321.99	8.42	−97.38
7	10.43	13.50	29.42	945.06	6.23	−99.34
8	13.25	17.47	31.88	512.46	27.44	−94.64
9	10.39	12.94	24.65	881.15	20.10	−97.72
10	15.56	19.50	25.34	231.20	52.82	−77.15
11	9.98	12.27	22.96	1230.71	46.48	−96.22
12	12.55	15.44	23.05	871.98	11.77	−98.65
13	28.74	28.93	0.19	338.73	124.09	−63.37
14	13.94	17.08	22.52	487.52	25.45	−94.78
15	11.27	14.33	27.11	1500.30	94.46	−93.70
16	14.54	17.63	21.23	737.22	2.07	−99.72
17	6.62	10.84	63.74	1673.98	148.48	−91.13
18	13.96	16.90	21.10	1273.03	44.62	−96.49
19	17.41	13.88	−20.29	3084.07	97.13	−96.85
20	8.58	9.89	15.19	1349.95	32.26	−97.61
21	16.88	20.42	20.97	657.02	82.34	−87.47
22	22.76	28.49	25.18	510.78	0.88	−99.83
23	27.08	35.85	32.40	8.86	0.02	−99.82
24	14.48	17.37	19.94	869.66	34.36	−96.05
25	21.14	18.83	−10.94	2611.59	9.27	−99.64
26	21.76	18.51	−14.92	3878.41	189.61	−95.11
27	21.55	19.15	−11.14	2087.63	163.27	−92.18
28	14.29	16.79	17.53	494.58	30.28	−93.88
29	16.23	19.51	20.21	614.88	115.40	−81.23
平均	16.13	18.79	16.49	1060.58	56.09	−94.71

同时，从最优情景与原地类的径流与泥沙的空间分布特征比较分析（彩图19、彩图20），径流的空间分布没有太大的改变，只有17号和29号子流域的径流量增加了一个等级，主要因为改变地类后，这两个子流域的灌木林面积增加。输沙模数的空间变化呈现出高值区由集中到分散的变化趋势，原地类高输沙模数区主要分布在流域出口附近的11、

15、17、18、20 号等几个子流域，最优情景下的高输沙模数区分散分布于流域不同部分 4、13、21、29 号，但输沙模数最高的子流域没有大的变化依然是 26、27 和 19 号，输沙模数的变化主要由于地类中产沙较高的农地退耕及草地转变成灌木和乔木林地。综合分析径流和输沙的分布发现，最优情景下的输沙与径流的分布十分相近，说明在地类发生改变的同时，影响输沙的因素的敏感性也发生了变化，植被因素的敏感性降低，径流和降雨的敏感性增加，同时地形因素依然是最敏感的因素。

6.1.8 小结

本章依据 1981—2005 年的气象、水文资料及野外实测资料，在 GIS 技术支持下建立了清水河流域的空间和属性数据库，运用分布式水文模型 SWAT 模拟了研究区内的径流和泥沙变化，并结合 SUFI-2 算法进行了不确定性分析，主要结果如下：

①采用 LH-OAT 灵敏度方法对参数进行灵敏度分析，对径流来讲，SCS 径流曲线系数是最敏感因子。对泥沙来说，SCS 径流曲线系数、泥沙输移线性系数、平均坡度和地表径流滞后时间是最敏感因子。从径流和泥沙两者的角度分析：SCS 径流曲线系数是最敏感的因子；土壤深度、土壤可利用水量、土壤蒸发补偿系数和最大覆盖度对径流泥沙的影响显著，其中土壤可利用水量对径流泥沙的影响呈负相关关系；泥沙输移线性系数、USLE 中水土保持措施因子 USLE_ P 和植物覆盖度因子 USLE_ C 这三个因子仅对泥沙影响显著，对径流没有影响；平均坡度和地表径流滞后时间对泥沙的敏感性更强。

②参数率定采用的是 SUFI-2 方法，年均径流校准期与验证期模型效率系数 Ens 为 0.63 和 0.59，相对误差为-9.8%和 13.5%，R^2 达到 0.775 和 0.78。月径流的校准是在年径流校准的基础上对参数进行微调，月径流校准期与验证期的 Ens 为 0.54 和 0.56，相对误差为-31%和-29.3%，R^2 为 0.71 和 0.63。根据月径流的校准和验证结果看，Ens 系数和回归系数 R^2 可以达到基本的精度要求，但是相对误差 R_e 的值较大，且 P-factor 的值小于 0.5，说明 95ppu 范围内所包含的观测点很少，研究发现在非汛期的模拟值和实测值相差较大，故对汛期的月径流量进行模拟和验证结果表明，校准期与验证期的 Ens 为 0.72 和 0.69，相对误差仅为-8.0%和-4.0%，R^2 为 0.72 和 0.74，模拟精度提高了一个等级。主要因水文站设在县城内，受县城居民生活用水的影响，非汛期沟道内依然有较高径流。另外，流域内的 13 个雨量站只有吉县、曹井和麦城 3 个站为全年站，其余的 10 个雨量站均为汛期站，这使得汛期的降雨观测资料更为详尽可靠，表明模型在模拟清水河流域的径流具有良好的适用性。年输沙量校准期与验证期的 Ens 为 0.646 和 0.87，相对误差为-17.0%和-5.0%，R^2 达到 0.76 和 0.87。月输沙量的校准期与验证期的 Ens 为 0.59 和 0.55，相对误差为-16.05%和-11.85%，R^2 为 0.61 和 0.57。模型在模拟清水河流域年输沙量具有良好的适用性，但月输沙量的模拟效果稍差，主要由于黄土高原的产沙方式比较复杂，误差主要表现为峰值错位，模拟值偏低，故在参数率定过程中对地表径流滞后时间 SURLAG、植被覆盖和作物管理因子 C、河道参数如河道的侵蚀性因子 CH_ EROD 等参数的调节，但其精度与径流的模拟精度相比有一定差距，可基本满足模拟的要求达到丙等水平。

③对降雨、径流深和输沙量的空间分布分析表明，降雨是驱动力之一，降雨对径流和泥沙的影响有直接和间接两个方面，间接影响表现在其对植被分布的影响，另外地形因素起着重要的作用，坡度大的子流域，其径流和输沙都高于其他子流域。

④模型的不确定性分析主要从不同 DEM 分辨率输入、潜在蒸发散的计算方法和参数不确定性三方面分析，径流量对 DEM 的分辨率响应显著，表现为随着 DEM 分辨率的增大，径流量增加的变化趋势，输沙量对 DEM 的分辨率响应表现出的变化趋势与径流的变化趋势一致，分析原因主要是 DEM 分辨率不同引起的坡度的变化是径流和输沙变化的最主要因素。不同分辨率径流变化的 Pearson 相关系数达到了极显著相关的水平，其中高值区分辨率为 25m×25m 和 50m×50m 相关性接近 1，低值区 DEM 分辨率为 100m×100m、150m×150m 和 200m×200m 三者的相关性也都在 0.90 以上，而低值区和高值区的相关性稍低在 0.77～0.86 之间。不同 DEM 分辨率输沙的相关系数变化与径流基本一致，但高值区和低值区的差别较大，相关系数在 0.66～0.74 之间。

3 种不同计算潜在蒸发散中，Hargreaves 的均值最高，其次是 Penman，而 Priestley-Taylor 的值远远低于前两种计算方法。三种方法差异的主要原因动力基础不同，Penman 以太阳辐射和空气动力学为基础的，Priestley-Taylor 以太阳辐射为基础，而 Hargreaves 主要以温度为基础。实际蒸发散中，Hargreaves 的均值最高为 376.51mm，其次是 Penman 为 370.41mm，而 Priestley-Taylor 最低，实际蒸发散除受潜在蒸发散的影响受降雨及土壤水分等的影响。以 Penman 公式计算的实际蒸发散为基础分析，由 Hargreaves 方法引起的实际蒸发散变化为 1.6%，由 Priestley-Taylor 方法引起的实际蒸发散变化为-13.1%。不同的潜在蒸发散计算方法，对径流的年变化趋势影响很小，主要是对年径流量的影响。不同潜在蒸发散计算径流量高低次序为 Priestley-Taylor>Penman>Hargreaves。

⑤极端土地利用变化情景下，不同土地利用径流值高低的差异，其高低次序依次情景 3 灌木林地>情景 4 草地>情景 1 阔叶林地>情景 5 园地。与原地类模拟径流相比灌木林地和草地均使模拟径流增加，其余的情景都使模拟径流减少。不同土地利用变化对输沙量的影响高低次序依次为情景 4 草地>情景 3 灌木林地>情景 1 阔叶林地>情景 5 园地>情景 2 针叶林地。与原地类比较草地使模拟输沙量增加其余的情景都使模拟输沙量减少。

⑥不同森林覆盖率情景模拟下年均径流随森林覆盖率的增大呈下降趋势，输沙量随森林覆盖率的增大呈下降趋势，覆盖率在 40%～70%之间的输沙量下降速率最大。

⑦考虑到水资源的高效利用和减少土壤侵蚀的影响，设计最优情景模拟径流和输沙，结果表明：最优情景下径流深增加了 16.34%，输沙模数减小了 94.71%，主要原因是灌木林面积的增大和森林覆盖率的增加，最优情景的植被配置明显起到了高效利用水资源和减少土壤侵蚀的作用，同时，从最优情景的径流与泥沙的空间分布特征分析，径流的空间分布没有太大的改变，输沙模数的空间变化呈现出高值区由集中到分散的变化趋势，最优情景下的输沙与径流的分布十分相近，说明在地类发生改变的同时，影响输沙的敏感性因子也发生了变化，由原地类的植被变成了最优情景下的径流和降雨，同时地形因素依然是最敏感的因素。

6.2　基于 MUSLE 与 MIKESHE 耦合应用的生态水文模拟

6.2.1　MIKESHE 模型结构原理

　　MIKESHE 对空间异质性的表示主要采用第二类分布式水文模型（王中根等，2005）的构建方法，即基于单元格划分流域，水平方向通过一系列规则格网离散空间，垂直方向上又通过多个水平层表示每一格网内土壤剖面的垂直差异性，应用数值分析来建立相邻网格单元之间的时空关系。MIKESHE 模型涉及水文循环每一主要过程，如蒸发散、地表径流、非饱和流、地下水、渠流以及各过程之间的相互作用。模型可根据数据的可得性以及研究目的确定各个模块不同的复杂度或空间离散程度，模型的应用尺度变化范围较大，从作物水需求评价的单个土壤剖面尺度到包含多个流域的区域尺度，如塞内加尔流域 $80000km^2$（Andersen et al.，2001）。图 6-34 为 MIKESHE 模型的基本模型结构。

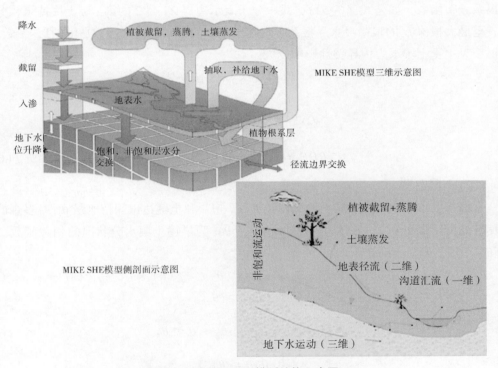

图 6-34　MIKESHE 模型结构示意图

6.2.1.1　截留与蒸发散

　　蒸发散采用气象和植被观测数据进行预测。MIKESHE 模型中蒸发散按以下步骤发生并模拟：①冠层截留降水，部分截留水分蒸发；②冠滴下雨到达地面形成地表径流或入渗土壤；③部分入渗由土壤蒸发或由植物蒸腾；④部分入渗继续下渗补给地下水。

　　模型中蒸发散以及土壤水分状况依据潜在蒸发散、最大根深、植被叶面积指数等采用经验模型 Kristensen and Jensen（1975）计算。

（1）冠层蒸发

模型将冠层截留过程模拟为截留贮水过程，冠层截留贮水能力 I_{max} ［公式（6-49）］取决于叶面积指数 LAI 和截水系数 $C_{int(L)}$，只有当冠层达饱和时茎流到达地面。如冠层截留有足够水分，冠层蒸发 E_{can} 等于潜在蒸发散 E_p 大小，如公式（6-50）。

$$I_{max} = C_{int} \times LAI \tag{6-49}$$

$$E_{can} = \min(I_{max}, \ E_p\Delta t) \tag{6-50}$$

（2）植物蒸腾

植被蒸腾 E_{at} 取决于叶面积指数、根系层土壤水分及根系密度，如公式（6-51）：

$$E_{at} = f_1(LAI) \times f_2(\theta) \times RDF \times E_p \tag{6-51}$$

式中：E_{at} 为植物实际蒸腾量（mm）；$f_1(LAI)$ 为叶面积指数函数，表达蒸腾对植被叶面积的依赖程度［公式（6-52）］；$f_2(\theta)$ 为根系层土壤水分函数［公式（6-53）］；RDF 为根系分布函数，如公式（6-54），式中分子表示边界 $Z1 \sim Z2$ 的第 i 层土壤持水，分母为地表至最大根深 L_R 的根系吸水，根系吸水在土壤中的分布取决于参数 AROOT，参数越大，则根系吸水受土壤水力传导特性影响越大。

$$f_1(LAI) = C_2 + C_1 LAI \tag{6-52}$$

$$f_2(\theta) = 1 - \left(\frac{\theta_{FC} - \theta}{\theta_{FC} - \theta_w}\right)^{\frac{C_3}{E_p}} \tag{6-53}$$

$$RDF_i = \int_{z1}^{z2} R(z)\,\mathrm{d}z \Big/ \int_0^{L_R} R(z)\,\mathrm{d}z \tag{6-54}$$

（3）土壤蒸发

土壤蒸发由非饱和带上层土壤蒸发量 $E_p f_3(\theta)$ 和土壤达田间持水量 θ_{FC} 时多余的水分蒸发组成，计算如公式（6-55）。$f_3(\theta)$、$f_4(\theta)$ 为描述土壤水分状况的相关函数，如公式（6-56）、公式（6-57）。

$$E_S = E_p f_3(\theta) + (E_p - E_{at} - E_p \times f_3(\theta)) \times f_4(\theta) \times (1 - f_1(LAI)) \tag{6-55}$$

$$f_3(\theta) = \begin{cases} C_2 & \text{for}\,\theta \geqslant \theta_W \\ C_2\dfrac{\theta}{\theta_W} & \text{for}\,\theta_r \leqslant \theta \leqslant \theta_W \\ 0 & \text{for}\,\theta \leqslant \theta_r \end{cases} \tag{6-56}$$

$$f_4(\theta) = \begin{cases} \dfrac{\theta - \dfrac{\theta_W + \theta_{FC}}{2}}{\theta_{FC} - \dfrac{\theta_W + \theta_{FC}}{2}} & \text{for}\,\theta \geqslant \dfrac{(\theta_W + \theta_F)}{2} \\ 0 & \text{for}\,\theta < \dfrac{(\theta_W + \theta_F)}{2} \end{cases} \tag{6-57}$$

蒸发散计算中模型涉及参数 C_1、C_2、C_3。参数 C_1 取决于植被类型，影响土壤蒸发和植被蒸腾的分配比例，C_1 越小，土壤蒸发相对于植被蒸腾越小。参数 C_2 与 C_1 相似，影响土壤蒸发和植被蒸腾的比例，C_2 越大，实际蒸散中土壤蒸发比例越大。C_3 取决于土壤类型和根系密度。除 Kristensen and Jensen 方法外，MIKESHE 模型还提供有二层结构水量平衡计算方法用于计算蒸发散，模型把非饱和带简化为根系层和非根系层，蒸发散仅发生在根系层。二层结构水量平衡主要适用于地下水位较浅的区域，如湿地、沼泽地等，主要用于模拟总蒸发散量和对饱和带的补给量，对于地下水较深、土壤层较干的区域则较适于采用 Kristensen and Jensen 模型。

6.2.1.2　地表径流

当净雨率大于土壤入渗速率，地表发生积水产生地表径流。地表径流路径和流量由地形、地表糙率以及地表径流沿途蒸发散损失和入渗损失决定。

（1）扩散波近似方程

MIKESHE 模型主要通过求解两个互相垂直的水平方向上（x_i，x_j）的连续方程和动量守恒方程完成地表径流模拟。其中，动量方程由扩散波近似模拟，如公式（6-58），公式（6-59），流速和水深关系由 Strickler/曼宁公式定义，如式（6-60）。

$$\frac{\partial h}{\partial t} + \frac{\partial (uh)}{\partial x_i} + \frac{\partial (vh)}{\partial x_j} = q \tag{6-58}$$

$$\begin{cases} \dfrac{\partial (h)}{\partial x_i} = S_{ox_i} - S_{fx_i}\ x_i\ 方向 \\[2mm] \dfrac{\partial (h)}{\partial x_j} = S_{ox_j} - S_{fx_j}\ x_j\ 方向 \end{cases} \tag{6-59}$$

$$\begin{cases} uh = K_{x_i} I_{x_i}^{1/2} h^{5/3} \\[2mm] vh = K_{x_j} I_{x_j}^{1/2} h^{5/3} \end{cases} \tag{6-60}$$

式中：$h(x_i,\ x_j)$ 为坐标位于 $(x_i,\ x_j)$ 的局部地面水深（m）；t 为时间（s）；u、v $(x_i,\ x_j,\ t)$ 为地表径流流速（m/s）；q $(x_i,\ x_j,\ t)$ 为水平方向单位面积入流的源汇项 $[m^3/(s\cdot m^2)]$；S_{o_i}、S_{o_j} $(x_i,\ x_j)$ 为 x_i 和 x_j 方向上的地面坡降；S_{f_i}、S_{f_j} $(x_i,\ x_j)$ 为 x_i 和 x_j 方向上的摩阻坡降；A (x) 为河道断面面积（m²）；K_{x_i}、K_{x_j} 为 x_i 和 x_j 方向上的 Strickler 糙率系数（m^{1/3}/s）；I_{x_i}，I_{x_j} 为 x_i 和 x_j 方向的水面坡降；Q (x) 为河道入流的源汇项（坡面侧向入流和出流、流域排水、与含水层的水流交换）（m/s）。

（2）有限差分法

对上述方程组采用隐式有限差分法进行离散化，然后求解。设模型单元格边长为 ΔX 和 ΔY（图 6-35），t 时刻水深 h (t)，公式（6-58）中流速项有限差分近似如下：

$$\frac{\partial}{\partial x}(uh) = \frac{1}{\Delta x}[(uh)_{east} - (uh)_{west}] \tag{6-61}$$

$$\frac{\partial}{\partial y}(vh) = \frac{1}{\Delta y}[(vh)_{north} - (vh)_{south}] \tag{6-62}$$

进一步考虑单元格间任何边界之间水流运动（图 6-36），Z_U、Z_D 为相对于参考平面的水位，h_U、h_D 分别为 Z_U、Z_D 对应单元格的水深，根据式（6-60）估算单元格间水流交换量 Q，公式如下：

$$Q = \frac{K\Delta x}{\Delta x^{1/2}} (Z_U - Z_D)^{1/2} h_u^{5/3} \tag{6-63}$$

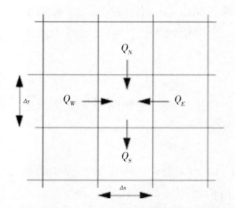

图 6-35　MIKESHE 模型单元格系统

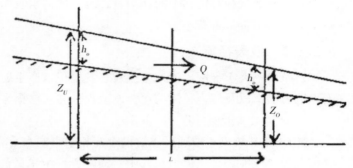

图 6-36　地表径流单元格间水流穿越图示

6.2.1.3　河道流

1）MIKESHE 与 MIKE11 耦合

MIKESHE 本身并不能完成对河道流的模拟，须通过 MIKESHE 与 MIKE11 进行耦合。MIKESHE 与 MIKE11 的耦合实现了采用动态圣维南方程模拟一维形式的河道流量及水位，并实现了堰、闸、管路等较大范围水力控制设施的模拟，以及洪水淹漫模拟和地表、亚地表径流的耦合模拟运算。

MIKESHE 与 MIKE11 的耦合借助位于 MIKESHE 中单元格边界的"river link"实现，单元网格越小，对河流网络形态的定义越精确、逼真（图 6-37）。虽然 MIKE11 有完整的沟道网络系统，但当进行水流交换计算时，MIKESHE 仅对耦合的已定义的河道链接"river link"进行操作运算。

2）地表水与含水层水流交换

MIKESHE 中河道通常被考虑为位于单元格边界的线，含水层与河道水流的水流交换来自于河道两侧，这对于单元格大于河道宽的河流模拟有效。然而部分情况仍需要准确描述河流、洪水平原、含水层以及大气等相互间的交互作用，定义区域-洪水较为关键。MIKESHE 与 MIKE11 的耦合考虑两种主要的地表水与含水层水流交换机制。

（1）河道—含水层水流交换

此时河道考虑为位于相邻单元格间的线状源汇项。根据河床与地下水含水层的连接形式，分两种情况描述河道与含水层的水流交换：①河流与地下水含水层完全接触（但并不一定完全穿过含水层）；②弱透水性的河床将河流与地下水含水层分离开。

两种情况均利用达西定律计算水流交换，并将河流底部额外的水头损失近似考虑进去。第一种情况，假定河流穿过含水层的程度是水量交换的限制性因素，仅仅在位于河床

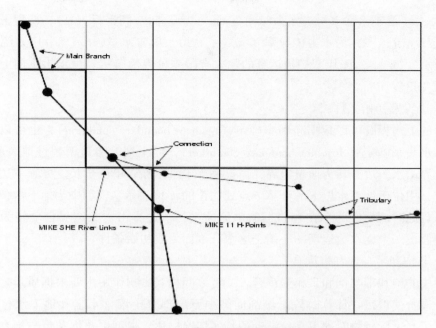

图 6-37　MIKESHE 与 MIKE11 耦合示意

与地下水之间的低洼处考虑水量交换；第二种情况，计算水流交换时要考虑两个串联的阻力，即来自于含水层和穿过河床层时产生的阻力。

（2）区域洪水—含水层水流交换

模型中该水流交换机制允许湖泊、水库、洪水平原等大面积水体的模拟。模型采用简单的洪水-绘图机制（flood-mapping procedure）有效耦合 MIKESHE 与 MIKE11 水位计算，通过比较水位与地表高程确定 MIKESHE 中地表水水位。

河道流的模拟采用相似于地表径流模拟的一维形式的方程组计算，如公式（6-64）。

$$\begin{cases} \dfrac{\partial A}{\partial t} + \dfrac{\partial (Au)}{\partial x} = Q \\[2mm] \dfrac{\partial h}{\partial x} = S_{o_x} - S_{f_x} \end{cases} \qquad (6-64)$$

式中：各项意义同上，$Q(x)$ 为河道入流的源汇项（坡面侧向入流和出流、流域排水、与含水层的水流交换）（m/s）。河道流方程组仍采用隐式有限差分方法进行离散化，然后求解。

6.2.1.4　非饱和带土壤水运动

MIKESHE 中假设土壤入渗受重力控制，认为水流主要在垂直方向运动，为减少模拟负荷，仅求解垂直方向的非饱和土壤水分运动，这对于地形较陡、土壤剖面非均匀的山坡上的水流运动的模拟有一定局限性。模型应用 Richards' 方程描述一维垂向非饱和土壤水流运动，如公式（6-65）：

$$C\frac{\partial \psi}{\partial t} = \frac{\partial}{\partial z}\left(K\frac{\partial \psi}{\partial z}\right) + \frac{\partial K}{\partial z} - S \qquad (6-65)$$

式中：$\psi(z, t)$ 为土水势（m）；t 为时间（s）；z 为垂向空间坐标（m）；C 为土壤蓄水容量（1/m）；$K(\theta, z)$ 为水力传导率（m/s）；θ 为土壤含水量；$S(z, t)$ 为源漏项（例如根系吸水）（s^{-1}）。采用双扫描运算的隐式有限差分数值解法。可求出垂向上每一计算节点处的变量值。

（1）边界及初始条件

方程的上边界既可以根据净雨率确定（neuman boundary condition），也可以根据土壤层控制的水头来确定（dirichlet boundary condition），当土壤入渗速率超过地表所得积水，模型上边界由水头边界转为通量边界，通量率等于水深除以单位步长。方程下边界由地下水位确定，用位于地下水以下的计算节点处的正的 ψ 值表示。模型中当地下水位下降至不透水层，且此时剖面低部存在有向上的水流通量，下边界由水头边界自动转为零通量边界。模型假设一个无水流运动的平衡土壤水分剖面生成初始条件。

（2）非饱和带与饱和带耦合

模型中非饱和带与饱和带相互耦合，二者之间相互影响作用主要根据质量守恒定律确定。这种耦合使得每一计算时段土壤剖面图中下层部分土壤含水量和地下水位均得到修正，确保了当土层较浅时地下水位波动的真实情况描述。模型中非饱和带与饱和带的耦合为显式耦合（explicit coupling），使模拟步长的使用达到最优化，并允许非饱和带（分钟或小时）与饱和带（小时或天）各自代表步长的分别采用。耦合计算时模型中土壤水对地下水的补给入渗根据非饱和带中实际土壤水分分布决定；而地下水位的上升取决于地下水位以上土壤水分剖面，表现为非饱和带土壤可得贮水容量、土壤特性以及净地下水流量等的函数。

除了提供有 Richards′方程外，MIKESHE 模型还提供有简化的重力流机制、简化的二层结构水量平衡方法等。相比较而言，Richards′方程对于非饱和土壤水动态变化居重要地位的水文模拟精度更为准确，但模拟较为费时，而若仅关注重力流补给地下水水文过程时，可采用简化的重力流机制，当地下水位较浅时可选择简化的二层结构水量平衡方法。

6.2.1.5 饱和流

MIKESHE 模型较其他模型的优势之一在于地下水的模拟。模型允许对异质性蓄水层中三维方向的水流进行模拟。模型中地下水运动由非线性的 Boussinesq 方程（6-66）描述，通过求解得到地下水水头的时空变化，采用有限差分方法数值解法，并通过修正的 Gauss-Seidel 隐式格式迭代法得到每一计算节点处的水头值，节点可离散成严密网格或按地层划分近似描述三维水流运动。

$$\frac{\partial}{\partial x_i}\left(K_{ij}\frac{\partial h}{\partial t}\right) = S_s\frac{\partial h}{\partial t} + R \qquad (i, j=1, 2, 3) \tag{6-66}$$

式中：h 为地下水头（m）；x_i 为空间坐标（m）；K_{ij} 为水力传导率（m/s）；S_s 为储水系数；R 为单位面积上的流量的源漏项 $[m^3/(s\cdot m^{-2})]$。

源漏项 R 包括：①与不饱和层的水流交换；②与河道的水量交换；③地下水抽取/补给；④蒸发损失；⑤排水管道的流量。模型提供有两种矩阵求解方法可供选择（successive over－relaxation（SOR）technique（逐次超松弛法）和 preconditioned conjugate gradient（PCG）technique（前承条件共轭梯度法）。

6.2.1.6 融雪

融雪子模块提供两种方法可供选择，即能量平衡法和度日法。能量平衡法考虑能量和质量通量及积雪层结构的变化，但需要积雪层和植被层的相关参数及气象资料。在可获取的资料受气温限制时则可采用度日法，为经验性的方法。

6.2.1.7 MIKESHE 模型数据组织及模型输出

MIKESHE 以物理机制为基础建立分布式的模型，需要大量的参数和数据，且多数要求为时变数据，建立和率定模型非常耗时。对于空间分布数据，模型可直接调用 ArcGIS 的数据格式文件，如前文所说，模型可摆脱 GIS 环境控制，独立运行模型，增强了模型的可操作性，除可直接调用＊.shp 格式数据外，模型也可采用其自定义的栅格格式数据＊.dfs2 组织、存贮；对于时变数据模型主要以＊.dfs0 组织、存贮；此外，对于土壤、植被、河道等数据，模型对应有特定的格式组织、存贮，基本包括：＊.uzs，土壤水力特性定义；＊.etv，植被特性定义；＊.nwk11，河道网络定义；＊.xns11，河道截面定义；＊.bnd11，河道边界条件定义；＊.hd11，河道水力特性定义等。

MIKESHE 模型涉及水文循环中几乎每个主要水文过程，可模拟输出流域任意位置处各项水文变量的时序变化，栅格格式数据输出和时序变量输出是模型输出的两种主要形式，即某项水文变量在流域的空间分布的动态变化结果和流域内特定位置处模拟变量的时间动态变化结果。模拟变量的输出往往与模型模拟模块的选择相关连，某些变量的模拟仅仅当与之相关的模拟模块被选择时才可输出结果。MIKESHE 其强大的功能优势，以及对水文循环过程详尽的物理描述，使得模型被广泛应用于科学研究及规划、管理等生产实际。其应用范围涉及流域管理与规划、水资源评价、环境影响评价、生态评价、水土资源管理、地下水管理、以及土地利用与气候变化影响分析等。

6.2.2 吕二沟流域 MIKESHE 水文模拟

6.2.2.1 模型建立以及参数化

（1）模拟步长设置

步长设置显著影响模拟结果，步长太小使模拟时间指数倍增长，而步长太大则不能有效反映水文过程动态变化。MIKESHE 对于步长的设置较其他模型较为灵活。通常认为各水文过程水流运动时间尺度不一致，如：地表径流运动较亚地表径流快，各种径流成分（各模块）对应的最适模拟步长也应随之调节变化（C. Demetriou et al.，1999）。MIKESHE 模型允许地表径流、非饱和流以及蒸发散模拟步长设置相区别于饱和流模拟或渠流模拟，但需保证饱和流模拟或渠流模拟步长设置为地表径流等模拟的整数倍，其目的在于以最适步长模拟不同水文过程。暴雨降雨产流模拟理论上应设置高分辨率步长。原始数据观测记录分辨率较大且变化不一，因此，以数据观测记录平均分辨率为依据，近似设置 4h 为初始模拟步长。各模块，如：非饱和带、地表径流、蒸发散以及饱和带水分运动模拟均近似以 4h 设置。模型中同时设置有各水文过程步长迭代相关参数控制，如步长最大降雨量（mm）、步长最大入渗量（mm），以及模型降水输入自身步长降水强度（mm/h），一旦模型输入或模型模拟大于上述相关参数设置，初始步长将自动缩减，直至满足参数设置，从而增加模拟运算时间。

年尺度模型以天作为初始模拟步长。同上，其余各模块仍采用天进行步长设置。

（2）初始条件设置

初始条件的正确设置对模型模拟影响较大。对于暴雨降雨产流模拟，土壤初始含水量的设置将显著影响次降雨产流。借用模型中 hot-file 文件定义模型模拟初始条件。具体操作步骤如下：①以假设的初始条件模拟前 15d 降雨产流作为预模拟，存储模拟结果于 hot-file 文件 1；②观察实际径流过程线与模拟过程线，寻找与起始时刻观测径流量相似的模拟径流，并确定模拟时刻；③根据步骤 2 中确定时刻，调用 hot-file 文件 1 中该时刻对应的模拟，将其作为初始条件应用于前 15d 预模拟，并再次存储该预模拟结果为 hot-file 文件 2；④从步骤 3 中调用 hot-file 文件 2 末时刻模拟结果，将其作为初始条件应用于下一阶段次降雨-径流模拟。

年尺度模型初始条件的设置仍以土壤含水量的合理设置为主要目的，并同时考虑地下水的影响，一定程度上地下水将影响地下水补给径流的年际动态分布。以模型测试阶段前一年作为模型预模拟，预模拟结果直接作为下一阶段模拟初始条件。模拟分析表明，在建立的模型结构中，经上述预模拟，已能基本维持初始水深在模型运行初期的稳定平衡。

（3）模型校正检验及评判指标的选取

集总式概念模型，如 Sacramento 模型、HBV 模型等，均采用统一参数集总式描述流域水文过程，通常须予以模型校正。与之相对，分布式流域水文模型理论上可根据实验测定获取参数，但观测尺度与模拟尺度的差异，以及实验测定误差等原因使得模型模拟时单元格参数的确定仍然必须予以模型校正（Refsgaard J C，1995；Henrik Madsen，2003）。采用人工的试错法和自动校正机制分别对黄土高原吕二沟流域模型进行校正。

①试错法。采用试错法对暴雨降雨产流模型进行模型校正，校正参数见表 6-29。研究仅具备流域出口径流观测，因此以流域出口实测观测径流作为校正参量，选取观测年限内（1982—1988 年）几场典型暴雨降雨产流对模型进行校正，并根据同一站点观测年限内其余水文观测资料对上述校正参数进行验证。按前文所述设置模型校正检验初始条件。

表 6-29　吕二沟流域 MIKESHE 模型试错校正参数设置

模块	参数	参数值		单位
		初始值	校正值	
蒸发散	C1	0.3	——	——
	C2	0.2	——	——
	C3	20	——	mm/d
	Cint	0.05	——	mm
	Aroot	0.25	——	1/m

（续）

模块	参数		参数值		单位
			初始值	校正值	
非饱和带	林地 Ks	0~1m	1.4~006	2e-006	m/s
		<1m	9.5~007	2e-008	
	灌草 Ks	0~0.3m	1.4~006	1e-006	
		<0.3m	9.5~007	2e-008	
	梯田 Ks		9.5e-007	2e-008	
	坡耕地 Ks	0~0.05m	1.4~006	5e-009	
		<0.05m	9.5~007	2e-008	
	非生产用地 Ks	0~0.2m	1.4e-006	1e-008	
		<0.2m	9.5~007	2e-008	
地表径流	曼宁系数 M		25	25	$m^{1/3}/s$
	持水深		2	—	mm
	初始水深		0	—	mm
饱和带	饱和带水平向 Ks		1e-007		m/s
	饱和带垂向 Ks		1e-007		m/s
	单位给水量		0.5	—	—
	储水系数		0.0001		1/m
	时间常数		1e-006	1e-008	./s
径流	曼宁系数 M		25	—	$m^{1/3}/s$
	渗漏系数		1e-006	—	./s

模型模拟以径流过程判断为主，以相关系数 R 以及确定性系数 CD 判断模型模拟效果。相关系数 R 可反映模拟与观测径流的过程相似程度，而 CD 则可反映模拟值与观测值偏离均值的离散程度的比率，最优值为 1。CD 大于 1，表明模拟值整体较观测值小；小于1，则表明模拟值整体较观测值大。

$$R = \frac{\sum\limits_{i=1}^{n} (O_i - \overline{O})(S_i - \overline{S})}{\sqrt{\sum\limits_{i=1}^{n} (O_i - \overline{O})^2} \sqrt{\sum\limits_{i=1}^{n} (S_i - \overline{S})^2}} \tag{6-67}$$

$$CD = \frac{\sum\limits_{i=1}^{n} (O_i - \overline{O})^2}{\sum\limits_{i=1}^{n} (S_i - \overline{O})^2} \in (0, +\infty] \tag{6-68}$$

式中：O_i 为观测径流（m^3/s）；S_i 为模拟径流（m^3/s）；$\overline{O}$ 为平均观测径流（m^3/s）；$\overline{S}$ 为平均模拟径流（m^3/s）。

②自动校正。采用自动校正机制对吕二沟流域年尺度模型进行校正。以 1983—1984

年为模型校正阶段，1989—1990 年作为模型检验阶段，各模拟阶段均借助预模拟设置初始条件。图 6-38 表示了模型校正验证步骤。自动校正需指定参数序列可能存在的数值变化区间，参考相关研究设置校正参数数值变化范围（Hans Jørgen Henriksen，2003；R. F. V'azquez，et al.，2002；Henrik Madsen，2003）。各参数设置及校正见表 6-30。

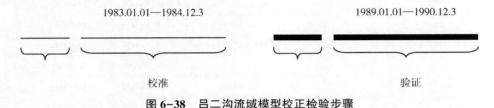

图 6-38　吕二沟流域模型校正检验步骤

表 6-30　吕二沟流域 MIKESHE 模型自动校正参数设置

模块	参数		参数值			单位
			初始值	校正值	范围	
非饱和带	林地 Ks	0~2m	1.4~006	9.92e~007	5e~008~5e~006	
		<2m	9.5~007	3.89e~008	1e~009~5e~007	
	灌草 Ks	0~1m	1.4~006	8.84~007	5e~008~5e~006	
		<1m	9.5~007	3.89e~008	1e~009~5e~007	
	梯田 Ks		9.5e~007	3.89e~008	1e~009~5e~007	m/s
	坡耕地	0~0.5m	1.4~006	1.83e~007	1e~009~5e~007	
	Ks	<0.5m	9.5~007	3.89e~008	1e~009~5e~007	
	非生产	0~0.5m	1.4e~006	3.12e~007	1e~009~5e~007	
	用地 Ks	<0.5m	9.5~007	3.89e~008	1e~009~5e~007	
地表径流	曼宁系数 M		25	36.3	20~40	$m^{1/3}/s$

自动校正时选择采用 RMSE 作为输出测度，如公式（6-70），权重分配为 1。此外，研究同时给出模型模拟相关系数 R 和流量偏差 F_{Bal} 作为评价模型模拟性能的参考指标，其中，F_{Bal} 表示模型模拟平均径流的能力（Hans Jørgen Henriksen et al.，2003），表 6-31 列出了依据 F_{Bal} 判定的模拟性能。

$$RMSE^2 = AE^2 + STD^2 \tag{6-69}$$

$$RMSE = \sqrt{\frac{1}{N}\sum_{i=1}^{N}(O_i - S_i)^2} \tag{6-70}$$

$$F_{Bal}(\%) = 100 \times \frac{(\overline{O} - \overline{S})}{\overline{O}} \tag{6-71}$$

式中：AE 为平均预测误差；STD 为标准偏差；O_i 为观测径流（m^3/s）；S_i 为模拟径流（m^3/s）；$\overline{O}$ 为平均观测径流（m^3/s）；$\overline{S}$ 为平均模拟径流（m^3/s）。

表 6–31　模型评判指标 F_{Bal} 模拟性能标准划分

指标	极好	很好	好	差	很差
F_{Bal}（%）	<5	5~10	10~20	20~40	>40

注：参考 Hans Jørgen Henriksen，2003。

6.2.2.2　MIKESHE 模型模拟灵敏度分析

灵敏度分析描述了模型输入变化与输出变化之间的关系，通过灵敏度分析，可有效提供模型参数或模型结构变化时模拟精度的相关评价信息，并提供各模拟参数误差对模拟结果影响的重要性等相关信息，因此，灵敏度分析对理论分析以及实际应用均具有重要指导意义。从普通层次模型模拟看，借助灵敏度分析可有效改善对模型结构的认识、判别模型不确定性的来源以及认识模型模拟误差来源等。灵敏度分析在模型模拟中扮演了重要角色，较多研究借助灵敏度分析对上述问题进行了深入探讨（如：Pappenberger et al.，2006a，b；Hall et al.，2005）。从较高层次的模型应用研究看，利用灵敏度分析可判断参数变化引起的最优系统行为的变化，从而可判断资源限制变化或目标输出变化如何影响最佳决策变化，因此，灵敏度分析可为政策制定及管理者提供有效信息。通过灵敏度测试比较不同生态系统条件流域主要产流机制及特征差异，并认识流域模型参数不确定性来源以及不同模型结构对模拟结果的影响及作用，为改进模型模拟奠定基础。

1）模型参数灵敏度分析

研究首先采用 MIKESHE 模型灵敏度分析工具分别对吕二沟流域进行参数灵敏度测试。模型采用的灵敏度检验为局部灵敏度检验（local sensitivity analysis），仅提供参数在某一指定的空间范围内的灵敏度信息，其中，灵敏系数为灵敏度分析的重要度量指标。定义灵敏系数公式如下：

$$S_i = \frac{\partial F}{\partial \theta_i} \tag{6-72}$$

式中：F 为目标函数；θ_i 为第 i 个检验参数，灵敏度分析将对指定的参数序列（θ_1，θ_2，θ_3，$\cdots$，θ_n）进行检验。

采用有限差分方法求解计算灵敏系数，如公式（6-73）：

$$S_i = \frac{F(\theta_1, \theta_2, \cdots, \theta_i + \Delta\theta_i, \cdots, \theta_n) - F(\theta_1, \theta_2, \cdots, \theta_n)}{\Delta\theta_i} \tag{6-73}$$

式中：$\Delta\theta_i$ 为参数扰动，可根据公式（6-74）计算：

$$\Delta\theta_i = f_c\theta_i \ \text{或} \ \Delta\theta_i = f_c(\theta_{i, upper} - \theta_{i, lower}) \tag{6-74}$$

式中：f_c 为扰动分数段；$\theta_{i,upper}$ 和 $\theta_{i,lower}$ 为参数的上边界和下边界。

公式（6-73）以前向差分方法计算灵敏系数，此外，模型还提供有反向差分和中心差分等方法计算。为有效比较不同数量级参数灵敏系数，对局部灵敏系数进行标准化处理，如公式（6-75）：

$$S_{i, scale} = S_i(\theta_{i, upper} - \theta_{i, lower}) \tag{6-75}$$

根据标准化处理灵敏系数对其进行重要性排序，灵敏系数绝对值越大，则表明参数对于目标函数越灵敏。通常认为，若最大灵敏系数（绝对值）与某参数灵敏系数相差 100 倍以上，则该参数不灵敏。

表 6-32 为研究中吕二沟流域 MIKESHE 模型局部灵敏度分析参数设置。并根据灵敏系数定义，以模拟径流与观测径流均方根平均误差（*RMSE*）作为灵敏度分析的目标函数。

表 6-32　局部灵敏度分析参数设置

参数	初始值	上边界	下边界
曼宁系数 M	36.3	40	20
垂向饱和导水率 Ks_v	1.00E-07	1e-006	1e-008
水平向饱和导水率 Ks_h	1.00E-07	1e-006	1e-008
给水度 S_p	0.25	0.5	0.01
贮水系数 S_t	0.0001	0.01	1e-005

局部灵敏度分析中灵敏系数基于指定的参数值或参数范围计算，仅能反映特定参数空间某一参数的灵敏信息，这使得当模型模拟参数与模型输出呈非线性关系时，很可能得到不同的测试结果：在某一指定空间参数序列范围内表现较为灵敏的参数很可能在另一空间参数序列范围表现较不灵敏。因此，研究进一步以一般灵敏度检验方法加以检验：以吕二沟流域年尺度模型自动校正得到的最优模拟作为基准，对最优模拟对应的参数序列也即自动校正参数数值逐一变化参数数值，以径流过程线峰值模拟、模拟地表径流总量、模拟径流总量作为目标变量，计算各参数变化引起的模型模拟相对变化，如公式（6-76），据此，分析各参数的灵敏度。

$$Change_{\theta_i} = \frac{F(\theta_1, \theta_2, \cdots, \theta_i + \Delta, \cdots, \theta_n) - F(\theta_1, \theta_2, \cdots, \theta_n)}{F(\theta_1, \theta_2, \cdots, \theta_n)} \qquad (6-76)$$

式中：$F(\theta_1, \theta_2, \cdots, \theta_n)$ 为校正得到的目标变量的最优模拟，在此，分别以峰值模拟、模拟地表径流总量、模拟径流总量作为目标变量；θ_i 为第 i 个灵敏度检验参数；Δ 为参数数值变化；$Change_{\theta_i}$ 为参数 θ_i 变化 Δ 引起的目标变量相对变化。

由于研究流域模型结构有所区别，为有效对比不同流域灵敏参数差异，仅对模型模拟中共同的主要校正参数进行灵敏度测试，包括：地表曼宁系数 M、饱和带水平向和垂直饱和导水率（K_s）、贮水系数（storage coefficient）、单位给水度（specific yield）。

表 6-33 为利用 MIKESHE 模型灵敏度分析工具得到的灵敏度分析结果。根据灵敏度判断的通常规则，从表中可以看出，吕二沟流域和 Seitengraben 流域贮水系数（S_t）的灵敏系数（绝对值）在各参数序列中排序较高，分别为 31.6 和 -0.0267，表明该参数对于目标函数 *RMSE* 较为灵敏。与之相对，单位给水度（S_p）灵敏系数为 0，说明该参数对模型模拟无任何影响。除贮水系数（S_t）外，吕二沟流域水平向饱和导水率（K_s_h）表现也较为灵敏，灵敏系数为 -0.454，而地表曼宁系数 M 则对目标函数 *RMSE* 的影响相对较小，灵敏系数为 -0.224；垂向饱和导水率（K_s_v）对目标函数不灵敏，灵敏系数仅为 -0.0131，与最大灵敏系数数量级相差甚远。与吕二沟流域稍有不同，Seitengraben 流域除

贮水系数最灵敏外，垂向以及水平向饱和导水率对模拟目标函数 *RMSE* 均较灵敏，灵敏系数分别为−0.0128 和 0.0139，地表曼宁系数 *M* 灵敏系数虽然较小，但对目标函数 *RMSE* 仍表现有一定灵敏度。

表 6-33   局部灵敏度分析结果

参数	灵敏系数
曼宁系数 M	−2.24E−01
给水度 S_p	0
垂向饱和导水率 Ks_v	−1.31E−02
水平向饱和导水率 Ks_h	−4.54E−01
贮水系数 S_t	3.16E+01

如前文所述，局部灵敏度分析仅适用于模型参数与模拟输出呈线性变化的模型模拟，分析反映的仅仅为某一特定参数空间内参数对模型模拟的重要性或灵敏性，特别是在较多水文模拟中，参数序列对应的模拟响应表面往往并非平滑变化，通常在整个模拟响应表面中将出现有多个峰值或出现有"山脊"现象（图 6-39），模型模拟响应表面中多个峰值的存在表明获得多个局部最优值的可能，此时，局部灵敏度分析结果仅仅反映了特定参数空间范围内的参数灵敏度，并不能正确揭示某一参数在整个参数序列空间范围内对模型模拟的重要地位及意义。图 6-40 为普适似然不确定性（GLUE）分析得到的吕二沟流域地表曼宁系数 *M* 对于似然指标（1/*RMSE*）的灵敏度。GLUE 基于 Monte Carlo 模拟揭示模拟不确定性及灵敏度问题。其基本原理为以似然指标或目标函数为参照，根据 Monte Carlo 各次运行进行排序，并依据某种方式进行分组，如分为具行为效应和不具行为效应的模拟，比较各组参数累积分布曲线，曲线差异较大表明参数对于目标函数较灵敏，反之，则参数不灵敏。图中各曲线在不同的空间范围表现不同，如参数值在 20～35 累积曲线差别较大，而数值在 35 以后则曲线较为集中。这说明参数在不同的参数空间灵敏度信息不同。因此，再次对上述参数采用通常的变换参数数值的方法进行灵敏度检验。

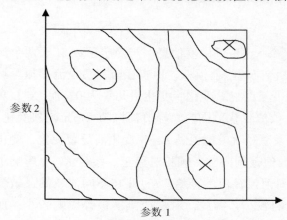

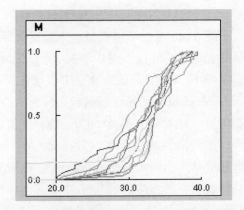

图 6-39   二维参数坐标模拟响应表面示意　　图 6-40   GLUE 检验参数 M 对 1/RMSE 灵敏度分析

（1）地表曼宁系数 M

图 6-41 反映了吕二沟流域和 Seitengraben 流域地表曼宁系数 M 对于峰值模拟、地表径流总量以及总径流量的灵敏度信息。从图中可以看出，随着曼宁系数 M 变化，吕二沟流域峰值流量、地表径流量以及总径流量均显著变化，变化量（绝对值）高达约 50%，M 对于各模拟变量均影响较大；而 Seitengraben 流域则随着 M 变化各模拟变量变化较不显著，几近于 0，说明 M 对于各模拟变量影响较不显著。M 反映了地表糙率大小，M 越大，糙率越小，汇流越快，反之，则汇流越慢，为地表径流模拟的关键因子。图中 M 不仅对吕二沟流域峰值流量、地表径流总量影响较大，且对总径流量模拟也影响较大，表明流域地表径流与总径流密切相关，地表径流占总径流相当大的比重，且径流过程线受曼宁系数 M 等地表产汇流关键因子的主要影响，流域以超渗产流特征为主。M 系数对 Seitengraben 流域峰值、地表径流以及总径流模拟均较不显著，表明流域径流过程线模拟与地表径流模拟相关性较小，地表产流在流域水文过程中比重较小，流域以蓄满产流特征为主。

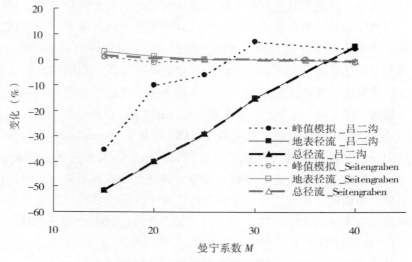

图 6-41　曼宁图系数 M 灵敏度

（2）饱和带水平向饱和导水率 Ks_h

图 6-42 反映了饱和带水平向饱和导水率 Ks_h 灵敏度信息。与曼宁系数 M 于两个流域的表现行为相反，图中参数 Ks_h 对吕二沟流域峰值模拟、地表径流、总径流模拟等均影响较小，Ks_h 数值变化并未引起各模拟变量的显著变化，变化量几乎为 0；而 Ks_h 对于 Seitengraben 流域则影响较大，在 Ks_h 数值变化范围内，峰值模拟随 Ks_h 剧烈变化，变化量（绝对值）高达 60%，地表径流以及总径流模拟也随 Ks_h 变化而显著变化，变化量（绝对值）高达 80%，且在 Ks_h 一定数值范围内，影响相对稳定。参数 Ks_h 影响了饱和带单元格间水流交换，从而影响基流对河流径流的补给。Ks_h 在不同流域的灵敏度差异表明：吕二沟流域基流对径流作用影响较小，因此，对总径流模拟等影响较小；而 Seitengraben 流域则基流在河流径流中扮演了重要角色，对流域水文过程起主导作用，不仅影响对流域总径流量补给，同时间接影响了径流过程线峰值模拟以及地表径流模拟。同

上，Ks_h 的灵敏度差异反映了吕二沟流域和 Seitengraben 流域不同的产流机制及特征。

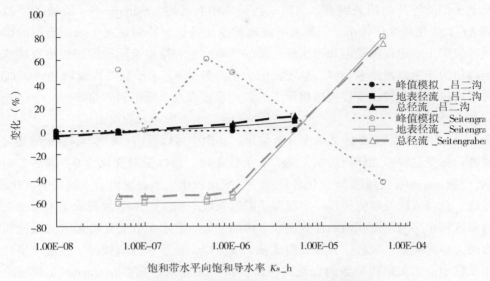

图 6-42　水平向饱和导水率 $Ks\_$ h 灵敏度

（3）饱和带垂向饱和导水率 Ks_v

图 6-43 为饱和带垂向饱和导水率 Ks_v 的灵敏度分析结果。从图中可以看出：吕二沟流域随着 Ks_v 变化，各模拟目标变量变化较小，变化量仅为 8.8%，且变化趋势稳定不变；Seitengraben 流域随着 Ks_v 变化，各模拟目标变量变化也较小，但呈现有上下浮动的变化趋势。垂向饱和导水率 Ks_v 影响饱和带水流运动模拟，从而间接影响了与非饱和带水流交换以及地表径流的产生。黄土高原吕二沟流域土层深厚，地下水埋藏较深，流域垂向饱和导水率 Ks_v 变化对于峰值流量、地表径流以及总径流模拟无显著影响正表明了流

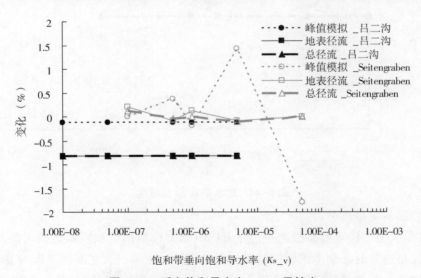

图 6-43　垂向饱和导水率 $Ks\_$ v 灵敏度

域径流产生与饱和带水流运动无显著相关性，流域产流主要依赖于土壤表层蓄满-产流方式以及地表汇流等其他相关因素。与吕二沟流域稍有区别，Seitengraben 流域各模拟目标变量随 Ks_v 变化而变化较小，但其上下波动的变化特征，特别是对于峰值模拟的影响表明流域径流产生一定程度受饱和带水流运动的影响，饱和带水流运动的快慢将直接或间接地影响峰值的产生以及地表径流、总径流的大小。参数 Ks_v 于吕二沟流域和 Seitengraben 流域灵敏度反映的差异一定程度也揭示了二者产流过程及产流机制的差异。

（4）贮水系数 St

图 6-44 为贮水系数 St 的灵敏度分析结果。从图中可以看出：贮水系数 St 变化对吕二沟流域各目标变量模拟无任何影响，随贮水系数变化，目标变量变化为 0；与吕二沟流域相区别，Seitengraben 流域随 St 变化各目标变量变化较小，但表现出上下波动的变化特征，地表径流、总径流以及峰值模拟一定程度受贮水系数影响。贮水系数表示了承压水头发生变化时流域蓄水层单位面积内贮存或泄放水体的能力，贮水系数变化将影响流域饱和带蓄水能力的大小。同上，分析认为吕二沟流域土壤深厚、地下水埋藏较深，径流产生与地下蓄水相关较小，水文地质参数的变化对径流模拟将无任何影响；Seitengraben 流域地表水与地下水水流交换频繁，地下水补给对径流过程动态变化影响较大，蓄水层贮水能力的变化一定程度上将间接影响非饱和带土壤饱和状态以及地下水对河流径流的补给，因此，地表径流产生、峰值流量以及总径流量模拟均随 St 变化而波动变化。吕二沟流域和 Seitengraben 流域贮水系数 St 的灵敏度差异一定程度也反映了二者产流机制和产流特征的差异。

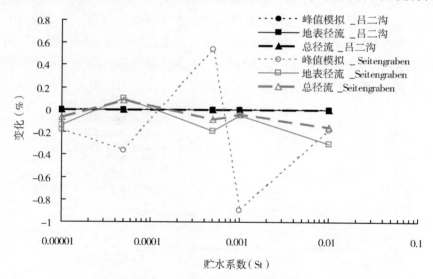

图 6-44　贮水系数 St 灵敏度

2）模型结构灵敏度分析

单元格是模型结构重要参数之一，显著影响模型模拟精度和模拟运行时间（Bathurst，1986），单元格选择时必须考虑模拟精度与模拟运算时间等因素之间的平衡（Jetten et al.，2003）；模拟步长的选择依赖于降雨输入（E. Xevi et al.，1997），并且一定程度上取决于单元格的采用，单元格越精细，步长应越短（Jetten et al.，2003）。因此，探讨模型结构

（单元格和步长）灵敏度有助于深入认识模型模拟主要问题的来源，为优化模型结构、改善模型模拟精度奠定基础。由于降水输入的条件限制，在此仅针对黄土高原吕二沟流域进行探讨。

以吕二沟流域次降雨产流校正检验模型为对象，变化模型模拟单元格及步长，分析模型结构变化对模拟水文过程的影响，模拟实验过程如下：①固定校正检验模型模拟步长4h，分别变化单元格30m为10m、60m、80m、100m、200m；②固定校正检验模型单元格大小（30m），分别变化模拟步长4h为0.5h、12h、24h。

灵敏度研究以19840803场次降雨作为模型输入。

（1）单元格变化水文影响

表6-34为不同单元格大小模拟19840803次降水径流过程，观测径流峰值流量为11.9m³/s。与预计结果相反，表中单元格越大，模拟峰值流量越高，随着单元格从10m增大为200m，模拟峰值流量从1.72m³/s提高到8.56m³/s。不同单元格之间模拟径流过程峰现时间基本一致，单元格变化对峰现时间基本无影响。单元格变化除影响峰值模拟外，对次降水径流总量模拟也有一定影响（表6-34）。随着单元格从10m增大为200m，模拟径流总量呈增大的趋势，从1.10×10⁵m³变化为3.68×10⁵m³，单元格增大至80~100m，模拟径流总量与观测径流总量2.23×10⁵m³相接近。单元格变化同时明显改变了模拟地表积水变化（dS_ol），随着单元格增大，地表径流贮水变化量从24.4mm减小为5.7mm。不同单元格间土壤贮水变化量虽然有一定差异，但受单元格变化影响较不明显，表明不同单元格土壤入渗模拟相似。单元格增大，模拟水量平衡误差减小。

表6-34　不同单元格19830803次降水径流模拟及部分水量平衡分量

单元格	径流总量 Q（m³）	dS_ol（mm）	dS_us（mm）	模拟水量平衡误差（mm）
10m	110936	24.4	8.6	-3.1
30m	87048	25.9	9.9	-3.0
60m	147314	26.4	6.5	-0.5
80m	203084	21.9	5.9	-0.2
100m	241025	16.8	7.5	-0.1
200m	368180	5.7	6.2	0.2

注：19830803次降水观测径流量222810m³；dS_ol：地表径流贮水变化量；dS_us：非饱和土壤贮水变化量。

单元格大小与分布式水文模型中流域地理特征表达的精确度密切相关。单元格变化使流域平均坡降、最大坡降、流域总沟长，以及流域产汇流面积变化，模型模拟结果因此发生变化（jetten V. et al.，2003；Wen Ling Kuo et al.，1999；Garbrecht J. et al.，1994）。相关研究中单元格增大，流域坡降减小，模拟峰值减小（Hessel Rudi，2005）。与此相反，本研究中单元格增大虽然减小了流域坡降（表6-34、图6-45），但模拟峰值随着单元格增大而逐渐增大，流域地形坡降的减小并未影响峰值模拟。

表中同时列出流域总沟长及流域产汇流面积变化。可以看出，虽然整体认为采用较小

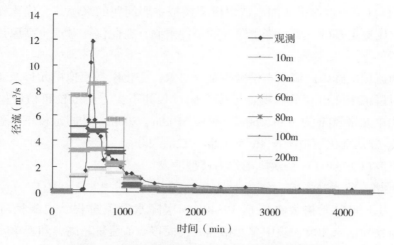

图 6-45   不同单元格 19840803 次降水径流模拟

单元格可以改善 MIKESHE 与 MIKE11 耦合时沟道的形态描述，但是与有关研究相似（V' azquez R. F. et al.，2002），单元格的变化明显改变了"river link"河流链接模拟总沟长。表中单元格减小，耦合生成"river link"过于夸大实际沟道曲折度，沟长较原沟长显著增加 27.23%；单元格增大，"river link"总沟长与原沟长越相接近，与原沟长相比，沟长变化降至 5.48%。沟长增加将导致沟道汇流较为分散，且汇流时间延长，因此，沟长变化一定程度上影响了径流模拟，单元格减小，模拟峰值增大，单元格增大，模拟峰值减小。

    单元格变化同时改变了流域的边界范围，一定程度影响了模拟径流总量。单元格增大，边界面积增加，模型模拟运算流域面积较原面积增大，10m 单元格对应流域面积为 12.0km²，而 200m 单元格则对应流域面积增大到 14.48km²，与原流域面积相比，单元格变化使得流域面积变化-0.09%（10m）~20.57%（200m）（表 6-35），这导致模拟中随单元格增大，模拟径流总量增加。

表 6-35   不同单元格对应流域特征变化

单元格 (m)	坡降		流域范围				河流链接长	
	Mean (°)	Max (°)	边界面积 (km²)	内部面积 (km²)	总面积 (km²)	相对变化 (%)	(km)	相对变化 (%)
10	22.91	74.44	0.15	11.85	12.00	-0.09	31.10	27.23
30	20.43	55.52	0.44	11.85	12.30	2.38	30.65	25.39
60	17.29	39.68	0.86	11.82	12.68	5.57	28.62	17.08
80	15.55	35.55	1.17	11.90	13.07	8.82	28.81	17.87
100	14.24	32.51	1.47	11.85	13.32	10.91	28.04	14.71
200	10.53	22.22	2.84	11.64	14.48	20.57	25.78	5.48

    注：原流域面积为 12.01km²，MIKE11 原沟长为 24.44km。相对变化=（变化值-原始值）/原始值。

    单元格变化除了引起流域自然地理特征变化外，物理方程求解运算误差随模拟时空分辨率的变化而变化，也同样为引起模拟结果发生变化的重要因素之一（Hessel，2005；

Chow V T et al.，1988；Fread D L，1985）。MIKESHE 模型地表径流采用运动波近似模拟运算，单元格间水流交换 Q 为有限差分像元 $\triangle x$ 的函数。据此，在其余变量不变的情况下，增大 $\triangle x$ 将使得单元格间水流交换增大，流域出口模拟地表径流增加，反之，水流交换减小，较多径流蓄积于地表。表 6-35 中地表径流贮水量变化随单元格增大而减小，且模拟水量平衡误差随单元格增大而减小即反映了像元 $\triangle x$ 对水流模拟 Q 的影响。

（2）步长变化水文影响

图 6-46 为采用单元格 30m、不同步长模拟的 19840803 次降水径流过程。虽然各步长模拟径流与观测径流过程相差较大，但步长变化对模拟峰值流量有一定影响趋势。步长越大，单位步长内降水强度平均化，模拟峰值流量越小，0.5h 步长对应模拟峰值为 2.38m³/s，而 24h 步长对应模拟峰值则减小到 1.72m³/s。与单元格变化影响不同，增大步长降低模拟峰值流量，但其峰值流量的时段更趋延长，因此步长变化对模拟径流总量影响较小（表6-36），表中模拟径流总量并未随步长变化而显现明显变化趋势。不同步长模拟地表径流贮水变化量（dS_ol）、土壤贮水变化量（dS_uz）以及模拟水量平衡误差等较相似，步长变化影响较小。相比较而言，步长的影响效应明显小于单元格影响效应。对不同单元格采用最小步长 0.5h 及最大步长 24h 模拟（图 6-47），随单元格变化各水量平衡分量明显增大或减小，而同一单元格最大步长与最小步长的模拟变化较小。

表 6-36　不同步长 19840803 次降水径流模拟及部分水量平衡分量

步长	径流总量 Q（m³）	dS_ol（mm）	dS_us（mm）	模拟水量平衡误差（mm）
0.5h	87048	26.0	11.8	−3.2
4h	85410	25.9	9.9	−3.0
12h	89842	26.2	9.9	−2.8
24h	90900	26.4	8.8	−2.7

注：dS_ol 为地表径流贮水变化量；dS_us 为非饱和土壤贮水变化量。

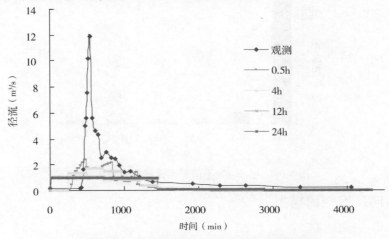

图 6-46　不同步长 19840803 次降水径流模拟

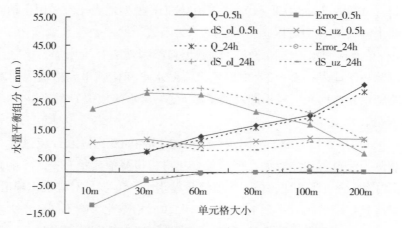

图 6-47　不同单元格 0.5h 步长及 24h 步长模拟比较

　　单元格变化通过改变流域特征而影响模拟结果，步长变化通过改变单位步长降水强度而影响模拟结果。根据已有的降水径流观测数据，如何确定有效的单元格大小及模拟步长显得尤为重要。采用精细单元格及较短步长并不能保证模拟结果的改善，既要考虑单元格变化允许的流域特征变化，也要考虑步长与已有水文观测记录的分辨率的一致性。此外，还需考虑模拟运算时间等可行性以及硬件存贮等客观条件的限制。以步长统一（4h）、不同单元格的模拟运算时间为例（图 6-48），虽然模拟分析时段较短（7 月 19 日至 8 月 6 日），但过小单元格的采用明显增大了模拟运算时间，而模型模拟结果并未得到改善。因此，模型模拟时单元格及步长的选择确定应寻求模拟精度、允许流域特征变化误差以及客观限制（模拟运算时间、数据记录等）之间的平衡。针对既有数据特征，并考虑可接受的模拟精度变化、模型流域特征变化以及模型模拟运算时间，认为模型结构中单元格大小采用 60m 较为适宜。

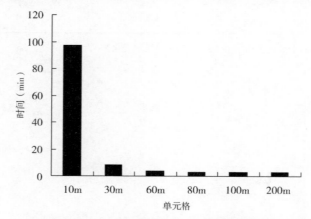

图 6-48　步长 4h 不同单元格模拟运算时间

6.2.2.3　不同尺度径流模拟

（1）次降雨—径流模拟

图 6-49 表示了各时段模型校正结果。由于数据观测记录分辨率及精度水平有限，模

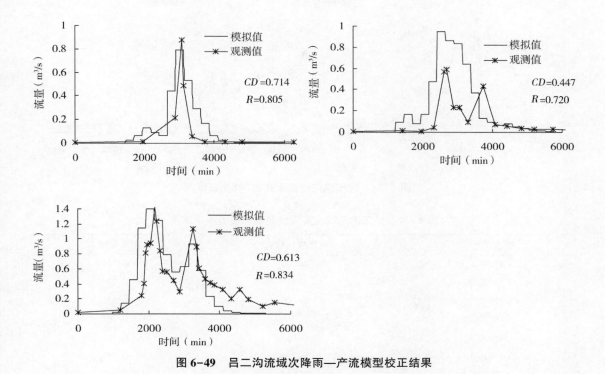

图 6-49　吕二沟流域次降雨—产流模型校正结果

拟径流与观测径流吻合度有一定差异，但总体上模型较好地模拟了径流动态变化过程，模拟径流与观测径流相关系数 R 均高达 0.7 以上，分别为 0.805，0.720，0.834，模拟径流与观测径流动态变化较为相似，径流峰现时间基本一致。模型校正各时段峰值模拟误差除 B 时段为 -59.7%外，其余分别为 -9.76%和 -1.35%。模拟结果 B 时段确定性系数 CD 稍低，为 0.447 外，其余时段模拟确定性系数均较高，CD 分别为 0.714，0.613。校正时段观测径流与模拟径流的散点图中模拟径流偏离观测径流较明显，与 CD 所反映的一致，模型模拟径流整体较观测径流大。总的来看，校正阶段模拟径流与观测径流过程变化较为接近，模拟径流较观测径流偏大。

　　选取观测年份其余时段对校正模型进行验证。图 6-50 为模型验证部分次降雨-径流过程模拟结果。图中模拟径流与观测径流动态变化过程基本一致，模拟确定性系数 CD 均较高，分别为 0.887 和 0.748，模拟相关系数分别为 0.707 和 0.567（表 6-37）。表 6-37 同时显示了模型验证阶段其余场次降雨-径流模拟结果。从表中可以看出，模型检验阶段中 60%的径流模拟相关系数 R 较高，为 0.707~0.992，模型较好地模拟了径流动态变化过程。模拟结果中，除其中三场次径流模拟确定性系数 CD 分别较低，分别为 0.284，0.053，0.514，验证阶段内 70%的径流模拟确定性系数 CD 均达 0.6 以上，19850914 次径流模拟 CD 甚至高达 0.995。与校正阶段相似，验证阶段模型模拟值整体较观测值偏大，但模型较好地模拟了径流动态变化过程。

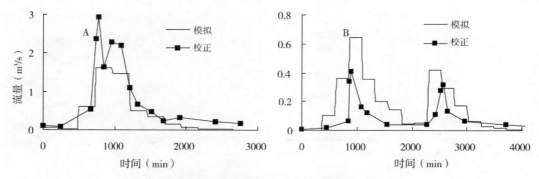

图 6-50　模型验证阶段次降雨–径流模拟

表 6-37　吕二沟流域次降雨径流模拟模型检验结果

降水径流编号	确定性系数 CD	相关系数 R
19840620	0.739	0.707
19840621	0.887	0.739
19840725	0.609	0.531
19840803	0.284	0.201
19850725	0.053	0.182
19850907	0.724	0.759
19850914	0.995	0.992
19851015	0.514	0.716
19870709	0.748	0.567
19870625	0.601	0.928

水文状况差异一定程度影响模拟效果。从以上模拟结果可以看出，模型模拟检验阶段部分模拟效果较差。19840803 次和 19850725 次径流过程模拟确定性系数 CD 以及 R 均较低（表 6-37）。校正时段观测径流峰值流量为 1～1.4m³/s，而模型检验阶段中 19840803以及 19850725 次降雨–径流模拟观测径流峰值流量分别达 12.0m³/s 和 22.4m³/s，二者相差较大。统计分析流域洪水摘录资料结果表明：流域内频率≥80%的流量为 1.23m³/s，而频率≥10%和 4%的流量分别为 11.4m³/s 和 24.8m³/s（王盛萍等，2006）。模型校正阶段所模拟采用的径流明显区别于上述检验时段的观测径流，因此，可以认为水文状况的差异部分地影响了模型模拟，模拟结果中 19840803 次以及 19850725 次径流模拟峰值流量仅达3.11m³/s 和 1.21m³/s。

模型模拟的尺度依赖性也在一定程度上影响模型的模拟效果。模型模拟中尺度的选择（单元格及时间步长的确定）对模拟结果也具有一定影响（V'azquez R F et al.，2002）。从模拟步长的选择看，模拟步长往往依径流观测序列的分辨率水平确定，而本研究中各时段径流观测记录分辨率水平不一，因此，模型模拟很难选择确定步长，使得步长的选择具有一定程度的任意性与随机性。分别以模型校正时段 19830927 次降水–径流模拟以及模型检验阶段 19840803 次降水径流模拟为例，前者最短施测时间间隔为 45min，而后者最短施测间隔为 15min，二者分辨率水平不同，数据观测序列精度水平不同，某一时段确定采用的模拟步长及相应的校正参数系列往往导致另一时段模拟径流较观测径流偏大或偏小，因此，出现有校正阶段与检验阶段部分时段径流模拟效果不一等现象。认为数据观测分辨率水平不同是模型模拟的另一重要影响因素。

（2）年尺度模拟

①模型校正。采用自动校正机制对年尺度模型进行校正。与预计结果相似，校正得到林地、灌草、非生产用地、坡耕地等饱和导水率 K_s 校正值依次减小，分别为 9.92e~007m/s、8.84e~007m/s、3.12e~007m/s、1.83e~007m/s，正确反映了不同土地利用类型土壤饱和导水率规律。校正结果中梯田土壤饱和导水率 K_s 校正值较小，甚至与坡耕地模拟校正值相差甚远，这主要由于模型结构中该 K_s 同时设置为流域深层土壤饱和导水率，模型自动校正时以深层土壤入渗特性模拟为主导控制，因此掩盖了仅占较小比重的梯田表层土壤水分入渗特性的规律，K_s 校正值仅为 3.89~008m/s，表明模型模拟深层土壤饱和导水率较低，入渗较慢，研究并未实验测定深层土壤的土壤水力特性，因此，该校正值有待于进一步实验验证。

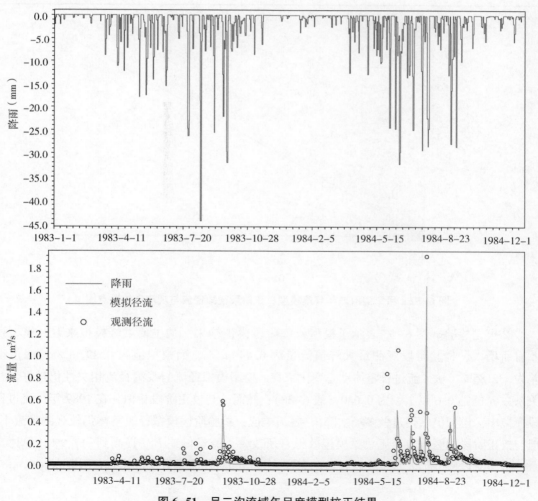

图 6-51 吕二沟流域年尺度模型校正结果

图 6-51 显示了模型校正结果。从图中可明显看出，模型并未能有效模拟其中部分降雨产流过程，特别是 1983 年径流段，除主要峰值模拟外，模型未能有效拟合其中部分径流过程；模型校正阶段模拟径流总体较观测径流偏小，流量偏差 F_{Bal} 较大，为 -40.0%（表 6-38），模型对径流总量模拟效果较差。表中同时列出模型模拟相关系数 R，高达 0.833，主要由于模型对径流过程线主要洪峰以及其中较大几次产流过程模拟较好（图 6-51），峰现时间基本一致，校正阶段内最大峰值流量观测值为 1.9m³/s，而模拟值为 1.628m³/s，峰值模拟误差为 -14.3%。图 6-52 为模型模拟径流与观测径流散点图，模拟径流与观测径流整体上基本分布于 1∶1 理论线附近。认为模型较好地模拟了径流的总体动态变化过程。

表 6-38　吕二沟流域年尺度模型校正检验阶段模拟评判指标

阶段	RMSE	R	F_{Bal}（%）
校正	0.061	0.833	-40.0
验证	0.047	0.630	-17.9

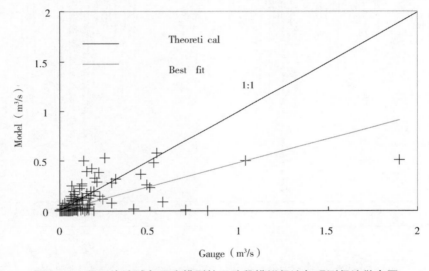

图 6-52　吕二沟流域年尺度模型校正阶段模拟径流与观测径流散点图

②模型检验。图 6-53 表示了模型检验阶段模拟结果。从主要洪峰模拟来看，模型误差有所增大，检验阶段观测最大峰值流量为 0.449m³/s，而模拟值为 0.297m³/s，峰值误差为 -33.85%。从径流过程整体动态变化来看，模型模拟径流与观测径流相关性仍较好，相关系数 R 能达 0.6 以上，为 0.630（表 6-38）；然而，与校正阶段相似，在 1989 年径流过程段模拟中，模型仍然错过较多场次降雨-径流响应；检验阶段模拟径流整体仍较观测径流小，但与校正阶段相区别，径流总量模拟效果有所改善，流量偏差 F_{Bal} 提高到 -17.9%。总体来看，检验阶段模型仍能基本反映径流动态变化过程，对径流总量模拟能力有所提高。

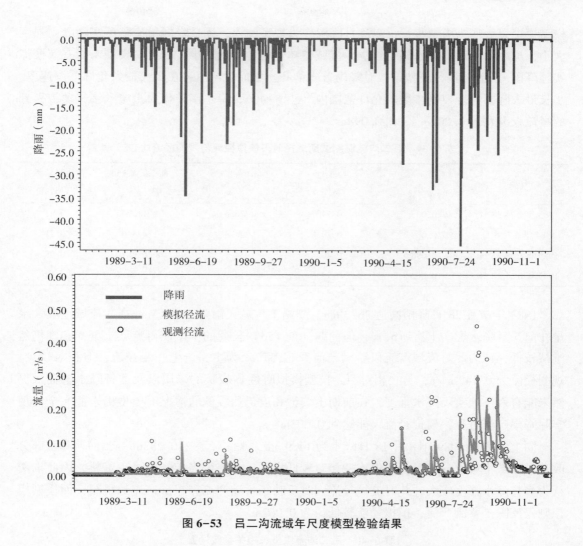

图6-53 吕二沟流域年尺度模型检验结果

③分析与讨论。图6-52和图6-53中模型未能有效模拟其中部分降雨径流过程，推断认为与逐日步长的采用有关。黄土高原地区降雨多呈现短历时、高强度特点，加之黄土理化性质较易导致土壤结皮产生，地表径流多在短时间内发生，径流产生以超渗产流为主。

径流产生受降雨量、降雨强度、前期降雨、土壤饱和状态等多种因素影响。表6-39比较了部分时段模拟径流以及与之相对应的降雨径流观测。表中1984年6月5日和1989年6月13日降雨量分别为24.4mm和34.7mm，尽管前期降水量较少，仅分别为12mm和8.9mm，土壤饱和度较低，但当日降雨强度较大，1984年6年5日实际观测资料分析表明各测站平均最大雨强高达15mm/h。研究流域虽然植被覆盖度较高，但林草植被的恢复产生同时往往伴随有大面积生物结皮的出现（赵允格等，2006），生物结皮加之坡耕地高强度降雨后土壤结皮使得流域土壤入渗显著下降，相关研究中具生物结皮的土壤入渗率1.67~4.83mm/s，为对比研究土壤的28%~83%。因此，流域在生物结皮和土壤结皮作用下降水入渗较慢，产生大量地表径流，观测径流分别为0.702m³/s和0.409m³/s。然而，模型模拟以天作为模拟步长，以逐日降雨作为模型输入，逐日降雨量掩盖了实际降雨强度大小，加之前期观测降水相对较少，流域整体土壤含水量较少，因此，模型未能有效模拟实际降雨–产流过程，模型模拟时降雨首先饱和土壤而后产流，在步长最大允许下渗速率、步长最大降雨量等控制参数的允许范围内（表6-40），降水多转化为土壤入渗，模拟得到的径流仅分别为 $0.009\mathrm{m^3/s}$ 和 $0.098\mathrm{m^3/s}$。

表6-39　吕二沟流域测试期选择时段模拟径流与观测径流比较

日期	模拟径流（$\mathrm{m^3/s}$）	观测径流（$\mathrm{m^3/s}$）	当日 P（mm）	前5d/前15d P（mm）	观测径流系数 α
1983年7月28日	0.003	0.142	26.3	28.1/36.0	0.03
1984年6月5日	0.009	0.702	24.4	12/43.6	0.21
1989年6月13日	0.098	0.409	34.7	8.9/39.9	0.08
1989年8月18日	0.062	0.283	14.9	54.2/74.4	0.14

1983年7月28日降雨高达26.3mm，测站平均最大雨强为10.5mm/h，流域土壤含水量在前5日降水影响下有所改善，但前期（前15d）长期的干旱使得流域土壤饱和度仍然维持较低，认为此时流域产流以蓄满产流和超渗产流为主，产生一定径流，但相对较少，观测径流为 $0.142\mathrm{m^3/s}$，与之相对照，模型模拟时逐日步长的采用以及逐日降水量输入仍然未能有效反映实际降水强度，在前期土壤饱和度仍然较低的情况下模型仍未能完全体现实际降雨产流过程，模拟径流仅能达到 $0.003\mathrm{m^3/s}$。

同上，表中1989年8月18日降水为14.9mm，观测径流达 $0.283\mathrm{m^3/s}$，前期降水部分改善了流域土壤水分状况，但仍维持相对较低水平，未获得当年降水过程资料，因此推断认为当日降水强度较大，此时流域径流同时反映了蓄满产流和超渗产流的机制，而模型模拟则仅反映了蓄满产流，模拟径流较低，为 $0.062\mathrm{m^3/s}$。

表6-40　吕二沟流域步长相关参数设置

参数	设置	
	年尺度模型	事件尺度模型
初始步长	24h	4h
允许最大OL、UZ、ET模拟步长	24h	4h
允许最大SZ模拟步长	24h	4h
步长最大降雨量	30	4mm
步长最大入渗量	30	4mm
降水输入自身降水强度	1mm/h	0.1mm/h

注：表中OL、UZ、ET、SZ分别指地表径流、非饱和流、蒸发散、饱和流。

与模型模拟较好时段相对照，1983年9月28日和1990年9月8日模拟径流与观测径流吻合较好，模拟径流分别为 $1.624\mathrm{m^3/s}$ 和 $0.575\mathrm{m^3/s}$，观测径流分别为 $1.9\mathrm{m^3/s}$ 和 $0.578\mathrm{m^3/s}$。虽然当日降雨量和降雨强度均较大，分别为24.7mm和24.4mm，以及10mm/h

和 12.4mm/h，但是大量的前期降雨有效饱和了流域表层土壤，使得模型模拟时降雨因土壤饱和度较高而产生地表径流，因此模型模拟径流相对较高。

如前文所述，MIKESHE 模型的优点之一在于可采用变换的模拟步长模拟不同水文过程，通过控制初始步长、各过程允许最大步长，以及与之对应的各水文过程参数，包括步长内最大降雨深（mm）、步长内最大入渗量（mm）、降水输入自身的允许最大降水强度等参数控制模拟迭代过程。然而，在年尺度模型模拟过程中，各模块特别是地表径流模拟以 24h 作为步长设置。如前文所述，采用逐日步长，以及逐日降水作为模型输入并不能有效反映实际降水强度，模型仅能以蓄满-产流的方式描述降雨径流过程。因此，这对于短历时高强度降雨、地表径流在瞬间产生的降雨径流过程具有很大不确定性。推断认为，欲改善模型模拟效果，应结合采用更为精细的模拟步长和分辨率较高的降水输入作为模拟前提条件，通过有效设置模拟迭代过程中各步长相关控制参数，才可进一步准确模拟反映以地表径流为主的黄土高原流域实际降雨径流过程特点，这有待于进一步模拟验证。

6.2.2.4 植被变化流域水文响应预测

1）植被变化情景设计

该部分土地利用变化情景设计分别采用极端植被变化情景和空间配置情景两种方法进行情景设计。

（1）植被变化极端情景

流域产流不仅因土地利用不同而不同，发生土地利用变化地理位置也影响流域产流。为有效认识不同土地利用的影响作用，且为了有效比较面积、土地利用状况、水文气象条件等完全不同的两个流域，首先采用极端土地利用法进行情景模拟，比较各流域极端土地利用相互转变引起的水文响应灵敏程度，并认识流域各研究土地利用类型对模拟生态水文过程的重要程度。基于吕二沟流域 1982 年土地利用现状，极端土地利用变化情景设计见表 6-41。

表 6-41 流域极端土地利用情景设计

情景名称	情景描述
情景 1	除村庄及居民厂矿占地以外，流域其余全部土地用于种植用材林，生长状况同流域 1982 年对应土地利用类型；转变相关土壤水力参数设置
情景 2	除村庄及居民厂矿占地以外，流域其余全部土地用于种植果园等经济林木，生长状况同流域 1982 年对应土地利用类型；转变相关土壤水力参数设置
情景 3	除村庄及居民厂矿占地以外，流域其余全部土地为灌木林地，生长状况同流域 1982 年对应土地利用类型；转变相关土壤水力参数设置
情景 4	除村庄及居民厂矿占地以外，流域其余全部土地为草地，生长状况同流域 1982 年对应土地利用类型；转变相关土壤水力参数设置

（2）植被变化空间配置情景

为进一步了解植被覆被变化与产水量变化的关系，以退耕还林还草及生态环境恢复为依据，采用空间配置法逐步转换流域现有土地利用为林地，逐步增加流域林地植被覆盖探讨林地植被变化对流域水文响应的影响。各流域情景设计见表 6-42。

表 6-42　流域土地利用空间配置情景

情景名称	情景描述
情景 F1	在原有土地利用基础上转变灌木林、果园、疏林地、裸地为林地，此时流域林地覆盖增加 30.06%；转变相关土壤水力参数设置
情景 F2	在情景 F1 基础上进一步转变梯田为林地，此时流域林地覆盖率增加到 43.06%；转变相关土壤水力参数设置
情景 F3	在情景 F2 基础上转变坡耕地为林地，此时流域林地覆盖率增加到 66.47%；转变相关土壤水力参数设置
情景 F4	在情景 F3 基础上转变草地为林地，此时流域林地覆盖增加到 90.79%；转变相关土壤水力参数设置

土地利用情景中吕二沟流域均以 1990 年降水作为模型输入。

2）水文响应预测

（1）植被变化极端情景

将吕二沟流域视为系统 A（A1、A2、A3、A4，…），A1 为系统土地利用组成要素，OUT_{A1} 为各土地利用要素对应系统模拟输出，定义系统响应灵敏度为 S［公式（6-77）］，通过比较 S_A 反映不同生态水文系统流域对土地利用和气候变化响应的灵敏度差异。

$$S = \max(OUT_1,OUT_2,OUT_3,OUT_4,\cdots) - \min(OUT_1,OUT_2,OUT_3,OUT_4,\cdots)$$

$$(6-77)$$

①径流过程线模拟。情景设计中吕二沟流域以 1990 年降水作为模型输入，代表了流域丰水年降水情况。图 6-54 表示了极端土地利用变化情景流域出口径流响应。吕二沟流域情景 1 和情景 2 模拟极为相近，因此情景 2 模拟结果未予以显示。从图中可以看出，吕二沟流域极端土地利用的相互转变主要影响汛期峰值模拟，各土地利用情景间次降雨对应峰值模拟有一定差异，如 1990 年 9 月 22 日情景 1、情景 3、情景 4 模拟峰值分别为 0.093m³/s、0.200m³/s、0.091m³/s，变化最大达 54.5%，暴雨洪水退水过程线也表现出一定差异，而对平水期径流过程线影响较不显著。

②蒸发散模拟（ET）。图 6-55 显示了极端土地利用情景蒸发散模拟占降水量百分比情况。从图中可以明显看出，吕二沟流域模拟蒸发散最大发生在情景 1（用材林），为 84.4%，表明若流域具相同面积比例的各土地利用类型，用材林较其他类型在流域蒸发散模拟中作用地位相对较大；而模拟蒸发散最小发生在情景 3（灌木林），为 81.4%，作用地位相对较小。极端土地利用相互转变引起蒸发散（占降水量百分比）变化最大仅为 2.97%。

蒸发散受植被、降水、气温（潜在蒸发散）等因素同时影响。黄土高原为干旱半干旱区域：降水稀少，潜在蒸发散强大，分析阶段吕二沟流域为丰水年，降水较接近于强大潜在蒸发散，分别为 789mm 和 800mm，蒸发散受降水限制较小，此时无论何种植被都将因强大的蒸发散潜力（PET）而产生较大蒸发散损失，因此植被信息的改变对于系统蒸发散

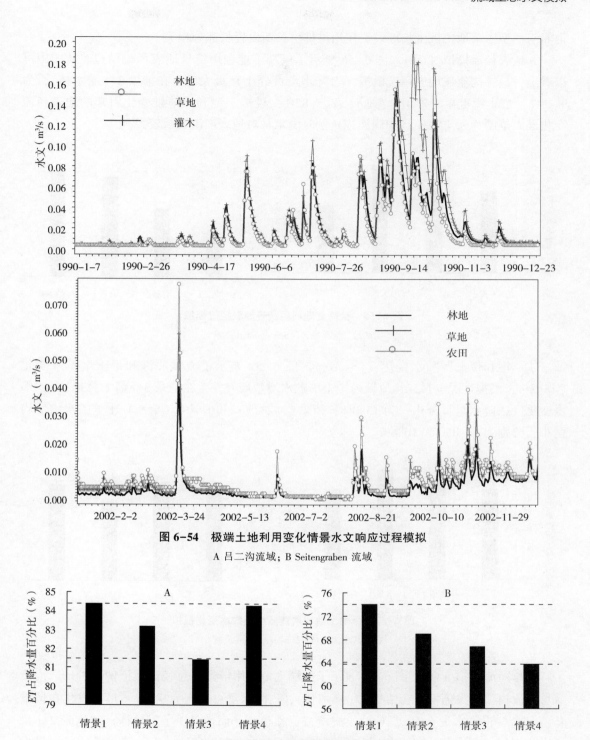

图 6-54　极端土地利用变化情景水文响应过程模拟

A 吕二沟流域；B Seitengraben 流域

图 6-55　极端土地利用情景蒸发散模拟

A 吕二沟流域；B Seitengraben 流域

的影响较小；吕二沟流域情景 4（草地）与情景 1（用材林）模拟相接近的原因仍未知，

推断与模型中草地植被生长期设置较用材林生长期设置长部分相关。

③地表径流模拟（*OL*）。图 6-56 显示了极端土地利用情景地表径流模拟。从图中可以看出：吕二沟流域地表径流模拟（占降水量百分比）最大发生在情景 3（灌木林），为 9.24%；最小发生在情景 4（草地），为 5.82%，极端土地利用情景变化引起的地表径流变化最大范围为 3.42%，且相同面积比例时灌木林对地表产流贡献较大。

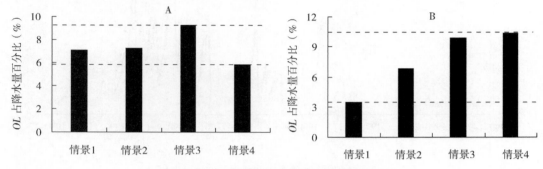

图 6-56　极端土地利用情景地表径流模拟

A 吕二沟流域；B Seitengraben 流域

④非饱和带土壤贮水变化（dS_UZ）。图 6-57 表示了流域非饱和带土壤贮水变化（dS_UZ）模拟情况。吕二沟流域模拟土壤贮水增量最大发生在情景 3（灌木林地），贮水量变化（占降水量百分比）为 13.0%；情景 1（林地）和情景 4（草地）土壤贮水增量均稍小，分别为 10.8% 和 10.6%。

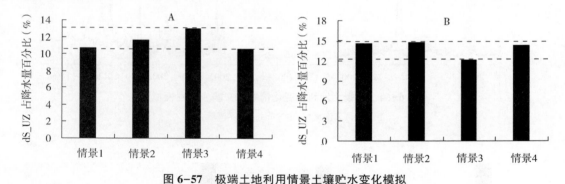

图 6-57　极端土地利用情景土壤贮水变化模拟

A 吕二沟流域；B Seitengraben 流域

⑤总径流模拟（Q）。图 6-58 表示了极端土地利用情景下总径流模拟情况。吕二沟流域总径流模拟最大仍发生在情景 3（灌木林），占降水量百分比为 9.6%，最小发生在情景 4（草地），占降水量 6.1%，对总径流模拟贡献稍小，而情景 1（用材林）和情景 2（果园）模拟径流（占降水量百分比）分别为 7.3% 和 7.6%。Seitengraben 流域模拟径流最大发生在情景 4（夏作物），模拟径流为 22.1%，最小发生在情景 1（林地），为 9.5%，相同面积比例时林地对流域总径流模拟贡献较小。流域二者极端土地利用转变可能引起的总径流最大变化不同表明了二者生态水文响应灵敏度差异，吕二沟流域极端土地利用情景转

变引起总径流模拟变化最大为 3.46%。

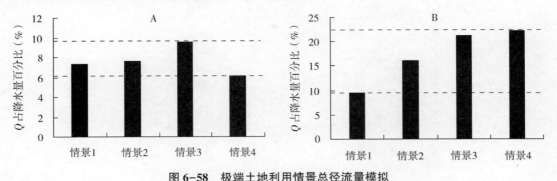

图 6-58 极端土地利用情景总径流量模拟

A 吕二沟流域；B Seitengraben 流域

（2）植被变化空间配置情景

表 6-43 为吕二沟流域各空间配置情景模拟水量平衡主要分量。从表中可以看出：与预期结果一致，吕二沟流域林地覆被的变化对流域蒸发散模拟无显著影响，植被覆被变化引起蒸发散响应的灵敏度较弱，与原土地利用模拟相比，各情景模拟蒸发散几乎未发生明显变化，蒸发散约为 650mm；情景模拟林地覆盖变化对地表径流影响相对较小，各情景模拟中径流较原土地利用减少最大为 16mm（约 20%）；流域径流中基流比例甚小，林地覆盖变化对基流模拟影响甚小。

表 6-43 吕二沟流域空间配置情景模拟水量平衡主要分量

情景	降雨量（mm）	蒸发散（mm）	地表径流（mm）	基流（mm）
原土地利用	789.0	651.2	78.9	3.1
情景 F1	789.0	650.0	75.4	3.1
情景 F2	789.0	656.1	65.0	2.6
情景 F3	789.0	653.4	63.4	2.6
情景 F4	789.0	649.6	64.7	2.5

图 6-59 再次表示了林地覆盖变化与模拟径流变化的相关关系。图中林地覆盖较原土地利用增加 6%，流域径流变化较少，仅约 3mm（4%），而流域林地覆盖较原土地利用增加约 20% 时，径流变化增至约 14mm（18%）。与相关研究产水量变化相比，吕二沟流域林地覆盖增加引起产水量变化较小。相关研究认为植被覆被每变化 10%，阔叶林林种产水量应变化 17~25mm（Stednick，1996；Bosch，1982）。图中随着林地覆盖的进一步逐级增加（情景 F3、情景 F4），流域产水量变化并无继续增加，径流变化较原土地利用模拟仍仅为 15~16mm，这表明情景 F3、情景 F4 中坡耕地、草地转变为林地对流域出口产水变化影响较小。流域产流、汇流受植被、地形、土壤等多方面因素影响，不同流域位置的土地利用转变将具有不同的水文响应，而吕二沟流域地形变化较大，因此，推断认为尽管情景模拟中土地利用植被信息、相关土壤参数等均已发生转变，但有可能出现对流域出口产水变化影响较小或无明显影响等情况。

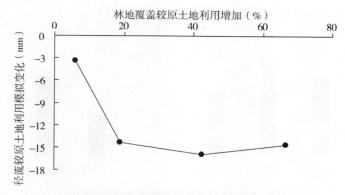

图 6-59   吕二沟流域林地覆盖变化与产水量变化关系

6.2.2.5   气候变化水文响应预测

（1）径流过程线模拟

图 6-60、图 6-61 显示了气候变化情景水文过程模拟。其中，吕二沟流域基于情景 2（果园）的气候变化情景（情景 6、情景 10）同基于情景 1（用材林）相似，未予以显示；Seitengraben 流域基于情景 4（夏作物）的气候变化情景（情景 8、情景 12）同基于情景 3（冬作物）的相似，也未予以显示。从图中可以看出：吕二沟流域无论基于何种极端土地利用情景，气温升高或降水减少等均显著影响流域汛期水文过程，降水减少对流域出口水文过程线影响作用明显大于气温升高的作用。图 6-60A 中，情景 1（用材林）9 月 9 日模拟峰值流量为 $0.155m^3/s$，气温升高后情景 5 峰值下降 54.8%，为 $0.07m^3/s$，而降水减少后情景 9 峰值下降 81.3%，为 $0.029m^3/s$；图 6-60B 中情景 3（灌木林）与气候变化情景 9 月 22 日峰值模拟分别为 $0.2m^3/s$、$0.08m^3/s$、$0.026m^3/s$，气候变化较极端情景分别下降 60% 和 87%；图 6-60C 中情景 4（草地）与气候变化情景 9 月 9 日峰值模拟分别为 $0.155m^3/s$、$.077m^3/s$、$.026m^3/s$，气候变化较极端情景分别下降 50.3% 和 83.2%。与吕二沟流域相对，Seitengraben 流域气温与降水变化并非均影响作用流域水文，其中气温升高对流域水文过程线影响甚微，而降水减少则显著影响流域汛期和非汛期水文过程线（图 6-61）。以峰值模拟为例，图 6-61A 中情景 1（森林）3 月 22 日模拟峰值为 $0.040m^3/s$，气温升高后情景 5 模拟值为 $0.039m^3/s$，而降水减少情景 9 对应模拟值为 $0.0029m^3/s$，图 6-61B 中则极端和气候变化情景分别为 $0.059m^3/s$、$0.054m^3/s$ 和 $0.15m^3/s$，图 6-61C 中分别为 $0.077m^3/s$、$0.076m^3/s$ 和 $0.026m^3/s$。

（2）蒸发散模拟

图 6-62 表示了流域气候变化情景较相应极端土地利用情景蒸发散模拟的相对变化。图中可以看出流域间蒸发散模拟响应于气温变化的灵敏度稍有区别，但响应于降水变化灵敏度较为近似：吕二沟流域气温升高 2℃ 使得蒸发散模拟增大 6.4%~8.7%，降水减少 20% 对应蒸发散模拟减少 6.7%~12.4%，气温或降水的改变对于流域蒸发散模拟具相似作用；Seitengraben 流域气温升高增加了模拟蒸发散 0.84%~1.04%，对气温变化的响应较不

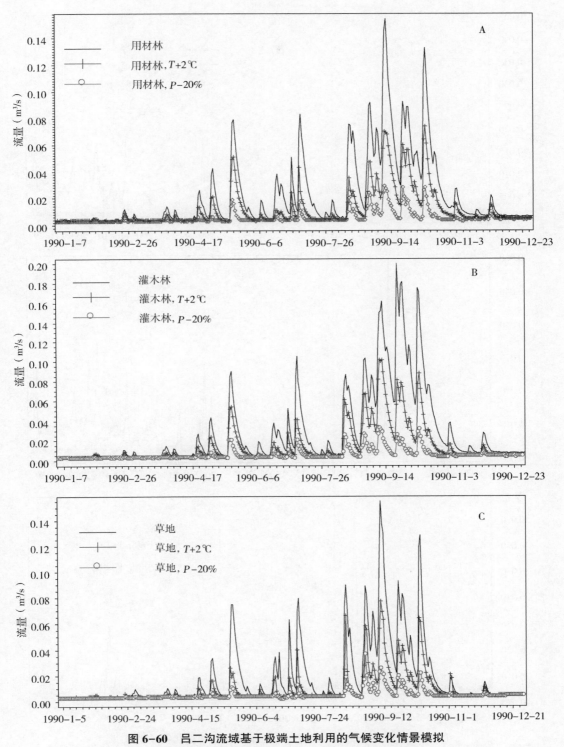

图6-60 吕二沟流域基于极端土地利用的气候变化情景模拟

A 用材林，用材林+气温变化，用材林+降水变化；B 灌木林，灌木林+气温变化，灌木林+降水变化；C 草地，草地+气温变化，草地+降水变化

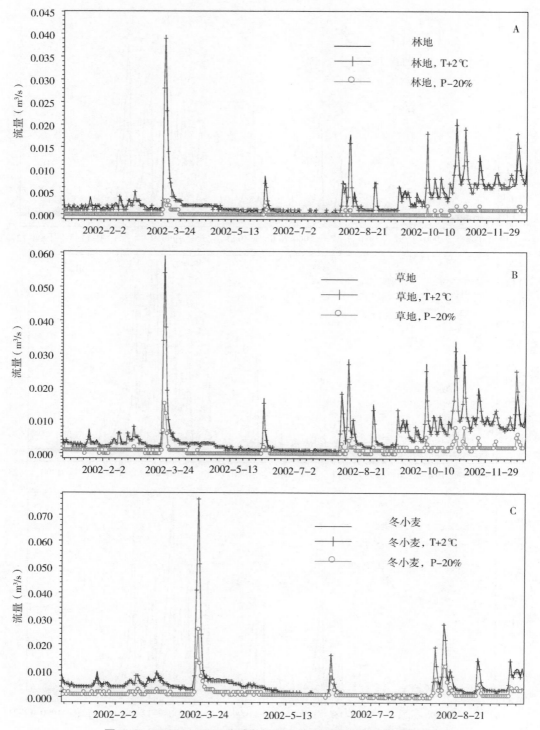

图 6-61　Seitengraben 流域各极端土地利用气候变化情景模拟

A 林地，林地+气温变化，林地+降水变化；B 草地，草地+气温变化，草地+降水变化；C 冬小麦，冬小麦+气温变化，冬小麦+降水变化

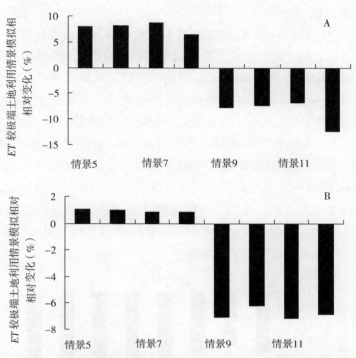

图6-62　气候变化情景蒸发散模拟较极端土地利用情景相对变化

A 吕二沟流域；B Seitengraben 流域

灵敏，降水减少使得模拟蒸发散减少 6.16%~7.15%，其影响明显大于气温变化对 *ET* 的影响。推断认为 Seitengraben 流域蒸发散模拟对气温变化响应较不灵敏，主要由于流域水资源足够充沛，气温升高伴随的潜在蒸发散增大仍不能成为影响流域蒸发散的主导控制因素。需要强调的是，降水减少虽然降低了模拟蒸发散绝对值，但该蒸发散占相应降水量百分比明显较极端土地利用情景模拟的大（图6-63），吕二沟流域降水减少情景 *ET* 模拟（占降水量百分比）较极端土地利用增加 7.96%~13.42%，Seitengraben 流域增加 10.37%~11.77%。

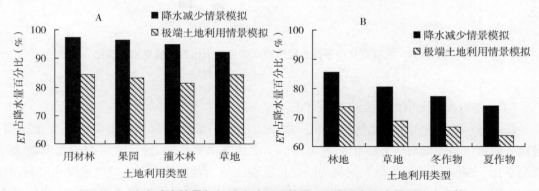

图6-63　降水减少情景与极端土地利用情景 *ET* 模拟占降水量百分比比较

A 吕二沟流域；B Seitengraben 流域

（3）地表径流模拟（*OL*）

图 6-64 表示了气候变化情景较相应极端土地利用情景地表径流模拟相对变化。从图中可以明显看出：吕二沟流域气温变化对流域地表径流模拟影响较 Seitengraben 流域显著，而降水变化的影响作用稍逊于 Seitengraben 流域；流域二者降水变化影响作用均明显大于气温变化，其中 Seitengraben 流域其为明显。吕二沟流域气温变化使得地表径流模拟较极端土地利用减少 42.82%~51.82%，降水变化引起地表径流减小 74.69%~79.58%；Seitengraben 流域气温变化引起地表径流减少 4.78%~10.53%，而降水变化则降低地表径流模拟 75.93%~95.16%。流域地表径流模拟对气温变化的响应灵敏度小于降水变化。同上，分析认为 Seitengraben 流域响应于气温变化的灵敏度明显小于吕二沟流域，主要由于流域水资源贮量（天然降水和地下水）不同，导致流域应对气温变化以及随蒸发散潜力变化的能力不同，一旦降水变化（减少 20%），则 Seitengraben 流域水资源相对于蒸发散潜力明显减少，表现出同吕二沟流域相似的响应灵敏度。

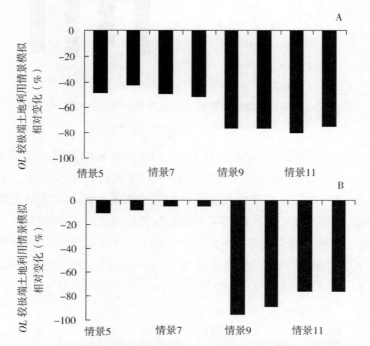

图 6-64 气候变化情景地表径流模拟较极端土地利用情景相对变化

A 吕二沟流域；B Seitengraben 流域

（4）非饱和带土壤贮水变化模拟（d*S*_UZ）

图 6-65 表示了气候变化情景较相应极端土地利用情景非饱和带土壤贮水变化模拟。与地表径流、蒸发散对气候变化的响应相似，流域降水变化对 d*S*_UZ 影响作用明显大于气温变化，Seitengraben 流域表现其为明显；比较流域二者，吕二沟流域气候变化对d*S*_UZ 影响作用较 Seitengraben 大。图中吕二沟流域气温变化使得非饱和带土壤贮水变化较极端土地利用模拟减少 48.93%~60.98%，降水变化 d*S*_UZ 模拟较极端情景减少 68.30%~

105.00%（情景9），情景9（用材林）此时土壤处于水分亏缺状态；Seitengraben 流域气温变化几乎不影响 dS_UZ 模拟，较极端情景 dS_UZ 变化-0.69%（情景5）、-0.84%（情景8），气温升高仅微弱增大用材林土壤蒸发散耗水；而降水变化引起 dS_UZ 模拟较极端情景减少 19.40%~39.75%。吕二沟流域和 Seitengraben 流域 dS_UZ 模拟对气候变化的响应具有不同程度灵敏度。

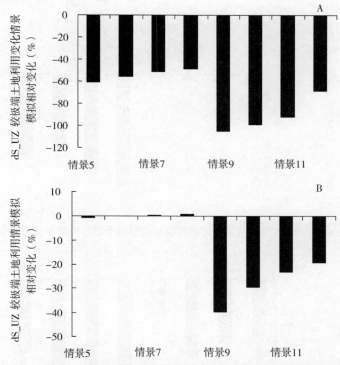

图 6-65　气候变化情景土壤贮水量变化模拟较极端土地利用情景相对变化

A 吕二沟流域；B Seitengraben 流域

（5）径流总量模拟（Q）

图 6-66 表示了气候变化情景径流总量模拟较极端土地利用情景相对变化。比较流域二者，吕二沟流域径流总量模拟响应于气温变化的灵敏度明显较 Seitengraben 流域显著：吕二沟流域气温变化引起极端土地利用径流总量模拟变化 41.69%~49.83%，而 Seitengraben 流域则气温变化引起径流总量模拟响应变化为 3.69%~8.04%。且同前文各量平衡分量，气候变化中降水变化对流域径流总量的影响作用较气温变化大，其中 Seitengraben 流域表现尤为明显，降水变化引起该流域径流总量模拟减少 66.59%~89.40%，而吕二沟流域减少 72.04%~77.09%。同上，分析认为二者径流模拟响应于气温变化的灵敏度差异与流域水资源贮量特点相关。

径流总量由地表径流与基流组成，图 6-67 进一步显示了其中基流模拟较极端土地利用情景相对变化。图中吕二沟流域基流变化较明显，为-27%~5%，但流域各情景模拟基流均占降水量不足 0.4%，基流绝对值均甚小（1.8~2.6mm），基流绝对值极小变化均能

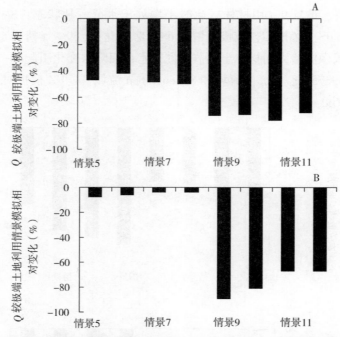

图 6-66　气候变化情景总径流量模拟较极端土地利用情景相对变化

A 吕二沟流域；B Seitengraben 流域

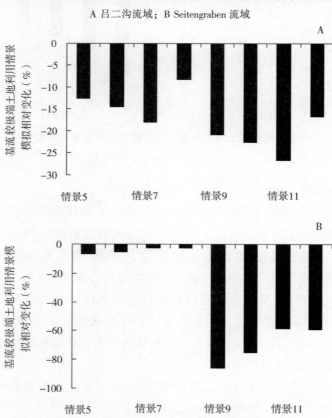

图 6-67　气候变化情景基流模拟较极端土地利用情景相对变化

A 吕二沟流域；B Seitengraben 流域

引起相对变化显著，因此认为总径流变化主要源于地表径流变化。Seitengraben 流域基流占总径流达 50% 以上，对总径流影响贡献较大。同地表径流模拟相似，气温变化对基流影响较小，为 2.77%~6.60%，而降水变化则明显减少基流模拟 58.44%~86.07%，表明流域为维持一定蒸发散，地下贮水明显减少。Seitengraben 流域基流对气温变化响应的灵敏度小于对降水变化。

6.2.3　蔡家川流域 MIKESHE 水文模型模拟

6.2.3.1　模型建立及参数化

收集、调查流域气象、水文、土壤、植被、土地利用、地形、沟道等相关数据信息，根据 MIKESHE 模型数据格式要求整理并建立数据文件。其中，分别建立蔡家川流域 2006、2007 年汛期径流观测时序数据文件（*.dfs0）、气象观测时序数据文件（*.dfs0）。土壤水分运动特征参数等依据文献资料应用土壤转换函数由土壤粒径分布等计算产生，采用 Van-Genuchten 模型进行特征函数表达，共建立蔡家川流域 13 个特征剖面土壤水分运动函数，完成土壤属性数据文件（*.uzs）的建立（图 6-68）。

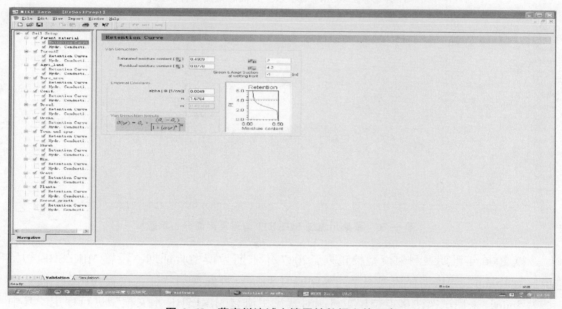

图 6-68　蔡家川流域土壤属性数据文件示意

通过野外实地调查，并结合查阅相关文献，设置流域农地、人工林、次生林、针叶林、经济林、混交林、疏林、幼林、灌木林、草地等 10 种地类叶面积（*LAI*）、根深等信息，建立流域植被生长信息数据文件（*.etv）（图 6-69）。依据流域 DEM，应用软件 HEC-GeoRAS，并结合野外实地调查，完成流域沟系及相关断面信息设置，共建立主沟、一级支沟、二级支沟总计 35 条，河道断面 100 余个（图 6-70），完成流域沟道属性数据文件的建立（*.nwk11，*.xns11，*.bnd11，*.hd11）。

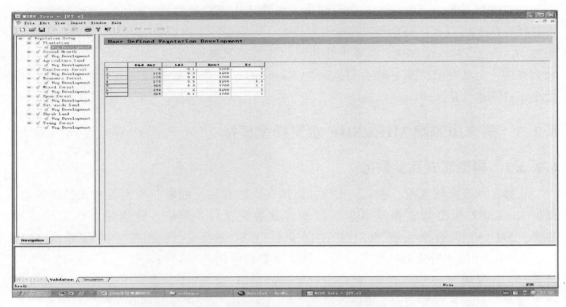

图 6-69　蔡家川流域植被生长信息数据文件示意

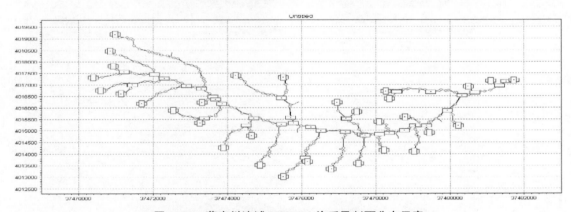

图 6-70　蔡家川流域 MIKE11 沟系及剖面分布示意

以 2006 年汛期观测为模型校正期，2007 年汛期为模型验证期，设置 MIKESHE 初始步长为 15min，并依据径流观测序列等间隔（5min）数据观测特征，设置 MIKE11 模拟步长为 5min，采用试错法多点位校正机制对蔡家川流域 MIKESHE 水文模型进行率定。其中蒸发散参数（Cint、C1、C2、C3、Aroot）、曼宁系数（M）、最大持水深（D）、各地类非饱和带土壤导水率（Ks）、饱和带水平向导水率（Ks_h）、渗透系数以及渗透水位等均予以模型校正，校正参数见表 6-44。

表 6-44　蔡家川流域 MIKESHE 水文模型校正参数

模型	参数	值	单位
ET	Cint	0.25	mm
	C1	0.2	—
	C2	0.07	—
	C3	30	mm/d
	Aroot	5	1/m
OL	M	10	$m^{1/3}/s$
	D	8	mm
UZ	$Ks\_$p1	5e−007	
	$Ks\_$p2	8e−007	
	$Ks\_$agri.	4.34e−006	
	$Ks\_$bare.	3.82e−006	
	$Ks\_$conif.	1e−006	
	$Ks\_$orch.	3.21e−006	
	$Ks\_$young	1e−006	m/s
	$Ks\_$shru.	3.70e−006	
	$Ks\_$mix.	3.41e−005	
	$Ks\_$grass.	1.3e−007	
	$Ks\_$plant.	1.59e−005	
	$Ks\_$second.	8e−006	
	Bypass fraction	0.5	
SZ	$Ks\_$h	8e−009	m/s
	Drain level	−6.8	m
	Drainage time constant	3e−006	m/s

6.2.3.2　灵敏度分析

采用局部灵敏度分析应用自动校正工具对蔡家川流域 MIKESHE 水文模型进行初步灵敏度测试。测试参数包括蒸发散模拟参数（C1、C2、C3、Cint、Aroot）、地表径流参数 M（曼宁系数）、D（最大持水深）、不同地类非饱和带土壤饱和导水率（Ks）、饱和带土壤水平向和垂向饱和导水率（$Ks\_$h、$Ks\_$v）、地质水文参数（St、Sp），以及河道渗透系数。测试结果见表 6-45。

表 6-45　蔡家川流域 MIKESHE 水文模型自动校正工具灵敏度分析结果

模型	参数	Scaled Sensitivity
ET	Cint	−0.059
	C1	−0.315
	C2	−0.322
	C3	−0.011
	Aroot	−1.11E−01

（续）

模型	参数	Scaled Sensitivity
OL	M	1.64E-01
	D	-4.46E-01
UZ	$Ks\_c.$	-9.80E-01
	$Ks\_b.$	-4.99E+00
	$Ks\_g.$	-1.26E+00
	$Ks\_s.$	-2.20E+00
	$Ks\_p.$	-1.19E+00
SZ	Ks_h	2.83E-03
	Ks_v	0.00E+00
	Specific yield（Sp）	0.00E+00
	Storage coefficient（St）	0.00E+00
Channel	Leakage coefficient	1.03E-04

通常，某参数标定灵敏系数（绝对值）与最大值相差 100 倍以上，则该参数较不灵敏。总体来看，表中各模块灵敏度由大到小顺序依次为 UZ、OL、ET、SZ、Channel。SZ 与 Channel 模块中除水平向饱和导水率 Ks_h 以外，其余参数对模型模拟基本无任何影响。这与流域径流过程以场降水径流为主等水文过程特征一致。据此，按不同模块灵敏参数的重要程度选择参数予以模型校正。

$$S_i = \frac{F(\theta_1, \ \theta_2, \ \cdots, \ \theta_i + \Delta\theta_i, \ \cdots, \ \theta_n) - F(\theta_1, \ \theta_2, \ \cdots, \ \theta_n)}{\Delta\theta_1} \qquad (6-78)$$

式中：$\Delta\theta_1$ 为参数扰动；F 为灵敏度测试设置目标函数。

灵敏度分析同时可提供模型参数对模型模拟影响作用的相关信息，为分析流域水文过程与机理提供参考依据。结合采用试错法，对各参数对模型模拟的影响进行具体分析。表 6-46 表示了蒸发散模拟参数以及地表径流模拟参数对模型模拟水量平衡及峰值模拟的影响。蒸发散模拟参数通过影响降水截留、土壤蒸发、植被蒸散等进而影响流域其余水量平衡分量及径流过程峰值流量。表中参数 C1、C2、C3 均对水量平衡分量及峰值模拟表现出不同程度的灵敏性；参数 Cint 虽然对蒸发散 ET 影响较小，但 Cint 的变化显著影响峰值模拟；而参数 Aroot 则对 ET 模拟有一定影响，对峰值模拟影响较小。地表径流模拟参数 M（曼宁系数）以及最大持水深（D）显著影响峰值模拟，并对水量平衡中地表径流总量有不同程度的影响，表现有一定的灵敏性。

表 6-46 蒸发散模拟参数对模拟水量平衡灵敏度测试结果

参数	值	峰值模拟（m³/s）	蒸发散（mm）	地表径流（mm）	渗漏（mm）	基流（mm）
C1	0.2	3.346	464.16	0.21	0.47	0.65
	0.1	3.897	378.99	0.25	2.30	0.66
	0.5	2.762	504.71	0.15	0.24	0.65

（续）

参数	值	峰值模拟（m³/s）	蒸发散（mm）	地表径流（mm）	渗漏（mm）	基流（mm）
	0.3	3.249	484.31	0.19	0.31	0.65
C2	0.1	3.475	446.87	0.22	0.87	0.66
	0.5	2.901	499.35	0.16	0.24	0.65
	15	3.714	414.39	0.24	1.36	0.66
C3（mm/day）	10	3.871	387.70	0.26	1.90	0.66
	30	3.489	445.99	0.22	0.86	0.66
	0.15	5.260	384.80	0.28	0.37	0.54
Cint（mm）	0.25	3.940	387.12	0.26	0.36	0.54
	0.05	5.560	380.88	0.31	0.39	0.54
	0.5	3.543	483.57	0.21	0.54	0.65
Aroot（1/m）	1	3.538	478.52	0.21	0.59	0.65
	5	3.482	445.96	0.22	0.86	0.66
	10	3.940	387.12	0.26	0.36	0.54
M	25	6.740	387.11	0.28	0.36	0.54
	35	7.20	387.11	0.291	0.36	0.54
	8	3.940	387.12	0.26	0.36	0.54
D	2	9.16	387.06	0.96	0.35	0.54
	0.1	11.75	387.01	3.42	0.34	0.54

6.2.3.3　次降水模拟结果

图 6-71 表示了模型校正阶段部分次降水径流模拟结果。图 6-72 为模型验证阶段部分次降水径流模拟。校正阶段中模拟峰值在不同场次表现不一，较观测峰值偏大或偏小，部分场次效果较好，峰值误差仅为 3.43%；从模型效率系数（R^2）看，R^2 变化较大，为 $-1.15 \sim 0.391$，模型模拟有待进一步改善；校正阶段次降水观测径流与模拟径流相关系数 R 主要变化在 $0.35 \sim 0.619$ 之间，个别场次 R 偏低，仅约为 0.13；模拟径流总量整体较观测径流偏小，流量误差（volume errors）几乎均为负值，个别场次效果较好，仅为 -14.7%。与校正阶段相比，验证阶段次降水径流模拟效果总体稍逊于校正阶段。模型模拟效率系数 R^2 几乎均小于 0。尽管峰值模拟误差多在 10% 左右，但模拟径流总量较观测径流误差多为 50% 以上。

总体来看，模型对于黄土高原区域短历时高强度降雨径流模拟具有一定潜在适用性。由于流域内存在降水、地表覆被等较多异质性因素，且数据资料有限，使得模型参数的分布式设置与客观流域具有一定差异，模型校正具有一定的局限性。蔡家川流域 MIKESHE 水文模型有待于进一步改进。

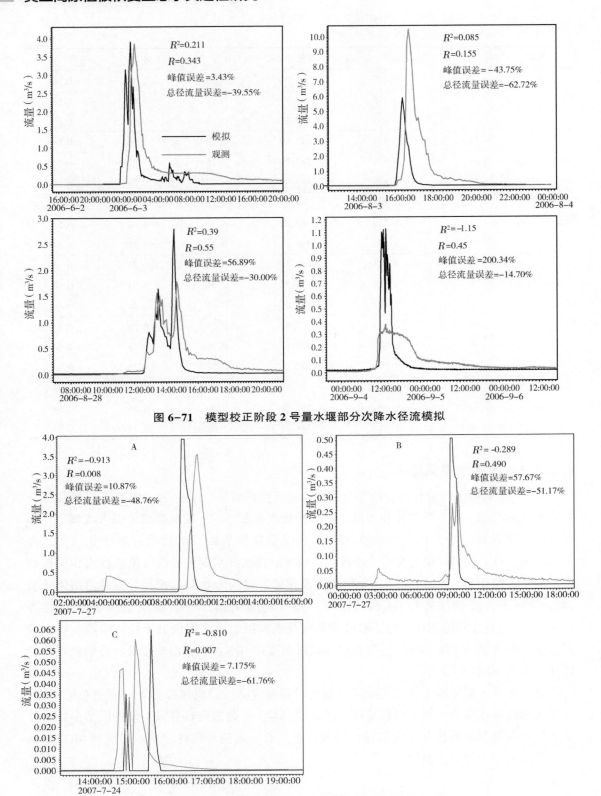

图 6-71　模型校正阶段 2 号量水堰部分次降水径流模拟

图 6-72　模型验证阶段部分次降水径流模拟

A 2 号堰径流；B 6 号堰径流；C 1KGN 堰径流

6.2.4 MIKESHE 与 MUSLE 的耦合应用

6.2.4.1 MIKESHE 与 MUSLE 模型耦合及因子确定

　　MUSLE 模型有效纳入了径流对侵蚀产沙的影响，将径流对泥沙搬运的驱动作用反映于其中。另一方面，MIKESHE 可模拟提供水文变量时空动态变化分布图，可有效模拟反映流域地表径流时空动态变化分布。以径流作为 MIKESHE 模型与 MUSLE 模型结合的切入点，根据 MIKESHE 模型的模拟径流输出确定 MUSLE 模型的降雨径流侵蚀因子（R），并运用地理信息系统软件的数据库管理功能和栅格空间分析功能，依据修正通用水土流失方程 MUSLE，读取数据库文件，生成模型其他各因子专题图，经地理信息系统软件的分析运算，将各因子连乘，得到土壤侵蚀量栅格图。图 6-73 表示了研究技术路线图。MUSLE 以次降雨侵蚀产沙为基础，因此，选择采用 MIKESHE 逐日模型模拟结果与土壤侵蚀方程耦合，据此分析评价逐日次降雨产流条件下流域侵蚀产沙空间动态变化，探讨流域侵蚀产沙的主要泥沙来源及侵蚀空间分布特征。

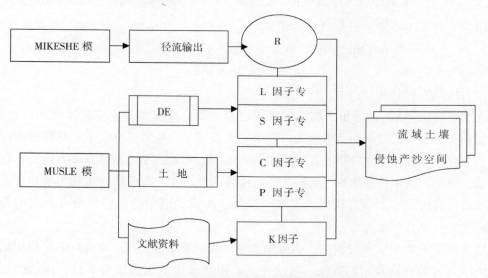

图 6-73　流域土壤侵蚀产沙空间分布研究技术路线

　　（1）降雨径流侵蚀因子（R）

　　降雨、径流是引起侵蚀的主要动力因素之一。在通用土壤流失方程中，降雨侵蚀因子（R）以次降雨总动能 E 与 30min 最大雨强 I_{30} 作为降雨侵蚀力指标。随着 USLE 的广泛应用，许多学者开展了降雨侵蚀力的相关研究。由于一般很难获得长时间序列的降雨过程资料，且资料的整理摘录过于繁琐，一般利用气象站常规降雨统计资料来计算降雨侵蚀力。通常，较多研究中降雨侵蚀力基于月或年降水量资料计算产生，模型多采用幂函数结构形式。与月或年降水量相比，日雨量提供了更为丰富的降雨特征信息，Richardson（1983）等建立了幂函数结构形式的降雨侵蚀力模型，并得到了有效验证。然而，通用土壤流失方程并未有效考虑径流的影响，与之相区别，修订通用土壤流失方程综合考虑了降雨-径流影响。在 MUSLE 模型中降雨径流侵蚀因子（R）由公式（6-79）确定：

$$R = 11.8 \times (Q \times q_p)^{0.56} \tag{6-79}$$

研究基于栅格单元分析土壤侵蚀产沙量，对上式径流项 Q（m^3）进一步改进，以径流深 h 和径流面积 D 估算径流量，确定栅格单元径流量 Q_i，公式如下：

$$Q_i = h_i \times D \tag{6-80}$$

式中：h_i 为第 i 个栅格单元模拟径流深（m）；D 为单元格面积，取值为 50m×50m。

模型模拟可获得流域出口对应洪峰流量 q_p（m^3/s），但很难确定各栅格单元对应洪峰流量 q_{p_i}（m^3/s），因此仍以径流深 h_i 估算确定栅格单元对应平均流量 $\overline{q_i}$。

设

$$Q_i = h_i \times D = \overline{q_i} \times T \tag{6-81}$$

则

$$\overline{q_i} = \frac{h_i \times D}{T} \tag{6-82}$$

式中：T 为径流深持续时间（s）；研究以天为基准分析次降雨流域土壤侵蚀动态变化，MIKESHE 模型模拟输出以天作为步长，因此取 $T = 24 \times 60 \times 60$。

以单元格平均流量 $\overline{q_i}$ 近似代替洪峰流量 q_{p_i}，将公式（6-80）及公式（6-82）代入公式（6-79），则获得单元格 i 对应降雨径流侵蚀因子（R_i）：

$$R_i = 129.76 \times h_i^{1.12} \tag{6-83}$$

（2）土壤可蚀性因子（K）

土壤可蚀性（K）是评价土壤被降雨侵蚀力分离、冲蚀和搬运难易程度的一项指标，也是监测土壤流失量的通用土壤流失方程中的重要因子。K 因子反映了在其他影响侵蚀的因子不变时，不同类型土壤抵抗侵蚀能力的高低。影响 K 因子的因素是多方面的，包括土壤质地、结构的大小及稳定性、黏粒类型、土壤的渗透性、有机质含量和土壤厚度等。通常质地越粗或越细的土壤有较低的土壤可蚀性，而质地适中的土壤反而有较高的土壤可蚀性。

直接测定 K 值要求条件较高，一般用土壤性质推算土壤 K 值。Wischmeier 提出的可蚀性诺谟图是 K 值查询常用的方法，可蚀性诺谟图要求提供土壤结构系数、渗透级别等资料，由于我国土壤背景资料中相关资料的缺乏，因此较不适宜直接应用 Wischmeier 可蚀性诺谟图。在 RUSLE 中，当资料缺少时可根据土壤的几何平均直径计算 K 值，如公式（6-84）；此外，Williams 等在 EPIC 模型中发展了土壤可蚀性因子 K 的估算方法，其使用也较为简便，仅需提供土壤有机质和土壤颗粒组成资料，即可估算 K 值，如公式（6-85）。研究流域并未获得详细土壤类型分布资料，鉴于流域面积较小，流域以灰褐土为主，查阅流域灰褐土土壤粒径相关资料（王学礼，等），采用公式（6-85）计算，统一确定流域土壤可蚀性 K 因子，获得 K 为 0.371。

$$K = 7.594 \left\{ 0.0034 + 0.0405 \exp \left[-\frac{1}{2} \left((\log D_g + 1.659)/0.7101 \right)^2 \right] \right\} \tag{6-84}$$

其中，

$$D_g = -\exp \left(0.01 \sum f_i \ln m_i \right) \tag{6-85}$$

式中：D_g 为土壤颗粒的几何平均直径（mm）；m_i 为不同组下的土壤颗粒粒径（mm）；f_i 为在 m_i 粒径下的质量分数。

$$K = \{0.2 + 0.3\exp[-0.0256S_a(1 - Si/100)]\}\left(\frac{S_i}{Cl + S_i}\right)0.3$$

$$\left[1 - \frac{0.25C}{C + \exp(3.72 - 2.95C)}\right]\left[1 - \frac{0.7S_n}{S_n + \exp(-5.51 + 22.9S_n)}\right] \tag{6-86}$$

$$S_n = 1 - S_a/100 \tag{6-87}$$

式中：S_a 为砂砾含量（%）；S_i 为粉粒含量（%）；Cl 为黏粒含量（%）；C 为有机碳含量（%）。

(3) LS 因子

L、S 因子反映了地形地貌特征对土壤侵蚀的影响，均为无量纲因子。较多学者对 LS 因子的计算作了大量探讨（如：Foster and Wischmeier，1974；Renard et al.，1996；Desmet and Govers，1996；Nearing，1997；McCool et al.，1987；Liu et al.，1994）。坡长因子（L）为田间土壤流失与相应的径流小区（坡长 22.13m）土壤流失量的比率，其形式如公式（6-88）：

$$L = (\lambda/22.13)^m \tag{6-88}$$

式中：λ 为坡长（m），在此近似取值为单元格长（50m）；m 为变化在 0.2~0.5 的系数，该系数值明显影响坡长因子值。

Wischmeier 和 Smith（1978）总结了不同坡度对应 m 系数值，见表6-47。然而，在验证通用土壤流失方程中其上限坡度仅为 18%（McCool D K et al.，1989）。黄土高原地区沟坡较陡，GIS 统计分析得到吕二沟流域坡度大于 18% 的面积占流域 88.3%。刘宝元（2001）等根据天水、安塞、缓德 3 个实验站的径流小区资料分别建立了上限坡度达 55% 的陡坡地条件下坡长因子（L）和坡度因子（S）的算法，坡长因子（L）表达式同公式（6-88），m 取值 0.44，其中坡长因子较好地拟合了观测值，而坡度因子则对于坡度小于 20% 的观测拟合较差。Nearing（1997）通过综合 RUSLE 中 S 因子算法与刘宝元的 S 因子算法提出适于坡度在 0%~50% 之间的 S 因子算法，如公式（6-89）：

$$S = -1.5 + \frac{17}{1 + \exp(2.3 - 6.1\sin\theta)} \tag{6-89}$$

式中：θ 为坡度角（°）。

表6-47 坡长因子 m 取值

坡度（%）	m
1	0.2
1~3	0.3
3~4.5	0.4
4.5 以上	0.5

注：引自 Wischmeier and Smith，1978。

研究采用刘宝元等的坡长因子（L）算法和 Nearing 等的坡度因子（S）算法分别计算坡长因子和坡度因子，二者相乘获得地形因子 LS。

（4）植被覆盖与管理因子（C）

植被覆盖与管理因子（C）是评价植被覆盖与土壤管理措施抑制土壤侵蚀作用的有效指标。植被覆盖与管理因子（C）本质上是指一定条件下有植被覆盖或实施田间管理的土地土壤流失总量与同等条件下实施清耕的连续休闲地土壤流失总量的比值，为无量纲因子。影响植被覆盖与管理因子（C）的主要因素包括植被地上部分、地上和地下植被残体、前期土地利用方式、耕作制度（包括轮作和耕地方式）以及土壤水分等。当地表完全裸露时，C 值为 1.0；如地面得到良好保护，C 值则为 0，介于 0~1 之间。

C 值的多变性以及变化幅度之大，如：美国玉米 C 值大小有 120 余种，虽然 C 值均变化在 0~1 之间，但其变幅可相差 2~3 个数量级，使得 C 值研究为各国学者研究 USLE 的焦点之一。我国现有研究已经估算了几种植被类型的 C 值。张宪奎（1992）等研究得出玉米、高粱、谷子、大豆和小麦等作物在各个生育期的 C 值；江忠善（1996）等根据陕北黄土丘陵径流小区实验结果得到种植作物的农地与裸露农地土壤流失量的比值为 0.61，并计算了各月农地土壤流失系数。此外，部分研究通过建立植被覆盖度与 C 因子关系式估算 C 因子值（马志尊，1989；蔡崇法，2000）。参考以往相关研究（蔡崇法，2000；金国华，2005；李建牢，1989；李嘉峻，2005），本研究结合流域实际植被覆盖度及种植方式等情况，结合土地利用专题图，对各土地利用植被覆盖与管理因子 C 进行赋值。

（5）水土保持措施因子（P）

P 反映了不同水土保持措施对土壤侵蚀的影响，为无量纲因子，其值为采用专门措施后的土壤流失量与顺坡种植时的土壤流失量的比值。通常的侵蚀控制措施有等高耕作、修梯田等。同上，结合土地利用专题图，分别对各土地利用赋 P 值，除梯田、果园等参考相关文献赋值外（史志华，2002；蔡崇法，2000），其余坡耕地及自然植被等均赋值为 1。

6.2.4.2 吕二沟流域侵蚀产沙模拟预测

1）当前土地利用典型降雨流域侵蚀产沙模拟

（1）不同地貌侵蚀产沙

流域内 1984 年 8 月 3~5 日发生暴雨降雨，逐日降雨量分别为 22.4mm、28.5mm、24.7mm，流域出口该时段内实测观测径流高达 11.9m³/s，径流泥沙含量高达 309kg/m³，因此，选择以 1983 年 8 月 3~5 日 MIKESHE 模型逐日模拟结果与 MUSLE 耦合模拟生成流域侵蚀产沙空间分布情况。

彩图 21 为模拟得到的 8 月 3~5 日侵蚀产沙空间分布图。从图中可以明显看出，模拟得到的流域各像元次降雨侵蚀产沙量变化范围较大，从 0 变化到约 700t，大部分区域各像元侵蚀产沙量约在 6t 范围内，但流域沟系内明显存在有高值区，侵蚀极为剧烈。结合流域地貌分布（图 6-74），统计分析得到流域各地貌类型侵蚀产沙情况（表 6-48）。流域沟坡、斜梁坡、斜梁顶等地貌类型分别占流域总面积、39.08%、13.73%。从表中可以看出：流域内约 90% 的侵蚀产沙来自于沟壁较陡的沟坡（含沟道），不仅由于沟坡较大的面积范围（占流域总面积 44.15%），同时其单位面积侵蚀产沙量远远大于斜梁坡和斜梁顶，8 月 3~5 日模拟得到的沟坡（含沟道）单位面积侵蚀产沙量分别为 1575.56t/km²、1804.27t/km²、1777.04t/km²；斜梁坡占流域总面积 39.08%，模拟得到的侵蚀产沙占总侵蚀产沙量 6%~8%，3~5 日单位面积侵蚀产沙量分别为 141.78t/km²、185.82t/km²、128.70t/km²；斜梁顶占流域总面积 13.73%，侵蚀产沙占流域总侵蚀产沙 1%~2%，单位面积侵蚀产沙量分别为 94.13t/km²、116.01t/km²、71.68t/km²。流域内其余地貌占流域面积 3.04%，其侵蚀产沙占流域总侵蚀产沙量较斜梁顶稍大，为 2%~6%，主要由于其中阶地等单位面积侵蚀产沙量较高，3~5 日分别高达 835.2t/km²、975.2t/km²、895.2t/km²。

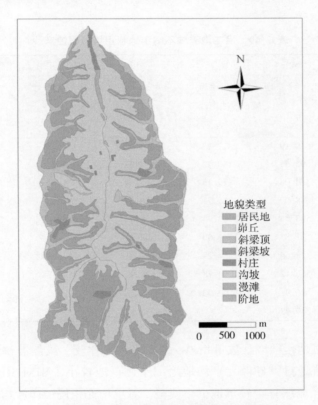

地貌类型
居民地
峁丘
斜梁顶
斜梁坡
村庄
沟坡
漫滩
阶地

0 500 1000 m

图 6-74　吕二沟流域地貌类型分布图

表 6-48　吕二沟流域不同地貌类型模拟侵蚀产沙

时间	沟坡		斜梁坡		斜梁顶		峁丘、阶地等
	侵蚀产沙（t）	单位面积侵蚀产沙（t/km²）	侵蚀产沙（t）	单位面积侵蚀产沙（t/km²）	侵蚀产沙（t）	单位面积侵蚀产沙（t/km²）	侵蚀产沙（t）
1984 年 8 月 3 日	8244.12	1575.56	656.79	141.78	153.19	94.13	195.89
1984 年 8 月 4 日	9440.83	1804.27	860.81	185.82	188.81	116.01	709.09
1984 年 8 月 5 日	9298.38	1777.04	596.2	128.70	116.66	71.68	217.85

（2）不同土地利用侵蚀产沙模拟

结合土地利用分布图，统计分析得到流域不同土地利用类型模拟侵蚀产沙情况（表6-49）。从表中可以看出，流域侵蚀产沙主要来自于村庄厂矿和居民用地、坡耕地及草地等土地利用类型，模型模拟期间3种土地利用模拟侵蚀产沙占流域总侵蚀产沙将近84%。其中，村庄厂矿和居民用地仅占流域面积9.13%，但其单位面积侵蚀产沙量高达3145.41t/km^2，对流域侵蚀产沙贡献较大，约33%。村庄厂矿及居民占地统计包含有道路，并且村庄基本无任何植被防护措施，往往产生有大量径流或汇集有大量径流，推断模型模拟得到的该类型土壤侵蚀产沙较高与此相关。流域观测资料表明，村庄道路年侵蚀模数能达259.5t/hm^2（王学礼，2004）。

表6-49 吕二沟流域不同土地利用模拟侵蚀产沙

土地利用	1984年8月3日		1984年8月4日		1984年8月5日	
	侵蚀产沙 （t）	单位面积 侵蚀产沙 （t/km^2）	侵蚀产沙 （t）	单位面积 侵蚀产沙 （t/km^2）	侵蚀产沙 （t）	单位面积 侵蚀产沙 （t/km^2）
村庄厂矿及居民占地	3050.19	2817.73	3404.91	3145.41	3344.51	3089.62
林地	505.57	180.72	546.28	195.27	547.35	195.66
梯田	434.08	279.15	515.69	331.63	416.51	267.85
草地	2088.09	715.71	2548.57	873.55	2485.57	851.95
坡耕地	2508.54	902.35	2935.96	1056.10	2666.05	959.01
裸地	31.83	1591.50	63.00	3195.50	63.6	3180.00
疏林地	28.66	84.29	57.01	167.68	55	161.76
灌木林	586.12	3044.78	627.42	3259.32	630.42	3274.91
果园	16.9	100.90	20.55	122.69	20.09	119.94
总计	9249.98	—	10720.3	—	10229.1	—

流域坡耕地与草地侵蚀产沙数量相当。对二者进行比较，虽然坡耕地与草地地表植被覆盖度不同，但坡耕地对应各像元平均地形因子比草地较小，MIKESHE模型模拟生成的坡耕地平均产流（径流深）也较草地少，使得二者单位面积侵蚀产沙均较相接近，分别为902.4~1056.1t/km^{2}和715.7~873.5t/km^2，坡耕地和草地分别占流域面积23.45%和24.62%，因此，二者对流域总侵蚀产沙贡献相近，平均分别占总侵蚀产沙的27%和24%。研究中草地类型包含有荒草地，而实际观测表明荒草地土壤侵蚀较高（张满良，等.2004），因此，认为对于草地的模型模拟情况与实际观测情况结论一致。

林地和梯田虽然也占流域较大面积比例，分别为23.6%和13.12%，但模拟得到单位面积侵蚀产沙相对较少，分别为180~196t/km^{2}和267~331t/km^2，因此对流域总侵蚀产沙贡献较少，均为5%。需要指出的是，仅从单位面积模拟侵蚀产沙量看，除村庄厂矿用地外，灌木林和裸地依次位居次之，分别高达3044.8~3274.9t/km^{2}和1591.5~3195t/km^2。流域灌木林地相对较少，为1.62%，但相对集中分布于沟谷和沟坡，各像元平均汇流较多、地形因子较大，因此，模拟计算的单位面积侵蚀产沙颇为剧烈；而裸地则主要因为无任何植被措施覆盖导致侵蚀产沙剧烈。

（3）流域侵蚀强度划分

MUSLE 模型应用以次降雨为基础，上述研究得到典型次降雨逐日侵蚀模拟结果。为有效认识流域模拟侵蚀强度，依据流域 1982—2004 年多年平均降水 572.8mm，对该次降水模拟得到的次降雨侵蚀产沙进行线性转化获取年均侵蚀产沙量，并进一步单位转换获取土壤侵蚀模数。侵蚀强度的分析基于栅格图像操作，在 ArcGIS 空间分析栅格图层计算器公式编辑栏里输入公式，如公式（6-90）所示。

$$E_{-intensity} = \frac{(E_{-daily1} + E_{-daily2} + E_{-daily3}) \times 400 \times 572.8}{75.6} \quad (6-90)$$

式中：$E_{-intensity}$ 为估算的流域侵蚀模数图层；$E_{-daily1}$、$E_{-daily2}$、$E_{-daily3}$ 分别为 3～5 日的逐日流域侵蚀产沙分布图层。

采用公式（6-90）计算获得基于栅格单元的流域侵蚀模数分布图，根据土壤侵蚀分类分级标准划分流域侵蚀强度等级（表6-50），获得流域侵蚀强度分布图（图6-75）。

表6-50　土壤侵蚀分类分级标准

侵蚀等级	平均侵蚀模数 [t/（km²·a）]	平均流失厚度 （mm/a）	侵蚀等级	平均侵蚀模数 [t/（km²·a）]	平均流失厚度 （mm/a）
无明显侵蚀	<500	<0.37	轻度侵蚀	500～2500	0.37～1.9
中度侵蚀	2500～5000	1.9～3.7	强度侵蚀	5000～8000	3.7～5.9
极强度侵蚀	8000～15000	5.9～11.1	剧烈侵蚀	>15000	>11.1

从图中可以看出，流域大部分区域为无明显侵蚀和轻度侵蚀区域，二者分别占流域总面积的 42% 和 31.87%，但年侵蚀量仅占总侵蚀量的 2.42%；流域内 12.4% 的面积区域属于中度侵蚀区域，其年侵蚀产沙对总侵蚀量的贡献为 2.25%；流域强度和极强度侵蚀的面积分别占 4.22% 和 3.94%，侵蚀产沙贡献分别为 1.38% 和 2.15%；而流域 91.8% 的侵蚀产沙则来自于仅占流域 5.57% 的面积范围，且如前文所述，剧烈侵蚀区域主要分布在沟道和部分沟坡。

模拟流域侵蚀强度分布基本与现实流域侵蚀分布特征一致。流域 1954 年即开始对坡面以自然植被、自发耕作等措施治理水土流失，至 1960 年治理度达 14.6%，70年代以后辅以梯田、林地等人为水土保持

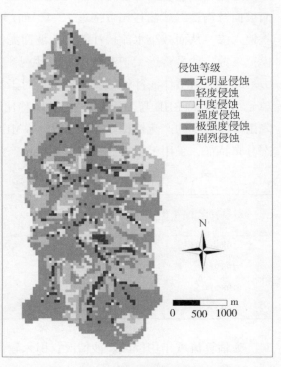

侵蚀等级
- 无明显侵蚀
- 轻度侵蚀
- 中度侵蚀
- 强度侵蚀
- 极强度侵蚀
- 剧烈侵蚀

图6-75　吕二沟流域侵蚀强度划分

措施，1980 年治理度已达 50.2%，良好的生物措施使得流域坡面大部分区域侵蚀强度有明显减缓。有关资料统计表明，流域实施水土保持措施后年均输沙量从 1954—1960 年的 13.45 万 t 下降为 1961—1980 年的 6.78 万 t（张满良等，2004）。与坡面水保措施相反，流域在 50 年代至 80 年代间，在干、支沟沟道内修建了部分谷坊、淤地坝、涝池等水保工程措施，但均已淤满，沟道侵蚀仍然较为严重。流域共有大小支毛沟 50 余条，沟壁陡峭，且多为极度风化的砂砾石组成，岸坡互不对称，沟掌地带岩土松软，极易发生重力侵蚀，一旦遇有暴雨径流，即产生泥石流，形成剧烈侵蚀区域。有关实测资料表明，坡面措施实施后，流域 1960 年（治理后）与 1954 年（治理前）对比，洪水总量减少 9.2%，但严重的沟道溯源侵蚀和沟壁崩塌，流域泥沙总量增加 35.8%，沟道是流域的剧烈侵蚀区域。

（4）流域侵蚀产沙模拟与观测径流泥沙比较

上述模拟产生流域各栅格单元 19840803 次降雨侵蚀产沙分布特征与实际侵蚀分布特征基本一致。设流域泥沙输移比为 1∶1，累积各栅格单元模拟侵蚀产沙量获得流域估计总侵蚀产沙量，为 30678.62t（表 6-51），与流域出口径流泥沙观测比较，模拟泥沙与观测泥沙较相接近，误差〔（模拟−观测）/观测〕约为 −11%。表 6-51 同时对比有观测年份其余部分场次降雨侵蚀产沙估计，各场次模拟径流与观测径流误差 ≤20%。表中 19830926 次降雨估计侵蚀产沙总量与观测泥沙误差为 12%，而其余场次 19840915 与 19900514 估计侵蚀量远大于观测值，实测泥沙仅为估计值 30% 和 5%。结合各场次对应观测径流量比较，径流量越高，侵蚀产沙估计误差越小，反之，径流量越低，误差越大。因此，初步推断认为，产流较多时坡面地表对径流的拦截、就地入渗影响作用较小，水流挟沙能力较强，从而坡面及沟道泥沙输移比可接近 1∶1，而产流较少时地表径流在汇流过程中极易被拦截、就地入渗，从而减小水流挟沙能力，坡面泥沙输移比大幅降低，因此基于累积各栅格单元模拟侵蚀产沙量将远大于流域出口泥沙观测。总体认为，降雨−产流量不同，水流挟沙能力不同，流域整体泥沙输移比将不同。对于长历时降雨产流较多的产流模拟，可基于栅格单元结合 MIKESHE 与 MUSLE 按泥沙输移比 1∶1 推算流域出口侵蚀产沙，而对于短历时降雨产流较少的产流模拟则 MIKESHE 与 MUSLE 的耦合应用仅能有效确定流域侵蚀空间动态分布特征，采用上述方法进行流域出口产沙模拟需引入一定的输沙率进一步转换。

表 6-51 流域次降雨侵蚀产沙模拟与观测径流泥沙比较

场次	侵蚀产沙量（t）		径流（m³）
	实测	估计	实测
19840803	34734.53	30678.62	226627.20
19830926	9442.26	10599.86	121737.60
19840915	6771.17	23379.94	55900.80
19900514	978.91	21732.04	20502.72

为估算流域年均侵蚀产沙情况，引入输沙率公式（6-89）进行测试：

$$SDR = 0.42 \times A^{-0.125}$$

$$(6-91)$$

式中：*SDR* 为输沙率；*A* 为流域面积（km^2）。

公式（6-91）由 Vanoni（1975）根据世界范围内 300 多个观测流域资料建立，模型具有一定普适性。计算获得吕二沟流域输沙率为 0.308。按此输沙率对前文分析流域侵蚀模数分布进行计算，获得流域出口年侵蚀产沙估计值为 70435t。与有关实测资料中（张满良，等，2004）1961—1989 年年均输沙量 67800t 相比，二者误差仅为 2.5%。认为 MIKESHE 水文模型与 MUSLE 模型的耦合，以及输沙率 0.308 的应用，较好地模拟估算了流域年均侵蚀产沙情况。

2）植被变化情景流域侵蚀产沙预测

仍选用 19840803 次降水作为模型输入，根据前文极端土地利用情景设计情景 1 至情景 4 进行流域侵蚀产沙分布模拟，并按流域不同地貌分类统计，结果见表 6-52。表中各情景模拟均较原土地利用模拟明显减少：与原土地利用侵蚀模拟相比，沟坡单位面积侵蚀产沙减少 425~1403t/km^2，斜梁坡单位面积侵蚀产沙减少 78~146t/km^2，斜梁顶单位面积侵蚀产沙减少 58~92t/km^2。不同情景模拟中情景 1（用材林）较原土地利用减沙效益最为明显，其次为情景 4（草地），而情景 2（果园）与情景 3（灌木林）减沙效益相当，均逊于用材林和草地，认为与灌木林、果园的植被覆盖稍逊于林草植被相关。

表 6-52　吕二沟流域情景模拟侵蚀产沙分布

情景	时间	沟坡		斜梁坡		斜梁顶		峁丘、阶地等
		侵蚀产沙量（t）	单位面积侵蚀产沙（t/km^2）	侵蚀产沙（t）	单位面积侵蚀产沙（t/km^2）	侵蚀产沙（t）	单位面积侵蚀产沙（t/km^2）	侵蚀产沙（t）
情景 1（用材林）	1984 年 8 月 3 日	1651.3	315.6	27.4	5.9	2.8	1.7	23.7
	1984 年 8 月 4 日	1686.2	322.2	29.0	6.3	3.1	1.9	25.1
	1984 年 8 月 5 日	1693.9	323.7	28.2	6.1	3.0	1.8	24.2
情景 2（果园）	1984 年 8 月 3 日	5777.1	1104.1	96.6	20.9	9.7	5.9	84.0
	1984 年 8 月 4 日	5903.1	1128.2	102.4	22.1	10.7	6.6	88.9
	1984 年 8 月 5 日	5931.5	1133.6	99.5	21.5	10.2	6.3	85.9
情景 3（灌木林）	1984 年 8 月 3 日	6598.3	1261.0	111.3	24.0	11.4	7.0	95.0
	1984 年 8 月 4 日	6737.8	1287.7	117.8	25.4	12.6	7.7	100.4
	1984 年 8 月 5 日	6768.2	1293.5	114.6	24.7	12.0	7.4	97.1
情景 4（草地）	1984 年 8 月 3 日	4030.7	770.3	81.2	17.5	10.9	6.7	60.8
	1984 年 8 月 4 日	4438.4	848.2	339.7	73.3	58.3	35.8	69.9
	1984 年 8 月 5 日	4320.9	825.8	138.7	29.9	20.5	12.6	62.7

6.2.4.3　蔡家川流域侵蚀产沙模拟

1）当前土地用典型次降雨流域侵蚀产沙模拟

（1）20060602 次降雨

选取 2006 年 6 月 2~3 日次降雨产流时段，模拟该场次降雨侵蚀产沙。该场次径流模拟峰值误差为 3.43%，径流总量误差为 -39.55%。模拟结果中地表径流输出步长为 2h，因此，逐一输出该场次降雨产流时段 2006 年 6 月 2 日 20：00 至 6 月 3 日 20：00 地表径流（包括地表径流深及地表径流量）空间动态分布，通过计算产生 6 月 2 日 20：00 至 6 月 3 日 20：00 各时段侵蚀产沙空间动态分布。累积各时段对应栅格单元侵蚀产沙，获得该场次降雨径流侵蚀产沙空间分布。侵蚀产沙主要集中在上游沟道以及下游部分区域。按不同土地利用划分，该流域侵蚀产沙主要来源荒草地、灌木林地，侵蚀产沙总量分别为 2813.01t、1125.72 t，单位面积平均侵蚀产沙量分别高达 557.03t/km² 和 211.60t/km²（表 6-53）。荒草、灌木林侵蚀产沙较高与相关研究中吕二沟流域研究结论基本一致。其余各种林分除幼林外，单位面积侵蚀产沙相当。幼林、农地侵蚀产沙量较大，单位面积侵蚀产沙分别为 168.59t/km² 和 70.48t/km²。

表 6-53　蔡家川流域 2006 年 6 月 2~3 日次降雨径流侵蚀产沙模拟

土地利用	侵蚀产沙量（t）	单位面积侵蚀产沙量（t/km²）
次生林	144.88	13.57
混交林	190.38	35.65
灌木林	1125.72	211.60
针叶林	29.81	7.11
疏林地	76.13	46.42
草地	2813.01	557.03
幼林地	381.02	168.59
农地	162.82	70.48
裸地	7.75	28.70
人工林	34.07	20.90
果园	9.38	18.76

（2）20060803 次降雨

选取蔡家川流域 2006 年 8 月 3 日次降水，对流域侵蚀产沙空间分布进行模拟并统计。该日次降水量 31mm，主沟 2 号量水堰观测径流约 10.49m³/s，模拟峰值流量为 12.50m³/s，峰值误差为 19.2%，峰现时间模拟误差为 11.1%，其余量水堰如 5 号堰、6 号堰该次降水模拟径流 EF 系数也分别为 0.53 和 0.69。总体认为，该次降水 MIKESHE 模型模拟效果较好。按照当前流域各土地利用或植被类型进行单元格侵蚀产沙累积统计，得到不同土地利用侵蚀产沙贡献（图 6-76）。从图中可以看出，蔡家川流域当前侵蚀产沙主要来自于灌木林地，虽然其面积比例仅约 14%，侵蚀产沙贡献却高达 50%。次生林由于其较大面积比例也表现有一定的侵蚀产沙贡献，侵蚀产沙贡献约占 23%。其余土地利用与植被类型侵蚀产沙贡献相当。图 6-77 为各土地利用与植被类型单位面积次降水侵蚀产沙。可以看出，灌木林单位面积侵蚀产沙最大，为 336t/km²；其他的土地利用包括村舍占地、道路等，因此，其单位面积侵蚀产沙贡献也达 286t/km²；农地侵蚀产沙贡献也较大，为 143t/km²，其余土地利用与植被类型相当。

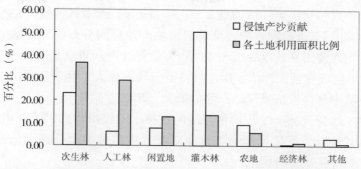

图 6-76　蔡家川流域次降雨（20060803）各土地利用侵蚀产沙统计

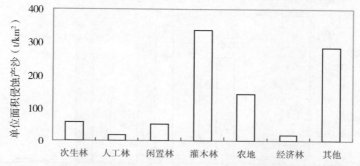

图 6-77　蔡家川流域次降雨（20060803）各土地利用单位面积侵蚀产沙

2）植被变化情景典型次降雨侵蚀产沙预测

上述侵蚀产沙空间分布模拟同时体现了地形、土地利用与植被类型等影响，为分析流域不同坡度侵蚀产沙特征，以便为流域防护林空间配置技术的提出提供决策依据，设置极端情景进行模拟。其中，极端情景包括次生阔叶林情景（S1_次生林）、人工（刺槐）林情景（S2_人工林）、灌木林情景（S3_灌木林）、荒草地情景（S4_草地）。

空间分析表明，研究流域坡度变化范围为 0°～63.2°，取坡度分布分位数为 5%、15%、25%、40% 对应坡度值，对流域各坡度等级进行统计（图 6-78）。总体来看，蔡家川流域大部分面积区域集中分布在 9.48°～15.8°、15.8°～25.3° 以及 3.16°～9.48° 的坡度等级，其面积比例分别占流域 38.5%、37.6% 和 32.4%，其余坡度等级（<3.16° 和 25.3°～63.2°）分布比例较小，仅为 2.2% 和 1.0%。坡度级 25.3°～63.2° 除包含流域极陡坡面，同时包含流域陡崖、峭壁等面积；而坡度级<3.16° 除包含平缓坡外，还包含流域沟道等面积区域。图中同时反映了各坡度等级人工林极端情景模拟空间分布统计。可以看出，流域 9.48°～15.8° 坡度级侵蚀产沙贡献最大，达 41.9%；其余两个主要坡度等级侵蚀产沙贡献分别为 32.4% 和 19.2%。而对于 25.3°～63.2° 坡度级侵蚀产沙贡献模拟仅为 0.62%；而<3.16° 的坡度级侵蚀产沙贡献也仅为 5.92%。因此，研究认为蔡家川流域防护林体系空间配置的主要重点区域依次坡度级为 9.48°～15.8°、3.16°～9.48° 和 15.8°～25.3°。研究中 MIKESHE 与 MUSLE 的结合应用并未考虑重力侵蚀机制，因此，对于<3.16° 或>25.3° 的坡度级中并未反映重力侵蚀所引起的侵蚀产沙贡献，模拟值较小，因此，该模拟值仅能反映平缓坡面（不包含沟道）侵蚀产沙情况。

对其余极端情景包括次生林林情景（S1_Second.）、灌木林情景（S3_Shrub.）、荒草地情景（S4_Grass.）等进行同样的坡度等级侵蚀产沙空间分布统计（表6-54），结果表明其余极端情景均表现出在坡度等级8.48°~15.8°侵蚀产沙贡献最大，而3.16°~9.48°以及15.8°~25.3°坡度级侵蚀产沙依次次之的特征，与前述人工林所反映的侵蚀产沙特征一致。总体来看，灌木林极端情景侵蚀产沙量最大，其次为荒草地，而人工林和次生林侵蚀产沙量依次次之。这为流域尺度防护林空间配置技术的提出亦提供了基本参考依据。即：从侵蚀产沙防治效益看，流域尺度防护林空间配置中植被类型选择可依据次生林、人工林、草地和灌木林等依次进行优选。

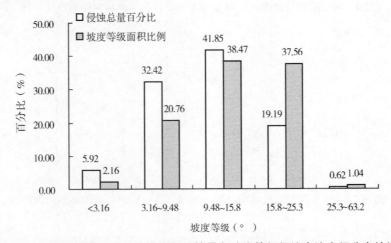

图6-78　蔡家川流域人工林模拟极端情景各坡度等级侵蚀产沙空间分布统计

表6-54　蔡家川流域次降雨（20060803）极端情景模拟不同坡度等级侵蚀产沙统计

坡度等级（°）	各情景不同坡度等级侵蚀产沙统计（%）			
	S1_Second.	S2_Planta.	S3_Shrub.	S4_Grass.
<3.16	3.37	5.92	4.41	4.23
3.16~9.48	30.16	32.42	30.99	30.99
9.48~15.8	33.32	41.85	43.74	44.27
15.8~25.3	31.60	19.19	20.21	19.87
25.3~63.2	1.56	0.62	0.65	0.63
侵蚀产沙总量（t）	130.20	167.92	967.33	600.18

3）植被空间配置情景流域侵蚀产沙预测

（1）植被空间配置方案

根据前述潜在植被分布特征、不同土地利用与植被类型对流域出口水文响应影响分析及各极端情景侵蚀产沙比较及空间分布特征，参照相关研究（Tim R. McVicar et al.，2005），初步提出流域尺度防护林空间配置方案。

配置的基本指导依据及指导思想：

①坡向、海拔等主要影响乔木树种及高大灌木潜在分布，而低矮灌丛及草本植被则主要

与海拔分布相关，受坡向即太阳辐射等影响较小，因此，对于土壤水分较为充足、辐射相对较弱的阴坡或半阴坡可考虑种植乔木树种，而阳坡则土壤水分较少，多适宜种植灌草植被。

②流域侵蚀产沙主要来自于占有一定面积比例的中坡地段，对于该地段可依据水分条件适当引入乔木树种或灌草植被进行侵蚀防治；而平地或缓坡等土壤侵蚀发生几率相对较少，以种植灌草为宜；而对于流域面积比例极少的陡崖等地段，以草本植被的自然恢复为宜。

③不同植被类型表现有不同的对流域水文响应的影响，人工林由于蒸发散耗水增大，一定程度可减少流域产水量，而次生林则减少作用相对较小，灌草总体蒸发散也较小，因此，对于侵蚀产沙贡献较少的非重点防治区域，应以灌草的种植或恢复为宜，以最大程度减少对流域水资源的影响。

④不同植被类型总体上表现有不同的侵蚀防治效益，其中，次生林侵蚀防治效益最大，人工林次之，而草地、灌丛则依次位居其后。流域防护林空间配置有效控制流域侵蚀产沙时可按其顺序依次优选各植被类型。

⑤为保证流域内农户正常生活及一定的农业生产，防护林空间配置时需留置考虑一定面积的梯田。

根据上述指导依据，结合蔡家川流域坡度分级分布特征，提出蔡家川流域防护林空间配置技术措施（表6-55）。其中，为保证农户正常生活及一定程度农业生产，村庄、农舍以及坡度小于9.5°等农地区域不作为空间配置的目标区域。具体配置措施如下：

表6-55 蔡家川流域植被建设空间配置情景

项目	坡向	坡度（°）	代码	植被类型
目标区域	阴坡（坡向>292.5，并且≤67.5）	<3.2	NFS32	草地
		3.2~9.5	NFS3295	次生林
		9.5~15.8	NFS9515	次生林
		15.8~25.3	NFS1525	草地
		25.3~63.2	NFS25	草地
	（112.5<阳坡≤247.5）阳坡（坡向>112.5，并且≤247.5）	<3.2	SFS32	草地
		3.2~9.5	SFS3295	人工林
		9.5~15.8	SFS9515	草地
		15.8~25.3	SFS1525	草地
		25.3~63.2	SFS25	草地
	67.5<半阴半阳坡≤112.5；247.5<半阴半阳坡≤292.5 半阴半阳坡（坡向>67.5，并且≤112.5；或者，坡向>247.5，并且≤292.5）	<3.2	EW32	草地
		3.2~9.5	EW3295	次生林
		9.5~15.8	EW9515	人工林
		15.8~25.3	EW1525	草地
		25.3~63.2	EW2563	草地
受限区域	农地（<9.5°）		Landlimit_ agri.	
	村庄、农舍		Landlimit_ resi.	
	水域		Landlimit_ wat.	

①流域>25.3°~63.2°坡度级所占流域面积比例较小，侵蚀产沙贡献较小，且土壤水分条件较差，因此，该区以草本植被的恢复为目的进行防护林空间配置。

②流域15.8°~25.3°坡度级所占流域面积比例较大，侵蚀产沙贡献也较大，但限于土壤水分条件，该区应以草本植被的恢复为目的进行防护林空间配置。

③流域9.5°~15.8°坡度级所占流域面积比例较大，侵蚀产沙贡献最大，是流域防护林空间配置的重点区域。由于不同坡向水分条件、辐射条件等不同，配置时针对不同坡向分别设置。其中，阴坡水分条件充足，辐射条件适宜，多为次生树种或高大灌木的潜在分布区，因此，阴坡区段应保护好现有次生林，并对该区段的非次生林区域采取封禁措施，适当引入次生树种，以加速其顺向演替，发展次生林。阳坡因其土壤水分条件较差，发展具有一定功能结构的乔木林并无水分保证，并有增大流域蒸发散损失的潜在可能性，因此，应以草本植被的恢复为宜，一定程度减少其侵蚀产沙贡献，并保证蒸发散损失的有效降低。而半阴半阳坡则由于其水分及辐射条件介于阴坡和阳坡之间，因此，可考虑引入一定密度的人工林，以有效减少侵蚀产沙。

④流域3.2°~9.5°坡度级所占流域面积比例较大，侵蚀产沙贡献亦较大，也是流域防护林空间配置的重点区域。根据不同水分条件和辐射条件，按不同坡向配置不同的植被类型。其中，阴坡仍为次生树种或高大灌木树种的潜在分布区域，因此可保留已有次生林，对非次生区域采取封禁措施，并人工加速其顺向演替；半阴半阳坡则因该区段地势相对上一坡度级平缓，水分、辐射等条件较为适宜，因此，可考虑亦发展次生林；而对于阳坡，则仅能人工引入乔木树种，发展一定密度的人工林。

⑤流域<3.2°的坡度级（不包含沟道系统）所占流域面积比例较少，虽然地势平缓，较容易积聚上坡来水，但该坡段侵蚀产沙贡献较少，因此，可考虑仅以草本植被的恢复为主，以最大程度减少流域蒸发散损失，并一定程度减少侵蚀产沙。

（2）侵蚀产沙预测

结合应用上述校正检验 MIKESHE 模型与土壤侵蚀模型 MUSLE，对蔡家川流域防护林空间配置进行侵蚀产沙模拟。按 1:1 输沙率累积各栅格单元获得流域出口侵蚀产沙总量，为 417.33t，侵蚀产沙量较当前土地利用减少 88%。图 6-79 对比反映了当前土地利用与空间配置情景各坡度级单位面积侵蚀产沙。各坡度级侵蚀产沙均较当前土地利用明显下降，减沙效益为 59%~92%，其中 3.2°~9.5° 坡度级和 9.5°~15.8° 坡度级减沙效益最大。图6-80反映了流域各空间配置植被类型与当前土地利用单位面积侵蚀产沙比较。图中同时对比反映了配置前后各类型面积比例。总体来看，除草地以外，次生林和人工林空间配置面积比例均较当前土地利用减少，但次生林、人工林、草地等平均单位面积侵蚀产沙均较原土地利用中对应类型侵蚀产沙少。次生林面积比例较原来减少约8%，但其单位面积侵蚀产沙减少至 6.26t/km²，约减少90%；人工林较原土地利用面积减少约13%，但其单位面积侵蚀产沙为 7.28t/km²，减少效益较少，约为11%；草地较原土地利用面积增加约42%，但单位面积侵蚀产沙也呈减少趋势，为 10.96t/km²，减沙效益约79%；而农地、居民占地等土地利用限制面积较原来减少约5%，但单位面积侵蚀产沙明显减少，减沙效益最大达92%。

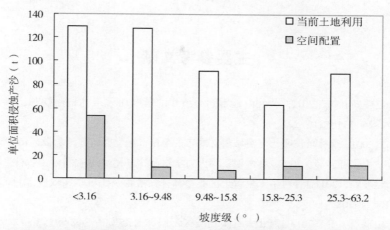

图 6-79　蔡家川流域当前土地利用与防护林空间配置情景次降雨各坡度级单位面积侵蚀产沙

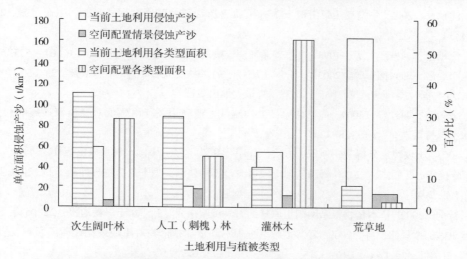

图 6-80　蔡家川流域空间配置各类型与当前土地利用单位面积侵蚀产沙比较

主要参考文献

陈波，孟成生，赵耀新，等，2012. 冀北山地不同海拔华北落叶松人工林枯落物和土壤水文效应 [J]. 水土保持学报，26（3）：216-221.

陈军峰，李秀彬，2001. 森林植被变化对流域水文的影的争论 [J]. 自然资源学报，16（5）：474-480.

陈丽华，余新晓，宋伟峰，等，2008. 林木根系固土力学机制 [M]. 北京：科学出版社.

陈琳，赵廷宁，赵陟峰，2011. 晋西半干旱黄土区典型林分枯落物及土壤水文效应 [J]. 安徽农业科学，39（23）：14106-14108.

陈倩，周志立，史琛媛，等，2015. 河北太行山丘陵区不同林分类型枯落物与土壤持水效益 [J]. 水土保持学报，29（5）：206-211.

陈庆强，沈承德，2002. 华南亚热带山地土壤有机质更新特征及其影响因子 [J]. 生态学报，22（9）：1446-1454.

陈庆强，沈承德，易惟熙，等，1998. 土壤碳循环研究进展 [J]. 地球科学进展，13（6）：555-563.

陈全胜，李凌浩，韩兴国，等，2003. 水分对土壤呼吸的影响及机理 [J]. 生态学报，23（5）：972-978.

陈希哲，2004. 土力学地基基础 [M]. 北京：清华大学出版社.

陈月红，余新晓，谢崇宝，2009. 黄土高原吕二沟流域土地利用及降雨强度对径流泥沙影响初探 [J]. 中国水土保持科学，7（1）：8-12.

陈祖煌，2003. 土坡稳定分析——原理、方法、程序 [M]. 北京：中国水利水电出版社.

曹国栋，陈接华，夏军，等，2013. 玛纳斯河流域扇缘带不同植被类型下土壤物理性质 [J]. 生态学报，33（1）：195-204.

程洪，张新全，2002. 草本植物根系网固土原理的力学试验探究 [J]. 水土保持通报，22（5）：20-23

邓艳，蒋忠诚，覃星铭，等，2009. 岩溶生态系统中不同植被枯落物对土壤理化性质的影响及岩溶效应 [J]. 生态学报，29（6）：3307-3315.

刁一伟，裴铁，2004. 森林流域生态水文过程动力学机制与模拟研究进展 [J]. 应用生态学报，15（12）：2369-2376.

董磊华，熊立华，于坤霞，等，2012. 气候变化与人类活动对水文影响的研究进展 [J]. 水科学进展，23（2）：278-285.

杜有新，吴从建，周赛霞，等，2011. 庐山不同海拔森林土壤有机碳密度及分布特征 [J]. 应用生态学报，22（7）：1675-1681.

段绍明，2012. 不同林分类型生态公益林凋落物持水性研究 [J]. 西部大开发（2）：20-21.

付东磊，刘梦云，刘林，等，2014. 黄土高原不同土壤类型有机碳密度与储量特征 [J]. 干旱区研究，31（1）：44-50.

傅伯杰，陈利顶，马克明，1999. 黄土丘陵区小流域土地利用变化对生态环境的影响——以延安市羊圈沟流域为例 [J]. 地理学报（3）：241-244.

高光耀，傅伯杰，吕一河，等，2013. 干旱半干旱区坡面覆被格局的水土流失效应研究进展 [J]. 生态学报，33（1）：12-22.

高甲荣，肖斌，张东升，等，2001. 国外森林水文研究进展述评 [J]. 水土保持学报，15（5）：60-64.

高敏，牛青霞，王茹，等，2011. 人工模拟降雨条件下紫色土陡坡地侵蚀泥沙变化特征研究［J］. 水土保持学报，25（2）：19-23.

耿绍波，杨晓菲，饶良懿，等，2009. 缙云山黛湖保护站不同林地枯落物及土壤持水性研究［J］. 世界林业研究，22（特刊）：49-51.

龚文明，2013. 不同林分类型凋落物及土壤水源涵养功能差异分析［J］. 安徽农业科学，41（15）：6763-6766.

顾璟冉，张兴奇，顾礼彬，等，2016. 黔西高原侵蚀性降雨特征分析［J］. 水土保持研究，23（2）：39-43，48.

郭连生，田有亮，1994. 4 种针叶幼树光合速率、蒸腾速率与土壤含水量的关系及其抗旱性研究［J］. 应用生态学报，5（1）：32-36.

郭胜利，马玉红，车升国，等，2009. 黄土区人工与天然植被对凋落物量和土壤有机碳变化的影响［J］. 林业学报，45（10）：14-18.

韩永刚，杨玉盛，2007. 森林水文效应的研究进展［J］. 亚热带水土保持，19（2）：20-25.

郝仕龙，安韶山，李壁成，等，2005. 黄土丘陵区退耕还林（草）土壤环境效应［J］. 水土保持研究，12（3）：29-30，56.

何燕，李廷轩，王永东，2009. 低山丘陵区不同坡位茶园土壤有机碳特征研究［J］. 水土保持学报，23（2）：122-126.

侯礼婷，2014. 人工降雨条件下 PAM 和 PG 对坡面径流和土壤侵蚀的影响研究［D］. 太谷：山西农业大学.

侯沛轩，2016. 不同降雨条件下植被调控坡面水沙过程研究［D］. 北京：北京林业大学.

华亚，汪志荣，韩志捷，等，2016. 城市典型下垫面降雨产汇流特性模拟实验研究［J］. 天津理工大学学报，32（6）：48-53.

黄昌勇，2000. 土壤学［M］. 北京：中国农业出版社.

黄庆丰，高健，吴泽民，2002. 不同林地类型土壤肥力及水源涵养功能的研究［J］. 安徽农业大学学报，29（1）：82-86.

黄荣珍，朱丽琴，王赫，等，2017. 红壤退化地森林恢复后土壤有机碳对土壤水库库容的影响［J］. 生态学报，37（1）：238-248.

黄奕龙，傅伯杰，陈利顶，2003. 生态水文过程研究进展［J］. 生态学报，23（3）：580-587.

贾俊仙，李忠佩，刘明，等，2010. 施用氮肥对不同肥力红壤性水稻土硝化作用的影响［J］. 生态与农村环境学报，26（4）：329-333.

贾松伟，2009. 黄土丘陵区不同坡度下土壤有机碳流失规律研究［J］. 水土保持研究，16（2）：30-33.

贾志军，王富，甄宝艳，等，2012. 不同生态修复措施下桃林口水库水源涵养区枯落物的蓄水保水效益［J］. 水土保持研究，19（3）：136-139.

姜红梅，李明治，王亲等，2011. 祁连山东段不同植被下土壤养分状况研究［J］. 水土保持研究，18（5）：166-170.

焦居仁，乔殿新，2000. 退耕还林（草）的成功实践与思考［J］. 中国水土保持（7）：1-2.

金峰，杨浩，蔡祖聪，等，2001. 土壤有机碳密度及储量的统计研究［J］. 土壤学报（4）：522-528.

康绍忠，史文娟，胡笑涛，等，1998. 调亏灌溉对于玉米生理指标及水分利用效率的影响［J］. 农业工程学报（4）：82-87.

寇萌，焦菊英，尹秋龙，等，2015. 黄土丘陵沟壑区主要草种枯落物的持水能力与养分潜在归还能力

[J]. 生态学报, 35 (5): 1337-1349.

李光录, 吴发启, 庞小明, 等, 2008. 泥沙输移与坡面降雨和径流能量的关系 [J]. 水科学进展, 19 (6): 868-874.

李贵才, 韩兴国, 黄建辉, 等, 2001. 森林生态系统土壤氮矿化影响因素研究进展 [J]. 生态学报, 21 (7): 1187-1195.

李洪勋, 吴伯志, 2006. 用径流小区法研究不同耕作措施对土壤侵蚀的影响 [J]. 土壤, (1): 81-85.

李克让, 王绍强, 曹明奎, 2003. 中国植被和土壤碳贮量 [J]. 中国科学 (D辑: 地球科学) (1): 72-80.

李明义, 张建军, 王春香, 等, 2013. 晋西黄土区不同土地利用方式对土壤物理性质的影响 [J]. 水土保持学报, 27 (3): 125-137.

李顺姬, 邱莉萍, 张兴昌, 2010. 黄土高原土壤有机碳矿化及其与土壤理化性质的关系 [J]. 生态学报, 30 (5): 1217-1226.

李翔, 杨贺菲, 吴晓, 等, 2016. 不同水土保持措施对红壤坡耕地土壤物理性质的影响 [J]. 南方农业学报, 47 (10): 1677-1682.

李笑吟, 毕华兴, 张建军, 等, 2006. 晋西黄土区土壤水分有效性研究 [J]. 水土保持研究, 13 (5): 205-211.

李学斌, 陈林, 樊瑞霞, 等, 2015. 围封条件下荒漠草原4种典型植物群落枯落物输入对土壤理化性质的影响 [J]. 浙江大学学报 (农业与生命科学版), 41 (1): 101-110.

刘昌明, 钟骏襄, 1978. 黄土高原森林对年径流影响的初步研究 [J]. 地理学报, 33 (2): 112-126.

刘东生, 谢晨, 刘建杰, 等, 2011. 退耕还林的研究进展、理论框架与经济影响——基于全国100个退耕还林县10年的连续监测结果 [J]. 北京林业大学学报 (社会科学版), 10 (3): 74-81.

刘刚, 王志强, 王晓岚, 2004. 吴旗县不同植被类型土壤干层特征分析 [J]. 水土保持研究, 11 (1): 126-129.

刘国彬, 蒋定生, 朱显谟, 1996. 黄土区草地根系生物力学特性研究. 土壤侵蚀与水土保持学报, 2 (3): 21-28.

刘伦辉, 刘文耀, 1990. 滇中山地主要植物群落水土保持效益比较 [J]. 水土保持学报, 4 (1): 36-42.

刘守赞, 郭胜利, 王小利等, 2005. 植被对黄土高原沟壑区坡地土壤有机碳的影响 [J]. 自然资源学报, 20 (4): 529-536.

刘中奇, 朱清科, 邝高明, 等, 2010. 半干旱黄土丘陵区封禁流域植被枯落物分布规律研究 [J]. 草业科学, 27 (4): 20-24.

马文元, 1986. 梭梭、杨柴与沙地水分关系的研究 [J]. 林业科学, 22 (2): 178-185.

闵庆文, 余卫东, 2002. 从降水资源看黄土高原地区的植被生态建设 [J]. 水土保持研究, 9 (3): 109-117.

纳磊, 张建军, 朱金兆, 等, 2008. 晋西黄土区不同土地利用类型坡面土壤饱和导水率研究 [J]. 水土保持研究, 15 (3): 69-73.

南雅芳, 郭胜利, 张彦军, 等, 2012. 坡向和坡位对小流域梯田土壤有机碳、氮变化的影响 [J]. 植物营养与肥料学报, 18 (3): 595-601.

潘根兴, 1999. 中国土壤有机碳和无机碳库量研究 [J]. 科技通报, 5: 330-332.

庞学勇, 刘庆, 刘世全, 等, 2004. 川西亚高山云杉人工林土壤质量性状演变 [J]. 生态学报 (2): 261-267.

彭明俊, 郎南军, 温绍龙, 等, 2005. 金沙江流域不同林分类型的土壤特性及其水源涵养功能研究 [J].

水土保持学报，19（6）：106-109.

彭文英，张科利，陈瑶，等，2005. 黄土坡耕地退耕还林后土壤性质变化研究 [J]，20（2）：272-278.

祁生林，张洪江，何凡，等，2006. 重庆四面山植被类型对坡面产流的影响 [J]. 中国水土保持科学
（4）：33-38.

秦富仓，2006. 黄土地区流域森林植被格局对侵蚀产沙过程的调控研究 [D]. 北京：北京林业大学.

茹豪，2015. 晋西黄土区典型林地水文特征及功能分析 [D]. 北京：北京林业大学.

芮孝芳，1997. 流域水文模型研究中的若干问题 [J]. 水科学进展，8（1）：94-98.

盛贺伟，郑粉莉，蔡强国，等，2016. 降雨强度和坡度对粘黄土坡面片蚀的影响 [J]. 水土保持学报，30
（6）：13-17，23.

宋正姗，史学正，王美艳，等，2013. 南方侵蚀治理区土壤碳分布及主控因素研究 [J]. 土壤，45（5）.

苏忖安，松同清，王文丽，等，2016. 模拟降雨对亚热带阔叶林土壤坡面产沙产流及养分流失的影响
[J]. 水土保持学报，30（4）：25-32.

苏静，赵世伟，2005. 植被恢复对土壤团聚体分布及有机碳、全氮含量的影响 [J]. 水土保持研究，12
（3）：44-46.

孙阁，张志强，周国逸，等，2007. 森林流域水文模拟模型的概念、作用及其在中国的应用 [J]. 北京
林业大学学报，29（3）：178-184.

王春阳，周建斌，夏志敏，等，2011. 黄土高原区不同植物凋落物搭配对土壤微生物量碳、氮的影响
[J]. 生态学报，31（8）：2139-2147.

王德连，雷瑞德，韩创举，2004. 国内外森林水文研究现状和进展 [J]. 西北林学院学报，19（2）：
156-160.

王东，杨政，郝红敏，等，2015. 黄土区退耕草地凋落物—土壤界面水分过程特征研究 [J]. 水土保持
研究，22（1）：80-84.

王高敏，2015. 晋西黄土区退耕 16~20 年间不同林地土壤理化性质和水文功能研究 [D]. 北京：北京林
业大学.

王国梁，刘国彬，许明祥，2002. 黄土丘陵区纸坊沟流域植被恢复的土壤养分效应 [J]. 水土保持研究，
22（1）：1-5.

王晗生，刘国彬，1999. 植被结构及其防止土壤侵蚀作用分析 [J]. 干旱区资源与环境，13（2）：62-68.

王红营，郭中领，王仁德，等，2016. 河北坝上植被恢复措施对土壤性质的影响 [J]. 水土保持研究，23
（5）：74-79，84.

王君，宋新山，王苑，2013. 多重干湿交替对土壤有机碳矿化的影响 [J]. 环境科学与技术（11）：31-35.

王可钧，李焯芬，1998. 植物固坡的力学简析 [J]. 岩石力学与工程学报，17（6）：687-691.

王绍强，周成虎，1999. 中国陆地土壤有机碳库的估算 [J]. 地理研究（4）：349-356.

王绍强，周成虎，李克让，等，2000. 中国土壤有机碳库及空间分布特征分析 [J]. 地理学报（5）：
533-544.

王盛萍，张志强，孙阁，等，2006. 黄土高原流域土地利用变化水文动态响应 [J]. 北京林业大学学报，
28（1）：48-54.

王小云，2016. 土壤团聚体与土壤侵蚀关系研究进展 [J]. 安徽农业科学，44（23）：106-108.

王苑，宋新山，王君等，2014. 干湿交替对土壤碳库和有机碳矿化的影响 [J]. 土壤学报，2：342-350.

王月玲，王思成，蔡进军，等，2017. 半干旱黄土丘陵区退耕地林草植被恢复对土壤质量影响评价 [J].
水土保持通报，5（37）：22-26.

王云强，邵明安，刘志鹏，2012. 黄土高原区域尺度土壤水分空间变异性 [J]. 水科学进展，23（3）：310-316.

魏天兴，余新晓，朱金兆，1998. 山西西南部黄土区林地枯落物截持降水的研究 [J]. 北京林业大学学报，20（6）：1-6.

魏晓华，李文华，周国逸，等，2005. 森林与径流关系———一致性和复杂性 [J]. 自然资源学报，20（5）：761-769.

温汝俊，黄川，罗清泉，等，2001. 重庆主城区污水排放截留处理方案的比较 [J]. 煤矿环境保护，15（2）：48-52.

吴礼军，刘青，李璨，等，2009. 全国退耕还林工程进展成效综述 [J]. 林业经济，9：21-37.

吴钦孝，刘向东，赵鸿雁，1993. 陕北黄土丘陵区油松林枯落物层蓄积量及其动态变化 [J]. 林业科学，29（1）：63-66.

吴万奎，魏玉广，李文采，等，1996. 广元市元坝区主要森林类型生物生产力及水源涵养能力的研究 [J]. 四川林业科技，17（2）：55-61.

伍斌，2008. 不同植被类型对降雨径流和泥沙的影响 [J]. 亚热带水土保持，20（4）：19-21.

武文娟，查同刚，张志强，2017. 恢复方式和地形对晋西黄土区退耕林分物种多样性的影响 [J]. 应用生态学报（4）：1-12.

肖继兵，孙占祥，刘志，等，2017. 降雨侵蚀因子和植被类型及覆盖度对坡耕地土壤侵蚀的影响 [J]. 农业工程学报，33（22）：159-166.

解明曙，1990. 林木根系固坡力学机制研究. 水土保持学报，4（3）：7-14

解宪丽，孙波，周慧珍，等，2004. 中国土壤有机碳密度和储量的估算与空间分布分析 [J]. 土壤学报，41（1）：35-43.

徐薇薇，乔木，2014. 干旱区土壤有机碳含量与土壤理化性质相关分析 [J]. 中国沙漠，34（6）：1558-1561.

徐宪立，马克明，傅伯杰，等，2006. 植被与水土流失关系研究进展 [J]. 生态学报，26（9）：3137- 3144.

徐香兰，张科利，徐宪立，等，2003. 黄土高原地区土壤有机碳估算及其分布规律分析 [J]. 水土保持学报，17（3）：13-15.

许炯心，2004. 黄河中游多沙粗沙区水土保持减沙的近期趋势及其成因 [J]. 泥沙研究（2）：5-10.

许信旺，潘根兴，汪艳林，等，2009. 中国农田耕层土壤有机碳变化特征及控制因素 [J]. 地理研究，28（3）：601-612.

杨明成，郑颖人，2002. 基于极限平衡理论析局部最小安全系数法 [J]. 岩土工程学报，24（3）：600-604.

杨亚川，莫永京，王芝芳，等，1996. 土壤—草本植被根系复合体抗水蚀强度与抗剪切强度的试验研究 [J]. 中国农业大学学报，1（2）：31-38

于东升，史学正，孙维侠，等，2005. 基于 1∶100 万土壤数据库的中国土壤有机碳密度及储量研究 [J]. 应用生态学报，16（12）：2279-2283.

于明含，孙保平，胡生君，等，2014. 退耕还林地结构与生态功能的耦合关系 [J]. 生态学报，34（17）：4991-4998.

余新晓，2013. 森林生态水文研究进展与发展趋势 [J]. 应用基础与工程科学学报，21（3）：391-402.

余新晓，毕华兴，朱金兆，等，1997. 黄土地区森林植被水土保持作用研究 [J]. 植物生态学报，21

（5）：433-440.

喻永红，2014. 退耕还林生态补偿标准研究综述 [J]. 生态经济，7（30）：48-51.

原翠萍，雷廷武，张满良，等，2011. 黄土丘陵沟壑区小流域治理对侵蚀产沙特征的影响 [J]. 农业机械学报，42（3）：36-43.

张超波，陈立华，刘秀萍，2008. 林木根系黄土复合体的非线性有限元分析 [J]. 北京林业大学学报，30（2）：221-227.

张大鹏，2012. 川南退耕竹林水土保持功能研究与综合评价 [D]. 北京：中国林业科学研究院.

张建军，张宝颖，毕华兴，等，2004. 黄土区不同植被条件下的土壤抗冲性 [J]. 北京林业大学学报，26（6）：25-29.

张剑，汪思龙，王清奎，等，2009. 不同森林植被下土壤活性有机碳含量及其季节变化 [J]. 中国生态农业学报，17（1）：41-47.

张理宏，李昌哲，杨立文，1994. 北京九龙山不同植被水源涵养作用的研究 [J]. 西北林学院报，9（1）：18-21.

张清春，刘宝元，翟刚，2002. 植被与水土流失研究综述 [J]. 水土保持研究，9（4）：96-101.

张振明，余新晓，牛健植，等，2005. 不同林分枯落物层的水文生态功能 [J]. 水土保持学报，19（3）：139-143.

张志强，王礼先，余新晓，等，2001. 森林植被影响径流形成机制研究进展 [J]. 自然资源学报，16（1）：79-84.

张志强，余新晓，赵玉涛，2003. 森林对水文过程影响研究进展 [J]. 应用生态学报，14（1）：113-116.

赵其国，1996. 中国土壤学学科发展战略研究报告 [J]. 地球科学进展，11（2）：0-9.

赵彤，蒋跃利，闫浩，等，2013. 黄土丘陵区不同坡向对土壤微生物生物量和可溶性有机碳的影响 [J]. 环境科学，34（8）：3223-3230.

郑颖人，赵尚毅，时卫民，等，2001. 边坡稳定分析的二些进展. 地下空间，21（5）：450-454.

周莉，李保国，周广胜. 土壤有机碳的主导影响因子及其研究进展 [J]. 地球科学进展，2005，20（1）：99-105.

周涛，史培军，王绍强，2003. 气候变化及人类活动对中国土壤有机碳储量的影响 [J]. 地理学报，58（5）：727-734.

周跃，陈晓平，李玉辉，等，1999. 云南松侧根对浅层土体的水平牵引效应的初步研究 [J]. 植物生态学报，23（5）：458-465.

周跃，李宏伟，徐强，2000. 云南松幼树垂直根的土壤增强作用 [J]. 水土保持学报，14（5）：110-113.

周跃，张军，林锦屏，等，2002. 西南地区松属侧根的强度特征对其防护林固土护坡作用的影响 [J]，生态学杂志，21（6）：1-4

朱大勇，1997. 边坡临界滑动场及其数值模拟 [J]. 岩土工程学报，19（1）：63-68.

朱禄娟，谷兆棋，郑榕明，等，2002. 二维边坡稳定方法的统一计算公式 [J]. 水力发电学报（3）：21-29.

朱清科，陈丽华，张东升，等，2002. 贡嘎山森林生态系统根系固土力学机制研究 [J]. 北京林业大学学报，24（4）：64-67

朱珊，绍军义，1997. 根系黄土抗剪强度的特性 [J]. 青岛建筑工程学院学报，18（1）：5-9.

邹军，张明礼，杨浩，2012. 退耕还林（草）与水土保持若干问题的研究进展 [J]. 土壤通报，43（2）：506-512.

Abernethy B and Rutherfurd I D, 2001. The distribution and strength of riparian tree roots in relation to riverbank reinforcement [J]. Hydrological Process, 15, 63-79.

Addington, R N, Mitchell, R J, Oren, R, et al., 2004. Stomatal sensitivity to vapor pressure deficit and its relationship to hydraulic conductance in Pinus palustris [J]. Tree Physiology, 24: 561-569.

Adelman J D, Ewers B E, MacKay D S, 2008. Use of temporal patterns in vapor pressure deficit to explain spatial autocorrelation dynamics in tree transpiration [J]. Tree Physiology, 28: 647.

Alexander L V, Zhang X, Peterson T C, et al., 2006. Global observed changes in daily climate extremes of temperature and precipitation [J]. Journal of Geophysical Research, 111: 1-22.

Allen C D, Breshears D D, 1998. Drought - induced shift of a forest - woodland ecotone: Rapid landscape response to climate variation [J]. Proceedings of the National Academy of Sciences of the United States of America, 5: 14839-14842.

Allen S J, Hall R L, Rosier P T W, 1999. Transpiration by two poplar varieties grown as coppice for biomass production [J]. Tree Physiology, 19: 493-501.

Almeida A C, Soares J V, Landsberg J J, et al, 2007. Growth and water balance of Eucalyptus grandis hybrid plantations in Brazil during a rotation for pulp production [J]. Forest Ecology and Management, 251: 10-21.

Amiro B D, Barr A G, Black T A, et al, 2006. Carbon, energy and water fluxes at mature and disturbed forest sites, Saskatchewan, Canada [J]. Agricultural and Forest Meteorology, 136: 237-251.

Angold P, Sadler J P, Hill, M O, et al, 2006. Biodiversity in urban habitat patches [J]. Science of the Total Environment, 360: 196-204.

Arneth, A, Kelliher, F., McSeveny, T., et al, 1998. Fluxes of carbon and water in a Pinus radiata forest subject to soil water deficit [J]. Functional plant biology, 25: 557-570.

Asbjornsen, H, Tomer M D, Gomez-Cardenas M, et al, 2007. Tree and stand transpiration in a Midwestern bur oak savanna after elm encroachment and restoration thinning [J]. Forest Ecology and Management, 247: 209-219.

Assaf G, Zieslin N, 1996. Night water consumption by rose plants [J]. Journal of Horticultural Science, 71: 673-678.

Ayanaba A, Jenkinson D S, 1990. Decomposition of carbon-14 labeled ryegrass and maize under tropical conditions [J]. Soil Science Society of America Journal, 41 (5): 112-115.

Ayoubi S, Karchegani P M, Mosaddeghi M R, et al, 2012. Soil aggregation and organic carbon as affected by topography and land use change in western Iran [J]. Soil and Tillage Research, 121: 18-26.

Barr A G, Black T A, Hogg E H, et al, 2007. Climatic controls on the carbon and water balances of a boreal aspen forest, 1994-2003 [J]. Global Change Biology, 13, 561-576.

Bates C G, Henry A J, 1928. Second phase of streamflow experiment at Wagon Wheel Gap, Colorado. Mon [J]. Weather Rev., 56 (3): 79-85.

Batjes N H, 2014. Total carbon and nitrogen in the soils of the world [J]. European Journal of Soil Science, 65 (1): 10, 21.

Bazant Z P, 1999. Size effect on structural strength: a review [J]. Arch. Appl. Mech., 69, 703-725.

Becker P, 1998. Limitations of a compensation heat pulse velocity system at low sap flow: implications for measurements at night and in shaded trees [J]. Tree Physiology, 18: 177-184.

Becker P, 1996. Sap flow in Bornean heath and dipterocarp forest trees during wet and dry periods [J]. Tree

Physiol, 16: 295-299.

Bellot J, Sanchez J R, Chirino E, et al, 1999. Effect of different vegetation type cover on the soil water balance in semi-arid areas of South Eastern Spain [J]. Physics and Chemistry of the Earth, Part B: Hydrology, Oceans and Atmosphere, 24: 353-357.

Bennie J, Huntley B, Wiltshire A, et al, 2008. Slope, aspect and climate: Spatially explicit and implicit models of topographic microclimate in chalk grassland [J]. Ecological Modelling, 216 (1): 47-59.

Benyon R, 1999. Nighttime water use in an irrigated Eucalyptus grandis plantation [J]. Tree Physiol, 19: 853.

Berbigier P, Bonnefond J, Loustau D, et al, 1996. Transpiration of a 64-year old maritime pine stand in Portugal [J]. Oecologia, 107: 43-52.

Berendsen R L, Pieterse C M J, Bakker P A H M, 2012. The rhizosphere microbiome and plant health [J]. Trends in Plant Science, 17 (8): 478-486.

Beyer L, Kahle P, Kretschmer H, et al, 2001. Soil organic matter composition of man-impacted urban sites in North Germany [J]. Journal of Plant Nutrition and Soil Science, 164: 359-364.

Binkley C, 1999. Ecosystem management and plantation forestry: new directions in British Columbia [J]. New Forests, 18: 75-88.

Bischetti G B, Chiaradia E A, Epis, T., et al, 2009. Root cohesion of forest species in the Italian Alps [J]. Plant Soil, 324, 71-89.

Bischetti G B, Chiaradia E A, Simonato T, et al, 2005. Root strength and root area of forest species in Lombardy (Northern Italy) [J]. Plant Soil, 278, 11-22.

Bishop A W, 1995. The use of the slip circle in the Stability analysis of slopes [J]. Geoteehnique (5): 7-17.

Bishop M P, Shroder, J. F., Colby, J. D, 2003. Remote sensing and geomorphometry for studying relief production in high mountains [J]. Geomorphology, 55: 345-361.

Bissonette J, 2002. Scaling roads and wildlife: the Cinderella principle [J]. Zeitschrift für Jagdwissenschaft, 48: 208-214.

Bladon K D, Silins, U., Landhausser, S. M., et al, 2006. Differential transpiration by three boreal tree species in response to increased evaporative demand after variable retention harvesting [J]. Agricultural and forest meteorology, 138: 104-119.

Bloschl G, Sivapalan M, 1995. Scale issues in hydrological modeling: a review [J]. Hydrological Process, 9 (3-4): 251-290.

Bohn H L, 1976. Estimate of organic carbon in world soils [J]. Soilence Society of America Journal, 40 (3): 468-470.

Bonell M, Balek J, 1993. Recent and scientific developments and research needs in hydrological processes of the humid tropics [M]. In: Bonell M., Hufschmidt M. M., Gladwell J. S. (Eds.). Hydrology and Water Management in the Humid Tropics. UNESCO, Paris, P: 167-260.

Bonito G M, Coleman D C, Haines B L, et al, 2003. Can nitrogen budgets explain differences in soil nitrogen mineralization rates of forest stands along an elevation gradient? [J]. Forest Ecology and Management, 176 (1): 563-574.

Borchert, R, 1994. Soil and stem water storage determine phenology and distribution of tropical dry forest trees [J]. Ecology, 75 (5): 1437-1449.

Borken W E, 2009. Reappraisal of drying and wetting effects on C and N mineralization and fluxes in soils [J].

Global Change Biology, 15 (4): 808-824.

Bosch J M, Hewlett J. D., 1982. A review of catchment experiments to determine the effect of vegetation changes on water yield and evapotranspiration [J]. Journal of hydrology, 55: 3-23.

Bosch J, Hewlett, J., 1982. A review of catchment experiments to determine the effect of vegetation changes on water yield and evapotranspiration [J]. Journal of hydrology, 55: 3-23.

Bouillet J P, Laclau J. P., Arnaud M., et al, 2002. Changes with age in the spatial distribution of root of Eucalyptus clone in Congo Impact on water and nutrient uptake. For. Ecol. Manag. 171, 43-57.

Boulain N, Cappelaere B, Séguis, L., et al, 2009. Water balance and vegetation change in the Sahel: A case study at the watershed scale with an eco - hydrological model [J]. Journal of Arid Environments, 73: 1125-1135.

Bréda N, Cochard H, Dreyer E, et al, 1993. Water transfer in a mature oak stand (Quercus petraea): seasonal evolution and effects of a severe drought [J]. Can J For Res, 23: 1136-1143.

Brodribb T, Holbrook N, Edwards, E., et al, 2003. Relations between stomatal closure, leaf turgor and xylem vulnerability in eight tropical dry forest trees [J]. Plant, Cell and Environment, 26: 443-450.

Brooks J R, Meinzer F C, Warren, J. M., et al, 2006. Hydraulic redistribution in a Douglas - fir forest: lessons from system manipulations [J]. Plant, Cell and Environment, 29: 138-150.

Brown A E, Zhang L, McMahon T A, et al, 2005. A review of paired catchment studies for determining changes in water yield resulting from alterations in vegetation [J]. Journal of hydrology, 310: 28-61.

Brown A E, Zhang L, McMahon T A, et al, 2005. A review of paired catchment studies for determining changes in water yield resulting from alterations in vegetation [J]. J Hydrol, 310: 28-61.

Bruijnzeel L, 2004. Hydrological functions of tropical forests: not seeing the soil for the trees? [J]. Agriculture, Ecosystems and Environment, 104: 185-228.

Bucci S J, Goldstein G, Meinzer F C, et al, 2005. Mechanisms contributing to seasonal homeostasis of minimum leaf water potential and predawn disequilibrium between soil and plant water potential in Neotropical savanna trees [J]. Trees-Structure and Function, 19: 296-304.

Burgess S, Dawson T, 2004. The contribution of fog to the water relations of Sequoia sempervirens (D. Don): foliar uptake and prevention of dehydration [J]. Plant, Cell and Environment, 27: 1023-1034.

Burgess S S O, 2006. Measuring transpiration responses to summer precipitation in a Mediterranean climate: a simple screening tool for identifying plant water-use strategies [J]. Physiol Plantarum, 127: 404-412.

Burgess S S O, Adams, M. A., Turner, N. C., et al, 1998. The redistribution of soil water by tree root systems [J]. Oecologia, 115: 306-311.

Burke M K, Raynal D J, 1994. Fine root growth phenology, production and turnover in a northern hardwood forestecosystem [J]. Plant Soil, 162, 135-146.

Burroughs E R, Thomas B R, 1977. declining root strength in Douglas - fir after felling as a factor of slope stability [R]. Research paper. US Forest service, 27p.

Burylo M, Rey F, Roumet C, et al, 2009. Linking plant morphological traits to uprooting resistance in eroded marly lands (Southern Alps, France) [J]. Plant Soil. 324: 31-42

Busch D E, Smith S D, 1993. Effects of fire on water and salinity relations of riparian woody taxa [J]. Oecologia, 94: 186-194.

Bush S, Pataki D, Hultine, K., et al, 2008a. Wood anatomy constrains stomatal responses to atmospheric vapor pressure deficit in irrigated, urban trees [J]. Oecologia, 156: 13-20.

Buytaert W, Iñiguez V, Bièvre, B. D, 2007. The effects of afforestation and cultivation on water yield in the Andean páramo [J]. Forest Ecology and Management, 251: 22-30.

Caird M A, Richards J H, Donovan, L. A, 2007. Nighttime stomatal conductance and transpiration in C3 and C4 plants [J]. Plant Physiology, 143: 4-10.

Calder I R, 2002. Forests and hydrological services: reconciling public and science perceptions [J]. Land Use and Water Resources Research, 2: 1-12.

Caldwell M M, Dawson, T. E., Richards, J. H., 1998. Hydraulic lift: consequences of water efflux from the roots of plants [J]. Oecologia, 113: 151-161.

Campbell J L, Driscoll C T, Pourmokhtarian, A., et al, 2011. Streamflow responses to past and projected future changes in climate at the Hubbard Brook Experimental Forest, New Hampshire, United States [J]. Water Resources Research, 47.

Carbone M S, Trumbore S E, 2007. Contribution of new photosynthetic assimilates to respiration by perennial grasses and shrubs: residence times and allocation patterns [J]. New Phytologist, 176 (1): 124-135.

Caspari H, Green S, Edwards W, 1993. Transpiration of well-watered and water-stressed Asian pear trees as determined by lysimetry, heat-pulse, and estimated by a Penman-Monteith model [J]. Agricultural and forest meteorology, 67: 13-27.

Caylor K K, Dragoni D, 2009. Decoupling structural and environmental determinants of sap velocity: Part I. Methodological development [J]. Agricultural and forest meteorology, 149: 559-569.

Čermák, J., Cienciala, E., Kučera, J., et al, 1992. Radial velocity profiles of water flow in trunks of Norway spruce and oak and the response of spruce to severing [J]. Tree Physiol, 10: 367.

Cermák J, Cienciala E, Kucera J, et al, 1995. Individual variation of sap-flow rate in large pine and spruce trees and stand transpiration: a pilot study at the central NOPEX site [J]. J Hydrol, 168: 17-27.

Čermák J, Kučera J, Bauerle W L, et al, 2007. Tree water storage and its diurnal dynamics related to sap flow and changes in stem volume in old-growth Douglas-fir trees [J]. Tree Physiology, 27: 181-198.

Chapin F S, 1991. Integrated responses of plants to stress [J]. BioScience, 41: 29-36.

Chapotin S M, Razanameharizaka J H, Holbrook N M, 2006. Baobab trees (Adansonia) in Madagascar use stored water to flush new leaves but not to support stomatal opening before the rainy season [J]. New Phytologist, 169: 549-559.

Chaves M M, Pereira J S, Maroco J, et al, 2002. How Plants Cope with Water Stress in the Field? Photosynthesis and Growth [J]. Annals of Botany, 89: 907-916.

Chen Z Y, Wang X G, Haberfield C, et al, 2001. A three-dimensional slope stability analysis method using the upper bound theorem (I): theory and methods [J]. International Journal of Rock Mechanics and Mining Sciences, 38: 369-378.

Chen F, Dudhia J, 2001. Coupling an advanced land surface-hydrology model with the Penn State-NCAR MM5 modeling system. Part I: model implementation and sensitivity. [J]. Monthly Weather Review, 129: 569-585.

Chen H, Shao M, Li, Y, 2008b. Soil desiccation in the Loess Plateau of China [J]. Geoderma, 143: 91-100.

Chen, H., Shao, M., Li, Y., 2008a. The characteristics of soil water cycle and water balance on steep grassland under natural and simulated rainfall conditions in the Loess Plateau of China [J]. Journal of hydrology,

360: 242-251.

Chiatante D, Scippa S G, Di Iorio A, et al, 2003. The influence of steep slopes on root system development [J]. Plant Growth Regul. 21, 247-260.

Chirinda N, Roncossek S D, Heckrath G, et al, 2014. Root and soil carbon distribution at shoulderslope and footslope positions of temperate toposequences cropped to winter wheat [J]. Catena, 123: 99-105.

Christiansen J S, Thorsen M, Clausen T, et al, 2004. Modelling of macropore flow and transport processes at catchment scale [J]. Journal of Hydrology, 299: 136-158.

Christman M A, Donovan L A, Richards J H, 2009. Magnitude of nighttime transpiration does not affect plant growth or nutrition in we - watered Arabidopsis [J]. Physiologia plantarum, 136: 264-273.

Christman M A, Richards J H, Mckay J K, et al, 2008. Genetic variation in Arabidopsis thaliana for night-time leaf conductance [J]. Plant, Cell and Environment, 31: 1170-1178.

Chuah H, Kung W, 1994. A microwave propagation model for estimation of effective attenuation coefficients in a vegetation canopy [J]. Remote sensing of environment, 50: 212-220.

Cienciala E, Kucera J, Malmer A, 2000. Tree sap flow and stand transpiration of two Acacia mangium plantations in Sabah, Borneo [J]. Journal of hydrology, 236: 109-120.

Cinnirella S, Magnani F, Saracino A, et al, 2002. Response of a mature Pinus laricio plantation to a three-year restriction of water supply: structural and functional acclimation to drought [J]. Tree Physiology, 22: 21-30.

Clearwater M J, Meinzer F C, Andrade J L, et al, 1999. Potential errors in measurement of nonuniform sap flow using heat dissipation probes [J]. Tree Physiology, 19: 681-687.

Clenciala E, Kucera J, Ryan M, et al, 1998. Water flux in boreal forest during two hydrologically contrasting years; species specific regulation of canopy conductance and transpiration [J]. Ann For Sci, 55: 47-61.

Cleverly J R, Smith S D, Sala A, et al, 1997. Invasive capacity of Tamarix ramosissima in a Mojave Desert floodplain: the role of drought [J]. Oecologia, 111: 12-18.

Cochard H, Coll L, Le Roux X, et al, 2002. Unraveling the effects of plant hydraulics on stomatal closure during water stress in walnut [J]. Plant Physiology, 128: 282-290.

Cofie P, Koolen A J, 2001. Test speed and other factors affecting the measurements of tree root properties used in soil reinforcement models [J]. Soil and Tillage Research, 63: 51-56.

Collatz G J, Ball J T, Grivet C, et al, 1991. Physiological and environmental regulation of stomatal conductance, photosynthesis and transpiration: a model that includes a laminar boundary layer [J]. Agricultural and forest meteorology, 54: 107-136.

Collins J P, Kinzig A, Grimm N B, et al, 2000. A New Urban Ecology Modeling human communities as integral parts of ecosystems poses special problems for the development and testing of ecological theory [J]. American Scientist, 88: 416-425.

Comas L H, Bauerle T L, Eissenstat D M, 2010. Biological and environmental factors controlling root dynamics and function: effects of root ageing and soil moisture [J]. Australian Journal of Grape and Wine Research, 16: 131-137.

Conant R T, Paustian K, Elliott E T, 2008. Grassland management and conversion into grassland: Effects on soil carbon [C].

Conner W H, Song B, Williams T M, et al, 2011. Long-term tree productivity of a South Carolina coastal plain forest across a hydrology gradient [J]. Journal of Plant Ecology, 4: 67-76.

Coppin N J, Richards I G, 1990. Use of vegetation in civil engineering [M]. Butterworth, London. 272pp

Costa M H, Pires G F, 2010. Effects of Amazon and Central Brazil deforestation scenarios on the duration of the dry season in the arc of deforestation [J]. International Journal of Climatology, 30: 1970–1979.

Cramer V A, Hobbs R J, 2002. Ecological consequences of altered hydrological regimes in fragmented ecosystems in southern Australia: Impacts and possible management responses [J]. Austral Ecology, 27: 546–564.

Cuo L, Beyene T K, Voisin N, et al, 2011. Effects of mid–twenty–first century climate and land cover change on the hydrology of the Puget Sound basin, Washington [J]. Hydrological Processes, 25: 1729–1753.

Dai Z, Trettin C C, Li C, et al, 2010. Sensitivity of stream flow and water table depth to potential climatic variability in a coastal forested watershed [J]. Journal of the American Water Resources Association, 46: 1036–1048.

Daley M J, Phillips N G, 2006. Interspecific variation in nighttime transpiration and stomatal conductance in a mixed New England deciduous forest [J]. Tree Physiology, 26: 411–419.

Daniels H E, 1945. The statistical theory of the strength of bundles of threads. I [C]. Proc. R. Soc. Lond., Ser. A., 183 (995), 405–435.

Danjon F, Barker D H, Drexhage M, et al, 2007. Using three–dimention plant root architecture in models of shallow–slope stability [J]. Ann. Bot., 1281–1293.

David T, Ferreira M, Cohen S, et al, 2004. Constraints on transpiration from an evergreen oak tree in southern Portugal [J]. Agricultural and forest meteorology, 122: 193–205.

Dawson T E, 1993. Hydraulic lift and water use by plants: implications for water balance, performance and plant –plant interactions [J]. Oecologia, 95: 565–574.

Dawson T E, Burgess S S O, Tu K P, et al, 2007. Nighttime transpiration in woody plants from contrasting ecosystems [J]. Tree Physiology, 27: 561.

Dekker S C, Bouten W, Verstraten J M, 2000. Modelling forest transpiration from different perspectives [J]. Hydrological Processes, 14: 251–260.

Demetriou C, Punthakey J F, 1999. Evaluating sustainable groundwater management options using the MIKE SHE integrated hydrogeological modelling package [J]. Environmental Modelling and Software, 14: 129–140.

Deng L, Wang K B, Chen M L, et al, 2013. Soil organic carbon storage capacity positively related to forest succession on the Loess Plateau, China [J]. Catena, 110 (11): 1–7.

Dierick D, Hölscher D, 2009. Species–specific tree water use characteristics in reforestation stands in the Philippines [J]. Agr. Forest Meteorol, 149: 1317–1326.

Docker B B, Hubble T C T, 2006. Quantifying root–reinforcement of river bank soils by four Australian tree species [J]. Geomorphology. 100 (3–4): 401–418.

Donohue R, Roderick M, McVicar T, 2007. On the importance of including vegetation dynamics in Budyko's hydrological model [J]. Hydrology and Earth System Sciences, 11: 983.

Donovan L A, Linton M J, Richards J H, 2001. Predawn plant water potential does not necessarily equilibrate with soil water potential under well–watered conditions [J]. Oecologia, 120: 209–217.

Doody T M, Holland K L, Benyon R G, et al, 2009. Effect of groundwater freshening on riparian vegetation water balance [J]. Hydrol Processes, 23: 3485–3499.

Douglas N. Graham, Michael B. Butts, 2005. Flexible integrated watershed modeling with MIKESHE [M]. In: V. P. Singh and D. K. Frevert (Eds.), Watershed Models. CRC Press.

Drexhage M, Gruber F, 1998. Architecture of the skeletal root system of 40-year-old Piceaabies on strongly a-cidified soils in the Harz Mountains (Germany) [J]. Can. J. For. Res. 28, 13-22.

Du S, Wang Y-L, Kume, T, et al, 2011. Sapflow characteristics and climatic responses in three forest species in the semiarid Loess Plateau region of China [J]. Agric Forest Meteorol, 151: 1-10.

Dube F, Zagal E, Stolpe N, et al, 2013. The influence of land-use change on the organic carbon distribution and microbial respiration in a volcanic soil of the Chilean Patagonia [J]. Forest Ecology and Management, 257 (8): 1695-1704.

Duncan, 1996. State of the art: limit equilibrium and finite element analysis of slope [J]. Journal of geotechnical engineering, ASCE, 122 (7): 577-595.

Dunn G, Connor D, 1993. An analysis of sap flow in mountain ash (Eucalyptus regnans) forests of different age [J]. Tree Physiology, 13: 321.

Dunn S, Mackay R, 1995. Spatial variation in evapotranspiration and the influence of land use on catchment hy-drology [J]. Journal of hydrology, 171: 49-73.

Duursma R A, Kolari P, Përamki M, et al, 2008. Predicting the decline in daily maximum transpiration rate of two pine stands during drought based on constant minimum leaf water potential and plant hydraulic conductance. [J]. Tree physiology, 28: 265-276.

Dye P, Versfeld D, 2007. Managing the hydrological impacts of South African plantation forests: An overview [J]. Forest Ecology and Management, 251: 121-128.

Eamus D, Cole S, 1997. Diurnal and seasonal comparisons of assimilation, phyllode conductance and water po-tential of three Acacia and one Eucalyptus species in the wet-dry tropics of Australia [J]. Australian Journal of Botany, 45: 275-290.

Eamus D, O'Grady A, Hutley L., 2000a. Dry season conditions determine wet season water use in the wet-tropi-cal savannas of northern Australia [J]. Tree Physiology, 20: 1219-1226.

Eckhardt K, Breuer L, Frede H G, 2003. Parameter uncertainty and the significance of simulated land use change effects [J]. Journal of hydrology, 273: 164-176.

Edwards K A, 1979. The water balance of the Mbeya experimental catchments [M]. In: Blackie, J. R., Ed-wards K. A., Clarke R. T. (Eds.), Hydrological Research in East Aferica, East Afr. Agric. For, 43, 231-247.

Eleneide D S, Patrick M, Yadvinder M, et al, 2004. Soil CO_2 efflux in a tropical forest in the central Amazon [J]. Global Change Biology, 10 (5): 601-617.

Elliott S, Baker P J, Borchert R, 2006. Leaf flushing during the dry season: the paradox of Asian monsoon for-ests [J]. Global Ecology and Biogeography, 15: 248-257.

Ellison D, N Futter M, Bishop K, 2012. On the forest cover-water yield debate: from demand- to supply-side thinking [J]. Global Change Biology, 18: 806-820.

Endo T, Tsuruta T, 1969. Effects of trees' roots upon the shearing strengths of soils [J]. Annual Report of the Hokkaido Branch Government Forest Experimental Station Tokyo, v. 18, p. 167-179.

Ettala M, 1988. Evapotranspiration from a Salix aquatica plantation at a sanitary landfill [J]. Aqua fennica, 18: 3-14.

Ewers B, Gower S, BOND-LAMBERTY B, et al, 2005a. Effects of stand age and tree species on canopy tran-spiration and average stomatal conductance of boreal forests [J]. Plant, Cell and Environment, 28: 660-678.

Ewers B, Mackay D, Gower S, et al, 2002. Tree species effects on stand transpiration in northern Wisconsin [J]. Water Resources Research, 38: 1-11.

Ewers B, Mackay D, Samanta S, 2007. Interannual consistency in canopy stomatal conductance control of leaf water potential across seven tree species [J]. Tree Physiology, 27: 11-24.

Ewers B E, Gower S T, Bond-Lamberty B, et al, 2005b. Effects of stand age and tree species on canopy transpiration and average stomatal conductance of boreal forests [J]. Plant Cell Environ., 28: 660-678.

Ewers B E, Mackay D S, Tang J, et al, 2008. Intercomparison of sugar maple (Acer saccharum Marsh.) stand transpiration responses to environmental conditions from the Western Great Lakes Region of the United States [J]. Agricultural and forest meteorology, 148: 231-246.

Ewers B E, Oren R, 2000. Analyses of assumptions and errors in the calculation of stomatal conductance from sap flux measurements [J]. Tree Physiology, 20: 579.

Ewers B E, Oren R, Albaugh T J, et al, 1999. Carry-over effects of water and nutrient supply on water use of Pinus taeda [J]. Ecological Applications, 9: 513-525.

Ewers B E, Oren R, Johnsen K H, et al, 2001a. Estimating maximum mean canopy stomatal conductance for use in models [J]. Canadian Journal of Forest Research, 31: 198-207.

Fan Chia-Cheng, Su Chih-Feng, 2009. Effect of soil moisture content on the deformation behaviour of root-reinforced soils subjected to shear [J]. Plant Soil 324: 57-69.

Farley K A, Jobbagy E G, Jackson R B, 2005. Effects of afforestation on water yield: a global synthesis with implications for policy [J]. Global Change Biology, 11: 1565-1576.

Faulkner S, 2004. Urbanization impacts on the structure and function of forested wetlands [J]. Urban Ecosystems, 7: 89-106.

Feddes R A, Hoff H, Bruen M, et al, 2001. Modeling root water uptake in hydrological and climate models [J]. Bulletin of the American Meteorological Society, 82: 2797-2809.

Federer C A, Lash D, 1978. Simulated streamflow response to possible differences in transpiration among species of hardwood trees [J]. Water Resources Research, 14: 1089-1097.

Fellinius W, 1936. Calculation of stability of earth dams [J]. Trans 2nd international congress of large dams (4): 445.

Finch J, 2000. Modelling the soil moisture deficits developed under grass and deciduous woodland: the implications for water resources [J]. Water and Environment Journal, 14: 371-376.

Fisher J, Baldocchi D, Misson L, et al, 2007. What the towers don't see at night: nocturnal sap flow in trees and shrubs at two AmeriFlux sites in California [J]. Tree Physiol, 27: 597-610.

Fisher R A, Williams M, de Lourdes Ruivo M, et al, 2008. Evaluating climatic and soil water controls on evapotranspiration at two Amazonian rainforest sites [J]. Agricultural and forest meteorology, 148: 850-861.

Fletcher A L, Sinclair T R, Allen Jr L H, 2007. Transpiration responses to vapor pressure deficit in well watered 'slow-wilting' and commercial soybean [J]. Environmental and Experimental Botany, 61: 145-151.

Foley J A, Ruth D, Asner G P, et al, 2005. Global consequences of land use [J]. Science, 309 (5734): 570-574.

Ford C R, Goranson C E, Mitchell R J, et al, 2004a. Diurnal and seasonal variability in the radial distribution of sap flow: predicting total stem flow in Pinus taeda trees [J]. Tree Physiology, 24: 951-960.

Ford C R, Goranson C E, Mitchell R J, et al, 2005. Modeling canopy transpiration using time series analysis:

a case study illustrating the effect of soil moisture deficit on Pinus taeda [J]. Agricultural and forest meteorology, 130: 163-175.

Ford C R, Hubbard R M, Kloeppel B D, et al, 2007. A comparison of sap flux-based evapotranspiration estimates with catchment-scale water balance [J]. Agricultural and forest meteorology, 145: 176-185.

Ford C R, McGuire M A, Mitchell R J, et al, 2004b. Assessing variation in the radial profile of sap flux density in Pinus species and its effect on daily water use [J]. Tree Physiology, 24: 241-249.

Franco A C, 1998. Seasonal patterns of gas exchange, water relations and growth of it Roupala montana, an evergreen savanna species [J]. Plant Ecology, 136: 69-76.

Franks P, Cowan I, Farquhar G, 1997. The apparent feedforward response of stomata to air vapour pressure deficit: information revealed by different experimental procedures with two rainforest trees [J]. Plant, Cell and Environment, 20: 142-145.

Franks P J, Drake P L, Froend R H, 2007. Anisohydric but isohydrodynamic: seasonally constant plant water potential gradient explained by a stomatal control mechanism incorporating variable plant hydraulic conductance [J]. Plant, Cell and Environment, 30: 19-30.

Franks P J, Farquhar G D, 1999. A relationship between humidity response, growth form and photosynthetic operating point in C3 plants [J]. Plant, Cell and Environment, 22: 1337-1349.

Fravolini A, Hultine K, Brugnoli E, et al, 2005. Precipitation pulse use by an invasive woody legume: the role of soil texture and pulse size [J]. Oecologia, 144: 618-627.

Fredlund D G, Krahn J, 1977, Comparison of slope stability method of analysis [J]. Canadian Geotechnical Journal, 14 (3): 429-439.

Friedman S, 2006. Environmental aspects of the intensive plantation/reserve debate [J]. Journal of Sustainable Forestry, 21: 59-73.

Gao Q, Zhao P, Zeng X, et al, 2002. A model of stomatal conductance to quantify the relationship between leaf transpiration, microclimate and soil water stress [J]. Plant Cell and Environment, 25: 1373-1381.

Gartner B L, Meinzer F C, 2005. Structure-function relationships in sapwood water transport and storage [J]. Vascular transport in plants. Elsevier, Boston, 307-331.

Gartner K, Nadezhdina N, Englisch M, et al, 2009. Sap flow of birch and Norway spruce during the European heat and drought in summer 2003 [J]. Forest Ecology and Management, 258: 590-599.

Gazal R M, Scott R L, Goodrich D C, et al, 2006. Controls on transpiration in a semiarid riparian cottonwood forest [J]. Agric For Meteorol, 137: 56-67.

Gebauer T, Horna V, Leuschner C, 2008. Variability in radial sap flux density patterns and sapwood area among seven co-occurring temperate broad-leaved tree species [J]. Tree Physiology, 28: 1821-1830.

Genet M, 2007. Variations spatio-temporelles des propriétés de renforcement racinaire de forêt naturelles et plantées dans le sud oust de la Chine et leurs impacts sur la stabilité des pentes [D]. PhD thesis.

Genet M, Kokutse N, Stokes A, et al, 2008. Root reinforcement in plantations of Crptomeria japonica D. Don: effet of tree age and stand structure on slope stability [J]. For. Ecol. Man. 256, 1517-1526.

Genet M, Stokes A, Fourcaud T, et al, 2006., Soil fixation by tree roots: changes in root reinforcement parameters with age in Cryptomeria japonica D. Don. Plantations [M]. In: Marui H Marutani T, Watanabe N, Kawabe H, Gonda Y, Kimura M, Ochiai H, Ogawa K, Fiebiger G, Heumader J, Rudolf-Miklau F, Kienholz H, Mikos M. (eds) Interprevent 2006: Disaster Mitigation of Debris Flows, Slope Failures and Landslides. September 25-27, 2006, Niigata, Japan. Universal Academy Press, Inc. Tokyo, Japan, ISBN 4-946443-98-3, 535-542.

Genet M, Stokes A, Salin F, et al, 2005. The influence of cellulose content on tensile strength in tree roots [J]. Plant Soil, 278, 1-9.

Genet M, Stokes A, Fourcaud T, et al, 2010. The influence of plant diversity on slope stability in a moist evergreen deciduous forest [J]. Ecol. Eng, 36, 265-275.

Goldstein G, Andrade J, Meinzer F, et al, 1998. Stem water storage and diurnal patterns of water use in tropical forest canopy trees [J]. Plant, Cell and Environment, 21: 397-406.

Gong X, Brueck H, Giese K M, et al, 2008. Slope aspect has effects on productivity and species composition of hilly grassland in the Xilin River Basin, Inner Mongolia, China [J]. Journal of Arid Environments, 72 (4): 483-493.

Granier A, Huc R, Barigah S, 1996. Transpiration of natural rain forest and its dependence on climatic factors [J]. Agricultural and forest meteorology, 78: 19-29.

Granier A, Huc R, Colin F, 1992. Transpiration and stomatal conductance of two rain forest species growing in plantations (Simarouba amara and Goupia glabra) in French Guyana [J]. In, pp. 17-24.

Granier A, Loustau D, 1994. Measuring and modelling the transpiration of a maritime pine canopy from sap-flow data [J]. Agricultural and forest meteorology, 71: 61-81.

Gray D H, Sotir RD, 1996. Biotechnical and soil bioengineering slope stabilization [M]. John Wiley and Sons, NY. 369pp.

Gray D H, 1970. Effects of forest clear-cutting on the slope stability of natural slopes [J]. Bulletion of the association of engineering geologists, 7: 45-66

Gray D H, Megahan WF, 1981. Forest vegetation removal and slope stability in the Idaho Batholith [R], United State Department of Agriculture Forest Service. Intermountain forest and range experimental station research paper. INT-271, 1-23.

Green S, McNaughton K, Clothier B, 1989. Observations of night-time water use in kiwifruit vines and apple trees [J]. Agricultural and forest meteorology, 48: 251-261.

Greenway D R, 1987. Vegetation and slope stability. In: Anderson, M. G., Richards, K. S. (Eds.), Slope Stability [M]. John Wiley and Sons, New York, pp. 187-230.

Gregory J M, Mitchell J F B, Brandy A J, 1997. summer drought in northern midaltitude in a time-dependent CO_2 climate experiment [J]. Journal of Climate, 10: 662-686.

Grulke N, Alonso R, Nguyen T, et al, 2004. Stomata open at night in pole-sized and mature ponderosa pine: implications for O_3 exposure metrics [J]. Tree Physiology, 24: 1001-1010.

Guswa A J, Celia M A, Rodriquez-Iturbe, I, 2002. Models of soil moisture dynamics in ecohydrology: a comparative study [J]. Water Resources Research, 38: 1-15.

Gutiérrez-Girón A, Díaz-Pinés E, Rubio A, et al, 2015. Both altitude and vegetation affect temperature sensitivity of soil organic matter decomposition in Mediterranean high mountain soils [J]. Geoderma, s 237-238: 1-8.

Gyenge J, Fernández M E, Sarasola M, et al, 2008. Testing a hypothesis of the relationship between productivity and water use efficiency in Patagonian forests with native and exotic species [J]. Forest Ecology and Management, 255: 3281-3287.

Hacke U G, Sperry J S, Pittermann J, 2000. Drought experience and cavitation resistance in six shrubs from the Great Basin, Utah [J]. Basic and Applied Ecology, 1: 31-41.

Hacke U G, Sperry J S, Wheeler J K, et al, 2006. Scaling of angiosperm xylem structure with safety and efficiency [J]. Tree Physiol, 26: 689-701.

Hall R L, Allen S J, Rosier P T W, et al, 1998. Transpiration from coppiced poplar and willow measured using sap-flow methods [J]. Agricultural and Forest Meteorology, 90, 275-290.

Harma K J, Johnson M S, Cohen S J, 2012. Future Water Supply and Demand in the Okanagan Basin, British Columbia: A Scenario-Based Analysis of Multiple, Interacting Stressors [J]. Water Resources Management, 26: 667-689.

Harrington G N, 1991. Effects of soil moisture on shrub seedling survival in semi-arid grassland [J]. Ecology, 1138-1149.

Hartley M J, 2002. Rationale and methods for conserving biodiversity in plantation forests [J]. Forest Ecology and Management, 155: 81-95.

Hatton T, Catchpole E, Vertessy R, 1990. Integration of sapflow velocity to estimate plant water use [J]. Tree Physiology, 6: 201.

He X, Li Z, Hao M, et al, 2003. Down-scale analysis for water scarcity in response to soil-water conservation on Loess Plateau of China [J]. Agriculture, Ecosystems and Environment, 94: 355-361.

He Z, Zhao W, Liu H, et al, 2012. Effect of forest on annual water yield in the mountains of an arid inland river basin: a case study in the Pailugou catchment on northwestern China's Qilian Mountains [J]. Hydrological Processes, 26: 613-621.

Herbst M, 1995. Stomatal behaviour in a beech canopy: an analysis of Bowen ratio measurements compared with porometer data [J]. Plant, Cell and Environment, 18: 1010-1018.

Hernandez-Santana V, Asbjornsen H, Sauer T, et al, 2011. Enhanced transpiration by riparian buffer trees in response to advection in a humid temperate agricultural landscape [J]. Forest Ecology and Management.

Hernández-Santana V, David T S, Martínez-Fernández, J, 2008. Environmental and plant-based controls of water use in a Mediterranean oak stand [J]. Forest Ecology and Management, 255: 3707-3715.

Heuperman A, 1999. Hydraulic gradient reversal by trees in shallow water table areas and repercussions for the sustainability of tree-growing systems [J]. Agricultural Water Management, 39: 153-167.

Hibbert A R, 1969. Water yield changes after converting a forested catchment to grass [J]. Water Resource Research, 5: 634-640.

Hickel K, 2001. The effect of pine afforestation on flow regiem in small upland catchments [D]. University of Stuttgart, Stuttgart.

Hidalgo R C, Kun F, Herrmann H J, 2001. Bursts in a fiber bundle model with continuousdamage [J]. Phys. Rev. E, 64 (6), 066122.

Hinckley T, Brooks J, ermák, J, et al, 1994. Water flux in a hybrid poplar stand [J]. Tree Physiol, 14: 1005-1018.

Hogg E H, Black T A, Den Hartog G, et al, 1997. A comparison of sap flow and eddy fluxes of water vapor from a boreal deciduous forest [J]. JOURNAL OF GEOPHYSICAL RESEARCH - ALL SERIES -, 103: 28-28.

Hogg E H, Hurdle P, 1997. Sap flow in trembling aspen: implications for stomatal responses to vapor pressure deficit [J]. Tree Physiology, 17: 501-509.

Holbrook N M, Sinclair T R, 1992. Water balance in the arborescent palm, Sabal palmetto. I. Stem structure, tissue water release properties and leaf epidermal conductance [J]. Plant, Cell and Environment, 15: 393-399.

Holmes J W, Sinclair J A, 1986. Water Yield from some afforested catchments in Victoria [R]. Hydrology and Water Resources Symposium. National Conference Publication 86/13, Institution of Engineers, Australia, Canberra, PP: 214-218.

Hölscher D, Koch O, Korn S, et al, 2005. Sap flux of five co-occurring tree species in a temperate broad-leaved forest during seasonal soil drought [J]. Trees-Structure and Function, 19: 628-637.

Hou Q, Han R, Han S, 1999. The preliminary research on the problems of soil drying in artificial forest and grass land in the Loess Plateau [J]. Soil and Water Conservation in China, 5: 11-14.

Huang Y M, Liu D, An S S, 2015. Effects of slope aspect on soil nitrogen and microbial properties in the Chinese Loess region [J]. Catena, 125: 135-145.

Huang Y, Liu S, Shen Q, et al, 2002. [Influence of environmental factors on the decomposition of organic carbon in agricultural soils] [J]. Ying yong sheng tai xue bao = The journal of applied ecology / Zhongguo sheng tai xue xue hui, Zhongguo ke xue yuan Shenyang ying yong sheng tai yan jiu suo zhu ban, 13 (13): 709-714.

Huang M, Zhang L, Gallichand J, 2003. Runoff responses to afforestation in a watershed of the Loess Plateau, China [J]. Hydrological Processes, 17: 2599-2609.

Huang Y, Li X, Zhang Z, et al, 2011. Seasonal changes in Cyclobalanopsis glauca transpiration and canopy stomatal conductance and their dependence on subterranean water and climatic factors in rocky karst terrain [J]. J. Hydrol., In Press, Accepted Manuscript.

Hubbard R M, Ryan M G, Stiller V, et al, 2001. Stomatal conductance and photosynthesis vary linearly with plant hydraulic conductance in ponderosa pine [J]. Plant, Cell and Environment, 24: 113-121.

Hultine K, Scott R L, Cable W L, et al, 2004. Hydraulic redistribution by a dominant, warm-desert phreatophyte: seasonal patterns and response to precipitation pulses [J]. Functional Ecology, 18: 530-538.

Hümann M, Schüler G, Müller C, et al, 2011. Identification of runoff processes - The impact of different forest types and soil properties on runoff formation and floods [J]. Journal of Hydrology, 409: 637-649.

Hutley L, O'grady A, Eamus D, 2000a. Evapotranspiration from Eucalypt open-forest savanna of Northern Australia [J]. Functional Ecology, 14: 183-194.

Hutley L, O'Grady A, Eamus D, 2001. Monsoonal influences on evapotranspiration of savanna vegetation of northern Australia [J]. Oecologia, 126: 434-443.

Huxman T E, Wilcox B P, Breshears D D, et al, 2005. Ecohydrological implications of woody plant encroachment [J]. Ecology, 86: 308-319.

Infante J, Rambal S, Joffre R, 1997. Modelling transpiration in holm-oak savannah: scaling up from the leaf to the tree scale [J]. Agricultural and forest meteorology, 87: 273-289.

Irvine J, Perks F, Magnani F, et al, 1998. The response of Pinus sylvestris to drought: stomatal control of transpiration and hydraulic conductance [J]. Tree physiology, 18: 393-402.

Ishikawa C M, Bledsoe C S, 2000. Seasonal and diurnal patterns of soil water potential in the rhizosphere of blue oaks: evidence for hydraulic lift [J]. Oecologia, 125: 459-465.

Jackson R B, Jobbágy E G, Avissar R, et al, 2005. Trading water for carbon with biological carbon sequestration [J]. Science, 310: 1944.

Janbu K N, 1973. Slope stability computations. In: Hirsehfeld R C, Poulos S J. Embankment dam engineering. New York: Johnwiley and sons, 47−86.

Jarvis P, 1976. The interpretation of the variations in leaf water potential and stomatal conductance found in canopies in the field [J]. Philos Trans R Soc London, Ser B, 273: 593−610.

Jarvis P, McNaughton K, 1986. Stornata! control of transpiration: Scaling up from leaf to region [J]. Advances in Ecological Research, 15: 1−49.

Jenkinson D S, Adams D E, Wild A, 1991. Model estimates of CO_2 emissions from soil in response to global warming [J]. Nature, 351 (6324): 304−306.

Jia Y, Zhao H, Niu C, et al, 2009. A WebGIS−based system for rainfall−runoff prediction and real−time water resources assessment for Beijing [J]. Computers and Geosciences, 35: 1517−1528.

Jian N, 2001. Carbon Storage in Terrestrial Ecosystems of China: Estimates at Different Spatial Resolutions and Their Responses to Climate Change [J]. Climatic Change, 49 (3): 339−358.

Jiang G L, Magnan J P, 1997. Stability analysis of embankments: comparison of limit analysis with methods of slices [J]. Geotechnique. 47 (4): 857−872.

Jiménez M S, Cermak J, Kucera J, et al, 1996. Laurel forests in Tenerife, Canary Islands: the annual course of sap flow in Laurus trees and stand [J]. Journal of hydrology, 183: 307−321.

John B, Pandey H N, Tripathi R S, 2001. Vertical distribution and seasonal changes of fine and coarse root mass in Pinus kesiya Royle Ex. Gordon forest of three different ages [J]. Acta Oecologia, 22, 293−300.

Jonathan P L, Kai L N, Robert D D, et al, 1997. SimRoot: Modelling and visualization of root systems [J]. Plant Soil, 188: 139−151.

Juan B Gallego Fernández, M. Rosario García Mora, Francisco García Novo, 2004. Vegetation dynamics of Mediterranean shrublands in former cultural landscale at Grazalema Mountains, South Spain [J]. Plant Ecology, 172: 83−94.

Kanowski J, Catterall C P, Wardell−Johnson, G W, 2005. Consequences of broadscale timber plantations for biodiversity in cleared rainforest landscapes of tropical and subtropical Australia [J]. Forest Ecology and Management, 208: 359−372.

Kassiff G, Kopelovitz A, 1968. Strength properties of soil − root systems. Israel Institute of Techoology, CV − 256: 44

Katul G, Leuning R, Oren R, 2003. Relationship between plant hydraulic and biochemical properties derived from a steady − state coupled water and carbon transport model [J]. Plant, Cell and Environment, 26: 339−350.

Katul G G, Palmroth S, Oren R A M, 2009. Leaf stomatal responses to vapour pressure deficit under current and CO2− enriched atmosphere explained by the economics of gas exchange [J]. Plant Cell Environ., 32: 968−979.

Kelly R H, Parton W J, Crocker G J, et al, 1997. Simulating trends in soil organic carbon in long−term experiments using the century model [J]. Geoderma, 81 (s 1−2): 75−90.

Kerkhoff A J, Martens S N, Milne B T, 2004. An ecological evaluation of Eagleson's optimality hypotheses [J]. Functional Ecology, 18: 404−413.

Kirschbaum M U F, 1995. The temperature dependence of soil organic matter decomposition, and the effect of global warming on soil organic C storage [J]. Soil Biology and Biochemistry, 27 (27): 753-760.

Kobayashi Y, Tanaka T, 2001. Water flow and hydraulic characteristics of Japanese red pine and oak trees [J]. Hydrological Processes, 15: 1731-1750.

Kochler M, Kage H, Stützel H, 2007. Modelling the effects of soil water limitations on transpiration and stomatal regulation of cauliflower [J]. Eur J Agron, 26: 375-383.

Kokutse N, Fourcaud T, Kokou K, et al, 2006. 3D numerical modelling and analysis of the influence of forest structure on hill slopes stability. In: Marui et al., (Eds.), Interpraevent 2006, Disaster Mitigation of Debris-Flows, Slope Failures and Landslides [M]. Universal Academy Press, Inc., Tokyo, Japan, pp. 561-567.

Köstler JN, Brückner E, Bibelriether H, 1968. Die Wurzein der Waldbaüme edn [M]. Verlag Paul Parey. 280p

Köstner B, Granier A, Cermák J, 1998. Sapflow measurements in forest stands: methods and uncertainties [J]. Ann For Sci, 55: 13-27.

Köstner B, Schulze E D, Kelliher F, et al, 1992. Transpiration and canopy conductance in a pristine broad-leaved forest of Nothofagus: an analysis of xylem sap flow and eddy correlation measurements [J]. Oecologia, 91: 350-359.

Kramer P J, Boyer J S, 1995. Water Relation of Plants and Soils [M]. Academic Press, London, UK.

Kubota M, Tenhunen J, Zimmermann R, et al, 2005. Influences of environmental factors on the radial profile of sap flux density in Fagus crenata growing at different elevations in the Naeba Mountains, Japan [J]. Tree Physiology, 25: 545-556.

Kumagai T, Aoki S, Otsuki K, et al, 2009. Impact of stem water storage on diurnal estimates of whole-tree transpiration and canopy conductance from sap flow measurements in Japanese cedar and Japanese cypress trees [J]. Hydrological Processes, 23: 2335-2344.

Kumagai T, Saitoh T M, Sato Y, et al, 2004. Transpiration, canopy conductance and the decoupling coefficient of a lowland mixed dipterocarp forest in Sarawak, Borneo: dry spell effects [J]. J Hydrol, 287: 237-251.

Kumagai T o, Aoki S, Nagasawa H, et al, 2005. Effects of tree-to-tree and radial variations on sap flow estimates of transpiration in Japanese cedar [J]. Agric For Meteorol, 135: 110-116.

Kume T, Takizawa H, Yoshifuji N, et al, 2007. Severe Drought Resulting from Seasonal and Interannual Variability in Rainfall and Its Impact on Transpiration in a Hill Evergreen Forest in Northern Thailand [M]. In: Sawada, H., Araki, M., Chappell, N. A., LaFrankie, J. V., Shimizu, A. (Eds.), Forest Environments in the Mekong River Basin. Springer Japan, pp. 45-55.

Kume T, Tsuruta K, Komatsu H, et al, 2010. Effects of sample size on sap flux-based stand-scale transpiration estimates [J]. Tree Physiology, 30: 129-138.

Kundzewiez Z W, Robson A J, 2004. Change detection in hydrological records- a review of the methodology [J]. Hydrol. Sci., 49 (1): 7-19.

Lagergren F, Lindroth A, 2002. Transpiration response to soil moisture in pine and spruce trees in Sweden [J]. Agric Forest Meteorol, 112: 67-85.

Lai Z, Zhang Y, Liu J, et al, 2012. Fine-root distribution, production, decomposition, and effect on soil organic carbon of three revegetation shrub species in northwest China [J]. Forest Ecology and Management, 14 (14): 1153-1154.

Laio F, D'Odorico P, Ridolfi L, 2006. An analytical model to relate the vertical root distribution to climate and soil properties [J]. Geophys. Res. Lett. vol. 33, L18401.

Laio F, Porporato A, Ridolfi L, et al, 2001. Plants in water-controlled ecosystems: active role in hydrologic processes and response to water stress Ⅱ. Probabilistic soil moisture dynamics [J]. Adv. Water Resour., 24, 707-723.

Lal R, 2001. Potential of Desertification Control to Sequester Carbon and Mitigate the Greenhouse Effect [J]. Climatic Change, 51 (1): 35-72.

Lal R, 2004b. Soil Carbon Sequestration Impacts on Global Climate Change and Food Security [J]. Science, 304 (5677): 1623-1627.

Lal R, 2004a. Soil carbon sequestration to mitigate climate change [J]. Geoderma, 123 (s 1-2): 1-22.

Larcher W, 2000, Temperature stress and survival ability of Mediterranean sclerophyllous plants [J]. Plant Biosystems, 134: 279-295.

Lauenroth W, Sala O, Coffin D, et al, 1994. The importance of soil water in the recruitment of Bouteloua gracilis in the shortgrass steppe [J]. Ecological Applications, 741-749.

Lauenroth W K, Bradford J B, 2011, Ecohydrology of dry regions of the United States: water balance consequences of small precipitation events [J]. Ecohydrology, DOI: 10. 1002/eco. 1195.

Law B E, Falge E, Gu L, et al, 2002. Environmental controls over carbon dioxide and water vapor exchange of terrestrial vegetation [J]. Agric For Meteorol, 113: 97-120.

Le Maitre D, Van Wilgen B, Gelderblom C, et al, 2002. Invasive alien trees and water resources in South Africa: case studies of the costs and benefits of management [J]. Forest Ecology and Management, 160: 143-159.

Legendre P, 1993. Spatial autocorrelation: trouble or new paradigm? [J]. Ecology, 74: 1659-1673.

Lei H, Yang D, Huang M, 2014. Impacts of climate change and vegetation dynamics on runoff in the mountainous region of the Haihe River basin in the past five decades. Journal of Hydrology, 511, 786-799.

Leite L F C, Doraiswamy P C, Causarano H J, et al, 2009. Modeling organic carbon dynamics under no-tillage and plowed systems in tropical soils of Brazil using CQESTR [J]. Soil and Tillage Research, 102 (1): 118-125.

Lera M, Valerie K, 2008. Reducing greenhouse gas emissions from deforestation and forest degradation: global land-use implications [J]. Science, 320 (5882): 1454-1455.

Leuschner C, Wiens M, Harteveld M, et al, 2006. Pattern of fine root mass and distribution along a disturbance gradient in a tropical montane forest, Central Sulawesi (Indonesia) [J]. Plant Soil. 283, 163-174

Li Q, Ishidaira H, 2012. Development of a biosphere hydrological model considering vegetation dynamics and its evaluation at basin scale under climate change [J]. Journal of Hydrology, 412-413: 3-13.

Li Y, 2001. Effects of forest on water circle on the Loess Plateau [J]. Journal of Natural Resources, 16: 427-432.

Liao L, Yu X J, 2000. The effect of nitrogen addition on soil nutrient leaching and the decomposition of Chinese fir leaf letter [J]. Acta Phytoecologica Sinica.

Limousin, J M, Rambal S, Ourcival J M, et al, 2009. Long-term transpiration change with rainfall decline in a Mediterranean Quercus ilex forest [J]. Global Change Biology, 15: 2163-2175.

Lindroth A, Cermak J, Kucera J, et al, 1995. Sap flow by the heat balance method applied to small size Salix trees in a short-rotation forest [J]. Biomass and bioenergy, 8: 7-15.

Lindroth A, Iritz Z, 1993. Surface energy budget dynamics of short-rotation willow forest [J]. Theoretical and applied climatology, 47: 175-185.

Liu Q, Yang Z, Cui B, et al, 2009a. Temporal trends of hydro-climatic variables and runoff response to climatic variability and vegetation changes in the Yiluo River basin, China [J]. Hydrological Processes, 23: 3030-3039.

Liu W D, You H L, Dou J X, 2009b. Urban-rural humidity and temperature differences in the Beijing area [J]. Theor. Appl. Climatol, 96: 201-207.

Liu Y, Fu B, Lü Y, et al, 2013. Linking vegetation cover patterns to hydrological responses using two process-based pattern indices at the plot scale. Science China Earth Sciences, 56 (11): 1888-1898.

Livesley SJ, Gregory PJ, Buresh RJ, 2000. Competition in tree row agroforestry system. 1. Distribution and fynamics of fine root length and biomass [J]. Plant Soil: 227, 149-161.

Llorens P, Poch R, Latron J, et al, 1997. Rainfall interception by a Pinus sylvestris forest patch overgrown in a Mediterranean mountainous abandoned area I. Monitoring design and results down to the event scale [J]. Journal of hydrology, 199: 331-345.

Llorens P, Poyatos R, Latron J, et al, 2010. A multi-year study of rainfall and soil water controls on Scots pine transpiration under Mediterranean mountain conditions [J]. Hydrological Processes, 24: 3053-3064.

Loades K W, Bengough A G, Bransby M F, et al, 2010. Planting density influence on fibrous root reinforcement of soils [J]. Ecol. Eng. 36, 276-284.

Loranty M M, Mackay D S, Ewers B E, et al, 2008. Environmental drivers of spatial variation in whole-tree transpiration in an aspen-dominated upland-to-wetland forest gradient [J]. Water Resour. Res, 44: W02441.

Lorup J K, Jens Christian Refsgaard, Dominic Mazvimavi, 1998. Assessing the effect of land use change on catchment runoff by combined use of statistical tests and hydrological modeling: case studies from Zimbabwe [J]. Journal of Hydrology, 205: 147-163.

Lorup J K, Hansen E, 1997. Effect of land use on the streamflow in the southwestern highlands of Tanzania [M]. In: Rosbjerg D., Boutayeb N., Gustard A., et al. (Eds.). Sustainability of water resources under increasing uncertainty (Proceedings of the Rabat Symposium SI, 1997), IAHS Publication, 240: 227-236.

Loustau D, Berbiger P, Roumagnac P, et al, 1996. Transpiration of a 64-year-old maritime pine stand in Portugal. 1. Seasona course ofwater flux throughmaritime pine [J]. Oecologia, 107: 33-42.

Lu P, Urban L, Zhao P, 2004. Granier's thermal dissipation probe (TDP) method for measuring sap flow in trees: Theory and practice [J]. Acta Bot Sin, 46: 631-646.

Lu P, Yunusa I, Müller W, et al, 2003. Regulation of canopy conductance and transpiration and their modelling in irrigated grapevines [J]. Funct Plant Biol, 30: 689-698.

Lu Y, Stocking, M, 2000. Integrating biophysical and socio-economic aspects of soil conservation on the Loess Plateau, China. Part III. The benefits of conservation [J]. Land Degradation and Development, 11: 153-165.

Lubczynski M W, Gurwin J, 2005a. Integration of various data sources for transient groundwater modeling with spatio-temporally variable fluxes--Sardon study case, Spain [J]. J Hydrol, 306: 71-96.

Lubczynski W M, Gurwin J, 2005b. Integration of various data sources for transient groundwater modeling with spatio-temporally variable fluxes—Sardon study case, Spain [J]. Journal of hydrology, 306: 71-96.

Ludwig J A, Tongway D J, Marsden S G, 1999. Stripes, strands or stipples: modelling the influence of three landscape banding patterns on resource capture and productivity in semi-arid woodlands, Australia [J]. Catena, 37, 257-273.

Lundblad M, Lindroth A, 2002. Stand transpiration and sapflow density in relation to weather, soil moisture and stand characteristics [J]. Basic Appl Ecol, 3: 229-243.

Macfarlane C, Bond C, White D A, et al, 2010. Transpiration and hydraulic traits of old and regrowth eucalypt forest in southwestern Australia [J]. For. Ecol. Manage., 260: 96-105.

Mackay D, Ahl D, Ewers B, et al, 2002. Effects of aggregated classifications of forest composition on estimates of evapotranspiration in a northern Wisconsin forest [J]. Global Change Biology, 8: 1253-1265.

Mackay D S, Samanta S, Nemani R R, et al, 2003. Multi-objective parameter estimation for simulating canopy transpiration in forested watersheds [J]. J. Hydrol., 277: 230-247.

Maherali H, DeLucia E, 2001. Influence of climate-driven shifts in biomass allocation on water transport and storage in ponderosa pine [J]. Oecologia, 129: 481-491.

Malmer A, Murdiyarso D, Bruijnzeel L A, et al, 2010. Carbon sequestration in tropical forests and water: a critical look at the basis for commonly used generalizations [J]. Global Change Biology, 16: 599-604.

Manbeian T, 1973. The influence of soil moisture suction, cyclicwetting and drying, and plant roots on the shear strength of cohesive soil [Ph. D. thesis] [M]: Berkeley, CA, University of Califrnia, Department of Soil Science.

Mao Z, Saint-André, L, Genet M, et al, 2011. Engingeering ecological protection against landslides in diverse mountain forests: choosing cohesion models [J]. Ecol. Eng. submitted

Marks C O, Lechowicz M J, 2007. The ecological and functional correlates of nocturnal transpiration [J]. Tree Physiology, 27: 577.

Martens D A, Reedy T E, Lewis D T, 2004. Soil organic carbon content and composition of 130-year crop, pasture and forest land-use managements [J]. Global Change Biology, 10 (1): 65-78.

Martin T, Brown K, Cermak J, et al, 1997. Crown conductance and tree and stand transpiration in a second-growth Abies amabilis forest [J]. Canadian Journal of Forest Research, 27: 797-808.

Martin T, Brown K, Kucera J, et al, 2001a. Control of transpiration in a 220-year-old Abies amabilis forest [J]. Forest Ecology and Management, 152: 211-224.

Martin T A, Brown K J, Kucera J, et al, 2001b. Control of transpiration in a 220-year-old Abies amabilis forest [J]. For Ecol Manag, 152: 211-224.

Martínez-Vilalta J, Cochard H, Mencuccini M, et al, 2009. Hydraulic adjustment of Scots pine across Europe [J]. New Phytologist184: 353-364.

Marzluff J M, Ewing K, 2001. Restoration of fragmented landscapes for the conservation of birds: a general framework and specific recommendations for urbanizing landscapes [J]. Restoration Ecology, 9: 280-292.

Massman W J, Kaufmann M R, 1991. Stomatal response to certain envrionmental factors: a comparison of models for subalpine trees int he Rocky Mountains [J]. Agricultural and forest meteorology, 54: 155-167.

Mattia C, Bischetti G B, Gentile F, 2005. Biotechnical characteristics of root systems of typical Mediterranean species [J]. Plant Soil 278, 23-32.

Matyssek R, Günthardt-Goerg M S, Maurer S, et al, 1995. Nighttime exposure to ozone reduces whole-plant production in Betula pendula [J]. Tree Physiology, 15: 159-165.

Maurer E P, Brekke L D, Pruitt T, 2010. Contrasting Lumped and Distributed Hydrology Models for Estimating Climate Change Impacts on California Watersheds1 [J]. JAWRA Journal of the American Water Resources Association, 46: 1024-1035.

McCarthy H R, Pataki D E, 2010. Drivers of variability in water use of native and non-native urban trees in the greater Los Angeles area [J]. Urban Ecosystems, 13: 393-414.

McCaughey J H, Iacobelli A, 1994. Modelling stomatal conductance in a northern deciduous forest, Chalk River, Ontario [J]. Canadian Journal of Forest Research, 24: 904-910.

McCulloh K, Sperry J S, Lachenbruch B, et al, 2010. Moving water well: comparing hydraulic efficiency in twigs and trunks of coniferous, ring-porous, and diffuse-porous saplings from temperate and tropical forests [J]. New Phytologist, 186: 439-450.

McDowell N G, 2011. Mechanisms linking drought, hydraulics, carbon metabolism, and vegetation mortality [J]. Plant Physiol., 155: 1051-1059.

McJannet D, Fitch P, Disher M, et al, 2007. Measurements of transpiration in four tropical rainforest types of north Queensland, Australia [J]. Hydrological Processes, 21: 3549-3564.

Mclean S, 2001, Baseflow response to vegetation change, Gleendnu State Forest, Otago, New Zealand [D]. Department of Geography. University of Otago, Dunedin.

McMinn R G, 1963. Characteristics of Douglas-fir root systems [J]. Can. J. Bot. 41, 105-122.

McVicar T R, Van Niel T G, Li L, et al, 2010. Parsimoniously modelling perennial vegetation suitability and identifying priority areas to support China's re-vegetation program in the Loess Plateau: Matching model complexity to data availability [J]. Forest Ecology and Management, 259 (7): 1277-1290.

Meinzer F, Goldstein G, Andrade J, 2001a. Regulation of water flux through tropical forest canopy trees: Do universal rules apply? [J]. Tree Physiology, 21: 19-26.

Meinzer F, Goldstein G, Franco A, et al, 1999a. Atmospheric and hydraulic limitations on transpiration in Brazilian cerrado woody species [J]. Functional Ecology, 13: 273-282.

Meinzer F, Hinckley T, Ceulemans R, 1997a. Apparent responses of stomata to transpiration and humidity in a hybrid poplar canopy [J]. Plant, Cell and Environment, 20: 1301-1308.

Meinzer F C, Andrade J L, Goldstein G, et al, 1999b. Partitioning of soil water among canopy trees in a seasonally dry tropical forest [J]. Oecologia, 121: 293-301.

Meinzer F C, Bond B J, Warren J M, et al, 2005. Does water transport scale universally with tree size? [J]. Funct. Ecol., 19: 558-565.

Meinzer F C, Goldstein G, Andrade J L, 2001b. Regulation of water flux through tropical forest canopy trees: do universal rules apply? [J]. Tree Physiol., 21: 19-26.

Meinzer F C, Goldstein G, Franco A C, et al, 1999c. Atmospheric and hydraulic limitations on transpiration in Brazilian cerrado woody species [J]. Funct Ecol, 13: 273-282.

Meinzer F C, Goldstein G, Holbrook N M, et al, 1993b. Stomatal and environmental control of transpiration in a lowland tropical forest tree [J]. Plant Cell and Environment, 16: 429-429.

Meinzer F C, Goldstein G, Holbrook et al, 1993a. Stomatal and environmental control of transpiration in a lowland tropical forest tree [J]. Plant Cell Environ, 16: 429-436.

Meinzer F C, Goldstein G, Jackson P, et al, 1995. Environmental and physiological regulation of transpiration in tropical forest gap species: the influence of boundary layer and hydraulic properties [J]. Oecologia, 101: 514-522.

Meinzer F C, Hinckley T M, Ceulemans R, 1997b. Apparent responses of stomata to transpiration and humidity in a hybrid poplar canopy [J]. Plant Cell Environ, 20: 1301-1308.

Meinzer F C, James S A, Goldstein G, 2004. Dynamics of transpiration, sap flow and use of stored water in tropical forest canopy trees [J]. Tree Physiology, 24: 901-909.

Meinzer F C, James S A, Goldstein G, et al, 2003. Whole-tree water transport scales with sapwood capacitance in tropical forest canopy trees [J]. Plant, Cell and Environment, 26: 1147-1155.

Meiresonne L, Nadezhdin N, Cermak J, et al, 1999. Measured sap flow and simulated transpiration from a poplar stand in Flanders (Belgium) [J]. Agricultural and forest meteorology, 96: 165-179.

Mencuccini M, Bonosi L, 2001. Leaf/sapwood area ratios in Scots pine show acclimation across Europe [J]. Canadian Journal of Forest Research, 31: 442-456.

Merino A, Ferreiro A, Salgado J, et al, 2014. Use of thermal analysis and solid-state 13C CP-MAS NMR spectroscopy to diagnose organic matter quality in relation to burn severity in Atlantic soils [J]. DOI: 10. 1016/j. geoderma. 2014. 03. 009.

Mermoud A, Tamini T D, Yacouba H, 2005. Impacts of different irrigation schedules on the water balance components of an onion crop in a semi-arid zone [J]. Agric Water Manage, 77: 282-295.

Mielke M S, Oliva M A, de Barros N F, et al, 1999. Stomatal control of transpiration in the canopy of a clonal Eucalyptus grandis plantation [J]. Trees-Struct Funct, 13: 152-160.

Millán M M, Estrela M J, Sanz M J, et al, 2005. Climatic feedback and desertification: the Mediterranean model. [J]. Journal of Climate, 18: 684-701.

Milly P, 1997. Sensitivity of greenhouse summer dryness to changes in plant rooting characteristics [J]. Geophysical research letters, 24: 269-271.

Miranda A, Miranda H, Lloyd J, et al, 1997. Fluxes of carbon, water and energy over Brazilian cerrado: an analysis using eddy covariance and stable isotopes [J]. Plant, Cell and Environment, 20: 315-328.

Mkhabela M S, Amiro B D, Barr A G, et al, 2009. Comparison of carbon dynamic and water use efficiency following fire and harvesting in Canadian boreal forests [J]. Agriculture and Forest Meteorology, 149, 783-794.

Monteith J L, 1995. A reinterpretation of stomatal response to humidity [J]. Plant, Cell and Environment, 18: 357-364.

Moore G W, Bond B J, Jones J A, et al, 2004. Structural and compositional controls on transpiration in 40-and 450-year-old riparian forests in western Oregon, USA [J]. Tree Physiology, 24: 481-491.

Morgenstern N R, Price V E, 1965. The analysis of the stability of general slip surfaces [J]. Geotechnique, 15 (1): 79-93.

Mu X M, Xu X X, Wang W L, et al, 2003. Impact of artificial forest on soil moisture of the deep soil layer on Loess Plateau [J]. Acta Pedologica Sinica, 40: 217-222.

Musselman R C, Minnick T J, 2000. Nocturnal stomatal conductance and ambient air quality standards for ozone [J]. Atmos Environ, 34: 719-733.

Nadezhdina N, ermák J, Ceulemans R, 2002. Radial patterns of sap flow in woody stems of dominant and understory species: scaling errors associated with positioning of sensors [J]. Tree Physiology, 22: 907-918.

Nagler P, Jetton A, Fleming J, et al, 2007. Evapotranspiration in a cottonwood (Populus fremontii) restoration plantation estimated by sap flow and remote sensing methods [J]. Agriculture and Forest Meteorology, 144, 95-110.

Nardini A, Salleo S, 2000. Limitation of stomatal conductance by hydraulic traits: sensing or preventing xylem cavitation? [J]. Trees - Structure and Function, 15: 14-24.

Newman E I, 1967. Response of Aira precox to weather conditions. I. Response to drought in spring [J]. journal of Ecology, 55: 539-556.

Nilaweera N S, 1994. Effects of the roots on slope stability: thecase of Khao Luang Mountain area [J], So. Thailand, Degreethesis, Asian Institute of Technology, Bangkok, Thiland.

Nilaweera N S, Nutalaya P, 1999. Role of tree roots in slopestabilisation [J]. Bull. Eng. Geol. Env 57, 337-342.

Nilsen E T, Orcutt D M, 1998. Physiology of plants under stress: abiotic factors [M]. John Wiley, New York.

Noguchi K, Konopka B, Satomura T, et al, 2007. Biomass and production of fine roots in Japanese forests [J]. J. For. Res., 12: 83-95.

Norris J E, 2005. Root reinforcement by hawthorn and oak roots on a highway cut-slope inSouthern England [J]. Plant Soil 278, 43-54.

Norris J E, Greenwood J R, 2008. An introduction to types of vegetated slopes, in: Norris, J. E., Stokes, A., Mickovski, S. B., Cammeraat, E., Van Beek, R., Nicoll, B. C., Achim, A. (Eds.), Slope Stability and Erosion Control: EcotechnologicalSolutions [J]. Springer, Dordrecht, Netherlands, pp. 9-15

Nosetto M D, Jobbagy E G, Paruelo J M, 2005. Land-use change and water losses: the case of grassland afforestation across a soil textural gradient in central Argentina [J]. Global Change Biology, 11: 1101-1117.

O' Grady A, Cook P, Eamus D, et al, 2009. Convergence of tree water use within an arid-zone woodland [J]. Oecologia, 160: 643-655.

O'Brien J J, Oberbauer S F, Clark D B, 2004. Whole tree xylem sap flow responses to multiple environmental variables in a wet tropical forest [J]. Plant, Cell and Environment, 27: 551-567.

O'Grady A, Eamus D, Hutley L, 1999. Transpiration increases during the dry season: patterns of tree water use in eucalypt open-forests of northern Australia [J]. Tree Physiology, 19: 591-597.

O'Grady A P, Worledge D, Battaglia M, 2008. Constraints on transpiration of Eucalyptus globulus in southern Tasmania, Australia [J]. Agricultural and forest meteorology, 148: 453-465.

Oishi A, Oren R, Novick K, et al, 2010. Interannual Invariability of Forest Evapotranspiration and Its Consequence to Water Flow Downstream [J]. Ecosystems, 13: 421-436.

Oishi A C, Oren R, Stoy P C, 2008. Estimating components of forest evapotranspiration: a footprint approach for scaling sap flux measurements [J]. Agricultural and Forest Meteorology, 148: 1719-1732.

Oleson K W, Bonan G B, Feddema J, et al, 2011. An examination of urban heat island characteristics in a global climate model [J]. International Journal of Climatology, 31: 1848-1865.

Oliveira R, Bezerra L, Davidson E, et al, 2005. Deep root function in soil water dynamics in cerrado savannas of central Brazil [J]. Functional Ecology, 19: 574-581.

Operstein V, Frydman S, 2000. The influence of vegetationon soil strength [J]. Ground Improv. 4, 81-89.

Operstein V, Frydman, S, 2002. The stability of soil slopes stabilised with vegetation [J]. Ground Improv. 6, 163-168.

Oren R, Pataki D, 2001a. Transpiration in response to variation in microclimate and soil moisture in southeastern deciduous forests [J]. Oecologia, 127: 549-559.

Oren R, Phillips N, Ewers B, et al, 1999a. Sap-flux-scaled transpiration responses to light, vapor pressure deficit, and leaf area reduction in a flooded Taxodium distichum forest [J]. Tree Physiology, 19: 337.

Oren R, Sperry J, Ewers B, et al, 2001. Sensitivity of mean canopy stomatal conductance to vapor pressure deficit in a flooded Taxodium distichum L. forest: hydraulic and non-hydraulic effects [J]. Oecologia, 126: 21-29.

Oren R, Sperry J, Katul G, et al, 1999b. Survey and synthesis of intra- and interspecific variation in stomatal sensitivity to vapour pressure deficit [J]. Plant, Cell and Environment, 22: 1515-1526.

Oyarzún C E, Godoy R, Staelens J, et al, 2011. Seasonal and annual throughfall and stemflow in Andean temperate rainforests [J]. Hydrological Processes, 25: 623-633.

Parviainen M, Luoto M, Ryttäri T, 2008. Heikkinen, R. K. Modelling the occurrence of threatened plant species in taiga landscapes: methodological and ecological perspectives [J]. Journal of Biogeography, 35: 1888-1905.

Pataki D E, Bush S E, Gardmer P, et al, 2005. Ecohydrology in a Colorado river Riparian Forest: Implications for the decline of populus fremonti [J]. Ecological Applications, 15, 3, 1009-1018.

Pataki D E, Oren R, 2003. Species differences in stomatal control of water loss at the canopy scale in a mature bottomland deciduous forest [J]. Advances in Water Resources, 26: 1267-1278.

Pataki D E, Oren R, Smith W K, 2000. Sap flux of co-occurring species in a western subalpine forest during seasonal soil drought [J]. Ecology, 81: 2557-2566.

Perry D A, 1994. Forest ecosystems [M]. Baltimore: Johns Hopkins University Press: 649.

Perry L G, Andersen D C, Reynolds L V, et al, 2012. Vulnerability of riparian ecosystems to elevated CO_2 and climate change in arid and semiarid western North America [J]. Global Change Biology, 18: 821-842.

Phillips N, Nagchaudhuri A, Oren R, et al, 1997. Time constant for water transport in loblolly pine trees estimated from time series of evaporative demand and stem sapflow [J]. Trees-Structure and Function, 11: 412-419.

Phillips N, Oren R, 1996. Zimmermann, R. Radial patterns of xylem sap flow in non-, diffuse- and ring-porous tree species [J]. Plant, Cell and Environment, 19: 983-990.

Phillips N, Ryan M, Bond B, et al, 2003. Reliance on stored water increases with tree size in three species in the Pacific Northwest [J]. Tree Physiology, 23: 237-245.

Pollen N, Simon A, 2005. Estimating the mechanical effects of riparian vegetationon streambank stability using a fiber bundle model [J]. Water Resour. Res. 41, W07025.

Porporato A, Laio F, Ridolfi L, et al, 2001. Plants in water-control-led ecosystems: Active role in hydrological processes and response to water stress. III Vegetation water stress [J]. Advances in Water Resources, 24: 725-744.

Porporato A, Rodriguez-Iturbe I, 2002. Ecohydrology—a challenging multidisciplinary research perspective [J]. Hydrological Sciences Journal, 47: 811-821.

Post W M, Emanuel W R, Zinke P J, et al, 1982. Soil carbon pools and world life zones [J]. Nature, 298 (5870): 156-159.

Poyatos R, Martínez-Vilalta J, Eermák J, et al, 2007. Plasticity in hydraulic architecture of Scots pine across Eurasia. [J]. Oecologia, 153: 245-259.

Pratt R B, Jacobsen A L, Ewers F W, et al, 2007. Relationships among xylem transport, biomechanics and storage in stems and roots of nine Rhamnaceae species of the California chaparral [J]. New Phytol, 174: 787-798.

Preti F. 2006. On root reinforcement modeling. European Geosciences Union 2006 [J]. Geophysical research abstracts, Vol. 8 04555.

Preti F, Giadrossich F, 2009. Root reinforcement and slope bioengineering stabilization by Spanish Broom (Spartium junceum L.) [J], Hydrol. Earth Syst. Sci. Discuss. 6, 3993-4033.

Prior L, Eamus D, Duff G, 1997a. Seasonal and diurnal patterns of carbon assimilation, stomatal conductance and leaf water potential in Eucalyptus tetrodonta saplings in a wet-dry savanna in northern Australia [J]. Australian Journal of Botany, 45: 241-258.

Quevedo D I, Francés F, 2007. A conceptual dynamic vegetation-soil model for arid and semiarid zones [J]. Hydrology and Earth System Sciences, 12: 1175-1187.

Reiners W A, Driese K L, 2004. Transport processes in nature: propagation of ecological influences through environmental space [M]. Cambridge University Press.

Renninger H J, Phillips N, Salvucci G D, 2010. Wet- vs. Dry-Season Transpiration in an Amazonian Rain Forest Palm Iriartea deltoidea [J]. Biotropica, 42: 470-478.

Reubens B, Poesen J, Danjon F, et al, 2007. The role of fine and corase roots in shallow slope stability and soil erosion control with a focus on root system architecture: a review [J]. Trees- Struct Func. 21, 385-402.

Reynolds J F, Kemp P R, Ogle K, et al, 2004. Modifying the 'pulse-reserve' paradigm for deserts of North America: precipitation pulses, soil water, and plant responses [J]. Oecologia, 141: 194-210.

Rizk A A, Henze G P, 2010. Improved airflow around multiple rows of buildings in hot arid climates [J]. Energy Build., 42: 1711-1718.

Roberts J, 2000. The influence of physical and physiological characteristics of vegetation on their hydrological response [J]. Hydrological Processes, 14: 2885-2901.

Rodriguez-Iturbe I, A. Porporato, 2005, Ecohydrology of Water-Controlled Ecosystems [M], Cambridge Univ. Press, New York.

Rodriguez-Iturbe I, D'odorico P, Porporato A, et al, 1999. On the spatial and temporal links between vegetation, climate, and soil moisture [J]. Water Resources Research, 35: 3709-3722.

Roering J J, Schmidt K M, Stock J D, et al, 2003. Shallow landsliding, root reinforcement, and the spatial distribution of trees in the Oregon Coast Range [J]. Can. Geotech. J. 40, 237-253.

Rubey W W, 1964. Geologic History of Sea Water [J]. Origin and Evolution of Atmospheres and Oceans, 62 (1951): 1.

Sala A, Tenhunen J, 1996. Simulations of canopy net photosynthesis and transpiration in Quercus ilex L. under the influence of seasonal drought [J]. Agricultural and forest meteorology, 78: 203-222.

Salehi M H, Esfandiarpour I, Sarshogh M, 2011. The Effect of Aspect on Soil Spatial Variability in Central Zagros, Iran [J]. Procedia Environmental Sciences, 7: 293-298.

Saliendra N Z, Sperry J S, Comstock J P, 1995. Influence of leaf water status on stomatal response to humidity, hydraulic conductance, and soil drought in Betual occidentalis [J]. Planta, 196: 357-366.

Salleo S, Nardini A, Pitt F, et al, 2000. Xylem cavitation and hydraulic control of stomatal conductance in laurel (Laurus nobilis L.) [J]. Plant, Cell and Environment, 23: 71-79.

Sánchez G, Puigdefábregas J, 1994. Interactions of plant growth and sediment movement on slopes in a semi-arid environment [J]. Geomorphology, 9: 243-260.

Sandstrom K, 1995, Forests and water—Friends of foes. Hydrological implications of deforestation and land degradation in semi-arid Tanzania [D]. University of Linkoping, LinkOping, Sweden.

Sarris D, Christodoulakis D, Körner C. Recent decline in precipitation and tree growth in the eastern Mediterranean [J]. Global Change Biology, 2007, 13: 1187-1200.

Sattler D, Murray L T, Kirchner A, et al, 2014. Influence of soil and topography on aboveground biomass accumulation and carbon stocks of afforested pastures in South East Brazil [J]. Ecological Engineering, 73: 126-131.

Schäfer K, Oren R, Tenhunen J, 2000a. The effect of tree height on crown level stomatal conductance [J]. Plant, Cell and Environment, 23: 365-375.

Schäfer K V R, Oren R, Tenhunen J D, 2000b. The effect of tree height on crown level stomatal conductance [J]. Plant Cell Environ, 23: 365-375.

Schenk H J, Jackson R B, 2002. The global biogeography of roots [J]. Ecol Monogr, 72: 311-328.

Schields F D, Gray D H, 1992. Effects of woody vegetationon the structural integrity of sandy levees [J]. Water Resour. Bull. 28 (5), 917-931.

Schimel D S, Braswell B H, Holland E A, et al, 1994. Climatic, edaphic, and biotic controls over storage and turnover of carbon in soils [J]. Global Biogeochemical Cycles, 8 (3): 279-293.

Schlesinger W H, 1990. Evidence from Chronosequence Studies for a Low Carbon-storage Potential of Soils [J]. Nature, 348 (6298): 232-234.

Schmid I, Kazda M, 2001. Vertical distribution and radialgrowth of coarse roots in pure and mixed stands of Fagussylvatica and Picea abies [J]. Can. J. For. Res. 31, 539-548.

Schmid I, Kazda M, 2002. Root distribution of Norwayspruce in monospecific and mixed stands on different soils [J]. For. Ecol. Man. 159, 37-47.

Schmid I, 2002. The influence of soil type and interspecific sompettion on the fine root system of Norway spruce and European beech [J]. Basic. Appl. Ecol. 3, 339-346.

Schmid I, Kazda M, 2001. Vertical distribution and radial growth of coarse roots in pure and mixed stands of Fagus sylvatica and Picea abies [J]. Can. J. For. Res. 31: 539-548.

Schmidt, K M, Roering, J J, Stoch, J D, et al, 2001. The variability of root cohesion as an influence on shallow landslide susceptibility in the Oregon Coast Range [J]. Can. Geotech. J. 38, 995-1024.

Schofield N J, 1996. Forest management impacts on water values [J]. Recent Research Developments in Hydrology, 1: 1-20.

Scholz F G, Bucci S J, Goldstein G, et al, 2007. Removal of nutrient limitations by long-term fertilization decreases nocturnal water loss in savanna trees [J]. Tree Physiol, 27: 551.

Schulze E D, Kelliher F M, Korner C, et al, 1994. Relationships among maximum stomatal conductance, ecosystem surface conductance, carbon assimilation rate, and plant nitrogen nutrition: a global ecology scaling exercise [J]. Annual Review of Ecology and Systematics, 629-660.

Schuurman J J, Goedewaagen M A J, 1971. Methods for the examination of root systems and roots, in methods in use at the institute for soil fertility for eco-morphological root investigations. 2nd edn. Centre for agricultural publishing and documentation [W], Wageningen, The Netherlands pp. 43-49.

Schwarz M, Preti F, Giadrossich F, et al, 2010b. Quantifying the role of vegetation in slope stability: A case study in Tuscany (Italy) [J]. Ecol. Eng. 36, 285-291.

Sedjo R A, Botkin D, 1997. Using Foret Plantations to spare Natural Forests [J]. Environment: Science and Policy for Sustainable Development, 39: 14-30.

Sellami M H, Sifaoui M S, 2003. Estimating transpiration in an intercropping system: measuring sap flow inside the oasis [J]. Agricultural Water Management, 59: 191-204.

Seyfried M, Schwinning S, Walvoord M, et al, 2005. Ecohydrological control of deep drainage in arid and semi-arid regions [J]. Ecology, 86: 277-287.

Shangguan Z, Zheng S, 2006. Ecological properties of soil water and effects on forest vegetation in the Loess Plateau [J]. The International Journal of Sustainable Development and World Ecology, 13: 307-314.

Sheil D, Murdiyarso D, 2009. How forests attract rain: an examination of a new hypothesis [J]. BioScience, 59: 341-347.

Sidari M, Ronzello G, Vecchio G, et al, 2008. Influence of slope aspects on soil chemical and biochemical properties in a Pinus laricio forest ecosystem of Aspromonte (Southern Italy) [J]. European Journal of Soil Biology, 44 (4): 364-372.

Silva JS, Rego FC, 2003. Root distribution of a Mediterranean shrubland in Portugal [J]. Plant Soil. 255, 529-540.

Six J, Callewaert P, Lenders S, et al, 2002. Measuring and Understanding Carbon Storage in Afforested Soils by Physical Fractionation [J]. Soil Science Society of America Journal, 66 (6): 1981-1987.

Smakhtin V U, 2001. Estimation continuous monthly baseflow time series and their possible applications in the context of the ecological reserve [J]. Water SA., 27 (2): 213-217.

Smit A L, Bengough A G, Engels C, et al, 2000. Root Methods: A handbook [M]. Springer. 213.

Smith J H G, 1964. Root spread can be estimated from crown width of Douglas fir, lodgepole pine, and other British Columbia tree species [J]. Forest Chronicl, 40: 456-473.

Smith R E, Scott D F, 1992. Effects of afforestation on low flows in various regions of South Aferica [J]. Water SA, 18 (3). 185-194.

Smith D M, Jarvis P G, 1998. Physiological and environmental control of transpiration by trees in windbreaks [J]. Forest ecology and management, 105: 159-173.

Snyder K A, James J J, Richards J H, et al, 2008. Does hydraulic lift or nighttime transpiration facilitate nitrogen acquisition? [J]. Plant and soil, 306: 159-166.

Snyder K A, Richards J H, Donovan L A, 2003. Night-time conductance in C3 and C4 species: do plants lose water at night? [J]. J Exp Bot, 54: 861-865.

Specht R L, Specht A, 1999. Australian plant communities: dynamics of structure, growth and biodiversity [M]. Oxford University Press Melbourne.

Spencer E, 1967. A method of analysis of the stability of embankments assuming parallel interslice forces [J]. Geotechnique, 17 (1): 11-26.

Sperry J, Adler F, Campbell G, et al, 1998. Limitation of plant water use by rhizosphere and xylem conductance: results from a model [J]. Plant, Cell and Environment, 21: 347-359.

Sperry J, Hacke U, Oren R, et al, 2002. Water deficits and hydraulic limits to leaf water supply [J]. Plant, Cell and Environment, 25: 251-263.

Sperry J S, 2000. Hydraulic constraints on plant gas exchange [J]. Agricultural and forest meteorology, 104: 13-23.

Sperry J S, Meinzer F C, McCULLOH K A, 2008. Safety and efficiency conflicts in hydraulic architecture: scaling from tissues to trees [J]. Plant, Cell and Environment, 31: 632-645.

Stednick J D, 1996. Monitoring the effects of timber water yield harvest on annual water yield [J]. Journal of hydrology, 176: 79-95.

Stephenson N L, 1990. Climatic control of vegetation distribution: the role of the water balance [J]. The American Naturalist, 135: 649-670.

Steppe K, Lemeur R, 2007. Effects of ring-porous and diffuse-porous stem wood anatomy on the hydraulic parameters used in a water flow and storage model [J]. Tree Physiology, 27: 43-52.

Stokes A, Norris J E, van Beek L P H, et al, 2007b. How vegetation reinforces soil on slopes. In: Slope stability and erosion control: Ecotechnological solutions [M]. Springer. (Eds.) JE Norris, A Stokes, SB Mickovski, LH van Beek, B Nicoll, A Achim, 65-117.

Stokes A, 2002. The boomechanics of tree root anchorage. Chapter in: "Plant Roots-The hidden half" (Eds Y. Waisel, A. Eshel; U. Kafkaki). Plenum Publishing, NY. 175-186.

Stokes A, Chen Y, Huang H, et al, 2007. Climate change and land degradation in China: challenges for soil conservation. In: Climate Change: Kyoto - Ten years and still counting. Ed. V. I. Grover [J]. Science publishers Inc. USA.

Stokes A, Norris J E, Greenwood J, 2007a. Introduction to ecotechnological solutions. In: Slopestability and erosion control: Ecotechnological solutions [C]. Springer. (Eds.) JE Norris, A Stokes, SB Mickovski, LH van Beek, B Nicoll, A Achim, 1-8.

Stokes A, Atger C, Bengough A G, et al, 2009. Desirable plant root traits for protecting mountain slopes against landslides [J]. Plant Soil 324, 1-30.

Stratton L, Goldstein G, Meinzer F, 2000. Stem water storage capacity and efficiency of water transport: their functional significance in a Hawaiian dry forest [J]. Plant, Cell and Environment, 23: 99-106.

Studdert G A, Monterubbianesi M G, Domínguez G F, 2011. Use of RothC to simulate changes of organic carbon stock in the arable layer of a Mollisol of the southeastern Pampas under continuous cropping [J]. Soil and Tillage Research, 117: 191-200.

Sudmeyer R A, Speijers J, Nicholas B D, 2004. Root distribution of Pinus pinaster, P. radiate, Eucalyptus globulus and E. kochii and associated soil chemistry in agricultural land adjacent to tree lines [J]. Tree Physiol. 24, 1333-1346

Sun G, Lu J, Mcnulty S G, et al, 2006. Using the hydrologic model MIKE SHE to assess disturbance impacts on watershed processes and Responses across the Southeastern U. S [R]. In Proceedings of the Second Interagency Conference on Watershed Research, May 16-18, Otto, NC.

Sun W, Zhu H, Guo S, 2015. Soil organic carbon as a function of land use and topography on the Loess Plateau of China [J]. Ecological Engineering, 83: 249-257.

Sun G, McNulty S, Lu J B, et al, 2006. Modeling hydrologic responses to deforestation/forestation and climate change at multiple scales in the Southern US and China [J]. In: Forest and Water in a changing environment, Beijing, China, 8-10 August. 5 p.

Swanston D N, 1969. Mass-wasting in coastal Aaska [J]. U. S. department of agriculture, Forest service research paper PNW-83. 15

Swanston D N, 1967. Soil-water piezometry in a southeast Aaska landslides area [J]. Department of agriculture. Forest service research note PNW-68. 17

Tang H, Qiu J, Ranst E V, et al, 2006. Estimations of soil organic carbon storage in cropland of China based on DNDC model [J]. Geoderma, 134 (1-2): 200-206.

Tardieu F, Simonneau T, 1998. Variability among species of stomatal control under fluctuating demand: modelling isohydric and anisohydric behaviours [J]. Journal of Experimental Botany, 49: 419-432.

Terwilliger V J, Waldron L J, 1990. Assessing the contribution of roots to the strength of undisturbed, slip prone soils [J]. Catena Vol, 17, 151-162.

Thomas F M, Foetzki A, Arndt S K, et al, 2006. Water use by perennial plants in the transition zone between river oasis and desert in NW China [J]. Basic and Applied Ecology, 7: 253-267.

Thompson J R, Srenson H. Refstrup, Gavin H, 2004. Application of the coupled MIKE SHE/MIKE 11 modelling system to a lowland wet grassland in southeast England [J]. Journal of Hydrology, 293: 151-179.

Thurow T L, Blackburn W H, Taylor C A, 1988. Infiltration and interrill erosion responses to selected livestock grazing strategies, Edwards Plateau, Texas [J]. Journal of Range Management, 41: 296-302.

Thurow T L, 1991. Hydrology and erosion [M]. In: Heitschmidt R K and Stuth J W ed. Grazing management: an ecological perspective. Timber Press Inc., Portland, OR, 141-160.

Timothy D S, Hisham T, 1998. Performance of three-dimensional slope stability methods in practice [J]. Journal of Geoteehnical and Geoenvironmental Engineering, ASCE, 124 (11): 1049-1060.

Tosi M, 2007. Root tensile strength relationships and their slope stability implications of three shrub species in the Northern Apennines (Italy) [J]. Geomorphology. 87: 268-283.

Trabucco A, Zomer R J, Bossio D A, et al, 2008. Climate change mitigation through afforestation/reforestation: A global analysis of hydrologic impacts with four case studies [J]. Agriculture, Ecosystems and Environment, 126: 81-97.

Trimble Stanley W, Weirich Frank H, 1987. Reforestation and the reduction of water yield on the southern predmont Since Circa 1940 [J]. Water Resources Research, 23 (3): 425-437.

Ugai K, 1989. A method of calculation of total safety factor of slopes by elastoplastic FEM [J]. Soil and Foundations, 29 (2): 190-195.

Valentini R, Matteucci G, Dolman A J, et al, 2000. Respiration as the main determinant of carbon balance in European forests [J]. Nature, 404 (6780): 861-865.

Van Beek, L P H, Wint J, Cammeraat L H, et al, 2005. Observation and simulation of root reinforcement on abandoned Mediterranean slopes [J]. Plant Soil. 278, 55-74.

Van Dijk, A I J M, Keenan R J, 2007. Planted forests and water in perspective [J]. For Ecol Manag, 251: 1-9.

Varela S, Gyenge J, Fernández M, et al, 2010. Seedling drought stress susceptibility in two deciduous Nothofagus species of NW Patagonia [J]. Trees-Struct Funct, 24: 443-453.

Vertessy R, Hatton T, Reece P, et al, 1997. Estimating stand water use of large mountain ash trees and validation of the sap flow measurement technique [J]. Tree Physiology, 17: 747-756.

Vertessy R A, Watson F G R, O'Sullivan S K, 2001. Factors determining relations between stand age and catchment water balance in mountain ash forests [J]. Forest Ecology and Management, 143: 13-26.

Vinceti B, Paoletti E and Wolf U, 1998. Analysis of soil, rootsand mycorrhizae in a norway sdruce declining forest [J]. Chemospere, 36, 937-942.

Vogt K A, Vogt D J, Moore E E, et al, 1987. Conifer and angiosperm fine-root biomass in relation to stand age and site productivity in Douglas Fir forests [J]. J. Ecol. 75, 857-870.

Waldron L J, 1977. The shear resistance of root-permeated homogenous and stratified soil [J]. Soil Science Society of America Joumal, 41: 843-849

Waldron L J, Dakessian S, 1981. Soil reinforcement by roots: calculation of increased soil shear resistance from root properties [J]. Soil Science, 132: 427-435

Wallace J, McJannet D, 2010. Processes controlling transpiration in the rainforests of north Queensland, Australia [J]. Journal of hydrology, 384: 107-117.

Wang J, Liu Q Q, Chen R R, et al, 2015. Soil carbon dioxide emissions in response to precipitation frequency in the Loess Plateau, China [J]. Applied Soil Ecology, 96: 288-295.

Wang L, Wang Q, Wei S, et al, 2008. Soil desiccation for Loess soils on natural and regrown areas [J]. Forest Ecology and Management, 255 (7): 2467-2477.

Wang S, Wang X, Ouyang Z, 2012. Effects of land use, climate, topography and soil properties on regional soil organic carbon and total nitrogen in the Upstream Watershed of Miyun Reservoir, North China [J]. Journal of Environmental Sciences, 24 (3): 387-395.

Wang J, Hong Y, Gourley J, et al, 2010a. Quantitative assessment of climate change and human impacts on long-term hydrologic response: a case study in a sub-basin of the Yellow River, China [J]. International Journal of Climatology, 30: 2130-2137.

Wang Y, Yu P, Xiong W, et al, 2008. Water-Yield Reduction After Afforestation and Related Processes in the Semiarid Liupan Mountains, Northwest China1 [J]. JAWRA Journal of the American Water Resources Association, 44: 1086-1097.

Wang Y-L, Liu G. -B., Kume T, et al, 2010b. Estimating water use of a black locust plantation by the thermal dissipation probe method in the semiarid region of Loess Plateau, China [J]. J For Res, 15: 241-251.

Watson F G R, Vertessy R A, McMahon T A, et al., 1999. The hydrologic impacts of forestry on the Maroondah catchments [R]. Cooperative Research Centre for Catchment Hydrology, Melbourne, 1.

Watson F G R, Vertessy R A, Grayson R B, 1999. Large-scale modelling of forest hydrological processes and their long-term effect on water yield [J]. Hydrological Processes, 13: 689-700.

Whitehead D, Livingston N, Kelliher P, et al, 1996. Response of transpiration and photosynthesis to a transient change in illuminated foliage area for a Pinus radiata D. Don tree [J]. Plant, Cell and Environment, 19: 949-957.

Wieser G, Havranek W M, 1993. Ozone uptake in the sun and shade crown of spruce: quantifying the physiological effects of ozone exposure [J]. Trees - Structure and Function, 7: 227-232.

Williams D, Cable W, Hultine K, et al, 2004a. Evapotranspiration components determined by stable isotope, sap flow and eddy covariance techniques [J]. Agricultural and forest meteorology, 125: 241-258.

Williams D G, Cable W, Hultine K, et al, 2004b. Evapotranspiration components determined by stable isotope, sap flow and eddy covariance techniques [J]. Agric For Meteorol, 125: 241-258.

Williams R, Myers B, Muller W, et al, 1997. Leaf phenology of woody species in a north Australian tropical savanna [J]. Ecology, 78: 2542-2558.

Wilske B, Lu N, Wei L, et al, 2009. Poplar plantation has the potential to alter the water balance in semiarid Inner Mongolia [J]. Journal of Environmental Management, 90, 2762-2770.

Wilson K B, Hanson P J, Mulholland P J, et al, 2001. A comparison of methods for determining forest evapotranspiration and its components: sap-flow, soil water budget, eddy covariance and catchment water balance [J]. Agricultural and forest meteorology, 106: 153-168.

Wu H, Guo Z, Peng C, 2003. Land use induced changes of organic carbon storage in soils of China [J]. Global Change Biology, 9 (3): 305-315.

Wu T H, 2007. Root reinforcement analyses and experiments [C]. In: Stokes A., Spanos I., Norris J. E., Cammeraat L. H., (Eds.), Eco- and Ground Bio-Engineering: The use of vegetation to improve slope stability. Developments in plants and soil sciences, vol 103. Springer, Dordrecht. Netherlands., 21-30.

Wu T H, Waston A, 1998. In situ shear tests of soil blocks with roots [J]. Can. Geotech. J., 35: 579-590

Wu TH, Mckinnel WP, Swanston DN, 1979. Strength of tree roots and landslides on Prince of Wales Island [J]. Alaska Can Geotech J. 16: 19-33

Wu T H, 1976. Investigations of landslides on Prince of Wales Island [R], Ohio State University, Department of Civil Engineering, Geotech. Eng. Rep. No. 5, pp93.

Wu X, Archer S, 2005. Scale-Dependent Influence of Topography-Based Hydrologic Features on Patterns of Woody Plant Encroachment in Savanna Landscapes [J]. Landscape Ecology, 20: 733-742.

Wu T H, Beal P E, Lan C, 1988. In-situ shear test of soil-root systems [J]. Joumal of Geotechnical Engineering, 114: 1376-1394.

Wullschleger S D, Gunderson C, Hanson P, et al, 2002. Sensitivity of stomatal and canopy conductance to elevated CO_2 concentration-interacting variables and perspectives of scale [J]. New Phytologist, 153: 485-496.

Wullschleger S D, Hanson P J, 2006. Sensitivity of canopy transpiration to altered precipitation in an upland oak forest: evidence from a long-term field manipulation study [J]. Global Change Biology, 12: 97-109.

Wullschleger S D, Hanson P J, Todd D E, 2001. Transpiration from a multi-species deciduous forest as estimated by xylem sap flow techniques [J]. Forest Ecology and Management, 143: 205-213.

Wullschleger S D, Meinzer F, Vertessy R, 1998. A review of whole-plant water use studies in tree [J]. Tree Physiology, 18: 499-512.

Wullschleger S D, Wilson K B, Hanson P J, 2000. Environmental control of whole-plant transpiration, canopy conductance and estimates of the decoupling coefficient for large red maple trees [J]. Agric For Meteorol, 104: 157-168.

Wynn T M, 2004. The effects of vegetation on stream bank erosion [D]. PhD Thesis, Faculty of the Virginia Polytechnic Institute, 181 pp.

Xin Z, Qin Y, Yu X, 2015. Spatial variability in soil organic carbon and its influencing factors in a hilly watershed of the Loess Plateau, China [J]. Catena, 137.

Xu Y J, Röhrig E, F lster H, 1997. Reaction of root systems of grand fir (Abies grandis Lindl.) and Norway spruce (Piceaabies Karst.) to seasonal waterlogging [J]. For. Ecol. Mange. 93, 9-19.

Yang W, Shao M, Peng X, et al, 1999. On the relationship between environmental aridization of the Loess Plateau and soil water in loess [J]. Science in China Series D: Earth Sciences, 42: 240-249.

Yang Y, Endreny T A, Nowak D J, 2011. iTree-Hydro: Snow hydrology update for the urban forest hydrology model [J]. Journal of the American Water Resources Association, 47: 1211-1218.

Yaseef N R, Yakir D, Rotenberg E, et al, 2010. Ecohydrology of a semi-arid forest: partitioning among water balance components and its implications for predicted precipitation changes [J]. Ecohydrology, 3: 143-154.

Yeoman F, Nally R M, 2005. The avifaunas of some fragmented, periurban, coastal woodlands in south-eastern Australia [J]. Landscape and urban planning, 72: 297-312.

Yong J W H, Wong S C, Farquhar G D, 1997. Stomatal responses to changes in vapour pressure difference between leaf and air [J]. Plant Cell Environ, 20: 1213-1216.

Yüksek T, Kurdo lu O, Yüksek F, 2010. The effects of land use changes and management types on surface soil properties in Kafkasör protected area in Artvin, Turkey [J]. Land Degradation and Development, 21: 582-590.

Yunusa I A M, Aumann C D, Rab M A, et al, 2010. Topographical and seasonal trends in transpiration by two co-occurring Eucalyptus species during two contrasting years in a low rainfall environment [J]. Agric Forest Meteorol, 150: 1234-1244.

Zalewski M, 2002. Ecohydrology—the use of ecological and hydrological processes for sustainable management of water resources/Ecohydrologie—la prise en compte de processus écologiques et hydrologiques pour la gestion durable des ressources en eau [J]. Hydrological Sciences Journal, 47: 823-832.

Zang D, Beadle C, White D, 1996. Variation of sapflow velocity in Eucalyptus globulus with position in sapwood and use of a correction coefficient [J]. Tree Physiology, 16: 697-703.

Zeppel M, Macinnis-Ng C, Ford C, et al, 2008a. The response of sap flow to pulses of rain in a temperate Australian woodland [J]. Plant Soil, 305: 121-130.

Zeppel M J B, Macinnis-Ng C M O, Yunusa I A M, et al, 2008b. Long term trends of stand transpiration in a remnant forest during wet and dry years [J]. J. Hydrol., 349: 200-213.

Zeppel M J B, Murray B R, Barton C, et al, 2004. Seasonal responses of xylem sap velocity to VPD and solar radiation during drought in a stand of native trees in temperate Australia [J]. Functional plant biology, 31: 461-470.

Zhang L, Dawes W R, Walker G R, 2001. Response of mean annual evapotranspiration to vegetation changes at catchment scale [J]. Water Resources Research, 37 (3): 701-708.

Zhang Z Q, Wang L X, Yu X X, 2001. Impacts of forest vegetation on runoff generation mechanisms: a review [J]. Journal of Natural Resources, 16 (1): 79-84.

Zhang B, Li W, Xie G, et al, 2010. Water conservation of forest ecosystem in Beijing and its value [J]. Ecological Economics, 69: 1416-1426.

Zhang Y, Liu S, Wei X, et al, 2008. Potential Impact of Afforestation on Water Yield in the Subalpine Region of Southwestern China1 [J]. JAWRA Journal of the American Water Resources Association, 44: 1144-1153.

Zhou Y, Watts D, Li Y, et al, 1998. A case study ofeffect of lateral roots of Pinus yunnanensis on shallow soil-reinforcement [J]. For. Ecol. Mange., 103, 107-120.

Ziemer R, 1981. Roots and shallow stability of forested slopes [J]. Internal Association of Hydrological Sciences Publication, 32, 342-361.

Ziemer RR, Swanston D N, 1977. Root strength changes after logging in southeast Alaska [R]. Forest service, U. S. department of agriculture, Research Note PNW-30.

Zimmermann R, Schulze E. -D, Wirth C, et al, 2000. Canopy transpiration in a chronosequence of Central Siberian pine forests [J]. Global Change Biol., 6: 25-37.

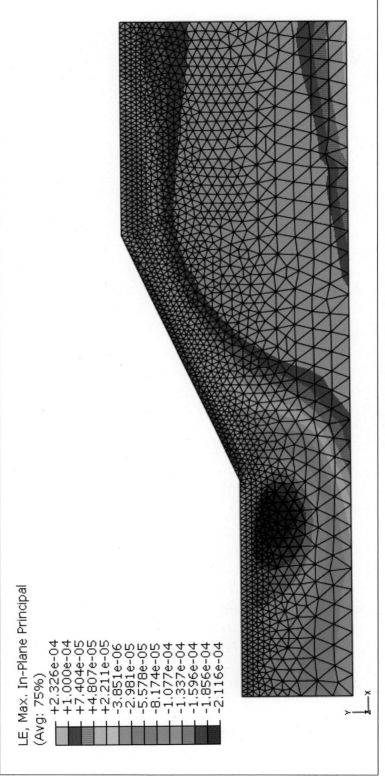

图 1 均质侧柏坡面的拉格朗日应变云图

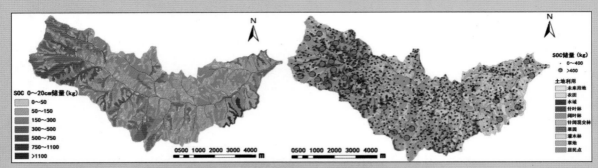

图 2 蔡家川流域表层土壤有机碳储量空间分布

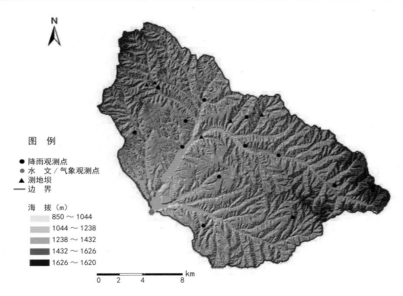

图 3 清水河流域数字地形图

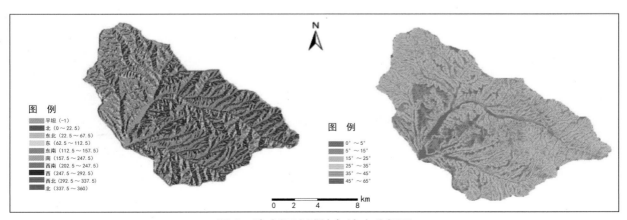

图 4 清水河流域坡向坡度分级图

图 5 进行 PCA 变换前的两期图像（a 表示 2007 年 6 月；b 表示 2007 年 3 月）

图 6 经过 PCA 处理后的融合影像

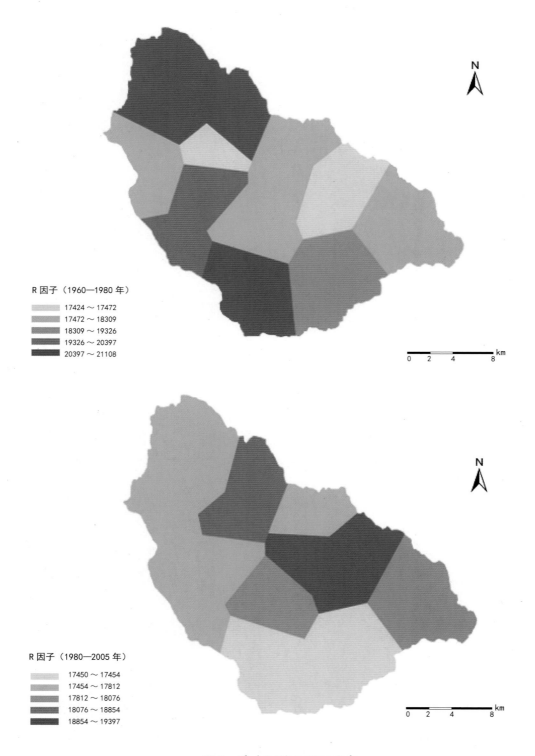

图7 清水河流R因子分布

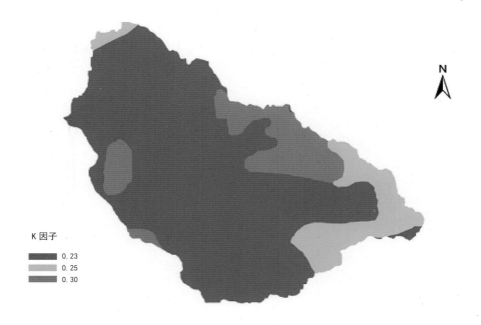

图 8　清水河流 K 因子分布

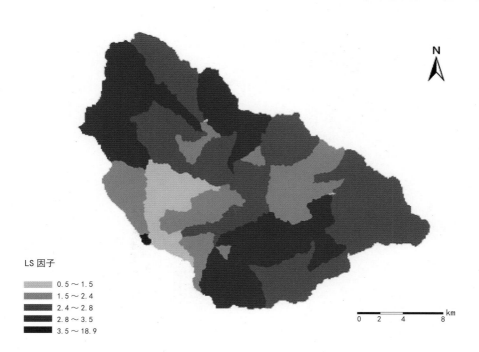

图 9　清水河流 LS 因子分布

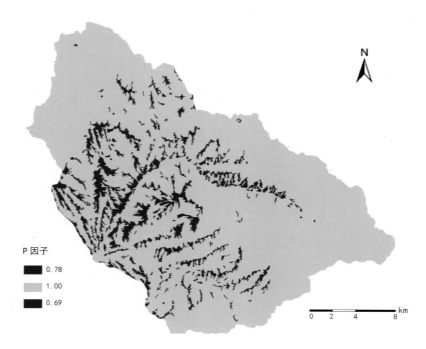

P 因子

■ 0.78
　 1.00
■ 0.69

图 10　清水河流域 P 因子分布

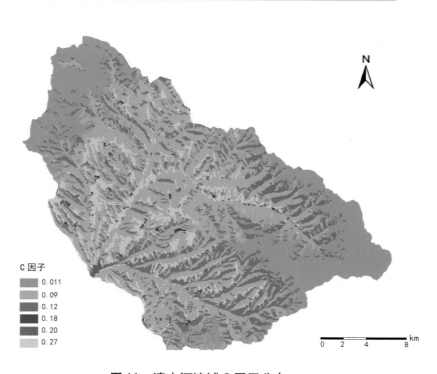

C 因子

　 0.011
　 0.09
　 0.12
　 0.18
　 0.20
　 0.27

图 11　清水河流域 C 因子分布

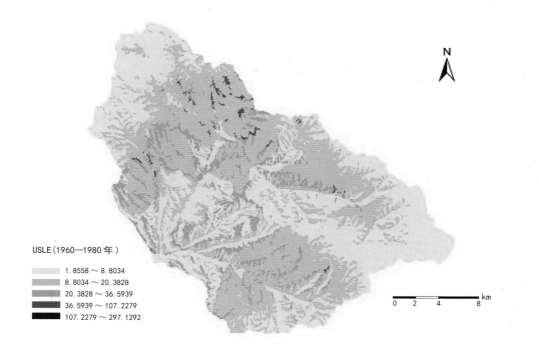

USLE（1960—1980 年）

▰ 1. 8558 ～ 8. 8034
▰ 8. 8034 ～ 20. 3828
▰ 20. 3828 ～ 36. 5939
▰ 36. 5939 ～ 107. 2279
▰ 107. 2279 ～ 297. 1292

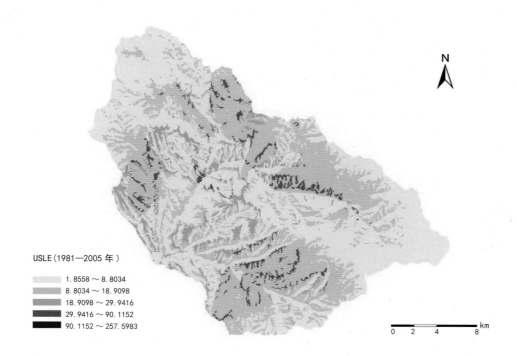

USLE（1981—2005 年）

▰ 1. 8558 ～ 8. 8034
▰ 8. 8034 ～ 18. 9098
▰ 18. 9098 ～ 29. 9416
▰ 29. 9416 ～ 90. 1152
▰ 90. 1152 ～ 257. 5983

图 12　清水河流域产沙分布

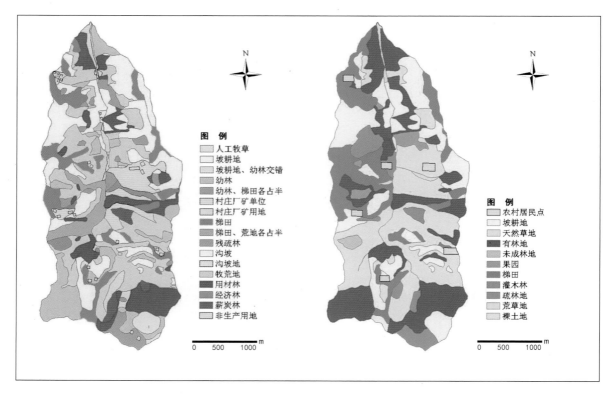

图 13　吕二沟流域 1982 年、1989 年两期土地利用分布

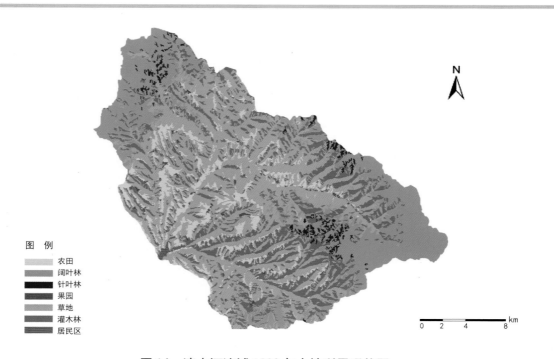

图 14　清水河流域 1986 年土地利用现状图

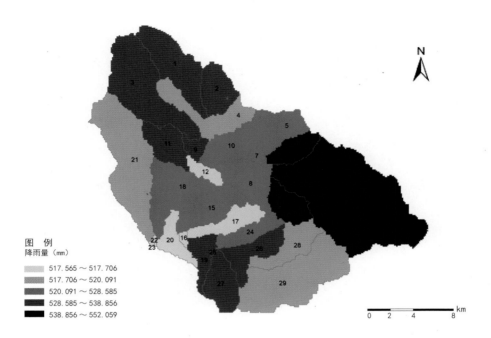

图 15　清水河流域多年平均降水量空间分布

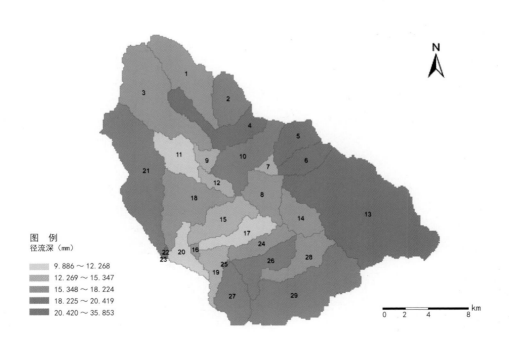

图 16　清水河流域多年平均径流深空间分布

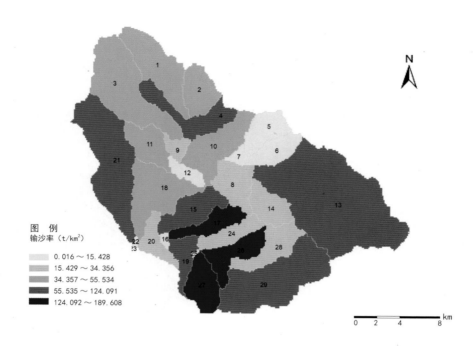

图17　清水河流域多年平均输沙率空间分布

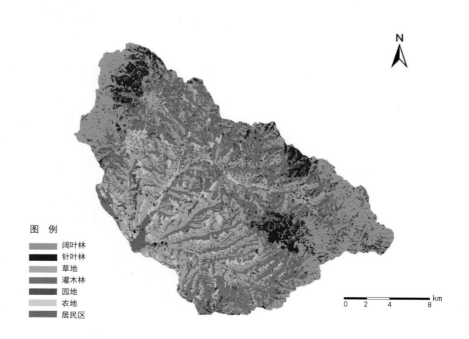

图18　清水河流域优化植被空间分布

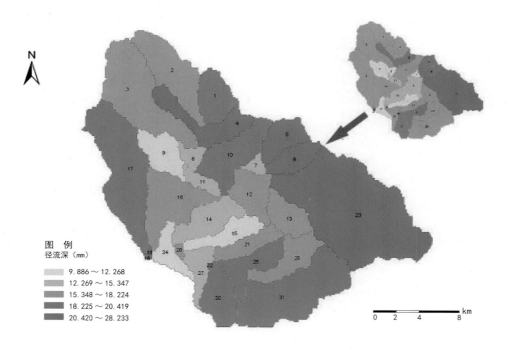

图 19　新情景的多年平均径流深空间分布

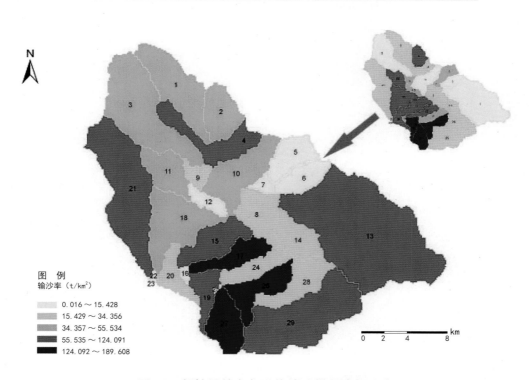

图 20　新情景的多年平均输沙模数空间分布

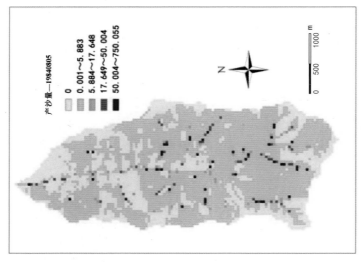

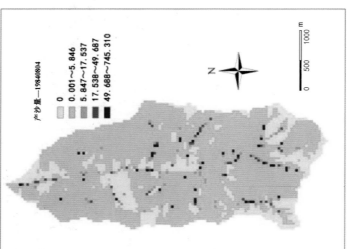

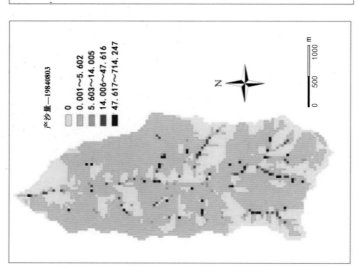

图 21 1984 年 8 月 3～5 日吕二沟流域逐日侵蚀产沙分布模拟（t）